燃气供应与安全管理

戴 路 编著

中国建筑工业出版社

图书在版编目（CIP）数据

燃气供应与安全管理/戴路编著. —北京：中国建筑工业出版社，2008
ISBN 978-7-112-10017-0

Ⅰ. 燃… Ⅱ. 戴… Ⅲ. 燃料气-供应-安全管理
Ⅳ. TU996.9

中国版本图书馆CIP数据核字（2008）第045740号

本书通过对燃气供应各个环节的生产工艺过程及相关设备介绍，深入浅出地阐述了燃气基础知识、安全技术基本理论、安全管理方法以及事故防范措施，并结合实际介绍燃气生产与使用安全操作要点、注意事项和事故案例。旨在为广大燃气生产企业、用户防范或控制安全事故起到积极的作用。本书可作为燃气生产、输配工作人员及管理人员的培训教材，也可供从事燃气工作的工程技术人员及燃气使用人员参考。对其他行业从事安全管理的人员也有参考价值。

* * *

责任编辑：吴文侯
责任设计：赵明霞
责任校对：梁珊珊　兰曼利

燃气供应与安全管理
戴　路　编著
*
中国建筑工业出版社出版、发行（北京西郊百万庄）
各地新华书店、建筑书店经销
霸州市顺浩图文科技发展有限公司制版
廊坊市海涛印刷有限公司印刷
*
开本：787×1092毫米　1/16　印张：$25^3/_4$　字数：626千字
2008年8月第一版　2017年7月第五次印刷
定价：**54.00**元
ISBN 978-7-112-10017-0
(16820)

前　言

安全生产关系人民群众生命安全和国家财产安全，关系改革发展和社会稳定大局。搞好安全生产工作是构建和谐社会，统筹经济社会全面发展的重要内容，是关注民生，改善民生，加强社会建设，完善社会管理，促进公平正义，实现可持续发展战略的组成部分。党中央、国务院对安全生产高度重视，相继采取一系列重大举措，加强安全生产工作。特别是党的十六届五中全会确立了"安全发展"指导原则，六中全会把安全生产纳入构建社会主义和谐社会的总体布局。在推动国民经济建设高速发展的同时，坚持依法治安、重典治乱，建立规范的安全生产法治秩序，落实"依法治国"基本方略，全面贯彻科学发展观，转变经济发展方式，实现国民经济又好又快地发展。当前，安全生产是人民群众高度关注的热点问题之一，也是社会和谐的基本要求和社会管理的重要组成。只有实现安全生产，人民群众才能安居乐业，社会才能安定和谐。

由于我国现在还处于社会主义初级阶段，生产力水平不均衡，安全工作基础薄弱，安全生产与经济发展形势不相协调。其表现是事故总量仍然很大，形势依然严峻，不容乐观。因此，在新形势下必须充分认识做好安全生产工作的重要性、长期性、艰巨性、复杂性和紧迫性，认真实践"三个代表"重要思想，落实科学发展观，努力改善安全生产状况，切实维护好人民群众的根本利益。通过政府、企业和广大从业人员等各个方面的共同努力，把安全生产工作推向一个新的发展。

燃气作为清洁、高效、方便的燃料，既是历史悠久，又是一个蓬勃发展的新型行业。特别是天然气的开发和利用，给燃气事业发展注入了巨大的活力。进入21世纪以来，我国城镇燃气事业有了突飞猛进地发展。如陕气进京、西气东输以及广东LNG项目等，已成为我国著名的能源供应走廊和基地，为保障城市燃气供应，改善居民生活条件和环境条件，促进经济建设，起着十分重要的作用。由于燃气具有易燃、易爆、有毒等危害性，尤其是燃气泄漏，可能导致火灾、爆炸和中毒。稍有疏忽，管理不善，极有可能对人民生命财产构成严重的威胁。近年来，我国相继发生过一系列燃气火灾爆炸和中毒事故，有的事故伤亡惨烈，触目惊心，教训极为深刻。因此，从大量事故案例中，找出事故发生的一般规律，分析事故原因，寻求应对事故的基本对策，并从安全生产法律法规、行业技术规范以及各项安全管理制度上强化燃气安全管理，事关重要和迫切。

本书通过对燃气供应各个环节的生产工艺过程及相关设备介绍，深入浅出地阐述了燃气基础知识、安全技术基本理论、安全管理方法以及事故防范措施，并结合实际介绍燃气生产与使用安全操作要点、注意事项和事故案例。旨在为广大燃气生产企业、用户防范或控制安全事故起到积极的作用。本书可作为燃气生产、输配工作人员及管理人员的培训教材，也可供从事燃气工作的工程技术人员及燃气使用人员参考。

本书在撰写过程中，得到江孝禔、林磊、夏文元、郭二鹏、吴幼鹏等有关专家和技术人员的热情指导和帮助，谨此致以真挚的感谢！

由于编著者的理论和专业技术水平有限，错误之处在所难免，恳请读者和同行们不吝批评指正。

编著者

目　录

第一章　燃气基本知识……………………………………………………………… 1
第一节　燃气的分类与性质…………………………………………………………… 1
第二节　燃气的成分与质量要求……………………………………………………… 6
第三节　燃气的物理化学性质………………………………………………………… 9
第四节　城镇燃气的加臭 …………………………………………………………… 18
第二章　燃气供应系统 ……………………………………………………………… 20
第一节　液化石油气供应系统 ……………………………………………………… 20
第二节　天然气供应系统……………………………………………………………… 28
第三章　燃气运输与装卸 …………………………………………………………… 41
第一节　燃气运输渠道与方式 ……………………………………………………… 41
第二节　常见燃气运输工具 ………………………………………………………… 42
第三节　燃气运输安全管理…………………………………………………………… 56
第四节　港口及罐车装卸 …………………………………………………………… 59
第五节　气瓶充装 …………………………………………………………………… 70
第四章　燃气站场安全管理 ………………………………………………………… 77
第一节　站（场）址选择和总平面布置……………………………………………… 77
第二节　站区防爆、防静电及防雷 ………………………………………………… 92
第三节　储配站投运…………………………………………………………………… 103
第四节　站区运行安全管理…………………………………………………………… 108
第五节　辅助生产区安全管理………………………………………………………… 113
第五章　燃气设备安全管理…………………………………………………………… 115
第一节　压力容器安全管理…………………………………………………………… 115
第二节　机泵设备安全管理…………………………………………………………… 133
第三节　灌装计量设备安全管理……………………………………………………… 140
第四节　调压计量设备安全管理……………………………………………………… 143
第五节　设备故障诊断技术…………………………………………………………… 144
第六章　气瓶供应与安全管理………………………………………………………… 151
第一节　气瓶概述……………………………………………………………………… 151
第二节　气瓶颜色与钢印标志………………………………………………………… 157
第三节　气瓶使用登记与安全管理…………………………………………………… 158
第四节　气瓶供应与安全使用………………………………………………………… 162
第五节　气瓶终端配送………………………………………………………………… 169
第六节　气瓶运输……………………………………………………………………… 176
第七节　气瓶储存与管理……………………………………………………………… 178

第八节　气瓶定期检验…………………………………………………………… 179
第七章　管道供气与安全管理…………………………………………………… 183
第一节　管网输配概述…………………………………………………………… 183
第二节　管道及附属设备………………………………………………………… 190
第三节　管道建设………………………………………………………………… 210
第四节　管道运行管理…………………………………………………………… 220
第五节　管道的检验……………………………………………………………… 229
第六节　管道燃气的安全使用…………………………………………………… 238
第八章　安全检修………………………………………………………………… 243
第一节　检修的安全管理………………………………………………………… 243
第二节　检修作业………………………………………………………………… 245
第三节　装置的安全停、开车…………………………………………………… 252
第四节　管道技术改造与带气接线……………………………………………… 255
第五节　装置检修案例…………………………………………………………… 259
第九章　燃气泄漏与防治………………………………………………………… 270
第一节　泄漏的概念……………………………………………………………… 270
第二节　泄漏的危害及其原因…………………………………………………… 271
第三节　预防泄漏的措施………………………………………………………… 272
第四节　泄漏检测技术…………………………………………………………… 275
第五节　堵漏技术………………………………………………………………… 282
第十章　燃气火灾与消防………………………………………………………… 289
第一节　消防基础知识…………………………………………………………… 289
第二节　燃气火灾爆炸的危险性………………………………………………… 298
第三节　消防设施与管理………………………………………………………… 302
第四节　灭火器的配备、使用与管理…………………………………………… 305
第十一章　燃气安全经营………………………………………………………… 313
第一节　概述……………………………………………………………………… 313
第二节　安全生产管理制度……………………………………………………… 315
第三节　安全技术操作规程……………………………………………………… 332
第四节　安全生产责任制………………………………………………………… 340
第五节　安全检查………………………………………………………………… 346
第六节　事故管理………………………………………………………………… 353
第十二章　事故应急预案与案例………………………………………………… 356
第一节　概述……………………………………………………………………… 356
第二节　应急救援体系及运行…………………………………………………… 358
第三节　应急救援预案的编制…………………………………………………… 361
第四节　事故应急救援预案案例………………………………………………… 366
第五节　典型燃气事故案例……………………………………………………… 382
附录　常用计量单位及其换算…………………………………………………… 388
参考文献…………………………………………………………………………… 405

第一章　燃气基本知识

第一节　燃气的分类与性质

一、燃气的种类

燃气的种类很多，归纳起来主要有天然气、人工燃气、液化石油气、工业余气、生物气（沼气）等。

（一）天然气

天然气是指通过生物化学作用及地质变质作用，在不同地质条件下生成、运移，在一定的压力下储集的可燃气体。

1. 按矿藏特点分类

（1）气田气

即纯气田天然气，气藏中的天然气以气相存在，通过气井开采出来，其中成分主要是甲烷（含量约为 80%～90%）、乙烷，丁烷含量一般不大，戊烷及戊烷以上的重烃含量甚微。其低热值约为 $36MJ/Nm^3$。

（2）油田伴生气

它伴随原油共生，是在油藏中与原油呈相平衡接触的气体，包括游离气（气层气）和溶解在原油中的溶解气，从组成上属于湿气。气相游离气中除含有甲烷、乙烷、丙烷、丁烷外，还含有戊烷、己烷，甚至还有 C_9、C_{10} 组分。液相溶解气中除含有重烃外，仍含有一定量的丙烷、丁烷，甚或甲烷。

（3）凝析气田天然气

是在气藏中以气体状态存在，具有高含量可回收烃液的气田气，其凝析液主要为凝析油，其次还有部分被凝析的水。其成分除含有甲烷、乙烷外，还含有一定的丙烷、丁烷及 C_5 以上的烃类。

2. 按天然气组成分类

（1）干气

$1m^3$（101.325kPa，20℃）井口流出物中，C_5 以上重烃液体含量低于 $13.5cm^3$ 的天然气。

（2）湿气

$1m^3$ 井口流出物中，C_5 以上重烃液体含量超过 $13.5cm^3$ 的天然气，一般湿气需分离出液态烃产品和水后才能达到管输标准。

（3）贫气

$1m^3$ 井口流出物中，C_3 以上烃类液体含量低于 $94cm^3$ 的天然气。

(4) 富气

$1m^3$ 井口流出物中，C_3 以上烃类液体含量高于 $94cm^3$ 的天然气。

(5) 酸性气

指含有较多的 H_2S 和 CO_2 等物质，需要进行净化，才能达到管输标准的天然气。

(6) 洁气

指 H_2S 和 CO_2 含量甚微，不需要净化处理的天然气。

(二) 人工燃气

以固体或液体可燃物为原料，经各种热加工制得的可燃气体称为人工燃气。主要有干馏煤气、气化煤气和油制气等。

1. 干馏煤气

利用焦炉、连续式直立碳化炉和立箱炉等对煤进行干馏所获得的煤气称为干馏煤气。焦炉煤气是炼焦过程的副产品。

用干馏方式生产煤气，每吨煤可产煤气 $300\sim400m^3$。这种煤气中氢气约占60%，甲烷在20%以上，一氧化碳为8%左右。低热值一般在 $16.74MJ/m^3$ ($4000kcal/m^3$) 左右。

2. 气化煤气

以固体燃料为原料，在气化炉中通入气化剂（空气、氧气、水蒸气等），在高温条件下经过气化反应而得到的可燃气体称为气化煤气。通常有发生炉煤气、水煤气和蒸气—氧气煤气。

发生炉和水煤气的主要组分为一氧化碳和氢。发生炉煤气的热值为 $5.443MJ/m^3$ ($1300kcal/m^3$) 左右；水煤气的热值为 $10.467MJ/m^3$ ($2500kcal/m^3$) 左右。这两种煤气由于热值低，毒性大，一般不单独作为城镇燃气的气源。但可用来加热焦炉和连续式直立炉，以顶替出热值较高的干馏煤气，增加供应城镇的燃气量。也可以和干馏煤气、重油蓄热裂解气掺混，用以调节供气量和调整燃气的热值，或作为城镇燃气的调度气源。

在 $1.47\sim2.94MPa$ 的压力下，以煤作为原料，采用纯氧和水蒸气为气化剂，可获得高压蒸汽氧鼓风煤气，称为蒸汽—氧气煤气或称加压气化煤气。其主要组分为含量较高的甲烷及氢，热值为 $15.072MJ/m^3$ ($3600kcal/m^3$) 左右。

3. 油制气

以石油及其副产品作为原料，经过高温裂解而制成的可燃气体。按制取的方法不同，主要有重油蓄热热裂解制气和重油蓄热催化裂解制气两种。重油蓄热热裂解气以甲烷、乙烯和丙烯为主要组分，热值为 $41.868MJ/m^3$ ($10000kcal/m^3$) 左右，每吨重油的产气量为 $500\sim550m^3$；重油蓄热催化裂解气中氢含量较多，也含有甲烷和一氧化碳，热值为 $17.585\sim20.934MJ/m^3$ ($4200\sim5000kcal/m^3$)，利用三筒炉催化裂解装置，每吨重油的产气量为 $1200\sim1300m^3$。

油制气无论组分还是热值，以及燃烧性能都与炼焦煤气相似。故可以作为城镇燃气的气源，也可以与低热值燃气掺混，增加燃气供应量，或作为城镇的调峰气源。

4. 高炉煤气

钢铁厂在炼铁过程中由高炉排放出来的气体，主要成分是一氧化碳和氢气，发热值为 $3.768\sim4.186MJ/m^3$ ($900\sim1000kcal/m^3$)。高炉煤气可取代焦炉煤气用作炼焦炉的加热煤气，以使更多的焦炉煤气供应城市。高炉煤气也常用作锅炉的燃料或与焦炉煤气掺混用于城镇供气或冶金工厂的加热工艺。

人工燃气生产历史较长，工艺成熟，是20世纪50年代我国城镇燃气系统的主要气源。但目前已逐步被天然气、液化石油气等气源替代。

（三）液化石油气（LPG）

液化石油气是开采和炼制石油过程中，作为副产品而获得的一部分碳氢化合物。目前在我国城镇供应的液化石油气，主要来自炼油厂的催化裂解或热裂解装置。

液化石油气的主要组分有：丙烷、丙烯、丁烷、丁烯等。液化石油气中的烯烃部分可用作化工原料，而烷烃部分可用作燃料。

液化石油气已成为我国城镇燃气的主要气源之一。

（四）工业余气

石油化工与化肥生产企业在生产过程中常排出一些工业余气，这些工业余气含有大量的可燃成分，经收集、加工，也可以作为城镇燃气的气源。据测定，每生产1吨合成氨约有120～150m^3的驰放气，其体积分数一般为H_2-(50～60)%；CH_4-18%；N_2-(22～32)%，热值11.8～12.9MJ/m^3（2800～3100$kcal/m^3$）。

工业余气多被放空或设火炬将其烧掉，造成环境污染和浪费。若被利用，可提高能源利用率，避免资源浪费，同时减轻大气环境污染。

（五）生物气

生物气俗称沼气，以发生源的不同可分为天然沼气和人工沼气两大类。

天然沼气是自然界中有机质自然形成的沼气，如矿井、煤层产出的沼气（或称瓦斯、煤气）；也有产自沼泽、池塘等污泥池的沼气，即污泥沼气；还有由阴沟中的有机质形成的沼气，称阴沟沼气等。

人工沼气是一种再生能源，人们将含有蛋白质、纤维素、脂肪、淀粉等有机质，如秸杆、杂草、树叶和人畜粪便等，在缺氧情况下，借助于厌氧菌的作用使之发酵分解生成可燃气体，即为人工沼气。一般沼气中含甲烷55%～70%、二氧化碳25%～40%，此外还有少量的硫化氢、氮气、氢气、一氧化碳、氧气等气体，有时还含有少量的重碳氢化合物（C_mH_n）。沼气的热值为20.000～29.308MJ/m^3（4800～7000$kcal/m^3$）。

城镇燃气组分及低热值列于表1-1中。

城镇燃气组分及低热值 **表1-1**

序号	燃气类别	体积分数(%)									低热值(MJ/m^3)
		CH_4	C_3H_8	C_4H_{10}	C_mH_n	CO	H_2	CO_2	O_2	N_2	
一	天然气										
1	纯天然气	98	0.3	0.3	0.4					1.0	36.216
2	石油伴生气	81.7	6.2	4.86	4.94			0.3	0.2	1.8	45.469
3	凝析气田气	74.3	6.75	1.87	14.91			1.62		0.55	48.358
4	矿井气	52.4						4.6	7.0	36.0	18.841
二	人工燃气										
1	固体燃料干馏煤气										

续表

序号	燃 气 类 别	体积分数(%)									低热值 (MJ/m³)
		CH_4	C_3H_8	C_4H_{10}	C_mH_n	CO	H_2	CO_2	O_2	N_2	
(1)	焦炉煤气	27			2	6	56	3	1	5	18.254
(2)	连续式直立碳化炉煤气	18			1.7	17	56	5	0.3	2	16.161
(3)	立箱炉煤气	25				9.5	55	6	0.5	4	16.119
2	固体燃料气化煤气										
(1)	压力气化煤气	18			0.7	18	56	3	0.3	4	15.407
(2)	水煤气	1.2				34.4	52	8.2	0.2	4	10.383
(3)	发生炉煤气	1.8		0.4		30.4	8.4	2.4	0.2	56.4	5.903
3	油制气										
(1)	重油蓄热热裂解气	28.5			32.17	2.68	31.51	2.13	0.62	2.39	42.161
(2)	重油蓄热催化裂解气	16.5			5	17.3	46.5	7	1.0	6.7	17.543
4	高炉煤气	0.3				28	2.7	10.5		58.5	3.936
三	液化石油气(概略值)		50	50							108.438
四	生物气	60				少量	少量	35	少量		21.771

二、城镇燃气的分类

不同类型的燃气其组分、热值和燃烧特性等各不相同。从应用的角度，如果以热值和燃烧特性作为特征对燃气进行适当的分类，使用户可以按不同的需求选择燃气类别，这对提高各类燃气的能源价值是十分有益的。

（一）燃气的互换性

互换性是城镇燃气的重要指标。

具有多种气源的城市，常常会遇到以下两种情况：一是随着燃气供应规模的发展和制气方式的改变，某些地区原来使用的燃气可能由其他性质不同的燃气所代替；另一种是基本气源发生紧急事故，或在高峰负荷时，需要在供气系统中掺入性质与原有燃气不同的其他燃气。当燃气成分变化不大时，燃烧器燃烧工况虽有改变，但尚能满足燃具的原设计要求；当燃气成分变化较大时，燃烧工况的改变使得燃具不能正常工作。

任何燃具，都是按一定的燃气成分设计的。设某一燃具以 a 燃气为基准进行设计和调整，若以 b 燃气来置换 a 燃气，此时燃具不加任何调整而能保证正常工作，则表示 b 燃气可以置换 a 燃气。或称 b 燃气对 a 燃气具有“互换性”。反之，如果燃具不能正常工作，则表示 b 燃气对 a 燃气没有互换性。为了达到互换性的要求，制气方法不能随意选用，新的制气方法（置换气）须对原制气方法（基准气）具有互换性。

（二）燃气的燃烧特性指标

决定燃气互换性的是燃气的燃烧特性指标：华白指数（或称发热指数）和燃烧势（或称燃烧速度指数）。当燃气成分改变时，华白指数和燃烧势也同时改变。

1. 华白指数

华白指数是在互换性问题产生初期所使用的一个互换性判定指数。在置换气和基准气的化学、物理性质相差不大、燃烧特性比较接近时，可以用华白指数指标控制燃气的互换性。世界各国一般规定，在两种燃气互换时，华白指数的变化不大于±5%～10%。华白指数是一项控制燃具热负荷衡定状况的指标。

华白指数 W 按下式计算：

$$W=\frac{Q_h}{\sqrt{d}} \tag{1-1}$$

式中 Q_h——燃气高热值（MJ/m³）（华白数一般按燃气高热值计算）；

d——燃气相对密度（空气=1）。

当使用燃气低热值来计算华白指数 W 时，应予注明，并在燃气互换时统一计算热值。

2. 燃烧势

随着燃气种类的增多，出现了燃烧特性差别较大的两种燃气的互换性问题，除了华白指数以外，还必须引入燃烧势的概念。燃烧势反映燃气燃烧火焰所产生离焰、黄焰、回火和不完全燃烧的倾向性，是一项反映燃具燃气燃烧稳定状况的综合指标。

燃烧势 CP 按下式计算：

$$CP=K\times\frac{1.0H_2+0.6(C_mH_n+CO)+0.3CH_4}{\sqrt{d}} \tag{1-2}$$

式中 H_2、C_mH_n、CO、CH_4——燃气中氢、碳氢化合物（除甲烷外）、一氧化碳、甲烷组分含量（体积%）；

d——燃气相对密度（空气=1）；

K——燃气中氧含量修正系数，$K=1+0.0054O_2^2$；

O_2——燃气中氧组分含量（体积%）。

（三）燃气的分类

国际煤气工业联盟曾于1967年第十届国际煤气工业会议推荐将燃气分为三类，每类又分为几组：

第一类燃气为人工燃气，华白指数为23.865～31.401MJ/m³（5700～7500kcal/m³）。此类又分为三组：

a 组 一般指煤制气、水煤气等热值较低的燃气（即贫煤气）或石油气与空气或贫煤气的混合气体，华白指数为23.865～28.052MJ/m³（5700～6700kcal/m³），燃烧势大于60。

b 组 （焦炉气）华白指数23.865～25.958MJ/m³（5700～6200kcal/m³），燃烧势大于60。

c 组 （空气与液化石油气或其他石油气的混合气体）华白指数为24.283～27.214MJ/m³（5800～6500kcal/m³），燃烧势小于60。

第二类燃气主要是天然气，华白指数为41.449～57.778MJ/m³（9900～13800kcal/m³）。国际煤气工业联盟于1970年第十一届国际煤气工业会议修改了第二类燃气的分级，将其分为两组：

H 组 华白指数较高的天然气，华白指数为48.148～57.987MJ/m³（11500～13850kcal/m³）。

L 组 华白指数较低的天然气，华白指数为41.282～47.311MJ/m³（9860～11300kcal/

m^3)。

第三类燃气，华白指数为77.456～92.424MJ/m^3（18500～22075kcal/m^3）。此类燃气虽然从规定上没有分组，但实际中人们将它分为两组：

商业丁烷——以丁烷为主的混合气体；

商业丙烷——以丙烷为主的混合气体。

燃气是一种优质的能源，其种类很多，作为居民生活、工业企业生产和商业服务所需原料，利用十分广泛。人工燃气由于资源条件和环境保护的原因，作为城镇燃气的主气源已逐渐被替换；工业余气由于收集、加工工艺较为复杂，且供气规模往往受到限制；而沼气供气规模较小，主要应用于农村及偏远地区。目前在我国，城镇燃气正过渡到以天然气和液化石油气为主要气源。由于受篇幅的限制，在以下讨论燃气供应与安全管理时，仅就天然气和液化石油气两种气源进行探讨。因此，本文以下所称的燃气特指天然气和液化石油气。

第二节　燃气的成分与质量要求

一、燃气的成分

（一）天然气的成分

天然气是以低分子饱和烃为主的烃类气体与少量非烃类气体组成的混合气体。它是一种低相对密度、低黏度的流体，无色；在常压和温度239K时，CH_4-C_4H_{10}为气态；C_5H_{12}-$C_{17}H_{36}$为液态；$C_{18}H_{38}$为固态。天然气是一种可燃气体，它与5%～15%的空气混合易燃，点火温度范围在866.5～977.6K，具有很高的发热量。如在标准状态下，甲烷的热值为37.260MJ/m^3，比普通煤的热值大1.5倍。这是表征天然气的重要性质参数，因为天然气定价最常用的依据是它的热值含量，而不是它的重量或体积。

在天然气组分中，甲烷（CH_4）占有绝大部分，乙烷（C_2H_6）、丁烷（C_4H_{10}）和戊烷（C_5H_{12}）含量不多，庚烷（C_7H_{16}）以上的烷烃含量极少。另外，还含有少量的非烃类气体，如硫化氢（H_2S）、二氧化碳（CO_2）、一氧化碳（CO）、氮（N_2）、氢（H_2）、水蒸气（H_2O）以及硫醇（RSH）、硫醚（RSR）、二硫化碳（CS_2）等有机硫化物，有时还含有微量的稀有气体，如氦（He）、氩（Ar）等。在大多数天然气中，还存在着少量的不饱和烃，如乙烯（C_2H_4）、丙烯（C_3H_6）、丁烯（C_4H_8），偶尔还含有极少量的环状烃化合物——环烷烃和芳烃等。

（二）液化石油气的成分

液化石油气是由碳和氢两种元素构成的碳氢化合物的混合物，化学上把由碳和氢形成的有机化合物通称为烃。液化石油气的主要成分是含有三个碳原子和四个碳原子的碳氢化合物，行业上习惯称为“碳三（或C_3）”和“碳四（或C_4）”。

三个碳原子和八个氢原子结合到一起的饱和烃，叫丙烷，其分子式为C_3H_8。

三个碳原子和六个氢原子结合到一起的是不饱和烃，叫丙烯，其分子式为C_3H_6。

碳四烃类主要是丁烷和丁烯两种，分子式分别为C_4H_{10}和C_4H_8。其中正丁烷和异丁烷的分子式（C_4H_{10}）相同，但分子结构不同；异丁烯、丁烯-1、顺丁烯和反丁烯-2也是分子式（C_4H_8）相同，分子结构不同。

综上所述，液化石油气是由丙烷、丙烯、正丁烷、异丁烷、异丁烯、丁烯-1、顺丁烯、反丁烯-2等8种物质组成。但主要组分是丙烷、丁烷（正丁烷、异丁烷）。

二、燃气的质量要求

随着燃气事业的迅速发展，利用天然气和液化石油气作为城镇燃气的气源，具有投资省、设备简单、供应方式灵活、建设速度快等优点。燃气作为城镇居民生活、工业生产和商业服务的重要原料，其质量要求是根据经济效益、安全卫生和环境保护三方面因素综合考虑而制订的。事实上，即使在同一个国家，不同的地区、不同用途的商品气，质量要求均不相同。因此，燃气质量不可能以一个国际标准来统一。

（一）燃气的质量指标

1. 热值

燃气热值是指单位数量（1Nm^3或1kg）燃气完全燃烧时所放出的全部热量，单位分别为kJ/m^3或kJ/kg，亦可为MJ/m^3或MJ/kg，它是表示燃气质量的重要指标之一。不同种类的燃气，其热值差别很大。天然气和液化石油气的低热值见表1-2。

天然气和液化石油气的低热值（概略值）　　**表1-2**

燃　　气	天然气(未加工处理)		液化石油气	
	气藏气	伴生气	丙烷 C_3H_8	丁烷 n-C_4H_{10}
热值(MJ/m^3)①	31.4～36.0	41.5～43.9	93.24	123.565

① m^3 是指101.325kPa、0℃状态下的体积。

燃气热值也是正确选用燃烧设备或燃具时所必须考虑的一项质量指标。

热值分高热值和低热值。高热值是指1m^3燃气完全燃烧后，其烟气冷却至原始温度时，燃气中的水分经燃烧生成的水蒸气也随之冷凝成水并放出汽化潜热，如将这部分汽化潜热计算在内求得的热值称为高热值。如果不计算这部分汽化潜热，则为低热值。

2. 烃露点

此项要求是用来防止在输气或配气管道中有液烃析出。析出的液烃聚集在管道低洼处，会减少管道流通截面。只要管道中不析出游离液烃，或游离液烃不滞留在管道中，烃露点要求就不十分重要。

3. 水露点

此项要求是用来防止在输气或配气管道中有液态水（游离水）析出。水的存在会加速天然气中酸性组分（H_2S、CO_2）对钢材的腐蚀，还会形成固态天然气水合物，堵塞管道和设备。此外，液态水聚集在管道低洼处，也会减少管道的流通截面。冬季水易结冰，会堵塞管道和设备。

4. 硫含量

此项要求主要是用来控制燃气中硫化物的腐蚀性和对大气的污染，常用H_2S含量和总硫含量表示。

天然气中硫化物分为无机硫和有机硫，其中大部分为无机硫。硫化氢及其燃烧产物——二氧化硫，具有强烈的刺鼻气味，对眼黏膜和呼吸道有损坏作用。空气中硫化氢体积分数大于0.06%（约910mg/m^3）时，人呼吸30min就会致命。当空气中含有0.05%（体积分数）SO_2时，人呼吸短时间生命就会有危险。硫化氢有很强的腐蚀作用，燃烧后生成的二氧化硫和三氧化硫，也会造成对燃具或燃烧设备的腐蚀。因此一般要求天然气中的硫化氢含量不高于6～20mg/m^3。除此之外，对天然气中的总硫含量也要求小于480mg/m^3。

5. 二氧化碳含量

二氧化碳也是天然气中的酸性组分，在有液态水存在时，对管道和设备也有腐蚀性。尤其当硫化氢、二氧化碳与水同时存在时，对钢材的腐蚀更加严重。此外，二氧化碳还是天然气中的不可燃组分。因此，一些国家规定了天然气中二氧化碳的含量（体积分数）不高于2%～3%。

（二）技术指标

1. 天然气的技术指标

国家标准GB 17820《天然气》对天然气的质量指标作了如下规定：

（1）天然气发热量、总硫和硫化氢含量、水露点指标应符合天然气技术指标表1-3中的一类或二类的规定；

（2）在天然气交接点的压力和温度条件下：

天然气的烃露点应比最低环境温度低5℃；

天然气中不应有固态、液态或胶状物质。

表1-3中所列的一类、二类气体主要用作民用燃料，三类气体主要用作工业原料。

天然气的技术指标 **表1-3**

项　目	一类	二类	三类	试验方法
高位发热值(MJ/m^3)	>31.4			GB/T 11062
总硫(以硫计)(mg/m^3)	≤100	≤200	≤460	GB/T 11061
硫化氢(mg/m^3)	≤6	≤20	≤460	GB/T 11060—1
二氧化碳(体积分数)(%)	≤3.0			GB/T 13610
水露点(℃)	在天然气交接点的压力和温度条件下，天然气的水露点应比最低环境温度低5℃			GB/T 17283

注：① 标准中气体体积的标准参比条件是101.325kPa，20℃；
② 在天然气交接点的压力和温度条件下，天然气中应不存在液态烃和游离水；
③ 天然气中固体颗粒含量应不影响天然气的输送和利用。

实际上，商品天然气的质量要求应从提高经济效益出发，在满足国家关于安全卫生和环境保护等标准的前提下，由供需双方按照需要和可能，在签订供气合同或协议时具体协商确定。

2. 液化石油气的技术指标

液化石油气中的主要杂质有：硫化物、游离水和C_5及C_5以上的组分。液化石油气对人体是有害的，这是因为吸入的重碳氢化合物溶于人的脂肪肌体内，将破坏人体的神经系统和血液。吸入的重碳氢化合物的分子量越大，危险性就越大。另外，因C_5及C_5以上的组分沸点较高，在常温下难以气化，形成的残液将占据一定的容积。液化石油气中若含有水和水蒸气能与液态和气态的C_2、C_3及C_4生成结晶水化物，将减小管道的流通面积，甚至堵塞管道以及安全阀等设备与仪表。

GB 11172《液化石油气》规定了液化石油气产品的技术要求，见表 1-4。该标准还对液化石油气的检验、采样法和加臭、包装、标志、运输、储存、交货验收以及对在生产、储存、使用液化石油气的场所安全等方面也相应做了明确规定。

液化石油气的技术要求 **表 1-4**

项　目	质量指标	试验方法
密度(15℃)(kg/m^3)	报告	SH/T 0221①
蒸气压(37.8℃)(kPa)　不大于	1380	GB/T 6602②
C_5 及 C_5 以上组分含量(%)(V/V)　不大于	3.0	SH/T 0230
残留物 蒸发残留物(mL/100mL)　不大于 油渍观察	 0.05 通过③	 SY/T 7509
铜片腐蚀(级)　不大于 总硫含量(mg/m^3)　不大于 游离水	1 343 无	SH/T 0232 SH/T 0222 目测④

注：① 密度也可用 GB/T 12576 方法计算，但仲裁按 SH/T 0221 测定。

② 蒸气压也可用 GB/T 12576 方法计算，但仲裁按 GB/T 6602 测定。

③ 按 SY/T 7509 方法所述，每次以 0.1mL 的增量将 0.3mL 溶剂残留物混合物滴到滤纸上，2min 后在日光下观察，无持久不退的油环为通过。

④ 在测定密度的同时用目测测定试样是否存在游离水。

第三节　燃气的物理化学性质

一、燃气的状态参数

燃气所处的状态，是通过压力、温度和体积等物理量来反映的，这些物理量之间彼此有一定的内在联系，称为状态参数。

（一）压力

压力是一物体垂直均匀地作用于另一物体壁面单位面积上力的量度。物理上用物体单位面积上受到的垂直压力来表示，称为压强，用符号 p 表示。

$$p=F/A \tag{1-3}$$

式中　p——压强，Pa；

F——均匀垂直作用在容器壁面的力，N；

A——容器壁面的总面积，m^2。

测量压力有两种标准方法：一种是以压力等于零为测量起点，称为绝对压力，用符号“$p_{绝}$”表示；另一种是以当时当地的大气压作为测量起点，也就是压力表测量出来的数值，称为表压力，或称相对压力，用符号“$p_{表}$”表示。日常我们所讲的压力都是指表压力。

绝对压力与表压力之间的关系为：

绝对压力＝表压力＋当时当地大气压力

我国现行的法定压力计量单位是国际单位制导出的压力单位，即：帕斯卡（Pa）简称“帕”，$1Pa=1N/m^2$。由于帕斯卡（Pa）计量单位太小，在工程上常使用兆帕斯卡（MPa）简称“兆帕”、千帕斯卡（kPa）简称“千帕”。它们之间的关系为：

$$1MPa=10^3kPa=10^6Pa$$

（二）温度

温度是物质分子进行热运动的宏观表现，它是对物体冷热程度的量度。测量温度的标尺称为温标。温度单位有以下几种：

1. 摄氏温标（℃） 又称百度温标，是瑞典人摄尔休斯最先提出的。

2. 华氏温标（°F） 是德国人华伦海特最先提出的。

3. 开氏温标（K） 又称绝对温度，是英国人开尔文最先提出的。

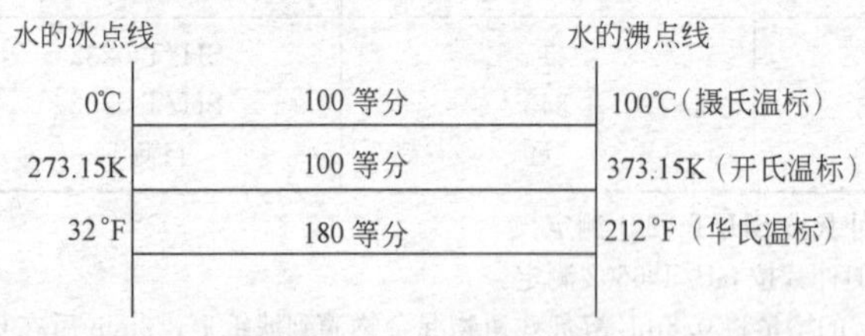

图 1-1 三种温标的关系

上述三种温标的相互关系如图 1-1 所示。

（三）体积

体积是指一定数量的物质占据空间位置的大小。由于气体总是要充满所盛装的容器，所以气体的体积由盛装容器的容积来决定。常用的体积单位是 m^3（立方米）和 L（升）。

二、单一气体的基本性质

燃气中常见低级烃类和某些单一气体的基本性质分别列于表 1-5 和表 1-6。

常见烃类的基本性质（101.325kPa，℃） **表 1-5**

项 目	甲烷	乙烷	乙烯	丙烷	丙烯	正丁烷	异丁烷	正戊烷
分子式	CH_4	C_2H_6	C_2H_4	C_3H_8	C_3H_6	C_4H_{10}	C_4H_{10}	C_5H_{12}
相对分子质量 M	16.043	30.07	28.054	44.097	42.081	58.124	58.124	72.151
摩尔体积 V_m(m^3/kmol)	22.3621	22.1872	22.2567	21.9362	21.990	21.5036	21.5977	20.891
密度 ρ(kg/m^3)	0.7174	1.3553	1.2605	2.0102	1.9136	2.703	2.6912	3.4537
气体常数 R[J/(kg·K)]	517.00	273.66	294.24	184.51	193.82	137.22	137.82	107.39
临界温度 t_c(℃)	−82.1	32.3	9.8	95.7	91.6	152.8	134.0	197.2
临界压力 p_c(MPa)	4.64	4.88	5.34	4.40	4.76	3.62	3.66	3.34
临界密度 ρ_c(kg/m^3)	162	210	220	226	232	225	221	232
相对密度 d(空气=1)	0.5548	1.048	0.9748	1.554	1.479	2.09	2.081	2.671
高热值 Q_h(MJ/m^3)	39.842	70.351	63.438	101.266	93.667	133.885	133.048	169.377
低热值 Q_l(MJ/m^3)	35.902	64.397	59.478	93.24	87.667	123.649	122.853	156.733
爆炸下限① L_1(%)(体积)	5.0	2.9	2.7	2.1	2.0	1.5	1.8	1.4
爆炸上限① L_h(%)(体积)	15.0	13.0	34.0	9.5	11.7	8.5	8.5	8.3
动力黏度 $\mu\times10^6$($Pa\cdot s/m^2$)	10.40	8.60	9.32	7.50	7.65	6.84	—	6.36
运动黏度 $\nu\times10^6$(m^2/s)	14.50	6.41	7.46	3.81	3.99	2.53	—	1.85
无因次系数 C	164	252	225	278	321	377	368	383

注：① 爆炸极限是在常压和 20℃条件下，可燃气体在空气中的体积分数。

常见某些气体的基本性质（101.325kPa；0℃） 表 1-6

项目	一氧化碳	氢	氮	氧	二氧化碳	硫化氢	空气	水蒸气
分子式	CO	H_2	N_2	O_2	CO_2	H_2S		H_2O
相对分子质量 M	28.0104	2.016	28.0134	31.9988	44.0098	34.076	28.966	18.0154
摩尔体积 V_m(m^3/kmol)	22.3984	22.427	22.403	22.3923	22.2601	22.1802	22.4003	21.629
密度 ρ(kg/m^3)	1.2506	0.0899	1.2504	1.4291	1.9771	1.5363	1.2931	0.833
气体常数 R[J/(kg·K)]	296.57	4125.61	296.62	259.53	187.59	241.42	286.82	445.25
临界温度 t_c℃	−140.15	−239.83	−146.95	−118.35	31.05		−140.65	373.85
临界压力 p_cMPa	3.38	1.26	3.29	4.91	7.15		3.65	21.41
临界密度 ρ_c(kg/m^3)	300.86	31.015	310.91	430.09	468.19		320.07	321.70
相对密度 d(空气=1)	0.9671	0.0695	0.967	1.1052	1.5289	1.188	1.00	0.644
高热值 Q_h(MJ/m^3)	12.636	12.745				25.347		
低热值 Q_l(MJ/m^3)	12.636	10.785				23.367		
爆炸下限①L_1(%)(体积)	12.5	4.0				4.3		
爆炸上限①L_h(%)(体积)	74.2	75.9				45.5		
动力黏度 $\mu\times10^6$(Pa·s/m^2)	16.58	8.36	16.68	19.42	14.03	11.67	17.17	8.44
运动黏度 $\nu\times10^6$(m^2/s)	13.30	93.0	13.30	13.60	7.09	7.63	13.40	10.12
无因次系数 C	104	81.7	112	131	266		122	

注：① 爆炸极限是在常压和 20℃条件下，可燃气体在空气中的体积分数。

三、燃气的分子质量、密度和比容

1. 平均相对分子质量

(1) 已知混合气体的体积分数时，其平均相对分子质量按下式计算：

$$M=\frac{1}{100}\sum V_iM_i \tag{1-4}$$

式中 M——混合气体平均相对分子质量；

V_i——混合气体各体积分数，%；

M_i——各组分的平均相对分子质量。

(2) 已知混合液体的摩尔分数时，其平均相对分子质量按下式计算：

$$M=\frac{1}{100}\sum X_iM_i \tag{1-5}$$

式中 M——混合液体平均相对分子质量；

X_i——混合液体各摩尔分数，%；

M_i——混合液体各组分的相对分子质量。

2. 平均密度与平均相对密度

单位容积的燃气所具有的质量称为燃气的平均密度，其单位为 kg/m^3 或 kg/Nm^3。

(1) 混合气体平均密度与平均相对密度计算公式

$$\rho=M/V_m \tag{1-6}$$

$$d=\rho/1.293=M/(1.293V_m) \tag{1-7}$$

式中 ρ——混合气体平均密度，kg/m^3；

M——混合气体平均摩尔质量，kg/kmol；

V_m——混合气体平均摩尔体积，m^3/kmol；

d——混合气体平均相对密度（空气为1）计算公式。

对于由双原子气体和甲烷组成的混合气体，标准状态下V_m可取22.4m^3/kmol；对于由其他碳氢化合物组成的混合气体，V_m取22.0m^3/kmol。

（2）混合液体平均密度计算公式

$$\rho_m=\frac{1}{100}\sum\rho_i V_i=100\Big/\left(\sum\frac{m_i}{\rho_i}\right) \tag{1-8}$$

式中 ρ_m——混合液体平均密度，kg/L；

ρ_i——混合液体各组分的密度，kg/L；

V_i——混合液体各体积分数，%；

m_i——混合液体各质量分数，%。

混合液体的相对密度是指混合液体的密度与101325Pa、4℃时水的密度之比，而该状态下水的密度为1。因此，混合液体的相对密度与密度在数值上是相等的。

不同温度下某些烃类液体在饱和状态时的密度如表1-7所示。

不同温度下某些烃类液体在饱和状态时的密度（kg/L） **表1-7**

温度(℃)	乙烯	乙烷	丙烯	丙烷	异丁烷	正丁烷	正戊烷
−50	0.4831	0.4961	0.5662	0.5909	0.6352	0.6510	0.6919
−40	0.4632	0.4810	0.5627	0.5795	0.6247	0.6414	0.6828
−30	0.4411	0.4649	0.5590	0.5677	0.6142	0.6317	0.6735
−20	0.4154	0.4473	0.5550	0.5555	0.6033	0.6218	0.6643
−10	0.3846	0.4275	0.5504	0.5429	0.5924	0.6115	0.6549
0	0.3450	0.4048	0.5454	0.5297	0.5810	0.6010	0.6452
10	—	0.3775	0.5396	0.5159	0.5694	0.5901	0.6356
20	—	0.3421	0.5329	0.5011	0.5573	0.5789	0.6258
30	—	0.2919	0.5251	0.4856	0.5448	0.5673	0.6158
40	—	—	0.5158	0.4689	0.5319	0.5552	0.6055
50	—	—	0.5044	0.4513	0.5181	0.5426	0.5950

3. 燃气的比容

单位质量燃气所具有的容积称为比容。

$$\nu=V_m/M \tag{1-9}$$

式中 ν——燃气的比容，m^3/kg或Nm^3/kg。

燃气的比容与平均密度关系为：

$$\rho\nu=1 \tag{1-10}$$

即：燃气的比容与平均密度互为倒数。

四、燃气的物态变化参数与热力学性质

（一）临界参数

当温度不超过某一数值，对气体进行加压可以使气体液化，而在该温度以上，无论施加多大压力都不能使之液化，这个温度就称为该气体的临界温度；在临界温度下，使气体液化所需的压力称为临界压力；此时的比容称为临界比容。上述参数统称为临界参数。

临界参数是气体的重要物性数据，一些单一气体的临界参数列于表1-5和表1-6。

（二）气化潜热

单位数量物质由液态变成与之处于平衡状态的蒸气所吸收的热量为该物质的气化潜热。反之，由蒸气变成与之处于平衡状态的液体时所放出的热量为该物质的凝结热。

燃气中常见的组分在 0.101325MPa 压力下，沸点的气化潜热列于表 1-8 中。

燃气中常见的组分在 0.101325MPa 时的沸点及沸点时的气化潜热　　表 1-8

物　质	分子式	沸　点(℃)	气化潜热	
			kJ/kg	kJ/kmol
甲烷	CH_4	−161.49	510.8	8164.3
乙烷	C_2H_6	−88.3	485.7	15072.5
乙烯	C_2H_4	−103.9	481.5	15114.3
丙烷	C_3H_8	−42.1	422.9	18786.2
丙烯	C_3H_6	−47.7	439.6	18421.9
正丁烷	C_4H_{10}	−0.5	383.5	21222.9
异丁烷	C_4H_{10}	−11.73	366.3	21440.6
正戊烷	C_5H_{12}	36.1	355.9	25455.7
一氧化碳	CO	−191	215.2	6029
氢	H_2	−252.75	448.6	904.3
氮	N_2	−195.78	199.7	5593.6
氧	O_2	−182.98	213.1	6820.3
二氧化碳	CO_2	−78.2(升华)	369.1	16244.8
硫化氢	H_2S	−61.8	548.4	18685.7

（三）体积膨胀系数

绝大多数物体都具有热胀冷缩的性质，受热膨胀，温度越高，膨胀得越厉害。膨胀的程度是用体积膨胀系数表示的。所谓体积膨胀系数，就是指温度每升高 1℃，液体增加的体积与原来体积的比值。燃气中液态烃的体积膨胀系数很大。当温度升高时，体积急剧增加，密度下降。例如在容器中，液化石油气液体绝不允许全部充满容器，必须留有一定富裕量的蒸气体积。否则，在温度升高到一定的程度时，容器就有胀裂爆炸的危险。

单一液体的体积膨胀系数按下列公式计算：

$$\beta=(v_{t2}-v_{t1})/\{v_{t1}(t_2-t_1)\} \tag{1-11}$$

式中　β——液体体积膨胀系数；

v_{t1}、v_{t2}——温度为 t_1 和 t_2 时液体的质量体积，m^3/kg。

在不同的温度范围内某些液态烃的体积膨胀系数 β 平均值列于表 1-9。

在不同的温度范围内某些液态烃的体积膨胀系数 β 平均值　　表 1-9

温度(℃)	−30～0	0～10	10～20	20～30	30～40	40～50	50～60
乙烯	0.00454	0.00674	0.00879	0.01357	—	—	—
乙烷	0.00436	0.00495	0.01063	0.03309	—	—	—
丙烯	0.00254	0.00283	0.00313	0.00329	0.00354	0.00389	—
丙烷	0.00246	0.00265	0.00258	0.00352	0.00340	0.00422	0.00450
异丁烷	0.00184	0.00233	0.00171	0.00297	0.00217	0.00266	0.00259
正丁烷	0.00168	0.00181	0.00237	0.00173	0.00227	0.00222	0.00217
异丁烯	0.00184	0.00191	0.00206	0.00213	0.00226	0.00244	
异戊烷	0.00113	0.00192	0.00126	0.00186	0.00122	0.00181	
水		0.0000299	0.00014	0.00026	0.00035	0.00042	

在温度变化值不同时，某些液态烃的体积变化百分数列于表1-10。

在温度变化值不同时，某些液态烃的体积变化百分数　表1-10

温度(℃)	−30～−10	−30～0	−30～+10	−30～+20	−30～+30	−30～+40	−30～+50
乙烯	8.3	11.9	16.9	22.6	29.9		
乙烷	8.0	11.6	15.3	22.3	38.1		
丙烯	4.8	7.1	9.5	11.95	14.4	16.9	19.5
丙烷	4.7	6.9	9.1	11.2	13.9	16.3	19.2
异丁烷	3.5	5.2	7.3	8.7	11.0	12.7	14.7
正丁烷	3.3	4.8	6.4	8.4	9.9	11.7	13.4
异丁烯	3.5	5.2	6.9	8.7	10.4	12.2	14.0
异戊烷	2.6	3.8	5.6	6.7	8.3	9.3	10.8

（四）露点和沸点

1. 露点

饱和蒸气经冷却或加压后，遇到接触面或凝结核便液化成露，这时在该压力下的温度称为露点。

烃类混合气体的露点与其组分、压力有关。当压力升高时，露点也随之升高。

2. 沸点

液体的饱和蒸气压与外界压力相等时的温度称为液体在该压力下的沸点。燃气中某些液态烃在0.101325MPa时的沸点温度列于表1-8。

沸点温度与外界压力有关，压力增高，沸点上升。如丙烷在0.101325MPa时的沸点温度为−42.17℃，当压力为0.8MPa（绝）时，沸点温度则上升到20℃。

在0.101325MPa（绝）下丙烷的沸点温度为−42.17℃，这说明在常压下液态丙烷于−42.17℃时，即处于沸腾状态。因此即使处于寒冷地区也可以气化。而正丁烷的沸点为−0.5℃，则在0℃以下基本不能气化。由此可见，在北方地区（尤其是寒冷季节）使用C_3组分较高的液化石油气比较合适，否则液化气瓶内的残液量太大。

（五）饱和蒸气压

密闭容器中的液体在一定的温度下，当气液两相处于平衡状态（单位时间内由液体变为蒸气的分子数目与由蒸气变为液体的分子数目相等）时的压力，称为该温度下的饱和蒸气压力。液体的饱和蒸气压力随温度而变化，温度升高则饱和蒸气压增大。

举例来说，在一定温度下将液化石油气灌入气瓶后（注意灌装不得超过规定的充装量），一部分分子就会挥发并从液相中逸散出来，形成蒸气，占据气瓶的上部空间。由于分子之间以及分子与液面、瓶壁之间互相碰撞，一部分蒸气分子又会重新凝结回到液相中。在开始一小段时间里，变成气体分子数量多于变成液态分子数量，随着分子数量的不断增加，凝结回到液体中的分子数量也不断增加。经过一个短暂的时间，逸散出液面的分子数与返回液面的分子数恰好相等，即通常所说的气、液态之间的分子数达到平衡。这个过程是一个动态平衡过程。此时液面上方的蒸气即为饱和蒸气，它所具有的压力称为饱和蒸气压。

某些烃类饱和蒸气压力与温度的关系见表1-11和图1-2。

某些烃类饱和蒸气压力与温度的关系 **表 1-11**

温度(℃)	饱和蒸气压力(10^5Pa)(绝)											
	乙烷	乙烯	丙烷	丙烯	异丁烷	正丁烷	丁烯-1	顺丁烯-2	反丁烯-2	异丁烷	异戊烷	正戊烷
−25	12.15	21.92	1.97	2.59								
−20	14.00	24.98	2.36	3.08								
−15	16.04	28.33	2.85	3.62	0.88	0.56	0.70	0.46	0.52	0.73		
−10	18.31	31.99	3.38	4.23	1.07	0.68	0.86	0.57	0.65	0.89		
−5	20.81	35.96	3.99	4.97	1.28	0.84	1.05	0.71	0.78	1.08		
0	23.55	40.25	4.66	5.75	1.53	1.02	1.27	0.87	0.97	1.30	0.34	0.24
5	25.55	44.88	5.43	6.65	1.82	1.23	1.52	1.05	1.17	1.55	0.42	0.30
10	29.82	50.00	6.29	7.65	2.15	1.46	1.82	1.26	1.40	1.84	0.52	0.37
15	33.36		7.25	8.74	2.52	1.74	2.15	1.51	1.66	2.17	0.63	0.46
20	37.21		8.33	9.92	2.94	2.05	2.52	1.79	1.97	2.55	0.76	0.58
25	41.37		9.51	11.32	3.41	2.40	2.95	2.11	2.31	2.97	0.91	0.67
30	45.85		10.80	12.80	3.94	2.80	3.43	2.47	2.70	3.45	1.08	0.81
35	48.89		12.26	14.44	4.52	3.24	3.96	2.87	3.13	3.99	1.27	0.96
40			13.82	16.23	5.13	3.74	4.56	3.33	3.62	4.58	1.49	1.14
45			15.52	18.17	5.90	4.29	5.22	3.83	4.16	5.24	1.74	1.34
50			17.44	20.28	6.69	4.90	5.94	4.39	4.75	5.98	2.2	1.57

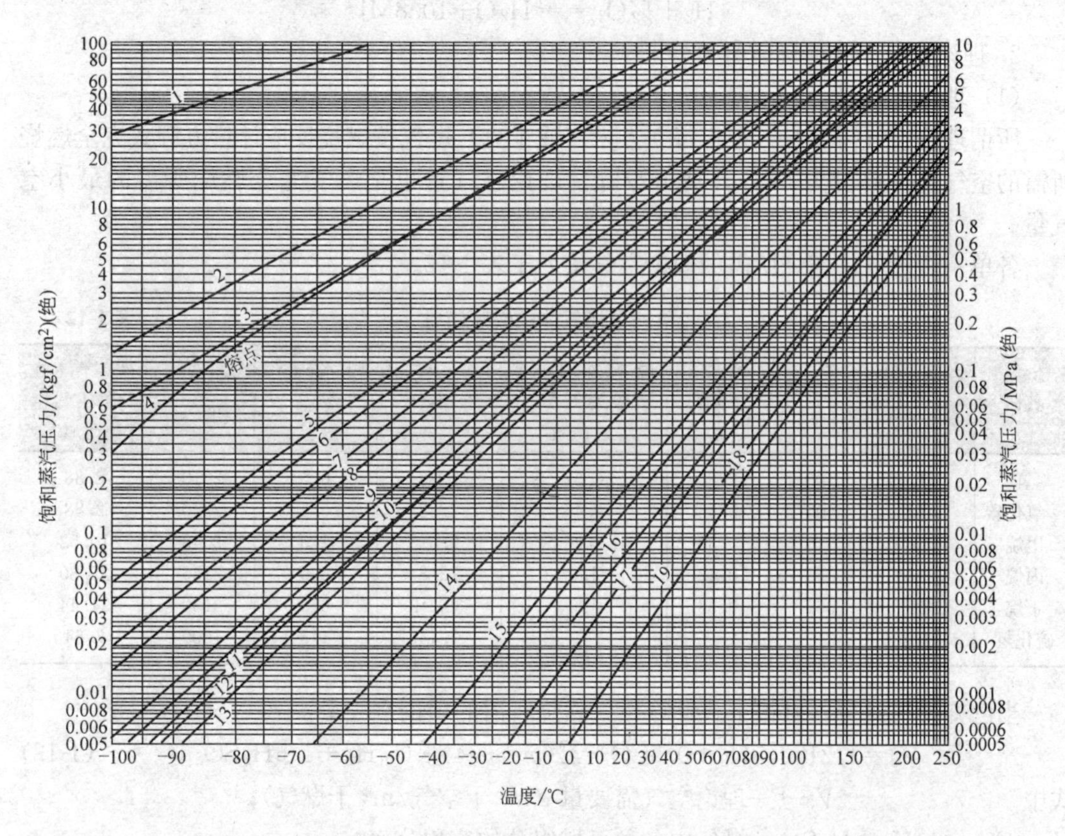

图 1-2 某些烃类饱和蒸汽压力与温度的关系

1—甲烷；2—乙烯；3—乙烷；4—乙炔；5—丙烯；6—丙烷；7—丙二烯；8—丙炔；9—异丁烷；10—异丁烯、丁烯-1；11—丁二烯-1、3；12—正丁烷；13—顺丁烯-2；14—戊烷；15—已烷；16—异庚烷；17—庚烷；18—异辛烷；19—辛烷

（六）黏度

燃气是有黏滞性的，这种特性用黏度表示。气体的黏度随温度的升高而增加，而液体的黏度则随温度的升高而降低。某些单一气体的动力黏度和运动黏度参数列于表1-5和表1-6。

五、燃气的燃烧和爆炸

（一）燃气的燃烧特性

1. 燃气的燃烧

气体燃料中含有碳、氢等元素，因其本身是可燃物质，所以在空气中氧的作用下，一遇明火即可进行燃烧。在燃烧过程中，碳、氢和氧发生化学反应，散发出光和热。

气体燃料在氧的作用下可发生如下反应：

$$CO+0.5O_2 = CO_2+12.6MJ$$

$$CH_4+2O_2 = CO_2+2H_2O+35.91MJ$$

$$C_3H_8+5O_2 = 3CO_2+4H_2O+93.224MJ$$

$$C_4H_{10}+6.5O_2 = 4CO_2+5H_2O+123.65MJ$$

$$H_2S+1.5O_2 = SO_2+H_2O+23.8MJ$$

$$H_2+\frac{1}{2}O_2 = H_2O+10.8MJ$$

2. 理论空气量和实际空气量

（1）理论空气量

所谓理论空气需要量，是指每立方米（或千克）燃气按燃烧反应计量方程式完全燃烧所需的空气量，单位为 m^3/m^3 或 m^3/kg。理论空气量也是燃气完全燃烧所需的最小空气量。

各单一可燃气体燃烧所需的理论空气量列于表1-12。

单一可燃气体的燃烧特性 **表1-12**

名称	分子式	着火温度 t(℃)	最大燃烧速度 μ(m/s)	最大燃烧速度时一次空气系数 α	理论空气和耗氧量(m^3/m^3)		燃烧热量温度(℃)	理论烟气量(m^3/m^3 干燃气)V_0^f
					空气	氧		
氢	H_2	400	2.80	0.57	2.38	0.5	2210	2.88
一氧化碳	CO	605	0.56	0.46	2.38	0.5	2370	2.88
甲烷	CH_4	540	0.38	0.9	9.52	2.0	2043	10.52
丙烷	C_3H_8	450	0.42	1.0	23.8	5.0	2155	25.80
丁烷	C_4H_{10}	365	0.38	1.0	30.94	6.5	2130	34.44
硫化氢	H_2S	270			7.14	1.5	1900	7.64

当已知燃气组分，可按下式计算燃气燃烧所需的理论空气量：

$$V_0=1/21[0.5H_2+0.5CO+\sum(m+n/4)\cdot C_mH_n+1.5H_2SO_2] \quad (1\text{-}12)$$

式中 V_0——理论空气需要量（m^3 干空气/m^3 干燃气）；

H_2、CO、C_mH_n、H_2S——燃气中各种可燃组分的容积分率；

O_2——燃气中氧的容积分率。

从以上燃气燃烧反应方程式中看出，燃气的热值越高，燃烧所需的理论空气量也越多。

(2) 实际空气需要量

由于燃气与空气存在混合不均匀性，如果在实际燃烧装置中仅供给理论空气量，则很难保证燃气与空气的充分混合，进行完全燃烧。因此，实际供给的空气量应大于理论空气量，以增加燃气分子与空气分子相互碰撞的机会，促使燃烧完全。

实际供给的空气量 V 与理论空气量 V_0 之比称为过剩空气系数 a。即：

$$a=V/V_0 \quad \text{或} \quad V=aV_0 \tag{1-13}$$

通常 $a>1$，a 值的大小决定于燃气燃烧方法及燃烧设备的运行工况。在民用燃具中 a 一般控制在 1.3～1.8 之间。a 过小，使燃烧不完全，燃料的化学热不能充分发挥；a 过大，则增加烟气体积，降低炉膛温度，增加排烟热损失，其结果都使加热设备的热效率降低。

3. 理论烟气量和实际烟气量

燃气燃烧后的产物就是烟气。

(1) 理论烟气量

当只供给理论空气量时，燃气完全燃烧产生的烟气量称为理论烟气量。理论烟气的组分是 CO_2、SO_2、N_2 和 H_2O。前三种组分合在一起称为干烟气；包括 H_2O 在内的烟气称为湿烟气。常用燃气的理论烟气量列于表 1-12。

(2) 实际烟气量

当有过剩空气时，烟气中除理论烟气组分外，尚含有过剩空气，这时的烟气称为实际烟气量。近似计算为：

$$V_f=V_f^0+(\alpha-1)V_0 \tag{1-14}$$

式中 V_f——实际烟气量，m^3/m^3；

V_f^0——理论烟气量，m^3/m^3；

V_0——理论空气量，m^3/m^3；

α——过剩空气系数。

如果燃烧不完全，烟气中除含有 CO_2、SO_2、N_2 和 H_2O 外，还含有少量的 CO、CH_4、H_2 等可燃组分。

4. 着火温度

可燃物质只有达到着火温度才能燃烧。所谓着火，就是可燃气体与空气中的氧由稳定缓慢的氧化反应，加速到发热发光的燃烧反应的突变点，突变点的最低温度称为着火温度。实际上，着火温度不是一个固定值，它取决于可燃气体在空气中的浓度及其混合程度、压力、燃烧室的形状与大小。常见单一可燃气体着火温度列于表 1-12。

5. 爆炸极限

要使燃气燃烧，必须使燃气与空气或氧气形成一定比例的混合气，以保证燃气分子不断进行氧化反应。当混合气中的可燃气体过多，由于助燃气体很少，只能使一小部分可燃气体燃烧产生热，而这些热量大都消耗在加热过剩的可燃气上，不可能使混合物温度升到着火温度，因此不能产生燃烧。这时，可燃气体在混合气中占的百分数称为爆炸上限。当混合物中可燃气体过少时，只能产生少量的热量，并且大部分消耗在加热助燃气体上。因此不能使混合物温度升至着火温度，燃烧也不会发生。这时可燃气体在混合物中的百分数称为爆炸下限。常见可燃气体的爆炸极限列于表1-5和表1-6。

6、燃烧速度

燃气与空气的混合气中，火焰面向未燃气体方向的传播速度叫燃烧速度或火焰传播速度。人们将达到着火温度的燃气与空气混合气的瞬间燃烧称为点火。燃烧首先从极薄的表面上开始，燃气分子同氧进行反应，产生热的同时使附近的混合气层点燃形成新的火焰面，并逐层传播。

燃烧速度是气体燃烧的最重要特性之一，其大小是与燃气的成分、温度、混合速度、混合气体压力、燃气与空气的混合比例有关。单一可燃气体最大燃烧速度列于表1-12。从表列数据可知，氢的热传导系数大，燃烧速度快，而甲烷、丙烷、丁烷热传导系数小，燃烧速度相对慢。燃气中如含有惰性气体，火焰传播速度会降低；可燃气体温度上升，火焰传播速度和火焰温度也上升。当空气量略低于理论空气量，即一次空气系数小于1时，燃烧速度为最大。燃烧速度因火焰的方向而异，一般向上最快，横向次之，向下最慢。

（二）燃烧稳定性

燃烧的稳定性是以有无脱火、回火和光焰的现象来衡量。正常燃烧时，燃气离开火孔速度同燃烧速度相适应，这样在火孔上形成一个稳定的火焰。如果燃气离开火孔的速度大于燃烧速度，火焰就不能稳定在火孔出口处，而离开火孔一定距离，并有些颤抖，这种现象叫离焰。与此相反，当燃气离开火孔的速度小于燃烧速度，火焰会缩入火孔内部，导致混合物在燃烧器内燃烧、加热，破坏一次空气的引射，并形成化学不稳定燃烧，这种现象称为回火。

当燃烧时空气供应不足（如风门关小），不会产生回火，但此时在火焰表面将形成黄色边缘，这种现象称为光焰。它说明产生化学不完全燃烧，当过量增大一次空气时，火焰就缩短，甚至火从进气风门处冒出，这也是常见的回火现象。

液化石油气在燃烧时，可以观察到发光的火焰。产生这种现象的原因是由于燃烧反应之初氧气不足，其中部分燃气分子燃烧，并使未燃的燃气温度升高到600℃以上，这个温度超过了化学键的破坏点，使丙烷分子解体。这时丙烷分子高速运动，相互碰撞，使氢原子成为自由原子，在这样的温度下碳原子为白炽的，使火焰发出光。

总之造成脱火、回火和光焰的现象，是与一次空气系数、火孔出口流速、火孔直径以及制造燃烧器的材料等因素有关。

第四节　城镇燃气的加臭

一、燃气加臭剂的种类

几种常见的无毒燃气加臭剂见表1-13。

常见的无毒燃气加臭剂　　表1-13

名称	四氢噻吩	三丁基硫醇	正丙硫醇	异丙硫醇	乙硫醇	乙硫醚	甲硫醚	二甲基硫醚
简称	THT	TBM	NPM	IPM	EM	DES	MES	DMS
分子式	C_4H_8S	C_4H_9SH	C_4H_7SH	C_3H_7SH	C_2H_5SH	$C_4H_{10}S$	C_8H_8S	C_2H_6S

二、燃气加臭的基本规定

为能及时消除燃气泄漏引起的中毒、爆燃等事故，城镇燃气应具有可以察觉的臭味。根据 GB 50028《城镇燃气设计规范》的规定，燃气中加臭剂的最小量应符合下列规定：

1. 无毒燃气泄漏到空气中，达到爆炸下限时，20%时应能察觉；

2. 有毒燃气泄漏到空气中，达到对人体的有害浓度时，应能察觉；

对于以一氧化碳为有毒成分的燃气，当空气中一氧化碳含量达到 0.02%（体积数）时，应能察觉。

三、燃气加臭剂的要求

城镇燃气加臭剂应符合下列要求：

1. 加臭剂和燃气混合在一起后应具有特殊的臭味；

2. 加臭剂不应对人体、管道或与其接触的材料有害；

3. 加臭剂的燃烧产物不应对人体呼吸有害，并不应腐蚀或伤害与此燃烧产物经常接触的材料；

4. 加臭剂溶解于水的程度不应大于 2.5%（质量分数）；

5. 加臭剂应有在空气中能察觉的加臭剂含量指标；

6. 臭味剂加入量：我国目前采用的臭味剂主要有四氢噻吩（THT）和乙硫醇(EM)。燃气中乙硫醇加入量一般为：16mg/Nm^3（天然气）；45mg/Nm^3（液化石油气）。

第二章 燃气供应系统

燃气供应系统取决于城市气源条件，并应遵照城市总体规划以及燃气专项规划要求。目前在我国城市燃气供应系统主要有人工煤气供应系统、液化石油气供应系统和压缩天然气供应系统。其中人工煤气供应系统由于受资源、环境条件的限制和国家能源政策的调整，已较少采用，原有人工煤气正逐步被液化石油气或天然气所取代。

第一节 液化石油气供应系统

由于液化石油气易于压缩成液体，便于用火车罐车、汽车罐车或船舶运输，也可以通过管道输送。既可在生产地点储存，也可在二次分配或用户用气点储存。因此液化石油气供应系统具有投资省、建设快、供应灵活等特点。

一、液化石油气供应

液化石油气供应系统工程如图 2-1 所示。它由以下五部分组成：

1. 液态液化石油气运输；
2. 液化石油气供应基地（包括储存站、储配站和灌装站）；
3. 液化石油气气化站、混气站和瓶组气化站；
4. 瓶装液化石油气供应站；
5. 液化石油气用户。

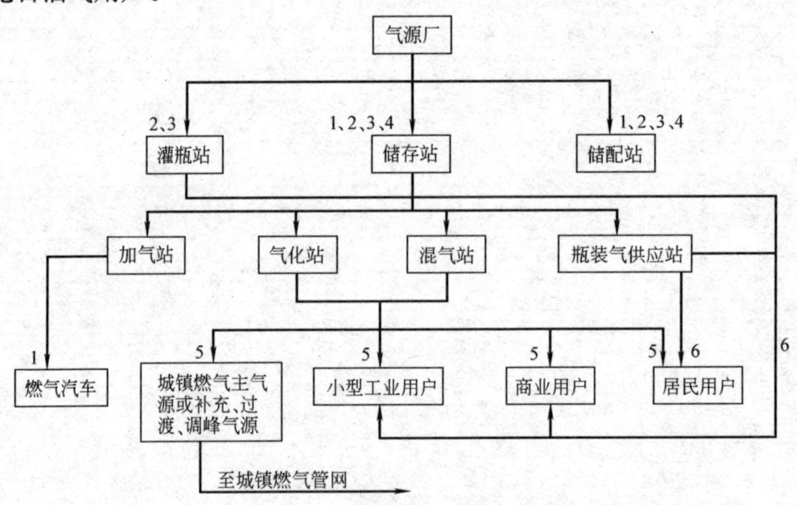

图 2-1 液化石油气供应系统

1—管道输送；2—铁路罐车运输；3—汽车罐车运输；4—槽船运输；5—气相管输送；6—运瓶车运输

二、液化石油气供应方式

根据国家标准《城镇燃气设计规范》GB 50028，液化石油气供应方式可分为四种，即瓶装气、气态管道气、掺混气和汽车加气。

（一）瓶装液化石油气供应

这种方式是将液态石油气在储配站或灌装站中进行气瓶灌装，然后将其送往液化石油气供应站（或中转站），再配送到用户使用。这种供应方式是目前应用最为广泛的供应方式。有关气瓶供应及安全管理将在第六章重点介绍。

（二）气态液化石油气管道供应

这种供应方式是将液态液化石油气在气化站内进行气化，然后将气态液化石油气通过管道经调压送入城镇燃气用户使用。

（三）液化石油气混合气管道供应

这种供气方式是将液化石油气在混气站内与空气或低热值可燃气体混合，形成城镇燃气所要求的掺混气（或称代天然气），经调压通过管道供应用户使用。这种方式一般适用于中小城市供气，也可以作为城镇管道燃气的过渡气源、补充气源与调峰气源系统。

（四）液化石油气汽车加气

这种方式是通过汽车用液化石油气加气站向汽车充装液化石油气作为车用燃料。

三、液化石油气供应工艺流程

（一）液化石油气供应基地

液化石油气供应基地按储配功能可分为储存站、灌装站和储配站。

1. 液化石油气储存站

储存站是从系统接收液化石油气加以储存，并将其转输给储配站、灌装站、混气站和加气站等。其主要功能是储存液化石油气、调节系统供气和用气不平衡，保证连续正常供气，有的储存站也设有灌瓶设施。液化石油气储存站工艺流程如图 2-2 所示。

液化石油气自气源厂送入储存站，经过滤、计量后，分别进入储存站内各储罐。储存站一般设在气源厂附近，或设在同时供应几个灌装站相适应的地方。储存站在向灌装站或大型用户供应液化石油气时，可采用管道、铁路罐车或汽车罐车等方式运送，用烃泵将储罐中的液化石油气加压，经计量后，通过管道送至灌瓶站或用户。当储罐中的液位较低时，可用压缩机加压，以避免烃泵运行时发生气蚀现象。

2. 液化石油气灌装站

液化石油气灌装站的主要功能是进行灌装作业，对到站的空瓶进行灌装以及残液倒空。同时，也充装汽车罐车，并将其送至气化站和混气站。小型灌装站工艺流程如图 2-3 所示。

汽车罐车进站后，将罐车上的装卸软管与气站装卸台上的管道相连接，然后启动压缩机抽吸储罐中的气体，并压入汽车罐车内，或使液化石油气经管道卸入气站储罐。

灌装气瓶时，一般采用泵或泵—压缩机联合将储罐内的液化石油气经管道送至灌瓶秤灌装。小型灌装站多采用单秤手工灌装。

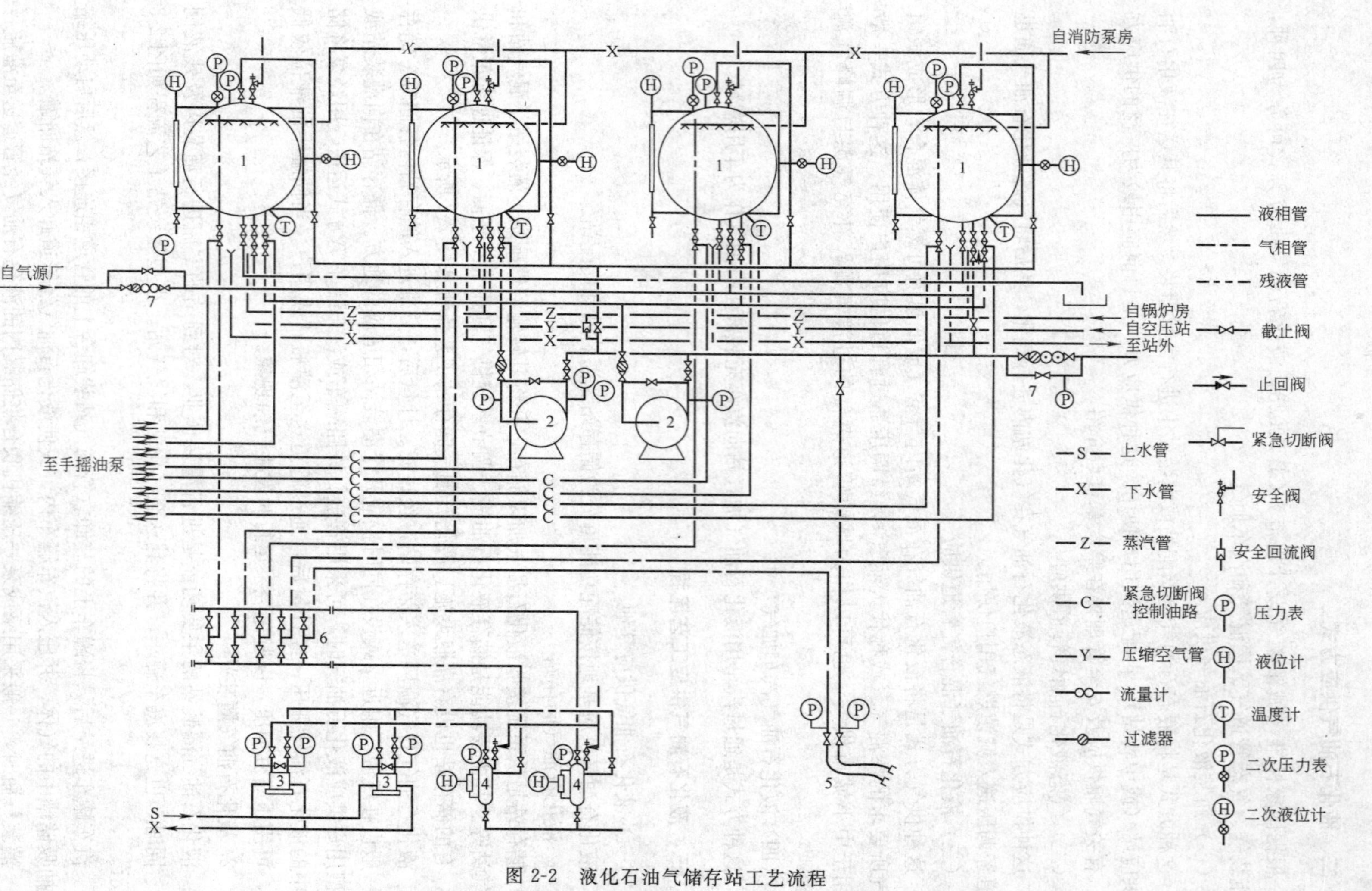

图 2-2　液化石油气储存站工艺流程

1—储罐；2—泵；3—压缩机；4—分离器；5—汽车装卸台；6—气相阀门组；7—计量装置

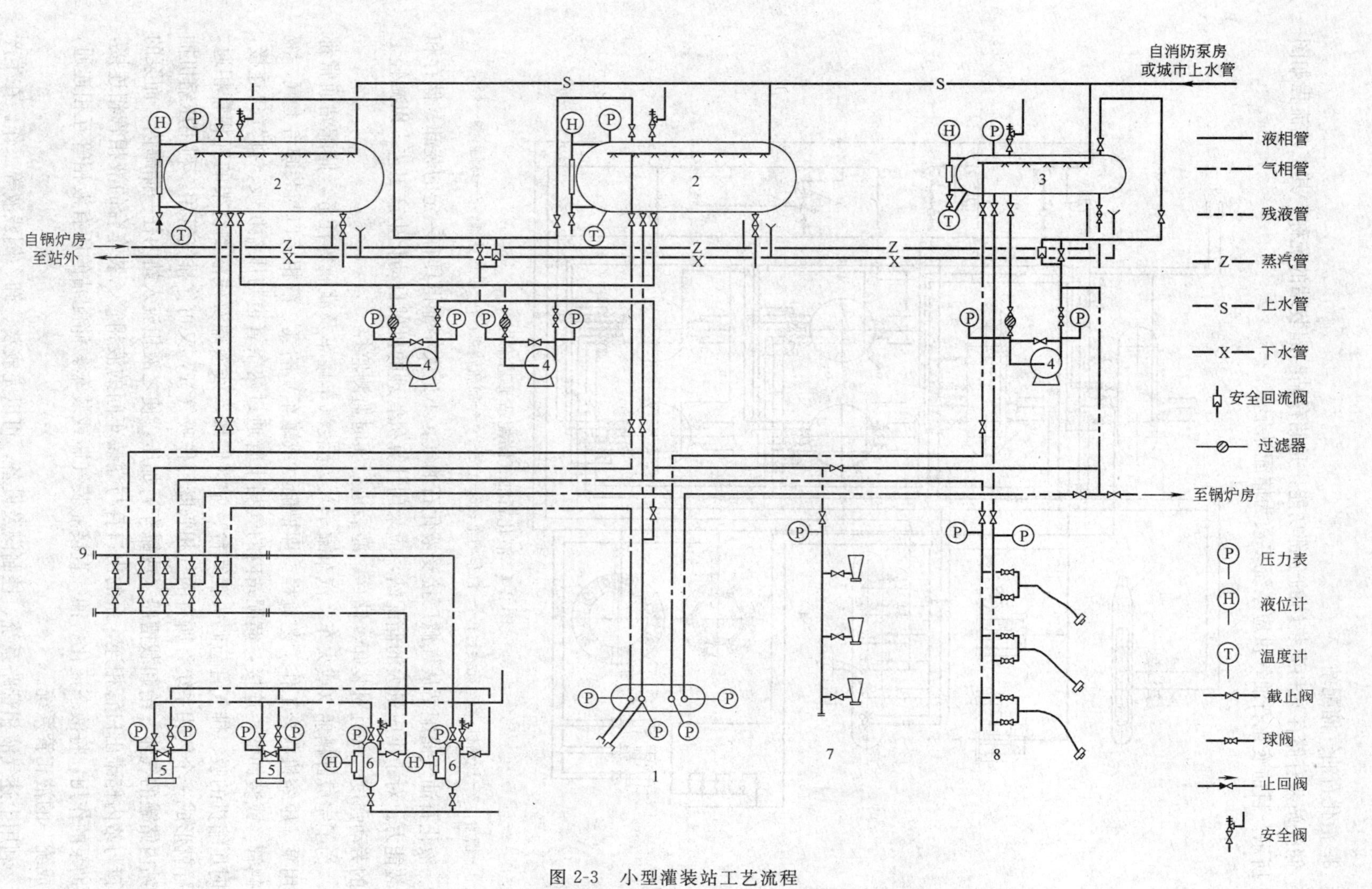

图 2-3　小型灌装站工艺流程

1—汽车装卸台；2—储罐；3—残液罐；4—泵；5—压缩机；6—分离器；7—灌瓶秤；8—残液倒空嘴；9—气相阀门组

3. 液化石油气储配站

储配站兼有储存站和灌装站的全部功能，是储存站与灌装站的统称，其工艺流程如图2-4所示。目前液化石油气供应系统多数为储配站形式。

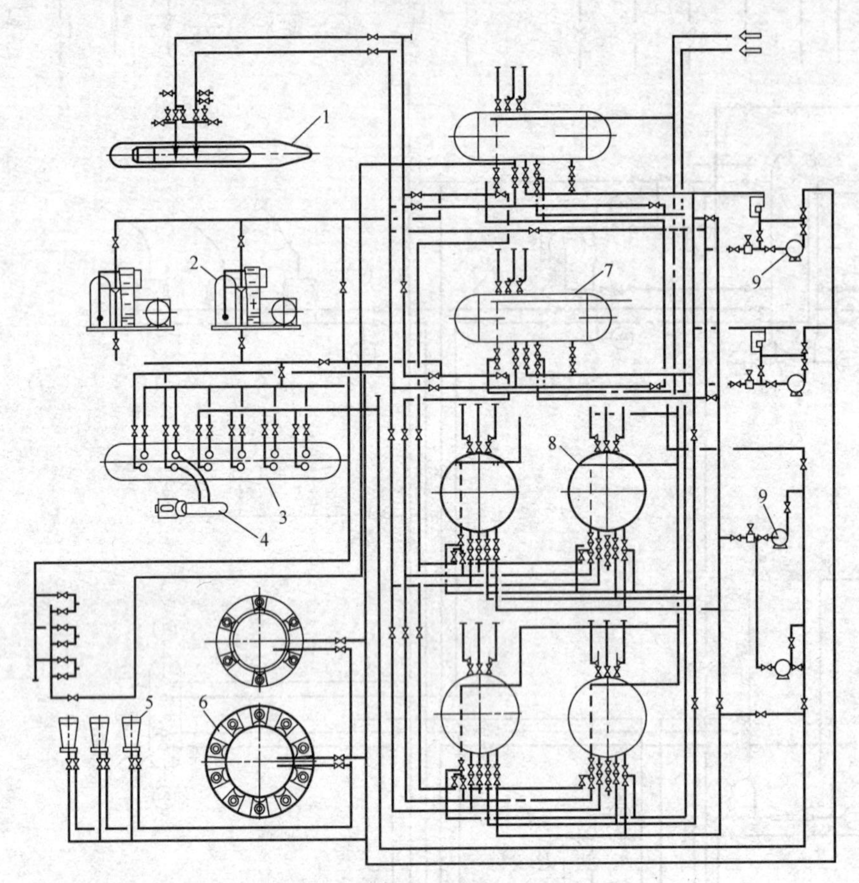

图2-4 液化石油气储配站工艺流程

1—槽船；2—压缩机；3—充装台；4—汽车槽车；5—台秤；6—灌瓶转盘；7—卧式储罐；8—球罐；9—烃泵

液化石油气储配站从气源厂接受液化石油气，不论大小都得具有一定的装卸、储存和灌装能力。对于供应量大的储配站，应采用计算机管理的机械自动化生产工艺，以减轻工人的劳动强度，并且对装卸、储存、灌装进行实时监测监控。

为了完成卸槽船（或火车、汽车罐车）、充装汽车罐车及灌瓶等任务，储配站通常都采用泵—压缩机联合工作工艺流程。即槽船（或罐车）的气、液相接口与装卸台上气、液相鹤管（或装卸臂）连接，储配站内的气相干管通过两条管道与压缩机吸、排气口连接，同时压缩机的吸、排气管与码头装卸台、站区储罐、残液罐及残液倒空架的气相管相通，这样就形成一个气相系统，所有的气相管既可作吸气管，又可作排气管用。利用压缩机抽吸站内储罐的气体，给卸载槽船（或罐车）加压，使之液相流入站内任一储罐内。而泵的入口与站内储罐出口管相连，泵的出口管与灌装车间的液相管、装车台的液相管相连接，借助泵的作用，将液态液化石油气直接灌装气瓶或装车。储配站的所有液相管互相连通，形成统一的液相管系统。

利用上述气液相管路系统、控制阀及设备，可以完成装、卸、倒残液等工作。在生产中，气瓶和汽车罐车充装一般用烃泵进行。但也可以通过压缩机给储罐升压来灌装。利用泵灌装时，不允许泵内液相气多次循环，防止液相过热，使泵内形成“气塞”，而破坏泵运转。因此在泵的工作系统中设有溢流阀（或旁通阀），可自动将多余的液相排入回流管，流回储罐。

由于气相管道在变化的温度和压力下运行，管内可能产生冷凝液，为避免液相以及液化石油气杂质、水分带进压缩机气缸，在压缩机入口管上应安装气液分离器，并在压缩机出口管上设置油气分离器，以避免将气缸中的润滑油随气相带出而污染其他设备。

4. 液化石油气气化站

液化石油气气化站的作用是将液态液化石油气强制加热使之转变为气相液化石油气，它具有气化效率高、气源压力和质量稳定等特点，可作为用气量大的用户和城市社区的主要气源。气化方式有多种，主要有两种：①等压气化；②加压气化。气化站典型工艺流程如图 2-5 所示。

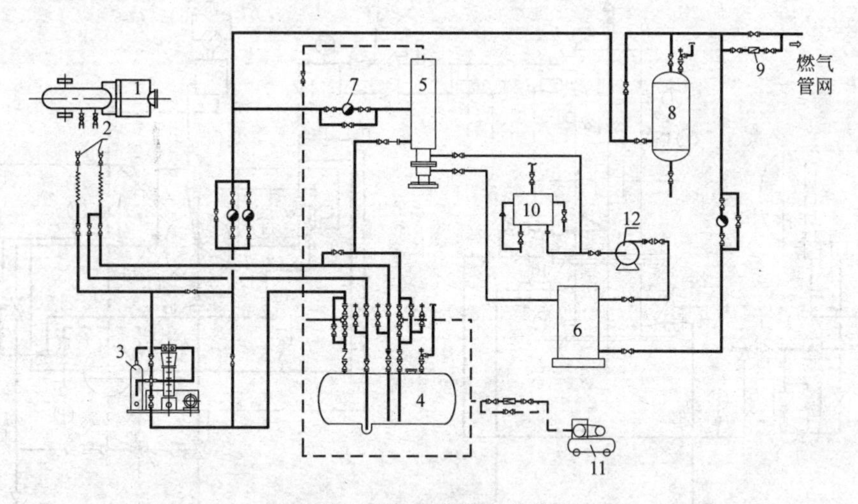

图 2-5　气化站典型工艺流程

1—罐车；2—装卸柱；3—压缩机；4—地下储罐；5—气化器；6—热水炉；7—调压器；
8—气液分离器；9—流量计；10—补水箱；11—空压机；12—热水泵

气化站工作原理：液化石油气由汽车罐车 1，经装卸柱 2，并经压缩机 3 加压卸入气化站储罐 4 中。储罐中的液态液化石油气依靠自身的压力通过管道进入气化器 5，气化器由燃气快速热水炉 6 供给热水，液态液化石油气在气化器中与热水交换，吸热气化。气相液化石油气经气相调压器 7 调压，调压器进口设置压力关断阀（手动恢复；测调压器出口压力），再通过气液分离器 8 和燃气计量表 9，送入城镇燃气管网。

液化石油气气化站内的主要设备有汽车罐车装卸柱、压缩机、储罐、紧急切断装置、燃气快速热水炉、气化器、压力关断阀、调压器、气液分离器、燃气计量表、空气压缩机、补给水装置、管道、仪表控制设备及其他附件等。

5. 液化石油气混气站

(1) 混气系统工艺要求

液化石油气可与空气或其他低热值可燃气体混合配制成所需要混合气。混气系统的工艺设计应符合下列要求：

1）液化石油气与空气的混合气体中，液化石油气的体积百分含量必须高于其爆炸上限的 2 倍。

2）混合气作为城镇燃气主气源时，燃气质量应符合国家标准《城镇燃气设计规范》GB 50028 第 3.2 条的规定；作为调峰气源，补充气源和代用其他气源时，应与主气源或代用气源具有良好的燃烧互换性。

3）混气系统中应设置当参与混合的任何一种气体突然中断或液化石油气体积百分含量接近爆炸上限的 2 倍时，能自动报警并切断气源的安全连锁装置。

4）混气装置的出口总管上应设置检测混合气热值的取样管。其热值仪宜与混气装置连锁，并能实时调节其混气比例。

（2）掺混方式

掺混气的制备过程，包括液态液化石油气、气态液化石油气与一定数量的空气或低热

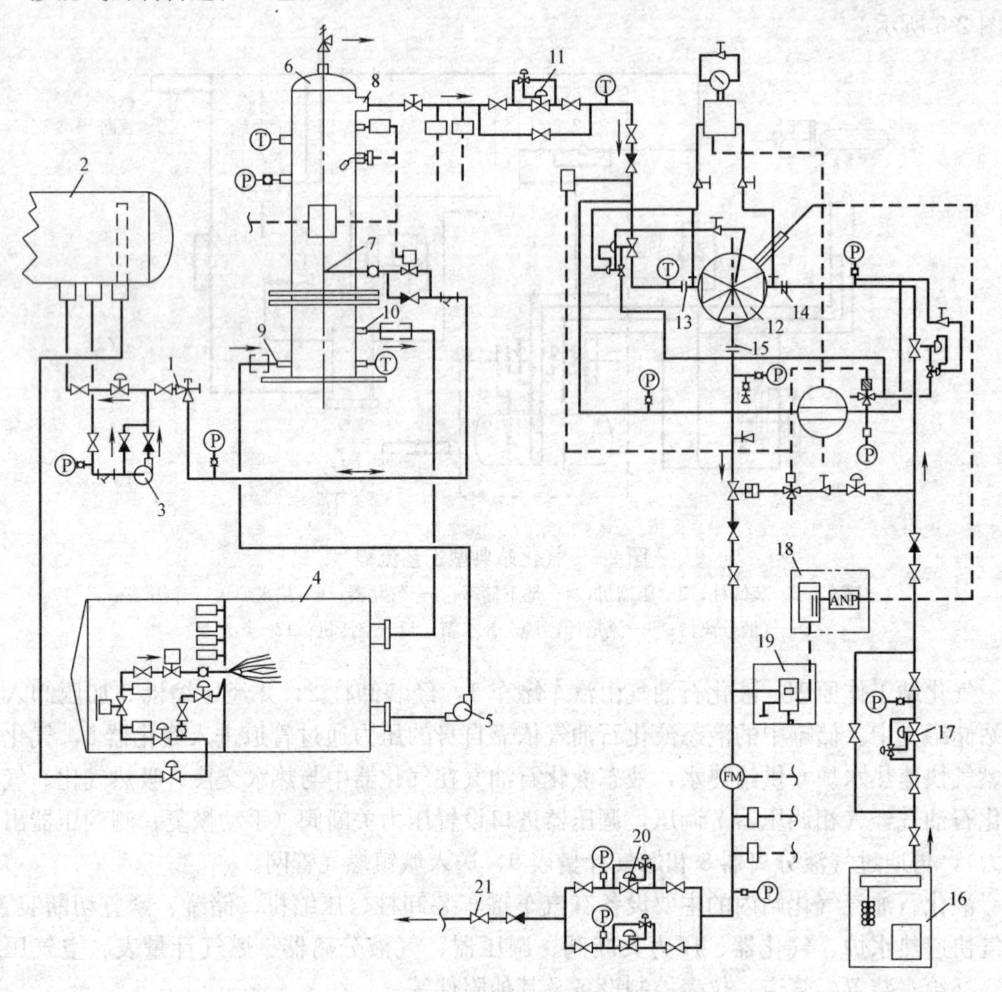

图 2-6　比例式掺混装置典型工艺流程

1—液相入口；2—储罐；3—液态烃泵；4—热水锅炉；5—水泵；6—气化器；7—气化器液相入口；8—气化器气相出口；9—气化器热水入口；10—气化器热水出口；11—气相液化石油调压器；12—混合器；13—混合器气相入口；14—混合器空气入口；15—混合器燃气入口；16—空气压缩机；17—空气调压器；18—燃气质量控制器；19—快速热值仪；20—混合燃气调压器；21—混合燃气出口阀门

值燃气相混合。混气方式主要有引射式、鼓风式和比例流量式三种。

1）引射式 液化石油气以一定的压力由引射器的喷嘴射出，将空气带进混合管，从而获得一定比例的混合气。其特点是：可利用液化石油气自身压力作为动力，运行费用低，工艺过程简单。但噪声较大，供气压力低，供气范围较小。

2）鼓风式 混合器利用调节装置调节通过截面比例，使加压的空气与气态液化石油气按一定的比例进入混合器混合，再经鼓风机压送出去。其特点是：获得的掺混气压力较高。但消耗电能，运行费用较高。

3）比例流量式 高压空气与液化石油气经调压、计量后进入混合器混合，其混合比例由调节装置进行自动调节。其特点是：所获得的混合气压力高，但设备复杂，耗电量大，适用于掺混气需用量大的大型混气站。

（3）比例流量式掺混气工艺流程

比例流量式混合器是液化石油气与空气掺混的主要装置，这种掺混系统规模大，自动控制程度高，可作为城镇燃气的主要气源或调峰气源、补充气源。其典型工艺流程如图2-6所示。

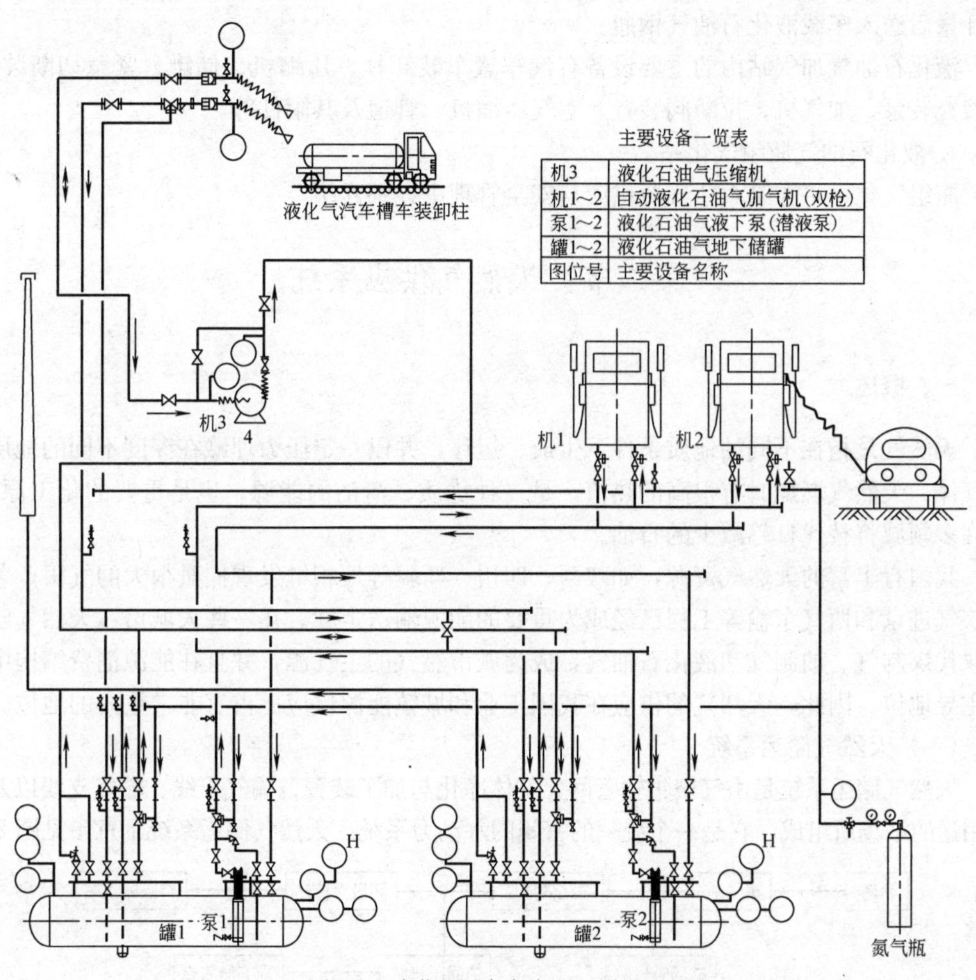

图2-7 液化石油气加气站工艺流程

1—地下储罐；2—潜液泵；3—加气机；4—压缩机

液化石油气由储罐 2 经烃泵 3 送入气化器 6，气化器由热水锅炉 4 供给热水加热，使液化石油气气化，气相液化石油气经气相调压器 11 进入比例式流量混合器 12。空气经过滤、干燥后进入空气压缩机 16 加压，压缩空气经空气调压器 17 进入混合器 12，气相液化石油气与压缩空气在混合器中按比例进行混合，掺混气的比例由燃气质量控制器 18 进行控制，并经快速热值仪 19 对混合后的掺混气热值进行检验，合格后经混合燃气调压器 20 调压，再经出口阀门 21 送入城镇燃气管网。

6. 液化石油气汽车加气站

汽车用液化石油气与汽油、柴油相比，具有减少汽车尾气污染，改善空气质量；减少汽车噪声，增强抗爆性；延长发动机寿命等优点。近年来，液化石油气汽车加气站在我国大城市得到快速地发展，已成为液化石油气应用的新型用户。

液化石油气加气站工艺流程如图 2-7 所示。液化石油气由汽车罐车经装卸柱，并经压缩机加压卸入加气站储罐。由储罐内潜液充装泵或螺杆泵将液态液化石油气送入加气机给汽车加气。在给汽车加气时，加气机与潜液泵联动，当加气枪与汽车上灌装接头接通时，潜液充装泵同时启动工作，将储罐内的液态液化石油气抽出，经过滤、加压送入加气机，经计量后送入车载液化石油气钢瓶。

液化石油气加气站内的主要设备有汽车罐车装卸柱、压缩机、储罐、紧急切断装置、潜液充装泵、加气机、拉断阀装置、空气压缩机、管道及其附件等。

7. 液化石油气瓶组气化站

瓶组气化站将在第六章气瓶供应与安全管理中详细介绍。

第二节　天然气供应系统

一、概述

天然气是指在不同的地质条件下生成、运移，并以一定压力埋藏在深度不同的地层中的气体。天然气燃烧时有很高的热值，是一种优质、清洁的能源，也是重要的化工原料，在许多领域将替代日趋减少的石油。

我国有丰富的天然气资源，如陕西、四川、新疆等地相继发现储量很大的气田，著名的陕气进京和西气东输等工程已经成为重要的能源输送走廊。在一些大城市，天然气已逐步取代煤制气、油制气和液化石油气，成为城市燃气的主气源，并且在能源消费结构中占据主导地位。因此，天然气的供应在我国工业和城镇能源供应上占有非常重要的地位。

（一）天然气储运系统

天然气储运系统是由气田集输管网、气体净化与加工装置、输气干线、输气支线以及各种用途的站场所组成，它是一个统一的密闭的水动力系统。天然气储运系统示意参见图 2-8。

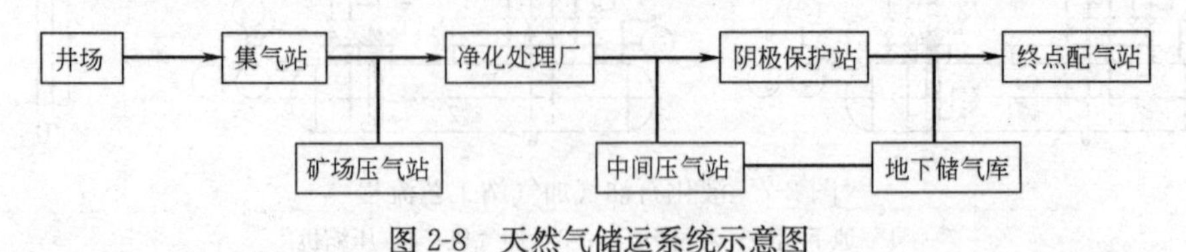

图 2-8　天然气储运系统示意图

（二）站场种类和作用

1. 井场

设于气井附近，从气井开采出来的天然气，经节流调压后，在分离器中脱除游离水、凝析油及杂质，经计量后送入集气管线。

2. 集气站

将两口以上的气井来气，从井口输送到集气站，在集气站内对各气井来的天然气进行节流、分离、计量后集中输入集气管线。

3. 压气站

压气站可分矿场压气站、输气干线起点压气站和输气干线中间压气站。当气田开采后期（或低压气田）地层压力不能满足生产和输送要求时，需设矿场压气站，将低压天然气增压至工艺要求的压力，然后输送到天然气处理厂或输气干线。天然气在输气干线中流动时，压力不断下降，需在输气干线沿途设置压气站，将气体增压到所需要的压力。压气站设置在输气干线的起点称之为起点压气站；压气站设置在输气干线的中间某一位置则称之为中间压气站。中间压气站的多少视具体工艺参数情况而定。

4. 天然气处理厂

当天然气中硫化氢（H_2S）、二氧化碳（CO_2）、凝析油等含量和含水量超过管输标准时，则需设置天然气处理厂进行脱硫化氢、二氧化碳，脱凝析油，脱水，使气体质量达到管输的标准。

5. 配气站（调压计量站）

设于输气干线或输气支线的起点和终点，有时中间有用户也需设中间计量站，其任务是接收输气管线来气，进站除尘，分配用气、调压、计量后将气体直接送给用户，或通过城市管道配气系统送到用户。

6. 集气管网和输气管网

在矿场内部，将各气井的天然气输送到集气站的输气管道叫集气管网。从矿场将处理好的天然气输送到远处用户的输气管道叫输气管网。

7. 清管站

为清除管内铁锈和水等污物，以提高管线输送能力，常在集气干线和输气干线设置清管站，通常清管站与调压计量站设在一起便于管理。

8. 阴极保护站

为防止和延缓埋地管线的电化学腐蚀，在输气干线上每隔一定的距离设置一个阴极保护站。

二、天然气供应站场工艺流程

（一）气田集输站场工艺流程

气田集输站场工艺流程分为单井集输工艺流程和多井集输工艺流程。按其天然气分离时的温度条件，又可分为常温分离工艺流程和低温分离工艺流程。以下对较为典型的工艺流程进行简要介绍。

1. 井场装置

井场装置具有调控气井产量、调控天然气的输送压力和防止天然气生成水合物三种基本功能。比较典型的井场装置流程有以下两种类型：

（1）加热天然气防止生成水合物流程

加热天然气防止生成水合物流程如图 2-9 所示。图中 1 为气井，天然气从针形阀 2 出来后进入井场装置，首先通过加热炉 3 进行加热升温，然后经过第一级节流阀（气井产量调控节流阀）4 进行气量调控和降压，天然气再次通过加热器 5 进行加热升温，和第二级节流阀（气体输压调控节流阀）6 进行降压，以满足采气管线起点压力的要求。

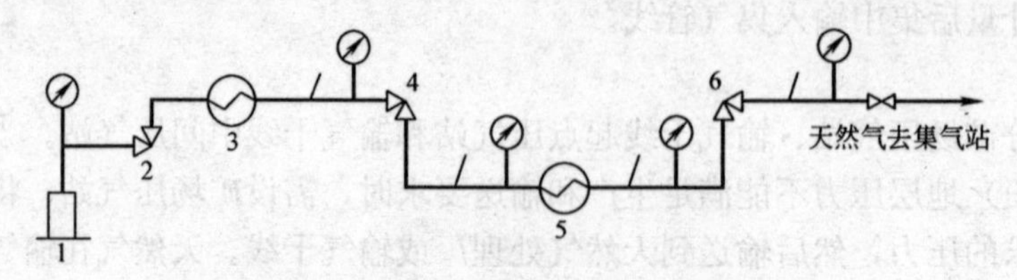

图 2-9　加热防冻的井场装置原理流程图

1—气井；2—采气针形阀；3—加热炉；4—第一级节流阀；5—加热器；6—第二级节流阀

（2）向天然气中注入抑制剂防止生成水合物流程

向天然气中注入抑制剂防止生成水合物流程如图 2-10 所示。图中的抑制剂注入器 1 替换了图 2-9 中的加热炉 3 和 5，流经注入器的天然气与抑制剂相混合，一部分饱和水汽被吸收下来，天然气的水露点随之降低。经过第一级节流阀（气井产量调控阀）进行气量控制和降压，再经第二级节流阀（气体输压调控阀）进行降压，以满足采气管线起点压力的要求。

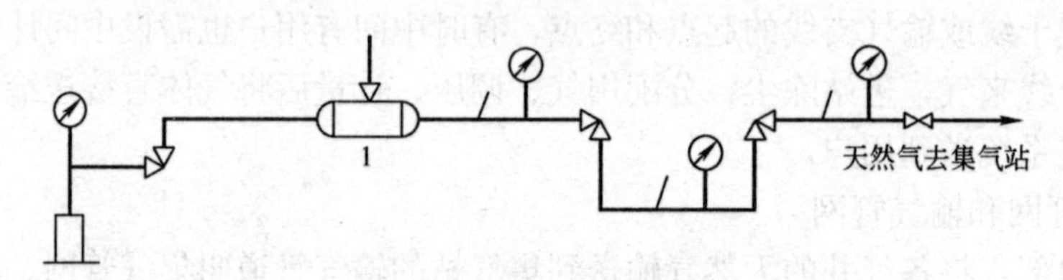

图 2-10　注抑制剂防冻的井场装置原理流程图

2. 常温分离集气站

天然气在分离器操作压力下，以不形成水合物的温度条件下进行气—液分离，称为常温分离。通常分离器的操作温度要比分离器操作压力条件下水合物形成温度高 3～5℃。我国目前常用的常温分离集气站工艺流程有以下几种：

（1）常温分离单井集气站工艺流程

常温分离单井集气站工艺流程如图 2-11（*a*）、（*b*）所示。图 2-11（*a*）中采气管线 1 的来气经进站截断阀 2，再到加热炉 3 加热，加热后的天然气经节流阀 4 节流降压后，输送到三相分离器 5，分别分离出气、油、水，天然气经分离器顶部孔板计量装置 6 计量，经出站截断阀 7 输送到集气管线 8；分离器中部分离出的液烃经液位控制自动放液阀 9 输送到流量计 10，经计量后通过出站截断阀 11 输入液烃管线 12，分离器底部分离出的水经液位控制自动放液阀 13，通过流量计 14 计量后，经出站截断阀 15，输入放水管线 16。

图 2-11（*a*）与图 2-11（*b*）不同之处在于分离设备选型不同，前者为三相分离器，后者为气液两相分离器，因此其使用条件各不相同。前者适用于天然气中液烃和水含量均较高的气井，后者适用于天然气中只含水或液烃较多和微量水的气井。

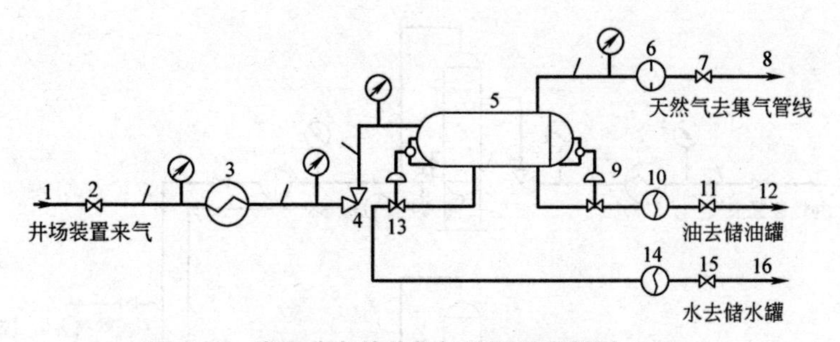

图 2-11　常温分离单井集气站原理流程图（*a*）

1—采气管线；2—进站截断阀；3—加热炉；4—节流阀；5—三相分离器；
6—孔板计量装置；7,11,15—气、油、水出站截断阀；8—集气管线；
9,13—液位控制自动放液阀；10,14—流量计；12—液烃管线；16—放水管线

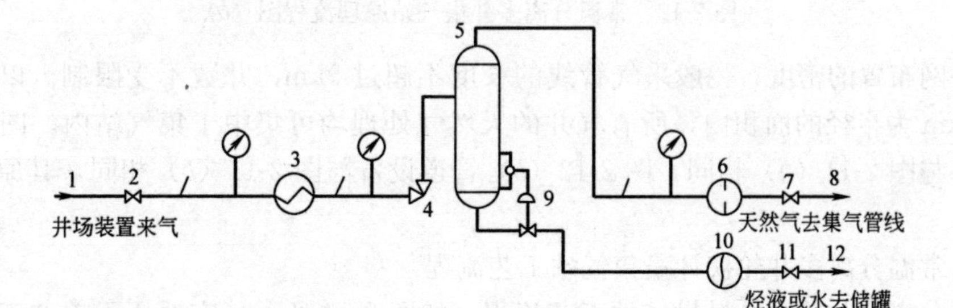

图 2-11　常温分离单井集气站原理流程图（*b*）

1—采气管线；2—进站截断阀；3—加热炉；4—节流阀；5—气液两相分离器；6—孔板计量装置；
7,11—气、油或水出站截断阀；8—集气管线；9—液位控制自动放液阀；10—流量计；12—液烃或水管线

常温分离单井集气站通常设置在气井井场。

（2）常温分离多井集气站工艺流程

常温分离多井集气站工艺流程也有两种类型，如图 2-12（*a*）、（*b*）所示。两种流程不同之处及适用范围与图 2-11（*a*）、（*b*）所示工艺流程基本相同。

图 2-12（*a*）、（*b*）所示仅为两口气井的常温分离多井集气站。多井集气站的井数取决

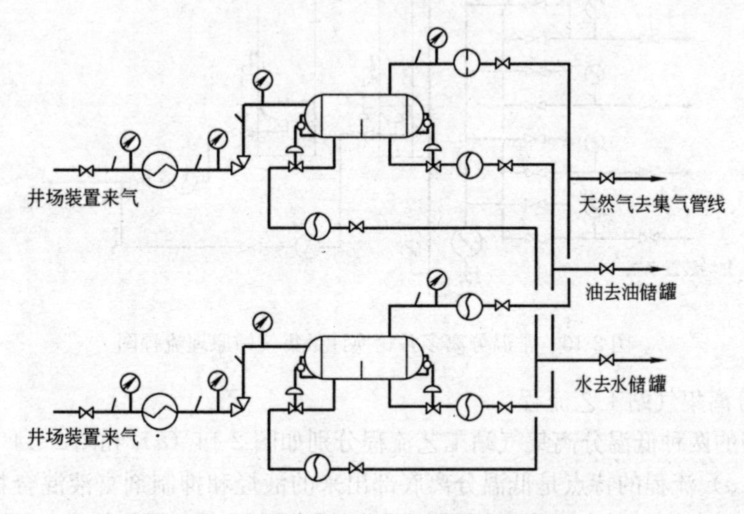

图 2-12　常温分离多井集气站原理流程图（*a*）

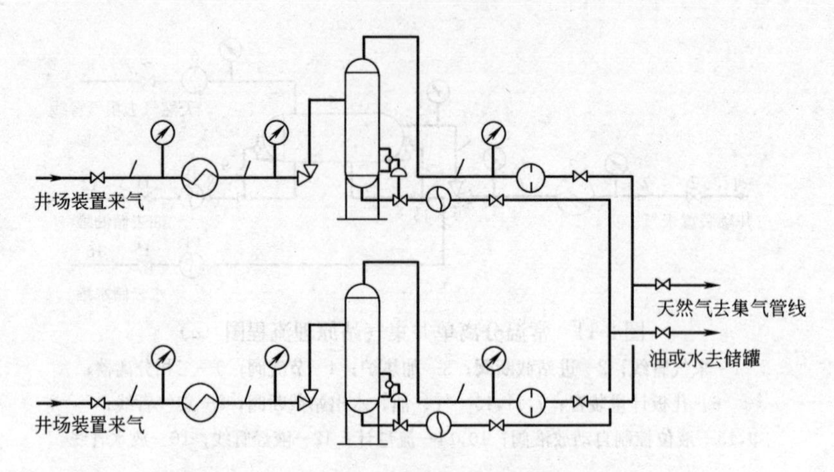

图 2-12 常温分离多井集气站原理流程图（b）

于气田井网布置的密度，一般采气管线的长度不超过 5km，井数不受限制。以集气站为中心，5km 为半径的面积内，所有气井的天然气处理均可集中于集气站内。图 2-12（a）管道设备与图 2-11（a）相同，图 2-12（b）管道设备与图 2-11（b）相同，其原理流程亦相同。

（3）常温分离多井轮换计量集气站工艺流程

常温分离多井轮换计量集气站工艺流程，如图 2-13 所示。它适用于单井产量较低而井数较多的气田。全站按井数多少设置一个或数个计量分离器，供各井轮换计量，再按集气量多少设置一个或数个生产分离器，分离器供多井共用。

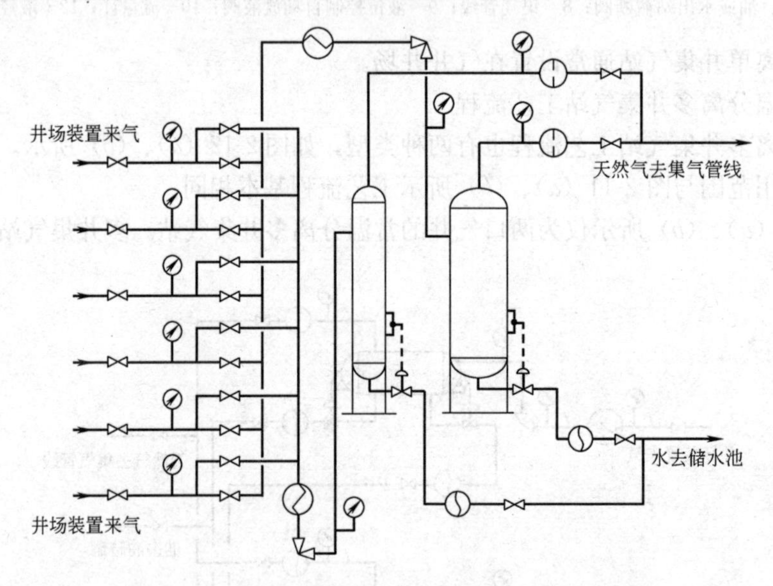

图 2-13 常温分离多井轮换计量集气站原理流程图

3. 低温分离集气站工艺流程

比较典型的两种低温分离集气站工艺流程分别如图 2-14（a）和图 2-14（b）所示。

图 2-14（a）流程的特点是低温分离底部出来的液烃和抑制剂富液混合物在站内未进行分离，混合液直接送到液烃稳定装置去处理。井场装置通过采气管线 1 输来气体，经过

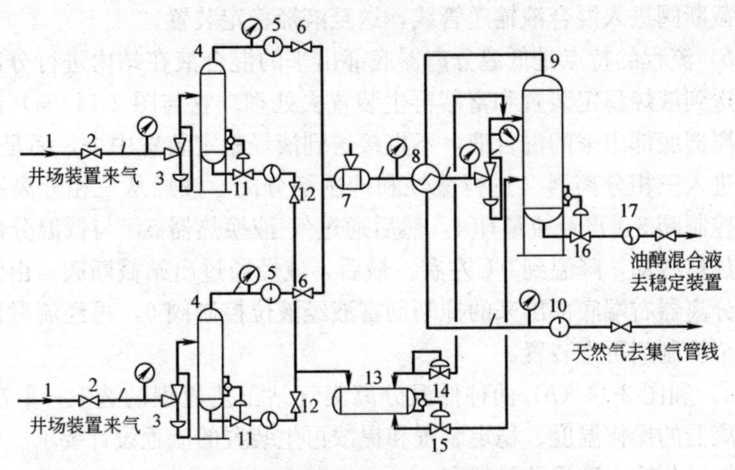

图 2-14　低温分离集气站原理流程图（a）

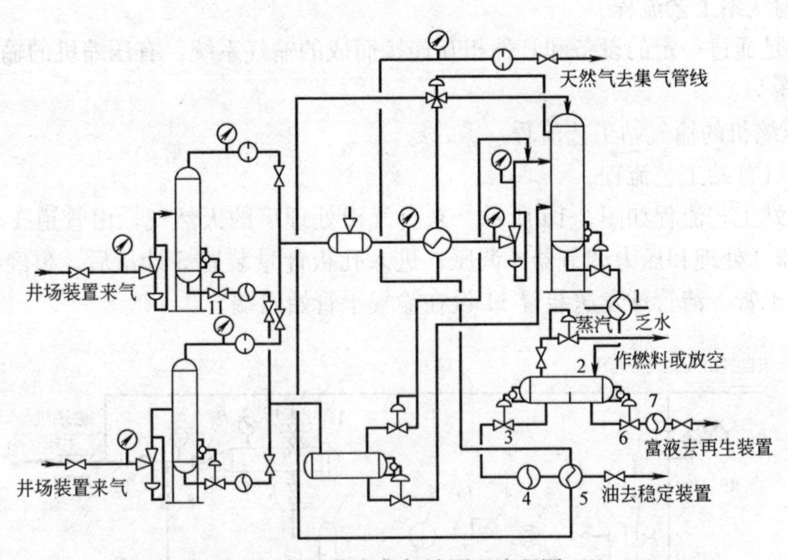

图 2-14　低温分离集气站原理流程图（b）

进站截断阀 2 进入低温站，天然气经过节流阀 3 进行压力调节，以符合高压分离器 4 的操作压力要求。脱液的天然气经过孔板计量装置 5 计量后，再通过装置截断阀 6 进入汇气管。各气井的天然气汇集后进入抑制剂注入器 7，与注入的雾状抑制剂相混合，部分水汽被吸收，使天然气水露点降低，然后进入气-气换热器 8，使天然气预冷。降温后的天然气通过节流阀进行大差压节流降压，使其温度降到低温分离器所要求的温度。从分离器顶部出来的冷天然气通过换热器 8 后，温度上升至 0℃以上，再经孔板计量装置 10 计量后，进入集气管线。

从高压分离器 4 的底部出来的游离水和少量的液烃通过液位调节阀 11 进行液位控制，流出的液体混合物计量后，经装置截断阀 12 进入汇液管。汇集的液体进入闪蒸器 13，闪蒸出来的气体经过压力调节阀 14 后，进入低温分离器 9 的气相段。闪蒸分离器底部出来的液体再经液位控制阀 15，然后进入低温分离器底部液相段。

从低温分离器底部出来的液烃和抑制剂富液混合液经液位控制阀 16，再经流量计 17，然后通过出站截断阀进入混合液输送管线，送至液烃稳定装置。

图 2-14（*b*）流程的特点是低温分离器底部出来的混合液在站内进行分离，液烃和抑制剂富液分别送到液烃稳定装置和富液再生装置去处理。它与图 2-14（a）流程图不同的是：从低温分离器底部出来的混合液，不直接送到液烃稳定装置中去，而是经过加热器 1 加热升温后，进入三相分离器 2 进行液烃和抑制剂分离。液烃从三相分离器左端底部出来，经过液位控制阀 3，再经流量计 4，然后通过气-液换热器 5，与低温分离器顶部引来的冷天然气换热被冷却，降温到 0℃左右。最后，液烃通过出站截断阀，由管线送至稳定装置。从三相分离器右端底部出来的抑制剂富液经液位控制阀 6，再经流量计 7 后，通过出站截断阀送至抑制剂再生装置。

图 2-14（*a*）和图 2-14（*b*）两种低温分离集气站工艺流程的选取，取决于天然气的组成、低温分离器的操作温度、稳定装置和提浓再生装置的流程设计要求。低温分离器操作温度越低，轻组分溶入液烃的量越多。

（二）输气站工艺流程

输气站是通过一定的设备和管件相互连接而成的输气系统，有压缩机的输气站又称为压气站。

1. 无压缩机的输气站工艺流程

（1）输气首站工艺流程

输气首站工艺流程如图 2-15 所示。来自气田处理厂的天然气，由管道 1 输入汇气管 2，经分离器 3 处理和压力调节器 4 调压，进入孔板计量装置 5 计量后，再经汇气管，然后输入输气干管。清管球发送装置 11 设在输气干管始发端。

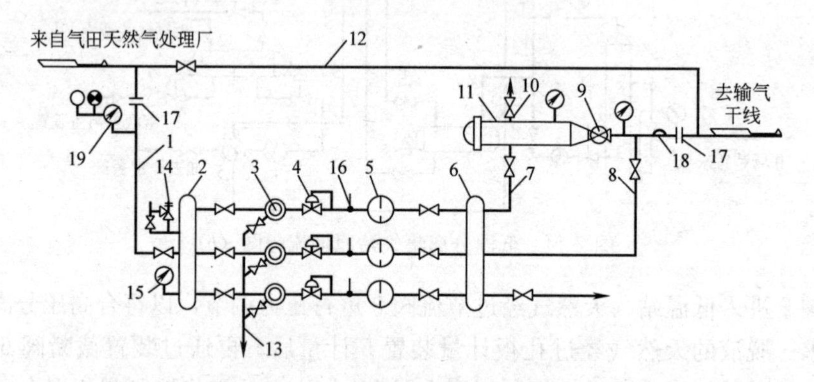

图 2-15　输气首站工艺流程

1—进气管；2,6—汇气管；3—分离器；4—压力调节器；5—孔板计量装置；7—清管用旁通道；8—外输气管线；9—球阀；10—放空管；11—清管球发送装置；12—越站旁通道；13—分离器排污总管；14—安全阀；15—压力表；16—温度计；17—绝缘法兰；18—清管球通过指示器；19—电接点压力表（带声光讯号）

（2）输气中间站工艺流程

输气中间站工艺流程如图 2-16 所示。其工艺流程与图 2-15 不同的是在输气干管输入和输出处都设置清管球发送装置。

（3）输气末站工艺流程

输气末站工艺流程如图 2-17 所示。其工艺流程与图 2-15 不相同处，仅仅是清管球发送装置设在输气干管输入端。

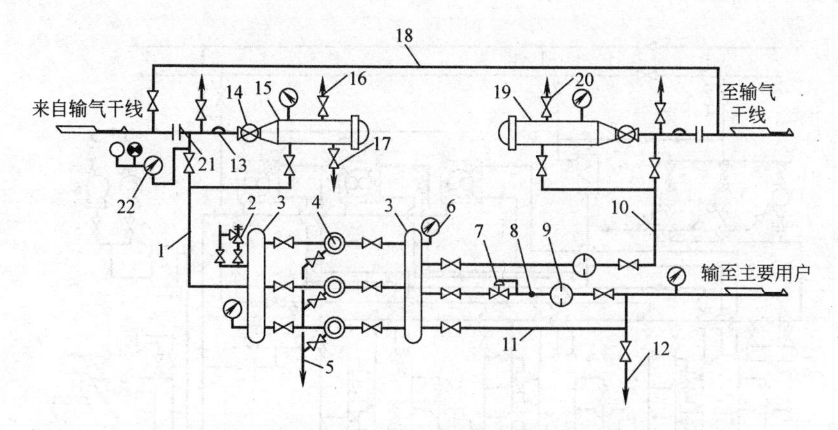

图 2-16　输气中间站工艺流程

1—进气管；2—安全阀；3—汇气管；4—分离器；5—分离器排污总管；6—压力表；7—压力调节器；8—温度计；9—节流装置；10—外输气管线；11—用户旁通管；12—用户支线放空管；13—清管球通过指示器；14—球阀；15—清管球接收装置；16，20—放空管；17—排污管；18—越站旁通管；19—清管球发送装置；21—绝缘法兰；22—电接点压力表

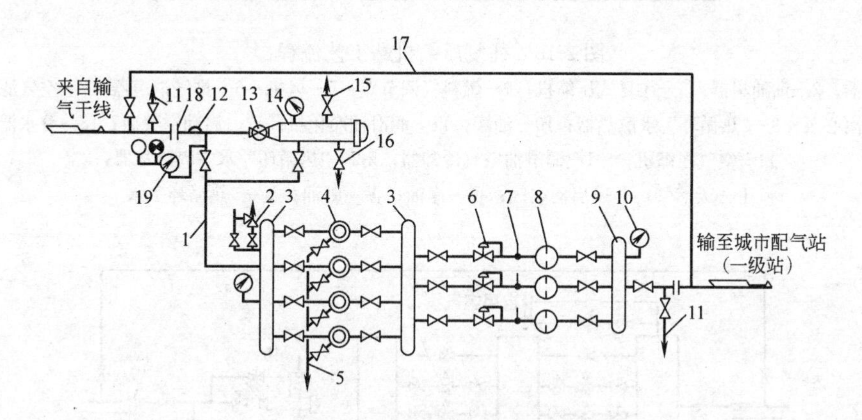

图 2-17　输气末站工艺流程

1—进气管；2—安全阀；3,9—汇气管；4—除尘器；5—除尘器排污管；6—压力调节器；7—温度计；8—节流装置；10—压力表；11—干线放空管；12—清管球通过指示器；13—球阀；14—清管球接收装置；15—放空管；16—排污管；17—越站旁通管；18—绝缘法兰；19—电接点压力表

2. 压气站工艺流程

图 2-18 为往复压缩机站工艺流程图。由于是往复式压缩机，采用的是三台压缩机并联流程，其中二台工作，一台备用。每台压缩机有四个气缸，机组采用压缩空气启动。

从图中可以看出，需压缩的天然气首先到除尘器中脱除杂质，再经分配汇管进入压缩机，压缩增压后的天然气到达下游汇管后，再输入干管。由于压缩机采用燃气发动机驱动，因此，还有燃料气供给调节系统、空气增压系统、冷却水闭路循环系统以及润滑油冷却系统。

（三）高压储配站工艺流程

图 2-19 所示是天然气高压储配站（门站）工艺流程图。在低峰时，由高压干管来的燃气一部分经过一级调压进入高压球罐，另一部分经过二级调压进入城市管网；在高峰

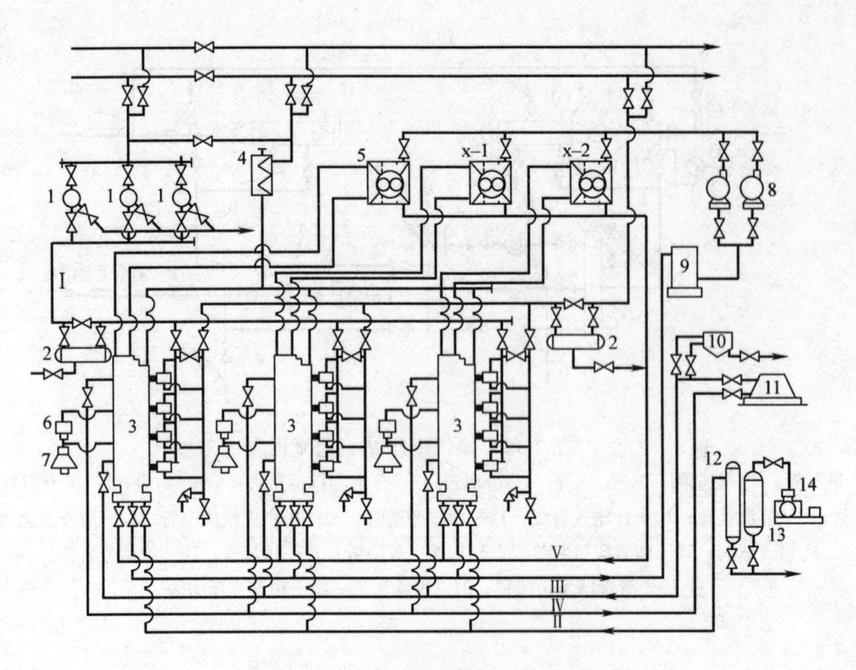

图 2-18　往复压缩机站工艺流程

1—除尘器；2—油捕集器；3—往复式压缩机；4—燃料气调节点；5—风机；6—排气消声器；7—空气滤清器；8—离心泵；9—"热循环"水散热器；10—油罐；11—润滑油净化机；12—启动空气瓶；13—分水器；14—空气压缩机；x-1—润滑油空气冷却器；x-2—"热循环"水空气冷却器；Ⅰ—天然气；Ⅱ—启动空气；Ⅲ—净油；Ⅳ—脏油；Ⅴ—"热循环"水

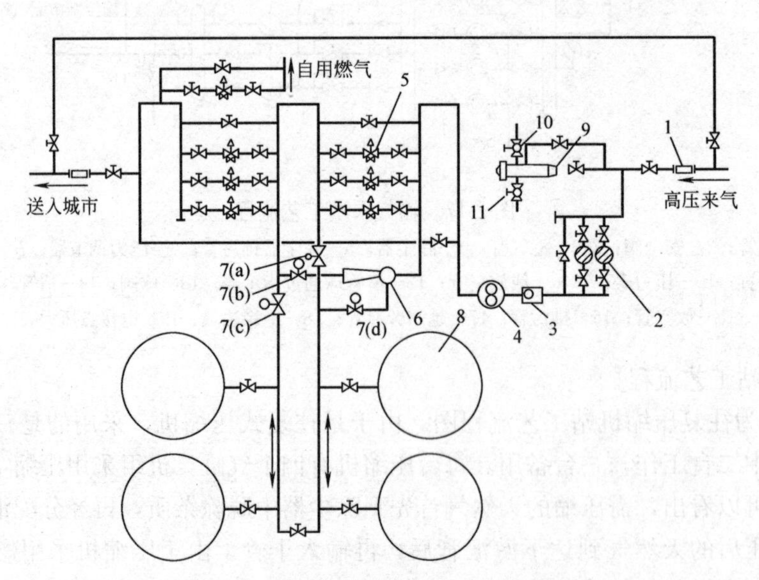

图 2-19　天然气高压储配站工艺流程图

1—绝缘法兰；2—除尘装置；3—加臭装置；4—流量计；5—调压器；6—引射器；7—电动球阀；8—储罐；9—接球装置；10—放散；11—排污

时，高压球罐和经过一级调压后的高压干管来气汇合，经过二级调压送入城市管网。为了提高储罐的利用系数，可在站内安装引射器，当储罐内的燃气压力接近管网压力时，可以利用高压干管的高压燃气把压力较低罐中的燃气引射出来，以提高整个站储罐的容积利用系数。为了保证引射器正常工作，球阀 7 (a)、(b)、(c)、(d) 必须能迅速开启和关闭，因此应设电动阀门。引射器工作时，7 (b)、7 (d) 开启，7 (a)、7 (c) 关闭。引射器除了能提高高压储罐的利用系数外，当开罐检查时，还可以把准备检查的罐内压力降至最低，减少开罐时所必须放散的燃气量，以提高经济效益，减少环境污染。

为保证储配站正常、安全运行，高压干管来气在进入调压器前还需除尘、加臭和计量。

(四) 天然气液化工艺流程

天然气的液化属于深度冷冻（－162℃），靠一段制冷达不到液化的目的。以下介绍三种方法。

1. 阶式循环制冷

阶式循环（或称串级循环）制冷工艺流程如图 2-20 所示。为使天然气液化并达到－162℃，需经过三段冷却，制冷剂分别为丙烷（也可用氨）、乙烯（也可用乙烷）和甲烷。在丙烷通过蒸发器 7 冷却乙烯和甲烷的同时，天然气被冷却到－40℃左右；乙烯通过蒸发器 8 冷却甲烷的同时，天然气被冷却到－100℃左右；甲烷通过蒸发器 9 把天然气冷却到－162℃使之液化，经气液分离器 10 分离后，液态天然气入罐储存。三个被分开的循环过程都包括蒸发、压缩和冷凝三个步骤。

这种方法效率高、设计较简单、运行可靠，应用比较普遍。

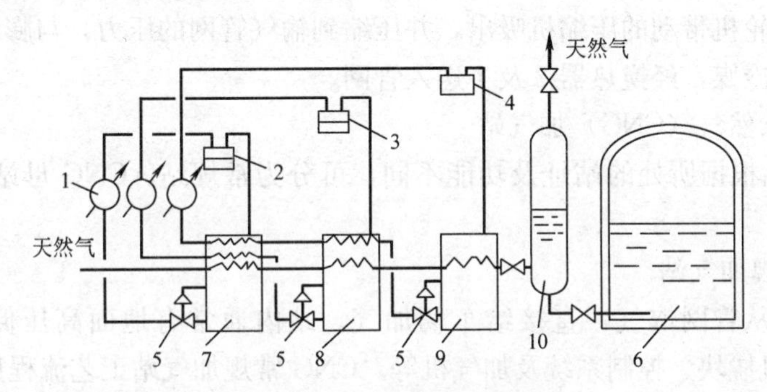

图 2-20 阶式循环制冷流程

1—冷凝器；2—丙烷制冷机；3—乙烯制冷机；4—甲烷制冷机；5—节流阀；6—低温储液；7—丙烷蒸发器；8—乙烯蒸发器；9—甲烷蒸发器；10—气液分离器

2. 混合式制冷

混合式（或称多组分）制冷工艺流程如图 2-21 所示。这种方法制冷剂是烃的混合物，并有一定数量的氮气。丙烷、乙烯及氮的混合蒸汽经制冷机 6 压缩和冷却器 5 冷却后，进入丙烷储罐。丙烷呈液态，压力为 3MPa，乙烯和氮呈气态。丙烷在换热器 4 中蒸发，使天然气冷却到－70℃，同时也冷却了乙烯和氮气，乙烯呈液态进入乙烯储槽，氮气仍呈气态。液态乙烯在换热器中蒸发，冷却了天然气和氮气。氮气进入氮储槽并进行气液分离，液氮在换热器中蒸发，进一步冷却天然气，同时也冷却了气态氮气。气态氮气进一步液化并在换热器中蒸发，将天然气冷却到－162℃送入储罐。

这种方法的优点是设备较少，仅需一台制冷机和一台换热器，投资比阶式循环制冷低。其缺点是气液平衡与焓的计算繁琐，换热器结构复杂，制造也困难。

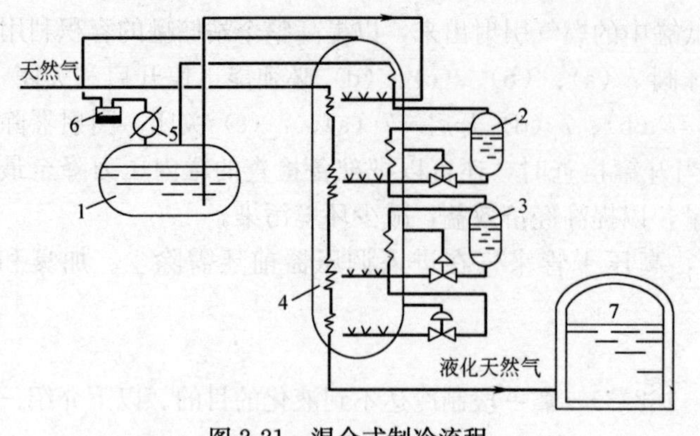

图 2-21　混合式制冷流程

1—丙烷储罐；2—乙烯储槽；3—氮储槽；4—换热器；5—冷却器；6—制冷机；7—储罐

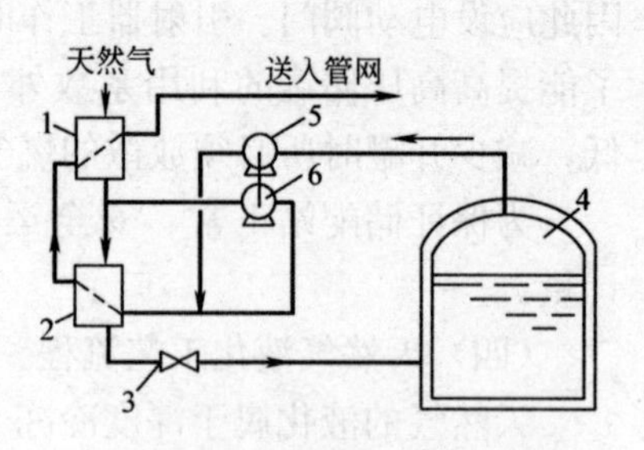

图 2-22　膨胀法制冷流程

1，2—换热器；3—节流阀；4—储罐；5—压缩机；6—膨胀涡轮机

3. 膨胀法制冷

膨胀法制冷工艺流程如图 2-22 所示。它是充分利用长输干管与用户之间较大的压力梯度作为液化的能源。它不需要从外部供给能量，只是利用了干管的剩余的能量。这种方法适用于远程干管压力较高，且液化容量较小的地方。来自长输干管的天然气，先流经换热器 1，然后大部分天然气在膨胀涡轮机中减压到输气管网的压力。没有减压的天然气在换热器 2 中被冷却，并经节流阀 3 节流膨胀，降压液化后进入储罐 4。储罐上部蒸发的天然气，由膨胀涡轮机带动的压缩机吸出，并压缩到输气管网的压力，与膨胀涡轮机出来的天然气混合作为冷媒，经换热器 2 及 1 送入管网。

（五）压缩天然气（CNG）加气站

CNG 加气站根据所处的站址及功能不同，可分为常规站、CNG 母站、CNG 子站三种类型。

1. CNG 常规加气站

常规加气站从管网取气，直接给车辆加气。站内通常有地面高压储气瓶组（20～25MPa）、压缩机撬块、控制系统及加气机等。CNG 常规加气站工艺流程如图 2-23 所示。

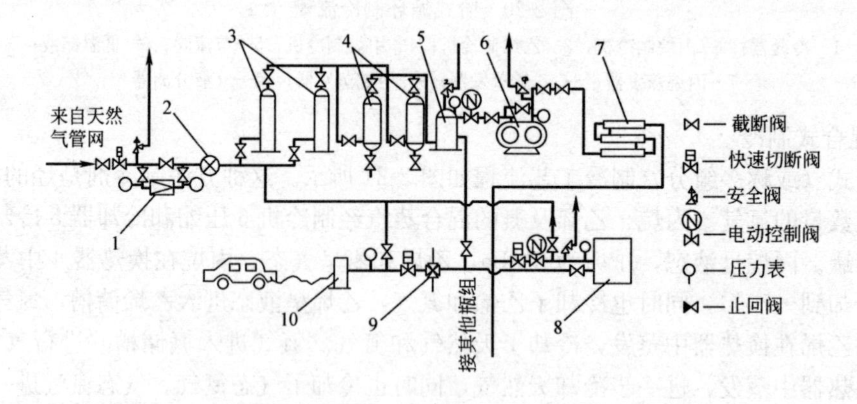

图 2-23　压缩天然气加气站工艺流程

1—调压器；2—计量器；3—脱硫塔；4—脱水塔；5—缓冲罐；6—压缩机；7—水冷器；8—储气瓶组；9—四通阀；10—加气机

2. CNG母站

CNG母站（也称充气总站）的工艺流程一般由天然气引入管、脱硫、调压、计量、压缩、脱水、储存、加气等生产工艺系统构成。图2-24为典型CNG母站工艺流程。

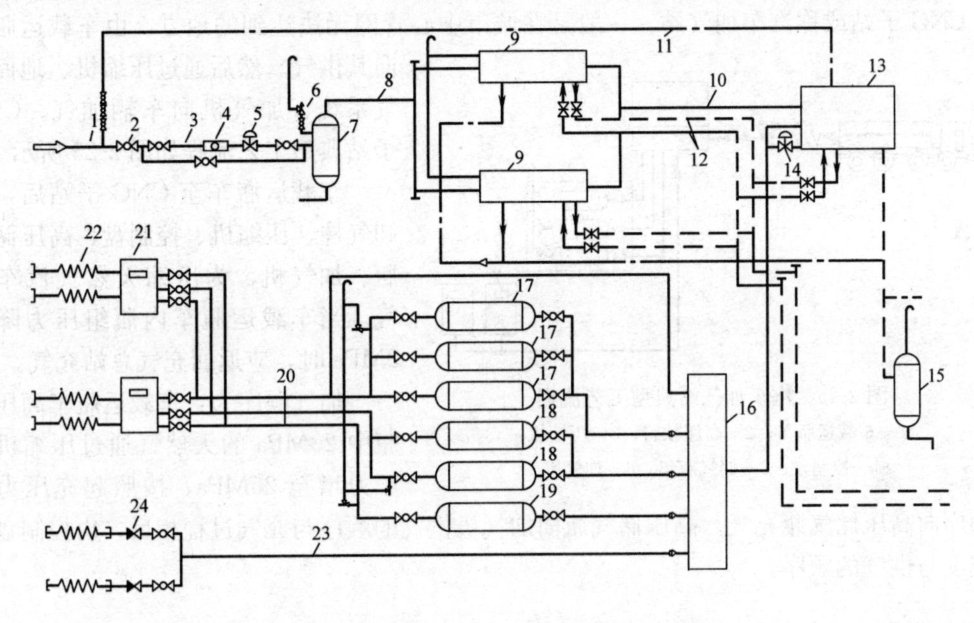

图2-24　压缩天然气充气总站典型工艺流程

1—天然气进站管线（0.2～4MPa）；2—球阀；3—过滤器；4—流量计；5—调压器；6—安全放散阀；7—缓冲罐；8—压缩机进气管线；9—压缩机；10—压缩机出气管线（25MPa）；11—再生气回收管线；12—冷却水给、回水管线；13—高压脱水装置；14—干燥器再生调压器；15—回收罐；16—充气控制盘；17—高压起充储气瓶组；18—中压起充储瓶组；19—低压起充储气瓶器；20—加气机加气管线；21—加气机；22—加气软管；23—CNG车载运瓶车加气管线；24—止回阀

来自城镇燃气高、中压管道0.2～4.0MPa的天然气，先进行过滤、调压、计量，经缓冲罐进入压缩机，将天然气压缩至20～25MPa，然后进入高压脱水装置，脱除天然气中的水分。通过控制盘进入高压储气瓶组或高压储气井，再通过高压储气瓶组进入加气机给压缩天然气汽车加气。同时，也可直接通过加气柱给CNG运瓶车瓶组加气，也可以直接经压缩机给天然气汽车加气。

充气站加气与供气均由控制盘操纵，其充气、供气顺序应根据工艺的需要设计。

为便于运行操作，降低压缩费用，高压储气瓶按起充压力可分为高、中、低三种，充气时按照先高后低的原则对三组气瓶分别充气。压缩机的充气顺序应为压缩天然气汽车加气、车载运瓶车加气、高压储气瓶充气。

加气机供气的顺序是：先自高压气瓶组起充压力低的充气瓶组开始供气，然后再逐渐转向起充压力高的充气瓶供气，当高压气瓶组的压力低于供气压力时，则应直接由压缩机向加气机供气。

当充气站中只为车载运瓶车加气。则可不设控制盘、高压储气瓶组和加气机，只需设置加气柱。

充气站压缩机的进气压力应根据充气站进气的城镇燃气管网压力确定，而压缩机的出口压力一般为25MPa，当只为车载运瓶车加气时，充气站压缩机出口压力可确定为21MPa。

3. CNG子站

CNG子站或称汽车加气站，一般是在城市中心管网无法达到的地方，由车载运瓶车向其供气。然后通过压缩机、地面储气系统、加气机向车辆加气。CNG子站典型工艺流程如图2-25所示。

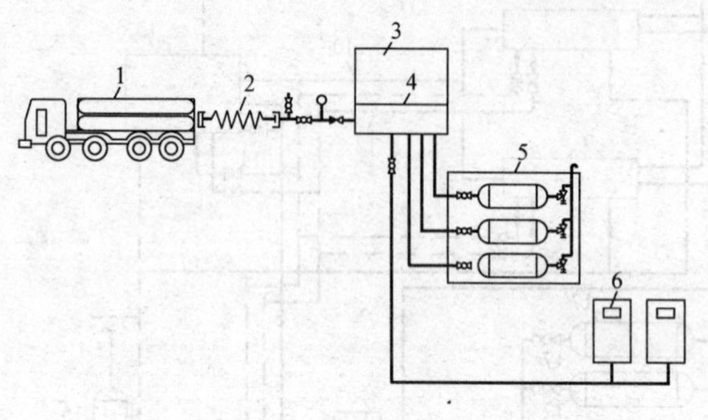

图2-25 汽车加气站典型工艺流程

1—车载运瓶车；2—高压软管；3—压缩机；4—控制盘；5—储气瓶组；6—加气机

车载运瓶车至CNG子站后，经卸气柱、压缩机、控制盘、高压储气瓶、加气机，为压缩天然气汽车加气。当车载运瓶车内瓶组压力降至2MPa时，应返回充气总站充气。

加气顺序为：车载运瓶车高压气瓶中20MPa的天然气通过压缩机将压力增至25MPa，按照起充压力高低顺序向高压储气瓶充气。高压储气瓶向加气机供气的顺序与充气过程相反，由控制盘控制充气与供气的顺序。

第三章　燃气运输与装卸

燃气的运输与装卸在燃气的输配过程中是非常重要的生产环节。事实上，在燃气运输与装卸过程中往往伴随着各种危险因素，发生的安全事故案例很多。因此，必须采取切实可行的安全技术措施，防范事故的发生，以保证人民生命和财产的安全。

第一节　燃气运输渠道与方式

一、燃气流通渠道

燃气流通就是由燃气生产单位（或仓储基地）输送到接受站（如储配站、储存站、灌瓶站等）的流通全过程。在我国，燃气一般流通渠道如图 3-1 和图 3-2 所示。

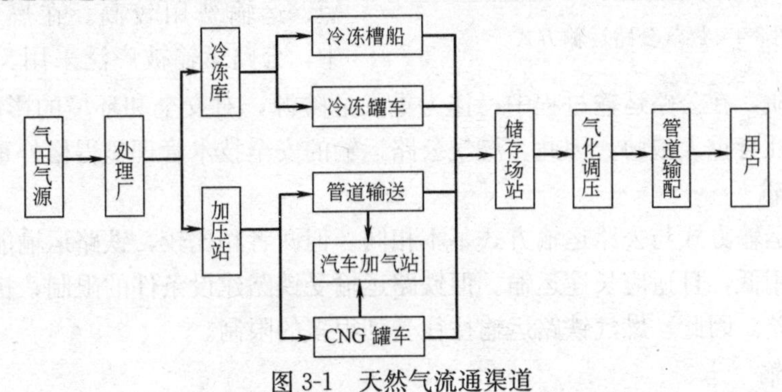

图 3-1　天然气流通渠道

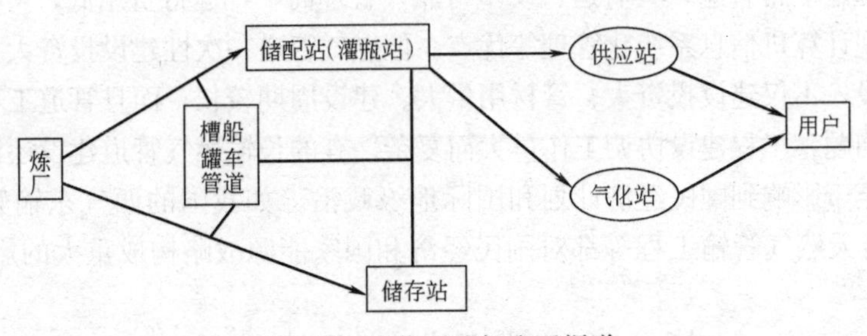

图 3-2　液化石油气流通渠道

二、燃气运输方式

从燃气流通渠道中可以归纳出燃气的运输方式，如图 3-3 所示。

1. 水路运输

水路运输一般运量较大，特别是冷冻式槽船的海洋运输，具有运量大，运输距离长，运输费用低等优点。缺点是运输周期较长。目前，国际海洋航运市场上常见到的燃气专用

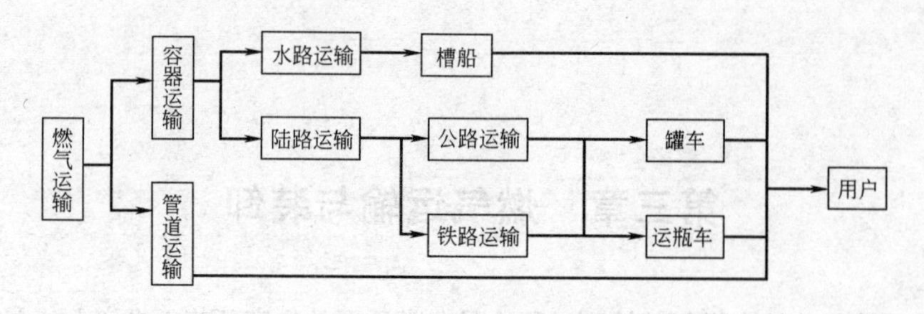

图 3-3 燃气运输方式

槽船有液化石油气槽船（LPG 槽船）和液化天然气槽船（LNG 槽船）。

2. 公路运输

根据燃气种类、性质和储存方式的不同，燃气公路运输方式亦不尽相同。常见的燃气运输方式如图 3-4 所示。

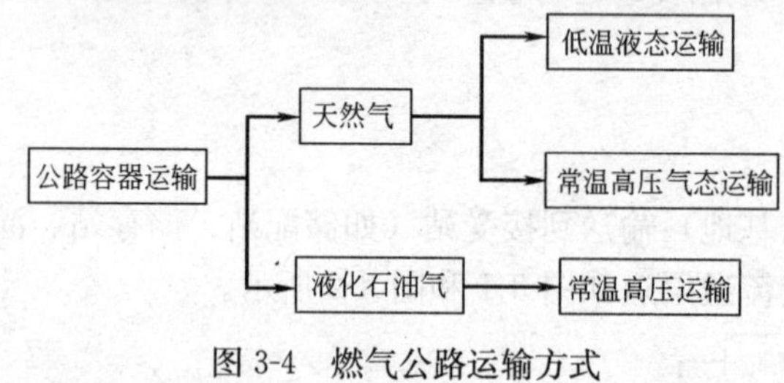

图 3-4 燃气公路运输方式

燃气公路运输主要是利用承压汽车罐（槽）车进行，它具有机动性大，灵活性强，便于调度等优点。缺点是运输能力受运输工具的限制，且运输距离较短、运输费用较高。在燃气配送过程中，公路运输被广泛采用。由于燃气属于易燃易爆物质，在公路运输过程中，作为重大危险源，对安全和环境的影响非常突出，有时可能构成社会重大威胁。因此，燃气公路运输的安全技术管理显得格外重要。

3. 铁路运输

燃气铁路运输方式与公路运输方式基本相同。但两者相比较，铁路运输能力比公路运输大，运输费用低，且适应长途运输。但铁路运输受铁路建设条件的限制，机动性和灵活性比公路运输差。因此，燃气铁路运输往往受到很多的限制。

4. 管道运输

燃气管道运输非常普遍，具有运行安全可靠，管理简单，运行费用低，可实现长距离输送，且便于实现计算机信息系统化管理等优点。但燃气管道一次性建设投资大，特别是长输燃气管道的建设，不仅建设投资大、管材用量大、建设周期较长，而且管道工程建设往往涉及跨区、跨境问题，工程建设协调工作量大而复杂。有的长输燃气管道建设还涉及国家能源供应政策，甚至于影响到国民经济计划和国际地缘政治。如我国的西气东输管道工程，以及中-俄、中-哈天然气管输工程等都对国民经济和国家能源战略构成重大的影响。

第二节 常见燃气运输工具

一、槽船

用于运输燃气的槽船一般分为全压力式和全冷冻式两种类型。

（一）全压力式槽船

全压力式槽船一般用于运输液化石油气，槽船上设置的液化石油气贮罐是按液化石油气在最高使用温度下的饱和蒸气压和运输、操作时的附加压力而设计的。这种槽船罐体壁厚大，自重大，装载液化石油气量较少，一般载重吨在500～5000t左右，多用于沿海和内河运输（1000t以上全压力式槽船也适航远洋运输）。这种槽船罐体有三种形式：卧式圆筒罐、直立圆筒罐和球形罐。常见的全压力式卧式圆筒罐槽船如图3-5所示。

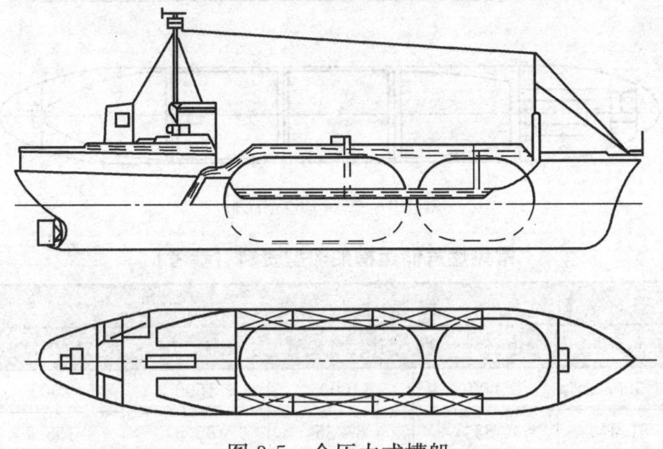

图3-5　全压力式槽船

为了保证安全，全压力式槽船上应有如下安全设施：

1. 在罐体上设置喷淋装置；

2. 在装卸管路上设置紧急切断装置；

3. 在罐体上设置安全阀、压力表和温度计等安全附件；

4. 在压缩机室、泵室、船舱等处设置可燃气体报警和自动指示装置；

5. 在机器室、压缩机室、泵室、船舱等处设置能在远距离操作的干粉灭火装置，并设有警笛装置；

6. 在槽船甲板上设置消火栓；

7. 在船舱内设有可靠的通风装置；

8. 设置靠岸时用的导静电接地装置；

9. 配有防爆性能的装卸工具、通讯工具和照明设施；

10. 其他必备的安全设施。

（二）全冷冻式槽船

全冷冻式槽船所配置的储罐借助于船上的制冷系统使燃气在低温常压下储运，可以把自动气化的燃气经冷却变成液体。这种槽船船体是中间可以注水的双壳结构。船体壳内与罐体之间填充绝缘材料，罐体用耐低温钢材制造。全冷冻式槽船单位装载体积造价低，装载能力大，通常载重吨为50000t，多用于远洋运输。全冷冻式槽船如图3-6所示。

常见燃气储运槽船船型技术参数见表3-1。

二、汽车罐车

用于燃气运输的罐车按运输方式分为承压汽车罐车和承压铁路罐车；按燃气介质和储存方式的不同，可分为液化石油气储运罐车、液化天然气储运罐车和压缩天然气车载运瓶车三种。

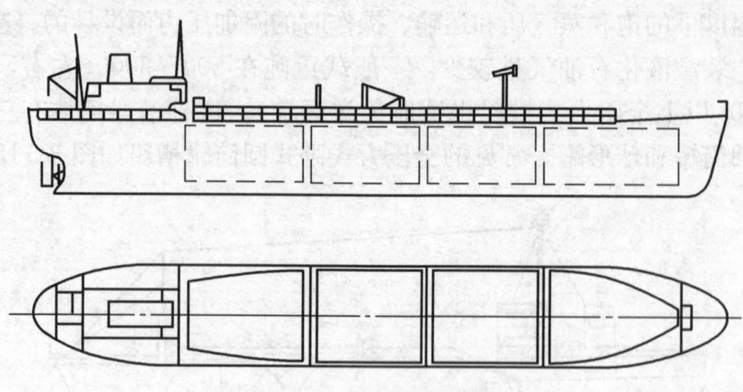

图 3-6　全冷冻式槽船

常见燃气储运槽船船型资料（参考）　　表 3-1

船型参数		全压力式槽船					全冷冻式槽船
		NINGHUA	BINTANG	GIBRALTAR	SUNNY	INCHON	
载重(t)		500	800	1000	1500	2000	50000
船形尺寸(m)	长	61.4	83	87.35	95.5	105.9	230
	宽	11.7	10.8	15	15	16.1	36
吃水(m)	空载	4	4.53	2.63	5.2	4.5	7.5
	满载	4.65	5.4	4.51	7	5.03	11.8
卸货速度(t/h)		100	80	145	180	145	
储运介质		LPG					LPG 或 LNG
船型参数		全压力式槽船					全冷冻式槽船
		DORADO	ARCADIA	VARANGER	HOUSTON	CLARIANA	
载重(t)		2500	3000	3800	4500	5000	50000
船形尺寸(m)	长	105	166.4	121.5	140	105	230
	宽	19.8	18.6	19.4	20	15	36
吃水(m)	空载	5.89	7.2	6.5	4.75	5.1	7.5
	满载	6.14	9.9	8.3	5.2	6.1	11.8
卸货速度(吨/小时		180	110	130	210	200	
储运介质		LPG					LPG 或 LNG

（一）罐车种类与构造

汽车罐车的种类可分为液化石油气储运罐车、液化天然气储运罐车和压缩天然气车载运瓶车，由于各自储运的介质理化性质和技术条件不同，其结构也各有不同特点。

汽车罐车一般是由牵引车、拖车和储罐三部分组成。

1. 液化石油气储运罐车

目前国内液化石油气储运罐车分为固定式（或称整体式）和半拖挂式两种，贮罐罐容一般为 10～25t（10t 以下的汽车罐车由于储运量小已逐渐被淘汰）。其中 10t 及 10t 以下的罐车多为固定式，罐容 10t 以上的多为半拖挂式。半拖挂式罐车汽车发动机功率与罐容大小（允许最大载重量）一般按公式（3-1）确定：

$$W_t = P_w \times 0.735/5 - W_0 \qquad (3\text{-}1)$$

式中 W_t——允许最大牵引重量，t；

P_w——发动机马力，hp；

W_0——车头自重，t。

（1）固定式汽车罐车

固定式汽车罐车（或称整体式罐车）是靠高强度螺栓将罐体紧固在汽车底盘大梁上，这种罐车受汽车底盘尺寸的限制，一般罐容不大，但基本保持了原车型的主要技术性能，行驶平稳，整体性好。SD440Y10吨固定式汽车罐车如图3-7所示。

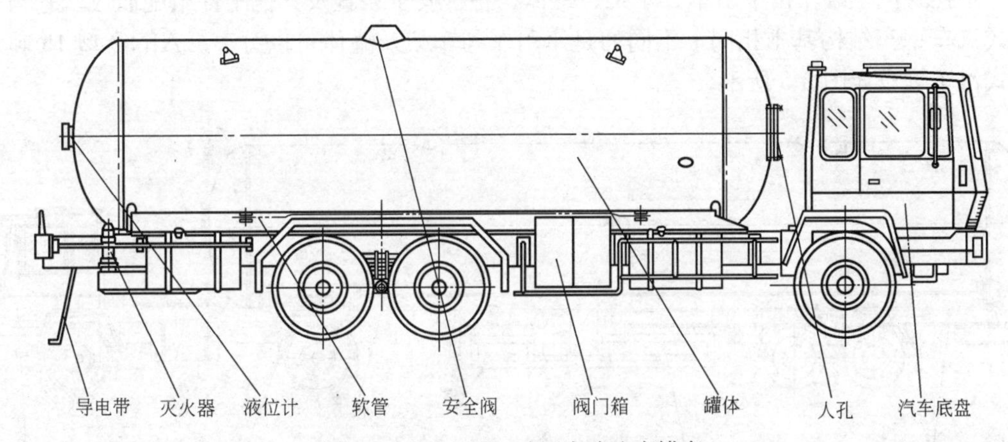

图3-7 SD440Y10吨固定式汽车罐车

固定式汽车罐车由汽车驾驶室、底盘和罐体三部分组成。汽车驾驶室和底盘与普通货运车辆基本相同，罐体上设有人孔、安全阀、旋管液位计，罐体内部安装有防波隔板，汽车底盘上设置阀门箱、软管、灭火器、导静电带等。

罐体与阀门箱构成液化石油气装卸储存系统，装卸系统结构原理详见图3-8所示。

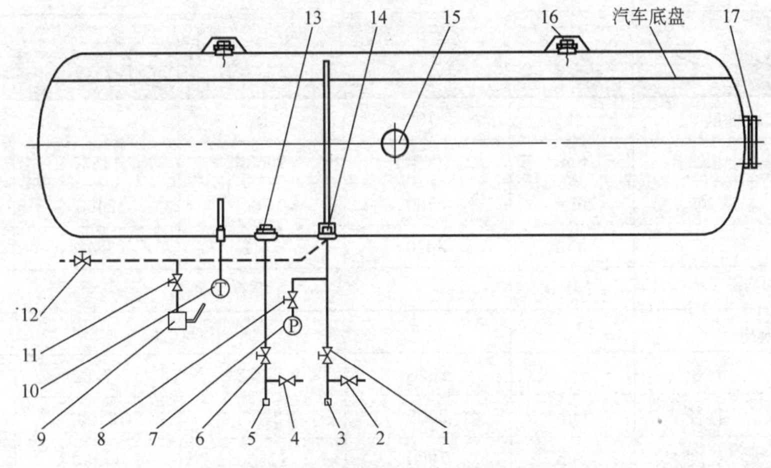

图3-8 装卸系统结构原理图

1—气相球阀；2—气相放散阀；3—气相快速接头；4—液相放散阀；5—液相快速接头；6—液相球阀；7—压力表；8—压力表用球阀；9—手动油泵；10—温度计；11—串联阀；12—紧急卸油阀；13—液相紧急截止阀；14—气相紧急截止阀；15—旋转管式液位计；16—安全阀；17—人孔

阀门箱内设有气、液相管道和法兰、控制阀门、放散阀、紧急切断阀、快速装卸接头、压力表、手动油泵等附件。

装卸作业前，先接好装卸软管和防静电接地线，再操作手动油泵，打开气、液相紧急切断阀，然后进行作业。当管路阀件发生泄漏或发生火灾时，立即打开卸油阀（卸油阀设在车尾保险杠与大梁连接处，并标有“紧急切断”字样）或紧急切断阀的易熔金属塞被火烧熔时（70±5℃），控制油路即可卸掉油压，使紧急切断阀迅速关闭，切断气路，避免或减小事故的危害和发展。平时在储运过程中，切断阀均处于关闭状态，起密封作用。

（2）半挂式汽车罐车

半挂式汽车罐车由牵引车、车架、罐体、各种安全装置及其他附件组配而成。它与固定式汽车罐车结构基本相同，不同的是牵引车与车架及罐体可以分离。AINO 型 15 吨半挂式汽车罐车如图 3-9 所示。

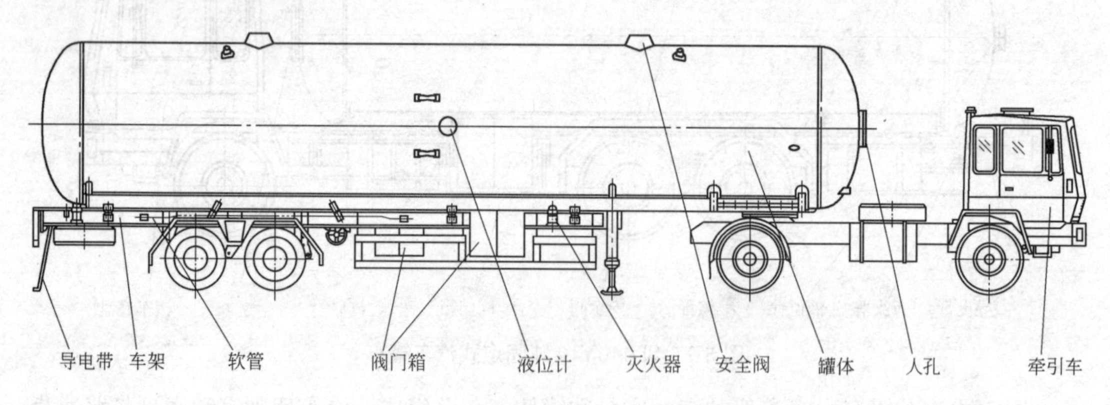

图 3-9　AINO 型 15 吨半挂式汽车罐车

常见液化石油气运输罐车技术参数详见表 3-2。

常见液化石油气罐车技术参数（参考）　　**表 3-2**

车型参数		单位	车型			
			日产 UD	欧曼 AUMAN	日野 AINO	日野 AINO
允许最大载重量		t	10	15	20	24.5
整车尺寸	长	mm	10540	15530	14530	17000
	宽	mm	2480	2700	2460	2490
	高	mm	3320	3312	3842	3780
设计压力		MPa	1.77			
设计温度		℃	50			
罐体参数	容积	m^3	23.8	35.72	47.62	59.5
	直径	mm	2000	2000	2400	2400
	长度	mm	7900	11600	11000	14300
	壁厚	mm	14	14	16	16
	材质		16MnR			
牵引动力		kW	213	225	309	331

续表

车型参数		单位	车型			
			日产 UD	欧曼 AUMAN	日野 AINO	日野 AINO
整备质量		kg	15850	13840	21500	21500
满载总质量		kg	26050	28840	41500	46000
充装口	液相	mm	*DN*50			
	气相	mm	*DN*25			
安全附件	安全阀	个	2			
	压力表	个	2			
紧急切断阀		个	气液相各1个			

2. 液化天然气低温储运罐车

液化天然气低温储运罐车与液化石油气储运罐车拖挂配置基本相同，也可分为固定式和半拖挂式两种，但多数是半拖挂式。不同之处是液化天然气低温储运罐车罐体采用高真空多层缠绕绝热结构，目前国内用于液化天然气运输的低温液体罐车主要有 44m^3 和 46m^3 两种规格。图 3-10 为 SDY9401GDY 液化天然气运输半挂车，其技术参数见表 3-3 所示。

图 3-10 SDY9401GDY 液化天然气运输半挂车

SDY9401GDY 液化天然气运输半挂车技术参数 **表 3-3**

项目名称	技术参数	项目名称	技术参数
罐体外径(mm)	ϕ2492	半挂车整备质量(kg)	20200
有效容积(m^3)	44	半挂车整备总质量(kg)	39550
全容积(m^3)	49	牵引车	三轴准拖>39.55t
罐体工作压力(MPa)	0.7	转弯半径(m)	12
半挂车外形尺寸(长×宽×高)(mm)		12985×2496×3995	

此外，液化天然气还可以采用罐式集装箱运输，这种罐式集装箱有 12m（36m^3/台）和 13m（40m^3/台）两种规格。罐体采用绝热材料包扎并抽高真空保温，其性能非常良好。充满液化天然气的罐箱的储存压力从 0MPa 升到 7MPa 的无损时间为 56 天。液化天然气罐式集装箱可在铁路、公路、江海进行联合运输。

3. 压缩天然气车载运瓶车

压缩天然气车载运瓶车（简称CNG车载运瓶车），由牵引车、拖车、框架式储气瓶束组成，储气瓶束一般由8管、13管、16管等大容积无缝锻造压力容器组成，也可以由上百个小储气瓶组成，总几何容积为10～20m^3。储存压力可达25MPa。因此，对储气瓶束有很特殊的耐高压技术要求。CNG车载运瓶车框架式储气瓶束，由框架、端板、安全仓、操作仓和储气瓶束等组成。框架尺寸执行国家集装箱标准，安全仓设置在拖车前端，由瓶组安全阀、爆破片、排污管组成。操作仓设置在拖车尾端，由高压管道将各瓶组汇集在一起，进行加气、卸气作业，并设有温度计、压力表、安全阀和加卸气快装接头等。图3-11为8管HGJ9360GGQ型车载运瓶车，其技术参数见表3-4。

图3-11　8管HGJ9360GGQ型车载运瓶车

8管HGJ9360GGQ型CNG车载运瓶车技术参数　　　　**表3-4**

项目名称	技术参数	项目名称	技术参数
钢瓶规格及数量	$D559\times18\times10990$	拖车整备质量(kg)	32310
单瓶水容积(m^3)	2.25	拖车满载质量(kg)	$32310+W$
单瓶质量(kg)	2747	转弯半径(m)	12
管束框架尺寸(长×宽×高)(mm)		12363×2480×3000	

注：W—压缩天然气质量。

CNG瓶束运瓶车储气容积换算公式如式（3-2）

$$V_0=\frac{T_0\times V\times n\times P}{Z\times P_0\times T} \tag{3-2}$$

式中　V_0——换算成绝对压力为P_0（MPa）、温度为T_0（K）状态下的CNG车载运瓶车单车储量，m^3；

n——单台CNG车载运瓶车钢瓶数；

V——单瓶几何容积；

P——钢瓶中CNG绝对压力，MPa；

T——钢瓶中CNG温度，K；

T_0、P_0——一般为273K或293K，0.1013MPa；

Z——压力为P，温度为T时CNG的压缩系数。

CNG车载运瓶车压缩天然气质量W（kg）

$$W=V_0\times\rho_0 \tag{3-3}$$

式中　ρ_0——压力为P_0、温度为T_0时天然气密度，kg/m^3。

（二）罐车的安全附件、阀件与颜色标志

1. 安全附件与阀件

汽车罐车上的安全附件、阀件及其他附件有：

（1）安全阀

汽车罐车必须装设内置全启式弹簧安全阀，安全阀排气方向应为罐体上方。安全阀的排放能力必须考虑发生火灾和罐内压力出现异常情况下，均能迅速排放。内置全启式弹簧安全阀如图 3-12 所示。

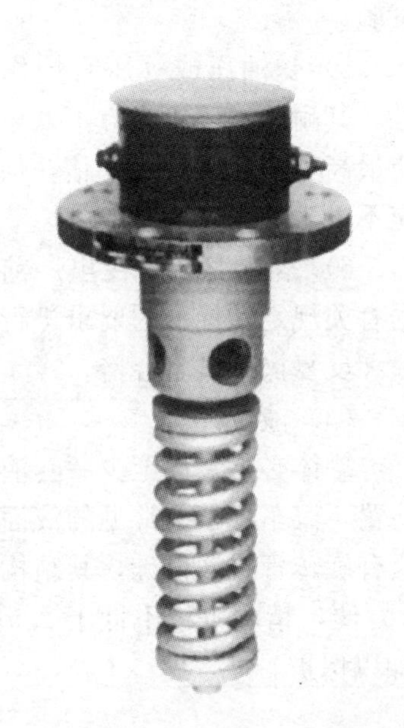

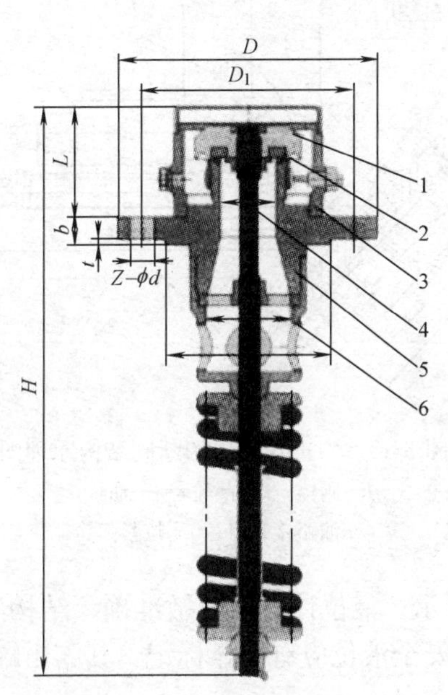

图 3-12 内置全启式弹簧安全阀

1—阀座；2—密封件；3—阀罩；4—阀杆；5—阀体；6—进气罩

安全阀的开启压力应为罐体设计压力的 1.05～1.10 倍，安全阀的额定排放压力（表压）不得高于罐体设计压力的 1.2 倍，回座压力应不低于开启压力的 0.8 倍；开启高度应不小于阀座喉径的 1/4。低温型罐车的安全阀开启压力不得超过罐体的设计压力。

（2）紧急切断装置

罐体与液相管、气相管接口处必须分别装设一套内置式紧急切断装置，以便在管道发生大量泄漏时进行紧急止漏。紧急切断装置包括紧急切断阀、远控系统以及易熔塞自动切断装置，要求动作灵活、性能可靠、便于检修。远控系统的关闭操作应装在人员易到达的位置（如车尾保险杠处），易熔塞自动切断装置应设在当环境温度升高时，能自动关闭紧急切断阀的位置。紧急切断阀不得兼作它用，罐车行驶时，紧急切断阀应始终处于闭止状态。内置式紧急切断阀结构原理如图 3-13 所示。

紧急切断装置应符合下列要求：

1）易熔塞的易熔合金熔融温度为 70±5℃。

油压式或气压式紧急切断阀应保证在工作压力下全开，并持续放置 48h 不致引起自然闭止。

2）紧急切断阀自始闭起，应在 10 秒钟内闭止。

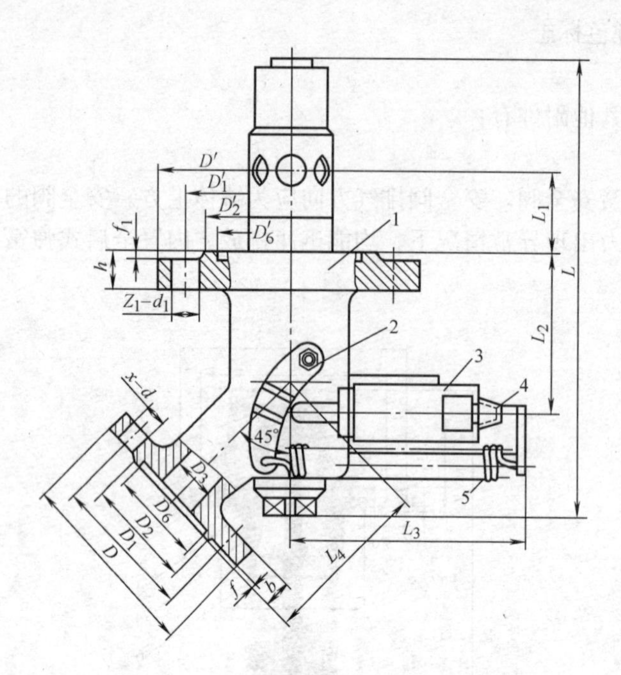

图 3-13　内置式紧急切断阀结构原理图

1—阀体；2—凸轮；3—油缸；4—油路接管口；5—拉紧弹簧

3）紧急切断阀必须经耐压试验和气密试验合格。

4）受液化气体直接作用的部件，其耐压试验压力应不低于罐体设计压力的 1.5 倍，保压时间应不少于 10 分钟；耐压试验前、后，分别以 0.1MPa 和罐体设计压力进行气密性试验。

5）受油压或气压直接作用的部件，其耐压试验压力应不低于工作介质最高工作压力的 1.5 倍，保压时间应不少于 10 分钟。

6）紧急切断阀在出厂前，应根据有关规定和标准的要求进行振动试验和反复操作试验合格。

（3）液位计

罐体必须装设至少一套液面测量装置，汽车罐车上常见的液面测量装置有旋转管式液位计，其结构原理见图 3-14 所示。液位计必须灵敏准确，结构牢固，操作方便，精度等级不低于 2.5 级。液面的最高安全液位应有明显标记，其露出罐外部分应加以保护。

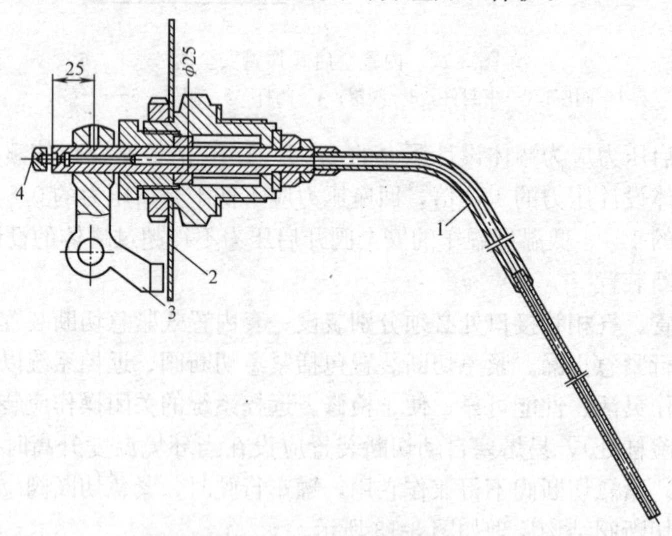

图 3-14　旋转管式液位计

1—旋转管；2—刻度盘；3—指针；4—阀芯

液面计必须有液面指示刻度与容积的对应关系，并附有不同温度下，介质的密度、压力、体积对照表。汽车罐车不得使用玻璃板式液面计。

旋转管式液位计操作方法是：

1）打开液位计盖板，将指示板旋至刻度板中间位置；

2）拧开指示板后面的螺塞，气、液混合物会从后面一小孔喷出，直至喷出无色气为至；

3）将指示板往下缓慢旋转（此时，小孔仍在喷无色气体）至小孔喷出白色雾状液滴为止，此时记下所指示的液位高度；

4）由液位高度查找罐体的充装容积，再乘以所装载的液化气体密度，即得到较准确的装载量（精确计量要通过电子汽车衡器过磅）；

5）刻度板上刻有液位限制线，充装时应严格控制充装量；

6）将螺栓旋紧，上好盖板，充装完毕。

（4）压力表

罐体上必须装设至少一套压力测量装置，其精度等级不低于1.5级。表盘的刻度极限值应为罐体设计压力的2倍左右。选用的压力测量元件应与罐内介质相适应，其结构应满足振动和腐蚀的要求。

压力表安装前应进行校验，在刻度盘上对应于介质温度为50℃的饱和蒸汽压力或最高工作压力处涂以红色标记，并注明下次校验日期。

（5）手动油泵

手动油泵是为紧急切断阀油缸提供油压的，其结构原理见图3-15所示。手动油泵操作方法是：加压操作时，先打开串联阀，再将回油阀手柄切换到“关”的位置，这时操作加压手柄即可加压，当加压至3.92MPa后，关闭串联阀，然后进行装卸作业。当万一在阀门箱处发生火灾而不能靠近时，可在车尾保险杠旁将紧急卸油阀打开，这时紧急切断阀即能迅速关闭，以防止事态进一步扩大。装卸作业后，应进行卸油压操作，先打开串联阀，再将回油阀手柄切换到“开”的位置即可卸掉油压，压力油自动回到油杯，这时切断阀自行关闭。

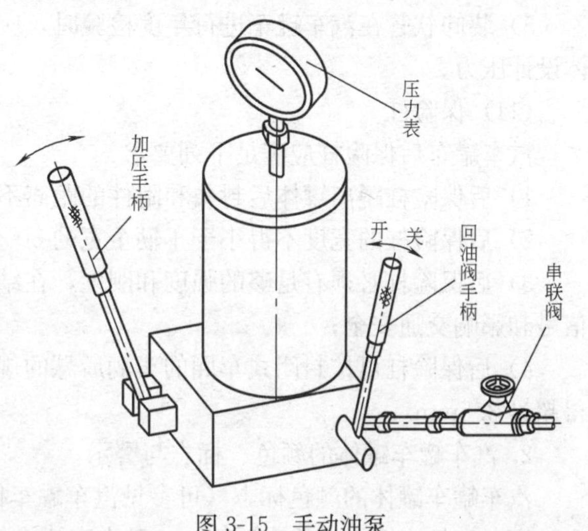

图3-15　手动油泵

（6）阀门

装卸阀门的公称压力应高于或等于罐体的设计压力。阀体的耐压试验压力为阀体公称压力的1.5倍。阀门的气密性试验压力为阀体公称压力。阀门应在全开和全闭工作状态下进行气密性试验合格。用于汽车罐车上的各种型号的阀体不得选用铸铁和非金属材料制造。

手动阀门的启闭操作，应能在阀门承受气密性试验压力下全开、全闭操作自如，且不感到有异常阻力、空转等。

（7）导静电接地装置

装运易燃、易爆介质的汽车罐车，必须装设可靠的导静电接地装置（严禁使用铁链），罐体管路、阀门和车辆底盘之间连接处的电阻不应超过 10mΩ。在停车和装卸作业时，必须接地良好。装卸操作时，连接罐体和地面设备的接地导线，截面积应不小于 5.5mm^2。

(8) 灭火器

汽车罐车每侧应有一只 5kg 以上的干粉灭火器。

(9) 管路与消火装置

排气管、消声管、消火装置的安装，应距离气相管、液相管 200mm 以上。结构上不允许时，气相管和液相管必须有可靠的隔热措施；

低温型汽车罐车的管路，除压力表和液面计外，均需采用绝热管路和绝热控制阀门，采用的阀件应具有耐低温性能。

(10) 装卸软管

汽车罐车所携带装卸软管应符合下述规定：

1) 软管与介质接触部分应耐相应介质的腐蚀；

2) 软管与两端接头的连接应牢靠；

3) 软管耐压强度不得低于装卸系统最高工作压力的 4 倍；

4) 软管不得有变形、老化及堵塞等问题；

5) 装卸软管在汽车罐车进行年度检验时，应进行气压试验，试验压力为 1.15 倍的罐体设计压力。

(11) 保险杠

汽车罐车后保险杠应满足下列要求：

1) 后保险杠距离罐体后封头和附件的距离不得小于 150mm；

2) 后保险杠的宽度不得小于车辆全宽的 80%；

3) 后保险杠必须有足够的强度和刚度，在结构上不得影响汽车罐车显示牌照、灯光、信号和影响交通安全；

4) 后保险杠可按封闭式车厢的车辆后悬的规定，后悬不得超过轴距的 65%，最大不得超过 3.5mm。

2. 汽车罐车罐体的颜色、标志与警示

汽车罐车罐体的颜色标志（可参见汽车罐车标志示意图）包括罐体的颜色，色带，字样，字色和标志图形。罐体颜色：一般汽车罐车罐体外表面为银灰色（B04，见《漆膜颜色标准样本》GB 3181 规定的编号，下同）；低温型汽车罐车罐体外表面为铝白色。

环表色带：沿通过罐体中心线的水平面与罐体外表面的交线对称均匀涂刷的一条表示液化气体介质种类的环形色带，在罐体两侧中央部位留空处涂刷标志图形。色带宽度为 150mm，颜色按汽车罐车罐体的颜色标志规定，色带还应具有夜间警示反光功能。

字样、字色：在罐体两侧后部色带的上方书写装运介质名称，字色为大红（R03），字高为 200mm，字样为仿宋体。在介质名称对应的色带下方书写“罐体下次全面检验日期：××年××月”，字色为黑色，字高为 100mm，字样为宋体。

图形标志：在罐体两侧中央环形色带留空处，按《危险货物包装标志》GB 190 规定的图形、字样、颜色，涂刷标志图形。图形尺寸为 250mm×250mm。

汽车罐车的其余裸露部分涂色规定如下：

安全色——大红色（R03）；

气相管（阀）——大红色（R03）；

液相管（阀）——淡黄色（Y06）；

其他阀门——银灰色（B04）；

其他——不限。

（三）罐车的注册登记和安全状况等级的划分

1. 注册登记

对汽车罐车实行注册登记和凭证使用，其目的是为了加强对承压罐车的安全管理与监察工作，防止一些质量低劣的槽罐车在充装、卸料和运输过程中发生事故，确保燃气储运罐车安全使用。根据国家质检总局颁布的国质检锅［2003］207号《锅炉压力容器使用登记管理办法》，规定移动式压力容器（包括铁路罐车、汽车罐车、罐式集装箱）的使用单位都应在所在地的省、市、自治区质检部门的锅炉压力容器安全监察机构办理使用前的注册登记手续，具体办理方法是：

承压罐车在投入运行前，使用单位应认真填写《压力容器使用登记卡》，同时应携带罐车的下述有关资料或技术文件向市（地）级质检部门锅炉压力容器安全监察机构申请办理使用登记。登记机关负责办理移动式压力容器使用登记证，同时核发记录出厂信息和使用登记信息的“移动式压力容器IC卡”。

（1）产品合格证；

（2）产品质量证明书；

（3）产品使用说明书；

（4）罐车总图和罐体及主要部件图；

（5）罐体强度计算书；

（6）质检部门驻厂检验单位签发盖章的产品制造质量监督检验证书等。

2. 安全状况等级划分

国家质检总局颁发的《压力容器安全技术监察规程》对压力容器安全状况等级的划分有明确的规定，即把压力容器的安全状况等级共分为1～5级。安全状况等级应根据检验结果评定，以其中评定项目等级最低者，作为评定级别。在用罐车的安全状况等级由检验单位根据检验结果确定，新投入使用的罐车的安全状况等级由使用单位所在地省级质检部门审查确定。液化气体罐车的安全状况等级必须在1～3级范围内才能注册登记和投入使用。

（四）罐车使用基本规定

1. 汽车罐车的使用、装卸单位，应根据《液化气体罐车安全监察规程》及省级质检、公安、交通部门的有关规定，结合本单位的具体情况，制定相应的安全操作规程和管理制度，并对操作、运输和管理等有关人员进行安全技术教育。

2. 汽车罐车的使用单位，应按《汽车危险货物运输规则》JT 3130的有关规定办理准运证，并按车辆管理部门的规定，分别办理汽车牵引车和汽车罐车牌照。

汽车罐车的使用单位，应按《锅炉压力容器使用登记管理办法》的规定，携带有关资料到质检部门办理使用登记手续并申领《特种设备使用证》。

3. 汽车罐车和押运员、驾驶员应熟悉其所运输介质的物理、化学性质和安全防护措施，了解装卸的有关要求，具备处理故障和异常情况的能力。

汽车罐车押运员必须经培训和考核合格，由交通运政管理部门颁发《汽车罐车押运员证》；汽车驾驶员必须先取得公安机关颁发的《机动车驾驶证》，再经汽车罐车安全驾驶、使用培训且考核合格，由交通运政管理部门颁发《危险品货物运输（列车）证》后，才有驾驶液化气体罐车的资格。

4. 汽车罐车的使用单位，必须有本单位的持证押运员和驾驶员，并为押运员、驾驶员配备专用的防护用具和工作服装，专用检修工具和必要的备品、备件等。

5. 使用单位必须认真贯彻执行《液化气体罐车安全监察规程》并按汽车罐车使用说明书的要求，制定并认真贯彻执行汽车罐车日常检查和维护保养制度，经常检查安全附件（包括安全阀、爆破片、压力表、液面计、温度计、紧急切断装置、管接头、人孔、管道阀门、导静电装置等）性能，有无泄漏、损伤等；按汽车日常检修和保养要求对汽车底盘及其走行部分进行检查和修理，及时排除故障，保证性能完好。同时，应保持汽车罐车干净和漆色完好。

6. 随车必带的文件和资料包括：

（1）汽车罐车使用证；

（2）机动车驾驶证和汽车罐车准驾证；

（3）押运员证；

（4）准运证；

（5）汽车罐车定期检验报告复印件；

（6）液面计指示刻度与容积的对应关系表；在不同温度下，介质密度、压力、体积对照表；

（7）运行检查记录本；

（8）汽车罐车装卸记录。

（五）罐车的检验与检修

1. 罐体的定期检验分为年度检验和全面检验，年度检验每年至少进行一次，全面检验每六年至少进行一次，罐体发生重大事故或停用时间超过一年的，使用前应进行全面检验。

罐体及其安全附件应按《压力容器定期检验规则》和《液化气体罐车安全监察规程》的要求进行清洗、置换和检验，并按《在用汽车罐车检验报告书》的要求出具检验报告。

底盘的检查按汽车使用及保养说明书和车辆管理部门的有关规定进行。

2. 承担罐体主要受压元件修理的单位，必须经省级以上质检部门批准。承担罐体主要受压元件焊接的焊工，必须持有质检部门颁发的《特种作业人员证》并有相应的、有效的合格项目。

罐体修理前，罐内液化气体必须排尽，经置换、清洗、检测，并有记录，罐内有害气体成分达到卫生标准、可燃气体含量符合动火规定，并办理动火批准手续后，方可进行罐体动火作业；修理作业的照明应使用12V或24V电压的低压防爆灯。

罐体补焊部位应经表面探伤合格，必要时应经射线探伤检验合格，并进行局部热处理。

修理后应有详细的修理记录，经有关人员签字存档。

低温型汽车罐车的修理一般由原制造单位进行。

3. 汽车罐车所用的安全阀、爆破片装置、紧急切断装置、液面计、温度计、压力表、装卸阀门等除应符合《液化气体罐车安全监察规程》外，还应符合相应的国家标准和专业标准的规定。使用单位必须选用有制造许可证单位生产的爆破片装置以及经省级以上主管部门或质检部门鉴定合格的紧急切断装置。

4. 安全附件应实行定期检验制度，一般每年至少检验一次，爆破片应定期更换。更换期限由罐车使用单位根据使用情况和制造单位的要求确定。对于超过爆破片标定爆破压力而未爆破的，应立即更换。压力表和液面计、测温仪表应按计量部门规定的期限校验，并出具证明。

5. 安全阀、紧急切断阀等阀门部件的材料必须适合介质的性质，除密封元件外，不得采用非金属、铸铁材料制造。低温型汽车罐车安全阀的材料应与低温液体相容，在低温下具有良好的力学性能和弯曲性能。应在试验台上分别用常温气体和低温氮气进行性能试验。

三、铁路罐车（火车槽车）

1. 液化石油气铁路罐车

液化石油气铁路槽罐车的构造、装卸工作原理与汽车液化石油气罐车基本相同。不同之处是圆筒形卧式储罐安装在火车底盘上，阀门箱及附属设备一般安装在罐体的上部。此外，为减少阳光对罐车的直接热辐射，在罐体的上部装有包角为120°的遮阳罩，或在罐体上设置隔热层，既防日晒，又防火灾。由于火车槽罐容积较大，罐车上还设置有操作平台和罐内外直梯，以便操作和维修。HG60-2 型液化石油气铁路罐车如图 3-16 所示，目前国内制造和使用的铁路罐车主要规格及技术性能见表 3-5。

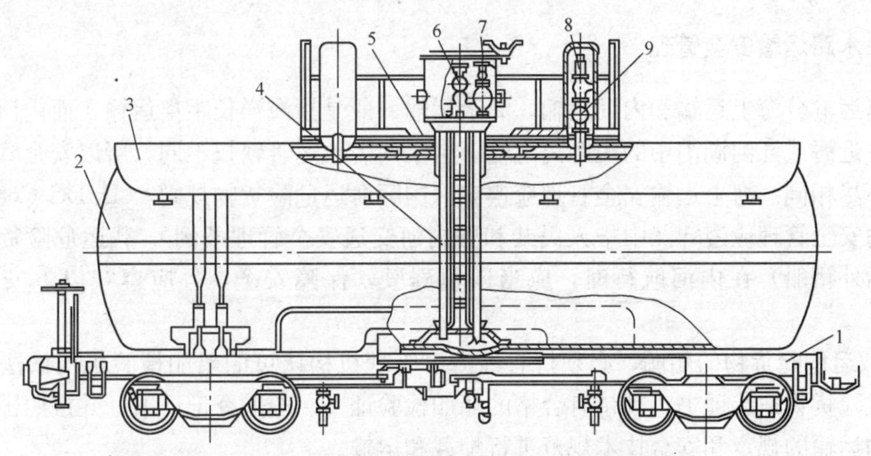

图 3-16　HG60-2 型液化石油气铁路槽罐车

1—底盘；2—罐体；3—遮阳罩；4—人梯；5—平台；6,7,9—阀门；8—安全阀

铁路槽罐车运输的液化石油气是易燃易爆危险品，属重大危险源，所以槽罐上应该有明显的标志，一般液化石油气火车槽罐车罐体应涂银灰色，并涂以 30mm 宽的红色色带。

2. 液化天然气铁路罐车

液化天然气铁路罐车罐体结构结合了液化天然气汽车罐车罐体结构和液化石油气铁路

铁路罐车主要规格及技术性能（参考）　　表 3-5

车型参数		HG60-2 型	HTG60/22 型	GH95/22 型
底盘型号		G60 、G17		
罐体总容积(m^3)		61.9		95
设计压力(MPa)		2.2		
使用温度(℃)		50		
充装介质		液氨、LPG	LPG	
罐体参数	内径(mm)	*D*2800		
	壁厚(mm)	24(26)	22(24)	
	长度(mm)	10552	10548	15908
材质		16MnR		
两车钩连接线间距(mm)		11992		17716
允许载运质量(t)			26	40
自备质量(t)		33.7	31.6	39.6
总质量(t)			57.6	79.6

槽罐车外形的特点，其罐体结构采用高真空多层绝缘结构，罐体上还设有隔热层，罐顶设有遮阳板，阀门及装卸设备一般都安装在罐体的顶部。

第三节　燃气运输安全管理

一、水路运输安全管理

水路运输分海上运输和内河运输，海上运输一般是指海洋长距离运输，而内河运输一般是指在近海或江河湖泊中的短距离运输。由于两者航运管辖权不同，所以安全管理规则依据也不尽相同。海上运输安全管理应遵守《国际海运危险货物规则》(IMDG Code)；而内河运输安全管理应遵守《中华人民共和国内河交通安全管理条例》。载运危险货物的船舶（包括外籍船）在内河航行时，应当谨慎驾驶，保障安全，且应遵守以下安全管理规定：

1. 载运危险货物的船舶，必须持有经海事管理机构认可的船舶检验机构依法检验并颁发的危险货物适装证书，且持有合格的船舶检验证书、船舶登记证书，并按照国家有关危险货物运输的规定和安全技术规范进行配载和运输。

2. 载运危险货物船舶的船员应当经相应的特殊培训，并经海事管理机构考试合格，取得相应的适任证书或者其他适任证件，方可担任船员职务。严禁未取得适任证书或者其他适任证件的船员上岗。船员应当遵守职业道德，提高业务素质，严格依法履行职责。

3. 载运危险货物船舶的所有人或者经营单位，应当加强对船舶、浮动设施的安全管理，建立、健全相应的交通安全管理制度，并对船舶、浮动设施的交通安全负责；不得聘用无适任证书或者其他适任证件的人员担任船员；不得指使、强令船员违章操作。

4. 载运危险货物的船舶，必须按国务院交通主管部门规定配备船员。

5. 载运危险货物的船舶在内河航行，应当悬挂国旗，标明船名、船籍港、载重线。

6. 船舶装卸、过驳危险货物或者载运危险货物进出港口，应当将危险货物的名称、特性、包装、装卸或者过驳的时间、地点以及进出港时间等事项，事先报告海事管理机构和港口管理机构，经其同意后，方可进行装卸、过驳作业或者进出港口；但是，定船、定线、定货的船舶可以定期报告。

7. 载运危险货物的船舶，在航行、装卸或者停泊时，应当按照规定显示信号，其他船舶应当避让。对来船动态不明、声号不统一或者遇有紧迫情况时，应当减速、停车或倒车，防止碰撞。

8. 船舶在内河航行，应当保持瞭望，注意观察，并采用安全航速航行。船舶安全航速应当根据能见度、通航密度、船舶操纵性能和风、浪、水流、航路状况以及周围环境等主要因素决定。使用雷达的船舶，还应当考虑雷达设备的特性、效率和局限性。船舶在限制航速的区域和汛期高水位期间，应当按照海事管理机构规定的航速航行。

9. 载运危险货物的船舶在内河航行和进入港口、靠泊码头要按国务院交通主管部门规定申请引航。

10. 船舶应当在码头、泊位或者依法公布的锚地、停泊区、作业区停泊；遇有紧急情况，需要在其他水域停泊的，应当向海事管理机构报告。

11. 载运危险货物的船舶严禁超载。

12. 从事危险货物装卸的码头、泊位和载运危险货物的船舶，必须编制危险货物事故应急预案，并配备相应的应急救援设备和器材。

二、汽车罐车公路运输安全管理

承压汽车罐车公路运输除应遵守普通货物运输交通安全管理规定外，还必须严格遵守《汽车运输危险货物规则》JT 617—2004 和《汽车运输、装卸危险货物作业规程》JT 618—2004 规定。

(一) 基本要求

1. 从事燃气运输的车辆（指汽车罐车和运瓶车）必须办理危险品运输许可证。

2. 汽车罐车（压力容器）使用前必须在质量技术监督部门办理“移动式压力容器使用登记证”，并经过质量技术监督部门的检验，取得检验合格证书且在有效期内。

3. 车辆安全技术状况必须达到Ⅰ级标准。

4. 从事燃气运输的企业必须具有相应的资质、技术条件和有严格的车辆管理制度、安全管理体系并配备专职的管理人员。同时，还应按交通运政主管部门的规定，在燃气运输车辆上安装 GPS 卫星定位系统，以便对作业当中的运输车辆在途中的行驶路线、速度等状况进行实时动态监测。

5. 驾驶员和押运员必须持证上岗，且人员配备齐全。

6. 司机、押运员作业时严禁吸烟，并应穿着不产生静电的工作服和不带铁钉的工作鞋。

7. 一般道路上最高车速为 60km/h，在高速道路上最高车速为 80km/h，并应确认有足够的安全车间距离。如遇恶劣天气，最高时速为 20km/h，并打开示警灯防止追尾。在厂（库）区内干道行驶时，车速不超过 5km/h，其他道路不得超过 20km/h。

8. 运输过程中，应每隔 2 小时检查一次车况及槽罐状况是否完好。

9. 驾驶人员一次连续驾驶 4 小时应休息 20 分钟以上；24 小时内实际驾驶车辆时间累计不得超过 8 小时。

10. 发生故障时，需修理时应该选择在安全地点和具有相关资质的修理厂进行。

11. 危险运输警示标志应齐全、完好。

12. 驾驶人员应严格执行《危险物品交通运输管理规定》。

（二）行车作业要求

1. 出车前的准备

（1）燃气运输车辆的有关证件、标志应齐全有效，技术状况应为良好，并按照有关规定对车辆安全技术状况进行严格检查，发现故障应立即排除。

（2）驾驶人员、押运人员应检查随车携带的移动式压力容器使用登记证和 IC 卡。

（3）车上应配备足够的消防器材（5kg 以上手提式干粉灭火器不少于 2 只）、应急处理设备和工具、劳动防护用品等。

2. 运输行驶

（1）驾驶人员应根据道路交通状况控制车速，禁止超速和强行超车、会车。

（2）运输途中应尽量避免紧急制动，转弯时车辆应减速。

（3）通过隧道、涵洞、立交桥时，要注意标高、限速。

（4）运输过程中发现问题，押运人员应及时会同驾驶人员采取措施妥善处理，驾驶人员、押运人员不得擅自离岗、脱岗。

3. 罐车停放

罐车停放应遵守以下安全管理规定：

（1）驾驶员和押运员不得同时远离车辆；

（2）燃气运输车辆停放必须停靠通气良好的安全地方，10m 以内不得有明火和建筑物，严禁停靠在学校、机关、厂矿、桥梁、仓库等人员稠密场所；

（3）中途停放如超过 6 小时，应与当地公安消防部门联系，按规定停放在指定的安全地点。

三、铁路罐车运输管理

燃气铁路运输有铁路罐车运输和钢瓶运输两种方式，其中以铁路罐车运输为主。铁路罐车的使用与管理应符合以下规定：

1. 罐车在使用前，应由罐车所属单位组织专人按产品合格证、质量证明书等技术文件及规定进行验收。在质量技术监督部门办理“移动式压力容器使用登记证”，取得检验合格证书且在有效期内。并向铁路锅炉压力容器安全监察部门办理罐车安全运输许可证。

2. 罐车投入使用后，罐车所属单位应指定专职或兼职的技术人员进行管理，并按《液化气体铁路罐车安全管理规程》要求进行定期检验和修理，建立完整的技术档案。

3. 罐车的装卸单位应建立、健全充装管理制度，装卸人员、押运人员应经专门技术培训，考试合格持证上岗。

4. 罐车装卸必须作详细的充装记录。经确认充装记录和罐车运输交接单完整的罐车，方可办理托运手续。

5. 罐车在运输途中，必须派两名押运人员监护，押运人员对其所装的燃气介质的物理、化学性质及防护办法必须熟悉，遇到异常情况能及时处理。

6. 押运人员在押运过程中不得擅离职守，到编组站时应积极与铁路部门联系，及时挂运。同时要对发运站、路经各编组站直至终点站并与收货单位交接等都应详细记录。

7. 押运人员应携带防护用具及必要的检修工具，中途发生泄漏时应采取应急措施，以免事态扩大。如无法控制，应立即同铁路部门及有关单位联系加以处理。

8. 运行中发生严重故障应按以下处理：

(1) 发生严重泄漏时，铁路部门与押运人员应及时向当地政府、公安部门报告，组织抢救，并立即切断周围火源。

(2) 根据泄漏程度设立安全警戒区，组织人员向逆风方向疏散，最大限度减少人员伤亡或财产损失。

(3) 燃气生产和使用单位同铁路部门应在当地协调组织下建立联系，以便发生事故时及时有效地处理。

9. 罐车到达目的地后，押运人员应与用户代表办理交接验收手续后，方准离车。

10. 根据铁路危险品运输的有关规定，挂有燃气介质罐车的列车要加挂守车，以便押运人员执行押运任务。

第四节　港口及罐车装卸

一、港口装卸

在燃气装卸作业过程中，由于涉及船岸装卸和管道运输等多个环节，稍有不慎，就可能导致严重的灾害。而且海上船员、岸上人员的安全及船舶、货物的安全，与燃气在装卸前后及装卸过程中的行为有直接关系。所以，尽管《国际海运危险货物规则》中涉及到港口码头作业的具体规定很少，但国际海事组织颁发了《港区危险货物安全运输、装卸和储存指南》用以指导港口码头的危险货物作业。我国交通部 1996 年颁发的《国内水路危险货物运输规则》是目前指导港口燃气装卸时安全作业的主要依据。

由于燃气装卸应在危险品港口码头进行，因此在本节讨论燃气装卸时，以危险货物港口码头的装卸为例。

(一) 港口码头安全管理一般规定

1. 危险货物装卸码头的设施必须符合港口码头相关设计和施工规范要求，且消防、安全防护、环保及应急救援设施齐全有效；

2. 危险货物装卸码头必须持有交通主管部门依法检验并颁发的港口经营许可证、危险货物港口作业认可证和港口设施保安符合证；

3. 危险货物装卸码头经营单位必须按规定配备安全管理人员，管理人员和作业人员必须经过相应的特殊培训，经交通管理机构考试合格并取得危险货物运输岸上管理人员上岗证和操作上岗证，方可进行装卸。禁止聘用无证人员上岗作业；

4. 危险货物装卸码头经营单位应加强港口码头安全管理，建立健全相应的安全管理体系以及规章制度，并保障其正常运行；

5. 危险货物装卸码头经营单位必须制定危险货物事故应急预案，并配备相应的应急救援设备和器材；

6. 在用的危险货物港口码头应按《危险化学品安全管理条例》的规定，每二年进行一次安全评价。

（二）装卸作业前的船/岸安全检查

为保证安全作业，船舶和码头之间应进行装卸前的安全检查，达成应采取的预防措施的协议，并且双方应签认《船/岸安全检查表》和“船/岸负责人协议书”。

1. 船/岸安全检查内容

船/岸安全检查内容详见表 3-6。

船/岸安全检查表 **表 3-6**

船名：				
港口：	泊位：			
到港日期：	到港时间：			
1. 通用问题	船舶	码头	代号	备注
1.1 船舶是否已安全系泊？	□	□		
1.2 应急拖缆是否放在正确位置？	□	□		
1.3 船岸之间是否有安全通道？	□	□		
1.4 船舶是否能随时自航移位？	□		P	
1.5 船上是否进行了有效的甲板值班？船/岸是否有足够的监督人员？	□	□		
1.6 商定的船/岸通讯系统是否可用？	□	□	A	
1.7 货物、燃油和压载水的装卸程序是否已商定？	□	□	A	
1.8 应急关停程序是否已商定？	□	□	A	
1.9 船/岸消防灭火设施是否就位？是否做好即刻可用准备？	□	□		
1.10 货物和卸气软管是否处于良好状态并已装妥？如适用，证书是否已检查？	□	□		
1.11 船/岸的排水口是否已塞堵？	□	□		
1.12 未用之货物和燃油管接头、船尾排放管是否已关闭？	□	□		
1.13 通海阀和舷外排放阀在不使用时是否已关闭并系固？	□	□		
1.14 所有货舱和燃油盖是否已关闭？	□	□		
1.15 是否正在使用商定的货舱透气系统？	□	□	A	
1.16 所使用的手电筒是否为经认可的类型？	□	□		
1.17 便携式甚高频/超高频收发机是否为经认可的类型？	□	□		
1.18 船用无线电主发射机的天线是否接地？雷达是否关闭？	□			
1.19 通向便携式电气设备的电缆是否已与电源断开？	□	□		
1.20 船中居住舱室的所有外门和舷窗是否已关闭？	□			
1.21 通往或俯视货舱甲板的船尾居住舱室外的所有外门和舷窗是否已关闭？	□			
1.22 可能吸入货物挥发气的空调机进气口是否已关闭？	□	□		
1.23 窗式空调机的电源是否已关闭？	□	□		

续表

船名：				
港口：	泊位：			
到港日期：	到港时间：			
1. 通用问题	船舶	码头	代号	备注
1.24 禁止吸烟的要求是否已得到执行？	□	□		
1.25 使用厨房和其他炊具的要求是否已得到执行？	□	□		
1.26 禁用明火的各项要求是否已得到执行？	□	□		
1.27 是否设有应急逃生通道？	□	□		
1.28 船/岸是否有足够的应急人员？	□	□		
1.29 船/岸接头是否有适当的绝缘手段？	□	□		
1.30 是否已采取保证对泵舱进行足够通风的措施？	□	□		
2. 附加检查				
2.1 是否备有列有货物安全装卸必要数据的资料？	□	□		
2.2 喷水系统是否随时可用？	□	□		
2.3 是否有足够适用的保护设备(包括隔绝式呼吸器)和保护服装供立即使用？	□	□		
2.4 要求灌充惰性气体的空舱是否已适当灌充惰性气体？	□			
2.5 所有的遥控阀是否处于完好状态？	□	□		
2.6 货舱安全阀与船舶透气系统是否连通？旁通管是否关闭？	□			
2.7 所需货泵和压缩机是否处于良好状态？船岸之间是否已商定最大工作压力？	□	□	A	
2.8 再液化或气化控制设备是否处于良好状态？	□			
2.9 货物气体探测设备是否已校准并处于良好状态？	□	□		
2.10 货物系统测量表和报警器是否已调好并处于良好状态？	□	□		
2.11 应急关闭系统是否工作正常？	□	□		
2.12 岸上是否了解船上自动阀的关闭速率？船上是否有岸上系统的类似细节？	□	□	A	
2.13 船岸之间是否已交换关于货物系统最低工作温度的资料？	□	□	A	
船舶靠泊于岸上设备时是否作出进行货舱清洗的计划？	是/否			
如果有此计划，是否已通知主管机关和码头？	是/否	是/否		

声明：我们已检查(在适当时，已联合检查)本检查表的项目，并确认我们所填写的内容，就我们所知，是正确的。而且做好了必要时进行再次检查的安排。

船方	码头方
签字：	签字：
职务：	职务：
年 月 日 时 分	年 月 日 时 分

说明：

(1) 表中列出的所有问题的答复应是肯定的。如果不能给予肯定回答，应说明理由，而且船舶和码头之间应达成关于应采取的适当预防措施的协议。如果认为有问题不适用，应在备注栏里加以说明。

(2) “□”符号在“船舶”和“码头”栏里出现，表示应由该方进行检查。

(3) 代号栏里的字母A与P表示：A—所述程序和协议应是书面的，应由双方签署；P—如果回答是否定的，未经主管机关批准，不准进行作业。

(4) 表中“是/否”，应根据情况删除“是”或“否”。

2. 船/岸负责人协议书内容

(1) 声明：本货物装卸，是应接收货物单位的要求进行靠泊装卸，在所有的情况下，船、岸负责人皆对船舶、码头和各自的人员、货物和设施负有安全责任，并且不允许另一方的行为破坏这一安全。

(2) 货物标准

船　　名________________货物名称________________

船罐压力________________货　　温________________

库罐压力________________管线长度________________

装卸压力________________装卸数量________________

(3) 商定的通讯工具

船、岸双方选定的通讯频道为________________________________

(4) 商定的紧急停止信号

1) 船、岸装卸作业发生意外时，双方都应用笛声或警报器发出一组短促笛声，或通过商定的通讯系统呼叫“紧急停止”三遍。

2) 听到紧急信号应采取的措施：

立即停止所有货物装卸作业；

通知对方人员；

船方主机待起动，双方人员准备拆卸装货软管；

船头、船尾做好离岸准备；

岸方人员做好解缆准备。

(5) 装卸时发生火警

船、岸双方马上停止作业，发出警报，双方开启消防泵和消防器材，对火场进行灭火，任何一方不能袖手旁观。

(6) 签署

船方________________码头方________________

职务________________职　务________________

签字________________签　字________________

日期________________日　期________________

(三) 装卸作业安全规则

1. 船舶载运危险货物，承运人（或收货人）应按规定向港务（航）监督机构办理申报手续，港口作业部门根据装卸危险货物通知单安排作业。

2. 装卸危险货物的泊位以及危险货物的品种和数量，应经港口管理机构和港务（航）监督机构批准。

3. 装卸危险货物应选派具有一定专业知识的装卸人员（班组）担任。装卸前应详细了解所装卸危险货物的性质、危险程度、安全和医疗急救等措施，并严格按照有关操作规程作业。

4. 装卸危险货物，应根据货物性质选用合适的装卸机具。装卸易燃、易爆货物，装卸机械应安置火星熄灭装置，禁止使用非防爆型电器设备。装卸机具应按额定负荷降低25%使用。

5. 装卸危险货物，应根据货物的性质和状态，在船-岸，船-船之间设置安全网，装卸人员应穿戴相应的防护用品。

6. 夜间装卸危险货物，应有良好的照明，并应使用防爆型的安全照明设备。

7. 船方应向港口经营人提供安全的在船作业环境。如货舱受到污染，船方应说明情况，并采取有效措施后方可作业。

如船舶确实不具备作业环境，港口经营人有权停止作业，并书面通知港务（航）监督机构。

8. 船舶装卸易燃、易爆危险货物期间，不得进行加油、加水（岸上管道加水除外）、拷铲等作业，所使用的通讯设备应符合有关规定。

9. 装卸易燃、易爆危险货物，距装卸地点 50m 范围内为禁火区。作业人员不得携带火种或穿铁掌鞋进入作业现场，无关人员不得进入。

10. 装卸危险货物时，遇有雷鸣、电闪或附近发生火警，应立即停止作业。

11. 装卸危险货物，装卸人员应严格按照计划积载图装卸，不得随意变更。装卸时应稳拿轻放，严禁撞击、滑跌、摔落等不安全作业。

12. 对船舶设备、装卸机具不合格的和货物装载不符合规定的，港口管理机构有权停止船舶作业，并责令有关方面采取必要的安全处置措施。

13. 遇到暴风等恶劣的天气（如遇 6 级以上的大风或悬挂 2 号及以上的台风信号），禁止船舶靠泊作业。

二、汽车罐车装卸

（一）承压汽车罐车充装站安全标准

承压汽车罐车充装站，一般是指库容量≥3000m³，长期从事槽罐车批发业务的燃气储存基地或场站。根据质检特联［2006］341 号文件通知要求，承压汽车罐车充装站应符合以下安全管理标准要求：

1. 基本条件

（1）应取得所在地工商部门核发的营业执照，且在注册经营范围内从事经营活动。

（2）应取得公安、环保等有关部门的消防、防爆、防雷电等相关验收和安全、环境评价。

（3）应取得质量技术监督部门、安全生产监管部门的有关危险化学品的《生产经营安全许可证（指同时生产和充装气体企业）》或《气体充装许可证（灌装企业）》。

（4）应建立起符合本单位实际情况且行之有效的安全管理体系以及规章制度，并保持其正常运转。规章制度包括：安全管理制度、安全责任制度、充装过程关键点控制制度、安全生产操作规程、事故应急预案和定期演练制度、设备管理制度以及人员培训制度等。

（5）建立健全相应的工作记录，其中包括：罐车使用证及其 IC 卡的查验记录，罐车充装前和充装后检查记录，充装质量复检记录，超装气体的卸车处理记录，安全检查记录，设备运行记录，安全教育记录，信息反馈记录，人员培训记录，设备、仪表的运行、巡检、检修记录等。

2. 安全管理体系运转要求

（1）各项制度已建立并得到贯彻执行；

(2) 对罐体内介质有置换要求的，充装站应核查置换合格报告或证明文件，并进行记录，否则不予充装；

(3) 对各项查验内容和充装情况均应进行记录，记录内容应有可追踪性；

(4) 进入燃气充装区人员，必须穿戴防静电工作服，罐车必须经充装前检查合格，具备装卸条件，配置好防火帽等，方可进入充装站区；

(5) 在通风不良且有发生窒息、中毒等危险场所内的操作、处理活动，必须由 2 名以上配戴自供式防护面具的操作人员进行，并有监护措施；

(6) 应在重要部位设置安全警示标志和报警电话；

(7) 应急救援的实施情况包括：

1) 应制订应急救援预案，配备抢险、应急救援器材、设备和防护用品；

2) 每年应至少进行二次应急救援演练；

3) 每次应急救援演练的参与人员应签名，演练过程和讲评应进行记录。

3. 资源条件要求

(1) 技术力量

1) 应配备安全技术管理人员和设备管理技术人员，专职安全技术负责人应熟悉相应的法律法规和工艺流程控制业务；

2) 压力容器管理及操作人员、充装管理及操作人员应经专业培训考试合格，持特种设备作业人员证书（如压力容器和压力管道操作人员证书等）上岗，每工班持证充装作业人员不得少于 2 名；

3) 每工班应配备安全检查人员，安全检查人员应经过培训，熟悉安全技术和要求，并切实履行安全检查职责；

4) 充装单位的自有罐车驾驶员和押运员应专业培训合格，取得上岗资格证书。

(2) 设备和场地要求

1) 充装站的设置应符合建筑、安全、环保等相关标准规范的要求；

2) 应具有专用的罐车充装场地，充装场地应满足罐车回转半径和停靠位置的要求且场地地面强度、水平度符合充装要求，燃气充装站的储存区与充装场地之间应有符合消防规定的隔断；

3) 应具有相应的储存设备和专用的装卸车设备，燃气充装设备应安装防止设备、管道静电积聚的设施（主要包括接地线、接地栓、接地网、静电跨接线并附静电接地报警器等），并在检测合格有效期内；

4) 燃气充装站的监测、气体浓度报警装置应灵敏，并在检测合格有效期内；

5) 建立仪器、仪表、设备台账并按规定校验，仪器、仪表、设备建档率达 100%，所有计量仪器设备应满足有关计量要求；

6) 压力管道应 100%进行在线检验，充装用装卸软管必须每半年进行一次水压试验并有试验结果记录和试验人员签字，压力容器等其他特种设备应达到 100%办理使用登记、领取使用证、进行定期检验，充装站使用的安全附件应按规定周期进行校验；

7) 充装站的自有罐车应取得质量技术监督部门颁发的使用登记证及 IC 卡，并定期检验合格；

8) 液化气体充装站应具备充装质量计量器具和防超装、超限措施，并满足以下要求：

配备充装质量计量控制装置，实现现场和远程两项控制、监视功能；

设置防超装（超压）、超限装置和超装报警装置；

配备电子衡器，以对完成充装的罐车进行充装量的复检和计量；

9）罐车充装应当具备紧急切断功能和充装系统紧急停车功能，以便在紧急情况下能够迅速停止充装和系统紧急停车，紧急切断应能在充装操作点5m以内或在控制室内启动，液化气体罐车充装台的液相管道上应装设紧急切断阀；

10）应具有对超装罐车进行卸车的设施；

11）充装站应配备水喷淋装置；

12）低温液化气体充装站应配备对充装设备和罐车上阀门、仪表、管道连接接头等处冻结时的解冻设施，严禁用敲打和明火加热方式解冻；

13）天然气充装站应具备对气体含水量和硫化氢含量的检测装置；

14）低温气体充装站应为操作人员配备防止低温灼伤的防护用品。

汽车罐车卸料接收站的安全管理标准，可根据接收站的规模大小、供气性质以及现场实际情况参照充装站安全管理标准要求执行。

（二）汽车罐车的装卸作业

罐车装卸作业对确保罐车安全运输至关重要。因此，要求罐车装卸作业人员必须严格遵守安全操作规程和相应的安全管理制度。

1. 充装过程有关安全规定

（1）充装前严格查验运输许可证、特种设备使用证及IC卡、罐体检验合格证、驾驶证、押运员证，检查罐车警示灯具、标志、罐体告示牌、颜色、环表色带、罐体外观损伤以及罐内燃气余压达标情况等；

（2）采取防止罐车充装过程中车辆发生滑动的有效措施；

（3）罐车的静电接地设施应与装卸台地线网接牢；

（4）充装前应检查罐内燃气余压不低于0.05MPa；

（5）充装站内操作人员应采取有效防止明火和防止静电危害；

（6）充装过程实行微机管理，配置读卡器，使用国家质检总局统一的《移动式压力容器使用登记证》和《移动式压力容器IC卡管理系统》，对充装罐车进行读、写记录；

（7）对发生超装或充装过程中罐车泄漏等异常情况，必须及时停止装卸作业；

（8）遇到雷雨天气、附近有明火、管道设备出现异常工况或危险情况，应立即停止装卸作业并采取相应的安全措施；

（9）充装完的罐车，应检查罐体各密封面、阀件、接管等有无泄漏，充装完的低温燃气罐车，还应检查罐体各密封面、阀件、接管等有无跑冷、结霜；

（10）严禁罐车超装、超压出站，液化燃气罐车出站前必须对其充装量进行复核，合格后方可出站；

（11）严禁充装证明资料不齐全、检验检查不合格、罐体内残留介质不详和存在其他可疑情况的罐车，严禁进行罐车之间的装卸工作（按照应急预案对问题罐车进行应急处置时除外）；

（12）作业区严禁烟火，不得使用易产生火花的工具和用品；

（13）首次充装的罐车，充装前应作抽真空或充氮置换处理，严禁直接充装。罐内的真空度应不低于 650mm 汞柱，含氧量不大于 3%；

(14) 半挂式汽车罐车在装卸作业时，严禁牵引车与罐车分离，以防发生意外。

2. 罐车装卸操作步骤（以液化石油气装卸为例）

罐车装卸时，应按指定的装卸工位停车，用手闸制动，并熄灭发动机；在车轮下加设固定块，以防止装卸过程中罐车滑动；履行发动机钥匙移交手续；检查司机、押运员证件以及罐车使用证，检查罐车外观、颜色、警示标志、阀门、安全附件等设施完好状况，检查罐内燃气余压符合规定要求，并核对罐车最大允许充装量；在检查合格和确认完好的前提下，取下快装接头盖帽，用装卸软管将罐车与气站贮罐气、液相管接通，同时接好罐车导静电接地线；记录罐车装卸前的液位、温度和压力值；若装车，应根据提货单的货量设定充装液位；按操作程序并确认合格后，操作罐车阀箱中的手动油泵，开启紧急切断阀；开启装卸软管上的 Y 型阀门进行装卸作业（开启阀门时注意先开气相阀，后开液相阀）；当装车达到设定的液位或卸料完成时，及时关闭装卸软管上的 Y 型阀门（这时要先关液相阀，后关气相阀）；将手动油泵泄压，关闭紧急切断阀；拆除装卸软管使罐车与储罐分离，装好快速接头盖帽，并拆除防静电接地线；对罐车阀件各连接处进行查漏；在检查确认无超装、无泄漏的情况下，撤去防滑固定块，向司机移交发动机钥匙；记录罐车装卸后的液位、温度和压力值；操作工与司机、押运员履行签字手续，装卸作业结束。有关装卸过程中的关键点控制、泄漏检查以及装卸参数值等必须做好现场记录，《罐车装卸作业记录表》见表 3-7 所示。

注意事项：

(1) 在装卸作业过程中，装卸作业人员和司机不得擅自离开作业现场，要随时注意罐车液位、温度和压力的变化情况。

(2) 充装过程中应利用罐车液位计或应用充装站内的流量计进行计量，然后还须经电子汽车衡复验充装量，以防超装。当过磅复验发现超装时，必须按管理制度规定的要求进行卸气；卸完气后，再次过磅复验，合格后准予放行。超装卸气作业应按以上罐车充装作业相关步骤重复进行，并填写《罐车超装卸气记录表》，见表 3-8 所示。

汽车罐车装卸记录 **表 3-7**

项目内容		记　录	备　注
罐车号牌	牵引车		
	挂车		
装卸工位号			
装卸作业时间		从　日　时　分至　日　时　分	
装卸前检查、处理	证照查验	□	
	外观查验	□	
	警示标志查验	□	
	颜色、色带查验	□	
	发动机钥匙交接	□	
	车轮加防滑块	□	
	防静电线连接	□	
	装卸软管接驳	□	
	检查安全附件	□	
	液位设定	(mm)	

续表

项目内容			记录	备注
装卸作业	装卸前	液位	(mm)	
		温度	(℃)	
		压力	(MPa)	
	装卸后	液位	(mm)	
		温度	(℃)	
		压力	(MPa)	
	装卸量		(t)	
装卸后检查、处理	拆除装卸软管		□	
	拆除防静电接地线		□	
	泄漏检查		□	
	撤除车轮防滑块		□	
签名	操作工			
	检验员			
	司机			
	押运员			

注：项目确认合格在“□”中打“√”，有说明事项记录在备注栏。

汽车罐车超装卸气处理记录 **表3-8**

项目内容			记录	备注
罐车号牌	牵引车			
	挂车			
电子汽车衡复验计量	最大许可充装量		(t)	
	实际充装量		(t)	
	超装量		(t)	
卸车工位号				
卸气作业时间			从 日 时 分至 日 时 分	
卸气前检查、处理	发动机钥匙交接		□	
	车轮加防滑块		□	
	防静电线连接		□	
	装卸软管接驳		□	
卸气作业	卸前	液位	(mm)	
		温度	(℃)	
		压力	(MPa)	
	卸后	液位	(mm)	
		温度	(℃)	
		压力	(MPa)	
	卸气后重量		(t)	

续表

项目内容		记　录	备　注
卸气后检查、处理	拆除装卸软管	□	
	拆除防静电线	□	
	泄漏检查	□	
	撤除车轮防滑块	□	
签名	操作工		
	检验员		
	司机		
	押运员		
复验计量	实际充装量	(t)	
签名	计量员		
	司机		
	气站负责人		

注：项目确认合格在"□"中打"√"，有说明事项记录在备注栏。

(3) 卸料作业结束时，罐车内必须保持不低于 0.05MPa 的余压，严禁超限抽空，以防止发生意外。

(4) 装卸作业过程中，如发生意外事件，装卸操作人员应在罐车车尾保险杠处打开油压控制阀和装卸台上紧急切断泄压阀，及时关闭罐车和充装站输气管线上紧急切断阀，中止装卸作业，并采取相应的应急处理措施。

三、铁路罐车装卸

(一) 铁路场站内的装卸线

液化气体铁路罐车的装卸线在设计、建设、投入使用过程中，应严格按照铁道部的有关规定，办理审批手续后才能使用。铁路罐车装卸线如图 3-17 所示。

站内铁路线的长度应根据储配站的规模、铁路罐车的装配数目和一次装卸车节数等因素确定。当一次进站车节数等于或少于 4 节时，可设单线；当一次进站车节数超过 4 节时，则设双线，以便于调车。设双线时，两条铁路的中心不应小于 6m。

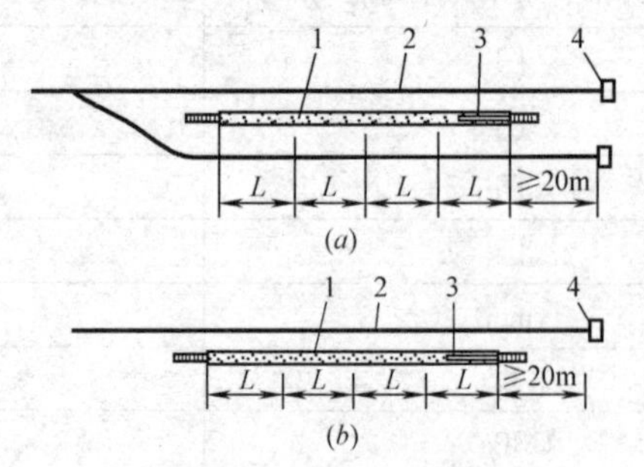

图 3-17　铁路罐车装卸线

(a) 单线；(b) 双线

1—装卸栈桥；2—站内铁路线；3—工艺管道；4—车挡；L—每节铁路罐车长度

(二) 铁路罐车装卸栈桥

铁路罐车装卸栈桥是装卸的操作平台，一般是由钢结构或钢筋混凝土等阻燃材料建成，长度取决于一次装卸车节数，宽度一般不小于 1.2m。在设有装卸鹤管的部位，邻罐车一侧应设有折叠式过桥，以便于操作人员进行装卸作业。过桥的宽度不应小于 0.8m，其长度应考虑与罐车平台相衔接，通常取 1.2～1.5m。栈桥的梯子宽度不应小于 0.8m，斜度不大于 59°，高度应与罐车操作平台的高度相同，从铁轨顶算起为 +4.0m。

铁路罐车装卸栈桥应与铁路线平行布置，当采用单线时，栈桥应邻储罐区。栈桥与铁路二者中心线的间距不应小于 3.0m。

（三）工艺管道与装卸鹤管

铁路罐车有上卸式和下卸式两种。国内铁路罐车大多是上卸式，故通常采用压缩机装卸。为了便于罐车检修、洗罐和解冻，装卸栈桥底部应设置压力大于 0.2MPa 的蒸汽管道和上水管道，有的还须设置压力大于 0.2MPa 的压缩空气管道。

各种介质的总管和对应各车位的支管上均应装设阀门（包括止回阀），以防止液相管断裂而导致大量泄漏。为计量燃气的流量，在液相总管上还应装计量装置。

装卸用的气、液相立管应固定在栈桥上，并在支管上安装卸车鹤管。卸车鹤管有两种：一种是万向卸车鹤管；一种是胶管法兰卸车鹤管。这两种卸车鹤管的构造如图 3-18 和图 3-19 所示。

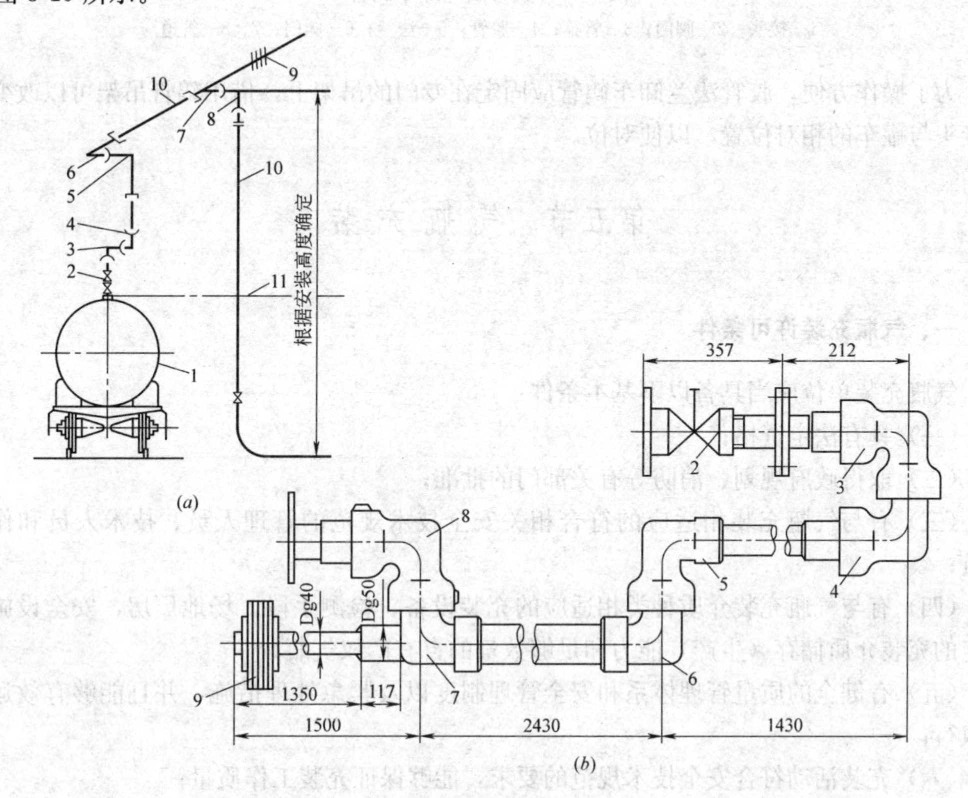

图 3-18 万向卸车鹤管

（a）卸车鹤管；（b）万向接头

1—铁路罐车；2—阀门；3—双承弯头Ⅰ；4—承插弯头Ⅰ；5—双承弯头Ⅲ；6、7—承插弯头Ⅱ；8—双承弯头Ⅱ；9—重块；10—管道；11—操作平台

万向卸车鹤管由立管和万向接头组成。利用装有“滚珠”的弯头组成的万向接头可方便地与罐车气、液相管对位连接。

胶管法兰卸车鹤管由立管、螺纹接头、高压铠装耐油胶管、法兰接头、阀门和活套法兰组成。高压铠装耐油胶管允许使用压力至少应为系统最高工作压力的 4 倍，长度通常取 4m 左右。

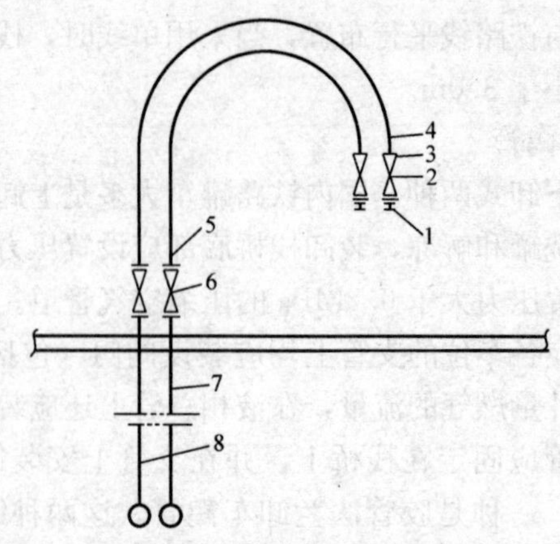

图 3-19　胶管法兰卸车鹤管

1—接头；2—阀门；3—管箍；4—胶管；5—法兰；6—阀门；7、8—管道

为了操作方便，胶管法兰卸车鹤管应固定在专门的吊架上，借用鹤管吊架可以改变法兰接头与罐车的相对位置，以便对位。

第五节　气瓶充装

一、气瓶充装许可条件

气瓶充装单位应当具备以下基本条件：

（一）具有法定资格；

（二）取得政府规划、消防等有关部门的批准；

（三）有与气瓶充装相适应的符合相关安全技术规范的管理人员、技术人员和作业人员；

（四）有与气瓶充装介质种类相适应的充装设备、检测手段、场地厂房，安全设施和一定的充装介质储存（生产）能力和足够数量的自有产权气瓶；

（五）有健全的质量管理体系和安全管理制度以及紧急处理措施，并且能够有效运转和执行；

（六）充装活动符合安全技术规范的要求，能够保证充装工作质量；

（七）能够对气瓶使用者安全使用气瓶进行指导、提供服务。

二、气瓶充装单位资源条件

（一）人员

1. 管理人员

（1）负责人（站长）：应当熟悉充装介质安全管理相关的法规，取得具有充装作业（站长）的《特种设备作业人员证》。

（2）技术负责人：设1名技术负责人，熟悉介质充装的法规、安全技术规范及专业技术知识，具有《液化气体气瓶充装站安全技术条件》或《液化石油气充装站安全技术条件》所列标准规定的相应技术职称的任职资格。

(3) 安全员：设专（兼）职安全员，安全员应当熟悉安全技术和要求，并切实履行安全检查职责。

(4) 技术人员：检查人员不少于2人，并且每工班不少于1人，应当经过技术培训，取得《特种设备作业人员证》。

(5) 作业人员

1) 充装人员：每工班不少于2人，取得具有充装作业项目的《特种设备作业人员证》。

2) 化验、检修人员：配备与充装介质相适应的化验员、气瓶附件检修人员，并且经过技术和安全培训，有培训记录。

3) 辅助人员：配备与充装介质相适应的气瓶装卸、搬运和收发人员，并且经过技术和安全培训，有培训记录。

2. 充装、工艺设备

(1) 充装设备

有满足以下要求的充装设备：

1) 保证液化气体（包括液化石油气）充装做到称重充装，并且有专用的复秤衡器；

2) 对流水线作业的大型液化石油气充装站应当安装超装自动切断气源的灌装秤；

3) 对小型液化气体充装站必须安装超装自动报警装置。

(2) 工艺设备

应当与设计一致，并且与充装介质种类、充装数量相适应，充装速度控制在规定范围内。

(3) 充装能力和产权气瓶数量

具有一定的充装介质储存能力和一定数量的自有产权气瓶（充装介质储存能力和自有产权气瓶的数量由发证机关根据当地具体情况予以规定）。

(4) 气瓶管理

气瓶管理应当达到以下要求：

1) 建立气瓶登记台账和档案，办理气瓶使用登记，对气瓶实行计算机管理；

2) 气瓶颜色标志符合规定，安全附件齐全；

3) 气瓶瓶体上有充装单位标志和钢印（永久）标记，张贴警示标签和充装标签，瓶体整洁；

4) 改装气瓶或者不符合安全技术规范要求的气瓶不得充装使用。

(5) 残液、残气处理能力

残液、残气处理应当达到以下要求：

1) 有判明瓶内残液、残气性质的仪器装置；

2) 有处理残液、残气的设施，且记录齐全。

3. 检测手段

有与充装介质相适应的介质分析检测、压力计量、温度计量、称重衡器和浓度报警仪器，计量器具应当灵敏可靠，布局合理，并按规定进行定期校验，且合格有效。

4. 场地厂房

应当符合《液化气体气瓶充装站安全技术条件》或《液化石油气充装站安全技术条件》所列标准的相应要求。

5. 消防及安全设施

(1) 消防设施和消防措施

消防设施和消防措施应当符合以下要求：

1) 配备相应的消防器材，且经消防部门检查合格；

2) 设置安全警示标志；

3) 有符合安全技术要求的气瓶待检区、不合格瓶区、待充装区和充装合格区，并且有明显隔离措施；

4) 气体充装场地、设施、电器设备必须防爆、防静电；

5) 气体充装间、压缩机房、重瓶库等地点设置气体浓度报警器。

(2) 应急救援措施

配有事故应急救援预案涉及的应急工器具，并且定期进行应急救援预案演练。

(3) 安全设施

充装安全设施应当符合《液化气体气瓶充装站安全技术条件》或《液化石油气充装站安全技术条件》有关安全设施的要求。

(4) 检修间

有气瓶维护保养场所，并配备相应工器具。

三、气瓶充装管理规定

(一) 气瓶充装单位应当在批准的充装范围内从事气瓶充装工作，不得超范围充装。气瓶充装单位不得转让、买卖、出租、出借、伪造或者涂改气瓶充装许可证。

(二) 气瓶充装单位发生更名、产权变更、充装场地变更等情况，应当在变更后30日内向发证机关申报。需要变更充装范围，应当在变更前向发证机关申报，由发证机关进行必要的检查，方可办理变更手续。

(三) 气瓶充装单位应当采用计算机对自有产权气瓶进行建档登记，积极采用信息化手段对气瓶进行安全管理。气瓶使用登记的内容应当包括出厂合格证、质量证明书、气瓶定期检验状况及合格证明、气瓶使用登记证以及气瓶使用登记表等。

有条件的充装单位尽可能地实行连锁经营或者规模化、集约化经营。

(四) 气瓶充装单位应当接受市（地）级质量技术监督部门每年一次的年度监督检查，对监督检查中发现的问题必须认真整改。

(五) 气瓶充装单位每年底应当向市（地）级质量技术监督部门报告拥有建档气瓶的种类、数量、充装站警示标签样式，以及当年已经进行定期检验的气瓶数量和下一年到期计划需要进行定期检验的气瓶数量。

四、充装质量管理体系要求

(一) 充装质量管理基本要求

充装质量管理体系的编制应符合以下基本要求：

1. 质量管理手册正式颁布实施，并且能够根据有关法规、标准和本单位的实际情况的变动、充装工艺的改进而进行及时修改；

2. 质量管理体系符合本单位实际情况，绘制体系图，有充装工艺流程图，能够正确有效地控制充装质量和安全。

（二）管理职责

1. 组织机构：设置合理，关系明确，有组织机构图。

2. 管理人员：正式任命责任人员，熟悉相关法规、规章、安全技术规范、标准，能够认真履行职责。

（三）管理制度

建立了以下各项管理制度和人员岗位责任制，并且能够有效执行：

1. 各类人员岗位责任制；

2. 气瓶建档、标识、定期检验和维护保养制度；

3. 安全管理制度（包括安全教育、安全生产、安全检查等内容）；

4. 用户信息反馈制度；

5. 压力容器（含液化气体罐车）、压力管道等特种设备的使用管理以及定期检验制度；

6. 计量器具与仪器仪表校验制度；

7. 气瓶检查登记制度；

8. 气瓶储存、发送制度（例如配带瓶帽、防震圈等）；

9. 资料保管制度（例如充装资料、设备档案等）；

10. 不合格气瓶处理制度；

11. 各类人员培训考核制度；

12. 用户宣传教育及服务制度；

13. 事故上报制度；

14. 事故应急救援预案定期演练制度；

15. 接受安全监察的管理制度。

（四）安全技术操作规程

应建立以下各项操作规程，并且能够有效实施：

1. 瓶内残液（残气）处理操作规程；

2. 气瓶充装前、后检查操作规程；

3. 气瓶充装操作规程；

4. 气体分析操作规程；

5. 设备操作规程；

6. 事故应急处理操作规程。

有关安全管理制度内容将在第十一章重点介绍。

（五）工作记录和见证材料（以液化石油气气瓶充装为例）

制定以下工作记录和见证材料，能够适应工作需要，并且得到正确地使用和保管：

1. 收发瓶记录（见表 3-9）；

2. 新瓶和检验后首次投入使用气瓶的抽真空置换记录（见表 3-10）；

3. 残液（残气）处理记录（见表 3-11）；

4. 充装前、后检查和充装记录（见表 3-12）；
5. 不合格气瓶隔离处理记录（见表 3-13）；
6. 气体分析记录（见表 3-14）；
7. 质量信息反馈记录（见表 3-15）；
8. 设备运行、检修和安全检查等记录；
9. 液化气体罐车装卸记录（见表 3-7）；
10. 安全培训记录等。

收发瓶记录 **表 3-9**

气瓶类型		气瓶规格(kg)					入库时间	签名		出库时间	签名	
		2.5	5	10	15	50		送瓶人	收瓶人		发瓶人	领瓶人
气瓶数量	自有瓶											
	托管瓶											
备注												

抽真空置换记录 **表 3-10**

客户			编号	抽真空结果	标识	操作时间	操作工	检验员
规格数量	新瓶	(kg)						
	检后首次使用	(kg)						
备注								

残液（残气）处理记录 **表 3-11**

客户		气瓶编号(或钢印号)							
标重(kg)									
实重(kg)									
倒残后(kg)									
备注									
作业时间				操作工			检验员		

充装前、后检查记录 **表 3-12**

客　户						条码流水号				
气瓶数量										
检查项目		不合格瓶钢印号							签名	
									检查人	审核人
充装前	外观									
	定期检验									
	颜色标志									
	警示标签									
	安全附件									
充装后	泄漏									
	重量复验									
	封口									
处理措施										
备注										

不合格气瓶隔离处理措施 表 3-13

气瓶批号	数量	检查不合格项						备注
		外观	过期	标志标识	附件	泄漏	其他	
处理方法								
隔离措施								
签名	处置人				日期			
	负责人							

气体分析记录（以液化石油气为例） 表 3-14

车(船)	名称			储罐号	
	号牌				
计量分析项目		参数记录			备注
		商检值	提单值	实测值	
数量(t)					
温度(℃)					
压力(MPa)					
密度(kg/m^3)					
组分浓度(%)	C3				
	C4				
	戊烷类				
签名	分析员			日期	
	审核人				

质量信息反馈记录 表 3-15

客户名称			投诉时间	
产品条码流水号			数量	
质量问题				
处理措施				
反馈意见				
签名	客户		日期	
	受理人			
	负责人			

五、充装工作质量要求

（一）充装前、后的检查

充装时，应对气瓶逐只进行以下项目的检查，检查要求符合相应规定，记录齐全，符合要求。

1. 外观；
2. 定期检验情况；
3. 标志（颜色标志、钢印标志、警示标签）；
4. 充装介质及其压力（重量）；
5. 附件，包括瓶阀、防震圈；
6. 泄漏检查。

（二）充装工作质量

充装工作能够保证质量，符合以下要求：

1. 充装过程能够按规定进行操作，并有专人进行巡回检查；
2. 气瓶充装的温度、压力及流速符合规定；
3. 充装量符合有关规定，能够进行复秤；
4. 认真及时填写充装过程记录；
5. 充装的气瓶都应建立档案。

第四章　燃气站场安全管理

第一节　站（场）址选择和总平面布置

一、站址的选择

（一）门站和储配站站址的选择

在城镇燃气输配系统中，接受气源厂来气并进行净化、加臭、储存、控制供气压力、气量分配、计量和气质检测的门站和储配站的站址选择应符合以下要求：

1. 站址应符合城镇总体规划的要求；

2. 站址应具有适宜的地形、工程地质、交通、供电、给水排水和通信等条件；

3. 门站和储配站应少占农田、节约用地并注意与城镇景观等协调；

4. 门站站址应结合长输管线位置确定；

5. 根据输配系统具体情况，储配站与门站可合建；

6. 储配站内的储气罐与站外的建、构筑物的防火间距应符合现行国家标准《建筑设计防火规范》GB 50016 和《城镇燃气设计规范》GB 50028 的有关规定。

（二）调压站站址的选择

在城镇燃气输配系统中，调压装置的设置方式有：设置在露天、设置在地上单独的调压箱或柜内、设置在地上单独的建筑物（调压站）内、设置在地下单独的建筑物或地下单独的箱体内（地下建筑物不适用于液化石油气和相对密度大于 0.75 燃气的调压）。

调压站站址的选择应符合《城镇燃气设计规范》GB 50028—2006 第 6.6.12 和 6.6.14 条的规定。

（三）压缩天然气加气站、储配站及瓶组供气站站址的选择

1. 压缩天然气加气站站址的选择应符合以下要求：

（1）压缩天然气加气站宜靠近气源，并应具有适宜的交通、供电、给水排水、通信及工程地质条件；

（2）在城镇区域内建设的压缩天然气加气站站址应符合城镇总体规划的要求。

2. 压缩天然气储配站站址的选择应符合以下要求：

（1）站址应符合城镇总体规划的要求；

（2）站址应具有适宜的地形、工程地质、交通、供电、给水排水和通信等条件；

（3）应少占农田、节约用地并注意与城镇景观等协调。

3. 压缩天然气瓶组供气站宜设置在供气小区边缘，供气规模不宜大于 1000 户。

（四）液化石油气供应基地的站址选择

液化石油气供应基地按其功能可分为储存站、储配站和灌装站。其站址的选择应符合

以下要求：

1. 液化石油气供应基地的布置应符合城市总体规划的要求，且应远离城市居民区、村镇、学校、影剧院、体育馆等人员集聚的场所；

2. 液化石油气供应基地（包括气化站和混气站）的站址宜选择在所在地区全年最小频率风向的上风侧，且应有地势平坦、开阔、不易积存液化石油气的地段。同时，应避开地震带、地基沉陷和废弃矿井等地段。

（五）液化天然气气化站站址的选择

1. 站址应符合城镇总体规划的要求。

2. 站址应避开地震带、地基沉陷和废弃矿井等地段。

二、站区防火间距

（一）门站和储配站区防火间距

1. 储配站内的储气罐与站内的建筑物的防火间距

储配站内的储气罐与站内的建、构筑物的防火间距应符合表 4-1 的规定。

储气罐与站内的建、构筑物的防火间距（m）　　表 4-1

<table>
<tr><th>储气罐总容积(m^3)</th><th>≤1000</th><th>>1000～≤10000</th><th>>10000～≤50000</th><th>>50000～≤200000</th><th>>200000</th></tr>
<tr><td>明火、散发火花地点</td><td>20</td><td>25</td><td>30</td><td>35</td><td>40</td></tr>
<tr><td>调压室、压缩机室、计量室</td><td>10</td><td>12</td><td>15</td><td>20</td><td>25</td></tr>
<tr><td>控制室、变配电室、汽车库等辅助建筑</td><td>12</td><td>15</td><td>20</td><td>25</td><td>30</td></tr>
<tr><td>机修间、燃气锅炉房</td><td>15</td><td>20</td><td>25</td><td>30</td><td>35</td></tr>
<tr><td>办公、生活建筑</td><td>18</td><td>20</td><td>25</td><td>30</td><td>35</td></tr>
<tr><td>消防泵房、消防水池取水口</td><td colspan="5">20</td></tr>
<tr><td>站内道路(路边)</td><td colspan="5">10</td></tr>
<tr><td>围墙</td><td colspan="4">15</td><td>18</td></tr>
</table>

注：① 低压湿式储气罐与站内的建、构筑物的防火间距应按本表确定；

② 低压干式储气罐与站内的建、构筑物的防火间距，当可燃气体的密度比空气大时，应按本表增加 25%；比空气小或等于时，可按本表确定；

③ 固定容积储气罐与站内的建、构筑物的防火间距应按本表的规定执行。总容积按其几何容积（m^3）和设计压力（绝对压力，10^2kPa）的乘积计算；

④ 低压湿式或干式储气罐的水封室、油泵房和电梯间等附属设施与该储罐的间距按工艺要求确定；

⑤ 露天燃气工艺装置与储气罐的间距按工艺要求确定。

2. 储气罐或罐区之间的防火间距，应符合下列要求：

（1）湿式储气罐之间、干式储气罐之间、湿式储气罐与干式储气罐之间的防火间距，不应小于相邻较大罐的半径；

（2）固定容积储气罐之间的防火间距，不应小于相邻较大罐直径的 2/3；

（3）固定容积储气罐与低压湿式或干式储气罐之间的防火间距，不应小于相邻较大罐的半径；

（4）数个固定容积储气罐的总容积大于 200000m^3 时，应分组布置。组与组之间的防火间距：卧式储罐，不应小于相邻较大罐长度的一半；球形储罐，不应小于相邻较大罐的直径，且不应小于 20.0m；

（5）储气罐与液化石油气罐之间防火间距应符合现行国家标准《建筑设计防火规范》GB 50016 的有关规定；

（6）当高压储气罐罐区设置检修用集中放散装置时，集中放散装置的放散管与站外建、构筑物的防火间距不应小于表 4-2 的规定；集中放散装置的放散管与站内建、构筑物的防火间距不应小于表 4-3 的规定；放散管管口高度应高出距其 25m 内的建构筑物 2m 以上，且不得小于 10m。

集中放散装置的放散管与站外建、构筑物的防火间距 **表 4-2**

项目		防火间距(m)
明火、散发火花地点		30
民用建筑		25
甲、乙类液体储罐，易燃材料堆场		25
室外变、配电站		30
甲、乙类物品库房，甲、乙类生产厂房		25
其他厂房		20
铁路(中心线)		40
公路、道路(路边)	高速，Ⅰ、Ⅱ级，城市快速	15
	其他	10
架空电力线(中心线)	＞380V	2.0 倍杆高
	≤380V	1.5 倍杆高
架空通信线(中心线)	国家Ⅰ、Ⅱ级	1.5 倍杆高
	其他	1.5 倍杆高

集中放散装置的放散管与站内建、构筑物的防火间距 **表 4-3**

项目	防火间距(m)
明火、散发火花地点	30
办公、生活建筑	25
可燃气体储气罐	20
室外变、配电站	30
调压室、压缩机室、计量室及工艺装置区	20
控制室、配电室、汽车库、机修间和其他辅助建筑	25
燃气锅炉房	25
消防泵房、消防水池取水口	20
站内道路(路边)	2
围墙	2

（二）调压站防火间距

调压站与其他建、构筑物的水平间距应符合表 4-4 的规定。

调压站与其他建、构筑物的水平间距（m） **表 4-4**

调压站形式	调压装置入口燃气压力级制	建筑物外墙面	重要公共建筑、一类高层民用建筑	铁路(中心线)	城镇道路	公共电力变配电柜
地上单独建筑	高压(A)	18.0	30.0	25.0	5.0	6.0
	高压(B)	13.0	25.0	20.0	4.0	6.0
	次高压(A)	9.0	18.0	15.0	3.0	4.0
	次高压(B)	6.0	12.0	10.0	3.0	4.0
	中压(A)	6.0	12.0	10.0	2.0	4.0
	中压(B)	6.0	12.0	10.0	2.0	4.0
调压柜	次高压(A)	7.0	14.0	12.0	2.0	4.0
	次高压(B)	4.0	8.0	8.0	2.0	4.0
	中压(A)	4.0	8.0	8.0	1.0	4.0
	中压(B)	4.0	8.0	8.0	1.0	4.0
地下单独建筑	中压(A)	3.0	6.0	6.0		3.0
	中压(B)	3.0	6.0	6.0		3.0
地下调压箱	中压(A)	3.0	6.0	6.0		3.0
	中压(B)	3.0	6.0	6.0		3.0

注：① 当调压装置露天设置时，则指距离装置的边缘；

② 当建筑物（含重要公共建筑）的某外墙为无门、窗洞口的实体墙，且建筑物耐火等级不低于二级时，燃气进口压力级别为中压 A 或中压 B 的调压柜一侧或两侧（非平行），可贴靠上述外墙设置；

③ 当达不到上表净距要求时，采取有效措施，可适当缩小净距。

（三）压缩天然气加气站防火间距

1. 压缩天然气加气站与天然气储配站合建时，站内的天然气储罐与气瓶车固定车位的防火间距不应小于表 4-5 的规定。

天然气储罐与气瓶车固定车位的防火间距（m） **表 4-5**

储气罐总容积(m^3)		≤50000	>50000
气瓶车固定车位最大储气容积(m^3)	≤10000	12.0	15.0
	>10000～≤30000	15.0	20.0

注：① 储罐总容积按表 4-1 注③计算；

② 气瓶车固定车位最大储气总容积（m^3）为在固定车位储气的各气瓶车总几何容积（m^3）与其最高储气压力（绝对压力，10^2kPa）乘积之和，并除以压缩因子；

③ 天然气储罐与气瓶车固定车位的防火间距，除符合本表规定外，还不应小于较大罐直径。

2. 压缩天然气加气站与天然气储配站的合建站，当天然气储罐区设置检修用集中放散装置时，集中放散装置的放散管与站内、外建（构）筑物的防火间距不应小于《城镇燃气设计规范》第 6.5.12 的规定。集中放散装置的放散管与气瓶车固定车位的防火间距不应小于 20m。

3. 气瓶车固定车位与站外建、构筑物的防火间距不应小于表 4-6 的规定。

4. 气瓶车固定车位与站内的建、构筑物的防火间距不应小于表 4-7 的规定。

气瓶车固定车位与站外建、构筑物的防火间距（m）　　**表 4-6**

<table>
<tr><th colspan="3">项目＼气瓶车固定车位最大储气总容积(m³)</th><th>>4500～≤10000</th><th>>10000～≤30000</th></tr>
<tr><td colspan="3">明火、散发火花地点，室外变、配电站</td><td>25.0</td><td>30.0</td></tr>
<tr><td colspan="3">重要公共建筑</td><td>50.0</td><td>60.0</td></tr>
<tr><td colspan="3">民用建筑</td><td>25.0</td><td>30.0</td></tr>
<tr><td colspan="3">甲、乙、丙类液体储罐，易燃材料堆场，甲类物品库房</td><td>25.0</td><td>30.0</td></tr>
<tr><td rowspan="3">其他建筑</td><td rowspan="3">耐火等级</td><td>一、二级</td><td>15.0</td><td>20.0</td></tr>
<tr><td>三级</td><td>20.0</td><td>25.0</td></tr>
<tr><td>四级</td><td>25.0</td><td>30.0</td></tr>
<tr><td colspan="3">铁路(中心线)</td><td colspan="2">40.0</td></tr>
<tr><td rowspan="2">公路、道路(路边)</td><td colspan="2">高速，Ⅰ、Ⅱ级，城市快速</td><td colspan="2">20.0</td></tr>
<tr><td colspan="2">其他</td><td colspan="2">15.0</td></tr>
<tr><td colspan="3">架空电力线(中心线)</td><td colspan="2">1.5 倍杆高</td></tr>
<tr><td colspan="2" rowspan="2">架空通信线(中心线)</td><td>Ⅰ、Ⅱ级</td><td colspan="2">20.0</td></tr>
<tr><td>其他</td><td colspan="2">1.5 倍杆高</td></tr>
</table>

注：① 气瓶车固定车位最大储气总容积按表 4-5 注②计算；

② 气瓶车固定车位储气总几何容积不大于 18m³，且最大储气总容积不大于 4500m³ 时，其防火间距应符合现行国家标准《汽车加油加气站设计与施工规范》GB 50156 的规定。

气瓶车固定车位与站内的建、构筑物的防火间距（m）　　**表 4-7**

<table>
<tr><th colspan="2">名称＼气瓶车固定车位最大储气总容积(m³)</th><th>>4500～≤10000</th><th>>10000～≤30000</th></tr>
<tr><td colspan="2">明火、散发火花地点</td><td>25.0</td><td>30.0</td></tr>
<tr><td colspan="2">压缩机室、调压室、计量室</td><td>10.0</td><td>12.0</td></tr>
<tr><td colspan="2">变配电室、仪表室、燃气热水炉室、值班室、门卫</td><td>15.0</td><td>20.0</td></tr>
<tr><td colspan="2">办公、生活建筑</td><td>20.0</td><td>25.0</td></tr>
<tr><td colspan="2">消防泵房、消防水池取水口</td><td colspan="2">20.0</td></tr>
<tr><td rowspan="2">站内道路(路边)</td><td>主要</td><td colspan="2">10.0</td></tr>
<tr><td>次要</td><td colspan="2">5.0</td></tr>
<tr><td colspan="2">围墙</td><td>6.0</td><td>10.0</td></tr>
</table>

注：① 气瓶车固定车位最大储气总容积按表 4-5 注②计算；

② 变配电室、仪表室、燃气热水炉室、值班室、门卫等用房的建筑耐火等级不应低于现行国家标准《建筑设计防火规范》GB 50016 中“二级”规定；

③ 露天燃气工艺装置与气瓶车固定车位的间距可按工艺要求确定；

④ 气瓶车固定车位储气总几何容积不大于 18m³，且最大储气总容积不大于 4500m³ 时，其防火间距应符合现行国家标准《汽车加油加气站设计与施工规范》GB 50156 的规定。

5. 站内应设置气瓶车固定车位，每个固定车位宽度不应小于 4.5m，长度宜为气瓶车长度，在固定车位场地上应标有各车位明显的边界线，每台车位宜对应 1 个加气嘴，在固定车位前应留有足够的回车场地。

6. 加气柱宜设在固定车位附近，距固定车位 2～3m。加气柱距站内天然气储罐不应小于12m，距围墙不应小于6m，距压缩机室、调压室、计量室不应小于6m，距燃气热水炉室不应小于12m。

（四）压缩天然气储配站防火间距

1. 压缩天然气储配站内天然气储罐与站外建、构筑物的防火间距应符合现行国家标准《建筑设计防火规范》GB 50016的规定。站内露天天然气工艺装置与站外建、构筑物的防火间距按甲类生产厂房与厂外建、构筑物的防火间距执行。

2. 压缩天然气储配站内天然气储罐与站内建、构筑物的防火间距应符合表4-1的规定。

3. 压缩天然气储气罐或罐区之间的防火间距与门站和储配站所规定的防火间距相同。

4. 当天然气储罐区设置检修用集中放散装置时，集中放散装置的放散管与站内、外建构筑物的防火间距应符合《城镇燃气设计规范》GB 50028第7.2.3的规定。

5. 气瓶车固定车位与站外、站内建构筑物的防火间距应符合表4-6和表4-7的规定。

（五）压缩天然气瓶组供气站防火间距

压缩天然气瓶组供气站宜设置在供气小区边缘，供气规模不宜大于1000户。气瓶组及天然气放散管管口、调压装置至明火散发火花的地点和建、构筑物的防火间距不应小于表4-8的规定。

气瓶组及天然气放散管管口、调压装置至明火散发火花的地点和建、构筑物的防火间距（m）

表4-8

项目＼名称		气瓶组	天然气放散管管口	调压装置
明火、散发火花地点		25	25	25
民用建筑、燃气热水炉间		18	18	12
重要公共建筑、一类高层民用建筑		30	30	24
道路(路边)	主要	10	10	10
	次要	5	5	5

注：本表以外的其他建、构筑物的防火间距应符合国家现行标准《汽车用燃气加气站技术规范》CJJ 84中天然气加气站三级站的规定。

（六）液化石油气储配站防火间距

1. 液化石油气供应基地的全压式储罐与基地外建（构）筑物、堆场的防火间距不应小于表4-9（适用于半冷冻式储罐与基地外建构筑物、堆场的防火间距）的规定。

2. 液化石油气供应基地的全冻式储罐与基地外建（构）筑物、堆场的防火间距不应小于表4-10的规定。

3. 液化石油气供应基地的储罐与基地内建、构筑物的防火间距不应小于表4-11的规定（半冷冻式储罐的防火间距、全冷冻式储罐与基地内道路和围墙的防火间距可按表4-11的规定执行）。

全冷冻式液化石油气储罐与全压式储罐不得设置在同一罐区内，两类储罐之间的防火间距不应小于相邻较大储罐的直径，且不应小于35m。

4. 灌瓶间和瓶库与站内建、构筑物的防火间距不应小于表4-12的规定。

（七）液化石油气气化站和混气站的防火间距

1. 气化站和混气站的液化石油气储罐与站外建、构筑物的防火间距

液化石油气供应基地的全压式储罐与基地外建（构）筑物、堆场的防火间距（m）　　表 4-9

项目 ＼ 总容积（m^3）	≤50	＞50～≤200	＞200～≤500	＞500～≤1000	＞1000～≤2500	＞2500～≤5000	＞5000
单罐容积（m^3）	≤20	≤50	≤100	≤200	≤400	≤1000	—
居住区、村镇和学校、剧院、体育馆等重要公共建筑（最外侧建构筑物外墙）	45	50	70	90	110	130	150
工业企业（最外侧建构筑物外墙）	27	30	35	40	50	60	75
明火、散发火花地点和室外变配电站	45	50	55	60	70	80	120
民用建筑，甲、乙类液体储罐及生产厂房，甲、乙类物品仓库，稻草等易燃材料堆场	40	45	50	55	65	75	100
丙类液体、可燃气体储罐，丙、丁类生产厂房，丙、丁类物品仓库	32	35	40	45	55	65	80
助燃气体储罐、木材等可燃材料堆场	27	30	35	40	50	60	75
其他建筑 耐火等级 一、二级	18	20	22	25	30	40	50
其他建筑 耐火等级 三级	22	25	27	30	40	50	60
其他建筑 耐火等级 四级	27	30	35	40	50	60	75
铁路（中心线） 国家线	60	70		80		100	
铁路（中心线） 企业专用线	25	30		35		40	
公路、道路（路边） 高速，Ⅰ、Ⅱ级，城市快速	20	25					30
公路、道路（路边） 其他	15	20					25
架空电力线（中心线）	1.5 倍杆高				1.5 倍杆高，但 35kV 以上架空电力线不应小于 40		
架空通信线（中心线） Ⅰ、Ⅱ级	30		40				
架空通信线（中心线） 其他	1.5 倍杆高						

注：① 防火间距应按本表储罐总容积或单罐容积较大者确定，间距的计算应以储罐外壁为准。
② 居住区、村镇系指 1000 人或 300 户以上者，以下者按本表民用建筑执行。
③ 当地下储罐单罐容积小于或等于 $50m^3$，且总容积小于或等于 $400m^3$ 时，其防火间距可按本表减少 50％。
④ 与本表规定以外的其他建、构筑物的防火间距，应按现行国家标准《建筑设计防火规范》GB 50016 执行。

液化石油气供应基地的全冻式储罐与基地外建（构）筑物、堆场的防火间距（m）　表 4-10

项　目	间　距
明火、散发火花地点和室外变配电站	120
居住区、村镇和学校、剧院、体育馆等重要公共建筑（最外侧建构筑物外墙）	150
工业企业（最外侧建构筑物外墙）	75
甲、乙类液体储罐，甲、乙类生产厂房，甲、乙类物品仓库，稻草等易燃材料堆场	100
丙类液体、可燃气体储罐，丙、丁类生产厂房，丙、丁类物品仓库	80

续表

项目			间距
助燃气体储罐、可燃材料堆场			75
民用建筑			100
其他建筑	耐火等级	一、二级	50
		三级	60
		四级	75
铁路(中心线)		国家线	100
		企业专用线	40
公路、道路(路边)	高速,Ⅰ、Ⅱ级,城市快速		30
	其他		25
架空电力线(中心线)			1.5倍杆高,但35kV以上架空电力线不应小于40
架空通信线(中心线)	Ⅰ、Ⅱ级		40
	其他		1.5倍杆高

注:① 本表所指的储罐为单罐容积大于5000m³,且设有防液堤的全冻式液化石油气储罐。当单罐容积等于或小于5000m³时,其防火间距可按表4-9中总容积相对应的全压式液化石油气储罐的规定执行。
② 居住区、村镇系指1000人或300户以上者,以下者按本表民用建筑执行。
③ 与本表规定以外的其他建、构筑物的防火间距应按现行国家标准《建筑设计防火规范》GB 50016执行。
④ 间距的计算应以储罐外壁为准。

液化石油气供应基地的储罐与基地内建、构筑物的防火间距(m)　　表4-11

项目 \ 总容积(m³) / 单罐容积(m³)		≤50	>50~≤200	>200~≤500	>500~≤1000	>1000~≤2500	>2500~≤5000	>5000
		≤20	≤50	≤100	≤200	≤400	≤1000	—
明火、散发火花地点		45	50	55	60	70	80	120
办公、生活建筑		25	30	35	40	50	60	75
灌瓶间、瓶库、压缩机室、仪表间、值班室		18	20	22	25	30	35	40
汽车罐车库、装卸台柱(装卸口)、汽车衡及计量室、门卫		18	20	22	25	30		40
铁路罐车装卸线(中心线)		—		20				30
空压机室、变配电室、柴油发电机房、新瓶库、真空泵房、库房		18	20	22	25	30	35	40
汽车库、机修间		25	30	35		40		50
消防泵房、消防水池(罐)取水口		40				50		60
站内道路(路边)	主要	10	15					20
	次要	5	10					15
围墙		15	20					25

注:① 防火间距应按本表储罐总容积或单罐容积较大者确定,间距的计算应以储罐外壁为准。
② 地下储罐单罐容积小于或等于50m³,且总容积小于或等于400m³时,其防火间距可按本表减少50%。
③ 与本表规定以外的其他建、构筑物的防火间距应按现行国家标准《建筑设计防火规范》GB 50016执行。

灌瓶间和瓶库与站内建、构筑物的防火间距（m）　　表 4-12

项目 \ 总存瓶量(t)		≤10	>10~≤30	>30
明火、散发火花地点		25	30	40
办公、生活建筑		20	25	30
铁路罐车装卸线(中心线)		20	25	30
汽车罐车库、装卸台柱(装卸口)、汽车衡及计量室、门卫		15	18	20
压缩机室、仪表间、值班室		12	15	18
空压机室、变配电室、柴油发电机房		15	18	20
汽车库、机修间		25	30	40
新瓶库、真空泵房、备件库等非明火建筑		12	15	18
消防泵房、消防水池(罐)取水口		25	30	
站内道路(路边)	主要	10		
	次要	5		
围墙		10	15	

注：① 总存瓶量应按实瓶存放个数和单瓶充装质量的乘积计算；
② 瓶库与灌瓶间之间的距离不限；
③ 计算月平均日灌瓶量不小于 700 瓶的灌瓶站，其压缩机室与灌瓶间可合建成一幢建筑物，但应采用无门、窗洞口的防火墙隔开；
④ 当计算月平均日灌瓶量不小于 700 瓶时，汽车槽车装卸柱可附设在灌瓶间或压缩机室山墙的一侧，山墙应是无门、窗洞口的防火墙。

总容积等于或小于 $50m^3$ 且单罐容积等于或小于 $20m^3$ 的储罐与站外建、构筑物的防火间距不应小于表 4-13 的规定；总容积大于 $50m^3$ 或单罐容积大于 $20m^3$ 的储罐与站外建、构筑物的防火间距不应小于表 4-9 的规定；

气化站和混气站的液化石油气储罐与站外建、构筑物的防火间距（m）　　表 4-13

项目 \ 总容积(m^3)			≤10	>10~≤30	>30~≤50
单罐容积(m^3)			—	—	≤20
居住区、村镇和学校、剧院、体育馆等重要公共建筑，一类高层民用建筑(最外侧建构筑物外墙)			30	35	45
工业企业(最外侧建、构筑物外墙)			22	25	27
明火、散发火花地点和室外变配电站			30	35	45
民用建筑，甲、乙类液体储罐、甲、乙类生产厂房，甲、乙类物品仓库，稻草等易燃材料堆场			27	32	40
丙类液体、可燃气体储罐，丙、丁类生产厂房，丙、丁类物品仓库			25	27	32
助燃气体储罐、木材等可燃材料堆场			22	25	27
其他建筑	耐火等级	一、二级	12	15	18
		三级	18	20	22
		四级	22	25	27

续表

项目		总容积(m^3) ≤10	>10～≤30	>30～≤50
	单罐容积(m^3)	—	—	≤20
铁路(中心线)	国家线	40	50	60
	企业专用线	25		
公路、道路(路边)	高速，Ⅰ、Ⅱ级，城市快速	20		
	其他	15		
架空电力线(中心线)		1.5倍杆高		
架空通信线(中心线)		1.5倍杆高		

注：① 防火间距应按本表储罐总容积或单罐容积较大者确定；间距的计算应以储罐外壁为准。
② 居住区、村镇系指1000人或300户以上者，以下者按本表民用建筑执行。
③ 当地下储罐时，其防火间距可按本表减少50%。
④ 与本表规定以外的其他建、构筑物的防火间距应按现行国家标准《建筑设计防火规范》GB 50016执行。
⑤ 气化装置气化能力不大于150kg/h的瓶组气化混气站的瓶组间、气化混气间与建、构筑物的防火间距可按表4-14执行。

2. 气化站和混气站的液化石油气储罐与站内建、构筑物的防火间距不应小于表4-14的规定。

气化站和混气站的液化石油气储罐与站内建、构筑物的防火间距（m）　　表4-14

项目　总容积(m^3)	≤10	>10～≤30	>30～≤50	>50～≤200	>200～≤500	>500～≤1000	>1000
单罐容积(m^3)	—	—	≤20	≤50	≤100	≤200	—
明火、散发火花地点	30	35	45	50	55	60	70
办公、生活建筑	18	20	25	30	35	40	50
气化间、混气间、压缩机室、仪表间、值班室	12	15	18	20	22	25	30
汽车罐车库、装卸台柱(装卸口)、汽车衡及计量室、门卫	15		18	20	22	25	30
铁路罐车装卸线(中心线)	—				20		
燃气热水炉间、空压机室、变配电室、柴油发电机房、库房	15		18	20	22	25	30
汽车库、机修间	25			30	35		40
消防泵房、消防水池(罐)取水口	30		40				50
站内道路(路边)　主要	10			15			
站内道路(路边)　次要	5			10			
围墙	15			20			

注：① 防火间距应按本表储罐总容积或单罐容积较大者确定，间距的计算应以储罐外壁为准。
② 地下储罐单罐容积小于或等于50m^3，且总容积小于或等于400m^3时，其防火间距可按本表减少50%。
③ 与本表规定以外的其他建、构筑物的防火间距应按现行国家标准《建筑设计防火规范》GB 50016执行。
④ 燃气热水炉间是指室内设置微正压室燃式燃气热水炉的建筑。当设置其他燃烧方式的燃气热水炉时，其防火间距不应小于30m。
⑤ 与空温式气化器的防火间距，从地上储罐区的护墙或地下储罐室外侧算起不应小于4m。

3. 工业企业内液化石油气气化站的储罐总容积不大于10m³ 时，可设置在独立建筑物内，并符合以下规定：

（1）储罐之间及储罐与外墙的净距，均不应小于相邻较大罐的半径，且不应小于1m；

（2）储罐室与相邻厂房之间的防火间距不应小于表4-15的规定；

储罐室与相邻厂房之间的防火间距（m）　　表4-15

相邻厂房的耐火等级	一、二级	三　级	四　级
防火间距	12	14	16

（3）储罐室与相邻厂房的室外设备之间的防火间距不应小于12m。

4. 气化间、混气间与站外建、构筑物之间的防火间距应符合现行国家标准《建筑设计防火规范》GB 50016中甲类厂房的规定。

5. 气化间、混气间与站内建、构筑物之间的防火间距

（1）气化间、混气间与站内建、构筑物之间的防火间距不应小于表4-16的规定。

气化间、混气间与站内建、构筑物之间的防火间距（m）　　表4-16

<table>
<tr><th>项　目</th><th>防火间距</th><th>项　目</th><th colspan="2">防火间距</th></tr>
<tr><td>明火、散发火花地点</td><td>25</td><td>汽车库、机修间</td><td colspan="2">20</td></tr>
<tr><td>办公、生活建筑</td><td>18</td><td>消防泵房、消防水池(罐)取水口</td><td colspan="2">25</td></tr>
<tr><td>汽车罐车库、装卸台柱(装卸口)、汽车衡及计量室、门卫</td><td>15</td><td>空压机室、燃气热水炉间、变配电室、柴油发电机房、库房</td><td colspan="2">15</td></tr>
<tr><td>压缩机室、仪表间、值班室</td><td>12</td><td rowspan="2">站内道路(路边)</td><td>主要</td><td>10</td></tr>
<tr><td>铁路罐车装卸线(中心线)</td><td>20</td><td>次要</td><td>5</td></tr>
<tr><td>围墙</td><td>10</td><td></td><td colspan="2"></td></tr>
</table>

注：① 空温式气化器的防火间距可按本表规定执行。

② 压缩机室可与气化间、混气间合建成一幢建筑物，但其间应采用无门、窗洞口的防火墙隔开。

③ 燃气热水炉间是指室内设置微正压室燃式燃气热水炉建筑。当采用其他燃烧方式的燃气热水炉时，其防火间距不应小于25m。

④ 燃气热水炉间的门不得面向气化间、混气间。柴油发电机伸向室外的排烟管管口不得面向具有火灾爆炸危险的建、构筑物一侧。

（2）燃气热水炉间与压缩机室、汽车罐车库和汽车装卸台柱之间的防火间距不应小于15m。

6. 独立瓶组气化站与建、构筑物之间的防火间距不应小于表4-17的规定。

独立瓶组气化站与建、构筑物之间的防火间距（m）　　表4-17

<table>
<tr><th colspan="2">项目 ＼ 气瓶总容积(m³)</th><th>≤2</th><th>>2～≤4</th></tr>
<tr><td colspan="2">明火、散发火花地点</td><td>25</td><td>30</td></tr>
<tr><td colspan="2">民用建筑</td><td>8</td><td>10</td></tr>
<tr><td colspan="2">重要公共建筑、一类高层民用建筑</td><td>15</td><td>20</td></tr>
<tr><td rowspan="2">站内道路(路边)</td><td>主要</td><td colspan="2">10</td></tr>
<tr><td>次要</td><td colspan="2">5</td></tr>
</table>

注：① 气瓶总容积应按配置气瓶个数与单瓶几何容积的乘积计算；

② 当瓶组间的气瓶总容积大于4m³ 时，宜采用储罐，其防火间距按表4-13和表4-14的有关规定执行；

③ 瓶组间、气化间与值班室的防火间距不限。当两者毗连时，应采用无门、窗洞口的防火墙隔开。

7. 瓶库与站外建、构筑物之间的防火间距

瓶装液化石油气供应站应按其气瓶总容积 V 分为三级，分级应符合表 4-18 的规定：

瓶装液化石油气供应站的分级 **表 4-18**

名　称	气瓶总容积（m³）
Ⅰ级站	$6<V\leqslant 20$
Ⅱ级	$1<V\leqslant 6$
Ⅲ级	$V\leqslant 1$

注：气瓶总容积按实瓶个数和单瓶几何容积的乘积计算。

Ⅰ、Ⅱ级瓶装供应站的瓶库与站外建、构筑物之间的防火间距不应小于表 4-19 的规定。

Ⅰ、Ⅱ级瓶装供应站的瓶库与站外建、构筑物之间的防火间距（m） **表 4-19**

项目 ＼ 名称　气瓶总容积（m³）		Ⅰ级站		Ⅱ级站	
		＞10～≤20	＞6～≤10	＞3～≤6	＞1～≤3
明火、散发火花地点		35	30	25	20
民用建筑		15	10	8	6
重要公共建筑、一类高层民用建筑		25	20	15	12
站内道路（路边）	主要	10		8	
	次要	5			

注：① 气瓶总容积应按配置气瓶个数与单瓶几何容积的乘积计算；

② Ⅰ级瓶装液化石油气供应站的瓶库与修理间或生活、办公用房的防火间距不应小于 10m。

（八）液化天然气气化站的防火间距

1. 液化天然气气化站的液化天然气储罐、集中放散装置的天然气放散总管与站外建、构筑物的防火间距不应小于表 4-20 的规定。

液化天然气气化站的液化天然气储罐、天然气放散总管与站外建、构筑物的防火间距（m）

表 4-20

项目 ＼ 名称	储罐总容积（m³）							集中放散装置的天然气放散总管
	≤10	＞10～≤30	＞30～≤50	＞50～≤200	＞200～≤500	＞500～≤1000	＞1000～≤2000	
居住区、村镇和学校、剧院、体育馆等重要公共建筑（最外侧建构筑物外墙）	30	35	45	50	70	90	110	45
工业企业（最外侧建、构筑物外墙）	22	25	27	30	35	40	50	20
明火、散发火花地点和室外变配电站	30	35	45	50	55	60	70	30
民用建筑，甲、乙类液体储罐、甲、乙类生产厂房，甲、乙类物品仓库，稻草等易燃材料堆场	27	32	40	45	50	55	65	25
丙类液体、可燃气体储罐，丙、丁类生产厂房，丙、丁类物品仓库	25	27	32	35	40	45	55	20

续表

<table>
<tr><th colspan="2" rowspan="2">名称
项目</th><th colspan="7">储罐总容积(m³)</th><th rowspan="2">集中放散装置的天然气放散总管</th></tr>
<tr><th>≤10</th><th>>10～≤30</th><th>>30～≤50</th><th>>50～≤200</th><th>>200～≤500</th><th>>500～≤1000</th><th>>1000～≤2000</th></tr>
<tr><td rowspan="2">铁路(中心线)</td><td>国家线</td><td>40</td><td>50</td><td>60</td><td colspan="2">70</td><td colspan="2">80</td><td>40</td></tr>
<tr><td>企业专用线</td><td colspan="3">25</td><td colspan="2">30</td><td colspan="2">35</td><td>30</td></tr>
<tr><td rowspan="2">公路、道路(路边)</td><td>高速、Ⅰ、Ⅱ级、城市快速</td><td colspan="3">20</td><td colspan="4">25</td><td>15</td></tr>
<tr><td>其他</td><td colspan="3">15</td><td colspan="4">20</td><td>10</td></tr>
<tr><td colspan="2">架空电力线(中心线)</td><td colspan="5">1.5倍杆高</td><td colspan="2">1.5倍杆高，但35kV以上架空电力线不应小于40</td><td>2.0倍杆高</td></tr>
<tr><td rowspan="2">架空通信线(中心线)</td><td>Ⅰ、Ⅱ级</td><td colspan="2">1.5倍杆高</td><td colspan="2">30</td><td colspan="3">40</td><td>1.5倍杆高</td></tr>
<tr><td>其他</td><td colspan="8">1.5倍杆高</td></tr>
</table>

注：① 居住区、村镇系指1000人或300户以上者，以下者按本表民用建筑执行。
② 与本表规定以外的其他建、构筑物的防火间距应按现行国家标准《建筑设计防火规范》GB 50016执行。
③ 间距的计算应以储罐的最外壁为准。

2. 液化天然气气化站的液化天然气储罐、集中放散装置的天然气放散总管与站内建、构筑物的防火间距不应小于表4-21的规定。

液化天然气气化站的液化天然气储罐、天然气放散总管与站内建、构筑物的防火间距（m）

表4-21

<table>
<tr><th colspan="2" rowspan="2">名称
项目</th><th colspan="7">储罐总容积(m³)</th><th rowspan="2">集中放散装置的天然气放散总管</th></tr>
<tr><th>≤10</th><th>>10～≤30</th><th>>30～≤50</th><th>>50～≤200</th><th>>200～≤500</th><th>>500～≤1000</th><th>>1000～≤2000</th></tr>
<tr><td colspan="2">明火、散发火花地点</td><td>30</td><td>35</td><td>45</td><td>50</td><td>55</td><td>60</td><td>70</td><td>30</td></tr>
<tr><td colspan="2">办公、生活建筑</td><td>18</td><td>20</td><td>25</td><td>30</td><td>35</td><td>40</td><td>50</td><td>25</td></tr>
<tr><td colspan="2">变配电间、仪表间、值班室、汽车罐车库、汽车衡及计量室、空压机室、罐车装卸台柱(装卸口)、钢瓶灌装台</td><td colspan="2">15</td><td>18</td><td>20</td><td>22</td><td>25</td><td>30</td><td>25</td></tr>
<tr><td colspan="2">汽车库、机修间、燃气热水炉间</td><td colspan="3">25</td><td>30</td><td colspan="2">35</td><td>40</td><td>25</td></tr>
<tr><td colspan="2">天然气(气态)储罐</td><td>20</td><td>24</td><td>26</td><td>28</td><td>30</td><td>31</td><td>32</td><td>20</td></tr>
<tr><td colspan="2">液化石油气全压力式储罐</td><td>24</td><td>28</td><td>32</td><td>34</td><td>36</td><td>38</td><td>40</td><td>25</td></tr>
<tr><td colspan="2">消防泵房、消防水池取水口</td><td colspan="2">30</td><td colspan="4">40</td><td>50</td><td>20</td></tr>
<tr><td rowspan="2">站内道路(路边)</td><td>主要</td><td colspan="3">10</td><td colspan="4">15</td><td rowspan="2">2</td></tr>
<tr><td>次要</td><td colspan="3">5</td><td colspan="4">10</td></tr>
<tr><td colspan="2">围墙</td><td colspan="3">15</td><td colspan="2">20</td><td colspan="2">25</td><td>2</td></tr>
<tr><td colspan="2">集中放散装置的天然气放散总管</td><td colspan="7">25</td><td>—</td></tr>
</table>

注：① 自然蒸发的储罐（BOG罐）与液化天然气储罐的间距按工艺要求确定。
② 与本表规定以外的其他建、构筑物的防火间距应按现行国家标准《建筑设计防火规范》GB 50016执行。
③ 间距的计算应以储罐的最外壁为准。

3. 液化天然气瓶组与建、构筑物的防火间距不应小于表 4-22 的规定。

液化天然气瓶组与建、构筑物的防火间距　　表 4-22

项目 \ 气瓶总容积(m^3)		≤2	>2～≤4
明火、散发火花地点		25	30
民用建筑		12	15
重要公共建筑、一类高层民用建筑		24	30
站内道路(路边)	主要	10	
	次要	5	

注：气瓶总容积应按配置气瓶个数与单瓶几何容积的乘积计算。单个气瓶容积不应大于 410L。

三、站区总平面布置

(一) 门站和储配站总平面布置

门站和储配站总平面布置应符合下列要求：

(1) 总平面应分区布置，即分为生产区（包括储罐区、调压计量区、加压区等）和辅助区。

(2) 站内的各建、构筑物之间以及与站外建、构筑物之间的防火间距应符合现行国家标准《建筑设计防火规范》GB 50016 的有关规定。站内建筑物的耐火等级不应低于现行国家标准《建筑设计防火规范》GB 50016“二级”的规定。

(3) 站内露天工艺装置区边缘距明火或散发火花地点不应小于 20m，距办公、生活建筑不应小于 18m，距围墙不应小于 10m。与站内生产建筑的间距按工艺要求确定。

(4) 储配站生产区应设置环形消防车通道，消防车通道宽度不应小于 3.5m。

(二) 地上调压站平面布置

地上调压站平面布置应符合下列要求：

1. 建筑耐火等级不应低于二级；

2. 调压室与毗连房间之间应用实体隔墙隔开，其设计应符合以下要求：

(1) 隔墙厚度不应小于 24cm，且应两面抹灰；

(2) 隔墙内不得设置烟道和通风设备，调压室的其他墙壁也不得设有烟道；

(3) 隔墙有管道通过时，应采用填料密封或将墙洞用混凝土等材料填实。

3. 调压室及其他有漏气危险的房间，应采取自然通风措施，换气次数每小时不应小于 2 次；

4. 城镇无人值守的燃气调压室电气防爆等级应符合现行国家标准《爆炸和火灾危险环境电力装置设计规范》GB 50058“1 区”设计的规定；

5. 调压室内的地面应采用撞击时不会产生火花的材料；

6. 调压室应有泄压措施，并应符合现行国家标准《建筑设计防火规范》GB 50016 的有关规定；

7. 调压室窗应设防护栏和防护网，重要的调压站宜设保护围墙；

8. 设于空旷地带的调压站或采用高架遥测天线的调压站应单独设置避雷装置，其接地电阻值应小于10Ω。

（三）压缩天然气加气站和储配站总平面布置

压缩天然气加气站和储配站总平面布置应分区布置，即分为生产区和辅助区。压缩天然气加气站宜设 2 个对外出入口。

（四）液化石油气供应基地总平面布置

1. 基本规定

（1）液化石油气供应基地总平面必须分区布置，即生产区（包括储罐区和灌装区）和辅助区两部分。

（2）生产区宜布置在站区全年最小频率风向的上风侧或上侧风侧。

（3）液化石油气供应基地储罐设计总容量超过 $3000m^3$ 时，宜将储罐分别设置在储存站和灌装站。灌装站的储罐设计容量宜取一周左右的计算月平均日供应量，其余为储存站的储罐设计容量。储罐设计总容量小于 $3000m^3$ 时，可将储罐全部设置在储配站。

（4）生产区应设置环形消防通道，消防通道宽度不应小于 4m；当储罐总容积小于 $500m^3$ 时，可设置尽头式消防车道和面积不小于 12m×12m 的回车场。

（5）灌装区的气瓶装卸平台前应有较宽敞的汽车回车场地。

（6）生产区属甲类火灾危险区，容易泄漏和散发易燃物，所以生产区应设置高度不低于 2m 的不燃烧实体围墙。

（7）生产区和辅助区应各设置 1 个对外出入口。当液化石油气储罐总容积超过 $1000m^3$ 时，生产区应设置 2 个对外出入口，其间距不应小于 50m。对外出入口宽度不应小于 4m。

（8）基地内铁路引入线和铁路罐车装卸线的设计应符合现行国家标准《工业企业标准轨距铁路设计规范》GBJ 12 的有关规定。供应基地内的铁路罐车装卸线应设计成直线，其终点距铁路罐车端部不应小于 20m，并应设置明显标志的车挡。

（9）全压力式液化石油气储罐不应少于 2 台，其储罐区的布置应符合以下要求：

1）地上储罐之间的净距不应小于相邻较大罐的直径；

2）数个储罐的总容量超过 $3000m^3$ 时，应分组布置。组与组之间相邻储罐的净距不应小于 20m；

3）组内储罐宜采用单排布置；

4）储罐四周应设置高度为 1m 的不燃烧体实体防护墙（堤）；

5）储罐与防护墙的净距：球形储罐不宜小于其半径，卧式储罐不宜小于其直径，操作侧不宜小于 3m。

（10）地下储罐宜设置在钢筋混凝土槽内，槽内填充干砂，各储罐之间宜设置隔墙，储罐与隔墙和槽壁之间的净距不宜小于 0.9m。

（11）液化石油气储罐与所属的泵房的间距不应小于 15m。当泵房面向储罐一侧的外墙采用无门窗洞口的防火墙时，其间距可减至 6m。

（12）液化石油气压缩机室的布置宜符合以下要求：

1）机组间的净距不宜小于 1.5m；

2）机组操作侧与内墙的净距不宜小于 2.0m；其余各侧与内墙的净距不宜小于 1.2m；

3）气相阀门组宜设置在与储罐、设备及管道连接方便和便于操作的地点。

(13) 液化石油气汽车罐车库与汽车罐车装卸台柱之间的距离不应小于6m。当邻向台柱一侧的汽车罐车库山墙采用无门窗洞口的防火墙时，其间距不限。

(14) 使用液化石油气或残液做燃料的锅炉房，其附属储罐设计容积不大于 $10m^3$ 时，可设置在独立的储罐室内，并应符合以下要求：

1) 储罐室与锅炉房之间的防火间距不应小于 12m，且面向锅炉房一侧的外墙应采用无门、窗洞口的防火墙；

2) 储罐室与站内其他建、构筑物之间的防火间距不应小于 15m；

3) 储罐室内储罐之间及储罐与外墙的净距均不应小于相邻较大罐的半径，且不应小于 1m。

2. 总平面分区布置原则

(1) 储罐区、灌瓶区和辅助区总体布置

总图布置宜将储罐区与灌瓶区和辅助区呈一字形排列，并让灌瓶区居中，这样布置的理由是：

1) 储罐区与灌瓶区主要以管道相连接，工艺联系密切；

2) 办公室、休息间不应设在灌瓶区，而应设在辅助区，灌瓶区与辅助区相接，便于管理。此外，设在辅助区的车库、修理间、配电室等都与灌瓶区联系密切，不宜远离灌瓶区；

3) 一字形排列时，灌瓶区居中，有利于满足安全防火间距的要求，提高了土地利用率。

(2) 液化石油气泵房、压缩机房宜与灌瓶间相邻布置，之间采用不燃烧体实体防护墙隔开。

(五) 液化天然气气化站总平面布置

1. 液化天然气气化站总平面应分区布置，即分为生产区（包括储罐区、气化及调压等装置区）和辅助区。

生产区宜布置在站区全年最小频率风向的上风侧或上侧风侧。站区应设置高度不低于 2m 的不燃烧体实体砖墙。

2. 生产区应设置消防车道，车道宽度不应小于 3.5m；当储罐总容积小于 $500m^3$ 时，可设置尽头式消防车道和面积不小于 12m×12m 的回车场。

3. 生产区和辅助区至少应各设置 1 个对外出入口。当液化天然气储罐总容积超过 $1000m^3$ 时，生产区应设置 2 个对外出入口，其间距不应小于 30m。

第二节　站区防爆、防静电及防雷

一、站区电气防火与防爆

(一) 电气火灾爆炸原因

在燃气火灾和爆炸事故中，所发生的电气火灾爆炸事故占有较大的比例。发生电气火灾与爆炸事故，通常应具备两个基本条件：一是具有爆炸性气体、粉尘及可燃物质环境；二是由于电气原因产生的引燃条件。在这两个基本条件中，除第一个条件是由于生产场所工艺条件和不正常操作状况所致外，从电气安全技术角度来讲，应重点预防由于电气方面产生的引燃条件。

一般来说，产生电气爆炸火灾的因素分为两个方面：一是间接原因，如设备本身的缺陷、操作失误、设计及安装施工中因考虑不周而存在的安全隐患等；二是直接原因，如设备运行中电流产生的热量（危险温度）与所发生的电弧、电火花等。

（二）爆炸和火灾危险场所的分类

根据《石油化工企业生产装置电力设计技术规范》SH 3038，将爆炸火灾危险场所划分三类8区。对爆炸性物质的危险场所具体划分如表4-23。

爆炸性物质的危险场所具体划分 **表4-23**

<table>
<tr><th colspan="2">类别</th><th>区域等级</th><th>说明</th><th>备注</th></tr>
<tr><td rowspan="3">Ⅰ</td><td rowspan="3">气体爆炸危险场所</td><td>0区</td><td>爆炸性气体连续地出现或长时间存在的场所</td><td rowspan="10">1. 除了封闭的空间，如密闭的容器、储油罐等内部气体空间外，很少存在0区
2. 有高于爆炸上限的混合物环境，在有空气进入时，可能使其达到爆炸极限的环境，应划为0区
3. “正常情况”包括正常开车、停车和运转（如敞开装料、卸料等），也包括设备和管线允许的正常泄漏在内；“不正常情况”包括装置损坏、误操作、维护不当及装置的拆卸、检修等</td></tr>
<tr><td>1区</td><td>在正常运行时，可能出现爆炸性气体环境的场所</td></tr>
<tr><td>2区</td><td>在正常运行时，不可能出现爆炸性气体环境，即使出现也是偶尔发生并且短时存在的场所</td></tr>
<tr><td rowspan="2">Ⅱ</td><td rowspan="2">粉尘爆炸危险场所</td><td>10区</td><td>爆炸性粉尘混合物环境连续出现或长期出现的区</td></tr>
<tr><td>11区</td><td>有时会将积留下的粉尘扬起而偶然出现爆炸性粉尘混合物危险的区</td></tr>
<tr><td rowspan="3">Ⅲ</td><td rowspan="3">火灾危险场所</td><td>21区</td><td>具有闪点高于场所环境温度的可燃液体，在数量和配置上能引起火灾危险的区</td></tr>
<tr><td>22区</td><td>具有悬浮状、堆积状的爆炸性或可燃性粉尘，虽不可能形成爆炸混合物，但在数量和配置上能引起火灾危险的区</td></tr>
<tr><td>23区</td><td>具有固体状可燃物质，在数量和配置上能引起火灾危险的区</td></tr>
</table>

（三）危险区域的划分

以液化石油气储配站为例，由于泄漏介质—释放源为可燃气体，并可能构成气体爆炸危险，因此，液化石油气储配站属第一类气体爆炸危险场所。

1. 站内爆炸危险区域的划分

站内爆炸危险区域等级可按表4-23说明进行划分。

(1) 0区危险区域

在正常情况下能形成爆炸性混合物的场所，如灌装区内灌装秤附近的空间。

(2) 1区危险区域

在正常情况下可能形成爆炸性混合物的场所。如：灌瓶间及附属瓶库、压缩机房、烃泵房、储罐间、气化间、混气间等非敞开的建筑物、构筑物内部空间。

局部或全敞开的瓶库距地面高度2m以内的空间。

铁路罐车、汽车罐车的装卸柱的装卸口3m以内的空间。

在生产作业区内部的沟、坑等低洼处。

(3) 2区危险区域

在不正常情况下，仅能在局部地区形成爆炸性混合物的场所。如：

储罐区防护堤以内的空间。

使用液化石油气作为燃料的锅炉房。

灌瓶间及附属瓶库、压缩机房、烃泵房、储罐间、气化间、混气间、汽车罐车库等通向室外露天的门窗1m（垂直和水平）以内的空间。

局部或全敞开的瓶库距地面高度2m以上以及敞开面向外水平方向以内20m以内，高度为敞开面加3m以内的空间。

铁路罐车、汽车罐车的装卸柱的装卸口水平方向20m以内及其距地面3m以内的空间，汽车装卸台罩棚内的空间。

储罐及半敞开或露天设置的烃泵、压缩机、气化器、分离器、缓冲罐等周围3m以内的空间。

2. 与爆炸危险场所相邻建筑物的爆炸危险等级的确定

与爆炸危险场所相邻建筑物的爆炸危险等级参照表4-24确定。

与爆炸危险场所相邻建筑物的爆炸危险等级 **表4-24**

<table>
<tr><th rowspan="2">爆炸危险场所等级</th><th colspan="2">用有门隔开的相邻建筑物的危险等级</th></tr>
<tr><th>相隔一道有门的墙</th><th>通过走廊或套间隔开，经过两道有门的墙</th></tr>
<tr><td>0区</td><td>划作1区</td><td rowspan="3">无爆炸和火灾危险</td></tr>
<tr><td>1区</td><td>划作2区</td></tr>
<tr><td>2区</td><td>无爆炸和火灾危险</td></tr>
</table>

根据爆炸危险场所的等级、爆炸危险物质的特性、工艺特点及使用条件进行电力设计和电气设备装置的选择。

（四）站区电气设备的选型和基本要求

1. 电气设备的选型原则

（1）电气设备选型的基本原则应在整体防爆的基础上，安全可靠，经济合理。

（2）电气设备选择的基础资料应包括：爆炸危险场所等级和范围的划分；爆炸危险场所内气体和蒸汽的级别、组别及有关特性数据。

（3）在爆炸危险场所内，防爆电气设备应根据危险区域的等级和爆炸危险物质类别，以及电气设备的种类和规定使用条件，选择相应的型号。

（4）选用电气设备的级别和组别，不应低于该场所内爆炸性混合物的级别和组别。当存在两种以上爆炸混合物时，按危险程度较高的级别、组别选用。

（5）爆炸危险场所内的电气设备和线路应在布置上或在防护上采取措施，防止周围环境内的化学、机械和高温等因素影响。所选择的产品应符合防腐、防潮、防日晒、防雨雪、防风沙等各种不同环境条件的要求，其结构应满足电气设备在规定运行条件下不会降低防爆性能的要求。

2. 防爆电气设备的选型方法

按照国家标准规定，防爆电气设备分为两类：Ⅰ类煤矿井下电气设备；Ⅱ类工厂用电气设备。用于燃气生产的电气设备属于Ⅱ类工厂用电气设备。

（1）防爆电气设备结构性能

石油化工企业所用之Ⅱ类工厂用电气设备按防爆结构型号分为8种，其型号标志见表4-25。

Ⅱ类工厂用电气设备防爆结构型号　　表 4-25

序　号	名　称	标　志	序　号	名　称	标　志
1	隔爆型	d	5	充油型	o
2	增安型	e	6	充砂型	q
3	本质安全型	ia,ib	7	无火花型	n
4	正压型	p	8	特殊型	s

1）隔爆型（标志 d）　这类设备有坚固的防爆外壳，在电气设备内部发生爆炸时，其外壳能承受 0.78～0.98MPa 的内部压力而不损坏。即使内部爆炸也不会引起外部空间爆炸性混合物爆炸。

2）防爆增安型（标志 e）　这类设备在正常运行时不产生火花、电弧或危险温度，故又称增安型。

3）本质安全型（标志 i）　是指在正常运行或标准试验条件下，所产生的火花或热效应均不能点燃爆炸性混合物的电气设备。

本质安全型分为 ia 和 ib 两类：ia 类可用于 0 级危险区域；ib 用于 1 级及 1 级以下危险区域。

4）正压型（标志 p）　这类设备可向外壳内通入新鲜空气或充入惰性气体，并能使其保持正压，以阻止外部爆炸性混合物进入外壳内部，防止爆炸。

5）充油型（标志 o）　这类设备是把可能产生火花、电弧或危险温度的带电导体浸在绝缘油中，使其不引起油面上爆炸性混合物爆炸的电气设备。一般要求油面高出发热和产生火花之处 10mm 以上，油温要求不超过 80℃，必要时设置排气孔。

6）充砂型（标志 q）　这类电气设备外壳充填细颗粒材料，以便在规定使用条件下，外壳内产生的电弧、火焰传播、壳壁或颗粒材料表面的过热温度均不能点燃周围的爆炸性混合物。

7）无火花型（标志 n）　在正常运行条件下，不产生电弧或火花，也不产生能点燃周围爆炸性混合物的高温表面或灼热点，并且一般不会发生有点燃作用的故障。

8）特殊性（标志 s）　这类设备是指结构上不属于上述各种类型的防爆电气设备。它采取其他防爆措施，如浇注环氧树脂及充填石英砂等措施。

（2）气体爆炸危险场所电气设备选型

气体爆炸危险场所电气设备的选型见表 4-26。

（五）站区电气设施的防护

1. 爆炸危险场所电气线路的防护要求

（1）电气线路应敷设在离释放源较远或危险性较小的场所。在生产装置区电缆应采用直接埋地，若采用电缆沟敷设，沟内应填充砂子。电线、电缆架空敷设时应符合防爆要求，并尽量把电气线路设置在有爆炸危险的建（构）筑物墙外。

（2）敷设电气线路的沟道、电缆或钢管，在穿过不同场所之间的墙或楼板处孔洞时，应采用非燃性材料严格堵塞，将危险性气体或火源来路切断，以防传播。

（3）敷设电气线路时应避开受到机械损伤、振动、腐蚀以及可能受热影响的地方，否则应采取预防措施。直埋电缆应采用铠装电缆或敷设在钢套管内。

气体爆炸危险场所电气设备选型 **表 4-26**

爆炸危险区域	适用的防护型式	
	电气设备类型	标志符号
0 区	1. 本质安全型	ia
	2. 其他特别为 0 区设计的电气设备(特殊型)	s
1 区	1. 适用于 0 区的防护类型	
	2. 隔爆型	d
	3. 增安型	e
	4. 本质安全型(ib 级)	ib
	5. 充油型	o
	6. 正压型	p
	7. 充砂型	q
	8. 其他特别为 1 区设计的电气设备(特殊型)	s
2 区	1. 适用于 0 区或 1 区的防护类型	
	2. 无火花型	n

(4) 电气线路的电缆和绝缘导线，除按爆炸危险场所的危险程度和设备的电压等级、电流选用外，还应根据使用环境的情况，选用具有相应耐热性能、绝缘性能和耐腐蚀性能的类型。

(5) 低压绝缘导线和电缆的额定电压，除不得低于工作电压外，还不得小于 500V。零线的绝缘电压应与相线相同，并应在同一护套或管子内敷设。

(6) 电缆及移动式设备线路中严禁有中间接头。

(7) 用电设备的线路绝缘导线及电缆应采用铜芯多股结构，并较非危险场所留有适当余量。高压线路还应进行热稳定校验。

2. 爆炸危险场所配线及保护装置技术要求

(1) 在 1 区内明设或在沟内敷设的电力电缆和照明、控制电线必须采用铜芯线，其最小截面应大于等于 2.5mm²，接线盒应采用隔爆型。

(2) 在 2 区内明设或在沟内敷设的电力电缆和照明、控制电线必须采用铜芯线，其最小截面应大于等于 1.5mm²，接线盒应采用隔爆型或增安型。

(3) 在 1、2 区内电缆线路不得有中间接头。

(4) 在爆炸危险场所内，电气设备、线路应按电气设计相关技术规范规定安设完整的、符合防爆技术要求的电气保护装置。

(5) 为保证火灾、爆炸危险场所的供电不中断，应对Ⅰ、Ⅱ级负荷采用双电源电路供电，并设自动电源切换装置。

(六) 爆炸危险场所电气设备的接地

爆炸危险场所的接地（或接零），较一般场所要求高。关于爆炸危险场所的特殊要求分别如下：

1. 在爆炸危险场所内的电气装置，除一般规范要求接地部分外，还需对下列部分进行接地：

（1）不论地面导电与否，所有电气设备正常不带电的金属外壳。

（2）安装在已接地的金属结构上的电气设备，正常不带电的金属外壳。

（3）敷设金属包皮两端已接地的电缆用的金属构架。

2. 燃气工艺管道不得用作保护接地使用。

3. 在1、2危险区域场所内，除照明灯具外的电气设备应使用专门的接地线。该接地线若与相线敷设在同一保护管，应具有与相线相同的绝缘，此时电线管、电缆金属包皮等只能做辅助接地线。2区场所内的照明灯具允许利用有可靠电气连接的金属管线或金属构件作为接地线。

4. 为保证接地可靠性，接地干线应敷设在爆炸场所不同的方向上，并至少有两处与接地体相连。

5. 为保证迅速切断故障线路，在1、2区场所，中性点直接接地的1kV以下的线路上，接地线截面的选择应使单相接地的最小短路电流不小于保护该段线路熔断器熔体额定电流的5倍，或自动开关瞬时过流脱扣额定电流的1.5倍。

6. 防雷装置接地

（1）1区危险场所中，电气设备的接地应分开设置，其余各级爆炸危险场所则可以合并设置。无论分开还是合并设置，电气设备的接地电阻不应大于10Ω。

（2）站内建筑物、构筑物、露天装置、储罐和金属管道等应设防止雷击、雷电波侵入而引起危害的接地装置。引入爆炸场所的架空管线在入口处必须接地，中间采用多点重复接地。

（3）1区场所不允许架空线路引入，其余各级危险场所有架空管线引入时，必须在引入断路器前侧设置避雷器。避雷器的接地电阻不大于10Ω，但也可以与附近的电气设备接地或防雷接地极相连。

7. 凡站区内生产过程中有可能产生静电的管道、设备等均应接地。

8. 本质安全型电路原则上不得接地，但有特殊要求场合，可按说明书和设计要求接地。本质安全型电路中的电缆屏蔽只许一处接地，接地处应设在爆炸危险场所之外。

二、站区防静电

燃气本身具有着火和爆炸的危险性。同时还可能因直接摩擦或喷出时产生很高电压的静电，而引起着火和爆炸。静电造成的灾害与普通火灾情况不同，一般静电在产生着火性放电前不易被人们察觉，而且灾害发生后也难于根据残痕确定是因静电引起的。因此为避免静电造成灾害，必须了解和重视可能产生各种静电的现象，预先采取相应的防护措施。

（一）静电的产生

1. 物质产生静电的内因

物质产生静电的内因主要是因为物质逸出功不同、电阻率不同和介电常数不同。

（1）逸出功不同　任何两种固体物质，当两者作相距小于25×10^{-8}cm的紧密接触时，在接触界面上会产生电子转移现象，这是由于各种物质逸出功不同的缘故。两物体接触时，逸出功较小的一方失去电子而带正电，而另一方获得电子带负电，从而产生静电。

（2）电阻率不同　由高电阻率物质制成的物体，其导电性能差，带电层中的电子移动比较困难，构成了静电荷积聚的条件。当两物体紧密接触时，接触界面上的电子就有转移，即形成了双电层。若此两物体或其中之一由绝缘物质构成，物体分离后会有一部分电子回不到原来的物体上，因而两物体均出现带电性。实践证明物质电阻率在 $10^{10} \sim 10^{15}$ Ω·cm之间者容易带静电，是防静电的重点对象。

（3）介电常数不同　介电常数又称电容率，是决定电容的一个因素。在具体配置条件下，物体的电容与电阻结合起来决定静电的消散规律。

2. 物质产生静电的外因

（1）紧密接触和迅速的分离　如分离速度足够迅速，物体即可带电。紧密接触和迅速分离的形式有：摩擦、撕裂、剥离、拉伸、加捻、撞击、挤压、过滤及粉碎等。

（2）附着带电　某种极性的离子或带电粉尘附着在与地绝缘的固体上，能使该物体带静电或改变其带电状况。物体获得电荷的多少，取决于物体对地电容及周围条件，如空气湿度、物体形状等。人在有带电微粒的场所活动后，也会带电。

（3）感应起电　在生产中，带电的物体能使附近不相连的导体，如金属管道、零件表面的不同部位出现带有电荷的现象，这就是静电感应起电。

（4）电解起电　将金属浸入电解液中，或在金属表面形成液体薄膜，由于界面上的氧化-还原反应，金属离子将向溶液扩散，即在界面形成电流。因此，固定的金属与流动的液体（电解液）之间将会产生电流，常见的就是液体在管道内流动而带电的现象。

（5）压电效应起电　某些固体材料在机械力的作用下会产生电荷。压电效应起电的特点是在试件同一表面上，同时存在分布不均匀的正负电荷。虽然压电效应产生的电荷密度较小，但在局部面积上，仍有可能具有引起爆炸的能量。

（6）极化起电　绝缘体在静电场内，其内部和外表面能出现电荷，是极化作用的结果。如在绝缘的容器内盛装带电物体，容器外壁具有带电性，就是极化起电的原因。

（7）喷出带电　粉体、液体和气体从截面很小的开口处喷出时，这些流动物质与喷口激烈摩擦，同时液体本身分子之间又互相碰撞，会产生大量的静电。

（8）飞沫带电　喷在空间的液体由于扩展飞散和分离，出现许多小滴组成的新液面，也会产生静电。

另外还有淌下、沉浮、冻结等多种产生静电的方式。

需要指出的是，产生静电的方式不是孤立单一的，如摩擦中起电的方式就包括了接触带电、热电效应起电、压电效应起电等几种形式。

3. 易产生静电的工艺方式

在燃气储配过程中，根据其工艺过程的特点，有的工序和工作较容易产生静电。

（1）液态燃气容易产生静电的工序和工作状态　如流送、过滤、注入、倒换、滴流、搅拌、吸出、取样、飞溅、喷射、摇晃和混入杂质等。

（2）气态燃气容易产生静电的工序和工作状态　如喷出、泄漏、排放和管内输送等。

（二）静电的危害

静电造成的危害有以下三种：

1. 爆炸和火灾

爆炸和火灾是静电最大的危害。静电能量虽然不大，但因其电压很高而容易发生放电，出现静电火花。在燃气作业场所很可能由静电火花引起爆炸和火灾。

2. 电击

静电造成的电击往往发生在人体接近带电物体的时候，也可能发生在带静电电荷的人体接近接地体的时候，电击程度与所储存的静电量有关，能量愈大，电击愈严重。在一般情况下，静电的能量较小，由静电所引起的电击不会直接使人致命。但人体可能因电击引起坠落、摔倒等二次事故。电击还可能使操作人员精神紧张，妨碍工作。

3. 妨碍生产

在生产过程中，静电将会导致妨碍生产或降低产品质量。如静电使燃气中杂质吸附于设备或结块，以致造成设备故障或管路堵塞。此外静电还可能引起电子元件误动作，使电子计算机和控制系统工作失常。

（三）防静电危害的措施

1. 构成静电火灾爆炸的条件

构成静电火灾爆炸事故必须同时具备以下四个条件：

（1）静电荷；

（2）有产生火花放电的条件；

（3）所产生的火花要有足够的能量；

（4）在放电间隙及其周围环境中，有可燃可爆的物质。

因此要避免由于静电而引起的火灾爆炸事故，即要消除上述诸条件中的一个或几个，来达到安全生产的目的。

2. 防静电危害的方法

静电引起火灾和爆炸只是静电危害的一种，从全面防止静电危害和安全生产方面考虑，应有相应的预防措施，防止产生能够引起危害的静电电荷。对已产生的静电电荷进行准确地分析测量，掌握产生的原因，并采取必要的综合措施，消除静电危害或把危害限制在允许的范围内。

防止静电危害主要有以下方法：

（1）工艺控制法

工艺控制法就是从工艺流程、设备结构、材料选择和操作管理等方面采取措施，限制静电的产生或控制静电的积累，使之达不到危险的程度。

在燃气储配过程中，从工艺上控制静电的基本方法是限制输送速度。通过降低物料在管道中的流速等工艺参数，可限制静电的产生或减少静电电荷产生。为不影响生产率，将最大允许流速设定为安全流速，使物料在输送中不超过安全流速的规定。若设计无明确规定，可按公式（4-1）计算允许最大流速。

$$V=0.8\sqrt{1/d} \tag{4-1}$$

式中 V——平均流速，m/s；

d——管道直径，m。

（2）泄漏导走法

泄漏导走法就是用静电接地的方法，使带电体上的静电荷能够向大地泄漏消散。静电接地是消除导体上静电简单而又有效的方法，是防静电中最基本的措施。实现静电接地的方法有静电跨接、直接接地、间接接地等，静电接地电阻不应大于10Ω。

燃气储配站工艺装置静电接地基本要求：

1）固定设备（包括管道）的金属体，如果已具有防雷、防杂散电流等接地条件时，可不必另作静电接地连接。但在生产装置区内的设备，其金属体应与静电接地干线相连接。

2）装置区各相对独立的建筑物、构筑物内的管道，可通过工艺设备金属外壳的连接进行静电接地。管网在进出不同爆炸危险区场所的边界，管道分岔口处及无分支管道每隔80～100m处，应与接地干线或专设接地体相连。对金属配管中间的非导体管段，除需做屏蔽保护外，两端的金属管应分别与接地干线相连接。

3）工艺管道上的法兰连接处应采用铜质带板进行跨接。

4）装置区内的非导体管段上的金属件应接地。

5）容器、储罐、喷嘴和充装接口等导体部分要有可靠的接地装置，且应经常检查和保养连接部分，保证不因锈蚀而增加接地电阻。大型储罐内要设金属柱或栏杆，以便分离罐内的电场，目的是抑制气体带入空间的电荷导致危险性放电。

6）汽车罐车装卸口要装设接地导线，且安装静电接地报警器。有条件的单位，应将静电接地报警器与自动装卸臂控制系统相连，当静电接地不良时，自动装卸臂将停止作业。

7）操作场地的地面应选用导电率较高的材料，以易于消散人体上的电荷。不应在操作场地铺设绝缘橡胶板。

8）静电接地连接系统（包括接地支、干线）的接地极到大地的电阻值应小于100Ω。

(3) 静电中和法

静电中和法是在工艺装置上安装静电消除器，通过静电消除器将气体分子进行电离，产生消除静电所必要的离子。其中与带电物体极性相反的离子向带电体移动，并和带电物体的电荷进行中和，从而达到消除静电的目的。静电中和法主要应用于生产薄膜、纸、布、粉体等行业的生产中，在燃气生产装置中较少使用。

(4) 人体防静电

人体带电除能使人体遭到电击和对安全生产造成威胁外，还能对精密仪器或电子设备造成事故。因此，必须解决人体带电对生产的危害。其应对措施主要有：

1）在防静电的场所入口处或外侧，装设裸露的金属接地物（或金属接地棒）—消电装置，工作人员进入防静电场所时，用手触摸金属接地棒，以清除人体所带的静电。在坐着工作的场所，工作人员可佩带接地的腕带。

2）在防静电的场所应注意着装，工作人员应穿戴防静电工作服、鞋和手套，不得穿着化纤衣物。

3）工作地面导电化　在特殊危险场所的工作地面应是导电性的，或造成导电性条件，如洒水或铺设导电地板。

4）安全操作　在工作中，应尽量不搞可使人体带电的活动；合理使用规定的劳保用品和工具；工作应有条不紊，稳重果断，避免急骤性动作；在有静电危险的场所，不得携带与工作无关的金属物品，也不许穿带钉子鞋进入现场；不准使用化纤材料制作的拖布或抹布擦洗物体或地面等。

三、站区防雷

雷电是雷云层互相接近或雷云层接近大地时，感应出相反电荷，当电荷积聚到一定的程度，产生云和云间以及云和大地间的放电，同时发出光和声现象。

（一）雷电的分类

1. 根据雷电的不同形状分　大致可分为片状、线状和球状三种形式。

2. 从危害角度分　可分为直击雷、感应雷（包括静电感应和电磁感应）和雷电侵入波三种。

（二）雷电的危害

雷电的危害是极其严重的，归纳起来有以下几方面：

1. 电性质破坏　雷电放电产生极高的冲击电压，可击穿电气设备的绝缘，损坏电气设备和线路，造成停电。由于绝缘损坏还会引起短路，导致火灾或爆炸事故。巨大的雷电电流流入地下，会在雷击点及其连接的金属部分产生极高的对地电压，也可直接导致因接触电压或跨步电压而产生触电事故。

2. 热性质破坏　强大的雷电流通过导体时，在极短的时间内将转换成为大量的热能，产生的高温会造成易燃物燃烧，或金属熔化飞溅，引起火灾爆炸。

3. 机械性质的破坏　由于热效应使雷电通道中木材纤维缝隙和其他中间缝隙里的空气剧烈膨胀，同时使水分及其他物质分解为气体，因而在被雷击物体内部出现强大的机械压力，使被击物体遭受严重破坏或造成爆裂。

4. 雷电感应　表现为被击物破坏或爆裂成碎片，除由于大量的气体或水分汽化剧烈膨胀外，静电斥力、电磁力以及冲击气浪都具有机械性质的破坏作用。

5. 电磁感应　雷电的强大电流所产生的强大交变电磁场会使导体感应出较大的电动势，并且还会在构成闭合回路的金属物中感应出电流，这时如果回路中有的地方接触电阻较大，就会局部发热或发生火花放电，对于燃气储配场站这是非常危险的。

6. 雷电侵入　雷电在架空线路、金属管道上会产生冲击电压，使雷电波沿线路或管道迅速传播。若侵入建筑物内，可造成配电装置和电气线路绝缘层击穿，产生短路，或使建筑物内的易燃易爆品燃烧爆炸。

7. 防雷装置上的高电压对建筑物的反击作用　当防雷装置受雷击时，在接闪器引下线和接地体上部具有很高的电压。若防雷装置与建筑物内外的电气设备、线路或金属管道相距很近，它们之间就会产生放电，这种现象称为反击。反击可能引起电气设备绝缘破坏，金属管道烧穿，甚至造成易燃易爆品着火和爆炸。

8. 雷击对人体的危害　雷击电流迅速通过人体，可立即使呼吸中枢麻痹，心室纤颤，心跳骤停，以致脑组织及一些脏器受到严重损害，出现休克或突然死亡。雷击产生的火花、电弧还可使人遭到不同程度的烧伤。

（三）防雷的基本措施

1. 站区建、构筑物防雷措施

站区有爆炸危险建、构筑物防雷措施应符合国家标准《建筑物防雷设计规范》GB 50057 中“第二类防雷建筑物”的有关规定。

（1）防直击雷措施

1）安装接闪器　装设避雷网或避雷针，避雷网应沿易受雷击的部位敷设成不大于 6m×10m 的网格。所有避雷针应用避雷带相互连接。

2）接引下线　引下线不应少于两根，其间距不宜大于 24m。

3）设接地装置　防直击雷和防雷电感应共用接地装置，其冲击接地电阻不宜大于10Ω，并应和电气设备接地装置相连。

4）防反击　为防止雷电流经引下线时产生的高电位对附近金属物的反击，金属物至引下线的距离应符合下式要求：

$$S_{k2} \geqslant 0.05 l_x \tag{4-2}$$

式中　S_{k2}——空气中距离，m；

l_x——引下线计算点到地面的长度，m。

5）为防止跨步电压伤人，防直击雷接地装置距建筑物、构筑物出入口和人行道的距离不应小于3m。当小于3m时，应采取接地体局部深埋、隔以沥青绝缘层、敷设地下均压条等安全措施。

（2）防雷电感应措施

1）防静电感应　建筑物内的主要金属物应与接地装置相连。

2）防电磁感应　平行敷设的金属物，其净距小于100mm时，应每隔30m用金属线跨接，交叉静距小于100mm时，其交叉处应跨接。

3）防雷电波侵入　架空或直接埋地的金属管道，在入户处应和接地装置相连；对于架空金属管道在距建、构筑物约25m处还应接地一次，其冲击接地电阻不应大于10Ω。

2. 站区设备的防雷措施

（1）根据国家标准《建筑物防雷设计规范》GB 50057规定："有爆炸危险的露天封闭气罐其壁厚不小于4mm时，可不装接闪器，但应接地"。燃气储罐罐壁远大于4mm，一般不装接闪器，可用罐体本身做引下线与接地装置相连，接地点不应少于2处，容积大于100m³的储罐不应少于4处，间距不大于30m，其接地装置的冲击接地电阻不大于10Ω。

（2）储罐或设备上的放散管，宜在放散口或其附近装设避雷针保护，且针尖高出管口3m以上，管口上方1m应在保护范围内。

（3）架空管道的防雷措施

1）架空燃气管道的始端、终端、分支处、转角处以及直线部分每隔100m处接地，每处接地电阻不大于10Ω。

2）管道连接点如弯头、阀门、法兰等，为保证良好的接地，应用金属线跨接。

3）接地引下线可利用金属支架，若是活动金属支架，在管道与支持物之间必须增设跨接线；若是非金属支架，必须另作引下线。

4）接地装置可利用电气设备保护接地装置。

3. 站内生产作业时的防雷电措施

（1）雷电活动时，站内应停止包括气瓶充装和罐车装卸在内的生产作业。除非工作必须，工作人员应尽量少在室外逗留，在室外最好穿不浸水的雨衣和绝缘水鞋。

（2）雷电活动时，应及时切断站内电子设备（包括电子仪器、仪表和衡器等）的电源，以免雷电侵入波毁坏设备。

（3）发生雷暴时，人应离开动力线、照明线、用电电源和设备1.5m以上，以防止这些线路或设备对人体的二次放电。雷电活动时，还应注意关闭门窗，防止球形雷进入室内造成危害。

（4）为防止雷电反击发生，应使防雷装置与建筑物金属导体间的绝缘介质网络电压大于反击电压，并划出一定的危险区，雷电活动时，人员不得接近。

（5）雷电电流经地面雷击点的接地体流入周围土壤时，会在它的周围形成很高的电位，如果人站在接地体附近，就会受到雷电流所造成的跨步电压的危害。同时雷电流经引下线接地装置时，由于引下线本身和接地装置都有阻抗，因而会产生较高的电压降，这时人如接触，也会受接触电压的危害。因此在雷电活动时，人员不得接近接地体和引下线接地装置。

四、站区防雷、防静电检查

为了使防雷、防静电装置具有可靠的保护效果，不仅要有合理的设计和正确的施工，还要建立健全必要的维护保养制度，进行定期和特殊情况下的检查。

1. 对站区内的防雷、防静电装置，应进行日常检查，检查的基本内容包括：

（1）检查是否由于建筑物本身的变形，使防雷装置的保护情况发生变化。

（2）检查各处明装的导体有无因锈蚀或机械损伤而折断的情况，如发现腐蚀 30％以上，则应及时更换。

（3）检查接闪器有无因遭受雷击后而发生熔化或折断，避雷器瓷套有无裂纹、损伤，并应定期进行预防性试验。

（4）检查接地线在距地面 0.2～0.3m 的保护处有无被破坏的情况。

（5）检查接地装置周围的土壤有无沉陷现象。

（6）检查有无因施工挖土、敷设其他管道或种植树木而损坏接地装置。

2. 除以上检查内容外，站区内的防雷、防静电装置还应接受当地防雷检测机构的定期检查测量，定期检查测量周期为每半年进行一次。如发现接地电阻有很大的变化，应对接地系统进行全面检查，必要时设法降低接地电阻。

3. 若遇有特殊情况，还要做临时性的检查。特别是在雷暴来临前，有必要进行特殊检查，发现问题，及时处理，以防止其失效。

第三节　储配站投运

储配站（包括门站）是接收、储存和分配供应燃气的基地，一般由储气罐、加压机房、灌装间、调压计量间、加臭间、变电室、配电间、控制室、消防泵房、消防水池、锅炉房、车库、修理间、储藏室以及生产和生活辅助设施等组成。门站、储配站投产与运行中的有关安全技术问题就从以下几方面考虑。

一、新站的验收

1. 验收程序

（1）审查设计图纸及有关施工安装的技术要求和质量标准；

（2）审查设备、管道及阀件、材料的出厂质量合格证书，非标设备加工质量鉴定文件，施工安装自检记录文件；

（3）工程分项外观检查；

（4）工程分项检验或试验；

(5) 工程综合试运转；

(6) 返工复检；

(7) 工程竣工验收合格证书签署。

2. 资料验收

(1) 工程依据文件　包括项目建议书、可行性研究报告、项目评价报告、批准的设计任务书、初步设计、技术设计、施工图、工程规划许可证、施工许可证、质量监督注册文件、报建审核书、招标文件、施工合同、设计变更通知单、工程量清单、竣工测量验收合格证、工程质量评估报告等。

(2) 交工技术文件　包括施工单位资质证书、图纸会审记录、技术交底记录、工程变更单、施工组织设计、开工与竣工报告、工程保修书、重大质量事故分析处理报告、材料与设备出厂合格证及检验报告、各种施工记录、综合材料明细表、竣工图（如总平面图、总工艺流程图、工艺管道图、储罐加工与安装图、土建施工图、给排水与消防设施安装图、采暖及通风施工图）等。

(3) 检验合格记录　包括测量记录、隐蔽工程记录、沟槽开挖及回填记录、防腐绝缘层检验合格记录、焊缝无损检测及外观检验记录、试压合格记录、吹扫与置换记录、设备安装调试记录、电气与仪表安装测试记录等。

3. 管道验收

管道施工完毕后，除应进行管道沟槽检验、铺管质量检验、连接（焊接）质量检验外，而且还应进行管道系统吹扫、强度和气密性试验。

(1) 管道系统吹扫

1) 站区管道应按工艺要求分段进行吹扫，吹扫管段长度一般不超过 3km。

2) 吹扫管段内设有的孔板、过滤器、仪表等设备应将其拆除，妥善保管，待吹扫后复位。不允许吹扫的设备应与吹扫系统隔离。

3) 对吹扫管段采取临时稳固措施，以保证其在吹扫时不发生位移或强烈振动。

4) 吹扫口位置应选择在允许排放污物的较空旷的地段，且应不危及周围人和物的安全。

5) 吹扫口应安装有临时控制阀门，阀门按出口中心线偏离垂直线 30°角朝空安装。

6) 吹扫介质可采用压缩空气，且应有足够的压力和流量。吹扫压力不得大于设计压力，吹扫流速不小于 20m/s。

7) 吹扫顺序应从大管到小管，从干管到支管，吹扫出的污物、杂物严禁进入设备和已吹扫过的管道。

8) 吹扫时，可用锤子敲打管道，对焊缝、弯头、死角、管底等部位应重点敲打，但不得损伤管子及防腐层。

9) 吹扫结束后应将所有暂时加以保护或拆除的管道附件、设备、仪表等复位安装合格。

10) 吹扫合格后，应用盲板或堵板将管道封闭，除必须的检查及恢复工作外，不得进行影响管道内清洁的其他作业。

11) 吹扫合格标准：吹扫应反复数次，直至在要求的吹扫流速下管道内无杂物的碰撞声，在排气口用白布或涂有白漆的靶板检查，5min 内白布或白靶板上无铁锈、尘土、水分及其他污物或杂物，则吹扫合格。

（2）管道强度试验

管道吹扫合格后，即可进行强度试验。强度试验管段一般限于 3km 以内。管道试验时应连同阀门及其他管道附件一起进行。

1）试验介质及试验压力

当管道设计压力为 0.01～0.8MPa 时，采用压缩空气进行强度试验。强度试验压力为设计压力的 1.5 倍，但不得小于 0.4MPa。

当管道设计压力 0.8～4.0MPa 时应用清洁水进行强度试验。强度试验压力不小于设计压力的 1.5 倍，除聚乙烯管（SDR17.6）的试验压力不小于 0.2MPa 外，均不小于 0.4MPa。

2）试验步骤与方法应符合《城镇燃气输配工程施工及验收规范》CJJ 33 的规定。

3）强度试验合格标准：当达到试验压力后，在稳压过程中，压力无明显下降，无异常现象，用肥皂水检查无泄漏，则为强度试验合格。

（3）气密性试验

1）气密性试验介质可采用压缩空气。

2）试验压力　可根据管道设计压力确定，当设计压力 $P \leqslant 5$kPa 时，试验压力应为 20kPa；当设计压力 $P > 5$kPa 至 0.8MPa 时，试验压力应为设计压力的 1.15 倍，但不小于 100kPa；当设计压力 $P > 0.8$kPa 至 4MPa 时，气密性试验压力为管道的工作压力。

3）试验步骤与方法应符合《城镇燃气输配工程施工及验收规范》CJJ 33 的规定。

4）气密性试验的允许压力降

① 低压管道（设计压力 $P \leqslant 5$kPa）

当同一管径时：

$$\Delta P = 6.47T/d \tag{4-3}$$

当不同管径时：

$$\Delta P = 6.47\frac{T(d_1L_1 + d_2L_2 + \cdots + d_nL_n)}{d_1^2L_1 + d_2^2L_2 + \cdots + d_n^2L_n} \tag{4-4}$$

式中　ΔP——试验时间内的允许压力降，Pa；

T——试验时间，h；

d——管道内径，m；

d_1、d_2、…、d_n——各管段内径，m；

L_1、L_2、…、L_n——各管段长度，m。

② 中压、次高压 B 管道（设计压力 $0.01\text{MPa} < P \leqslant 0.8\text{MPa}$）

当同一管径时

$$\Delta P = \frac{40T}{d} \tag{4-5}$$

当不同管径时

$$\Delta P = \frac{40T(d_1L_1 + d_2L_2 + \cdots + d_nL_n)}{d_1^2L_1 + d_2^2L_2 + \cdots + d_n^2L_n} \tag{4-6}$$

③ 次高压 A、高压管道（设计压力 $0.8\text{MPa} < P \leqslant 4\text{MPa}$ 的长输管道）

$$\Delta P = 100[1 - (P_s \cdot T_s)/(P_s \cdot T_z)] \tag{4-7}$$

式中　ΔP——压降率，%；

T_s——稳压开始时管道内气体的绝对温度，K；

T_z——稳压终了时管道内气体的绝对温度，K；

P_s——稳压开始时管道内气体的绝对压力，MPa；$P_s = P_{s1} + P_{s2}$

P_z——稳压终了时管道内气体的绝对压力，MPa。$P_z = P_{z1} + P_{z2}$

其中　P_{s1}、P_{z1}——稳压开始及终了时压力表读数，MPa；

P_{s2}、P_{z2}——稳压开始及终了时当地的大气压，MPa；

T_s、T_z、P_s、P_z 各值均指全线各测点平均值。

管道的压降应不大于允许压降。管道的允许压降率由下式计算确定：

$$\Delta P \leqslant [\Delta P] = \frac{500}{DN} \tag{4-8}$$

式中　$[\Delta P]$——允许压降率，%；

DN——管道公称直径，mm。

当钢管公称直径小于 300mm 时，允许压降率为 1.5%。若压降率超过上述数值时，则应设法找出漏气点，并将其消除，然后进行复试，直至合格为止。

5）气密性试验的实际压力降

在进行气密性试验时，观察时间要延续 24h，在此期间内，由于管道与土壤之间的热传递，管内气体温度会发生变化，从而导致其压力的变化；另外环境大气压的变化也会影响观测结果的准确性。所以，对于压力计实测的压力降应根据大气压力和管内气体温度的变化加以修正，得出实际压力降，实际压力降按下式计算：

$$\Delta P_P = (H_1 + B_1) - (H_2 + B_2)\frac{273 + t_1}{273 + t_2} \tag{4-9}$$

式中　ΔP_P——修正后的实际压力降，Pa；

H_1、H_2——试验开始和结束时的压力计读数，Pa；

B_1、B_2——试验开始和结束时的大气压力，Pa；

t_1、t_2——试验开始和结束时的管内气体温度，℃。

6）气密性试验合格标准：在气密性试验时间内，$\Delta P_P \leqslant \Delta P$，则气密性试验合格。

4. 设备与设施验收

（1）燃气储罐验收

燃气储罐是指最常见的螺旋升降式气柜、圆筒形钢制焊接储罐、球形储罐和卧式储罐，其验收内容主要包括：

1）螺旋升降式气柜　基础验收、焊接质量检验、水槽注水试验、升降试验、罐体气密性试验等。验收方法、步骤和要求应符合《金属焊接结构湿式气柜施工及验收规范》HGJ-212 的规定。

2）圆筒形钢制焊接储罐　基础验收、焊缝检验、升降试验、罐体气密性试验和基础沉降测量等。验收方法、步骤和要求应符合《圆筒形钢制焊接储罐施工及验收规范》HGJ-210 的规定。

3）球形储罐　基础验收、零部件检查与安装验收、焊接与焊缝检验、热处理、水压强度试验、气密性试验和基础沉降测量等。其验收方法、步骤和要求应符合国家现行标准

《球形储罐施工及验收规范》GB 50094 的规定。

4）卧式储罐　基础验收、储罐安装验收、水压强度试验、气密性试验等。其验收方法、步骤和要求可参照《球形储罐施工及验收规范》GB 50094 的规定。

（2）机泵房设备验收

机泵房设备主要是压缩机和液体泵（如加压机、烃泵，简称机泵）。其验收内容包括：

1）机泵房设备一般检查　包括机泵及附属设备应有的产品说明书和质量合格证书；设备基础及安装位置要求；机泵房燃气工艺流程应符合设计要求，管道系统是否完整，有无错装与漏装；机泵的润滑系统、冷却系统和设备性能是否满足工艺要求等。

2）机泵试运转　包括检查配电设施是否正确、完好，是否符合防爆技术要求；机泵设备各部件连接、调整是否符合要求；机泵设备关键部位、安全防护装置、安全附件是否安装正确且正常完好；人工盘动设备可转动部件无卡涩现象等。

3）机泵设备试车　包括无负荷试车、半负荷试车和满负荷试车，检查是否正常。

（3）调压计量站设备验收

包括站内调压设备及计量设备出厂合格证和设备清洗加油记录、阀门泄漏试验、仪表的调整和标定、强度试验、气密性试验和通气置换等。

（4）消防设施验收

包括站内消防疏散通道、疏散指示标志、禁火标志、防火间距、防火墙、消防水池、消防水泵房，消防给水装置和固定灭火装置、通风及排烟装置、火灾自动报警装置、自动喷淋装置和移动式灭火器材等。检查验收应符合设计图纸和《建筑设计防火规范》GB 50016 的规定。

（5）配电设备验收

包括站内配送电设备与电气元器件产品合格证书、配电房设备安装、防爆电气设备与线路安装、防雷装置、接地和接零装置、防静电系统、室内外照明、应急照明和备用电源发电机组安装等。检查验收应符合设计图纸和《电气装置安装工程施工验收规范》GBJ 232 的规定。

（6）监测监视设备验收

包括自动报警装置、工艺系统运行参数传输装置、监视器、中控室设备的安装和调试等。检查验收应符合设计图纸和相关技术规范的规定。

5. 土建工程验收

包括站内的建筑物、构筑物如车间厂房、办公楼、门卫室、道路、场地（包括不发火花地面）、围墙、排水排洪沟；站外护坡及消防隔离带等。检查验收应符合设计图纸和《建筑工程施工质量验收统一标准》GB 50300 和其他相关技术规范的规定。

二、投运

（一）投运前的准备工作

门站、储配站建成验收合格后，在确定已具备投运的前提条件下，首先必须制定投运方案。投运方案主要包括以下内容：

1. 成立投运组织机构，做好人员安排和培训，并有分工负责，落实指挥和操作具体事项。

2. 做好物料、器材、工具等物资准备。

3. 制定应急措施，防止投运时意外事故的发生。

4. 确定投运系统范围，并作出系统图。

5. 制定置换方案，确定置换顺序，安排放散位置，分段进行置换。

6. 置换完毕后，系统处于带气状态，再按工艺设计要求实施装置开车。

（二）置换

门站、储配站在建成投运时，应先进行系统置换。置换是燃气工艺装置、设备投入运行的第一步。其目的是将空气从系统中排除，并充入燃气或惰性气体，使之达到运行状况。在置换过程中，由于燃气与空气混合有可能发生事故，所以置换是一项比较危险的工作。因此在置换前应制定完整的置换方案，做好充分准备，全部过程应有组织、有步骤地进行。

门站、储配站的置换顺序原则上应先置换储罐，再置换工艺管道系统，最后安排机泵等燃气设备的置换。

储罐置换通常采用水—气置换法。以等容积液化石油气储罐置换为例：在罐区数个储罐中选定其中一个（或第一组）储罐（假定1号罐），将其灌满清洁水，然后封闭储罐。将置换气源与储罐气相管连接，打开罐底部的气相阀和液相阀，同时打开第二个（或第二组）待置换储罐（假定2号罐）的罐底部入口液相阀和罐顶上的排气阀，这时打开置换气源（气相）进入1号罐，并依靠气相燃气压力和水的自身压力将水压入2号罐内，当发现2号罐顶溢出水时，说明1号罐已充满燃气气体，此时应立即关闭1号罐的气、液相阀门，即1号罐置换完毕。最后一个储罐在置换时，水要从排污阀口排放，直至排放见到燃气气体，即置换完毕。照此方法，继续置换其他储罐，直至置换完罐区全部储罐。储罐罐内充入燃气气体后，方可输入液相燃气。采用水一气置换时，应注意每一个被置换储罐必须保证完全充满水，不得留有无水空间。

燃气管道系统的置换方法将在第七章介绍。

第四节　站区运行安全管理

站区工艺装置运行涉及到燃气管道系统、储存装置、压送装置、调压计量装置等多个方面，它是一个输配储存物料的工艺系统。如果在运行过程中，系统中某一环节发生损坏或泄漏事故，整个站场都将受到影响，甚至会造成灾害。因此，站区运行管理是安全管理的重中之重。

一、工艺管道运行安全管理

燃气输送管道是按工艺设计要求布置于站区的，它将输、储设备联系成一个输转物料的整体。站区燃气管线有地上敷设和埋地敷设两种方式。地上敷设的管线日常检查比较方便，容易及时发现问题和进行检修，但管线来往穿插，妨碍交通，也使消防扑救造成困难。埋地敷设的管线易受土壤腐蚀，不易及时发现泄漏。

站区工艺管道通常有焊接和法兰连接两种方式。焊接连接不易泄漏，但是管线检修时不能拆卸移动，动火焊接会增加施工难度和危险性；法兰连接拆卸方便，可以将需要动火检修的管线移至安全地带进行施工，但是平时法兰容易泄漏。

站区工艺管道运行安全管理要点是：

（一）工艺指标的控制

1. 流量、压力和温度的控制

液位、流量、压力和温度是燃气管道使用中几个主要的工艺控制指标。使用压力和使用温度是管道设计、选材、制造和安装的依据。只有严格按照燃气管道安全操作规程规定的操作的压力和操作温度运行，才能保证管道的使用安全。

2. 交变载荷的控制

城镇燃气由于用气量的不断变化，使输配管网中常常出现压力波动，引起管道产生交变应力，造成管材的疲劳、破坏。因此运行中应尽量避免不必要的频繁加压和卸压以及过大的温度波动，力求均衡运行。

3. 腐蚀性介质含量控制

在用燃气管道对腐蚀性介质含量及工况有严格的工艺控制指标。腐蚀介质含量的超标，必然对管道产生危害，使用单位应加强日常监控，防止产生腐蚀介质超标。

（二）正确操作

要求操作人员熟悉站区工艺管道的技术特性、系统结构、工艺流程、工艺指标、可能发生的事故及应采取的安全技术措施。在运行过程中，操作人员应严格控制工艺指标，正确操作，严禁超压超温运行；加载和卸载的速度不要过快；高温或低温（−20℃以下）条件下工作的管道，加热或冷却应缓慢进行；管道运行时应尽量避免压力和温度的大幅度波动；尽量减少管道的开停次数。

（三）巡回检查

操作人员要按照岗位责任制的要求定期按巡回检查线路完成各个部位和项目的检查，并做好巡回检查记录。对检查中发现的异常情况应及时汇报和处理。巡回检查的项目主要是：

1. 各项工艺操作指标参数、运行情况、系统的平稳情况；

2. 管道连接部位、阀门及管件的密封无泄漏情况；

3. 防腐、保温层完好情况；

4. 管道振动情况和管道支吊架的紧固、腐蚀和支承情况；

5. 阀门等操作机构润滑情况；

6. 安全阀、压力表等安全保护装置运行状况；

7. 静电跨接、静电接地及其他保护装置的运行与完好状况；

8. 其他缺陷等。

（四）维护保养

1. 经常检查燃气管道的防腐措施，避免管道表面不必要的碰撞，保持管道表面完整，减少各种电离、化学腐蚀。

2. 阀门的操作机构要经常除锈上油并定期进行活动，保证开关灵活。

3. 安全阀、压力表要经常擦拭，确保其灵活、准确，并按时进行检查和校验。

4. 燃气管道因外界因素产生较大振动时，应采取隔断振源，发现摩擦应及时采取措施。

5. 静电跨接、接地装置要保持良好完整，及时消除缺陷，防止故障发生。

6. 及时消除跑、冒、滴、漏。

7. 禁止将管道及支架作电焊的零线和起重工具的锚点、撬抬重物的支点。

8. 对管道底部和弯曲处等薄弱环节，要经常检查腐蚀、磨损等情况，发现问题，及时处理。

9. 定期检查紧固螺栓完好状况，做到齐全、不锈蚀，丝扣完整，连接可靠。

10. 对高温管道，在开工升温过程中需对管道法兰连接螺栓进行热紧；对低温管道，在降温过程中需进行冷紧。

11. 对停用的燃气管道应及时排除管内的燃气，并进行置换，必要时作惰性气体保护。

二、罐区安全管理

罐区的运行范围主要包括接收、储存、倒罐等作业。罐区运行管理和操作由罐区运行班负责，必须严格执行压力容器工艺操作规程和岗位操作规程。罐区安全管理必须做到实时、准确，且记录齐全。

（一）储罐安全管理

储罐（压力容器）安全管理包括投用前准备、运行控制、使用管理及安全注意事项等。储罐作为燃气设备，将在第五章压力容器安全管理章节中作详细介绍。

（二）防护堤的安全管理

1. 防护堤要用非燃烧材料建造，一般使用砖石砌堤体或钢筋混凝土预制板围堤等。

2. 防护堤的高度及罐壁至防护堤坡脚距离应符合规范规定的要求。

3. 防护堤的人行踏步不应少于两处。

4. 严禁在防护堤上开洞，各种穿过防护堤的管道都要设置套管或预留孔，并进行封堵。

（三）罐区安全巡查

罐区安全巡查主要是针对储罐、工艺管道及安全设施，其主要内容有：

1. 工艺条件方面的检查　主要是检查操作压力、操作温度、液位、流量等是否在安全操作规程的范围内。

2. 设备状况方面的检查　主要是检查储罐、工艺管道各连接部分有无泄漏、渗漏现象；设备、设施外表面有无腐蚀，防腐层和保温层是否完好；重要阀门的“启”、“闭”与挂牌是否一致，连锁装置是否完好无损；支承、支座、紧固螺栓是否完好，基础有无下沉、倾斜；设备及连接管道有无异常振动、磨损等现象。

3. 安全附件方面的检查　主要是检查安全附件（如压力表、温度计、安全阀、流量计等）是否在规定的检验周期内，是否保持良好状态。如压力表的取压管有无泄漏或堵塞现象，同一系统上的压力表读数是否一致；安全阀有无冻结或其他不良工作状况；检查安全附件是否达到防冻、防晒和防雨淋的要求等。

4. 其他安全装置的检查　主要是检查防雷与防静电设施、消防设施与器材、消防通道、可燃气体报警装置、安全照明等是否齐全、完好。

三、机泵房的安全管理

机泵房在输送燃气时，不可避免地聚集一定浓度的燃气，因此火灾、爆炸的危险性较大，必须采取严格的安全管理措施。

1. 机泵房的全部建、构筑物应采用耐火材料建造，门窗开在泵房的两端，门向外开(不准使用拉闸门)，窗户的自然采光面积不小于泵房面积的 1/6，室内通风良好。房顶没有闷顶夹层，房基不与机泵基础连在一起。

2. 机泵房内的照明灯具、电机及一切线路和开关等设施均必须符合设计规定和防爆要求。

3. 机泵房内禁止安装临时性、不符合工艺要求的设备和敷设临时管道。

4. 机泵房耐火等级不宜低于二级。地面宜采用不燃、不渗油、打击不产生火花的材料。机泵房应考虑泄压面。

5. 机泵房必须配备固定灭火设施和便携式灭火器材。

6. 对机泵房内的设备要定期巡查，设备运行记录必须做到实时、齐全和有效。

四、调压站的安全管理

(一) 调压站运行安全管理

1. 启动准备

调压站验收合格后，将燃气通到调压站外总进口阀门处，然后再进行调压站的通气置换工作。

每组调压器前后的阀门处应加上盲板，然后打开旁通管、安全装置及放散管上的阀门，关闭系统上的其他阀门及仪表连接阀门。将调压站进口前的燃气压力控制在等于或略高于调压器给定的出口压力值，然后缓慢打开室外总进口阀门，将燃气通入室内管道系统。利用燃气压力将系统内的空气赶入旁通管，经放散管排入大气中，待取样分析合格(可点火试验)后，再分组拆除调压器前后的盲板，打开调压器前的阀门，使燃气通过调压器。调压器组内的空气仍由放散管排出室外。此时调压站的全部通气置换工作即完成，最后关闭室内所有阀门。应注意每组调压器通气置换经取样分析合格后，方可进行下一组通气置换工作。

2. 启动

将调压站进口燃气压力逐渐恢复到正常供气压力，然后按下列步骤启动调压器：

首先缓慢打开一组调压器的进口阀门，这时，如果没有给调压器指挥器弹簧加压，出口压力将等于零值。如果是直接作用式调压器，由于压盘、弹簧的自重及进口压力对阀门的影响，出口压力会升到某一数值，待薄膜下燃气压力与膜上压盘、弹簧的自重相平衡，出口压力就不再升高了；再慢慢给调压器或指挥器的弹簧加压，使调压器出口压力值略高于给定值；然后慢慢打开调压器出口阀门，根据管网的负荷及要求的压力对弹簧进行调整，注意观察出口压力的稳定情况。当该调压站达到满负荷时，调压器的出口压力应能保持在正常范围内。

最后进行关闭压力试验。在调压器满负荷时，能保证出口压力稳定的情况下，逐渐关闭调压器出口阀门，观察出口压力的变化，最后将出口阀门全部关闭，并要求出口压力不超过规定值。一般调压器正常出口压力为 0.001MPa 时，关闭压力宜小于或等于 0.00145MPa。

（二）调压站的维护与安全管理

1. 调压器除在运行失灵时需要修理外，应建立定期检修制度。调压站要检修的主要设备是调压器，其内容有：

(1) 拆卸清洗调压器、指挥器、排气阀的内腔及阀口，擦洗阀杆和研磨已磨损的阀门；

(2) 更换失去弹性或漏气的薄膜、阀垫及密封垫；

(3) 更换已疲劳失效的弹簧和变形的传动零件；

(4) 吹洗指挥器的信号管，疏通通气孔；

(5) 加润滑油使之动作灵活。

检修完并组装好的调压器应按规定的关闭压力值进行调试，以保证调压器自动关闭严密。投用后调压器出口压力波动范围不应超过±8%为检修合格。

除检修调压器外，还应对过滤器、阀门、安全装置及计量仪表进行清洗加油；更换损坏的阀垫；检查各法兰、丝扣接头有无漏气，并及时修理漏气点；检查及补充水封的油质和油位；最后进行设备及管道的除锈刷漆。

定期检修时，必须由两名以上熟练的操作工人，严格遵守安全操作规程，按预先制定且经上级批准的检修方案执行。

调压站的其他附属设备也应安排维修检查，检修时应保证室内空气中燃气浓度低于爆炸极限，防止意外事故发生。

2. 室内调压站的建筑物应采用耐火材料建造，地面宜采用不燃、不渗油、打击不产生火花的材料，建筑物及安全设施必须齐全、完好。

五、灌瓶间的安全管理

1. 灌瓶间的全部建、构筑物应采用耐火材料建造，耐火等级应为一级。地面应采用不燃、不渗油、打击不产生火花的材料。

2. 灌瓶间内的照明灯具、电机及一切线路和开关等设施均必须符合设计规定和防爆要求。

3. 灌瓶间内的设备必须要有可靠的接地和防静电措施。

4. 灌瓶间内禁止安装临时性、不符合工艺要求的设备和敷设临时管道。

5. 灌瓶间内必须配备固定灭火设施和便携式灭火器材。

6. 灌瓶间必须按规定要求划分空瓶区、实瓶区、检验区以及倒残区。

7. 灌瓶间必须留出消防安全通道，并禁止气瓶占用通道。

六、站区场坪安全管理

站区的场坪结构和要求的基本出发点是以防火为前提的，因此必须做到以下几点：

1. 站区场坪应平整、完好，无凹坑积水现象，且应按规定划分作业功能区；

2. 场坪要以≥0.003 的坡度坡向排水井，其中罐区防护堤内的排水井必须采取水封隔油措施，以防止燃气及油污进入排水暗沟而发生意外；

3. 罐区防护堤内不得进行绿化或种植花草，外围不宜种植茂密的树木或其他植物；站区其他可种植花草的地方应打理整齐、美观，防止杂草丛生，干枯的花草枝蔓要及时清理干净；

4. 装卸台（柱）、灌装间的汽车停靠和回转场坪仅供罐车和运瓶车作业时使用，禁止长期停放车辆或堆放其他物品；

5. 通过场坪的埋地管线（包括电力电缆）要作永久性标识，并应加强日常安全巡查，保持标识桩（带）清晰，禁止埋地管线上方堆放重物或重车碾压，防止覆盖层凹陷受损，以免伤及地下管线。

第五节　辅助生产区安全管理

辅助生产区主要是指站场内的供配电房、锅炉房以及消防泵房等。其中消防泵房的安全管理将在第十章燃气火灾与消防中重点介绍，在此不作叙述。本节辅助生产区安全管理仅介绍供配电房和锅炉房，其安全管理主要以设备、建筑物完好为重点。

一、供配电房的安全管理

（一）保持电气设备正常运行

电气设备运行中产生的火花和危险温度是引起火灾的主要原因之一。因此保持供配电设备的正常运行对于防火防爆具有重要的意义。保持电气设备正常运行包括供配电设备的电压、电流、温升等参数不超过允许值，即在额定值允许范围内运行；其中还包括保持电气设备足够的绝缘能力和电气连接良好等。

1. 备用电源发电机组应保持完好，且应定期启动运行。

2. 电气设备线路的电压、电流不得超过额定值，导线的载流量应在规定范围内。

3. 电气设备、线路应定期进行绝缘试验，必须保持绝缘良好。

4. 防爆设备的最高表面温度应符合防爆电气设备极限温度和温升的规定值。

5. 定期清扫，经常保持电气设备整洁，防止设备表面污脏，绝缘下降。

6. 做好导线可靠连接措施以及电气设备的接地、接零、防雷、防静电措施。

7. 执行安全操作规程，不发生误操作事故，包括更换灯管、电气测试等，都必须在断电后进行。

（二）供配电房的安全检查

供配电房安全检查主要包括以下内容：

1. 检查供配电设备是否完好、是否正常运行，并做好现场记录；

2. 检查供配电房建筑物设施是否完好、建筑结构是否有漏水现象；

3. 检查供配电房防鼠、防火、防洪、防雷击等措施是否落实到位；

4. 检查供配电设备指示牌、操作牌悬挂是否正确，各种标识是否齐全、清晰；

5. 检查供配电设备及其计量仪表以及绝缘工器具、绝缘保护用品是否在规定的检验周期内；

6. 检查供配电房内的环境卫生和设备卫生状况。

二、锅炉房的安全管理

(一) 保持锅炉设备正常运行

保持锅炉设备正常运行是锅炉房安全管理重要内容。

1. 工艺条件方面的检查　主要是检查锅炉设备的操作压力、温度、水位等是否在安全操作规程的规定范围内。

2. 设备状况方面的检查　主要是检查锅炉设备及连接管道有无异常振动、磨损等现象。

3. 安全附件方面的检查　主要是检查锅炉设备上的安全附件（如压力表、温度计、安全阀等）是否在规定的检验周期内，是否保持良好状态。

(二) 锅炉房的安全检查

锅炉房安全检查主要包括以下内容：

1. 检查锅炉设备是否完好、运行是否正常，工艺参数是否在限额范围以内，现场记录是否齐全、有效；

2. 检查锅炉配套设施（包括管线、调压装置、水软化装置、汽水分离装置等）是否完好并符合安全技术要求；

3. 检查锅炉水位计的实际水位是否处在正常范围，检查安全附件是否齐全且在定期校验有效期限以内；

4. 检查锅炉房的照明、配电线路和设备是否完好，运行是否正常；

5. 检查锅炉设备指示牌、操作牌悬挂是否正确；

6. 检查固定灭火设施、灭火器材是否齐全、完好；

7. 检查锅炉房建筑结构、防雷与防静电设施是否完好；

8. 检查锅炉房的环境卫生和设备卫生状况等。

第五章　燃气设备安全管理

第一节　压力容器安全管理

一、概述

容器（或称储罐）器壁内外部存在着一定压力差的所有密闭容器，均可称为压力容器。压力容器器壁内外部所存在的压力差称作压力荷载，由于容器器壁承受压力荷载，所以压力容器也称作受压容器。压力容器所承受的这种压力荷载等于人为地将能量进行提升、积蓄，使容器具备了能量随时释放的可能性和危险性，也就是会泄漏和爆炸。这种可能性和危险性与容器的介质、容积、所承受的压力荷载以及结构、用途等有关。因此，加强压力容器的安全技术管理是实现燃气生产安全的重要环节。

容器是燃气生产的主要设备之一，常用储存燃气的容器（气瓶、小于等于 $5m^3$ 的低温绝热储罐除外）多数属于压力容器。所以在讨论盛装燃气的容器时，仅讨论储存燃气的压力容器，而气瓶的安全管理将在第六章进行讨论，本章不作介绍。

（一）容器的分类

储存燃气的容器种类繁多，根据不同的要求，可以有许多分类的方法。如：

1. 按几何形状分

(1) 球形储罐

(2) 圆筒形储罐

(3) 其他特殊形状储罐

2. 按工作温度分

(1) 常温容器

(2) 低温容器

3. 按压力等级分

(1) 低压容器（代号 L）$0.1MPa \leqslant P < 1.6MPa$

(2) 中压容器（代号 M）$1.6MPa \leqslant P < 10MPa$

(3) 高压容器（代号 H）$10MPa \leqslant P < 100MPa$

(4) 超高压容器（代号 U）$P \geqslant 100MPa$

4. 按安装形式分

(1) 立式容器

(2) 卧式容器

5. 按使用特点分

(1) 固定式容器

(2) 移动式容器（包括罐车和气瓶）

6. 按安全重要程度分

压力容器按安全重要程度可分为以下三个类别：

第一类容器（代号为Ⅰ）

第二类容器（代号为Ⅱ）

第三类容器（代号为Ⅲ）

（二）压力容器的代号标记

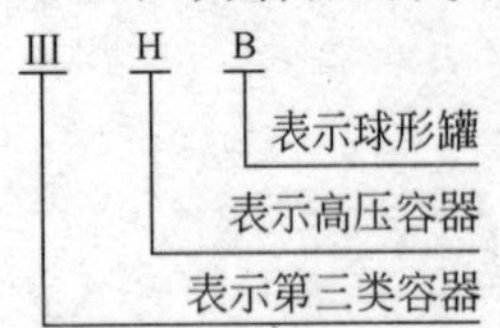

压力容器的注册编号的前三个代号分别是：第一个代号表示容器类别；第二个代号表示容器的压力等级；第三个代号表示容器的用途（C表示储存容器、B表示球形罐、LA表示液化气体汽车罐车、LT表示液化气体铁路罐车）。

（三）压力容器的定义

压力容器，是指盛装气体或者液体，承载一定压力的密闭设备，其范围规定为最高工作压力大于或者等于0.1 MPa（表压），且压力与容积的乘积大于或者等于2.5 MPa·L的气体、液化气体和最高工作温度高于或者等于标准沸点的液体的固定式容器和移动式容器；盛装公称工作压力大于或者等于0.2 MPa（表压），且压力与容积的乘积大于或者等于1.0 MPa·L的气体、液化气体和标准沸点等于或者低于60℃液体的气瓶；氧舱等。

二、容器的安全监察

（一）安全监察的重要性

压力容器是一种比较容易发生安全事故，而且事故造成的危害又格外严重的特种设备。特别是储存燃气的压力容器，由于储存的是易燃易爆介质，工作压力高，一旦发生意外，可能会带来灾难性的后果，严重地威胁社会稳定和人民的生命财产安全。

1. 事故率

机械设备或装置发生事故的多少，常用设备的事故率来衡量。它是所要调查统计的某一类设备在一定的时间内所发生事故的次数与设备运行台数（按设备的台数与运行年数乘积进行积累）的比值，以“次/台年”表示。

根据统计，我国2006年特种设备事故率为0.83次/万台年，事故死亡334人，受伤349人，全年共发生特种设备严重以上事故299起，特种设备事故一直在高位徘徊，比工业化国家高出5倍至6倍。因此，我国的特种设备（包括压力容器）运行安全管理形势不容乐观。

2. 事故造成的危害

压力容器发生事故不仅是设备本身遭到毁坏，而且会波及周围的设备及建筑物，甚至酿成灾难性事故。

压力容器内储存的介质一般都是较高压力的气体或液化气体。容器爆破时，这些介质瞬间卸压膨胀，释放出很大的能量，这些能量能产生强烈的空气冲击波，使周围的厂房、设备等遭到严重地破坏。容器爆破以后，容器内的介质外泄，还会引起一系列的恶性连锁反应，使事故的危害进一步扩大。

此外，间接事故所造成的危害也不容忽视。如容器腐蚀穿孔或密封元件等发生的泄漏，会导致人员的中毒伤亡和环境污染。燃气泄漏会造成间接爆炸。

3. 使用条件与管理

从使用技术条件方面来说，压力容器的使用技术条件比较苛刻。压力容器要承受较高的压力载荷，工况环境也比较恶劣；在操作失误或发生异常的情况时，容器内的压力会迅速上升，往往在未被发现情况下，容器即已破裂；容器内部常常隐藏有严重的缺陷（如裂纹、气孔、局部应力等），这些缺陷若在运行中不断扩大，或在适当的条件（如使用温度、压力等）下都会使容器突然破裂。

在使用管理上，如购买无压力容器制造资质厂家生产的设备作为承压设备，并避开报装、使用注册登记和检验等安全监察管理，非法使用，将留下无穷的后患；无安全操作规程，无持证上岗人员和相关管理人员，未建立技术档案，无定期检验管理，使压力容器和安全附件处于盲目使用和盲目管理的失控状态；擅自改变使用条件，擅自修理改造，甚至带“病”操作，违章超负荷超压生产或安全监察部门管理不到位等，都可能造成严重的后果。

（二）安全监察依据

1. 法律法规

《中华人民共和国安全生产法》中华人民共和国主席令第 70 号

《国务院关于特大安全事故行政责任追究的规定》中华人民共和国国务院令第 302 号

《特种设备安全监察条例》中华人民共和国国务院令第 373 号

《国务院对确需保留的行政审批项目设定行政许可的决定》中华人民共和国国务院令第 412 号

2. 行政规章

《城市燃气安全管理规定》建设部、劳动部、公安部第 10 号令

《锅炉压力容器压力管道特种设备事故处理规定》质检总局令第 2 号

《液化气体汽车罐车安全监察规程》劳动部劳发 262 号

《气瓶安全监察规定》质检总局令第 46 号

3. 规范性文件

《压力容器压力管道设计单位资格许可与管理规则》国质检锅［2002］235 号

《压力容器定期检验规则》

《压力容器安全技术监察规程》国质检锅［1999］154 号

《气瓶安全监察规程》国质检锅［2000］250 号

（三）监察实施办法

压力容器的安全监察过程分设计、制造、安装、使用、检验、维修改造等环节。2002 年 11 月 1 日施行的《中华人民共和国安全生产法》，对压力容器等特种设备的使用作了强制性规定。其中第三十条规定，生产经营单位使用涉及生命安全、危险性较大的特种设备，以及危险品的容器运输工具必须按照国家有关规定，由专业生产单位生产，并经取得专业资质的检测、检验机构检测、检验合格，取得安全使用证或者安全标志，方可投入使

用。因此，压力容器从选购、安装、使用、维修改造都必须按相关的法规进行。

使用单位必须向有制造许可证的制造单位选购压力容器，并满足安全性、适用性和经济性。订购前须要求制造单位出示有省级以上质量技术监督部门签发盖印的《压力容器制造许可证》或要求提供复印件。压力容器出厂时，制造单位应向用户至少提供如下技术文件和资料：

1. 竣工图样。竣工图样上应有设计单位资格印章（复印章无效）。若制造中发生了材料代用，无损检测方法改变、加工尺寸变更等，制造单位应按照设计修改通知单的要求在竣工图样上直接标注。标注处应有修改人和审核人的签字及修改日期。竣工图样上应加盖竣工图章，竣工图章上应有制造单位名称、制造许可证编号和“竣工图”字样。

2. 产品质量证明书及产品铭牌的拓印件。

3. 压力容器产品安全质量监督检验证书。

4. 移动式压力容器还应提供产品说明书（含安全附件使用说明书）、随车工具及安全附件清单、底盘使用说明书等。

5.《压力容器安全技术监察规程》第33条要求提供的强度计算书等资料。

6. 产品合格证。

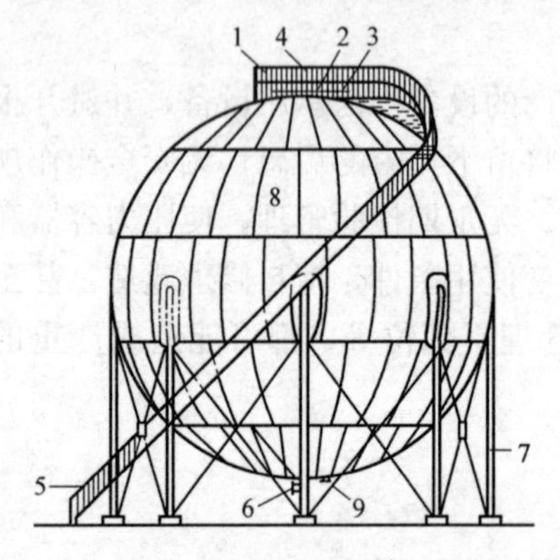

图5-1　球形储气柜

1—人孔；2—液体或气体进口；3—压力计；4—安全阀；5—梯子；6—液体或气出口；7—支柱；8—球体；9—排冷凝水出口

三、容器的规格与技术参数

（一）球形储罐的规格与技术参数

球形储罐是由储罐本体、接管、人孔、支柱、梯子及走廊平台等组成，如图5-1所示。我国目前常用球形储罐的基本参数见表5-1。

常用球形储罐的基本参数　　表5-1

序号	公称容积(m^3)	几何容积(m^3)	外径(mm)	工作压力(MPa)	材料	单重(t)
1	1000	974	12396	2.2	16MnR	195
2	1500	1499	14296	1.85	16MnR	255
3	2000	2026	15796	1.65	16MnR	310
				2	15MnVNR	330
4	3000	3054	18096	1.5	16MnR	405
			18100	1.7	15MnVNR	435
5	4000	4003	19776	1.35	15MnVNR	390
6	5000	4989	21276	1.29	15MnVNR	475
7	6000	6044	22676	1.2	15MnVNR	540
8	8000	7989	24876	1.08	15MnVNR	635
9	10000	10079	26876	1.01	15MnVNR	765

球形储罐在相同的储气容积下，球形储罐的表面积小，与圆筒形储罐比较节省钢材30%左右。但球形储罐的制作及安装都比圆筒形储罐复杂，一般采用较大容积的球形储罐

时，经济上才是适宜的。

（二）固定式圆筒形储罐的规格与技术参数

圆筒形储罐是由钢板制成圆筒体，两端为碟形或半球形封头构成的容器。按安装方式分为立式和卧式两种。用于储存燃气的圆筒形储罐通常都采用卧式。圆筒形储罐制作比较方便，但钢材耗量比球形罐要大，一般用于小规模的高压储气。卧式圆筒形储罐结构如图5-2所示。常用卧式圆筒形储罐的规格参数见表5-2。

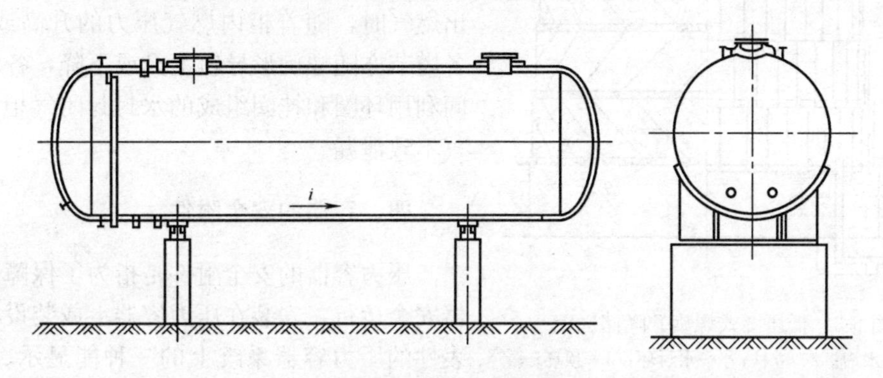

图5-2 卧式圆筒形储罐

常用卧式圆筒形储罐的规格参数　　表5-2

公称容积（m^3）	内径（mm）	壁厚（mm）		总长（mm）	设计压力（MPa）	材料	设备重量（kg）
		筒体	封头				
2	1000	8	8	2736	1.8	16MnR	948
5	1200	10	10	4700			1860
10	1600	12	12	5264			3184
20	2000	14	14	6908			5690
30	2200	14	16	8306			7135
50	2600	16	18	9816			12228
100	3000	18	20	13044			22865
120	3200	20	22	14840			24165
150	3400	20	22	17144			36725
200	3600	20	22	20444			45430
250	3600	20	22	25244			55050
300	4000	22	24	24596			66300

卧式圆筒形储罐一般由压力容器制造厂整体制作，加工制造和安装比较方便。

（三）移动式圆筒形储罐的规格与技术参数

移动式圆筒形储罐与固定式圆筒形储罐的罐体结构是相同的。但罐体底座和安全附件的结构和安装方式各有不同。常用移动式圆筒形储罐（如汽车罐车）的规格和参数在第三章已作介绍，在此不再重复。

（四）低压储气柜

低压储气柜规格是以公称容积表示的。常见的螺旋升降储气柜容积系列为5000～

300000m³，不同的规格具有不同的塔节数，水槽和塔节的高度及直径也各不相同。螺旋升降储气柜由水槽、钟罩（塔节）、顶架、顶板、水封环、立柱、螺旋导轨、扶梯等组成，其结构如图 5-3 所示。

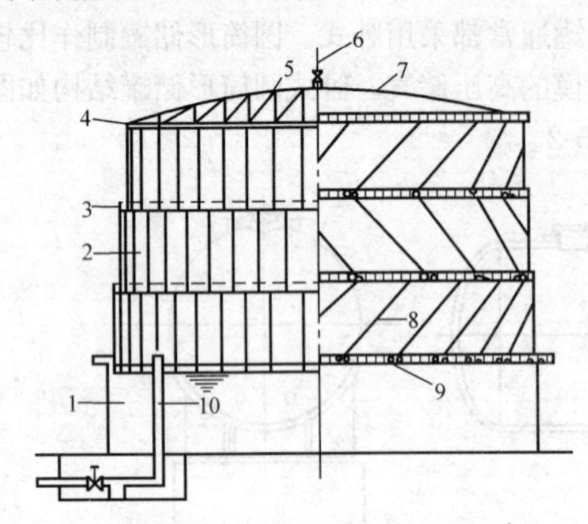

图 5-3　低压湿式螺旋升降储气柜

1—水槽；2—立柱；3—水封环；4—顶环；5—顶架；6—放散阀；7—顶板；8—导轨；9—导轮；10—进出气管

螺旋升降储气柜的水槽导轮和钟罩导轮安装在水槽和钟罩的环形顶部平台上，紧贴钟罩外壁的螺旋式导轨夹在导轮之间，当输入或输出燃气时，随着柜内燃气压力的升高或降低，各塔节亦随螺旋形导轨上升或下降，各塔节之间利用环圈和挂圈组成的水封封闭气柜，使燃气不致泄漏。

四、容器的安全附件

压力容器的安全附件是指为了保障压力容器安全运行，安装在压力容器上或装设在有代表性的压力容器系统上的一种能显示、报警、自动调节或自动消除压力容器运行过程中可能出现不安全因素的所有附属装置。

常用的安全附件有安全阀、紧急切断装置、爆破片、液位计、压力表、温度计等。

（一）安全附件的分类与设置要求

1. 分类

根据安全附件的作用，按其使用性能或用途可将压力容器的安全附件分为四大类。

（1）连锁装置　指能依照设定的工艺参数自动调节，保证该工艺参数稳定在一定的范围内的控制机构。连锁装置能起到防止人为操作失误的作用。连锁装置包括紧急切断阀、减压阀、调节器、温控器、自动液面计等。

（2）报警装置　指压力容器在运行过程中出现的温度、压力、液位、反应物或反应物配比等出现异常时能自动发出声响或其他明显报警信号的仪器。如压力报警器、温度监控报警器、液位报警器、气体浓度报警器等。

（3）计量显示报警　指用以显示容器运行时内部介质的实际状况的装置。如压力表、温度计、液面计、自动分析仪等。

（4）安全泄压装置　指当容器或系统内介质压力超过额定压力时，能自动地泄放部分或全部气体，以防止压力持续升高而威胁到容器的正常使用的自动装置。如安全阀、爆破片等。

在压力容器的安全装置中，安全泄压装置是最常用而且也是最关键的防止容器终极事故的装置，是容器安全装置中的最后一道防线。

2. 设置要求

为使安全附件能真正发挥确保压力容器安全运行的作用，必须对安全附件的设置提出一定的要求。

（1）设置原则

1）凡《压力容器安全技术监察规程》适用范围内的压力容器，均应装设安全泄压装置（安全阀或爆破片装置）。用于储存燃气的压力容器（通用性气瓶除外）必须单独装设安全泄压装置。

2）压力容器安全阀不能可靠工作时，应装设爆破片装置，或采用爆破片装置与安全阀装置组合结构。采用组合结构应符合 GB 150 附录 B 的有关规定。凡串联在组合结构中的爆破片在动作时不允许产生碎片。

3）压力容器最高工作压力低于压力源压力时，在通向压力容器进口管道上必须装设减压阀。

4）压力容器上应装设能反映压力容器承压部位真实压力的压力表。

5）对有气液介质，特别是液体介质占有较大空间或液体介质的标准沸点低于工作温度的压力容器，在装设安全附件时必须包括液位计。

6）压力容器所装设的安全附件如安全阀、压力表等必须按国家有关规程、规定和要求进行校验（包括安装前校验和使用期间的定期校验）和维护。

7）安全附件的装设位置应便于观察和维修。

（2）选用要求

1）压力容器的安全附件的设计、制造应符合《压力容器安全技术监察规程》和相应国家标准或行业标准的规定。使用单位必须选用有制造许可证单位生产的产品。

2）储存燃气介质的压力容器，应在安全阀或爆破片的排出口装设导管，将排放介质引至安全地点，并进行妥善处理。

3）安全阀、爆破片的排放能力不得小于压力容器的安全泄放量。

4）如果压力容器在设计时采用最大允许工作压力作为安全阀、爆破片的调整依据，则应在设计图样上和压力容器铭牌上注明。

5）压力容器的安全阀、压力表、液位计等应根据介质的最高工作压力和温度等参数正确地选用。

（二）安全阀

安全阀是一种超压防护装置，它是压力容器应用最为普遍的、重要的安全附件之一。

安全阀按其结构主要分为杠杆重锤式、弹簧式和脉冲式。由于压力容器上普遍采用弹簧式安全阀，所以本节仅介绍弹簧式安全阀的结构形式和工作原理。

（1）分类

1）按气体排放方式分类　可分为全封闭式、半封闭式和开放式三种。储存燃气的压力容器多采用开放式安全阀。

2）按启闭件开启程度分类　可分为全启式和微启式两种。储存燃气的压力容器一般采用全启式安全阀。

3）按安装方式分类　可分为外部安装式（带调节圈式）和内置式两种。其中带调节圈式安全阀常用于固定式压力容器；内置式安全阀常用于移动式压力容器（如汽车罐车）。

（2）结构与工作原理

弹簧式安全阀和内置全启式安全阀结构分别见图 5-4 和图 3-12 所示。

弹簧式安全阀由阀体、阀杆、弹簧、阀芯、阀座等部件组成。它是利用弹簧力来平衡阀瓣的压力，并使之密封。当系统中的压力高于额定值时，燃气介质压力克服弹簧力，顶开阀芯，介质溢出。当系统中压力低于额定值时，在弹簧力作用下，阀芯与阀座闭合密封，保证介质不致溢出。弹簧式安全阀的优点是体积小、重量轻、灵敏度高、安装位置不受严格的限制。缺点是作用在阀杆上的力随弹簧的变形而发生变化，同时当温度较高时，必须注意弹簧的隔热及散热问题。弹簧式安全阀的弹簧力一般不超过 2000N，过大过硬的弹簧不利于精确的工况。

(3) 安装要求

为保证压力容器的安全运行，防止事故的发生，安全阀安装时需遵循以下几点要求：

1) 新安全阀安装前，应根据使用工况进行调试校验后才准予安装使用。调试校验应由当地质量技术监督部门认可的安全附件校验站调试校验，并出具校验合格证。

2) 安全阀应垂直安装，并应装设在压力容器液面以上的气相空间部分，或装在与压力容器气相空间相连的管道上。

3) 压力容器与安全阀之间的连接管和管件的通径，其截面积不得小于安全阀的进口截面积，其接管应尽量短而直，以尽量减少阻力，避免使用急弯管、截面局部收缩等增加阻力甚至会引起污物积聚而发生堵塞等的配管结构。

4) 安全阀与压力容器之间若装设截止阀，必须保证全开启状态，并加铅封或锁定、挂牌标识，截止阀的结构和通径不应妨碍安全阀的安全泄放。

5) 安全阀的装设位置应便于日常检查、维护和检修。安装在室外露天的安全阀应有防止气温低于 0℃时阀内水分冻结、影响安全排放的可靠措施。

6) 装设排放导管的安全阀，排放导管的内径不得小于安全阀的公称直径，并有防止导管内积液的措施。燃气储罐如安装两个以上安全阀，不能共用一根排放导管。

(4) 压力调整与校验

1) 开启压力调整　一般情况下，安全阀的开启压力应调整为容器正常工作压力或由检验单位调整到允许使用工作压力的 1.05～1.10 倍，但不得大于容器的设计压力。固定式压力容器上安全阀的开启压力不得超过设计压力的 1.05 倍；移动式压力容器上安全阀的开启压力应为罐体设计压力的 1.01～1.10 倍，回座压力不应低于开启压力的 0.8 倍。

2) 校验　安全阀在安装前以及压力容器在用的安全阀必须进行校验或定期检验。安全阀定期检验应按《压力容器安全技术监察规程》的规定，每年至少应校验一次。并且应该在安全阀安装前的第一次校验时开始建立该安全阀的校验档案。

(5) 维修保养

要使安全阀经常处于良好状态，保持灵敏可靠和密封性能良好，必须加强安全阀的维护和检查。

1) 发现安全阀有泄漏迹象时，应及时修理更换。禁止用增加负荷的方法（如加大弹簧的压缩量）来减除阀的泄漏。

2) 弹簧若因腐蚀导致弹力降低或老化失效、产生永久变形，应更换弹簧。

3) 密封面若有机械损伤或腐蚀，要用研磨或车削后再研磨方法修复或更换。

4) 阀杆弯曲变形或阀芯与阀座支承面偏斜，应重装配或更换阀杆等部件。

5) 阀瓣在导向套中摩擦阻力大，或阀杆、阀芯被卡住要进行清理、调整、修理或更换部件。

6) 要经常保持安全阀清洁，防止阀体弹簧等锈蚀或被油垢脏物侵蚀，防止安全排放管被油垢或其他异物堵塞。装设在室外露天的安全阀还要有防冻措施。

（三）紧急切断装置

在燃气储配工艺系统中，当管道或附件突然破裂发生严重泄漏、阀密封失效致使介质流速过快、环境发生火灾等紧急状况，紧急切断装置的作用是迅速切断燃气通路，防止容器内的介质大量外泄，避免或减小事故影响。紧急切断装置的主要元件是紧急切断阀。

1. 紧急切断阀的分类

1）按结构形式分类　紧急切断阀可分为角式和直通式。其中角式（内置式）紧急切断阀如图 3-13，多用于移动式压力容器（如汽车槽罐）；直通式紧急切断阀多用于固定式压力容器。

2）按操纵方式分类　可分为机械（手动）牵引式、油压操纵式、气动操纵式和电动操纵式四种。储存燃气的容器一般都使用油压操纵式和气动操纵式紧急切断阀。

2. 结构原理

紧急切断装置包括紧急切断阀、油（气）管道控制系统。当发生紧急情况时，能远距离控制紧急切断阀的启闭。油压操纵式紧急切断阀开启时，是利用手摇油泵将油压入油缸，推动活塞和活塞杆克服弹簧作用力使启闭件处于开启状态；闭合时，只要将油路中的压力油泄压，弹簧力将推动活塞杆，使启闭件自动闭合处于密封状态。气压操纵式紧急切断阀与油压操纵式紧急切断阀结构原理是相同的，只是气源不同而已。直通式紧急切断阀结构原理如图 5-5 所示。

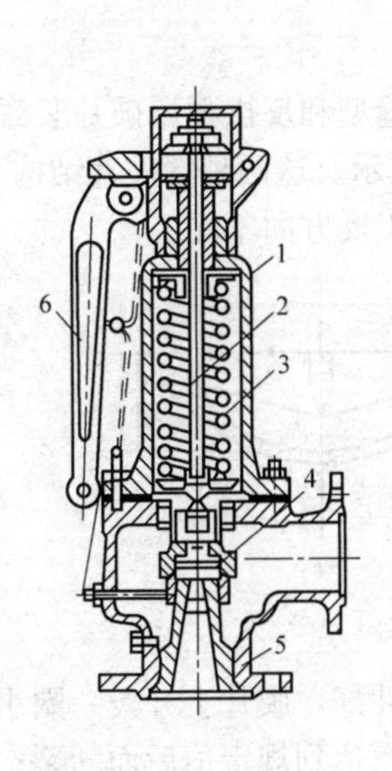

图 5-4　弹簧式安全阀

1—阀体；2—阀杆；3—弹簧；4—阀芯；5—阀座；6—扳手

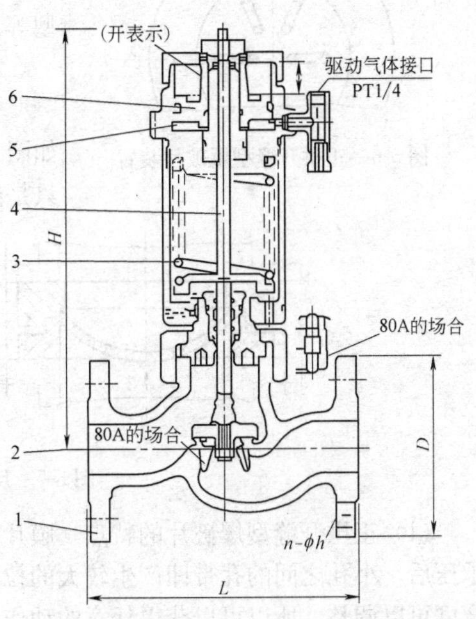

图 5-5　直通式紧急切断阀结构原理图

1—阀体；2—密封件；3—弹簧；4—杆；5—气（油）缸腔；6—活塞

3. 操作要求

1）油压式或气压式紧急切断阀应保证在工作压力下全开，并持续放置 48 小时不致引起自然闭止。

2）紧急切断阀自始闭起，应在 10 秒钟内闭止。

3）紧急切断阀制成后必须经耐压试验和气密试验合格。

4）受液化气体直接作用的部件，其耐压试验压力应不低于容器设计压力的1.5倍，保压时间应不少于10分钟；耐压试验前、后，分别以0.1MPa和容器设计压力进行气密性试验。

5）受油压或气压直接作用的部件，其耐压试验压力应不低于工作介质最高工作压力的1.5倍，保压时间应不少于10分钟。

6）紧急切断阀在出厂前应根据有关规定和标准的要求进行振动试验和反复操作试验合格。

（四）爆破片

压力容器的爆破片是与安全阀一样的安全泄压装置，且动作准确可靠。爆破片又称防爆片、防爆膜，它是爆破片装置承受压力的元件。爆破片装置由爆破片本身和相应的夹持器组成。爆破片是一种断裂型的安全泄压装置，只能一次性使用，且泄压时不可调控，生产必须由此而中断。因此，只适用于安全阀不宜使用的场合。

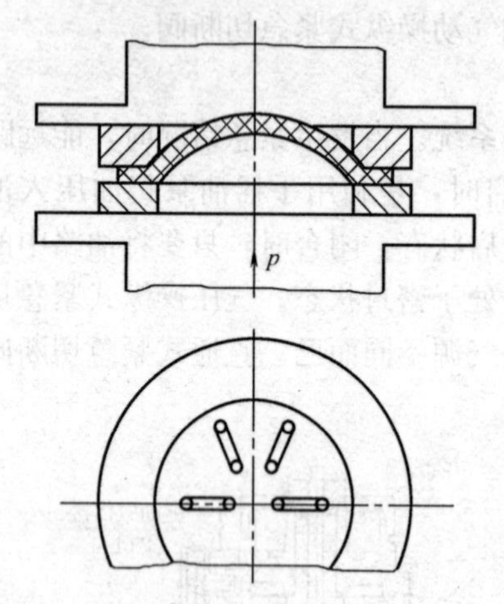

图5-6　正拱开缝型爆破片装置

1. 分类

按照爆破片的断裂特征可以将爆破片分为剪切型、弯曲型、正拱普通拉伸型、正拱开缝型、反拱型等。

2. 结构特点

常用的正拱开缝型和反拱型爆破片装置结构原理如图5-6和图5-7所示。这两种爆破片结构基本相同，只是凸型膜片安装正反方向不同。

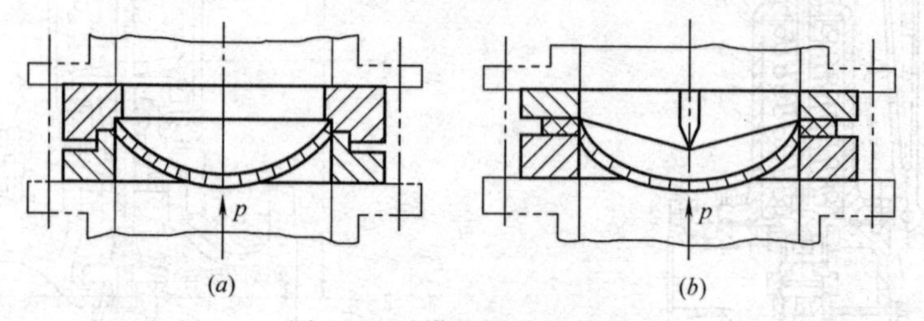

图5-7　反拱型爆破片装置

（1）正拱开缝型爆破片的特点　膜片厚度较大，刚性好，膜片上开设一圈小孔，膜片承压后，小孔之间的孔带即产生较大的拉伸应力，当压力达到规定值后而断裂；由于孔带宽度可以调整，所以可以获得任意的动作压力；开裂的程度大，有利于气体排放；膜片的加工精度要求高，制造困难，内衬的密封膜易破裂。

（2）反拱型爆破片的特点　凸型膜片承受压力，当压力达到一定值时，凸型膜片会失稳而突然翻转，随即被设在它上面的刀具切破或膜片整体脱落弹出；膜片的动作压力较易控制；膜片使用寿命较长；膜片加工组装精度要求高。

3. 安装要求

（1）爆破片装置与容器的连接应为直管，通道面积不得小于膜片的泄放面积。

（2）爆破片的排放出口应装设导管（移动容器例外），将排放介质引至安全地点。

（3）爆破片一般应与容器液面以上的气相空间相连。

（4）燃气介质容器上的爆破片不宜选用铸铁或碳钢等材料制造的膜片，以免膜片破裂时产生火花，在容器外引起燃烧爆炸。

（五）液面计

液面计是显示容器内液面位置变化情况的装置。盛装燃气的容器（包括球罐、卧式储罐和汽车罐车）都必须安装液面计，以防止容器超装而导致超压事故。

1. 分类

液面计的种类有玻璃管式、板式、浮子或浮标式、雷达测控式、自动化仪表式等。储存燃气的压力容器禁止使用玻璃管式液面计。

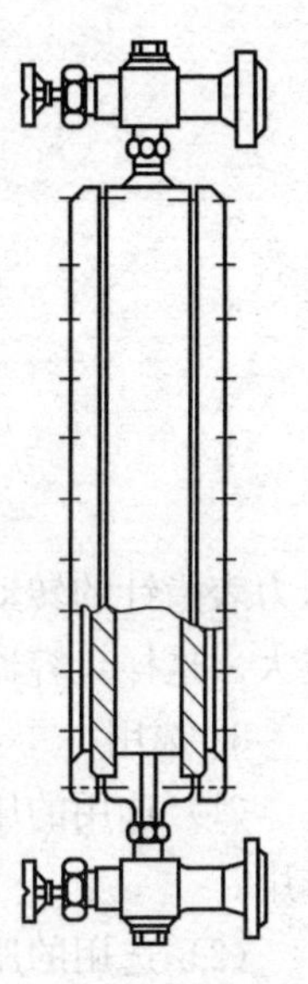

图 5-8　平板玻璃液面计

2. 结构原理

储存燃气的压力容器常用的液面计有板式和旋转管式两种。

板式液面计主要由平板玻璃、框盒、气相旋塞和液相旋塞等部件组成，其结构原理见图 5-8。板式液面计多用于无颠簸振动工况，如固定式压力容器上。

旋转管式液面计主要由旋转管、刻度盘、指示杆、阀芯和紧固装置等组成，其结构原理见图 3-14。旋转管式液面计主要用于移动式压力容器上（如汽车罐车）。

3. 安装要求

（1）液面计应安装在便于观察的位置，如安装位置不便于观察，则应增加辅助设施。

（2）液面计的最高和最低安全液位应作出明显的标记。旋转管式液面计露出罐外部分应加以保护。

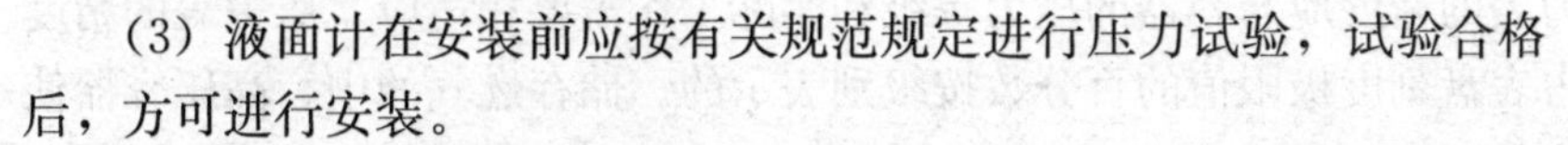

（3）液面计在安装前应按有关规范规定进行压力试验，试验合格后，方可进行安装。

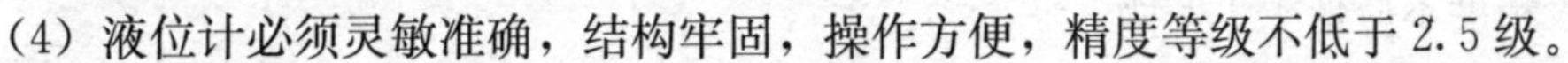

（4）液位计必须灵敏准确，结构牢固，操作方便，精度等级不低于 2.5 级。

（六）压力表

压力表是用来测量压力容器内介质压力最常见的一种计量仪表。由于它可以很直观地显示容器内介质的压力，使操作人员可根据其指示的压力进行操作，将压力控制在允许范围内，所以压力表是压力容器重要的安全附件。

1. 分类

压力表的种类有弹簧元件式、液柱式、活塞式和电接点式四大类。燃气压力容器上使用的压力表一般为弹簧元件式，而且大多数又是单弹簧管式压力表。

2. 结构原理

单弹簧管式压力表按其位移转换机构的不同，可分为扇形齿轮式和杠杆式两种，其中最常见的是扇形齿轮单弹簧管式压力表，其结构如图 5-9 所示。

单弹簧管式压力表是利用弹簧弯管在容器内部压力作用下产生的变形而制成的。弹簧弯管是一根断面呈椭圆形或扁平形的中空长管，一端固定在支座上，另一端通过压力表的接头与承压设备连接。当容器内有压力的气体进入该弯管时，由于内压的作用，使弯管向外伸展，发生变形而位移。这一位移通过拉杆带动扇形齿轮，通过扇形齿轮的传动，带动

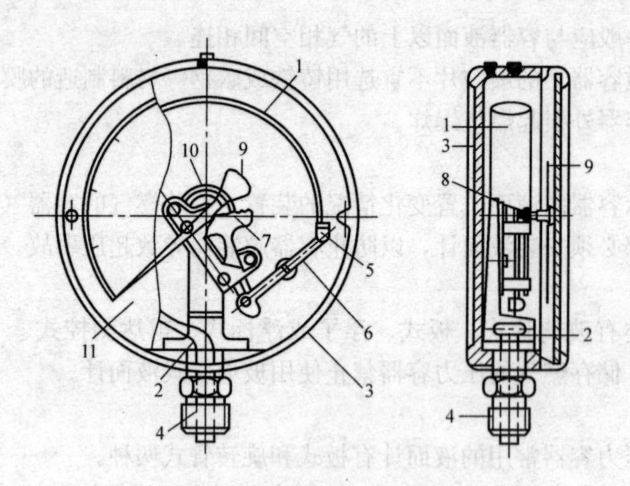

图 5-9　单弹簧管式压力表

1—弹簧弯管；2—支座；3—表壳；4—接头；5—带铰轴的塞子；6—拉杆；
7—扇形齿轮；8—小齿轮；9—指针；10—油丝；11—刻度盘

压力表指针的转动。进入弯管内的气体压力越高，弯管的位移就越大，指针转动的角度也越大。这样，容器内介质的压力即由指针在刻度盘上指示出来。

3. 选用

(1) 选用的压力表必须与容器内的介质相适应，可按压力表使用说明书在适用范围内选用。

(2) 选用的压力表的量程必须与容器的工作压力相适应。压力表的量程最好为容器工作压力的 2 倍，最小不应小于 1.5 倍，最大不应大于 3 倍。

(3) 选用的压力表的精度应与容器的压力等级和实际工作需要相适应。压力表的精度是以它的允许误差占表盘刻度极限值的百分数按级别表示的。储存燃气的中、高压容器使用的压力表精度不应低于 1.5 级。

(4) 选用压力表的表盘直径必须与容器的现场操作环境相适应。如观察距离较远，表盘应选大一些，压力表表盘直径最常用的规格有 100mm 和 150mm 两种。

4. 安装要求

(1) 压力表安装前应进行校验，根据容器的最高许用压力在刻度盘上画出最高工作压力警戒线，注明下次校验的日期，并加铅封。特别注意警戒线不能涂画在表盘玻璃上，以免玻璃转动使操作人员产生错觉而造成事故。

(2) 压力表的装设位置应便于观察、清理和检修，且应避免受热辐射、冻结或强烈的振动。

(3) 压力表与容器之间应设置球阀、旋塞阀或针形阀，球阀、旋塞阀或针形阀应有开启标志和锁紧装置。

5. 使用与校验

(1) 在生产操作前，应检查压力表是否处于完好状态，如压力容器处于常压状态，表针应指示在“0”位或停止在限止钉处。否则应通过排空来检查压力表是否有故障，排除故障后方可开车生产。在生产操作中，严禁碰撞、振动压力表，不得随意拆开铅封及封面玻璃。

(2) 压力表应保持清洁，表盘上的玻璃要明亮清晰，使表盘内指示针指示的压力值清楚易见。

(3) 要经常检查压力表指针松动、弹簧管的泄漏、外壳的锈蚀以及影响压力表准确指示的其他缺陷。

(4) 压力表的连接管要定期吹洗，以免堵塞。

(5) 要经常检查压力表指针的转动与波动是否正常，检查连接管上的旋塞阀是否处于全开状态。

(6) 压力表必须按国家有关规范规定并由具有法定资质的计量检定机构进行定期校验。用于燃气工艺装置上的压力表应每半年校验一次，校验合格后应加铅封，并建立档案。

五、容器的定期检验

压力容器的定期检验是指在压力容器的设计使用期限内，每隔一定的时间，依据《压力容器定期检验规则》规定的内容和方法，对其承压部件和安全装置进行检查或做必要的试验，并对它的技术状况作出科学的判断，以确定压力容器能否继续安全使用。

(一) 目的与要求

1. 目的

(1) 对压力容器进行定期检验，是为了了解压力容器的安全状况，及时发现问题，及时修理和消除检验中发现的缺陷，或采取适当措施进行特殊监护，从而防止压力容器安全事故的发生，保证压力容器在检验周期内安全运行。

(2) 通过定期检验，进一步验证压力容器设计的结构、形式是否合理，制造和安装质量的优劣以及缺陷的发展情况等。

(3) 及时发现运行管理中存在的问题，以便改进管理和操作。

2. 要求

(1) 检验单位和检验人员

由于压力容器是一种盛装易燃、有毒介质并有爆炸危险的特殊设备，因此从事压力容器定期检验工作的检验单位和检验人员就必须具有一定的资格。《压力容器定期检验规则》规定，压力容器定期检验工作必须由具有资格的检验单位和考试合格的检验员承担，其资格认可和考试规则应符合《特种设备检验检测机构核准规则》及《锅炉压力容器压力管道及特种设备检验人员资格考核规则》的要求。经核准的检验单位和鉴定考核合格的检验人员，可以从事允许范围内相应项目的检验工作。超出允许范围所进行的检验工作，一概视为无效。同时，该检验单位和检验员要为此承担相应的后果和责任。

(2) 使用单位

压力容器使用单位应根据生产工艺特点和压力容器的安全状况制定年度检验计划，并报当地锅炉压力容器安全监察机构。检验前，使用单位应主动配合检验单位，为审查被检容器提供必要的技术资料和方便。并且在检验工作进行前，做好现场的一切准备工作。

(3) 安全要求

压力容器应定期检验，重点是内部检验，检验人员需要进入容器的内部，处理不当，就会造成机毁人亡事故。同时，在燃气储配场站，压力容器的定期检验还可能涉及到动火作业，稍有不慎，可能会引发爆炸事故。因此，为了确保被检设备、检验设备及检验人员的安全，检验单位和使用单位都应充分重视检验过程中的安全问题，精心组织，并制定周密的施工方案，防患于未然。定期检验应采取的安全技术措施如下：

1）安全隔离　首先应将检验人员进入的工作场所与某些可能产生事故的危险因素严格地隔离开来，即隔断容器、设备、管道之间以及与介质、水、电、气等动力部分的联系。隔断应选用盲板，并关闭阀门，隔断位置要明确地指示出来。切断与容器有关的电源后，应挂上严禁送电的标志。其次，要把被检容器与运行中的容器作有效地隔离，防止介质外泄发生意外事故。

2）加强通风　在进入容器前，应将容器上的人孔和检查孔全部打开，使空气对流一定的时间。检查中要保持通风良好，一般情况下应保证自然通风，必要时应强制通风。

3）安全分析　进入容器检验前，必须对容器进行置换、清洗等技术处理，并对容器内的气体进行取样，分析合格后方可进入操作。检验过程中容器内部气体成分的安全分析主要内容包括：容器内部燃气与空气混合体积比，空间合格浓度小于0.3%；容器内部氧气含量（体积比）应在18%～23%之间。

4）使用安全电压　进入容器检验时，应使用12V或24V低压电源。检测仪器、设备和工具的电源超过36V时，必须绝缘良好，并有可靠的接地。

5）安全防护　检验人员进入检验场所前，应穿戴符合安全要求的工作服及其防护用品。进行射线探伤时，应计算出安全距离，采取可靠的屏蔽措施并做好辐射区的警戒工作。在进行压力试验时，不得在升压过程中进行检验工作。

6）专人监护　在检验过程中，必须要有专人在容器外监护，并有可靠的联络措施。监护人员应坚守岗位，尽职尽责。

7）应急措施　为应对检验过程中的突发事件，必须制定安全技术应急措施，包括应急组织、应急堵漏工具和应急消防设备及器材等。

（二）检验周期与检验项目

1. 年度检查

年度检查是指为了确保压力容器在检验周期内的安全而实施的运行过程中的在线检查，每年至少一次。固定式压力容器的年度检查可以由使用单位的压力容器专业人员进行，也可以由国家质检总局核准的检验检测机构（以下简称检验机构）持证的压力容器检验人员进行。

2. 全面检验（内外部检验）

全面检验是指压力容器停机时的内外部检验。全面检验应当由检验机构进行。其检验周期为：

(1) 安全状况等级为1、2级的，一般每6年一次；

(2) 安全状况等级为3级的，一般3～6年一次；

(3) 安全状况等级为4级的，其检验周期由检验机构确定。用于储存燃气的压力容器，安全状况等级为4级及以下的应予以更新，不应再用于储存燃气。

3. 检验项目

(1) 年度检查

年度检查是指不停机的在线检查。检查项目包括使用单位压力容器安全管理情况检查、压力容器本体及运行状况检查和压力容器安全附件检查等。

检查方法以宏观检查为主，必要时进行测厚、壁温检查和腐蚀介质含量测定、真空度测试等。

（2）全面检验

全面检验的具体项目包括宏观（外观、结构以及几何尺寸）、保温层隔热层和衬里、壁厚、表面缺陷、埋藏缺陷、材质、紧固件、强度、安全附件、气密性以及其他必要的项目。

检验的方法以宏观检查、壁厚测定、表面无损检测为主，必要时可以采用以下检验检测方法：

1）超声检测；

2）射线检测；

3）硬度测定；

4）金相检验；

5）化学分析或者光谱分析；

6）涡流检测；

7）强度校核或者应力测定；

8）气密性试验；

9）声发射检测；

10）其他。

（三）安全状况等级评定

压力容器的安全状况等级是根据检验结果进行评定的，并以等级的形式反映出来。压力容器的安全状况等级以其中评定项目等级最低者作为最终评定结果的级别。

压力容器安全状况共划分为五个级别：

1. 1级　压力容器出厂技术资料齐全；设计、制造质量符合有关法规和标准的要求；在法规规定的定期检验周期内，在设计条件下能安全使用。

2. 2级　出厂技术资料基本齐全；设计、制造质量基本符合有关法规和标准的要求；根据检验报告，存在某些不危及安全、可不修复的一般性缺陷；在法规规定的定期检验周期内，在规定的操作条件下能安全使用。

3. 3级　出厂技术资料不够齐全；主体材质强度、结构基本符合有关法规和标准的要求；对制造时存在的某些不符合法规或标准的问题或缺陷，根据检验报告，未发现由于使用而发展或扩大；焊接质量存在超标的体积缺陷，经检验确定不需要修复；在使用过程中造成的腐蚀、磨损、损伤、变形等缺陷，其检验报告确定为能在规定的操作条件下，按法规规定的检验周期安全使用；经安全评定的，其评定报告确定为能在规定的操作条件下，按法规规定的检验周期安全使用。

4. 4级　出厂资料不全；主体材质不符合有关规定，或材质不明，或虽属选用正确，但已有老化倾向；强度经校核尚满足使用要求；主体结构有较严重的不符合有关法规和标准的缺陷，根据检验报告，未发现由于使用因素而发展或扩大；焊接质量存在线性缺陷；在使用过程中造成的磨损、腐蚀、损伤、变形等缺陷，其检验报告确定为不能在规定的操作条件下，按法规规定的检验周期安全使用；对经安全评定的，其评定报告确定为不能在规定的操作条件下，按法规规定的检验周期安全使用，必须采取有效措施，进行妥善处理，改善安全状况等级，否则只能在限定的条件下使用。

5. 5级　缺陷严重，难以或无法修复，无修复价值或修复后仍难以保证安全使用的压力容器，应予判废。

对安全状况等级定在4、5级的压力容器，不应再用于储存燃气，原则上应进行更新设备，以提高在用压力容器的安全状况等级。

六、容器的使用管理

(一) 投用

压力容器安装竣工并经调试验收后，在投入使用前或者投入使用后30日内，使用单位应当向属地特种设备安全监察管理部门办理使用登记手续，取得《特种设备使用登记证》。

1. 投用前的准备工作

(1) 基础管理工作

1) 规章制度　压力容器投入运行前，必须制定容器的安全操作规程和各项管理制度，使操作人员做到操作有章可依，有规可循。同时，初次运行还必须制定容器运行方案，明确人员分工、操作步骤和安全注意事项等。

2) 人员　压力容器运行前，必须配备足够的压力容器操作人员和管理人员。操作人员必须参加当地质量技术监督部门的压力容器操作人员培训，经考试合格，取得《特种设备作业人员证》，持证上岗操作；根据企业规模和容器数量可设专职的压力容器管理人员，或由单位技术负责人兼任，安全管理人应参加质量技术监督部门组织的压力容器管理人员培训考试，并取得压力容器管理人员证书。

3) 设备　压力容器投用前，容器必须是已办理好报装手续，由具有相应资质的施工单位负责施工，并经竣工验收，在规定的时限内办理使用登记手续，取得质量技术监督部门发给的《特种设备使用登记证》。

(2) 现场管理工作

1) 检查安装、检验、修理工作遗留的辅助设施，如脚手架、临时平台、临时电线等是否已拆除；容器内有无遗留工具、杂物等。

2) 检查电、气等供给是否已恢复；道路是否畅通；操作环境是否符合安全运行。

3) 检查系统中压力容器连接部位、接管等连接情况，该抽的盲板是否抽出，阀门是否处于规定的启闭状态。

4) 检查附属设备、安全附件是否齐全、完好。检查安全附件灵敏程度及校验情况，若发现其无产品合格证或规格、性能不符合要求或逾期未校验情况，不得使用。

5) 检查容器本体表面有无异常；是否按规定做好防腐、保温及绝热工作。

2. 试运行

(1) 试运行前需进一步对容器、附属设备、安全附件、阀门及关联设备作进一步确认检查。

(2) 确认设备管线吹扫贯通。确认容器的进出口阀门启闭状态和关联设备、安全附件是否处于同步工作状态。

(3) 确认容器、设备及管线的置换和气体取样分析合格。

(4) 确认操作人员符合上岗条件，安全操作规程和管理制度得到贯彻落实。

(5) 确认应急计划是否落实。

在确认以上工作完成后，即可按操作规程要求，按步骤先后进（投）料，并密切注意工艺参数（温度、压力、液位、流量等）的变化，对超出工艺指标的应及时调控；操作人员要沿工艺流程线路跟随介质流向进行检查，防止介质泄漏或流向错误；注意检查阀门的开启度是否合适，并密切注意工艺参数的变化。

（二）运行控制

压力容器运行控制主要是对工艺参数和交变荷载的控制。

1. 压力　压力控制要点主要是控制容器的操作压力在任何时候都不能超过最大工作压力。

2. 温度　温度控制要点主要是控制其极端工作温度。常温下使用的压力容器，主要控制介质的最高温度；低温下使用的压力容器，主要控制介质的最低温度，并保证容器壁温不低于设计温度。

3. 液位　储存气液共存的容器，应严格按照规定的充装系数充装，以保证在设计温度下容器内有足够的气相空间。

4. 流量与介质配比　对流量、流速的控制主要是控制其对容器不造成严重的冲刷、冲击和引起振动等；操作人员还应密切注意出口流量和进口介质流量的变化和配比。

5. 交变荷载　交变荷载作用会导致容器疲劳破坏。因此要尽量使介质的压力、温度和流速升降平稳，避免突然开、停车或不必要的频繁加压和卸压。

运行控制有手动控制和自动连锁控制两种。其中自动连锁控制系统较复杂，运行工艺参数一般是通过总控室的控制仪表来操控实现。

（三）使用管理

1. 安全技术管理工作内容

(1) 使用单位的技术负责人（主管厂长或总工程师）必须对压力容器的安全技术管理负责。并应指定具有压力容器专业知识的工程技术人员具体负责安全技术管理工作。

(2) 使用单位必须贯彻执行国家有关压力容器安全技术规程，制定压力容器安全管理制度和安全技术操作规程。

(3) 使用单位必须参加压力容器使用前的相关管理工作，并对容器的订购、安装、检验、验收和试车全过程进行跟踪。

(4) 使用单位必须持压力容器有关技术资料到当地压力容器安全监察机构逐台办理使用登记。

(5) 使用单位应当向质量技术监督部门报送当年度压力容器数量和变动情况的统计表，编制压力容器年度定期检验计划，并负责实施。每年年底应将下一年度的检验计划上报当地质量技术监督部门。

(6) 使用单位必须做好容器运行、检验、维修改造、报废、安全附件校验及使用状况的技术审查和检查工作。并逐级落实岗位责任制度和安全检查制度，建立并规范压力容器技术档案管理。

（7）使用单位必须做好压力容器事故应急救援和事故管理工作。

（8）使用单位必须对压力容器操作人员和安全管理人员进行培训考核，取得压力容器安全监察部门颁发的《特种设备作业人员证》，方可上岗作业。

2. 技术档案管理

（1）压力容器登记卡。

（2）压力容器出厂随机技术资料　包括产品合格证、质量证明书、竣工图、制造单位所在地质量技术监督部门签发的压力容器产品制造安全质量监督检验证书、容器强度计算书、安全附件产品质量证明书等。

（3）安装技术文件和资料　包括工程竣工后，施工单位完整地提交安装全过程的《压力容器安装交工技术文件汇编》。

（4）检验、监理和试运行记录，以及有关技术文件和资料。

（5）修理方案、技术改造方案及有关质量检验报告、现场记录等技术资料。

（6）安全附件校验、修理、更换记录。

（7）有关事故的记录和处理报告，包括试运行中安装单位有关人员现场处理故障的记录等。

（8）使用登记有关文件资料。

3. 安全使用管理制度

（1）岗位责任制　包括管理人员职责和操作人员职责。

（2）安全操作规程　内容至少包括容器操作工艺技术指标、岗位操作法（含开、停车操作程序和注意事项）、安全操作基本要求、重点检查项目和部位、运行中出现异常现象的判断和处理方法以及防止措施、维护保养方法、紧急情况报告程序、应急预案的具体操作步骤和要求。

4. 维护保养

（1）及时消除燃气泄漏现象。

（2）保持完好的防腐层和保温层。

（3）减少或消除容器的冲击和振动。

（4）维护保养好安全装置。

（5）保持容器表面清洁。

（四）安全注意事项

1. 平稳操作　容器开始加载时，介质流速不宜过快，加压时要分阶段进行，在各阶段保压一定时间后再继续加压，直至规定的压力。容器运行期间还应尽量避免压力、温度的频繁和大幅度波动，以防止在交变荷载作用下，导致疲劳破裂。

2. 严格控制工艺指标　工艺指标是指压力容器各工艺参数的现场操作极限值。操作时严格执行工艺指标可防止容器超压、超温、超量、超载运行。

3. 运行中安全检查

容器（储罐）运行期间要坚持现场巡回检查和定期检查。其巡回和定期检查内容包括：

（1）设备状况　检查容器本体结构是否有变形、裂纹、腐蚀等缺陷；容器上的管道、阀门是否完好，有无泄漏。

（2）安全附件　检查安全阀、压力表、温度计、液位计等安全附件及泄压排放装置是否齐全完好。

（3）现场工艺条件　检查压力、温度、液位等工艺参数值是否在设计限定范围以内。

（4）安全消防设施　检查防雷、防静电装置及消防喷淋等设施是否齐全完好。

（5）各项管理制度、应急预案的落实执行情况。

（6）其他　如检查容器的防腐层、保温绝热层是否完好；检查设备基础沉降等情况。

4. 严格执行检修办证制度

压力容器严禁边运行边检修，特别是严禁带压拆卸、拧紧螺栓等操作。容器出现故障时，必须按规程要求停车卸压，并按检修规程办理检修交出证书。容器检修应严格执行检修安全技术规程。

第二节　机泵设备安全管理

一、概述

燃气输配是燃气储存设备、管道输送系统和压送设备连接组成的连续化生产过程。根据燃气输配工艺条件的需要，压送设备必须满足系统压力、温度、介质的机构分离或混合以及液体输送等各项要求。燃气压送的机械设备有压缩机、风机和气泵等，如常用的泵和压缩机（简称机泵设备），它们是燃气生产中不可缺少的。由于燃气是易燃易爆的危险介质，这就要求机泵设备必须具有可靠的密封性和防爆性，避免介质泄漏而发生火灾爆炸事故。此外，机泵设备常常在高压、高温或超低温工况条件下运行，运行技术参数控制要求非常严格，也容易发生故障，一旦出现意外，就有可能酿成灾难性的后果。所以加强机泵设备的安全管理显得非常重要。

机泵设备安全管理首先要把好设备安装质量关。机泵设备安装时，必须符合设计文件、机器说明书要求以及现行国家标准《压缩机、风机、泵安装工程施工及验收规范》GB 50275 的规定。

（一）安装前的准备工作

1. 机泵设备安装前应具备完整的技术资料

（1）设备出厂合格证明书；

（2）设备的试运行记录及有关重要零部件的质量检验证书；

（3）设备的安装图、基础图、总装配图、易损件图、安装平面布置图和使用说明书等；

（4）设备出厂装箱清单；

（5）有关安装规范及安装说明；

（6）经批准的施工组织设计或施工方案。

2. 开箱检查与管理

（1）设备开箱检查验收，应由施工单位、建设单位或设备监理单位人员参加，按装箱单进行。

（2）设备及各零部件若暂不安装，应采取适当措施加以保护，防止变形、锈蚀、老化、损坏或丢失，尤其是与设备配套的电气仪表及备件，应由各专业人员进行验收，妥善保管。

（二）基础检查与验收

地基和基础是设备安装的“根基”，属于地下隐蔽工程。设备安装前应对基础进行严格地检查。基础检查验收应按下列顺序进行：

1. 安装前基础须经交接验收

基础施工单位应提交质量证明书、测量记录及其他施工技术资料；基础上应明显地标出标高基准线、纵横中心线，相应建筑物上应标有坐标轴线；设计要求进行沉降观察的设备基础应有沉降观测水准点。

2. 设备安装单位应按以下规定对基础进行复查

（1）基础外观不应有裂纹、蜂窝、空洞及露筋等缺陷；

（2）基础的各部位尺寸、位置等质量要求应符合《混凝土结构工程施工质量验收规范》GB 50204 的规定；

（3）混凝土基础强度达到设计要求后，周围土方应回填、夯实、整平，预埋地脚螺栓的螺纹部分应无损伤，地脚螺栓孔的距离、深度和孔壁垂直度、基础预埋件等符合规范规定要求。

3. 确定安装基准线

设备就位应按设计图样并根据有关建筑物的轴线、边缘线和标高基准复核基础的纵横中心线和标高基准线，并确定其安装基准线。

（三）安装

1. 机泵设备就位、找平找正要求

基础检查合格后，机泵即可吊装就位，机座的找平与找正是安装过程的重要工序，找平找正的质量直接影响到机泵的正常运转和使用寿命。

（1）机泵上作为定位的基准面、线和点，对安装基准线所在的面及标高的允许偏差，在没有特别规定时应符合以下规定：

与其他设备无机械联系时允许偏差：平面位置及标高±5mm；

与其他设备有机械联系时允许偏差：平面位置±2mm，标高±1mm。

（2）机泵找平找正时，安装基准测量面应选择机泵上加工精度较高的表面或联轴器的端面及外圆周面。

（3）机泵找平找正时，安装基准的水平度和垂直度的允许偏差、主动轮与被动轮相对位移量、轴与轴之间的平行度允差、联轴器间的端面间隙等必须符合相关规范规定或机泵技术文件的规定。

2. 机泵底座与基础的固定一般采用地脚螺栓。地脚螺栓埋设可采用预埋法或二次灌浆法，地脚螺栓与混凝土基础结合必须良好。螺栓拧紧后应保证露出螺母外 1.5～3 个螺距。

3. 机泵清洗与装配要求

（1）机泵在拆卸前，应测量拆卸件有关零部件的相对位置或配合间隙。结合机泵装配图的序号作出相应的标志和记录。拆卸的零部件经清洗、检查合格后，才允许进行装配，组装时必须严格遵守技术文件的规定。

（2）分散供货需要在现场组装的机泵设备，零部件清洗且检查合格后，按技术文件规定进行组装。机泵或部件在封闭前，应仔细检查和清理，其内部不得有任何异物存在。

（3）各零部件的配合间隙应符合技术文件规定的要求。

（4）安装后不易拆卸、检查、修理的油箱等部件，装配前应作渗漏检查。

（5）机泵上较精密的螺纹连接件或高于220℃条件工作的连接件及配合件等，装配时应在其配合表面涂上防咬合剂。

（四）试车与验收

机泵及附属设备、管道系统安装完毕后，必须进行试车验收，合格后方可投入使用。

1. 试车前的准备工作

（1）机泵及附属设备、管道系统、水电仪表设施均已竣工，经检查符合试车要求。

（2）安装过程中的各项原始记录和交工技术资料齐备。

（3）机泵各部位紧固件已按规定拧紧，无松动现象。用手盘动主轴数转，灵活无阻滞现象。

（4）机泵各部位所用油脂的规格、数量符合技术文件的规定。

（5）与机泵相关联的设备、管道系统已进行吹扫和置换，并经检验合格。

（6）试车操作人员经专门技术培训，并取得机泵设备操作资格证书。

（7）试车方案已经技术负责人签署生效。

机泵试车时，为保证安全，应把整个试车分成几个阶段进行。在试车过程中，不能过早或过快地增加负荷，以免发生设备安全事故。

2. 无负荷试车

（1）清理现场，准备好试车用的工具、仪器及材料。

（2）按试车方案的规定，操作进口和出口处的阀门及安全附件。

（3）首先开动油泵和注油器，并检查供油情况。无问题后，再按步骤进行无负荷试车（机器说明书指明必须带液试车的液泵除外）。一般无负荷试车分多阶段进行，每一阶段无负荷试车都应检查设备运行的技术指标，经确认合格，再进入下一阶段试车。对无负荷试车中发现的问题，应立即停车检查，及时排除故障，并经检查合格，方可进入下一阶段的试车。

3. 带负荷试车

带负荷试车是在无负荷试车合格的前提条件下分阶段进行，且应坚持负荷分层次逐渐增加的原则。每阶段试车都应检查设备运行的技术指标，一般运行每隔30min记录一次，将运行情况和检查发现的问题记录在案，以便停车后处理。分阶段带负荷试车合格，其工作压力和排气（液）量均达到全负荷，连续运行无异常情况，即可办理验收移交手续。

4. 验收

机泵带负荷试车合格后，应按有关规定办理验收移交。验收移交必须在建设、监理和施工单位技术负责人及施工人员共同参与下进行。验收时，应对机泵设备安装过程中出现的问题及处理方法进行详细地说明，对设备安装的重点、要点进行全面地检查并在交工文件中加以详细说明，并对安装质量进行综合评定。经双方认定合格，并在验收合格证明书上履行签字手续。施工单位在办理移交时，要对施工技术文件和资料整理成册，与设备一并移交。施工技术文件和资料包括以下内容：

（1）施工合同；

（2）竣工图；

（3）施工组织设计或施工方案；

（4）现场签证及施工记录；

（5）隐蔽工程记录；

（6）施工用材产品合格证及质检记录；

（7）各项实测、检查及试验记录；

（8）无负荷及带负荷试车记录；

（9）设计变更；

（10）设备开箱检查记录、说明书及随机技术资料；

（11）验收报告等。

二、燃气压缩机

在燃气输配系统中，压缩机是用来压缩气态燃气，提高燃气压力或压送燃气的设备。是燃气输配工艺装置中的重要设备之一。

（一）压缩机的分类

压缩机的种类很多，按其工作原理可分为两大类：即容积型压缩机和速度型压缩机。在燃气输配系统中，常用的是容积型压缩机，其结构形式主要有活塞式、转子式、离心式和滑片式四种。

（二）结构原理

1. 活塞式压缩机

（1）结构

往复活塞式压缩机如图 5-10 所示，其基本结构由三部分组成：

1）基本部分：机身、中体、曲轴、连杆、十字头等。其作用是传递动力和连接基础与气缸。

2）气缸部分：气缸、气阀、活塞、填料以及安置在气缸上的排气量调节装置等。其作用是形成压缩容积和防止气体泄漏。

3）辅助部分：冷却器、缓冲器、气液分离器、安全阀、油泵、注油器及各种管路系统。其作用是保证压缩机的正常运行。

（2）工作原理

在往复活塞式压缩机中，气体是依靠在气缸内往复运动进行加压的。一个工作循环要完成三个过程：即吸气过程、压缩过程和排气过程。以立式活塞式压缩机为例，活塞下行为吸气过程；活塞上行为压缩过程；当气缸内燃气压缩到略高于管道内的压力时，排气阀就被打开，被压缩的燃气即排入高压管道系统内，这个过程称为排气过程。活塞不断地运动，上述的工作过程周而复始地进行，不断地压缩燃气。

活塞式压缩机通常适应在高压工况条件下工作，输出的压力高，但排气量较小。

2. 滑片式压缩机

滑片式气体压缩机是由气缸、壳体和冷却器等部分组成，如图 5-11 所示。

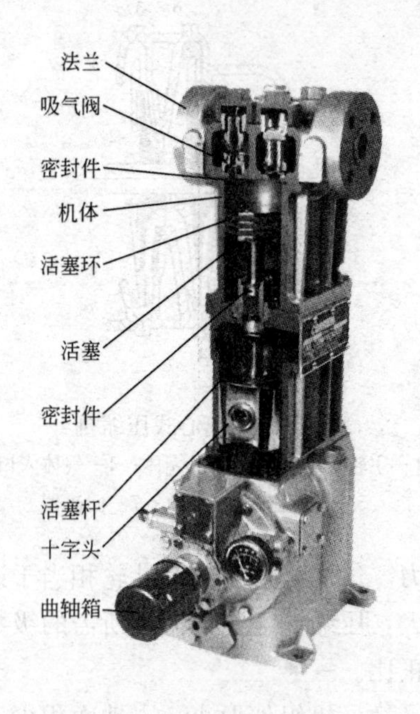

图 5-10　往复活塞式压缩机

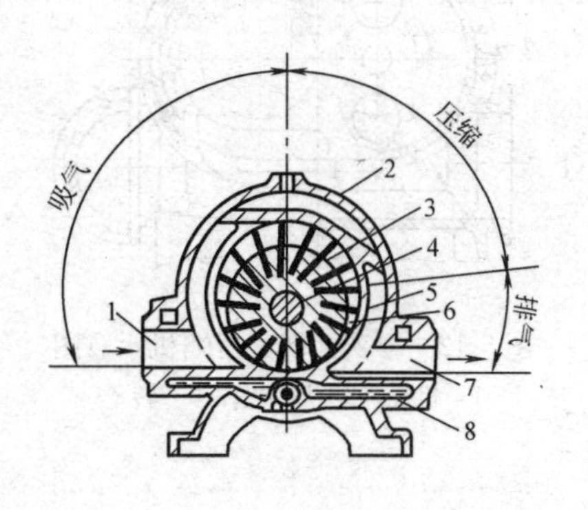

图 5-11　滑片式气体压缩机

1—吸气管；2—外壳；3—转子；4—轴；5—滑片；6—压缩室；7—排气管；8—水套

气缸部件主要由气缸、转子和滑片等组成。气缸呈圆筒形，上面有进排气孔，转子偏心安置在气缸内。在转子上开有若干径向的滑槽，内置滑片。当电机主轴通过联轴器带动转子旋转时，滑片在离心力的作用下，紧压在气缸的内壁。气缸、转子、滑片及前后气缸盖组成若干封闭小室，依靠这些小室容积的周期变化，完成压缩、排气和可能发生膨胀过程。

滑片式压缩机通常压力不高，流量也较小，是一种中、低压压缩机。

3. 罗茨回转式压缩机

罗茨回转式压缩机是利用一对相交旋转的转子来压送燃气的设备，其结构原理如图 5-12 所示。通过一对装在同轴上的同步传动齿轮驱动转子旋转，两转子之间及转子与机壳之间有微小的间隙，使转子能自由地旋转。图示左边的转子逆时针旋转时，右边的转子作顺时针旋转，气体由上边吸入，从下部排出，达到压送气体的目的。

罗茨回转式压缩机的优点是当转速一定而进出口压力稍有波动时，排气量不变，转速与排气量之间保持恒比关系；转速高，没有气阀及曲轴等装置；重量轻，应用方便。缺点是当压缩机有磨损时影响效率；当排出的气体受到阻碍时，压力逐渐升高，因此出气管上必须安装安全阀。

4. 离心式压缩机

离心式压缩机由叶轮、主轴、涡轮型机壳、推力平衡装置、冷却器、密封装置和润滑系统等组成，如图 5-13 所示。其工作原理是主轴带动叶轮高速旋转，自轴向进入的气体通过高速旋转的叶轮时，在离心力的作用下进入扩压器中，由于扩压器中有渐宽的通道，气体的部分动能转变为压力能，速度降低而压力提高。通过弯道和回流器又被第二级吸入，

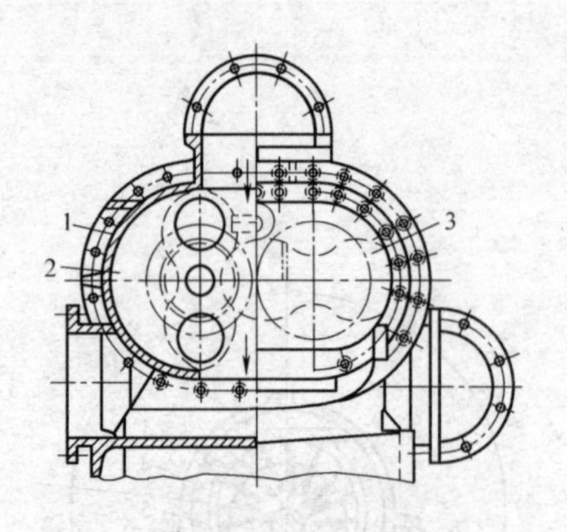

图 5-12　罗茨回转式压缩机示意图

1—机壳；2—压缩室；3—转子

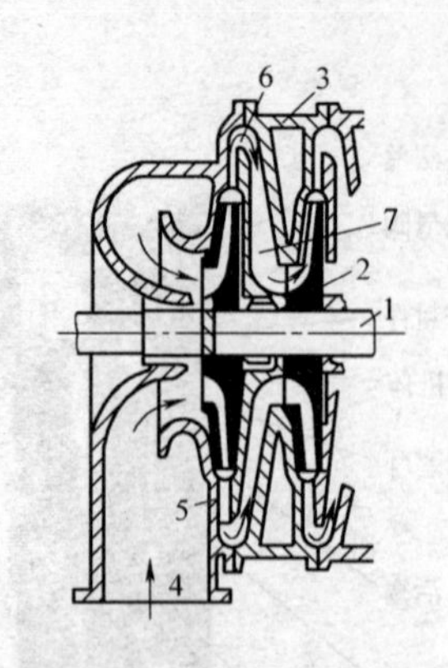

图 5-13　离心式压缩机

1—主轮；2—叶轮；3—壳体；4—气体入口；5—扩压器；6—弯道；7—回流器

进一步提高压力。依次逐级压缩，直至达到额定压力。气体经过每一个叶轮相当于进行一级压缩。单级叶轮速度越高，每级叶轮的压缩就越大，压缩到额定压力值所需的级数也越少，提高压力所需的动力大致与吸入气体的密度成正比。

离心式压缩机的优点是输气量大而连续，运行平稳；机组外形小，占地面积少；设备重量轻，易损部件少，使用寿命长，便于维修；机体内不需要润滑，气体不会被润滑油污染；电机超负荷危险性小，易于自动化控制。缺点是在高速下的气体与叶轮表面有摩擦损失；气体在流经扩压器、弯道和回流器的过程中也有摩擦损失。因此效率比活塞式压缩机低，对压力的适应范围也较窄，并有喘振现象。目前，离心式压缩机在燃气输配中较少使用。

（三）压缩机运行安全管理

1. 压缩机进出口管道上应安装压力表和安全阀，进气口端还要安装过滤阀，以免介质中的杂物进入机体内，造成设备损伤。过滤阀中的滤网要定期检查清理，以免堵塞。安全附件和仪表必须完好，工作灵敏且在检验有效期内。

2. 以操作活塞式压缩机为例，开机前，要认真检查并确认进气口管道内无液态燃气，这是关系到压缩机安全运行至关重要的问题，操作时一定要倍加注意。开机后，要检查机内润滑油的压力是否正常，否则要立即停车检修。燃气加压时，当容器或管道中的压力达到规定值时，应及时降低压缩机的排气量或停机，防止压力过高引起事故。

3. 输送燃气的压缩机必须采用防爆型电动机，其配电线路和操作开关也必须采取防爆措施。

4. 压缩机在运行过程中，必须进行定期巡查，并做好运行记录，发现问题及时停机处理。

三、气泵

燃气气泵是指输送液化天然气、液化石油气以及丙烷、乙烯、液氨等类似挥发性液体的压送设备，主要用于液态燃气的装卸、倒罐等用途。它与压缩机一样，也是燃气输配工艺装置中的重要设备之一。

（一）气泵的分类

按工作原理分类主要有：离心泵、轴流泵、叶片式混流泵和计量泵等。在燃气输配工艺装置中使用最多的是离心式气泵，如液化石油气储配站常用的 YQB 系列离心式气泵（简称烃泵）。因此，以下着重介绍离心式气泵。

（二）离心式气泵的结构原理

离心式气泵是叶片泵的一种，它利用主轴转子上的数个叶片旋转时产生的离心力来输送液体。液体在泵的叶片旋转时产生的离心力作用下被甩出去，液体原来占有的地方就变成了局部真空，而液面上有大气压的作用，液面和泵的进口之间产生压力差，在这个压力差的作用下，液体就沿着吸管被压入泵内。由此周而复始，液体被泵源源不断地压送出去。

常用的 YQB 系列离心式气泵构造如图 5-14 所示。泵的主要部件有：泵体、内套、轴、转子、叶片、侧板、端盖、轴承座、有孔盖、盲孔盖、机械密封环和安全阀等。

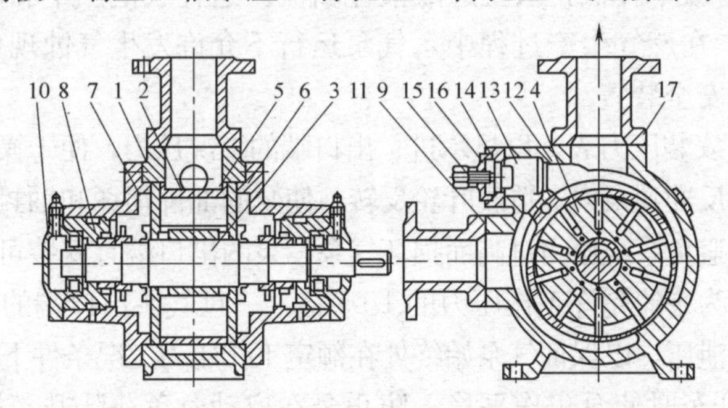

图 5-14　YQB 型离心式气泵构造

1—泵体；2—内套；3—轴；4—转子；5—叶片；6—侧板；7—端盖；8—轴承座；9—有孔盖；10—盲孔盖；11—机械密封；12—阀盖；13—弹簧；14—调整塞；15—调整螺钉；16—压盖；17—接管

离心式气泵的吸入口通常呈水平方向，出口向上，从皮带轮方向看泵的转动为顺时针旋转。

YQB 系列离心式气泵的规格性能参数见表 5-3。

YQB 系列离心式气泵的规格性能参数　　**表 5-3**

<table>
<tr><th>型号</th><th>流量 (m³/h)</th><th>进口压力 (MPa)</th><th>工作压差 (MPa)</th><th>转速 (r/min)</th><th>电机功率 (kW)</th><th>进口口径 (mm)</th><th>出口口径 (mm)</th><th>温度范围 (℃)</th><th>重量 (kg)</th></tr>
<tr><td>YQB4.5-5</td><td>4.5</td><td rowspan="10">≤1.0</td><td rowspan="2">≤0.4</td><td>720</td><td>2.2</td><td rowspan="2">30</td><td rowspan="2">30</td><td rowspan="10">−40～+40</td><td>96</td></tr>
<tr><td>YQB4.5-5A</td><td>2.8</td><td>560</td><td>1.5</td><td>92</td></tr>
<tr><td>YQB15-5</td><td>15.5</td><td rowspan="6">≤0.6</td><td>780</td><td>5.5</td><td rowspan="3">50</td><td rowspan="3">50</td><td>110</td></tr>
<tr><td>YQB15-5A</td><td>12</td><td>620</td><td>4</td><td>114</td></tr>
<tr><td>YQB15-5B</td><td>8.5</td><td>460</td><td>4</td><td>118</td></tr>
<tr><td>YQB35-5</td><td>35</td><td>780</td><td>15</td><td rowspan="3">75</td><td rowspan="3">75</td><td>166</td></tr>
<tr><td>YQB35-5A</td><td>28</td><td>620</td><td>11</td><td>168</td></tr>
<tr><td>YQB35-5B</td><td>20</td><td>460</td><td>7.5</td><td>174</td></tr>
<tr><td>YQB60-3.6</td><td>60</td><td rowspan="2">≤0.36</td><td>550</td><td>15</td><td rowspan="2">100</td><td rowspan="2">80</td><td>288</td></tr>
<tr><td>YQB60-3.6A</td><td>45</td><td>450</td><td>5</td><td>286</td></tr>
</table>

离心泵还有一个重要的技术参数，即液体的吸上高度。离心泵吸上液体的能力是由于叶轮转动产生离心力，使泵入口处产生真空。假设在叶轮的入口处达到绝对真空，在外界1个大气压的作用下，只能将水柱升举10.3m高度。在10.3m的吸入高度范围内，水泵安装离水面越高，则需要泵入口的真空度越大，也就是叶轮入口处压力更低些才能把水吸上来。实际上叶轮入口处不可能达到绝对真空，该处的液体总有一定的饱和蒸气压，且与温度相对应。如果叶片入口处的绝对压力等于或稍低于工作温度下液体的饱和蒸气压，泵内的液体就会处于沸腾状态，生成大量的蒸气泡，气泡中充满着自液体中析出的气体。这时气泡随液体一起进入叶轮，由于离心力的作用，液体的压力又逐渐升高，气泡所受的压力急剧加大，故迅速凝结，使气泡破裂而消失。由于气泡破裂得非常快，因此周围的液体就以极高的速度冲向气泡原来所占的空间，产生强烈的冲击力，即水锤作用，其频率可达每秒2～3万次，打击叶片表面，久而久之，使叶片严重损伤。与此同时，还伴随着很大的响声，使泵振动，效率降低，甚至造成液体断流。这种气泡产生和破裂的过程所引起的现象称为气蚀现象。在燃气生产过程中，气泵运行不允许发生气蚀现象。

（三）离心泵的安全装置

泵的进、出口应安装压力表，以显示进、出口端的工况压力，便于操作。为防止停泵时出口管道中的高压液体反冲到泵内，造成叶轮反转，使泵的部件损坏和轴封泄漏，泵的出口管道上应安装止回阀。为避免系统压力过高而损坏气泵，泵的出口端宜安装可调节过流阀，过流阀的起跳工作压力一般为泵的允许工作压力的1.05倍。一旦气泵出口端的压力超过允许的工作压力，过流阀就开启泄压，以保证气泵始终处在额定工作压力工况条件下工作。

此外，为了在开车时使泵工作平稳，防止泵在启动时负荷陡升，损坏气泵，宜在泵的进口和出口管道之间安装旁通管，并在旁通管上加装隔离阀门。

（四）气泵运行安全管理

1. 气泵必须采用防爆型电动机，其配电线路和操作开关也必须采取防爆措施。

2. 根据气泵的工作效能，充分考虑电动机功率安全系数。以免电动机因过载而发热燃烧，引起事故。

3. 气泵工作前，应保证泵体和吸入管充满液体介质，并关闭出口阀，打开旁通阀。启动电机，待电机运转正常后再打开出口阀，同时逐渐关闭旁通阀，使泵的工作负荷平稳上升，直至泵达到正常运转状态。

停泵时，关闭电机和出口阀门。长期停泵时，应排净泵内和管道中的液体，以利于安全。

4. 气泵不得空转，以免过热起火，有水冷系统的气泵，其冷却水温应低于60℃。设备检修时，管线上应装盲板，以防止物料倒流。

5. 气泵出口应配置安全阀、压力表、溢流阀，有的还应配置温度计和流量计。其安全附件和仪表必须完好、工作灵敏且在检验有效期内。

第三节 灌装计量设备安全管理

一、灌装枪

灌装枪（或称灌装接头）如图5-15所示。它采用气动连接方式。其结构主要由嘴卡、

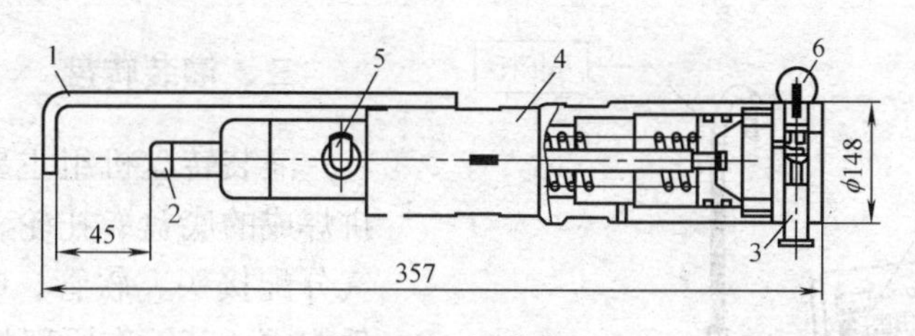

图 5-15　灌装枪

1—嘴卡；2—接嘴；3—空气接管；4—外壳；5—液化气接管；6—按钮

接嘴、空气接管、外壳、液化气接管及按钮等组成。当嘴卡套入气瓶角阀，并揿压按钮时，压缩空气推动活塞使接嘴向左移动，这时与角阀连接密封进行充装。充装完毕后，先关角阀，再揿压按钮卸荷，接嘴在弹簧作用下，向右移动，即工作结束。这种灌装枪广泛应用于液化石油气气瓶充装。

二、灌装秤

（一）气动灌装秤

目前国内液化石油气灌装普遍使用国产 QG 系列气动秤，其工作原理如图 5-16 所示。灌装时，将空瓶置于秤台，在秤杆 11 上设定规定的灌装重量。此时秤杆处于低位，挡片 4 抬起堵住贯穿发讯器 3，单向放大器 6 无讯号通过，阀门开启，液化气接通灌装。当灌装达到规定的重量时，秤杆 11 抬起，挡片 4 下降，贯穿发讯器 3 打开，这时有讯号通过单向放大器 6，压缩空气经单向放大器使阀门关闭。

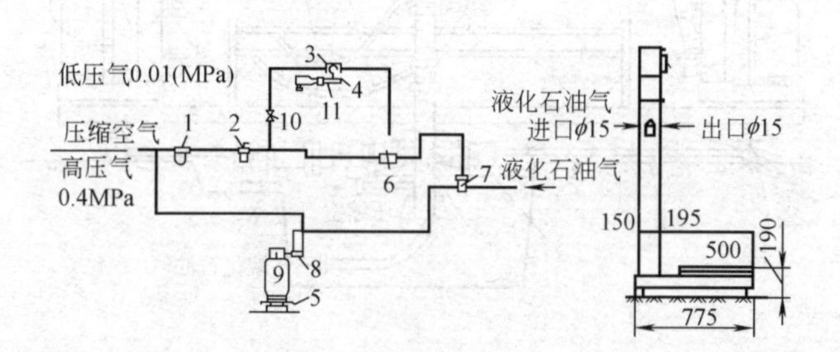

图 5-16　QG 型气动秤的工作原理

1—分水滤气器；2—减压阀；3—贯穿发讯器；4—挡片；5—秤；6—单向放大器；7—调节阀；8—气动灌瓶嘴；9—钢瓶；10—气阻；11—秤杆

气动灌装秤由于灵敏度较差、操作不便，目前已较少使用，逐步被电子灌装秤所取代。

（二）电子灌装秤

电子灌装秤是利用现代电子技术发展起来的一种新型灌装计量器械。它主要由秤台、控制面板、压敏传感器和集成电子运算模块等组成，如图 5-17 所示。

电子灌装秤与气动灌装秤比较具有灌装计量精度高、抗冲击、内存大、使用寿命长、故障率低、通过计算机网络能实现自动化灌装计量等优点。电子灌装秤的安装，要求有可靠的安全保护接地装置，电源必须防爆，并且要加装电压稳压器，以保证电子灌装秤稳定工作。

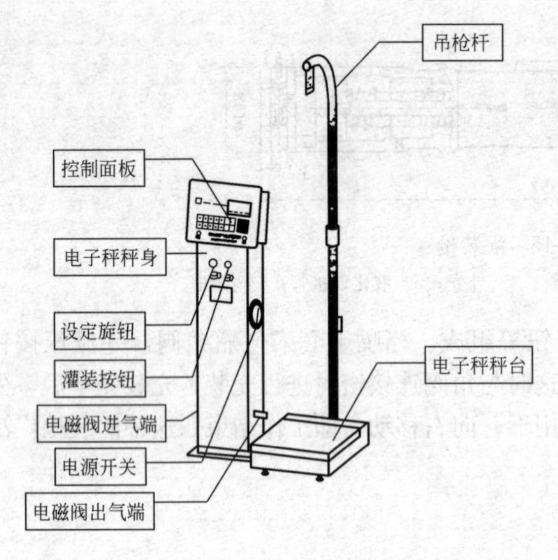

图 5-17　电子灌装秤

三、灌装转盘

灌装转盘机组主要由型钢结构材料拼焊成的底盘、托轮、压缩空气和液化气分配接头、软管、电机、减速器等部件构成，其工作原理如图 5-18 所示。底盘外缘轮箍由电机和减速器上的传动轮驱动，底盘作旋转运动。为减小摩擦阻力，底盘下均匀地分布一些托轮，底盘上安装灌装秤。

灌装转盘安装前，应先检查转盘的混凝土基础，其托轮混凝土基面等高度误差不应大于 3mm；每个托轮混凝土基础预埋铁件对称分布误差不应大于 5mm；中心混凝土基础与托轮混凝土基础的标高应符合图纸要求；托轮安装后等高误差不应大于 1.5mm，圆周分布误差不应大于 2.0mm。灌装转盘安装完毕后，用手盘动传动机构应轻松自如，无卡涩现象。

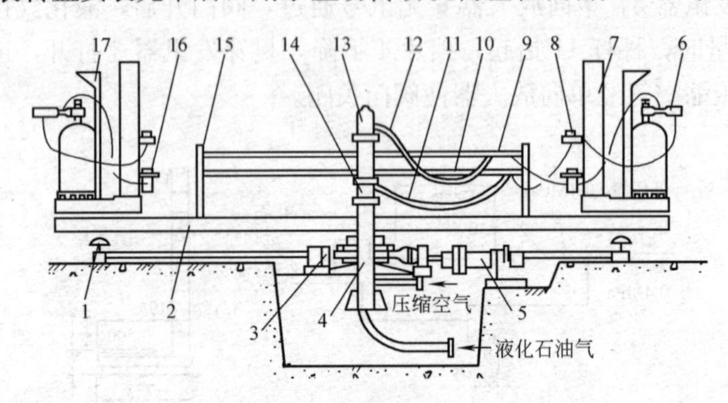

图 5-18　灌装转盘转动结构

1—托轮；2—旋转结构；3—蜗轮蜗杆；4—主轴；5—传动结构；6—气动灌瓶嘴；7—液化气灌瓶秤；8—压缩空气减压器；9—液化气环管；10—压缩空气环管；11—压缩空气软管；12—液化空气软管；13—液化气分配头；14—压缩空气分配头；15—环管支架；16—液化气阀；17—吊杆

四、灌装计量设备的管理

1. 燃气灌装计量设备所使用的电源、电机和控制元件必须是防爆产品，其安装必须符合相关规范规定。

2. 灌装计量设备安装竣工后，灌装秤必须经计量监督主管部门进行整体校验验收，取得计量校验合格证后，方可投用。灌装秤校验合格，还应在显著的位置张贴检验合格标签，标签上注明本次校验和下次校验日期。

3. 在用灌装秤，每年应至少校验一次，校验必须交由具有法定计量资质的检定机构进行。校验合格后，由检定机构出具检验合格证书。

4. 使用单位对灌装秤应规范管理，建立技术档案，并由专人保管。

5. 灌装秤应避免接触高温设备，避免强光辐射，避免强磁和杂散电流干扰。

6. 灌装计量设备应避免强力冲击和振动。

第四节 调压计量设备安全管理

压力和流量是燃气生产中必不可少而又极其重要的工艺参数。而调压和计量设备的安全运行对于正确地反映生产操作，实现生产过程的自动控制，保证工艺装置的生产安全和用气安全，显得十分重要。

一、调压设备的安全管理

调压设备主要是指燃气调压器，其安全管理的内容主要是保证调压器在设定的调压范围内连续、平稳地工作。在生产实践中，调压器除在工作失灵时需要检修外，应建立定期安全检修制度。对于负荷大的区域性调压站，调压器及其附属设备须每 3 个月检修一次；对于一般中低压调压设备每半年检修一次。

(一) 调压器的检修内容

调压器检修内容包括：拆卸清洗调压器、指挥器、排气阀的内腔及阀口，擦洗阀杆和研磨已磨损的阀口；更换失去弹性或漏气的薄膜；更换阀垫和密封垫；更换已疲劳失效的弹簧；吹洗指挥器的信号管；疏通通气孔；更换变形的传动零件或加润滑油使之动作灵活；组装和调试调压器等。

调压器应按规定的关闭压力值调试，以保证调压器自动关闭严密。投入运行后，调压器出口压力波动范围不超过±8%为检修合格。

(二) 调压附属设备的检修内容

调压附属设备包括过滤器、阀门、安全装置及计量仪表等。其安全检修内容有：清洗加油；更换损坏的阀垫；检查各法兰、丝扣接头有无漏气，并及时修理漏气点；检查及补充水封的油质和油位；管道及设备的除锈刷漆等。

进行调压设备定期安全检修时，必须有两名以上经专门技术培训的熟练工人，一人操作，一人监护，严格遵守安全操作规程，按预先制定且经上级批准的检修方案执行。操作时，要打开调压站的门窗，保证室内空气中燃气浓度低于爆炸极限。

二、计量设备的安全管理

计量设备主要指燃气流量计（表）、气瓶灌装秤和电子汽车衡等设备。其安全管理的内容主要是保持设备的灵敏准确，并进行必要的维护和定期校验。主要工作有以下几点：

1. 计量设备应经常保持清洁，计量显示部位要明亮清晰。

2. 计量设备的连接管要定期吹洗，以免堵塞；连接管上的旋塞要处于全开启状态。

3. 经常检查计量设备的指针或数字显示值波动是否正常，发现异常现象，立即处理。

4. 防止腐蚀性介质侵入并防止机械振动波及计量设备。

5. 防止热源和辐射源接近计量设备。

6. 站区电子计量设备的接线和开关必须符合电气防爆技术要求。

7. 遇雷电恶劣天气，应停止电子计量设备运行并及时切断设备电源，防止雷电感应损坏设备。

8. 计量设备必须由法定计量资质的检定机构进行定期校验，校验合格后应加铅封；在用的计量设备必须是在校验有效期限以内，校验资料应建档，专人管理。

气瓶灌装秤和电子汽车衡每年至少校验一次；

燃气流量计（表）每24个月至少校验一次；膜式燃气表B级（6m^3 以下）首次检定，使用6年更换。

第五节 设备故障诊断技术

随着城镇燃气广泛应用和输配技术的不断进步，燃气输配工艺设备日益向大型化、复杂化和自动化方向发展。由于现代的机器设备结构复杂，技术要求和自动化程度高以及燃气输配工艺过程复杂、高温（或深冷）高压等诸多特点，生产设备往往由于一个环节发生故障，可能使整台设备损坏，还会迫使生产中断，甚至造成人身伤亡事故。如果不采用先进的检验监测仪器和科学的管理方法，则无法对设备的技术性能、可靠性、安全性和防止突发性事故作出预测，难以准确地查找出事故隐患和发生事故的危险因素。科学技术的进步使得事故预防预测技术日趋成熟，设备的状态监测和故障诊断技术已逐渐发展成为一门新的学科，并在燃气行业得到推广应用。

一、状态监测

状态监测是掌握机器设备在用状态的技术。它是用人工或专门的检测仪器，对设备规定的监测点进行间断地或连续地状态参数的检测，并把它与所允许的极限值进行比较，以确定设备的劣化程度和继续运行的时间。

设备在运行时，伴随产生多种信息，当机器设备的功能逐渐劣化时，就会出现相应的异常信息。如设备状态变化时就会产生异常振动、噪声、过热以及转速、功率等机械信息；设备劣化过程中所产生的磨损微粒、油液及气体成分变化的化学信号以及电流、电压、电磁信号等。其中有些信号对设备监测和诊断极为敏感，人们通过对其敏感信号实时、直观、精确地观察、记录、对比分析，从而实现对设备的状态监测。燃气设备状态监测实例见表5-4。

设备状态监测实例 表5-4

类别	检测项目	目　的	使用仪器或检测方法
容器	壁厚测量	壁厚减薄检查	超声波测厚仪等
	热图像测定	泄漏、保温、绝热	红外线照相仪等
	热流测量	散热检查	热流计等
	焊缝检测	裂纹、气孔等内部缺陷检测	超声波、渗透、声发射探伤，射线透视等
	腐蚀率测量	腐蚀状况检查	腐蚀测量仪、成分分析仪等
转动机械	振动、噪声测量	故障检查	振动测量仪、噪声监测仪等
	转速、温度测量	不正常状况检查	测速仪、测温仪等

续表

类别	检测项目	目　的	使用仪器或检测方法
转动机械	电流、电压测量	不正常状况检查	万用表等
	输出功率、压力测量	性能检测	功率输出检测仪、压力表等
	润滑、密封检测	润滑系统和密封检查	油压计、检漏仪等
管道及附属设备	壁厚测量	壁厚减薄检查	超声波测厚仪等
	热流、热图像、表面温度、泄漏检测	泄漏检查、保温性能及散热检查	红外热像仪、地探仪、测漏仪、热流计等
	内外表面腐蚀及防腐层检测	泄漏、防腐层漏铁点检查	地探仪、管道检漏仪、声脉冲检漏仪等
	法兰泄漏检测	泄漏检查	可燃气体检测仪等
	阀门内漏检测	内漏检测	内窥镜、压力表等
	焊缝检测	内部缺陷检查	超声波、渗透探伤，射线透视等

二、故障诊断

设备故障诊断技术是通过对设备的监测和识别，对即将发生或已经发生的设备故障能及时而又正确地诊断出来，并制定治理故障的有效措施的技术。

设备故障诊断可以分为以下四类：

（一）初期诊断

初期诊断是设备制造时的检测，看是否达到规范规定、技术文件规定和出厂检验标准要求。

（二）定期诊断

定期诊断是以预防为目的的事前诊断。如对重要设备和关键部位进行自动连续地状态监测、定期停车检修；压力容器的定期检验等。

（三）异常诊断

异常诊断是当设备发生异常时，为弄清异常状态的部位、程度和原因所采取的检测技术措施。

（四）故障诊断

故障诊断是事后诊断。重点是查明设备故障的原因、程度及发展趋势，并作出对策，决定治理和维修措施，提出改进方案。

设备故障诊断技术分简易诊断和精密诊断。简易诊断是为了迅速而概括地掌握设备目前的状态参数是否在允许值范围内及劣化趋势，所用仪器一般为便携式检测仪器。精密诊断是最终诊断，其目的是通过监测和数据处理分析，最终确定设备发生异常的原因、部位、程度及发展趋势，并决定应采取的治理措施。

三、故障诊断技术简介

（一）振动监测技术

在机械设备的状态监测和故障诊断技术中，振动监测是普遍采用的方式之一。当机械设备内部发生异常时，一般都会随之出现振动加大和工作性能的异常变化。因此，根据对机械振动信号的测量和分析，不用停机和解体就可以对机械的劣化程度和故障进行判断和了解。常用的振动测量仪如 VB-1 便携式数字振动测量仪等。

机械振动有三个基本要素：振幅、频率和相位。从振动的频率范围分，有低频振动、高频振动和超低频振动。在一般情况下，低频时的振动强度由位移度量；中频时的振动强度由速度度量；高频时的振动强度由加速度值度量。这些都是振动监测的参数。对机械设备进行振动强度和故障诊断的仪器，都需要有传感器、前置放大器和显示器。根据不同测试内容的需要，可增加滤波器、积分器、检波器和频率分析器等。

（二）噪声监测技术

机械设备在运行过程中所产生的振动和噪声是反映机器工作状态的诊断信息的重要来源。机器的振动和噪声是机器运行中的一种属性，所有机械设备都不可避免地要产生振动和噪声。振动和噪声的增加，一定是故障引起的。因此噪声监测是设备诊断技术的方法之一。

声音的主要特征为声压、声强、频率、质点振速和声功率等。这些都是所测量的参数。噪声测量系统必须要有传声器、放大器、记录器以及分析装置等。传声器是一种把声能转换成电能的电声元件，可用来直接测量声场中的声压。测得的声压经前置放大器、输入放大器、滤波器、输出放大器、检波显示装置等，可直接读出或记录声级、声源谱图，进而采用分析仪进行声源频谱分析。另外，采用双话筒互谱技术进行声强测量，利用声强的方向性进行故障定位和现场条件下的声功率级的确定。常用噪声测量仪器有 TES 系列声级计、声强测量仪和互谱声强测量分析仪等。

（三）红外热成像技术

自然界的一切物体都有辐射红外线的特性，温度高低不同的材料辐射红外线强弱亦不相同。红外线探测设备就是利用这一自然现象，探测和判别被检测目标的温度高低与热场分布，对运行中的管道、设备进行测温和检漏。特别是热成像技术，即使在夜间无光的情况下，也能得到物体的热分布图像，根据被测物体各部位的温度差异，结合设备结构和管道的分布，可以诊断管道、设备运行状况，有无故障或故障发生部位，损伤程度及引起事故的原因。

红外线检测技术常用的设备有：红外测温仪、红外热像仪和红外热电视。其中红外热像仪多用于燃气泄漏检测。

（四）油液分析技术

在机械设备的运行过程中，伴随着金属部件间的相对运动，都会产生磨损。因此，机械零件的磨损失效是一种最常见和最主要的形式。为了减少机械设备中作相对运动部件表面间的摩擦和磨损，通常的做法是向运动表面之间加入润滑油。由于运动部件的表面磨损，就会产生金属磨屑微粒进入机械润滑系统中，大多数磨屑微粒在油液中呈悬浮状态。各种机械设备的工作状态（跑合期、正常磨损期、严重磨损期）所产生的磨粒有不同的特征，它们代表和反映不同的磨损失效类型（粘着磨损、磨料磨损、表面疲劳磨损、腐蚀磨损等）。根据磨粒的材料和成分不同可以分辨颗粒的来源。因此，油液分析技术对研究机械磨损的部位和过程、磨损失效的类型、磨损的机理、油品评价有着重要的作用，而且也是在不停机、不解体的情况下对机械设备状态监测和故障诊断的重要手段。特别是对低速运转的机械设备，利用振动和噪声监测技术判断故障较为困难时，油液分析技术则是一种较为有效的方法。油液分析技术可分为以下两类：

1. 油液理化分析　这是因为润滑系统是机械设备的重要组成部分，润滑剂的性能与状态影响机械摩擦副的磨损状态，对润滑剂理化性能的监测，就是对润滑系统工作状态的监测。

2. 磨屑检测技术分析（即油液中不溶物质的分析）　它是监测摩擦副本身工作状态的手段。磨屑检测主要有两种方法：光谱分析法和铁谱分析法。它们的共同特点是通过测定油液中所含各种金属元素的含量，推断出机械零件、润滑系统和液压系统的磨损状态，达到对机械设备工况监测和故障诊断的目的。

（五）无损检测技术

1. 射线探伤（Radiography Testing，简称 RT）

焊缝射线照相是检验焊缝内部准确而又可靠的方法之一，它可以非破坏性地显示出缺陷在焊缝内部的形状、位置和大小。射线照相有 X 射线和 γ 射线两种方法。工程中最常见的是 X 射线探伤，X 射线具有穿透金属的能力并使胶片感光，当 X 射线通过被检查的焊缝时，由于焊缝内部的缺陷对射线的衰减和吸收能力不同，因此通过焊接接头后的强度也不一样，使胶片感光程度不一样，将感光的胶片冲洗后，用来判断和鉴定焊缝内部的质量。X 射线照相检测原理示意图见图 5-19。

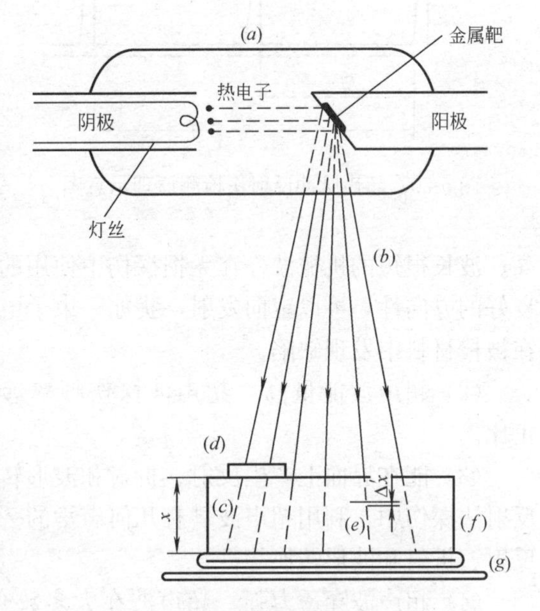

图 5-19　X 射线照相检测原理图

（a）X 射线管；（b）X 射线；（c）试件；（d）透度计；（e）缺陷；（f）暗盒（内装胶片与增感屏）；（g）背衬铅板

产生 X 射线的装置（X 射线机），一般由控制系统（电源、控制电路、变压器）、X 射线管（特殊的真空二极管）及冷却系统三大部分组成。

X 光射线照相常用于检测燃气管道和压力容器的焊缝、铸件及复合材料等内部缺陷组织和结构的变化，如疏松、夹渣、气孔、裂纹、未熔合、未焊透以及试件几何形状、结构、密度的变化等。优点是可以非破坏性地显示出缺陷在构件内部的形状、位置和大小，有永久性的比较直观的记录结果（照相底片），无需耦合剂，对试件表面光洁度要求不高，但对试件中的密度变化敏感。缺点是照相底片不能反映缺陷的深度位置或高度尺寸。并且缺陷取向与射线投射方向有密切关系，从而可能影响检测的可靠性。特别是对面积型缺陷（如裂纹），其敏感度不如超声波检测。

2. 超声波探伤（Ultrasonic Testing，简称 UT）

超声波探伤是目前应用最广泛的无损探伤方法之一。

超声波一般是指频率在 0.1～25MHz 范围内，由机械振动源在弹性介质中激发的机械波。其实质是以波段的形式传递振动能量，其必要条件是要有振动和传递机械振动的弹性介质（实际上包括了几乎所有的气体、液体和固体）。

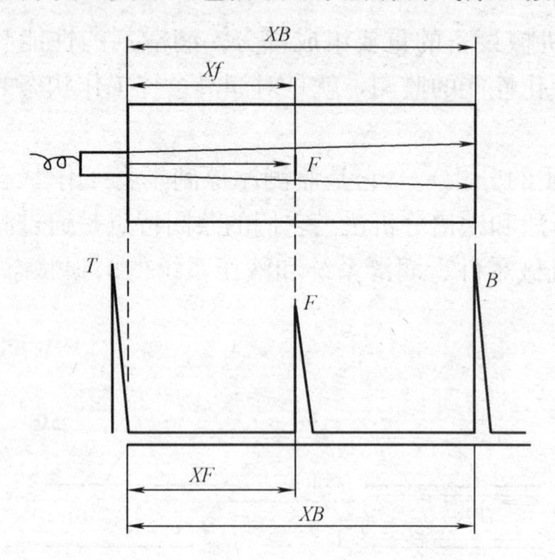

图 5-20　超声脉冲反射法检测原理示意图

以最常用的 A 型显示超声波脉冲反射法探伤为例，我们来叙述其工作原理：超声波探伤仪的高频脉冲电路产生高频脉冲振荡电流，经探头转换成超声波并传入被检工件，当在声路上遇到缺陷（异质）时，在界面上将产生反射，反射回波被探头接收，转换成高频脉冲电信号，输入探伤仪的接收放大电路。经处理后，在探伤仪示波荧光屏上显示出与回波声压大小成正比的回波图形。根据回波幅度的大小，可以判断缺陷的大小。超声波脉冲反射法探测原理如图 5-20 所示。

超声波的波长很短，因此决定了超声波具有以下重要的特性：

（1）超声波方向性好　超声波是频率很高、波长很短的机械波。在无损探伤中使用的波长为毫米数量级。超声波像光波一样具有良好的方向性，可以定向发射，犹如一束手电筒灯光，可以在黑暗中寻找到所需物品一样在被检材料中发现缺陷。

（2）超声波能量高　超声波探伤频率远高于声波，而能量（声强）与频率平方成正比。

（3）能在界面上产生反射、折射和波形转换　在超声波探伤中，特别是在超声波脉冲反射法探伤中，利用超声波具有几何声学的一些特点，如在介质中直线传播，遇界面产生反射、折射和波形转换等。

（4）超声波穿透力强　超声波在大多数介质中传播时，传播能量损失小，传播距离大，穿透力强，在一些金属材料中穿透能力可达数米，这是其他探伤手段无法比拟的。

超声波探伤时，工件表面要求光洁平滑，以防磨损探头。为了使发射的声波能很好地传入工件，探头与工件表面之间要加入耦合剂，以排除接触面的空气，以避免声波在空气界面上反射。

3. 磁粉探伤（Magnetic Powder Testing，简称 MT）

燃气管道、容器及其他设备等多数是铁磁性材料，在磁场中被磁化时，材料表面或近表面的缺陷或组织状态变化，会使导磁率也发生变化，即磁阻增大，从而使磁路中的磁通相应发生畸变。一部分磁通直接穿越缺陷；一部分磁通在材料内部绕过缺陷；而还有一部分磁通则会离开材料表面，通过空气绕过缺陷再重新进入材料。因此在材料表面形成了漏磁场，如图 5-21 所示。一般来说裂纹越深，漏磁通超出材料表面的幅度就越高，它们之间基本上呈线性关系。

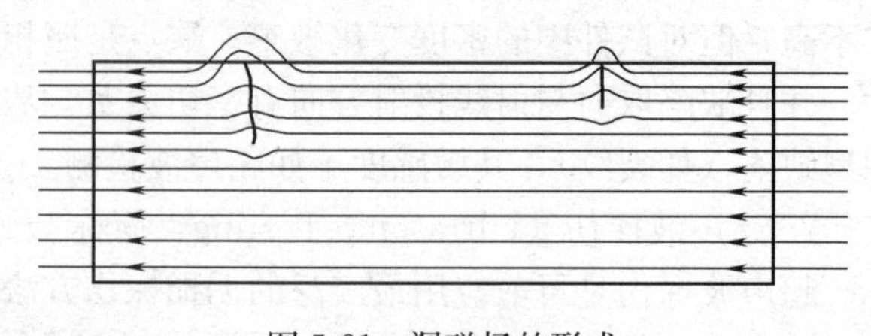
图 5-21　漏磁场的形成

在漏磁场处，由于磁力线出入材料表面而在缺陷两侧形成 S、N 极，当在表面上喷洒细小的铁磁性粉末时，表面磁场处能吸附磁粉形成磁痕，显示出缺陷形状，这就是磁粉检验的原理。

应当明确的是，由于有趋肤效应存在，铁磁性材料中的磁通基本上集中在材料表面。因此，磁粉检验技术只适应检查铁磁性材料的表面和近表面缺陷。就一般情况而言，用多变磁场磁化的磁通有效透入深度（即检验深度）为 1～2mm 左右，而直流磁化时约为 3～4mm。

磁粉检验是一种比较成熟的无损检测技术，在燃气管道和设备上广泛使用。其优点是检测结果直观、操作简便、检验成本低，而且检验效率高。缺点是无法确定缺陷深度和只适合于检查铁磁性材料的表面与近表面缺陷。

4. 渗透探伤（Penetrate Testing，简称 PT）

渗透探伤原理是通过喷洒、刷涂或浸渍等方法，把渗透能力强的渗透液施加到已清洗干净的试件表面，待渗透液因毛细管作用原理渗入试件表面上的开口缺陷内以后，将试件表面上多余的渗透液用擦拭或冲洗方法清除干净，再在试件上均匀地施加显像剂，显像剂能将已渗入缺陷内的渗透液引到试件表面，并且显像剂本身提供了与渗透液形成强烈对比的背景、衬托。因而反透出渗透液，并将显示出缺陷的图像——迹痕。迹痕可因其颜色对比而在白光下用肉眼观察，或因具有荧光作用而在紫外光下观察。渗透检测的基本原理如图 5-22 所示。

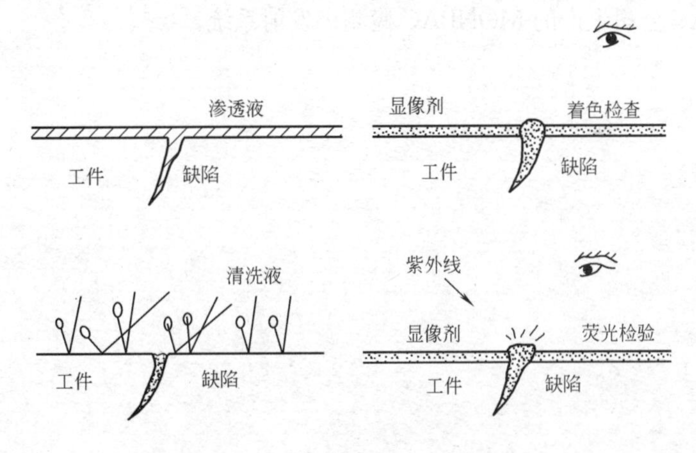

图 5-22　渗透检验原理示意图

渗透检验适用于非吸收的光洁表面的金属、非金属，特别是无法用磁性检测的材料如铝合金、镁合金、钛合金、奥氏体钢等制品，可检验锻铸件、焊缝、塑料等表面开口型缺陷。渗透检验的优点是灵敏度较高，成本低，使用设备和材料简单，操作简便容易，显示结果直观，检验结果容易解释和判断。缺点是受试件表面状态影响很大，只适应表面开口型缺陷，若缺陷中填塞有杂质时，将影响其检出的灵敏度。

5. 涡流探伤（Eddy-Current Testing，简称 ET）

涡流探伤是以电磁感应原理为基础的。当检测线圈与导电材料的构件表面靠近并通以交流电时，所产生的交变磁场将在构件表层感应出涡流。由于缺陷的存在，涡流的大小和分布会发生改变，根据所测得的涡流变化量，可以判断缺陷的情况。这种探伤方法称为涡流检测法。

涡流探伤的优点是检测速度快、成本低、操作简便，探头与工件可以不接触，不需要耦合剂，检测时可同时得到以电信号直接输出指示的结果，对于对称性工件能实现自动化检测并作永久性记录等。其缺点是只适用于导电材料，难以用于形状复杂的试件；由于透入深度的限制，只能检测薄壁试件或工件的表面、近表面缺陷；检测结果不直观，需要参考标准，根据检测结果还难以判别缺陷的种类、形状；检测时干扰因素较多，易产生误显示等。

6. 声发射探伤（Acoustic Emisson，简称 AE）

由材料力学可知，固体材料在外力的作用下发生变形或断裂时，其内部晶格的错位、晶界滑移或内部裂纹产生和发展，都会释放出声波，这种现象称为声发射。

声发射检测技术就是利用容器在高压作用下缺陷扩展时所发生的声音信号进行内部缺陷检测，它是一种技术先进并且很有发展潜力的检漏技术。特别是在燃气输配过程中，对在运行工况条件下的压力管道、容器可进行无损检测，不必停产，节省大量的人力物力，缩短检测周期，经济效益十分显著。

当前，声发射技术已发展成为一种快速、动态、整体性的无损检测手段，可在设备运行中实行状态监测。它的灵敏度高，可以检测到微米数量级的显微裂纹的变化。对于大型构件如压力容器，可以实施整体检测，即采用多通道探头，按一定阵式固定布置在容器上，一次试验就可检测到容器上的缺陷分布及其危险程度。用于压力容器检测的声发射检测仪有美国 PAC 公司生产的 MONPAC 检测声发射系统。

第六章 气瓶供应与安全管理

第一节 气瓶概述

一、气瓶的分类

燃气气瓶是供应用户使用的一种移动式压力容器，或者说是一个小型的燃气储存库。由于充装介质的不同，燃气气瓶分为液化石油气钢瓶和天然气气瓶。目前，流通使用最广泛的当属液化石油气钢瓶。

（一）液化石油气钢瓶

在我国液化石油气钢瓶广泛地用于工业、商业和人们的日常生活中。根据不同的使用目的，液化石油气钢瓶有气相（或气态）钢瓶和液相（或液态）钢瓶之分。其规格从最小用过即扔的500g的小瓶，到可以重复充装的50kg的大瓶，各具不同容积。

（二）天然气气瓶

天然气气瓶按用途可分为小区及工业用的液化天然气绝热气瓶、车用液化天然气绝热气瓶和车用压缩天然气钢瓶等。

二、气瓶结构型式

（一）液化石油气钢瓶结构型式及技术参数

《液化石油气钢瓶》GB 5842—2006（以下或称新标准）代替了《液化石油气钢瓶》GB 5842—1996和《小容积液化石油气钢瓶》GB 15380—2001（以下或称原标准），并于2007年2月1日正式开始实施。新标准中有YSP4.7、YSP12、YSP26.2、YSP35.5和YSP118、YSP118-Ⅱ六种常用规格。其中YSP26.2和YSP35.5两种钢瓶主要供家庭用户使用，YSP118和YSP118-Ⅱ钢瓶主要供工业用户或商业用户使用。

1. 常用钢瓶型号和参数

《液化石油气钢瓶》GB 5842的常用钢瓶型号和参数见表6-1。

新标准删除了原标准中公称容积为1.2L、规格为YSP-0.5的一种小容积液化石油气钢瓶；增加了用于气化装置、型号为YSP118-Ⅱ的液化石油气钢瓶（俗称液相钢瓶）。新标准中除公称容积为26.2L的一种外，其他不同型号液化石油气钢瓶的公称容积与原标准的公称容积完全一致。

2. 常用钢瓶结构

新标准液化石油气钢瓶结构如图6-1（*a*）、（*b*）、（*c*）所示。

YSP4.7、YSP12、YSP26.2、YSP35.5如图6-1（*a*）所示，其瓶体是由上、下两封头组焊而成（即两件组装型式），中间环焊缝。

常用钢瓶型号和参数　　表 6-1

型　号	参　数				备　注
新标准	钢瓶内直径(mm)	公称容积(L)	最大充装量(kg)	钢瓶净重量(kg)	
YSP4.7	200	4.7	1.9	3.4±0.2	
YSP12	244	12.0	5.0	7±0.3	
YSP26.2	294	26.2	11.0	$13\pm^{0.6}_{0.3}$	
YSP35.5	314	35.5	14.9	$16.5\pm^{0.6}_{0.3}$	
YSP118	400	118	49.5	47±1.5	
YSP118-Ⅱ	400	118	49.5	47±1.5	用于气化装置的 LPG 储存设备
原标准	钢瓶内直径(mm)	公称容积(L)	充装重量(kg)		
YSP-0.5	—	1.2	≤0.5		
YSP-2.0	200	4.7	≤2.0		
YSP-5.0	244	12	≤5.0		
YSP-10	314	23.5	≤10		
YSP-15	314	35.5	≤15		
YSP-50	400	118	≤50		

注：钢瓶的护罩结构尺寸、底座结构尺寸应符合产品图样的要求。

底座焊在瓶体的底部，它可保证钢瓶在充装、运输和使用过程中始终处于直立状态。

阀座是焊接在瓶体的上封头上，用于安装角阀。

角阀安装在阀座上，它是钢瓶进出口的总闸门（或总开关），也是连接减压阀（调压器）的必要装置。角阀的主体结构是用黄铜制成的。

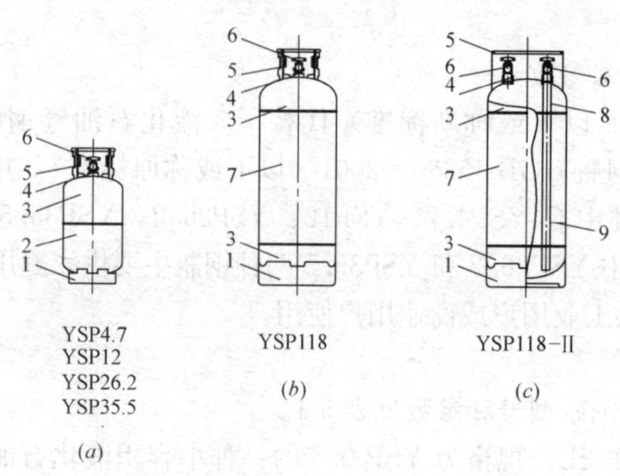

图 6-1　液化石油气（LPG）钢瓶结构

1—底座；2—下封头；3—上封头；4—阀座；5—护罩；6—瓶阀；7—筒体；8—液相管；9—支架

护罩焊在瓶体的上部，对瓶口和角阀起保护作用，并作为搬动时的提手。

YSP118 和 YSP118-Ⅱ钢瓶如图 6-1 (*b*)、(*c*) 所示，其结构与以上钢瓶结构基本相同。不同的是瓶体结构，它是由上、下两封头及筒体三件组焊而成，瓶体上有两条环焊缝和一条纵焊缝。118L 钢瓶在使用时，由于生产工艺的供气需要，常常有气相和液相两种不同的供气形式，所以钢瓶有气相钢瓶和液相钢瓶之分。二者不同之处：YSP118-Ⅱ液相钢瓶是在 YSP118 气相钢瓶结构的基础上，在角阀锥管螺纹端面处加焊了一条直通瓶底的铜管；在使用时，气相钢瓶输出的是饱和蒸汽压力下的气态液化石油气，而液相钢瓶输出的液态液化石油气。

3. 钢瓶的设计使用年限和报废年限

按照 GB 5842—2006 标准制造的钢瓶设计使用年限为 8 年，钢瓶的设计使用年限应压印在钢瓶的护罩上。但该设计使用年限并非钢瓶报废年限，钢瓶报废年限由检验评定确定。目前，液化石油气钢瓶的报废年限和定期检验周期，仍按现行国家标准《液化石油气钢瓶定期检验与评定》GB 8334—1999 执行。

4. 钢瓶的充装量及命名方式

《液化石油气钢瓶》GB 5842—2006 标准新增加了“最大充装量”的规定，因为 2000 年《气瓶安全监察规程》规定的液化石油气充装系数由原来的 0.425kg/L 调整为 0.42kg/L。这样，在同样的容积下液化石油气充装量就比原来的有所减少，如原来液化石油气最大充装量为 15kg 的钢瓶，在同样的容积下现在最大充装量只有 14.9kg。

由于充装系数的改变，直接导致钢瓶命名方式的改变，例如原来 YSP-15 型钢瓶命名就不适用了，在保持容积参数不变的前提下，钢瓶的型号改为 YSP35.5 型。《液化石油气钢瓶》GB 5842—2006 标准对钢瓶型号命名方式改为以钢瓶的公称容积（特征参数）命名。

（二）天然气气瓶结构与技术参数

1. 居民小区及工业用液化天然气绝热气瓶

居民小区及工业用液化天然气绝热气瓶由瓶体、气化盘管、底座、护罩、瓶阀及安全附件等组成。

瓶体是内胆和外壳双层结构，之间采用高真空多层绝热方式，以确保低蒸发率。其中内胆是用耐低温钢制成，气化盘管安装在内胆和外壳之间。瓶体上安装有进出液阀、气体使用阀、排放阀、增压阀、组合调压阀、安全阀、真空塞、液位计、压力表等附件。

小区及工业用液化天然气绝热气瓶有立式和卧式两种形式。立式气瓶的底座和护罩分别焊接在瓶体外壳的底部和顶部，护罩起保护瓶阀及安全装置的作用；卧式气瓶与立式气瓶的结构原理是基本相同的，不同的是卧式气瓶液位计形式和底座的焊接部位有区别。

DPL 立式液化天然气绝热气瓶和 DPW 卧式液化天然气绝热气瓶结构原理如图 6-2 和图 6-3 所示，技术参数见表 6-2。

小区及工业用液化天然气绝热气瓶 **表 6-2**

<table>
<tr><th>型号参数</th><th>DPL-175C</th><th>DPL-210C</th><th>DPW580-410-1.6</th></tr>
<tr><td>几何容积(L)</td><td>175</td><td>210</td><td>410</td></tr>
<tr><td>有效容积(L)</td><td>157</td><td>189</td><td>369</td></tr>
<tr><td>蒸发率(液氮)</td><td>2.1%</td><td>2.0%</td><td>1.9%</td></tr>
<tr><td>工作压力(MPa)</td><td colspan="2">1.37</td><td>1.6</td></tr>
<tr><td>安全阀起跳压力(MPa)</td><td colspan="2">1.59</td><td>1.76</td></tr>
<tr><td>爆破片爆破压力(MPa)</td><td colspan="2">2.62</td><td></td></tr>
<tr><td>空瓶自重(kg)</td><td>125</td><td>140</td><td>375</td></tr>
<tr><td>充装质量(kg)</td><td>67</td><td>81</td><td>157</td></tr>
<tr><td>外形尺寸(mm)</td><td>D505×H1530</td><td>D505×H1730</td><td>L2200×W668×H980</td></tr>
</table>

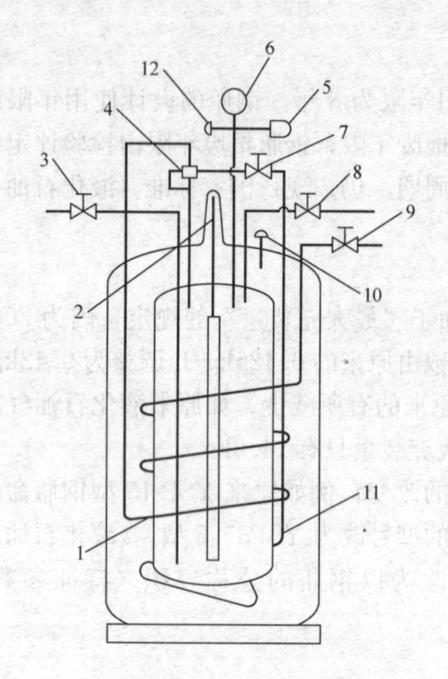

图 6-2　DPL 立式液化天然气绝热气瓶

1—气化盘管；2—液位计；3—进液阀；4—组合调压阀；5—安全阀；6—压力表；7—增压阀；8—排放阀；9—气体使用阀；10—真空塞；11—增压盘管；12—内胆爆破片

DPL 和 DPW 系列天然气绝热气瓶的性能特点：

(1) 采用高真空多层绝热方式确保低蒸发率；

(2) DPL 系列内置气化器，自动提供稳定连续的气体；

(3) DPW 系列自带增压器确保稳压供应，并设双安全阀，安全可靠；

(4) 适用于居民小区及工业用 LNG 瓶装燃料供应。

2. 汽车用液化天然气绝热气瓶

汽车用液化天然气绝热气瓶结构、性能特点与居民小区及工业用 DPW 系列液化天然气绝热气瓶基本相同，气瓶内自带水浴式气化器自动提供稳定连续的气体。CDPW 系列汽车用液化天然气绝热气瓶如图 6-4 所示，技术参数见表 6-3。

三、气瓶阀

气瓶阀是气瓶的主要附件，是控制气体进出的一种装置。目前，国家标准中的气瓶阀有液化石油气瓶角阀和车用压缩天然气瓶阀。

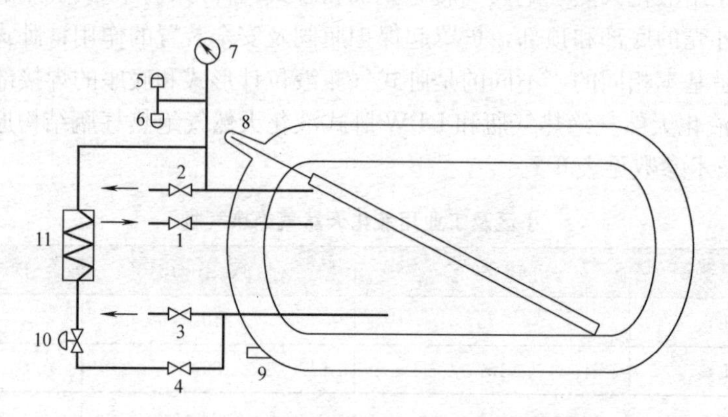

图 6-3　DPW 卧式液化天然气绝热气瓶

1—充装阀；2—气体阀；3—出液阀；4—增压阀；5，6—安全阀；7—压力计；8—液位计；9—真空塞；10—调压阀；11—增压器

（一）液化石油气瓶阀

常用的液化石油气瓶阀有两种结构形式：一种是角阀，另一种是直阀。我国国家标准《液化石油气瓶阀》GB 7512—2006 规定使用角阀，直阀目前在我国还属于非标准产品。直阀主要应用于民用液化石油气瓶上，由于直阀具有使用方便、安全可靠等优点，目前为

汽车用液化天然气绝热气瓶技术参数 **表 6-3**

型号参数	CDPW500-200-1.59	CDPW600-335-1.59
几何容积(L)	200	335
有效容积(L)	180	300
蒸发率(液氮)	3.5%	2.8%
工作压力(MPa)	<1.59	
主安全阀起跳压力(MPa)	1.59	
副安全阀起跳压力(MPa)	2.41	
空瓶自重(kg)	165	250
充装质量(kg)	77	128
外形尺寸(mm)	$D550\times L1440$	$D660\times L1680$

世界大多数国家和地区所采用。如在我国香港、澳门地区普遍使用的是直阀气瓶。随着市场与国际接轨的步伐不断加快，直阀瓶在国内正逐渐被大众所接受，并得到推广应用。近几年来，在我国南方一些城市，如深圳、珠海等也在推广使用直阀气瓶。

图 6-4 CDPW 系列汽车用液化天然气绝热气瓶

1. 角阀结构与技术参数

《液化石油气瓶阀》GB 7512—2006 取代了《液化石油气瓶阀》GB 7512—1998。国家标准《液化石油气瓶阀》GB 7512—2006 对瓶阀的基本形式、技术要求、试验方法和检验规则等作出了规定，并规定液化石油气钢瓶瓶阀为不可拆卸式，瓶阀代号“YSQ”，其结构如图 6-5（*a*）、（*b*）所示。其中图 6-5（*a*）为推荐使用型的带有自闭装置的钢瓶角阀；图 6-5（*b*）为普遍使用的无自闭装置的钢瓶角阀。

技术参数：

（1）适用工作温度－40℃～＋60℃；

（2）公称工作压力不大于 2.5MPa；

（3）启闭力矩不大于 5Nm；

（4）活门升程大于公称通径的 1/4；

（5）在公称工作压力下，瓶阀启闭 30000 次不得有泄漏或其他异常现象。

2. 瓶阀的技术要求

液化石油气瓶阀除应满足《液化石油气瓶阀》GB 7512—2006 第 6 条技术要求外，还应满足以下要求：

（1）阀体材料及主要零件材料的选用应满足产品性能要求；

（2）瓶阀上与气瓶连接的螺纹，必须与瓶口内螺纹相匹配，并应符合相应国家标准的规定，瓶阀的出气口的结构，应能有效地防止气体错装、错用；

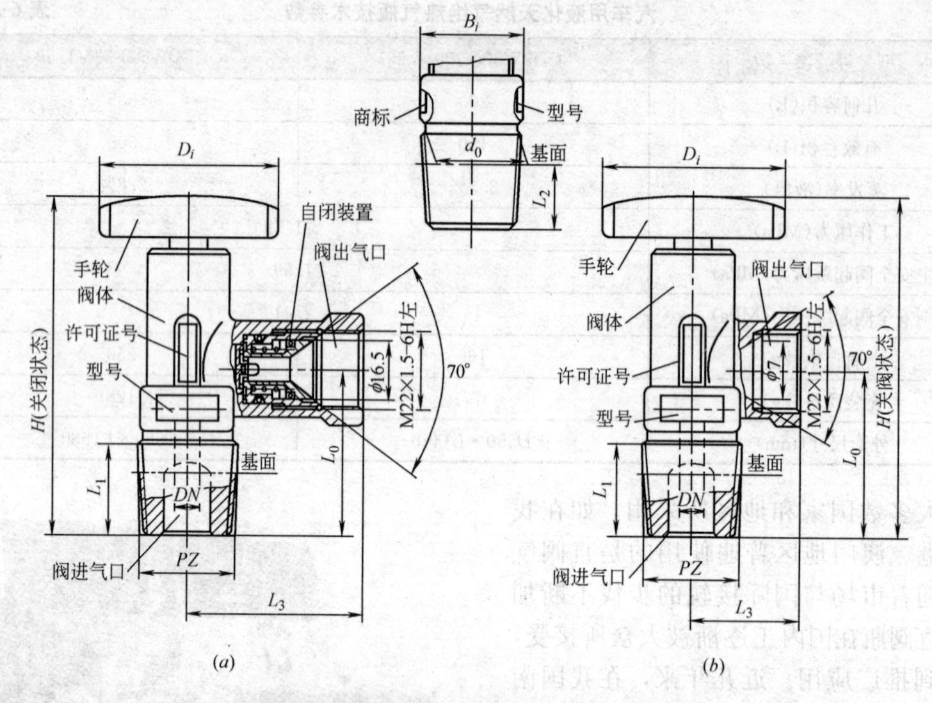

图 6-5 液化石油气钢瓶不可拆卸式阀

(a) 有自闭装置的阀（推荐型）；(b) 无自闭装置的阀

(3) 瓶阀的手轮材料应具有阻燃性能；

(4) 瓶阀的密封材料必须符合规范标准的要求；

(5) 瓶阀阀体内如装有爆破片，其爆破压力应略高于瓶内气体的最高温升压力；

(6) 同一规格、型号的瓶阀，其重量允差不应超过 5%；

(7) 瓶阀上应按相关规范标准的要求作永久标记；

(8) 瓶阀出厂时应逐只出具产品合格证和质量证明书。

(二) 车用压缩天然气瓶阀

国家标准 GB 17926—1999 对车用压缩天然气瓶阀的基本形式、技术要求、试验方法和检验规则以及储运等内容作出了规定。

车用压缩天然气瓶阀结构如图 6-6 所示。

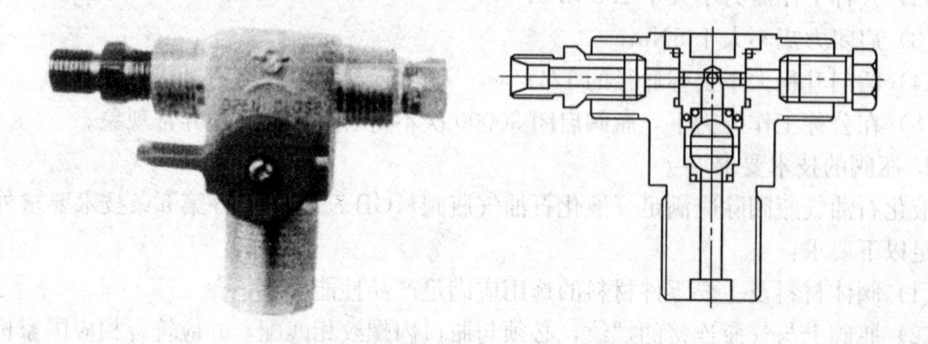

图 6-6 车用压缩天然气瓶阀结构

技术参数：
公称工作压力：20MPa；
工作环境温度：－40～60℃；
公称通径：4～5mm；
安全装置压力或温度：33±2MPa，100℃。

第二节　气瓶颜色与钢印标志

一、气瓶的颜色标志

燃气气瓶的颜色标志系指气瓶外表面涂敷的颜色、字样内容、字色和色环，涂膜颜色按充装气体的特性作规定的组合。其作用：一是气瓶种类识别的依据；二是防止气瓶锈蚀。

国家标准《气瓶颜色标志》GB 7144 对各种气瓶颜色标志、字样、字色和色环等作出了明确的规定，其中燃气气瓶颜色标志如表 6-4 所示。

燃气气瓶颜色标志　　表 6-4

气瓶类别		瓶色	字样	字色
液化石油气	工业用	棕	液化石油气	白
	民用	银灰		大红
天然气		棕	天然气	白

对于小容积气瓶，充装气体的名称可用英文缩写或化学式表示，如液化石油气可用 LPG 表示。

汉字字样采用仿宋体。公称容积 40L 的气瓶，字体高度为 80～100mm；其他规格的气瓶字体大小宜适当调整。

字样排列要求：

1. 立式气瓶的充装气体名称应按瓶的环向横列于瓶高 3/4 处；单位名称应按瓶的轴向竖列于气体名称居中的下方或转向 180°的瓶面。

2. 卧式气瓶的充装气体名称和单位名称应以瓶的轴向从瓶阀端向右（瓶阀在视者左方）分行横列于瓶中部；单位名称应位于气体名称之下，行间距为筒体周长的 1/4 或 1/2。

二、气瓶的钢印标志

气瓶的钢印标志是识别气体的依据。气瓶的钢印标志包括制造钢印标志和检验钢印标志。燃气气瓶的钢印标志按规定打在护罩上，如 YSP35.5 液化石油气钢瓶，制造钢印标志的内容有：

1. 充装气体名称英文缩写：LPG；
2. 制造厂名；
3. 产品出厂编号；
4. 制造日期；
5. 水压试验压力：TP3.2；

6. 气密性试验压力：WP2.1；

7. 瓶身自重：W16.5；

8. 几何容积：35.5L；

9. 瓶体壁厚：S_O2.9；

10. 省级锅炉压力容器检验机构的检验代码；

11. 执行国家标准：GB 5842；

12. 投保保险公司英文缩写（如中国人民保险 PICC）。

第三节　气瓶使用登记与安全管理

一、气瓶使用登记

为了加强气瓶使用安全管理，规范使用登记行为，根据国家质检总局《气瓶使用登记管理规则》TSG R5001—2005 的规定，凡用于正常环境温度（－40～＋60℃）下、公称工作压力大于或等于 0.2MPa（表压），并且压力与容积的乘积大于或等于 1.0MPa·L 的盛装气体、液化气体和标准沸点等于或低于 60℃的液体的气瓶（不含灭火用气瓶、呼吸器用气瓶、非重复充装气瓶等）都应进行使用登记。气瓶充装单位、车用气瓶产权单位或者个人（以下统称使用单位）应当按照规则规定办理气瓶使用登记，领取《气瓶使用登记证》。使用登记证在气瓶定期检验合格期间内有效。

气瓶按批量或逐只办理使用登记。批量办理使用登记的气瓶数量由登记机关确定。

办理使用登记的气瓶必须是取得充装许可证的充装单位的自有气瓶或者经省级质量技术监督部门批准的其他在用气瓶。

（一）气瓶使用登记办法

气瓶使用单位办理使用登记时，应当向登记机关提交以下文件：

1.《气瓶使用登记表》见表 6-5，并附电子文本；

气瓶使用登记表　　**表 6-5**

使用单位：（加盖使用单位公章）　　使用单位代码：

登记项目内容	序号				
设备品种					
充装介质					
制造单位					
制造年月					
公称工作压力(MPa)					
容积(L)					
设计壁厚(mm)					
最近一次检验日期					
下次检验日期					
气瓶使用登记代码					
变更情况					
停用情况					
备注					

申请人声明和签署：以上所列气瓶均标有惟一的使用登记代码，申请人对本表所填内容的真实性负责。

申请单位法定代表人签名：　　日期：

登记机关经办人：　　日期：

安全监察机构负责人：　　日期：　　登记机关：（盖章）

2. 气瓶产品质量证明书或者合格证（复印件）；

3. 气瓶产品安全质量监督检验证明书（复印件）；

4. 气瓶产权证明和检验合格证明；

5. 气瓶使用单位代码。

在用气瓶办理使用登记时，如果已经超过定期检验有效期，应当在定期检验合格后办理使用登记。

注：以上第2、3条只适用于新气瓶。

（二）使用登记代码和使用登记证编号

对允许登记的气瓶，应按照《气瓶使用登记代码和使用登记证编号规定》编写气瓶使用登记代码和使用登记证编号。

1. 气瓶使用登记代码

气瓶使用登记代码由登记机关编制。

代码结构是由气瓶品种代码、省级行政区域代码、使用单位代码、排序代码组成：

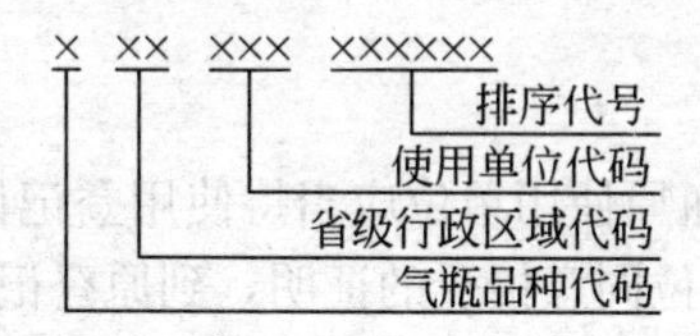

（1）气瓶品种代码见表6-6

气瓶品种代码 **表6-6**

气 瓶 品 种	代 码	气 瓶 品 种	代 码
无缝气瓶	1	溶解乙炔气瓶	4
焊接气瓶	2	车用气瓶	5
液化石油气	3	低温绝热气瓶	6

说明：液化石油气钢瓶的品种代码可省略。

（2）省级行政区域代码

依据《中华人民共和国行政区划代码》GB/T 2260—2002确定，如江苏省为32。

（3）使用单位代码

由省级质量技术监督部门统一确定的充装单位代码。

车用气瓶，用登记机关的行政所在地的行政区划代码代替。即前1位为0，后2位为登记机关所在地的市（地）级行政区划代码，如江苏省无锡市为002。

（4）排序代码

用六位阿拉伯数字表示。采用使用单位的气瓶顺序编号。从000001排至999999（不足六位的应在数字前加零），当气瓶总数超过999999只时，则将第一位数字编为英文字母“A”，如第100万只的编号为A000000。

2. 气瓶使用登记证编号

编号结构由特性码、使用单位代码和使用登记证顺序码组成：

××　　　×××　　　××

（特性码）（使用单位代码）（气瓶使用登记证顺序码）

（1）特性码

由 QP 两个汉语拼音大写字母组成。

（2）使用单位代码

采用省级质量技术监督部门统一确定的充装单位代码。

车用气瓶按照上述规定第 1（3）要求编号。

（3）气瓶使用登记证顺序码

该使用单位的使用登记证的顺序编号。

（三）气瓶使用登记档案管理

1. 使用单位应当建立气瓶安全技术档案，将使用登记证、登记文件妥善保存，并将有关资料录入计算机，并且及时更新气瓶使用登记数据库。

2. 使用单位应当在每只气瓶的明显部位标注气瓶使用登记代码永久性标记。

3. 使用单位应当于每年 12 月 31 日前，向登记机关报送气瓶变更情况，填写《气瓶使用登记表》，并附电子文档。

二、过户和注销登记

（一）气瓶需要过户，气瓶原使用单位应当持使用登记证、《气瓶使用登记表》、有效期内的定期检验报告和接受单位同意接受的证明，到原登记机关办理使用登记注销手续。

原登记机关应当在《气瓶使用登记表》上做注销标记，并且向气瓶原使用单位签发《气瓶过户证明》。

（二）气瓶原使用单位应当将《气瓶过户证明》、标有注销标记的《气瓶使用登记表》、历次定期检验报告以及登记文件全部移交给气瓶新使用单位。

（三）气瓶过户时，其使用登记代码永久标记不得更改，但应当在气瓶原标记前标注"CH＋气瓶新使用单位代码"字样。

（四）气瓶有以下情形之一的，不得申请变更登记：

1. 气瓶原使用单位未办理使用登记的；

2. 定期检验结论为判废或者到期报废的；

3. 擅自变更使用条件或者进行过违规修理、改造的；

4. 无技术资料的；

5. 超过规定使用年限的；

6. 制造单位不明或者制造日期不清的；

7. 存在其他安全隐患的。

（五）对于定期检验不合格的气瓶，气瓶检验机构应当书面告知气瓶使用单位和登记机关，以便及时注销其气瓶使用登记。

（六）气瓶报废时，使用单位应当持使用登记证和《气瓶使用登记表》到登记机关办理报废、使用登记注销手续。

三、气瓶的安全监管

作为运输和存储燃气的重要载体—气瓶，随着日益增长的能源需求和燃气行业的发展，已逐渐积累并形成了一个数量巨大的群体。特别是液化石油气气瓶的广泛普及和利用，给居民家庭日常生活、工业生产和商业服务提供了清洁、方便的能源。但是，由于市场经济的激烈竞争和气瓶的管理不善，每年因为液化石油气气瓶的泄漏爆炸，而导致的财产损失和人员伤亡的悲惨事件数不胜数。据不完全统计，在我国目前至少有1.5亿只液化石油气气瓶在市场中流通使用，而且每年新投入的气瓶数量在1000万只以上。在这些数目惊人的气瓶中，掺杂着相当数量的过期瓶、报废瓶，给人民群众的生命财产和社会的和谐稳定构成严重的威胁。在国家不断加大对安全生产监督管理力度的背景环境下，如何采取有效措施和科学的管理方法完善和加强气瓶的安全管理问题，显得迫在眉睫。

为了规范燃气市场秩序，切实加强气瓶的安全监督管理，政府主管部门提倡和鼓励燃气充装单位实行连锁经营或者规模化、集约化经营。并制定优惠政策对自有产权气瓶数量超过一定规模的充装单位给予支持。同时，国家质检总局颁布的《气瓶使用登记规则》明确规定：气瓶充装单位、车用气瓶产权单位或者个人应当按规定办理气瓶使用登记，领取《气瓶使用登记证》；对单位自有产权气瓶或者经省级质监部门批准的其他在用气瓶，应在每只气瓶的明显部位标注气瓶使用登记代码永久性标记，并按批量或逐只办理统一注册使用登记证。实际上这是给每一个气瓶注册一个永久性的“身份证”，通过这个“身份证”进行单体跟踪和实时监控，从而达到有效监管的目的。为此，建议采取以下技术措施和安全管理办法：

（一）建立气瓶信息公共管理监测平台

建立地方区域性的气瓶信息动态监测网，即相当于公共数据服务器，作为政府主管部门、燃气充装单位和气瓶检验机构共享和管理的平台。这个平台主要实现以下两个功能：

1. 气瓶原始档案的登记和注册；

2. 气瓶检验记录的实时更新。

（二）为气瓶制作永久性使用登记代码

按国家质检总局颁布的《气瓶使用登记规则》附件2“气瓶使用登记代码和使用登记编号规定”，对每一只气瓶制作一个永久性使用登记代码（滚压钢印代码），使其拥有一个唯一的“身份证”。这样在实施气瓶监管时，要了解某个气瓶的详细情况，只要在气瓶档案管理系统中输入该气瓶的代码—身份证号，立刻就能从数据库中得到该气瓶的相关详细资料，包括产权单位名称、气瓶类型、生产厂商、生产日期、使用年限、检验记录等。

（三）各司其职，切实履行管理职能

政府监管部门、气瓶检验机构、燃气经营单位和气瓶用户根据档案管理系统软件分配的权限，进行管理操作和查询操作，最终做到气瓶统一注册登记、完全监管、流动控制和状态锁定。

1. 政府主管部门可以利用上述管理系统完成对气瓶原始信息的注册登记，以此实现对所管辖区域的气瓶安全状况进行实时监控和计算机动态管理。凭借气瓶注册登记后的电子档案，监管部门可以实时查询本辖区内总气瓶数量、各燃气充装单位气瓶数量、过期气瓶数量、定期检验气瓶数量、报废气瓶数量等。在行业监管上，可形成强有力的政策和制度约束，从根本上杜绝气瓶串充和气瓶无序流通等现象的发生。同时还便于快速地发现事故隐患，及时采取措施，避免事故的发生。

2. 气瓶检验机构可以通过对本辖区气瓶检验情况的查询，及时掌握过期瓶、报废瓶的数量，同时对经检验合格后的气瓶检验记录进行实时修改和更新。保证和提高气瓶检验率，防止过期瓶、报废瓶的流通使用，从而把住安全用气的第一道防线。

3. 有条件的燃气充装单位可装备电子智能化识别系统，在提交本单位气瓶原始资料后，在充装过程中，通过电子灌装秤上的读写设备对气瓶条码或电子标签的扫描阅读，自动识别该气瓶是否符合充装条件，符合的灌装秤自动开阀充装，否则灌装秤拒绝充装。这样对稳定客户，打击非法充装“黑气”，统一和提高企业品牌形象，是一项重要的举措。当然，实施这一举措，需要燃气企业高度自律精神。

4. 作为气瓶用户，则可以通过气瓶档案管理系统的查询，获得目前自己正在使用气瓶的相关信息，例如气瓶充装是否合格、是否为该单位的自有产权气瓶、该气瓶是否购买保险等。通过查询可以确认自己用上有安全保障的气瓶，这从侧面也有力地配合政府监管部门的工作。

第四节　气瓶供应与安全使用

气瓶供应是燃气供气最常见的方式。气瓶供应按气瓶的数量分为单瓶供应和瓶组供应，其中多数是单瓶供应；按供气状态又可分自然气化和强制气化两种形式。

一、液化石油气气瓶供应

（一）液化石油气单瓶供应

液化石油气单瓶供应系统如图 6-7 所示。这种供应系统是家庭日常生活中应用最普遍的一种燃气供应形式，单瓶供应全部的用气设备一般安装在厨房里。

图 6-7　液化石油气单瓶供应系统

液化石油气单瓶供应是一个自然气化系统。气瓶自然气化供气是依靠气瓶自身显热和吸收周围介质的热量而自然气化。自然气化形式如图 6-8 所示，当液化石油气开始从气瓶内导出时，由于液温与环境温度相同，液体不能通过容器壁从外界环境吸收热量，只有依靠自身显热气化，从而引起温度下降，液态液化石油气与外界环境间产生了温度差。这时，气化所需的热量开始通过容器壁从外界环境获得。经过一段时间，液温降至气化所需的热量全部由外界环境供给时，液温不再下降，从而形成稳定的传热气化。容器气化能力的大小，受液温、压力、液量、介质组分等因素的影响和制约。在实际气化条件下，容器内的液化气数量是随着消费而逐渐减少，液化气的液位不断下降，液态液化气与容器的接触面积（即传热面积）也不断缩小。液量的减少会使依靠传热和依靠显热而进行气化的速度下降。因此，液量减少，气化能力也随之下降。

气瓶内的液化石油气饱和蒸气压一般在 0.0686～0.784MPa，最高不超过 1.57 MPa。气体导出后，经过减压阀（或称调压器）减压至 2800±500Pa（280±50mmH_2O）后，进入燃烧器燃烧。

（二）液化石油气瓶组供应

瓶组供应是指两个及两个以上气瓶成组供气形式。由于瓶组供应一般用于居民小区、工业或公共建筑用户等用气量较大的场所，所以瓶组供应多数采用 YSP118 或 YSP118-Ⅱ型气瓶。瓶组供应是将气瓶分组连接，一组为使用瓶组，另一组为备用瓶组。使用瓶组与备用瓶组的连接可用管道直接连接，然后通过调压器调压送入管道。但多数是通过自动切换装置和调压器送入管道。

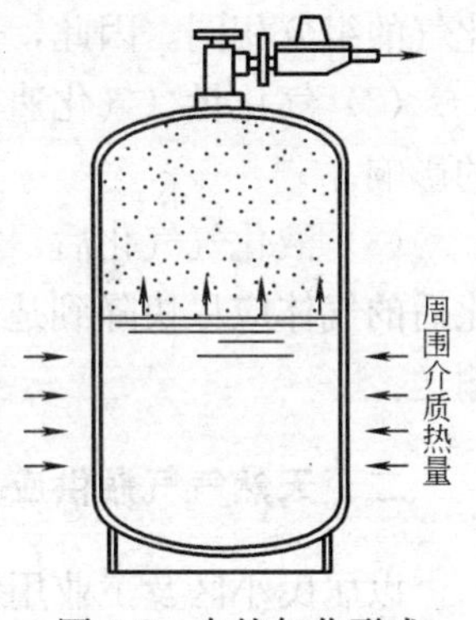

图 6-8　自然气化形式

瓶组供应有自然气化和强制气化两种供气形式。

1. 瓶组供应自然气化工艺系统

瓶组供应自然气化工艺系统如图 6-9 所示。采用二组气相瓶，通过气相切换装置交替使用。使用瓶组的气瓶数量应根据高峰用气时间内平均小时用气量来确定。其工作原理简述：高压胶管 1 与气瓶相连接，气瓶中的液化气自然吸热气化，通过切换调压装置 5 和管道输送至用气设备。

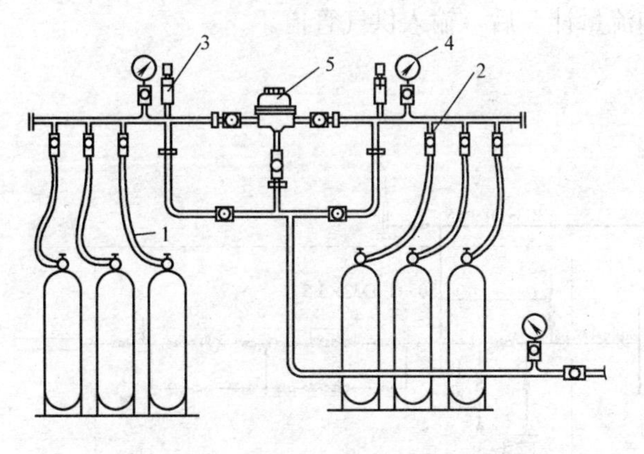

图 6-9　瓶组供应自然气化工艺系统

1—高压胶管；2—球阀；3—安全阀；4—压力表；5—气相切换阀

瓶组自然气化工艺系统具有工艺简单、投资少、建设周期短、供气灵活等优点。缺点是气化率低，供气量受到限制。

2. 瓶组供应强制气化工艺系统

瓶组供应强制气化工艺系统如图 6-10 所示。强制气化是人为地加热从容器中导出的液态液化气，使其气化的方法。气化过程是在专门的气化器（蒸发器）中进行的。其工作原理简述：高压胶管与气瓶相连接，气瓶中的液态液化气通过液相自动切换装置和管道输送至气化器，吸热气化后，经调压器减压后送至用气设备。

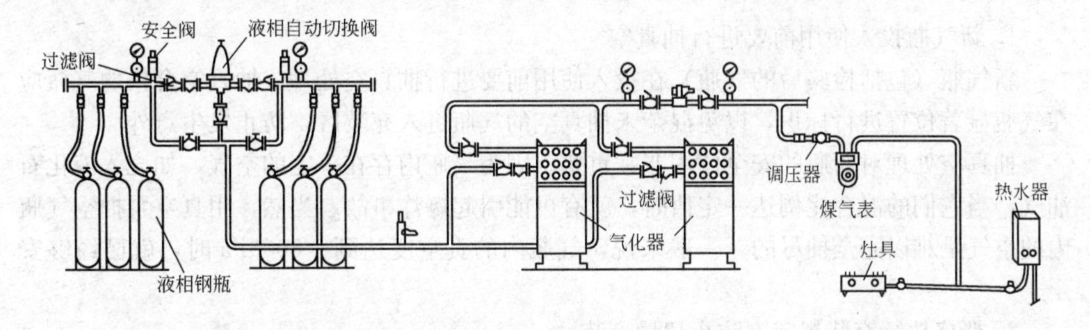

图 6-10　瓶组供应强制气化工艺系统

瓶组供应强制气化的特点：

（1）对于多组分的液化气，采用液相导出强制气化，气化后的气体组分始终与原料液化气的组分相同。因此，可向用气单位提供组分、热值和压力稳定的液化气。

（2）气化量（气化速率）不像自然气化那样受容器的个数、湿表面积大小和外部条件的影响。

（3）液化气气化后，如仍保持气化时的压力输送，可能会出现再液化现象。因此，气化后的气体应尽快降到适当的压力或继续加热提高温度，使气体处于过热状态，然后再输送。

二、天然气气瓶供应

以居民小区及工业用液化天然气低温绝热气瓶瓶组供气为例，其工艺系统如图 6-11 所示。该工艺系统与液化石油气强制气化系统相似，采用二组气瓶供气，一组为使用瓶组，另一组为备用瓶组。液态燃料从气瓶 1 中导出，通过管道和阀门进入热交换器 2，吸热气化，经气液分离器 3、调压器 4 和流量计 5 后，输入供气管道。

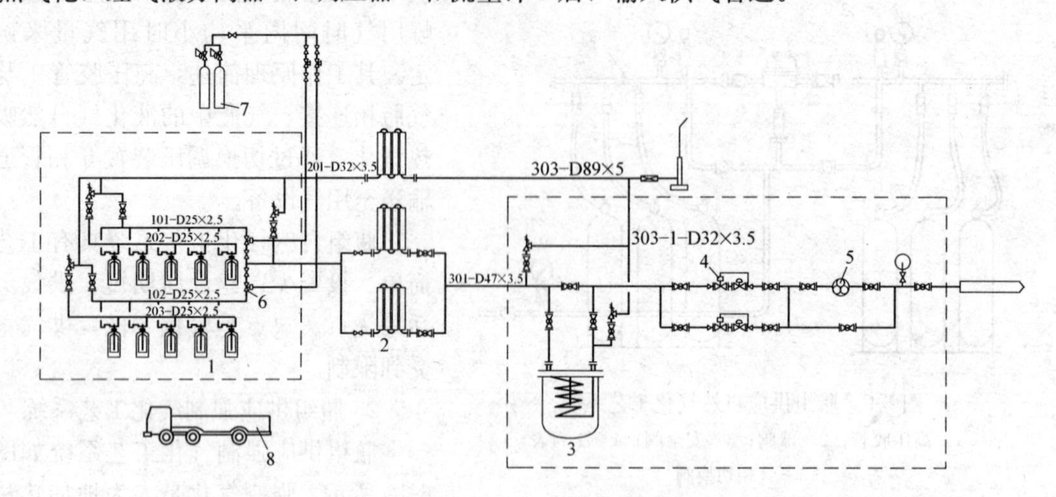

图 6-11 小区及工业用液化天然气低温绝热气瓶瓶组供气工艺系统

1—气瓶；2—热交换器；3—气液分离器；4—调压器；5—流量计；6—紧急切断阀；7—氮气瓶；8—运瓶车

三、液化石油气气瓶的安全使用

1. 新气瓶投入使用前要进行抽真空

新气瓶（包括检验后的气瓶）在投入使用前要进行抽真空处理。抽真空合格的气瓶应在气瓶显著位置进行标识，以免混杂未抽真空的气瓶进入充装区，防止发生意外。

抽真空处理对新瓶的安全使用非常重要。因为气瓶内存在一定的空气，如充入液化石油气，当它们的混合比例达一定值时，就有可能引起爆炸事故。当然，用真空泵抽空气瓶内的空气是难以完全抽尽的，一般来说，气瓶内的真空度达到－8000Pa 时，就已经够安全了。

2. 严格执行充装规定、防止超量充装

目前，我国普遍执行的是定量充装办法，这种充装法较为简单易行。事实上，空瓶自身的重量是有区别的，在充装前应逐只查对气瓶标出的自重，然后再加上规定的充装量，计算得出气瓶总重量，在充装秤上设定该气瓶总重量值，当充装达到设定值时，灌装秤自动切断灌装阀门，即完成充装。充装后的气瓶还要按规定在验斤秤上复验充装量，严格控制，防止超装。

在气瓶充装规定中，液化石油气气、液态共存的气瓶，其液态液化石油气占有气瓶的有效空间不得大于84%，留下不小于16%的气相空间。留下的16%的气相空间是为了防止液态液化石油气受热膨胀时，没有足够的空间而引起气瓶胀裂事故而设的。液态液化石油气的体积膨胀系数约为水的15倍，即它受温度的影响十分显著。若在5℃时气瓶充装的液化石油气占84%的容积，则当受热后温度升到60℃时，液态液化石油气就可能充满整个气瓶。这样高的温度在正常使用情况下是不会出现的。因此气瓶使用是安全的。如果充装量超过规定，假设充装时多充装2～3kg，这时，气瓶内的气态空间就很小或全无，随着温度的升高，液态体积膨胀，其膨胀力急剧增加，直接作用于气瓶。温度每升高1℃，压力就急剧上升1.96～2.94MPa（20～30个大气压力）。这样很可能在温度不太高（可能在25～30℃）时，气瓶内的压力就会超过气瓶的爆破压力，从而引起气瓶爆裂，酿成严重的事故。因此，气瓶必须严格按规定充装，不允许超装。

对于按原标准生产的液化石油气钢瓶，国家标准《液化石油气充装站安全技术条件》GB 17267—1998列出了不同规格液化石油气钢瓶“重量充装允许偏差（kg）”，其实质灌装合格标准应符合表6-7规定。

原标准钢瓶的充装量及充装允许偏差 **表6-7**

气瓶型号	充装重量(kg)	重量充装允许偏差(kg)	气瓶型号	充装重量(kg)	重量充装允许偏差(kg)
YSP-0.5	≤0.5	0.45±0.05	YSP-10	≤10	9.5±0.5
YSP-2.0	≤2.0	1.9±0.1	YSP-15	≤15	14.5±0.5
YSP-5.0	≤5.0	4.8±0.2	YSP-50	≤50	49.5±1.0

新标准尚没有配套的灌装合格标准。目前，各燃气公司在灌装新标准钢瓶时，对容积与原标准相同的钢瓶，其灌装合格标准仍参照《液化石油气充装站安全技术条件》GB 17267—1998所列出的“重量充装允许偏差（kg）”，但灌装重量上偏差不得超过表6-1中规定的“最大充装量（kg）”。

3. 气瓶必须直立放置

液化石油气气瓶必须直立放置，不允许卧放，更不准倒置，这是保证气瓶安全使用的重要一环。气瓶在直立放置时，瓶内的下部液化石油气呈液态，上部靠近瓶口处才是气态。当打开瓶阀时，输出的是气体。随着气体的供应，瓶内的液态液化石油气不断地蒸发转变为气态，保持瓶内一定的气体压力。如果将气瓶卧放或倒置，打开瓶阀喷出的是液态液化石油气，当流体流经瓶阀和减压阀后，由于外界压力比瓶内压力低，液体迅速气化，体积瞬间可膨胀扩大250～300倍。急促的燃气冲到灶具，会使灶具的火焰又高又猛，或由于气流过急脱火而无法燃烧，引起爆炸事故。此外，液化石油气从液态转变为气态时，要吸收很多热量，喷出的液态液化石油气急剧变化，会产生局部低温，可能损坏减压阀。

4. 气瓶位置不要靠近热源且通风良好

在厨房中使用气瓶，要有良好的通风条件。并将气瓶放置在通风干燥、便于开关操作、容易搬动和便于检查漏气的地方。为防止气瓶过热和瓶内压力过高，气瓶应远离热源，不要将气瓶放置在采暖炉或散热器旁。为避免气瓶受灶具火焰的烘烤，二者之间应保持0.5～1.0m的距离。气瓶亦不能放在阳光下暴晒，更不允许用开水烫或用明火烘烤。

气瓶应放置在通风干燥的地方，不要放置在地下室或没有通风的密闭室内。因为一旦液化石油气从气瓶漏出，比空气重的液化石油气就会在室内聚积，加之地下室或密闭室通风状况不良，很容易形成爆炸混合气体，一旦遇到火种，即发生爆炸。

5. 气瓶安装要正确

减压阀是液化石油气减压、输气的关键性部件。使用时要保证随时处于完好状态，从而才能保证安全用气。

减压阀和瓶阀之间是靠螺纹（左旋或称反扣螺纹）旋接的，每次换气时，要装卸一次。拆卸减压阀之前，必须先把气瓶阀关紧。否则，当减压阀卸开后，会有液化石油气从气瓶喷出，这是非常危险的。拆卸减压阀时，用一只手将其端平，另一只手顺时针方向旋转手轮。减压阀卸下后，应放在干燥、清洁的地方，防止堵塞和进气口密封圈脱落。

安装减压阀前，先要检查进气口密封圈是否老化、变形或脱落。如果发现老化、变形或脱落，应配置一个新的，不能用其他东西勉强代替。安装时，要一只手托平阀体，将手轮对准瓶阀出口丝扣，另一只手以逆时针方向旋转手轮，直到减压阀不能左右摇动为止。不能用扳手等器械加力安装，因为这样容易用力过大，将密封圈与瓶阀接口挤得太紧，使密封圈变形，容易损坏。减压阀安装好后，最好用肥皂水涂于接口处，如果无气泡冒出，说明接口处不漏气，这时可以点火使用了。

减压阀外壳上有一个小孔，称之为呼吸孔，它对减压阀的正常工作具有不可忽视的作用。这一小孔与减压阀膜上腔相通，与液化石油气却是隔绝的。当膜片上下运动时，膜片上方的空气就从呼吸孔进出。不必担心液化石油气会从此孔流出。因此，无必要也绝对不能堵塞此孔。如果该孔被堵塞，膜片上方的空气就无法正常出入，会造成膜片上方憋压，膜片的动作受到限制，这样减压阀就失去作用，液化石油气就会以高压通过而发生危险。

6. 检查用气设备是否有漏气现象

换回气瓶，装上减压阀后，不要急于点火使用，要先检查一下是否有漏气现象。瓶阀本身如有缺陷会出现漏气；减压阀手轮没有拧紧、密封圈脱落或损坏会出现漏气；胶管老化、烧损、开裂或连接太松会出现漏气；灶具转芯门密封不严也会出现漏气。这些容易漏气的部位，应逐一用肥皂水加以涂抹，若连续起泡即为漏气点。如果以上检查均未发现漏气点，但室内液化石油气的气味依然很浓，就应怀疑气瓶瓶体是否漏气，检查方法也是用肥皂水涂抹。检查时要特别注意检查瓶阀与瓶口的连接处、环焊缝、上下两端易受腐蚀和易受机械损伤的部位。

检查用气设备漏气时，切不可直接用明火去检漏。如果存在漏气点，漏出的气就会被点燃，这样形成的漏气火焰是难以控制的。

如果室内闻到浓重的液化石油气气味，这说明用气设备发生了漏气，应立即警觉。此时绝对不要惊慌失措，要冷静慎重地进行处理。首先打开门窗，加强室内外空气的对流。由于液化石油气比空气重，地面附近积存较多，可用笤帚扫地，将其向室外驱散，以降低室内空气中液化石油气的浓度，然后检查漏气点，并采取措施进行适当处理。在处理漏气过程中，室内绝不能带进明火，也不要开关电器，以防引起爆炸。

7. 严禁乱倒残液

液化石油气中除丙烷、丁烷、丙烯、丁烯等主要成分外，还含有少量的戊烷和比戊烷更重的烃类物质。这些物质成分在常温下饱和蒸气压很低，不能蒸发气化和克服减压阀的阻力。因此，气化不了而存留在瓶底，形成残液。残液卸压后在空气中，比汽油更容易挥发、扩散，一旦遇到火种就会形成熊熊大火。如果将残液私自乱倒在下水道或郊外，就可能发生火灾。因此，严禁乱倒残液。正确的方法是将存有残液的气瓶送交储备灌装站，统一抽残，回收处理。

8. 安全用气

（1）正确使用点火方法

正确的点火方法是“火等气”。即拧开气瓶阀（一般拧开角阀手轮 1/4～1/2 圈即可）后，先点燃点火棒，一边将点火棒移近燃烧器火孔，一边稍微开启灶具开关进行点火。这样可以使少量的液化石油气与空气中的氧一边相互扩散混合，一边发生燃烧，因而燃烧速度缓慢。点燃后，根据使用需要调节开关和风门，控制火焰的大小。若第一次点火不着，应立即关闭灶具开关，稍停一下，待气体扩散后，再重新按“火等气”进行点第二次。

反之，如果是“气等火”，则有较多的气突然被火点着，形成爆燃，因而很不安全。

目前，居民家庭普遍使用的灶具都具有自动点火功能。即先按压灶具开关，电子点火器发出电火花，与此同时燃烧器输出点火气源，先点燃烧器内圈小火，再通过小火引燃外圈主燃烧器，不需要划火柴或点燃点火棒。

（2）正确调节火焰

液化石油气正常火焰呈浅蓝色，无烟，内外两层火焰清晰可见，而且紧贴火孔燃烧。如果在燃烧时出现红黄色火焰或者冒黑烟，说明空气混合量不足，燃烧不充分。此时烟气中含有一氧化碳、氮氧化物等多种有害气体，既影响人体健康，也污染环境。因此，需要适当调节灶具的调风板，加大空气的供应量，使火焰逐渐变短，直至达到完全燃烧。如果火焰发紫，火苗不稳定，甚至发生脱火现象，说明空气量过大，此时需要适当关小灶具的调风板，减少空气供应量，直至达到完全燃烧。

刚点火时，若空气量过大，还容易产生回火现象，即突然发生“啪、啪”的响声或特殊的噪声，有的甚至从调风板处向外冒火苗。这是因为液化石油气离开火孔的速度小于燃烧速度，所以火焰向火孔内部收缩，导致可燃气体在灶具的混合管内燃烧。为了避免回火现象，点火时应先将调风板适当调小些，点燃后再调至所需位置。

此外，火焰的变化与液化石油气的组分有关。液化石油气组分中的 C_3 比 C_4 的相对密度小，沸点低，故先从气瓶中气化出来，而且燃烧 C_3 所需的空气量又较少，所以此时应将灶具调风板开小些。当火焰逐渐变成黄色时，说明 C_3 已基本耗尽，瓶内剩下的绝大部分是 C_4，此时需要相应开大些调风板，增加空气供应量，才能维持 C_4 的完全燃烧。

（3）用气时要注意通风

液化石油气燃烧时，会产生大量的二氧化碳和水蒸气，同时还消耗大量的氧气。粗略地计算，$1m^3$ 的液化石油气完全燃烧大约需要 $30m^3$ 空气。显然，随着室内空气的大量消耗，二氧化碳与水蒸气的不断增加，如果在通风不良的室内，人就会慢慢地感到不舒服。因此，在液化石油气燃烧过程中，应经常注意通风，以便燃烧后的废气能及时排出，使室内空气保持新鲜。

（4）用气时应有人看管

使用液化石油气煲汤、煮饭时，会有汤水溢出，很可能将火焰浇灭。使用小火或气体即将用完时，风有时会将火焰吹灭。这时火虽熄灭了，液化石油气却源源不断地从燃烧器的火孔中放出来，混入室内空气中，形成爆炸性混合气体，遇到火种就会立即爆炸成灾。因此，使用液化石油气时，应有人看管。

（5）及时关阀熄火

用火结束时，宜先关闭气瓶阀，熄火后接着将灶具开关旋至“关”的位置，只有在气瓶阀和灶具阀都完全关闭的情况下，方可离开，这样才安全。

（6）燃气胶管应使用专用耐油胶管，长度不应超过 3m，橡胶管不得穿墙越室，并要定期检查，发现老化或损坏要及时更换。

（7）燃器具每次使用后，必须将开关扳回到关闭位置；每次使用前必须确认其开关在关闭的位置上，才可通气点火。

四、天然气气瓶的安全使用

（一）压缩天然气（或称 CNG）气瓶的安全使用

1. CNG 气瓶必须具有完整的出厂资料，包括产品合格证、质量证明书和监督检验报告等。

2. CNG 气瓶必须按照国家标准《汽车用压缩天然气钢瓶定期检验与评定》GB 19533—2004 的规定进行定期检验，经检验合格且在保持有效检验周期内安全使用。CNG 气瓶使用期及检验周期为：

出租车 CNG 气瓶首次检验周期为二年；使用期不超过五年。

公交及其他 CNG 气瓶首次检验周期为三年；使用期不超过十年。

3. 使用单位（或个人）应持 CNG 钢瓶出厂资料及有效期内的 CNG 钢瓶定期检验报告到市（地）级质量技术监督部门办理使用登记，纳入统一管理。

4. 车用 CNG 气瓶使用登记证必须随车携带。

5. 安装在气瓶上的附件（如易熔合金塞、瓶阀等）应由 CNG 气瓶检验机构统一更换，严禁私自装、拆。

6. CNG 气瓶的使用单位（或个人）应对 CNG 气瓶操作人员进行相关安全技术培训，以保证操作人员具有必要的安全作业知识。

7. CNG 气瓶的使用单位（或个人）应对 CNG 气瓶进行经常性维护保养，并定期进行自检，对到期检验的气瓶及时送检，对超过使用期的气瓶及时更新，确保 CNG 气瓶的安全使用。

8. 随车报废或到期检验不合格的 CNG 气瓶，应由车管部门和特种设备检验机构人员到现场进行监督确认，经确认报废的 CNG 气瓶交由特种设备检验机构统一处理，并及时办理使用登记注销手续。

（二）液化天然气（或称 LNG）低温绝热气瓶的安全使用

1. 在装卸、储存、运输过程中，应密切监测 LNG 低温绝热气瓶的蒸发量，控制气瓶内 LNG 蒸发率不大于表 6-2 的规定值。

2. 为防止低温绝热气瓶内 LNG 出现分层或形成所谓的“翻滚”现象，在实际操作时应采取以下安全措施：

(1) 根据 LNG 的密度等因素，设计合理的 LNG 充装工艺；
(2) 设置必要的循环工艺系统；
(3) 监控 LNG 蒸发速率；
(4) LNG 中的氮含量应低于 1%mol；
(5) 避免在同一气瓶（或储罐）内储存品质相差较大的 LNG；
(6) 定期检测瓶内 LNG 的液位、温度、压力等。

3. 在装卸、运输和使用 LNG 低温绝热气瓶时，应注意保护气瓶上各种安全附件，防止损坏而导致意外。

4. LNG 低温绝热气瓶（或储罐）内部压力应控制在允许的工艺参数范围以内，内部压力过高或出现负压，都对气瓶构成潜在的危险。

5. 对 LNG 低温绝热气瓶进行灌装或紧急情况时的排液，切忌速度过快。否则，瓶内可能形成负压而构成危险因素。

6. LNG 低温绝热气瓶在使用过程中，与之相连接的管道、设备等表面会形成低温。因此对于接触低温的操作人员，一定要穿戴特殊防护服，防止皮肤直接接触而冻伤。

7. 对于低温设备、管道和阀门，设计上应考虑安全操作问题，要求进行采取保冷、防冻等措施。

8. 在 LNG 低温绝热气瓶瓶组间内，应安装固定式可燃气体探测器；操作人员应配置便携式气体浓度报警器。

第五节　气瓶终端配送

气瓶的终端配送，按气源分有天然气和液化石油气两种配送方式。由于天然气和液化石油气理化性质的不同，两种气源配送管理系统也各有不同的特点。对于天然气来说，气瓶存储有两种方式：一是高压管束存储压缩天然气，存储压力一般可达到 25MPa；二是采用低温绝热气瓶存储液化天然气。这两种天然气气瓶一般适用于压缩天然气灌装站、天然气充气站和居民小区气化站等终端用户的集中配送，不像液化石油气气瓶那样分销配送至千家万户。由于盛装天然气的气瓶一般都是定点配送，且瓶量不大，管理不像液化石油气气瓶那样复杂。因此，在讨论气瓶配送时仅以液化石油气气瓶为例。

对于大型燃气经营企业来说，液化石油气气瓶终端配送，实质上是一个庞大的物流管理系统。就其气源品质来说，瓶装气属于质量无差异性产品，或者说质量差异性不大的产品。同时，各气源的市场价格变动也是非常透明的，处于燃气终端供应的企业或批发商在进货成本上也没有太大的差异。因此导致大家产品的同质化，在品质上无法实行差异化经营。所不同的是在气瓶终端配送管理系统和客户服务上，可以体现企业的品牌战略和经营理念。如通过客户信息集中管理、高效优质的服务来争夺终端客户资源。因此，建立并不断地提升气瓶终端配送管理水平和改善服务质量，对于规范燃气市场秩序，保障用气安全显得非常重要和必要。同时也是企业做大、做强、做优的根本途径。

一、气瓶配送模式

(一) 传统气瓶配送模式

传统气瓶配送模式是通过设立在各地的固定门店来直接完成终端客户配送服务的。通常每一个门店设一个客户服务电话，以该门店为中心完成客户订气和送气上门等服务过程。由于很多客户是由送气工开发出来的，客户一般掌握在送气工手上，客户订气直接向门店打电话或者向送气工打电话，与燃气供应企业是一种间接或松散的关系。因此，配送管理暴露出很多问题。如：

1. 由于送气工收取的只是送瓶劳务费，送气工与燃气供应企业的关系非常松散，不好管理，也很难管理。一旦送气工离职，往往导致客户流失。

2. 为“串瓶充气”或充“黑气”提供了方便之门。由于瓶装气市场激烈竞争，一些实力不强的气站或中间供应商，为了争夺客户，不惜采取恶性的低价格竞争，有的甚至采取不法手段，在质量和数量上做手脚。如添加一些严重影响用气安全的化工原料、短斤少两等，从而导致“廉价”黑气泛滥，严重地侵犯消费者的合法权益，扰乱市场秩序，并对安全用气构成威胁。

3. 对送气工配送过程，燃气供应企业无法进行监控，服务质量无法跟踪，容易出现私自倒气、延误送气、私自收小费等问题，导致客户投诉多，安全隐患多。既给燃气供应企业带来负面影响，阻碍业务的发展，也给政府监管部门带来麻烦，甚至酿成安全事故，影响社会的和谐与稳定。

因此，传统气瓶配送模式已不能满足当前社会发展与安全生产管理的需要，应予以逐步淘汰。取而代之的当属气瓶集中配送和电子信息化系统管理，这已经是燃气行业发展的必然趋势。

（二）呼叫中心与固定门店配送模式

这种配送模式是在公司总部建立一个电子智能化呼叫中心（或称客户服务中心），并在各地设立固定门店，呼叫中心与固定门店之间通过计算机网络和通信网络技术连接成一个统一完整的营销服务体系。它与传统配送模式比较具有以下优势：

1. 提供标准化、规范化服务，提高工作效率，能及时兑现服务承诺并为客户提供优质的服务。特别是对管理数量庞大的客户群，更具优势。

2. 加强对门店终端配送管理，杜绝管理上的漏洞，确保供气安全，提高经济效益。

3. 结合气瓶使用登记和气瓶充装登记，对气瓶使用可进行实时跟踪监测，杜绝过期瓶、报废瓶的流通使用，并能有效地扼制“黑气”泛滥。同时，便于配合政府主管部门对气瓶使用进行监督管理。

4. 通过企业形象宣传，提升企业品牌效应，扩大行业竞争力，有利于拓展客户资源。

5. 通过数据库的查询和统计，并按照优化数据模型自动进行客户分析、品牌分析、需求分析等多项市场分析，为企业的发展和决策提供真实的依据。

6. 对客户的咨询、投诉及应急事件，可实现准确、快速地反应，并可实现全天候售前、售后服务，让客户真正满意和放心。

不利因素是要在各地设立固定门店，尤其是在城市街区设立气瓶配送固定门店，门店选址往往显得困难重重。而且价格不菲的门店租金也给企业带来一定的经济负担。

（三）移动配送模式

气瓶的移动配送，类似于现在邮政推行“宅急送”形式。即把原来的固定气瓶配送门店变为流动车的形式，通过车载移动配送终端设备完成与呼叫中心（客户信息中心）的衔接，由呼叫中心下派用户的订气指令给分布在各地区的移动配送车辆，由移动配送车来完成向用户的送气服务。移动终端配送管理系统具有以下特点：

1. 机动灵活，极大地提高了配送速度，从而在提升服务质量上起到关键性作用。由于移动配送的方式在指定的配送区域内使用运瓶车，其机动性和灵活性大大增强。而且在没有固定门店或固定门店覆盖不到的范围，采用移动配送非常有效。这对扩大经营范围，拓展业务来说是一个强有力的手段。

2. 配送所需的人员配置少，无须支付高额的固定门店筹建费和租金，利于企业节省成本。移动配送车辆仅仅需要配置一名司机（兼管理员）和一名送气人员，就可以完成对指定地域和用户实现快速配送，而不必考虑在每个门店配备几名配送人员和管理人员。这对企业来说，大大地降低经营成本，提高了效率和效益。

3. 客户信息管理集中化程度高，投入成本小、操作方便。移动配送管理系统是建立在客户信息集中化管理基础上，通过先进的无线通信技术和网络技术，实现移动配送信息管理的智能化，司机通过移动配送车上的配送终端设备，可以很便捷地完成订单接受、打印、送气、回单处理等操作。该系统一方面解决了移动配送车在进行瓶装气配送服务过程中的统一管理问题，另一方面为企业客户信息集中管理提供了强大的支持和技术保障。同时，由于操作十分简单，大大地降低了对操作人员自身素质要求和培训成本，一般配送人员经过短时间培训即可掌握操作。

4. 对争夺客户资源，保障安全用气，打击“黑气”等扰乱市场行为，提供了一套强有力的市场武器。

二、呼叫中心与终端配送系统

呼叫中心和终端配送系统的建立，是燃气企业为适应燃气行业激烈的市场竞争，并运用现代化信息传递手段而构建的一个管理体系，目的是快速、全面、高效整合现有销售网络，继而扩大营销体系，为客户提供便捷、安全和优质的服务，建立竞争优势，从而获取更多的客户资源，为企业创造更佳的业绩。

（一）呼叫中心与终端配送系统的建立

呼叫中心与终端配送系统如图 6-12 所示。

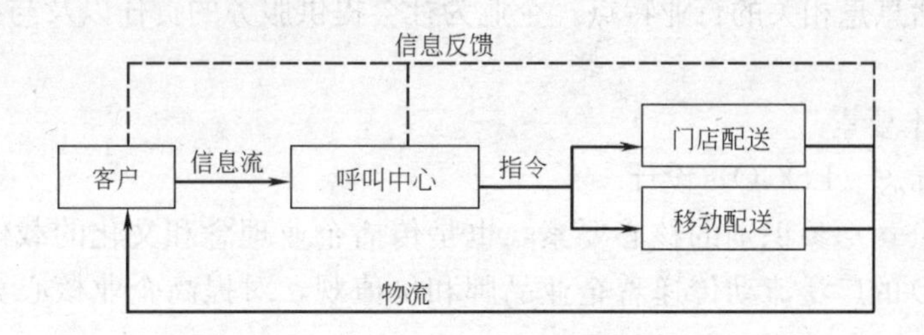

图 6-12　呼叫中心与终端配送系统

（二）呼叫中心系统主要配置

1. 统一呼叫电话；

2. 呼叫中心服务器和操作系统；

3. 呼叫中心座席电脑及打印机；

4. 呼叫中心内部电脑局域网和宽带网络；
5. 数据库；
6. 网络交换机；
7. 路由器；
8. 汇线通（在电信办理）；
9. 耳麦式电话；
10. 防雷设备；
11. 其他辅助设备。
（三）门店终端设备配置
门店设备既可以采用电脑设备也可以采用POS配送终端设备。

三、气瓶终端配送案例

某燃气总公司是集燃气批发和零售于一体的大型燃气经营企业，公司旗下几十家三级气站分布在各地市，其主导业务是经营瓶装液化石油气。企业自有产权气瓶和托管瓶总量超过100万只。由于客户群体和气瓶数量庞大，点多面广，信息量巨大，且配送业务跨越多个市（地）级行政区，气瓶配送管理难度很大。如果使用“手工记账、上门吆喝”式的传统配送管理模式，显然不能满足终端配送业务发展和客户的需要。为了整合客户资源，树立企业品牌形象，高效、有序地做好气瓶终端配送，该公司在进行大量的市场调查研究和技术论证的基础上，运用现代电子技术和先进的通信技术，建立一套信息化呼叫管理和配送系统。系统设计要点有以下方面：

（一）基础管理工作

为了建立适应市场需要的呼叫中心和终端配送信息化管理系统，公司从塑造企业形象入手，先行整合内部资源，切实做好基础工作。具体来说就是，对企业形象识别规范（CI）进行设计和经营理念的整合，通过CI设计将理念融会贯通于生产实践和各个管理系统中。CI设计基本内容包括企业理念、系统基本要素、系统应用规范和行为规范四部分。

1. 企业理念

企业理念整合注意体现“三种关系”，即：企业与燃气行业直至社会逐层递进关系；企业与民众生活息息相关的行业特点；企业为社会提供服务的责任以及与社会各方面的血脉相连的关系。

2. 系统基本要素

（1）公司标志（LOGO）设计

LOGO是公司形象识别的核心要素，也是传播企业理念和文化的载体。在物流配送过程中，LOGO的广泛流动传递着企业品牌和价值观，对提高企业核心竞争力起着不可或缺的作用。

LOGO的设计要素包括：标志正形及释义、比例图、色彩应用规范等。

（2）公司中英文名称的全称、简称以及标准字体组合与色彩规范。

3. 系统应用规范

系统的应用规范包括：公司网页首页，旗帜旗杆，建筑物标识牌、门牌、门楣标识，形象墙标识，话务室、接待室、休息室、贵宾室、洽谈室、洗手间等标识，户外标识及泊车标识，供气社会服务承诺、服务指南公示牌，公共设施及禁烟标识，气罐、气瓶标识，罐车、运瓶车、自行车形象标识，员工服饰、工作人员胸卡、外来人员胸卡设计应用，各种证书、聘书、文件资料格式应用，名片、信函、请柬、贺卡、公告、通知、简报格式应用，宣传品、礼品、徽章设计应用，工作日志、会议记录及正确书写格式的应用，顾客意见、反馈意见及其他通用性标贴应用等。

4. 行为规范

行为规范作为企业理念的外在表现，是对企业员工整体行为的一种引导，旨在规范每一位员工的行为，使之在日常工作中形成良好的习惯和自觉意识，利于塑造良好的企业形象和企业文化，从而增强企业的核心竞争力。行为规范的基本内容有：

(1) 员工通用行为规范

包括个人形象行为规范、日常办公规范、沟通交流规范、经营活动规范等。

(2) 客户服务行为规范

包括客服人员行为规范、声讯服务规范、上门服务规范及客户关系维护与监督等。

(3) 窗口岗位行为规范

包括接待人员、保安人员、司机、押运员、送气人员及上门维修服务等人员行为规范。

(4) 内部管理标准

包括业务流程、部门职责、技术安全管理体系、管理制度、岗位职责、操作规程和应急预案等。

(二) 呼叫中心与固定门店配送系统的建立

1. 信息管理系统

呼叫配送计算机信息管理系统如图 6-13 所示。

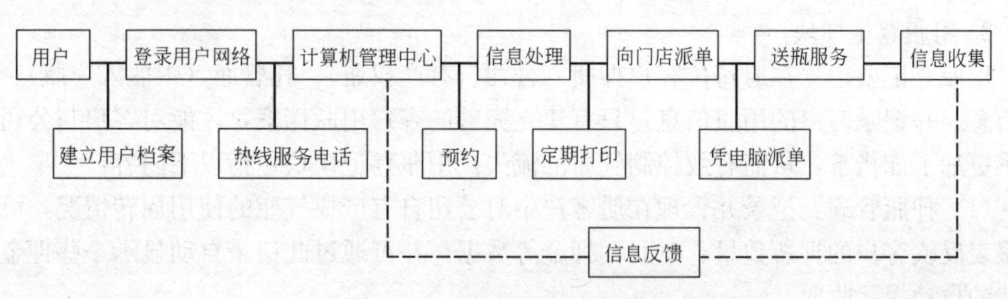

图 6-13 计算机信息管理系统

2. 呼叫中心与配送系统的配置

(1) 申请能覆盖跨市（地）级业务范围的特服呼叫电话，予以公示。并在各市（地）建立呼叫配送客户服务中心。呼叫中心采用汇线通（又称中继线）技术，将一个对外服务电话号码和若干个话务座席捆绑在一起，极大地方便客户拨打订气或应急服务电话。座席耳麦式电话具备来电显示功能；

(2) 建立呼叫中心内部电脑局域网；

(3) 建立数据库；

(4) 建立操作系统；

(5) 来电感应设备—呼叫中心服务器（或称呼叫中心主控机），采用 IT 专业公司生产的产品；

（6）门店设备申请开通分组数据传输服务的移动终端设备（中国移动 GPR）。

（三）客户信息服务中心系统模块

1. 基础信息模块

基础信息模块主要完成系统各类基础数据的录入，系统运行是基于基础信息模块建立的基础之上的。基础信息建立完善后，系统才能在完整的基础信息数据平台上平稳地运行。基础信息模块包括以下内容：

（1）地区资料设置：主要是将客户按地理位置、所管辖区域等信息进行分类，便于对客户按区域进行分析。

（2）客户类型设置：客户类型管理主要是便于在实际应用中对客户进行分类，以便于做到精细化和个性化管理。

（3）客户资料管理：主要是建立客户电子档案，使客户来电后立刻显示此来电客户信息，并可记录客户登记日期、编号等。

（4）客户等级管理及优惠设置：主要是对客户进行按等级管理，对公司业务有发展的客户或黄金客户，可提供优先、优价和优质的服务。

（5）部门资料设置：可对配送中心或者门店设立各个部门，按部门对员工进行划分。

（6）员工资料设置：对配送中心或者门店送气人员进行电子档案管理，并由此基础信息考核员工的业绩和计取报酬等。

（7）公司资料设置：设置公司名称等信息，供打印单据与报表时使用。

（8）信息发布：可实时发布各类信息，信息发布后，系统都会提示，确保员工能及时查看。

（9）其他需补充登录的信息。

2. 用瓶登记模块

用瓶登记要建立在册每位客户押瓶（公司自有产权瓶）、托管瓶（带瓶入户瓶）、退瓶等信息，并记录客户的用瓶信息，只有建立完善的客户用瓶档案，才能对客户与公司业务联系更加了如指掌，从而有效控制气瓶的流失。用瓶登记模块包括以下内容：

（1）押瓶管理：记录并管理在册客户中对公司自有产权气瓶的使用周转情况，可以通过报表反映客户的押瓶数量、时间、押金等数据，并可通过此记录自动显示一些押金及管理费的自动提示收取。

（2）托管瓶管理：记录在册客户托管瓶基础资料和购气信息。

（3）退瓶管理：客户退瓶时，根据已登记的资料，自动显示退瓶相关信息，并自动计算出退还或续交的押金或折旧补偿费。

3. 调拨管理模块

系统设置出、入库两种操作方式。记录气瓶出、入库数量及配送、调拨后的库存数量等信息。此模块主要包括以下内容：

（1）出、入库管理：实时查询空瓶出库，重瓶入库的数量。

（2）调拨管理：通过调拨管理功能，实现公司属下各部门之间气瓶调剂，并形成调拨报表。

（3）领、退料管理：管理配送过程中的领、退料记录。

4．配送管理模块

配送管理主要处理气瓶终端配送、来电显示客户资料、客户咨询与投诉、维修与应急事件以及客户回访管理等。此模块主要包括以下内容：

（1）客户订气：当客户来电订气时，交换机自动地将来电号码分配到空闲时间最长的座席人员，并从系统数据库中弹出该客户的在册登录的信息档案，显示客户名称、地址、类型、等级、积分等，并显示该客户历史购气记录和用瓶信息。

（2）配送：门店操作人员接收到客户信息中心下派的配送订单后，打印配送单，并安排配送人员，根据配送单所列地址向订气客户送气。系统可显示配送工作完成状态。

（3）咨询与投诉：当客户来电咨询或投诉时，交换机自动将来电号码分配到空闲时间最长的座席人员，并从系统数据库中弹出该客户的在册登录的信息档案，座席人员记录客户咨询或投诉内容，由调度人员下派到对应的门店，妥善安排并处理客户的投诉。系统可显示咨询或投诉工作完成状态。

（4）维修与应急管理：当有客户来电需要维修或发生应急事件时，交换机自动将来电号码分配到空闲时间最长的座席人员，并从系统数据库中弹出该客户的在册登录的信息档案，座席人员记录报修或应急内容，由调度人员安排维修人员或应急抢险人员进行处理。系统可显示咨询或投诉工作完成状态。

5．业务分析模块

业务分析模块主要是通过配送业务流程中产生的数据，自动生成各类业务分析报表，为业务发展提供分析图表。此模块主要包括以下内容：

（1）销售日报表

（2）调拨日报表

（3）门店气瓶统计报表

（4）门店库存报表

6．系统管理模块

系统管理模块是系统管理员管理用户、设置用户权限、系统参数、标准数据维护的管理平台。管理员可以进行系统的优化、个性设置、用户的管理、权限设置、数据备份和恢复操作。系统可采用数据加密手段设置可靠的安全机制，最大限度地保证用户数据的安全性。此模块主要包括以下内容：

（1）操作员设置

（2）用户权限设置

（3）操作员密码设置

（4）系统日结设置

（5）系统工作流程设置

（6）系统报表期初设置

（7）打印提示设置

（8）数据库维护

（四）呼叫中心的功能

呼叫中心具备以下基本功能：

1．使用统一呼叫的特服号

使用统一呼叫的特服号，向社会公示，并使这一特服号广泛传播，深入人心。

2. 方便的客户管理系统

建立完善的客户档案数据库和信息管理系统，并使之平稳地运行。

3. 自动转接配送终端

呼叫中心根据客户来电，自动显示从客户档案数据库中查出该客户的详细信息，经座席人员或接线生确认客户配送地址后，自动识别并转接到所在服务区的门店，门店配送人员接受到终端设备自动打印出的配送单后，进行配送。在无人值守的情况下，客户来电可通过呼叫中心系统的语音播放和语言导航等方式使用户获得所需的信息资料，实现全天候电话营销服务。

4. 方便的客户分析系统

针对客户信息采集、客户需求、客户价值分级、客户满意度以及企业形象展示、信息发布、市场调查、数据统计等进行量化分析。

5. 信息反馈系统

对客户的回访、查询、投诉等反馈信息进行处理，便于及时掌握客户消费动态，为企业决策提供真实的依据。

（五）呼叫中心的基本要求

呼叫中心作为公司对外服务的一个窗口，应符合以下基本要求：

1. 采用统一的特服电话号码；

2. 采用标准化的工作流程，严格规范服务质量标准；

3. 使用统一的客户服务界面和功能；

4. 统一树立客户服务形象和标识；

5. 使用标准化语言；

6. 统一使用标准化文本资料和表格。

第六节　气 瓶 运 输

燃气气瓶运输方式与安全管理内容在第三章第三节已有介绍，本节不作重复。气瓶的运输也有汽车运输、铁路运输和水路运输三种方式，其中应用最广泛的是汽车运输。

一、气瓶的汽车运输

气瓶的汽车运输就是将存储燃气的气瓶直接装在准运危险货物的货车上而进行的作业。也就是将空瓶运送到燃气充装站，再将充装合格的气瓶配送给广大客户。事实上，气瓶汽车运输作业与我们的日常生活息息相关，它在燃气输配过程中处于终端地位，是非常重要的一个环节。由于气瓶终端配送业务的需要，运瓶车经常要在城市街区和乡村道路上穿梭行驶，容易发生交通意外，并有可能引发燃气泄漏或爆炸事故，对社会安定构成威胁。因此，加强气瓶汽车运输安全管理，规范气瓶装卸、搬运操作行为显得格外重要。

（一）气瓶汽车运输的基本要求

气瓶汽车运输的基本要求与第三章第三节中汽车罐车公路运输基本相同，已介绍的大部分内容适用于运瓶车。但是汽车罐车和运瓶车的结构和用途是有区别的，前者储运主要用于燃气储备站之间的气源运输，后者则用于气瓶的终端配送。另外，运瓶车载运的是散装气瓶，车厢结构和要求既与罐车不同，也不同于普通货车。因此对运瓶车的车厢要提出相应的安全技术要求。

1. 运瓶车车厢板要牢固，车厢底板要平坦完好，并且要铺上符合安全要求的衬垫。

2. 箱式运瓶车车厢的两侧板近车厢底板处应开透气百叶窗，防止燃气泄漏时因车厢密闭而发生意外。

3. 车厢内不得放置有与燃气介质相抵触的残留物和助燃物。

4. 车厢的颜色、警示标志要符合相关安全技术规定。

（二）气瓶（以LPG气瓶为例）的装卸作业规定

1. 气瓶装卸前，首先要确认瓶阀无泄漏和瓶体无损伤。

2. 气瓶装卸所使用的机械工具应有防产生火花的保护装置，不得使用电磁起重机搬运。

3. 搬运YSP118L及以上规格的气瓶时，可用徒手推动搬运。即一手托住气瓶护罩，并使瓶身倾斜，另一只手推动瓶身，用瓶底边走边滚。运输YSP118L大容积气瓶的车辆宜选用装有液压升降尾板的车辆，以保证装卸便捷和安全。

4. 搬运、装卸YSP35.5L及以下小规格的气瓶，应手提气瓶护罩，轻拿轻放。不得用肩扛、背负。

5. 气瓶搬运、装卸时，不准溜坡滚动，严禁撞、拖、抛、摔。

6. 气瓶码放要直立，不准卧放，更不准倒置。对于YSP26.2或YSP35.5气瓶码放不得超过2层；对于YSP118气瓶，只准单层码放。

7. 码放气瓶时，如为一层码放，车厢板高度不得低于瓶高的三分之二；如为二层码放，车厢板高度不得低于上层瓶高的三分之二，以保证气瓶的重心始终处于车厢高度以内。

8. 气瓶码放应稳固，以防止运输途中倾倒。

二、气瓶的铁路运输

气瓶的铁路运输一般采用集装箱，即将气瓶成组地放置在特制的金属结构框架箱内，使用起重设备装卸集装箱。作业时，应严格遵守《铁路危险货物运输规则》。

（一）气瓶区分配装原则

1. 液化气体与压缩气体之间的区分配装；

2. 液化气体与自燃、遇火燃烧等易燃物品之间的区分配装；

3. 液化气体与氧化性气体之间的区分配装；

4. 液化气体与腐蚀介质之间的区分配装。

（二）气瓶车辆的编组隔离

载运燃气气瓶的机动车辆在编组时，应注意安全隔离，一般与牵引机车以及装有丙类易燃器材的车辆要有一节以上普通货物车辆的隔离，以防止泄漏引起燃烧爆炸事故。

（三）装卸机械与工具

装卸气瓶集装箱的超重机械与工具应装有防止产生火花的防护装置，并不得使用电磁起重机搬运。

三、气瓶的水路运输

燃气气瓶水路运输应严格遵守交通部令《水路危险货物运输规则》的有关规定。

1. 水路运输时的气瓶区分配装可参照铁路运输气瓶区分配装原则。

2. 气瓶必须成组直立积载，不得卧放，更不准倒置，并应用坚实的木制框架予以围蔽。在框架内的气瓶要加以支撑，并楔垫牢固和缚紧，防止向任何方向移动。

3. 积载气瓶处应远离一切火源、热源、电源，包括蒸汽管道、炉灶、配电盘等，并应远离生活处所。

4. 积载气瓶时，应采取有效的安全技术措施，防止逸漏的气体扩散到船舶的机舱，形成危险性混合气体，从而导致燃烧或爆炸事故。

第七节　气瓶储存与管理

燃气气瓶由于瓶内存储的是易燃易爆介质，而且存储压力很高，若遇到不标准的或不利的储存条件，很可能引起灾害性的安全事故。因此，必须高度重视气瓶的储存条件和保管工作。

一、气瓶库房的安全要求

1. 气瓶库房（以下称瓶库）的选址建设必须经过燃气行政主管部门、规划和公安消防等部门的批准。

2. 瓶库的建筑必须按国家标准《城镇燃气设计规范》GB 50028 要求进行，其耐火等级、安全间距和建筑面积必须符合国家标准《建筑设计防火规范》GB 50016 的有关规定。

3. 瓶库不应设在建筑物的地下室、半地下室，瓶库内不应有地沟暗道。

4. 瓶库的安全出口数目不宜少于两处，库房的门窗均需向外开，以便人员疏散和泄爆。

5. 瓶库应有足够的爆炸泄压面积，泄压面积与库房容积之比值宜采用 0.05～0.22m^2/m^3。

6. 瓶库必须是单层建筑，其高度一般不应低于 4m，屋顶应为轻型结构，并应采用强制通风换气装置，必要时应配备消防喷淋装置。

7. 瓶库内地面应平坦，且为混凝土不发火花地面，瓶库墙、柱应采用钢筋混凝土或砖块结构。

8. 瓶库内的照明、换气装置等电气线路与设备，均应为防爆型。

9. 瓶库如不在避雷装置保护区域内，则必须装设避雷设施。

10. 瓶库内应安装可燃气体自动报警装置。

11. 瓶库内应设置消防灭火器材，其中手提式灭火器（5kg 以上）不应少于 2 只。

12. 瓶库最大存瓶数不应超过 3000 只。如库房用密闭防火墙分隔成单室，存放瓶数不应超过 500 只。

13. 为了便于气瓶装卸和减少气瓶的损伤，一般应设置装卸平台，其宽度一般为 2m，高度按气瓶主要运输工具的高度确定。

14. 瓶库与民用建筑物应保持一定的防火间距，防火间距参见表 6-8。

瓶库与民用建筑物的防火间距（m）　　表6-8

建筑物			储气量（t）	
			≤10	>10
民用建筑、明火或散发火花地点			25	30
其他建筑	耐火等级	一、二级	12	15
		三级	15	20
		四级	20	25

二、瓶库的管理

（一）组织管理

1. 应当确定一名瓶库主要负责人为安全防火责任人，全面负责瓶库安全管理工作，并落实逐级防火责任。

2. 应建立健全各项安全管理制度，包括安全检查和值班巡逻制度。

3. 瓶库工作人员应经过安全技术培训，熟悉燃气理化性质，了解气瓶及安全附件的结构原理、操作要领，掌握消防灭火知识和堵漏技能，熟练使用消防器材，并经考试合格，方可上岗作业。

4. 组织定期安全检查和日常值班巡查，切实消除安全隐患。

5. 建立应急预案和义务消防组织，定期开展预案演练和自防自救活动。

6. 现场记录要做到齐全、规范、真实。

（二）储存管理

1. 入库前要检查并确认气瓶有无漏气、瓶体有无损伤，气瓶外表面的颜色、警示标签与标识、封口等是否合格。如不符合要求或有安全隐患，应拒绝入库。

2. 按入库单的气瓶规格和数量，仔细核对实际入库数量。

3. 瓶库内实（重）瓶与空瓶要分隔码放，并且要标识清楚。

4. 气瓶应直立摆放整齐，不得卧放，更不准倒置。

5. 瓶库内不准进行维修气瓶作业，不准排放燃气，严禁瓶对瓶过气。

6. 气瓶码放时不得超过二层（其中YSP118型气瓶只准单层摆放），并留有适当宽度的通道。

7. 气瓶出入库登记手续要齐全，经手人要履行签字手续。登记内容应包括：收发日期、气瓶规格与数量、气瓶使用登记编号、收瓶来源及发瓶去处详细资料等。

8. 瓶库账目要清楚，气瓶规格和数量要准确，并按时进行盘点，做到账、物相符。

9. 瓶库值班管理人员应按安全管理要求，严格履行交接班手续。

第八节　气瓶定期检验

气瓶的定期检验，是指气瓶在出厂后的运行中，每间隔一定的时间周期，对气瓶（包括对瓶阀及其他安全装置）进行必要的检查和必要的试验的一种技术手段。其目的是借以早期发现气瓶存在的缺陷，以防止气瓶在充装和使用过程中发生事故。这是因为气瓶在使用过程中，会经常受到使用环境的影响，人为操作的损伤，以及在反复充、放气的疲劳影响下，其力学性能随之发生变化等。总之，气瓶的安全性能将随着气瓶的使用年限的增加而日趋降低。所以，除了加强对气瓶的日常维护和在充气前后的安全检查外，还要定期对气瓶进行全面的技术检验，对气瓶的现状作出科学的判断，以确定气瓶可否继续安全使用。

目前，我国对燃气气瓶的定期技术检验，有国标《液化石油气钢瓶定期检验与评定》GB 8334 和《汽车用压缩天然气钢瓶定期检验与评定》GB 19533 在施行。由于汽车用压缩天然气钢瓶随车使用，定期检验管理比较规范。而 LPG 钢瓶在市场上广泛流通使用，不仅总量巨大且管理难度大，定期检验矛盾比较突出。因此，以下仅针对液化石油气气瓶定期检验进行讨论。

一、检验范围、周期以及检验项目

（一）检验范围

国家标准《液化石油气钢瓶定期检验与评定》GB 8334，适用于公称容积为 4.7L、12L、26.2L、35.5L、118L 可重复充装的民用液化石油气钢瓶（以下称钢瓶）。

（二）检验周期

对在用的 YSP4.7 型、YSP12 型、YSP26.2 型和 YSP35.5 型钢瓶，自制造日期起，第一次至第三次检验的检验周期均为 4 年，第四次检验有效期为 3 年；对在用的 YSP118 型钢瓶，每 3 年检验一次。对使用期限超过 15 年的任何类型钢瓶，登记后不予检验，按报废处理。

当钢瓶受到严重腐蚀、损伤以及其他可能影响安全使用的缺陷时，应提前进行检验。

库存或停用时间超过一个检验周期的钢瓶，启用前应进行检验。

（三）检验项目

钢瓶定期检验项目包括：外观检验、壁厚测定、容积测定、水压试验或残余变形率测定、瓶阀检验、气密性试验等。

二、检验工艺流程

检验工艺流程见图 6-14。

W（witness point）见证点，即可追溯的检验记录。它既可见证检验工作状态，也可以见证检验质量管理体系运转的有效情况。

E（examination point）检验点，是指必须由持证检验员亲自进行检验的环节。

C（control point）控制点，是指为保证该工序处于良好的受控状态，在一定的条件下需要重点控制的、难以确定评定其质量的关键工序。

H（hold point）停止点，质保工程师和持证检验员共同确认后，方可进行的工序（质保工程师必须在图 6-14 中 W12 项上签字）。

三、检验质量控制

（一）检验控制点设置原则

1. 关系到安全性的检验工序。如瓶内残气浓度的测定。

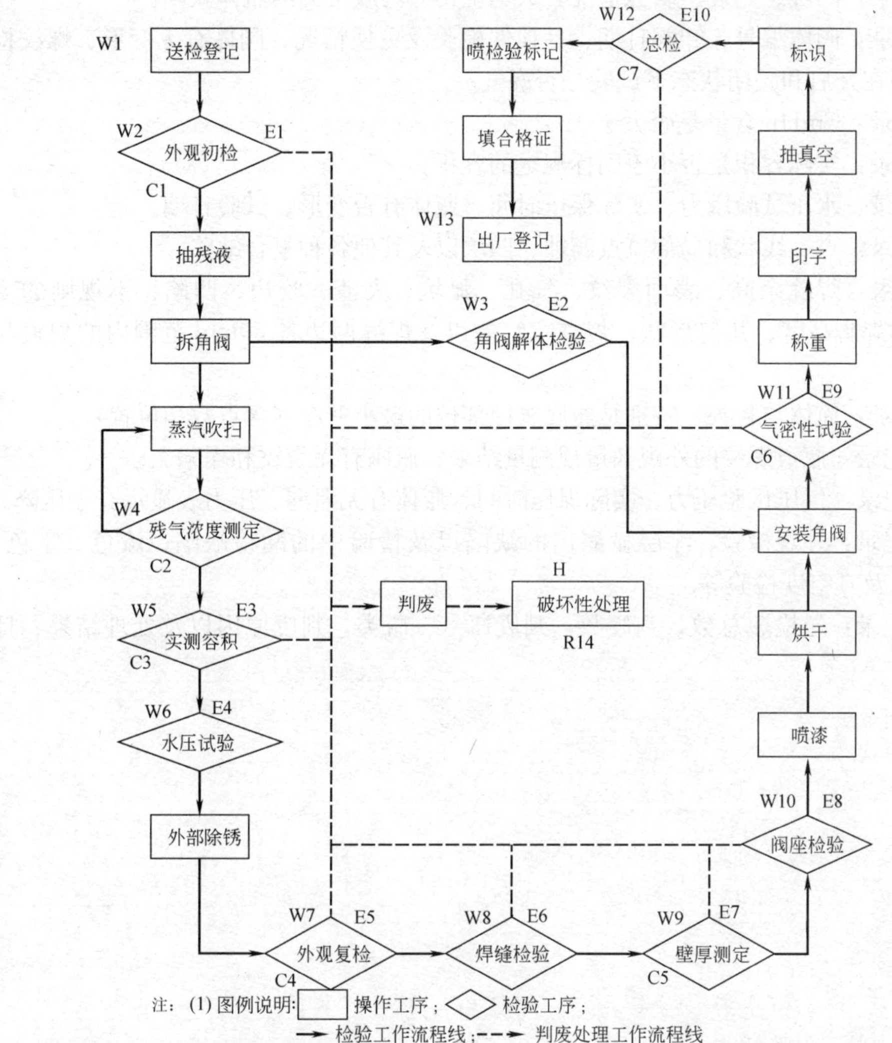

注：(1) 图例说明：操作工序；检验工序；
检验工作流程线；判废处理工作流程线
(2) 执行国家标准《液化石油气瓶阀》GB 7512—2006安装不可拆卸瓶阀的钢瓶，在定期检验时，瓶阀解体检验工序将自动取消。

图 6-14　检验工艺流程

2. 要求检验员具有熟练的技能，且不易评定的重点工序。如外观检验和总检。

3. 检验工艺上有特殊要求的关键工序。如壁厚检验、水压试验及气密性试验。

（二）检验控制点的基本要求

1. 控制点 C 的控制内容应与见证点 W 记录相对应。

2. 控制点检验一览表应包括：控制点名称、内容、手段、依据、工作见证以及负责等。

3. 控制点的检验内容和检验质量必须始终处于受控状态。

（三）见证点的检验记录内容

W1 应记录：气瓶规格、使用登记证编号、制造厂家、出厂日期、上次检验日期、气瓶重量。

W2 应记录：凹坑、划痕、腐蚀情况、火焰烧伤等肉眼可见的瓶体缺陷。

W3 应记录：阀体编号、卸阀日期、易损件检验及更换情况、阀体有无变形、螺纹检验结果、瓶阀在开启和关闭状态下试验是否漏气。

W4 应记录：CmHn 含量是否大于 4‰。

W5 应记录：实际容积是否小于国标规定的容积。

W6 应记录：水压试验压力、实际保压时间、瓶体有否变形、试验日期。

W7 应记录：点、线状和局部斑点腐蚀、凹坑以及其他各种复合缺陷。

W8 应记录：焊缝余高、表面裂纹、气孔、弧坑、夹渣、咬边、凹陷、不规则的突变；角焊缝的焊脚高度、几何形状；焊缝宽窄差以及焊缝两边各 50mm 范围内的划痕与凹坑。

W9 应记录：筒体与封头，特别是瓶底腐蚀部位的最小壁厚（含点数和位置）。

W10 应记录：瓶口螺纹的外观和量规测量结果、瓶座有无裂纹和塌陷。

W11 应记录：气压试验压力、实际保压时间、瓶体有无泄漏、压力表显示有无压降。

W12 应记录：外观检验、涂层显露出的缺陷以及检验中的漏检缺陷；漆色、字色、字体、标记以及真空度检验等。

W13 应记录：送检瓶总数，判废数，判废瓶号、瓶类，判废原因以及处理结果、日期等。

第七章　管道供气与安全管理

第一节　管网输配概述

一、城镇燃气管网的分类与构成

（一）燃气管道的分类

燃气管道通常是根据其用途、敷设方式和输气压力来进行分类的。

1. 根据用途分类

（1）长输管道

由输气首站输送燃气至城镇燃气门站、储配站或大型工业企业的长距离输气管线。

（2）城镇燃气管道

1）输气管道　由气源厂、门站或储配站至各级调压站输送燃气的城市主干管线。

2）分配管道　将供气地区的燃气分配给工业企业用户、商业用户和居民用户。分配管道包括街区和庭院管道。

3）用户引入管道　将燃气从分配管道引入到用户室内管道引入口处的总阀门的管道。

4）室内管道　通过用户管道引入口处的总阀门将燃气引向室内，并分配到每个燃气用具。

（3）工业企业燃气管道

1）工厂引入管和厂区燃气管道　由各级调压站将燃气引入工厂，分送到各用气车间。

2）车间燃气管道　从车间的管道引入口将燃气送到车间内各个用气设备。车间燃气管道包括干管和支管。

3）炉前燃气管道　从支管将燃气分配给炉前各个燃烧设备。

2. 根据敷设方式分类

（1）地下燃气管道　在城镇中常采用地下敷设。

（2）架空燃气管道　在厂区和管道穿越铁路、河流时，为了便于运行管理和检查维修，燃气管道多采用架空敷设。

3. 根据输气压力分类

燃气管道之所以要根据输气压力分级，是因为燃气管道的气密性与其他管道相比有特别严格的要求。燃气泄漏可能导致火灾、爆炸、中毒或其他事故，造成严重的后果。燃气管道中的压力越高，管道接头脱开或管道本身出现裂缝的可能性和危险性也越大。当管道内燃气压力不同时，对管道材质、安装质量、检验标准和运行管理的要求也不同。我国城镇燃气管道压力分级标准见表 7-1。

我国城镇燃气管道压力分级标准 **表 7-1**

序号	压力等级	压力值 P(MPa)	序号	压力等级	压力值 P(MPa)
1	高压 A	$2.5<P\leqslant4.0$	5	中压 A	$0.2<P\leqslant0.4$
2	高压 B	$1.6<P\leqslant2.5$	6	中压 B	$0.01<P\leqslant0.2$
3	次高压 A	$0.8<P\leqslant1.6$	7	低压	<0.01
4	次高压 B	$0.4<P\leqslant0.8$			

居民用户和小型商业用户一般由低压管道供气。

中压管道必须通过区域调压站或用户专用调压站向城镇分配管道供气，或向工厂企业、大型商业用户供气。

城镇高压燃气管道是大城市供气的主动脉，高压燃气也必须通过调压站送入次高压或中压管道、高压储气罐以及工艺需要高压燃气的大型工厂企业。

（二）城镇燃气输配系统的构成与选择

1. 城镇燃气输配系统的构成

（1）高压、次高压、中压、低压等不同压力的燃气管网。

（2）门站、储配站。

（3）分配站、压送站、调压计量站、区域调压站。

（4）信息与电子计算机管理中心。

输配系统应保证可靠地、不间断地供给用户燃气；在运行管理方面应是安全的、经济的；在维修检测方面应是简便的。同时还应考虑检修或发生故障时，可关断某些局部管段而不致影响全系统的工作。

在同一燃气输配系统中，宜采用标准化和系列化的站室、构筑物和设备。采用的系统方案应具有最大的经济效益和最可靠的运行管理，并能够做到分阶段地，一部分一部分地建造和投入运行。

2. 城镇燃气管网的构成

城镇燃气输配系统的主要部分是燃气管网。由于经济和技术的原因，管网一般采用不同的压力等级。

长距离输气的管线或由城市的一个地区向另一地区大量输送燃气时，一般采用高压或次高压系统，以尽可能缩小管径，提高输气能力，降低投资。在城市街区，由于建筑物和人口密度较大，从安全运行和方便管理角度出发，只能敷设中压和低压管道。由于各类用户对所需燃气压力要求不同，居民用户、小型商业用户一般只需要低压燃气，而大多数工业企业则需要中压、次高压甚至高压燃气。这些都是造成采用不同压力级制的原因。

不同的管道压力级制分为：

（1）一级系统

仅用低压管网来分配和供给燃气，一般只适用于小城镇的供气系统。如供气范围较大时，则输送单位体积燃气的管材用量将急剧增加，因此，是不经济的，故很少采用。

（2）二级系统

由低压和中压或低压和次高压两级管网组成。

例如：低压——次高压二级管网系统，如图 7-1 所示。

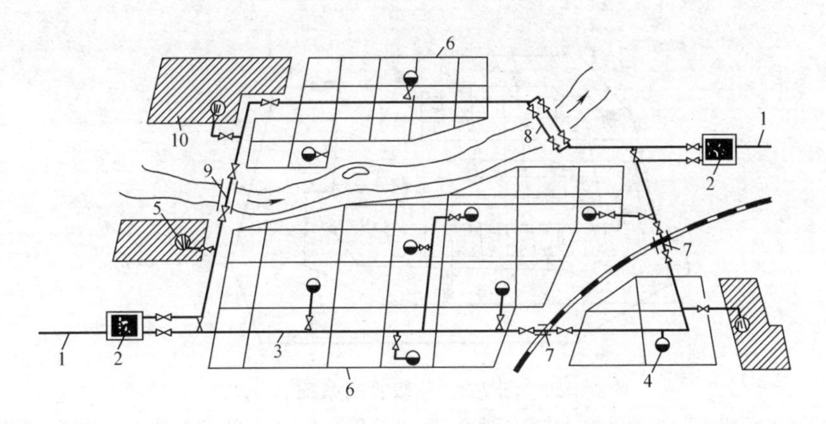

图 7-1　低压——次高压二级管网系统

1—长输管线；2—城镇燃气门站；3—次高压（或中压）管网；4—区域调压站；5—工业企业专用调压站；6—低压管网；7—穿过铁路的套管敷设；8—穿越河底的过河管；9—沿桥敷设的过河管；10—工业企业

这一系统的气源为天然气，用长输管线的末段管段储气。天然气由长输管线从东西两方向经燃气分配站送入该城市。次高压管道连成环网，通过区域调压站向低压管网供气，通过专用调压站向工业企业供气。低压管网根据地理条件分成三个互不连通的区域管网。输气压力小于 5kPa 的低压干管上一般不设阀门。次高压和中压燃气干管上应设置分段阀门。调压室的进出管上，过河燃气管道两端与铁路和公路干线相交管道的两侧均应设置阀门。与铁路相交的燃气管道敷设在套管内。过河的地方一处用双管穿越河底，另一处则利用已建的桥梁采用沿桥跨越河流。

居民用户和小型商业用户都直接由低压管网供气。根据居民区规划和人口密度等特点，有两种管网连接形式：一种情况在老城区，由于建筑物鳞次栉比，街道和胡同分割成许多小区，所以低压管道沿大街小巷敷设，互相交叉而连成较密的低压环网，各用户从低压管道上连接引入；另一种情况是在城市的新建区，居民住宅区的楼房整齐地布置在街区，楼房之间保持必要的间距，低压管道可以敷设在街区内，楼房则可由枝状管道供气，而只要将主要的街区干管连成环网，以提高供气的可靠性和保持供气压力的稳定性。

低压管网中主干管连成环网是比较合理的，次要的管道可以是枝状管。为了使压力留有余量，以保证环网工作可靠，主环各管段宜取相近的管径。不同压力等级的管网应通过几个调压站来连接，以保证在个别调压站关断时仍能正常供气。这样的管网方案，既保证了必要的可靠性，又比较经济。低压燃气管网还应根据城镇的地形地物自然分片布置，不必形成全城性的由许多环组成的大环网。因为从供气安全可靠的角度看，一个大型或中型城镇的低压管网连成大片环网的必要性不大，再则为了形成大环网要穿越较多的河流、湖泊、铁路和公路干线，这种做法并不一定经济合理。

(3) 三级系统

由低压、中压（或次高压）和高压的三级压力等级组成的管网分配和燃气供应系统称为三级管网系统。这种系统适用于大型城市，通常是在城市中心区或市区难以敷设高压燃气管道，而中压管道又不能有效地保证长距离输送大量燃气；或者由于敷设中压管道耗材和投资过大，因而在城市郊区建造高压环网，形成三级管网系统。

三级管网系统如图 7-2 所示。气源来自长输管线的天然气（也可以是高压人工燃气），

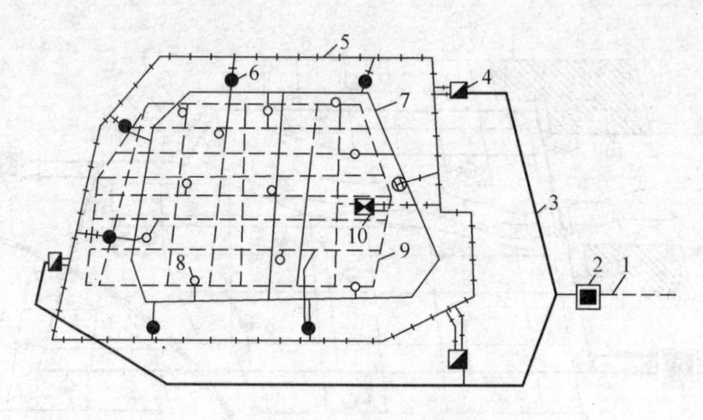

图 7-2　三级管网系统

1—长输管线；2—城镇燃气门站或分配站；3—次高压管道；4—高压储配站；5—次高压管网；6—次高中压调压站；7—中压管网；8—中低压调压站；9—低压管网；10—煤气厂

使用高压储气罐储气，该城市原为中压和低压两级管网，气源原为煤制气。随着燃气事业的发展，天然气送入该市，建立了 0.003MPa、0.07～0.15MPa 和 0.3～0.5MPa 的三级管网。

为了充分利用该城市原有的供气系统，天然气先与煤气厂煤制气掺混，然后送入城市管网。通常在一个城市改变气源采取分区置换的办法，分期分批地改变气源，待全部用户改用天然气时，煤气厂就可以停产了。

(4) 多级系统

由低压、中压、次高压和高压管网组成的管网分配和燃气供应系统称为多级管网系统。在以天然气为主要气源的特大型城市，城市用气量很大，为充分利用天然气的输送压力，提高城市燃气管道的输送能力和保证供气的可靠性，往往在城市边缘敷设高压管道环网，形成四级或五级等多级系统。如图 7-3 所示。

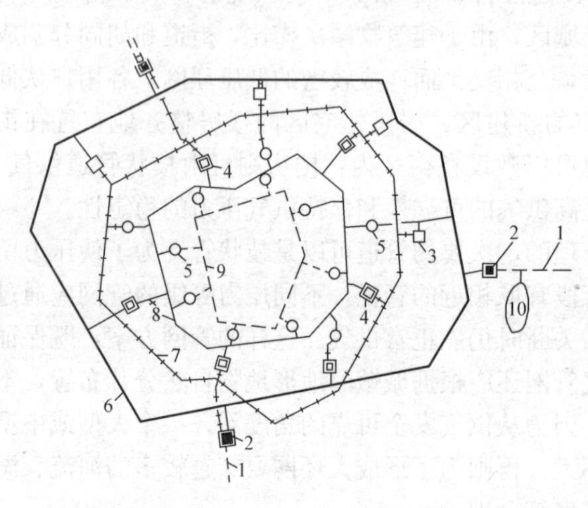

图 7-3　多级管网系统

1—长输管线；2—城镇燃气门站（分配站）；3—调压计量站；4—储配站；5—调压站；6—高压外环网；7—次高压 A 管网；8—次高压 B 管网；9—中压管网；10—地下储气库

该系统的气源是天然气，供气系统用地下储气库、高压储配站及长输管线储气。天然气通过几条长输管线进入城市管网，两者分界点是燃气门站或分配站，天然气的压力在该站降到 2MPa，进入城市外环的高压管网。该城市管网系统的压力分为四级，即低压、中压、次高压和高压。各级管网分别组成环状。天然气由较高压力等级的管网进入较低压力等级的管网时，必须通过调压站。

由于该系统的城市中心区人口密度很大，从安全考虑只敷设了压力不大于 0.15MPa 的中压管网。工业企业和大型商业用户与中压或次高压管网相连，居民用户和小型商业用户则与低压管网相连。

由于该系统气源来自多个方向，主要管道均连成环网。平衡用户的用气量不均匀可以由缓冲户、地下储气库、高压储气罐以及长输管线贮气来解决，从运行管理方面评价，该系统既安全又灵活。

3. 选择燃气管网系统的依据

无论是旧城镇还是新建城镇，在选择和确定燃气管网系统时，应考虑到多种因素。既要考虑现实状况又要考虑长远规划，既要考虑经济因素又要考虑技术上可行性。其中最主要的有：

(1) 气源情况：燃气性质，是选用人工燃气（煤制气或油制气）、天然气、还是利用几种可燃气体或空气的掺混燃气；供气量和供气压力；燃气的净化程度和含湿量；气源的发展或更换气源的规划。

(2) 城镇性质、规模、远景规划情况、建筑特点、人口密度、居民用户的分布情况。

(3) 原有的城镇燃气供应设施情况。

(4) 对不同类型用户的供气方针、气化率及不同类型的用户对燃气压力要求。

(5) 用气的工业企业的数量和特点。

(6) 储气设备的类型。

(7) 城镇地理地形条件，敷设燃气管道可能遇到天然或人工障碍物（如河流、湖泊、铁路等）的情况。

(8) 发展城镇燃气事业所需的材料及设备的生产和供应情况。

设计城镇燃气管网系统时，应全面综合考虑上述因素，从而提出数个方案作技术经济计算，选用经济合理的方案。方案的比较必须在技术指标和工作可靠性相同的基础上进行。

二、燃气用量及供需平衡

(一) 用户及用气指标

1. 燃气用户

城镇燃气用户按其用气特点可分为以下方面：

(1) 居民生活

(2) 商业服务

(3) 工业企业生产

(4) 建筑物采暖

(5) 燃气汽车

(6) 其他

居民和商业用户是城镇燃气供应的基本用户。城镇燃气应优先供给居民生活，因为居民用小煤炉的热效率很低，只有 15%～20%，采用燃气后热效率可达 55%～60%。居民使用燃气可大量节约能源，提高人们的生活质量。

2. 各类用户的用气指标

(1) 居民生活用气指标

用气量指标又称用气定额。影响居民生活用气指标的因素很多，如住宅用气设备的设置情况、商业生活服务网的发展程度、居民的生活水平和生活习惯、居民每户平均人口数、地区的气象条件、燃气价格、住宅内有无集中采暖设备和热水供应设备等。

通常住宅内用气设备齐全，地区的平均气温低，则居民生活用气指标就高。但是随着商业生活服务网的发展以及燃具的改进，居民生活用气量也有下降。

由于影响居民生活用气指标的因素复杂，通常无法依据理论计算得出，只能按照实际经验和对各类典型用户的用热量进行调查和测定，通过综合分析并考虑发展要求确定平均用气量，作为用气指标。

对于新建燃气供应系统的城镇，居民生活用气指标可以根据当地的燃料消耗量、生活习惯、气候条件等具体情况，并参照相似城镇的用气指标确定。

(2) 商业用气指标

影响商业用气量指标的主要因素是用气设备的性能、热效率、加工食品的方式和地区的气候条件等。应根据当地各类商业用户气量统计数据分析确定，或根据其他燃气用量折算后确定。

（二）燃气用气量的计算与供需平衡

燃气管道及设备的通过能力均应按燃气计算月的最大小时流量进行计算。小时计算流量的确定，关系到燃气输配的经济性和可靠性。小时计算流量定得偏高将会增加输配系统的金属用量和基本建设投资；定得偏低，又会影响用户的正常用气。

1. 用气量计算

确定燃气小时计算流量的方法有两种：不均匀系数法和同时系数法。这两种方法各有不同的特点和使用范围。

(1) 不均匀系数法

各种压力和用途的城镇燃气管道的计算流量是按计算月的最大小时用气量计算的，计算公式如下：

$$q_h = \frac{q_a}{365 \times 24} k_m k_d k_h \tag{7-1}$$

式中 q_h——计算流量，m^3/h；

q_a——年用气量，m^3/a；

k_m——月高峰系数（计算月的平均日用气量和年平均日用气量之比）；

k_d——日高峰系数（计算月中最大日用气量和平均日用气量之比）；

k_h——小时高峰系数（计算月中最大日的小时最大用气量和该日小时平均用气量之比）。

用气的高峰系数应根据城镇用气量的实际统计资料确定。工业用户生产用气的不均匀性，可按各用户燃气用量的变化叠加后确定。居民生活和商业用气的高峰系数，当缺乏用气量的实际统计资料时，结合当地具体情况，可按下列范围选用：k_m 取 1.1～1.3，k_d 取 1.05～1.2，k_h 取 2.2～3.2。

(2) 同时系数法

在设计庭院燃气支管和室内燃气管道时，燃气的小时流量，应根据所有燃具的额定流量及其同时系数确定，计算公式如下：

$$q_r = k \sum q_{v \cdot n} N \tag{7-2}$$

式中 q_r——庭院及室内燃气管道的计算流量，m^3/h；

k——燃具的同时系数；

N——同一类型燃具的数目；

$q_{v \cdot n}$——该类型燃具的额定流量，m^3/h；

$\sum q_{v \cdot n}N$——各类型燃具额定流量之总和，m^3/h。

我国城镇居民生活的燃气双眼灶同时系数列于表 7-2。

居民生活的燃气双眼灶同时系数　　表 7-2

同类燃具数目 N	1	2	3	4	5	6	7	8	9	10	15	20	25
同时系数 k	1.00	1.00	0.85	0.75	0.68	0.64	0.60	0.58	0.55	0.54	0.48	0.45	0.43
同类燃具数目 N	30	40	50	60	70	80	100	200	300	400	500	600	1000
同时系数 k	0.40	0.39	0.38	0.37	0.36	0.35	0.34	0.31	0.30	0.29	0.28	0.26	0.25

2. 供需平衡

城镇燃气用量不断变化，有月不均匀性、日不均匀性和时不均匀性，但气源的供应量不可能完全按用气量的变化而随时改变。为了保证按用户要求不间断地供应燃气，必须考虑燃气生产与使用的平衡。平衡的方法有以下几种：

（1）改变气源的生产能力和设置机动气源

采用改变气源的生产能力和设置机动气源，必须考虑气源运转、停止的难易程度、气源生产负荷变化的可能性和变化的幅度。同时应考虑供气的安全可靠和技术经济的合理性。

当用气城镇距天然气产地不太远时，可采用调节气井供应的方法平衡部分月不均匀用气。

以压力气化燃气作为城镇燃气并联产甲醇，当夏季用气少时，多生产甲醇并储存起来，用气高峰时，把甲醇分解为一氧化碳和氢，加入城镇燃气中增加气量，也是一种好的工艺流程。

（2）利用缓冲用户和发挥调度作用

一些大型工业企业、锅炉房等都可作为城镇燃气供应的缓冲用户。夏季用气量低峰时，把余气供给它们燃烧，而冬季高峰时，这些缓冲用户改烧其他燃料。用此方法平衡季节不均匀用气及一部分日不均匀用气。

可采用调整大型工业企业用户厂休日和作息时间，以平衡部分日不均匀用气。

此外，还可以采用预测调配用气方法，随时掌握各工业企业的实际用气和预测用气量。对居民生活用户和商业用户则设一些测点，在测点装置燃气计量表，掌握用气情况。根据工业企业、居民生活及商业用气量和用气工况，制定调度计划，通过调度预测调整供气量。

（3）利用储气设施

1）地下储气

地下储气库储气量大，造价和运行费用低，可以平衡季节不均匀用气和一部分日不均匀用气。但一般不用来平衡采暖日不均匀用气及小时不均匀用气，因为急剧增加采气强度会使储库的投资和运行费用增加，很不经济。

2）液态储存

液化天然气可以储存在储罐中，储罐的压力较低，比较安全。但储罐必须保证绝热良好。这种储存方式是将大量的天然气液化后储存于金属储罐、预应力钢筋混凝土储罐及冻穴储气库中，经气化后供出。

采用低温液态储存，通常储存量都很大，否则经济上不合算。

3）管道储气

高压燃气管束储气及长输干管末端储气，是平衡小时不均匀用气的有效方法。高压管束储气是将一组或几组钢管埋在地下，对管内燃气加压，利用燃气的可压缩性及高压下和理想气体的偏差（在15.69MPa、15.6℃条件下，天然气比理想气体的体积小22%左右），进行储气。利用长输干管储气是在夜间用气低峰时，燃气储存在管道中，这时管内压力增高，白天用气高峰时，再将管内储存的燃气送出。

4）储气罐储气

储气罐储气与其他储气方式相比，金属耗量和投资相对较大。但根据城镇燃气发展的实际状况，各个城镇可以按照需要，分期建设储气罐，以解决燃气供需的矛盾。这种储气方式，目前仍是我国城镇燃气主要的储气方式。

5）压缩天然气储存

主要以压缩天然气气瓶车或气瓶组方式储气。

第二节　管道及附属设备

一、管材

（一）概述

通常管道工程中所称的管子，断面形状为封闭环形，并有一定的壁厚和长度，是外表形状均匀的构件。燃气管道工程中，管子的形状几乎全部为圆环截面。而管材则是管子的主要构件材料，是管子总类的通称。

1. 管道工程标准

管道工程标准化的主要内容是统一管子、管件的主要参数与结构尺寸。其中最重要的内容之一是直径和压力的标准化和系列化，即管道工程常用的公称直径系列和公称压力系列。

(1) 管子公称通径

为了使管子与管路附件能够相互连接，其接合处的口径应保持一致。所谓公称通径（或称公称直径）就是各种管子与管路附件的通用口径。它是一种称呼直径，所以又叫名义直径，用符号DN表示。DN后附加以mm为单位的公称直径的数字。

对于钢管和塑料管及其同材质管件，DN后的数值不一定是管子的内径（D），也不一定是管子的外径（D_w），而是与D和D_w接近的整数。对于无缝钢管，D_w是固定的系列数值，壁厚（S）增加，则D减小；对于铸铁管及管件和阀门，DN等于内径；对于法兰，DN仅是与D接近的整数；对于工艺设备，DN就是设备接口的内径。

现行管子与管路附件的公称通径按国家标准GB 1047《管道元件公称尺寸》规定，由1～4000mm，共分51个级别。

对于采用管螺纹连接的管子，其公称通径在习惯上用英制管螺纹尺寸（英寸）表示。

（2）管子的公称压力

管子在基准温度下的耐压强度称为“公称压力”，用符号 PN 表示，其后附加以 MPa 为单位的公称压力数值。

管子与管路附件在出厂前，必须进行压力试验，检查其强度和密封性。强度试验压力用符号 P_s 表示。从安全观点考虑，强度试验压力必须大于公称压力，而密封性试验压力则可大于或等于其公称压力。

现行管线与管路附件的公称压力和试验压力标准按 GB 1048 规定，由 0.05～250MPa，共有 26 个级别。根据《工业管道工程施工及验收规范　金属管道篇》GB 50235 中的规定，分为真空管道、低压管道、中压管道和高压管道四级。

真空管道　$P<0$MPa

低压管道　0MPa$\leqslant P\leqslant$1.6MPa

中压管道　1.6MPa$<P\leqslant$10MPa

高压管道　$P>$10MPa

在此，应特别注意的是，上述压力等级的划分与城市燃气管道输配压力分级的标准则完全不同。

2. 管材的分类

管材是燃气工程最主要的施工用料之一。用以输送燃气介质及完成一些生产工艺过程。由于输送的介质及其参数不同，对管材的要求亦有区别。目前我国生产出多种类型可供燃气工程使用的管材，其分类方法有：

（1）按材质分类

金属管：又可分为钢管、铸铁管、铜管等；

非金属管：如钢筋混凝土管、陶瓷（土）管、塑料管、玻璃管及橡胶管等；

复合管：如衬铅管、衬胶管、玻璃钢管、塑料金属复合管等。

（2）按用途分类

低压流体输送用焊接钢管、锅炉用无缝钢管、普通无缝钢管和铸铁管等。

（3）按制造方法分类

热轧无缝钢管、冷拔无缝钢管、焊缝钢管、砂型离心铸铁管等。

（4）按材质的构成种类及加工程序分类

由同一种材质构成一次加工成型的如钢管、塑料管；

由两种主要材质构成，经过两次或多次加工成型的，如塑料金属复合管等。

3. 燃气管道对管材的要求

由于管材的种类繁多，性能各异，因此它们的适用场所也就各不相同。燃气管道的设计、施工人员要根据燃气介质的种类和参数正确选用管材。对管材的基本要求有：

（1）用于燃气管道的钢质管材必须选用输送流体用钢管，禁止使用结构用钢管；

（2）在介质的压力和温度作用下具有足够的机械强度和严密性；

（3）有良好的可焊性；

（4）当工作状况变化时，对热应力和外力的作用有相应的弹性和安定性；

（5）抵抗内外腐蚀的持久性；

(6) 抗老化性好，寿命长；

(7) 内表面粗糙度要小，并免受介质侵蚀；

(8) 温度变型系数小；

(9) 管子或管件间的连接接合要简单、可靠、严密；

(10) 运输、保存、施工应简单；

(11) 管材来源充足，价格低廉等。

燃气工程中，由于金属管材的机械强度高，管壁薄，运输方便、施工容易，因而获得了广泛的应用。

（二）钢管

钢管在燃气工程中应用最广泛，按制造方法分为焊接钢管和无缝钢管。

1. 焊接型钢管

焊接型钢管是由卷成管形的钢板以对缝或螺旋缝焊接而成，由于它们的制造条件不同，又分为低压流体输送用焊接钢管、螺旋缝电焊钢管、直缝卷焊钢管、电焊管等。

(1) 低压流体输送用钢管

低压流体输送用焊接钢管是由焊接性能较好的低碳钢制造，管径通常用 DN（公称直径）表示规格。它是燃气管道工程最常用的一种小直径的管材，适用于输送各种低压力燃气介质。按其表面质量可分为镀锌管（俗称白铁管）和非镀锌管（俗称黑铁管）。镀锌管较非镀锌管约重 3%～6%。按其管壁厚度不同可分为：薄壁管、普通管和加厚管三种。薄壁管不宜于输送燃气介质，但可作为套管用。普通钢管工作压力 $PN=1.0$MPa，厚壁管工作压力 $PN\leqslant1.6$MPa。其规格尺寸及技术参数见低压流体输送用焊接钢管 GB/T 3091 和镀锌焊接钢管 GB/T 3092。

(2) 螺旋缝焊接钢管

螺旋缝电焊钢管分为自动埋弧焊和高频焊接钢管两种，各种钢管按输送介质的压力高低分为甲类管和乙类管两类。

1) 螺旋缝自动埋弧焊接钢管的甲类管一般用普通碳素钢 Q235、Q235F 及普通低合金结构钢 16Mn 焊制，常用于输送石油、天然气等高压介质。乙类管采用 Q235、Q235F、B_3、B_3F 等钢材焊制，用作低压力的流体输送管材。

2) 螺旋缝高频焊接钢管，尚没有统一产品标准，一般采用 Q235、Q235F 等钢材制造。

螺旋缝焊接钢管的最大工作压力一般不超过 2.0MPa，最小外径为 219mm，最大外径为 1420mm。长度通常为 8～18m。

(3) 直缝卷制电焊钢管

这种电焊钢管用中厚钢板采用直缝卷制，以电弧焊方法焊接而成。直缝电焊钢管在管段互相焊接时，两管段的轴向焊缝应按轴线成 45°角错开。$DN\leqslant600$mm 的长管，每段管只允许有一条焊缝。此外，管子端面的坡口形状，焊缝错口和焊缝质量均应符合焊接规范要求。

2. 无缝钢管

无缝钢管不加特殊说明，则认为它是指一般热轧或冷轧的普通无缝钢管，以示与锅炉无缝钢管、石油裂化用无缝钢管等相区别。无缝钢管规格的习惯表示方法是：外径×壁厚

（即 $D_w \times \delta$）。

应该注意的是普通无缝钢管的技术条件是各种无缝钢管的技术基础，即各种专用无缝钢管除满足普通无缝钢管条件外，尚需满足相应的专门补充技术条件，以满足其特殊用途。

（1）无缝钢管分类

普通无缝钢管按其制造方法不同可分为：

1）冷轧（拔）无缝钢管，其外径由5～200mm，壁厚由0.25～14mm；

2）热轧无缝钢管，其外径由32～630mm，壁厚由2.5～75mm；

在燃气管道工程中选用无缝钢管时，钢管外径 D_w>57mm 者，一般采用热轧无缝钢管；D_w≤57mm 者，一般采用冷轧（拔）无缝钢管。

（2）无缝钢管的技术检验条件

无缝钢管的尺寸偏差参见国家标准 GB/T 8163 规定。其技术检验条件是：

1）钢管内外表面用肉眼检查不得有裂缝、夹渣、重皮、表面气孔、发纹和结疤等缺陷存在，这些缺陷应完全清除掉，清除后不得使壁厚超过负偏差，凡没有超过负偏差的轻微凹面、凹坑、小直道痕、薄的氧化铁皮可不清除，允许存在。

2）钢管的椭圆度和壁厚不均匀，不得超过外径和壁厚偏差范围。

3）钢管的弯曲度不得超过下列规定：

壁厚≤20mm	1.5mm/m
20mm<壁厚≤30mm	3mm/m
壁厚>30mm	5mm/m

检查弯曲度用弯曲挠度与检查长度的比值确定。

4）根据需方要求，钢管的理论重量的偏差不得超过下列规定：

每根钢管	±12%
每批钢管	±8%

5）钢管的两端应切成直角，并清除毛刺。壁厚≥20mm 的钢管可以气割，或经供需双方同意可不切头。

6）根据需方要求，直径≥114mm、壁厚<20mm 的钢管，如使用时需焊接，在钢管的两端应预倒棱，倒棱角度与端面成35°～40°，倒棱后的最薄处壁厚为1～3mm。

7）根据钢管的用途和使用条件不同，经双方协议，可以增做扩口试验、压扁试验、卷边试验，但凡做卷边试验的钢管不再做扩口试验。

（三）铸铁管

铸铁管多用于给水、排水和燃气等管道工程。用于输送燃气介质的铸铁管一般需做气密性试验。铸铁管规格习惯以公称直径 *DN* 表示。国内生产的铸铁管直径 *DN*50～*DN*1200 之间。

1. 铸铁管的分类

（1）按制造方法不同可分为：砂型离心承插直管、连续铸造直管和砂型铸铁管。

（2）按所用的材质不同可分为：灰口铸铁管、球墨铸铁管和高硅铸铁管。

（3）按工作压力大小可分为：高压管（*PN*≤1.0MPa）、普压管（*PN*≤0.75MPa）和低压管（*PN*≤0.45MPa）。

2. 铸铁管的性能和特点

(1) 砂型离心铸铁管 GB 3421

砂型离心铸铁管其材质为灰口铸铁，化学成分中 C＝3%～3.3%，Si＝1.5%～2.2%，Mn＝0.5%～0.9%，S≤0.12%，P≤0.4%。按其壁厚分为 *P*、*G* 两级。选用时应根据工作压力，埋设深度及其工作条件进行验算。

(2) 连续铸铁直管 GB 3422

连续铸铁直管即连续铸造的灰口铸铁管，按其壁厚不同，分为 LA、A 和 B 三级。选用时应根据管道工作压力、埋设深度及工作条件进行验算。

(3) 球墨铸铁管 GB 13295

球墨铸铁管因为比灰口铸铁管有较高的强度、耐磨性和韧性，因而可用在水力输送或灰口铸铁强度满足不了工程技术要求的地方。

球墨铸铁承插直管的技术性能：

1) 试验水压力 3.0MPa；

2) 抗拉强度 3.0～5.0MPa；

3) 延伸率 2%～8%（经退火后可达 5%以上）。

(4) 高硅铸铁管

高硅铸铁管化学成分中 C＝0.5%～1.2%，Si＝10%～17%。常用的高硅铸铁管含硅量为 14.5%，它具有很高的耐腐蚀性能，随着硅含量的增加，耐腐蚀也相应增加，但脆性变大。

(四) 塑料管

可用作燃气管道的塑料管有两大类：一类是热塑性塑料管；另一类是热固性环氧树脂管（俗称玻璃钢管）。

1. 热塑性塑料管

(1) 塑料管的种类：

这一类管材有：丙烯腈—丁二烯—苯乙烯（ABS）管和管件（HG 21561）；醋酸—丁酸纤维素（CAB）；聚酰胺（PA）俗称尼龙；聚乙烯（PE）和聚氯乙烯（PVC）等材料做成的塑料管。目前，在世界各国用于燃气管的塑料管最多是聚乙烯（PE）管。

聚乙烯树脂又分高密度（$\rho>0.942g/cm^3$），中密度（$\rho=0.93\sim0.942g/cm^3$）和低密度（$\rho=0.91\sim0.93g/cm^3$）三种，其性能可参考有关资料介绍。

(2) 塑料管的规格和工作压力

塑料管的尺寸根据其外径和壁厚来确定。标准尺寸比（*SDR*＝公称外径/壁厚）又取决于树脂的质量和塑料管的使用条件。国产燃气用聚乙烯（PE）管规格尺寸 *De* 在 20～400mm。*De*＜63mm 聚乙烯管出厂时通常卷成盘管；*De* 在 65～150mm 范围内则被绕在大线轮上供应；*De*＞150mm 时一般以直管段供应，每根管长 4～12m。

PE 管的最大工作压力：对于中高密度 PE 管，若是加厚管 *SDR*＝11，*PN*≤0.4MPa；若是普通管 *SDR*＝17，*PN*≤0.25MPa。目前我国生产出中高密度 PE 管 *SDR*＝17.63；加厚型 *SDR*＝9.33～12.11，可用于中低压燃气管道。

有的 PE 管材中添加 2%的炭黑，以增加管材的抗老化性能。

(3) 塑料管的特性

1）抗腐蚀能力强。与钢管和铸铁管比较，可以认为塑料管是不受酸、碱土壤影响的材料。

2）没有电化学腐蚀现象。

3）管材轻，便于运输。

4）可以卷成盘，减少接头，便于安装。

2. 热固性环氧树脂管（玻璃钢管）

玻璃钢管是以糠醛、酚醛、环氧树脂为粘合剂，加入一定量的辅助原料，然后浸渍无碱玻璃布，以其在成形心轴上绕制成管子，经过固化、脱模和热处理而成。其特点是在一定的温度下，经过一定时间的加热或加入固化剂即固化。固化后的塑料，质地坚硬而不溶于溶剂中，也不能用加热的方法再使之软化，如遇温度过高则分解。

整体玻璃钢的相对密度为1.4～2.2，具有较高的强度，良好的耐热性、耐蚀性和电绝缘性。由于加工操作工艺简单，故有良好的工艺性能。

（五）橡胶管

1. 橡胶管的分类

(1) 按结构不同分为：普通全胶管、橡胶夹布压力胶管、棉线编织胶管和铠装夹布胶管等。

(2) 按用途不同分为：输水胶管、耐热胶管、耐酸碱胶管、耐油胶管和专用胶管等。

用于燃气设备及管道上的橡胶管通常是耐油普通全胶管（如室内低压管旋塞与灶具连接管）和耐油铠装夹布胶管（如液化石油气装卸连接管）。

2. 橡胶管的性能

(1) 普通全胶管

普通全胶管全部用橡胶制成，一般用于输送工作压力≤5kPa的燃气介质。

(2) 铠装夹布胶管

铠装夹布胶管在管壁中夹有多层钢丝和帆布，它适用于输送中、高压燃气介质。常用胶管内径 Dn13～200mm，工作压力为10MPa，试验压力15MPa，爆破压力约30MPa。

二、管道连接

（一）钢管的连接

钢管的连接必须安全可靠，便于施工。钢管的连接方法主要有：焊接、法兰连接和螺纹连接，最常用的连接方法是焊接。

1. 钢管的焊接

燃气管道的施焊方法主要有气焊、电弧焊两种，一般多采用电弧焊。

(1) 气焊

气焊主要用来焊接小口径钢管或薄壁钢管，焊接钢管壁厚度一般不超过4mm，壁厚大于4mm的钢管最好采用电弧焊。壁厚小于2mm的钢管，一般不开坡口，可采用平边型对接焊；壁厚大于2mm，则应根据厚度及要求不同，将管口边缘开出坡口，以利焊透。

为保证焊缝质量，焊接前应将焊丝及焊接接头处表面的氧化物、铁锈、油污等脏物清除干净，以免焊缝产生夹渣、气孔等缺陷。此外，焊丝材质应与管材同质或材质相近。

(2) 电弧焊

电弧焊分为手工电弧焊和自动埋弧焊两大类。

1）手工电弧焊

手工电弧焊可分为直流电弧焊和交流电弧焊两种。直流电弧焊电弧稳定性好，但容易产生磁偏吹现象，适应于较重要的焊接结构的手工焊；交流电弧焊电弧稳定性较差，磁偏吹少，适用于一般焊接结构的手工焊。

在手工电弧焊接中，由于结构形式、工件厚度以及对质量要求的不同，其接头与坡口形式也有不同。一般接头形式有对接、搭接、角接和T形接头等。有关各种焊接接头的坡口基本形式与尺寸应执行国标GB 985和GB 986的规定。具体焊接方法、焊条的选用、施焊参数的选择及焊缝质量检验应按相关规范规定要求进行。此外，为保证燃气管道施焊质量，在管道组对好后，应选用氩弧焊打底，然后再采用直流电弧焊完成后续焊接工作。

2）自动埋弧焊

所谓自动埋弧焊就是将手工引弧、运条和结尾三个步骤完全由机械来完成。埋弧焊是以裸金属焊丝与焊件间所形成电弧为热源，以覆盖在电弧周围的颗粒状焊剂及其熔渣作保护的电弧焊的方法。它具有焊接质量好、生产效率高、改善劳动条件等优点。缺点是不适应立焊和横焊、不适应焊接薄板，而且施工灵活性不如手工电弧焊。

燃气管道焊接除应遵守《城镇燃气输配工程施工及验收规范》（CJJ 33—2005）中的有关规定外，还应遵守《现场设备、工业管道焊接工程施工及验收规范》（GB 50236—98）和《工业管道工程施工及验收规范》（GB 50235—98）以及国家现行安全技术、劳动保护法规等有关规定。

2. 法兰连接

法兰连接是一种承压的可拆卸管道紧密连接方法，它是用两片法兰和紧固件以及密封垫将管道、阀门、设备等部件连接成一个严密的管道系统。为达到拆卸方便、连接可靠、易于加工等工艺要求，钢制法兰广泛应用于燃气管道与工艺设备、阀门及调压器等连接。

（1）法兰类型

根据法兰与管道的固定方式可分为平焊法兰、对焊法兰和螺纹法兰三种。

1）平焊法兰　是将管子插入法兰内孔一定深度后，法兰与管端采用焊接固定。这种法兰本身呈扁平盘状，法兰密封面有光滑和凹凸面两种形式，密封面上一般都车制2～3条密封线（俗称水线），平焊法兰如图7-4所示。这种法兰采用普通碳素钢制造，成本低，刚性较差，一般适用于$PN\leqslant1.6$MPa，$t\leqslant250$℃的工况条件。

2）对焊法兰　法兰与管端采用对口焊接，刚度较大，适用于高温、高压工况。对焊法兰也有光面和凹凸面两种形式，如图7-5所示。

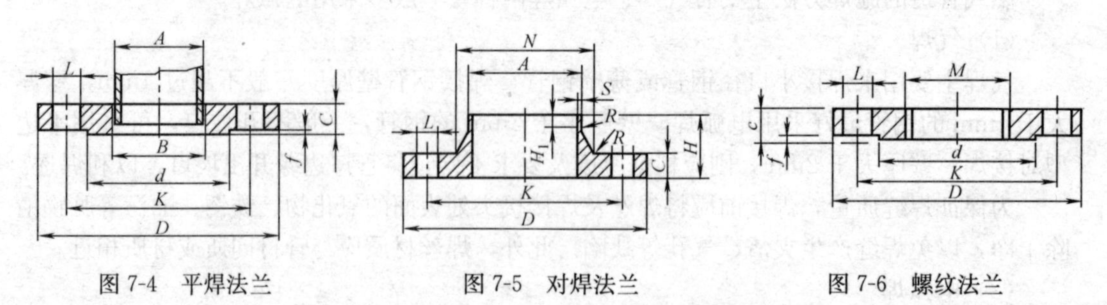

图7-4　平焊法兰　　图7-5　对焊法兰　　图7-6　螺纹法兰

3）螺纹法兰　法兰内孔表面加工成管螺纹，可用于$DN \leqslant 50$mm的中低压燃气管道，如图7-6所示。

（2）法兰选用

标准法兰均应按公称压力和公称通径来选择。通常我们已知的条件是工作介质、压力和温度，故需按初选材质和工作温度，把介质的工作压力换算为公称压力，然后按GB/T 9112—2000选出所需法兰的类型，再根据公称压力和工作温度选择法兰和紧固件的材质。

燃气管道上的法兰应采用国家标准系列，其公称压力一般不低于1.0MPa，材质应与钢管材质一致或接近，常用钢号有Q235、10号和20号碳素结构钢。

（3）对法兰的基本要求

1）要保证在工作压力和工作温度下连接接头严密不漏；

2）要有足够的强度；

3）要能经受管道工作状态和不工作时各种温度应力和其他一些偶然力的作用；

4）能迅速地并能多次拆卸；

5）成本低，满足工艺要求，并适宜大批制作。

3．螺纹连接

螺纹连接通常用于直径较小的低压钢管。管道螺纹连接均采用管螺纹，而管螺纹有圆柱形和圆锥形两种。

（1）管螺纹连接形式　燃气管道多采用圆锥形外螺纹连接形式，管接头、阀门和管件多采用圆柱形螺纹。因此，管道连接就有三种形式：

1）圆柱形管螺纹接圆柱形管螺纹　如外螺纹管件与内螺纹管件的连接，这种连接形式存在配合公差，两接头的螺纹间隙要靠填料达到密封严密。

2）圆锥管螺纹接圆锥管螺纹　这种连接形式使全部螺纹表面相挤压，如图7-7（*a*）所示。从理论上讲没有填料也能密封，实际上这种连接并不能保证严密不漏。

3）圆柱形管螺纹接圆锥形管螺纹　如管道外螺纹与管件内螺纹连接，如图7-7（*b*）所示。随着管子拧入管件的深度，螺纹间的挤压将越来越紧。因此接口比圆柱形螺纹之间连接更紧密。但是管子螺纹的末端与管件螺纹之间仍有间隙，所以还要使用填料密封。

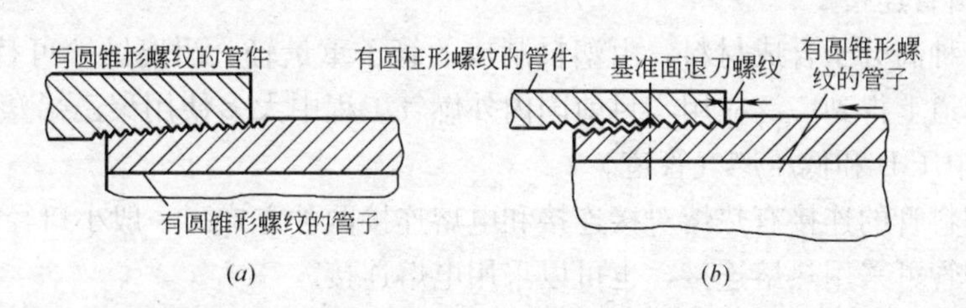

图7-7　螺纹连接方式

（*a*）“锥形套入锥形”的螺纹接口；（*b*）“锥形套入圆柱形”的螺纹接口

（2）螺纹连接的基本要求

1）管道与设备、阀门、管件螺纹连接应同心，不得强力对口；

2）管螺纹接头宜用聚四氟乙烯带做密封材料，拧紧时不得将密封材料挤入管内；

3）钢管的螺纹应光滑端正、无斜丝、断丝、乱丝或破丝，缺口长度不得超过螺纹的10%；

4）钢管与球阀、燃气计量表与附件螺纹连接时，应采用承插式螺纹管件连接。

（二）铸铁管连接

铸铁管主要采用承插口连接和机械接口连接。其中承插口连接分刚性和柔性两种接口，如图7-8（*a*）和（*b*）所示。

1. 承插口连接

（1）刚性接口　在低压燃气管道中用浸油线麻和水泥作填料；在中压燃气管道中以耐油橡胶圈和水泥作填料。使用的水泥有普通42.5级硅酸盐水泥、自应力水泥等。

（2）柔性接口　传统的做法是用青铅、油麻作填料，铅的耗量较大，而且操作也较复杂。为此，改进型的柔性接口是在承插口内设置一道耐油橡胶圈，这种做法简单易行，效果良好，对土壤不均匀沉降和地震均有较强的抵抗力。

2. 机械接口连接

机械接口是在承插口连接的基础上发展而来的连接方式，操作简便，具有很好的抗震性，如图7-9所示。这种接口的填料以各种截面的橡胶圈为主，或辅以油麻和铅，其外再用法兰与挡圈或卡箍紧固，螺栓等易腐蚀零件应经防腐处理。

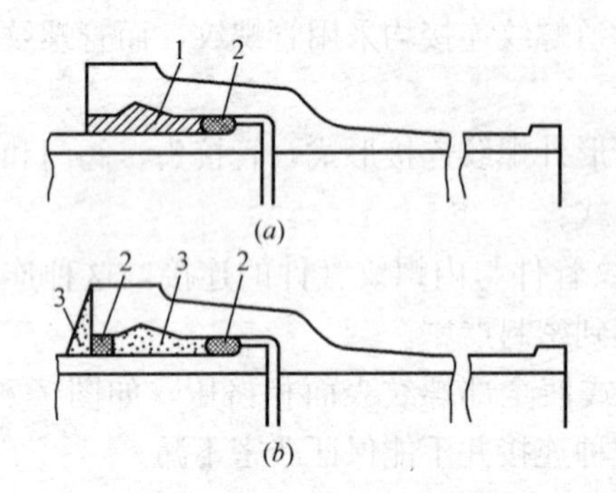

图7-8　铸铁管承插口连接

（*a*）柔性接口；（*b*）刚性接口

1—铅；2—浸油线麻；3—水泥

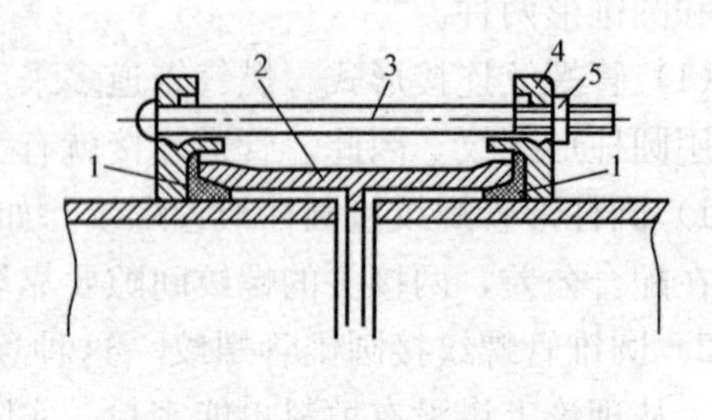

图7-9　铸铁管的防漏夹机械接口

1—橡胶垫；2—夹板；3—螺栓；

4—卡箍；5—螺母

（三）塑料管连接

塑料是一种高分子合成材料，由塑料制成的管子重量轻、耐腐蚀，可替代金属材料。因此在燃气管道上得到广泛应用，目前国内外燃气工程中大多使用聚乙烯塑料（PE）管。PE管适用于中压B和低压燃气管道。

聚乙烯塑料管的连接有热熔对接连接和电熔连接两种方式。一般小口径管宜采用电熔连接；大口径管可采用热熔连接，也可以采用电熔连接。

聚乙烯塑料管连接施工应符合国家标准CJJ 63《聚乙烯燃气管道工程技术规程》的规定。

三、管道防腐

燃气工程中的防腐材料主要有两大类，即表面防腐和防腐层结构材料。

1. 表面防腐涂料

(1) 涂料的分类

我国目前将涂料产品分为 18 大类，见表 7-3。其中辅助材料按不同用途再作区分，见表 7-4。

涂料（成膜物质）分类代号表 　　**表 7-3**

序号	代号	名　称	序号	代号	名　称	序号	代号	名　称
1	Y	油脂	7	Q	硝基树脂	13	H	环氧树脂
2	T	天然树脂	8	M	纤维素及醚类	14	S	聚氨基甲酸酯
3	F	酚醛树脂	9	G	过氯乙烯树脂	15	W	元素有机聚合物
4	L	沥青	10	X	乙烯树脂	16	J	橡胶
5	C	醇酸树脂	11	B	丙烯酸树脂	17	E	其他
6	A	氨基树脂	12	Z	聚酯树脂	18		辅助材料

辅助材料代号表 　　**表 7-4**

序　号	代　号	名　称	序　号	代　号	名　称
1	X	稀释剂	4	T	脱漆剂
2	F	防潮剂	5	H	固化剂
3	G	催干剂			

(2) 燃气工程上常用涂料的名称和代号见表 7-5。

燃气工程常用涂料名称代号 　　**表 7-5**

成膜物质类别		底漆名称和型号		面漆名称和型号	
名　称	代号	名　称	型号	名　称	型号
油脂	Y	铁红油性防锈漆	Y53—2	各色原漆	Y02—1
		红丹油性防锈漆	Y53—1	各色油性调合漆	Y03—1
酚醛树脂	F	红丹酚醛防锈漆	F53—1	各色酚醛调合漆	F03—1
		铁红酚醛防锈漆	F53—3	各色酚醛磁漆	F04—1
醇酸树脂	C	铁红醇酸底漆	C06—1	各色醇酸调合漆	C03—1
过氯乙烯树脂	G	锌黄、铁红过氯乙烯底漆	G06—1	各色过氯乙烯防腐漆	G52—1
环氧树脂	H	锌黄、铁红环氧树脂底漆	H06—2	各色环氧防腐漆	H52—3
沥青	L			焦油沥青清漆	L01—17

2. 防腐层结构材料

(1) 石油沥青　建筑石油沥青应符合技术标准 GB 494 的规定。

(2) 中碱玻璃布　沥青防腐采用的中碱玻璃布应符合以下要求：含碱量不超过 12%，单纤维公称直径为 7.5μm，厚度为 0.140mm＋0.010mm，组织为网状的无捻布纹布，经纬密度应均匀，宽度应一致，不应有局部断裂和破洞。经纬密度应根据施工气温选取。

(3) 聚乙烯工业膜　聚乙烯工业膜不得有局部断裂、起皱和破洞，边缘应整齐，幅宽宜与玻璃布相同，其性能指标应符合相关的规定。

3. 聚乙烯胶带防腐层材料

(1) 聚乙烯胶带　聚乙烯胶带分防腐胶带（内带）和保护胶带（外带）两种。内带起防腐绝缘作用，外带的作用是保护内带使其不受损伤。胶带的选择应根据不同防腐要求，不同施工方法，可选用不同要求、不同规格的聚乙烯胶带。

(2) 底漆　缠绕胶带前，在经过表面处理的钢管表面上应涂刷与胶带相容的底漆，从而增加对钢管的浸润性及剥离强度。底漆用量一般为 80～100g/m^2。

4. 环氧煤沥青防腐层材料

环氧煤沥青涂料是由环氧树脂、煤焦沥青、鳞片填料、少量有机溶剂及固化剂组成的双组分涂料。深层坚韧，附着力好，防护期效长。具有突出的抗渗水性，有一定的耐酸、碱、盐及微生物侵蚀的能力。漆膜坚韧耐磨，并具有一定的绝缘性。环氧煤沥青防腐层适用于埋地燃气钢管的外壁防腐蚀。

四、管道附属设备

管道附属设备主要包括：阀门、调压器、补偿器等。

（一）阀门

阀门是管道输配系统中的重要控制设备，具有导流、调节、节流、防止倒流、溢流、卸压或改变燃气流动方向等作用。

1. 阀门的分类

用于燃气管道上的阀门很多，且有多种分类方法。常用的阀门有闸阀、截止阀、旋塞阀、球阀、安全阀和止回阀等。

(1) 按用途和作用分类

1) 截断阀类　主要用于截断或接通介质流。包括闸阀、截止阀、隔膜阀、旋塞阀、球阀、蝶阀等。

2) 调节阀类　主要用于调节介质的流量、压力等。包括调节阀、节流阀、针型阀、调压阀等。

3) 止回阀类　用于阻止介质倒流。包括各种结构的止回阀。

4) 分流阀类　用于分配、分离或混合介质。包括分配阀、交换阀等。

5) 安全阀类　用于超压保护。包括各种类型的安全阀。

(2) 按主要参数分类

1) 真空阀　工作压力低于标准大气压的阀门。

2) 低压阀　公称压力为 $PN \leqslant 1.6$MPa 的阀门。

3) 中压阀　公称压力为 PN2.5～6.4MPa 的阀门。

4) 高压阀　公称压力为 PN10.0～80.0MPa 的阀门。

在燃气管道输配系统中常用中、低压阀门；燃气场站内常用的阀门一般为中、高压阀门或低温阀门。

(3) 通用分类法

这种分类方法既按原理、作用，又按结构划分，是目前国内、国际最常用的分类法。一般为：闸阀、截止阀、旋塞阀、球阀、蝶阀、隔膜阀、止回阀、安全阀、过滤阀、调节阀、角阀和其他专用阀等。

2. 常用阀门的特征与结构

(1) 闸阀

闸板启闭与闸板平面方向平行的阀门称为闸阀。

闸阀的闸板按结构特性分为平行闸板和楔形闸板。平行闸板两密封面平行；楔形闸阀的密封面是倾斜的，并形成一个夹角。由于单闸板易被卡住，所以燃气工程中一般使用平行双闸板阀或楔形闸板阀。

闸阀就其阀杆运行状况又分为明杆和暗杆两种。明杆平行式双闸板闸阀和暗杆楔形闸板闸阀分别如图 7-10 和图 7-11 所示。明杆阀门螺杆外露，开启时阀杆伸出手轮，可以从阀杆的高度判断阀门的启闭状态；暗杆阀门的特性则与明杆阀门相反，为识别阀门的开启程度，一般在阀杆上安装一个启闭指示器。由于各自的特性不同，明杆阀门一般适用于地上燃气管道，暗杆阀门一般适用于地下燃气管道。

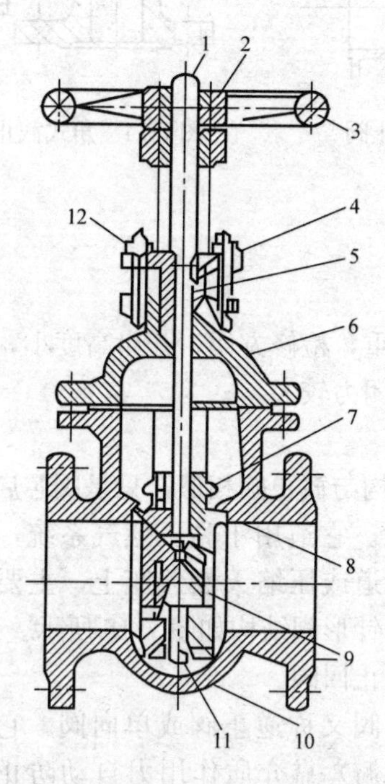

图 7-10　明杆平行式双闸板闸阀

1—阀杆；2—轴套；3—手轮；4—填料压盖；5—填料；6—上盖；7—卡环；8—密封圈；9—闸板；10—阀体；11—顶楔；12—螺栓螺母

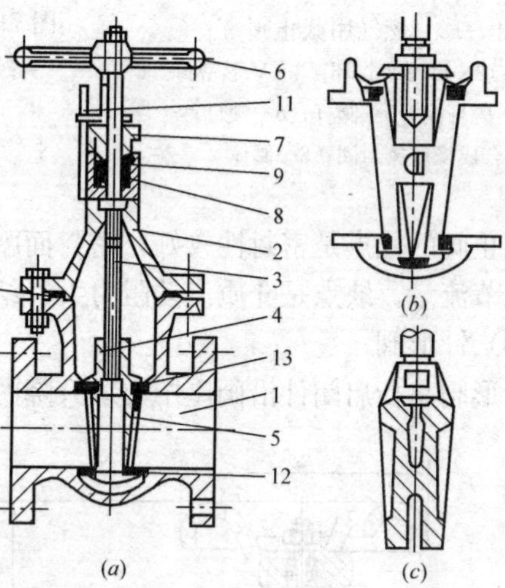

(a)　(b)　(c)

图 7-11　暗杆楔形闸板闸阀

(a) 楔形单闸板；(b) 楔形双闸板；(c) 楔形弹性闸板

1—阀体；2—阀盖；3—阀杆；4—阀杆螺母；5—闸板；6—手轮；7—压盖；8—填料；9—填料箱；10—垫片；11—指示器；12,13—密封圈

闸阀的优点是流动阻力小，介质流动方向不受影响，阀体安装长度小。缺点是闸板及密封面易被擦伤，密封面维修困难，阀门安装空间、高度要求大。

(2) 截止阀

截止阀是指启闭件沿阀座中心线升降的阀门。它也是一种广泛用于燃气管道上的阀门，在管网中主要起切断作用。

截止阀阀瓣启闭时的移动方向和阀瓣平面垂直。它不能适应气流方向改变，因此安装时要注意方向性。截止阀也有明杆和暗杆之分，小直径截止阀因结构尺寸小，常采用暗杆；大直径截止阀可采用明杆。其阀体形式分直通式如图 7-12 所示、直流式如图 7-13 所示和角式如图 7-14 所示。

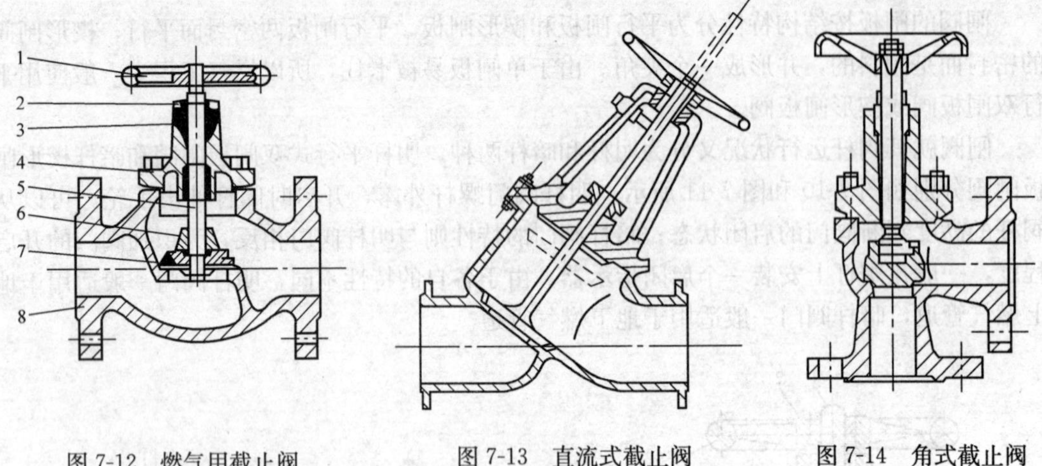

图 7-12　燃气用截止阀

1—手轮；2—O 形密封环；3—V 形密封环；4—螺杆副；5—阀杆；6—锁母；7—合成橡胶密封圈；8—阀体

图 7-13　直流式截止阀

图 7-14　角式截止阀

截止阀的优点是密封性较好，密封面摩擦现象不严重，检修方便，开启高度小，可以适当调节流量。缺点是介质流动阻力大，结构长度和启闭力较大。

(3) 针形阀

针形阀是指启闭件沿阀座中心线升降的阀门，其结构与截止阀相似，只是阀芯启闭件是针形状。它适用于高压燃气系统，如压缩天然管道或压缩天然气瓶上，主要起切断作用。针形阀结构如图 7-15 所示。

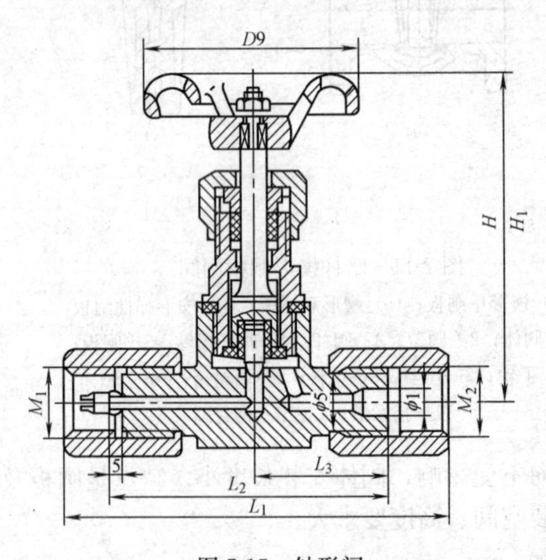

图 7-15　针形阀

(4) 止回阀

止回阀又称逆止阀或单向阀。它是启闭件（阀瓣）靠介质作用力自动防止管道中的燃气倒流的一种阀门。由于它靠介质压力自动启闭，因此属自动阀类。止回阀一般安装在燃气压送机的出口管道上，以防止管内介质倒流而损坏设备。

止回阀根据结构不同，分为升降式和旋启式两大类。

升降式止回阀如图 7-16（*a*）所示，阀瓣垂直于阀体的通道作升降运动，当介质流过阀门时，阀瓣反复冲击阀座使阀座很快磨损并产生噪声。

旋启式止回阀如图 7-16（*b*）所示，阀瓣围绕着阀座的销轴旋转，按其口径的大小分为单瓣、双瓣和多瓣三种。这种止回阀阻力较小，在低压时密封性能较差，多用于大直径的或高压、中压燃气管道上。此外其介质流动方向没有多大变化，流通面积也大，但密封性能不如升降式止回阀。安装时仅要求阀瓣的销轴保持水平，适应安装在水平和直立的管

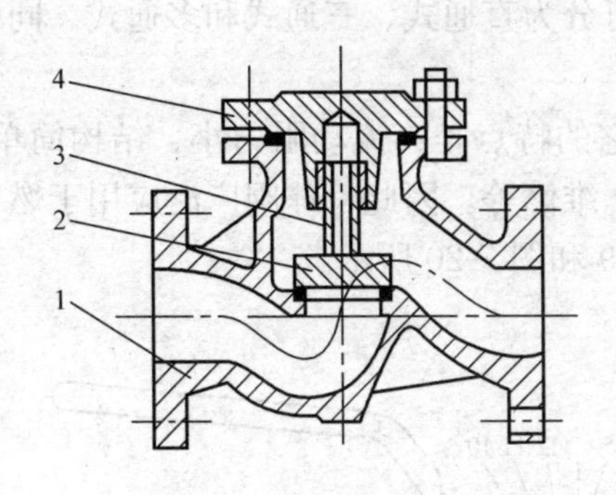

图 7-16（*a*） 升降式止回阀

1—阀体；2—阀瓣；3—导向套；4—阀盖

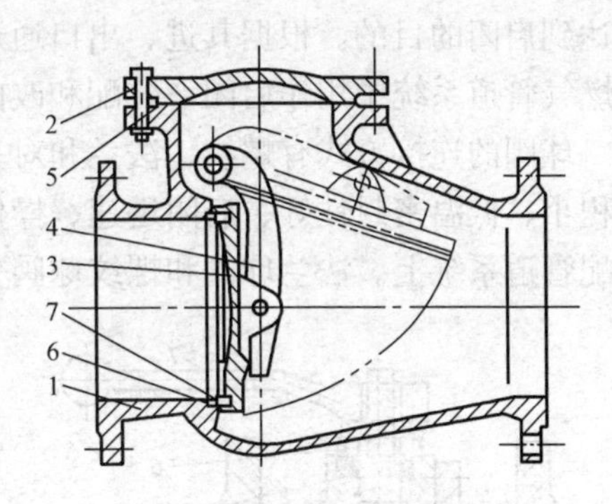

图 7-16（*b*） 旋启式止回阀

1—阀体；2—阀盖；3—阀瓣；4—摇杆；
5—垫片；6—阀体密封阀；7—阀瓣密封圈

道上。当安装在直立管道时，应注意介质的流向必须是自下向上流动，否则阀瓣会因自重作用而起不到止回作用。

（5）旋塞阀

旋塞阀是指启闭件（塞子）绕阀体中心作旋转来达到启闭的一种阀门。在燃气管道系统中，常用作启闭、分配和改向。

旋塞阀根据其进、出口通道的个数可分为直通式、三通式和多通式。按其连接方式分为丝扣和法兰连接两种。低压单头旋塞阀如图 7-17 所示；法兰式旋塞阀如图 7-18 所示。

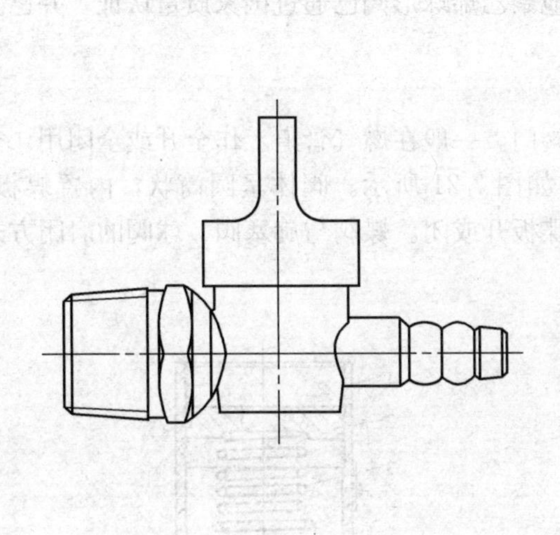

图 7-17 低压单头旋塞

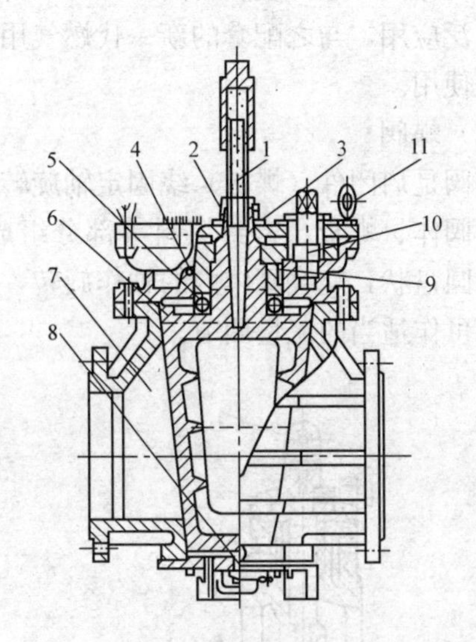

图 7-18 法兰式旋塞阀

1—送油装置；2—指针；3—单向阀；4—O 形密封装置；
5—轴承；6—阀塞；7—阀体；8—阀塞调整装置；
9—阀塞法兰盖；10—传动装置；11—吊环

（6）球阀

球阀与旋塞阀是同一类型的阀门，只是它的启闭件为球体，用球体绕阀体中心作旋转来达到启闭的目的。根据其进、出口通道的个数也可分为直通式、三通式和多通式。同样在燃气管道系统中用作启闭、分配和改向。

球阀的连接方式有螺纹、法兰和对夹式三种。它的特点是：流动阻力小、结构简单、体积小、低温密封性好、启闭迅速、操作方便和便于维修等。因此，球阀广泛应用于燃气输配管道系统上。法兰球阀和螺纹球阀分别见图 7-19 和图 7-20 所示。

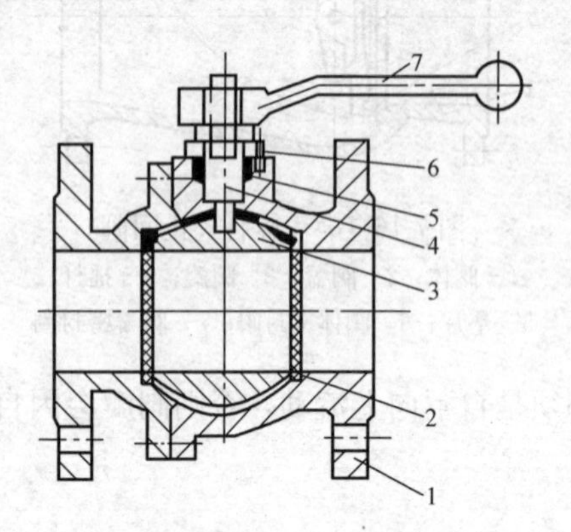

图 7-19　法兰球阀

1—阀体；2—密封件；3—球体；4—心轴；5—填料；6—阀盖；7—手柄

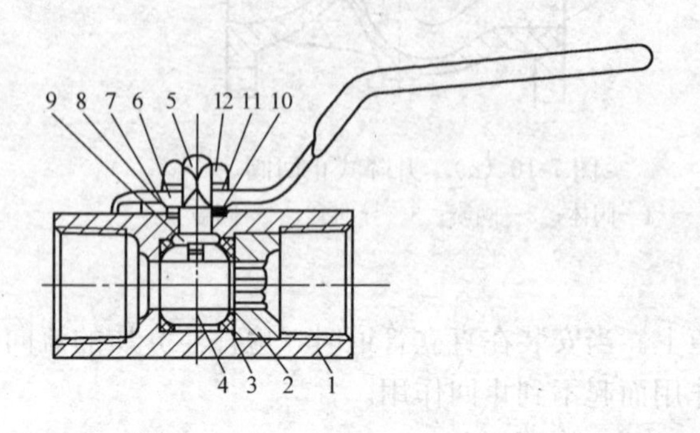

图 7-20　螺纹球阀

1—阀体；2—尾盖；3—球体；4—密封件；5—心轴；6—手柄；7—垫片；8—A 密封件；9—B 密封件；10—锥形弹簧；11—弹簧垫片；12—螺母

传统球阀一般为金属材料，如可锻铸铁、铸钢件等。随着聚乙烯管材在燃气输配工程上的广泛应用，与之配套的新一代燃气用埋地聚乙烯球形阀已通过国家质量认证，并已大量投入使用。

(7) 蝶阀

蝶阀是启闭件（蝶板）绕固定轴旋转的阀门。一般在燃气管道上作全开或全闭用。它主要由阀体、蝶板、密封填料等部分组成，如图 7-21 所示。阀体呈圆筒状，内置蝶板，蝶板呈圆盘状，能绕阀体内的轴作旋转，使蝶板开或闭。蝶阀与旋塞阀、球阀的启闭方式相同，可作适当的流量调节。

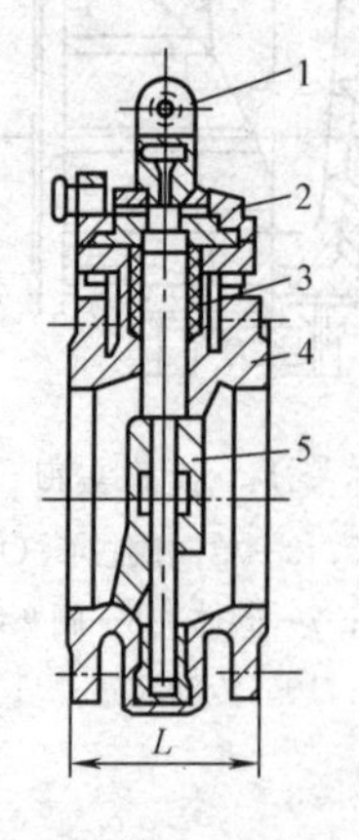

图 7-21　蝶阀

1—手柄；2—压盖；3—填料；4—阀体；5—阀瓣

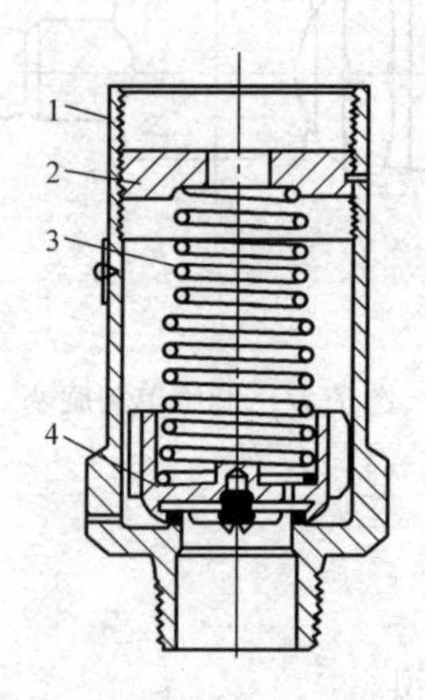

图 7-22　管道安全阀

1—阀体；2—调节螺丝；3—弹簧；4—阀芯

蝶阀具有结构简单、重量轻、流体阻力小、操作力矩小、结构长度短、整体尺寸小等优点。缺点是密封性能较差。根据 JB 1684 之规定，蝶阀仅适用于公称压力 $PN0.25\sim1.0$MPa，公称通径 $DN100\sim300$mm 的燃气管道上。

（8）安全阀

压力容器及设备上的安全阀在第五章第一节已作介绍，这里扼要介绍管道安全阀。管道安全阀由阀体、阀芯、调节螺丝、弹簧等部件组成，其结构原理如图 7-22 所示。管道安全阀主要用于燃气管道上，是确保管道安全运行的重要安全附件，常用规格为 DN 15～40mm。

（9）过滤阀

过滤阀在管道设备上的作用是防止介质中的杂质或管道内壁上的铁锈、焊渣等杂物进入工艺系统中，使燃气输配设备免受损坏。常见的 Y 形过滤阀如图 7-23 所示。Y 型过滤阀连接方式有法兰和螺纹连接两种，其规格一般为 $DN15\sim200$mm。阀体材料多为球墨铸铁或不锈钢，标准滤网一般为 40 目，通常使用温度为 －5～350℃。

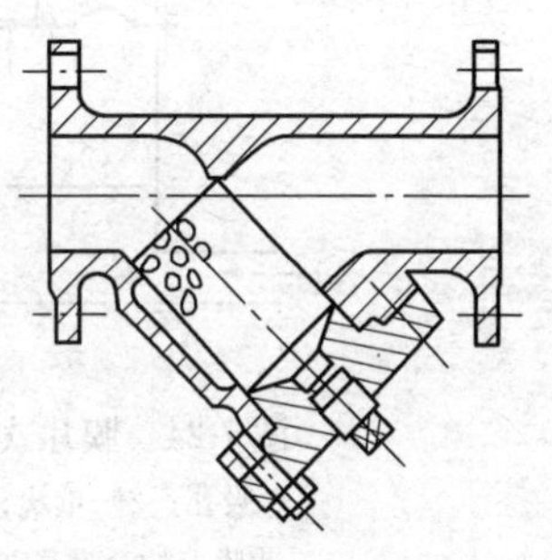

图 7-23　过滤阀

（二）调压器

1. 调压器（或称调压阀）的作用

燃气输配系统的压力工况是靠安装在气源厂、储配站场、输配管网及用户处的调压器来控制的。其作用是将较高的入口压力调至较低的出口压力，并随着燃气需求用量的变化自动地保持出口压力为一恒定值。因此，调压器是一种降压附属设备。

2. 调压器的分类

（1）按动作原理分类

通常调压器分为直接作用式和间接作用式两种。直接作用式调压器依靠敏感元件（薄膜）所感受的出口压力变化来移动调节阀门进行调节。敏感元件就是传动装置的受力元件，使调节阀门移动的能源是被调介质。而间接作用式调压器，出口压力的变化使操纵机构（如指挥器）动作，接通能源（可为外部能源，也可为被调介质）使调节阀门移动。间接作用式调压器的敏感元件和传动装置的受力元件是分开的。

（2）按出口压力分类

调压器按出口压力分为：高高压、高中压、中中压、中低压和低低压五种。较常用的调压器是高中压、中中压和中低压三种。

（3）按结构分类

调压器按其结构分为：膜片式、弹簧薄膜式、浮筒式、活塞式、波纹管式、杠杆式等。常用的调压器是膜片式。

3. 膜片式调压阀

它是通过启闭件的节流，将介质压力降低，并借阀后压力的直接作用使系统压力自动保持在一定范围的阀门。调压阀的工作原理主要是靠膜片、重块、阀杆等元件改变阀瓣与阀座的间隙，把进口压力减至某一需要的出口压力，并靠介质本身的能量，使出口压力自动保持稳定。常用的膜片式调压阀结构原理如图 7-24 所示。膜片式调压阀的优点是灵敏度高、工作可靠。缺点是薄膜的耐久性较差，工作温度不宜过高。

4. 直接作用式用户调压器

(1) 家庭用小流量调压器

家庭用小流量调压器是弹簧薄膜式结构，工作时随流量的增加，内置的弹簧伸长，弹簧力减弱，给定值减低；同时随着流量的进一步增加，薄膜挠度减小，有效面积增加，气流直接冲击在薄膜上，抵消一部分弹簧力，这样使得调压器随流量的增加而出口压力降低。常用的 RC4N 型调压器如图 7-25 所示。

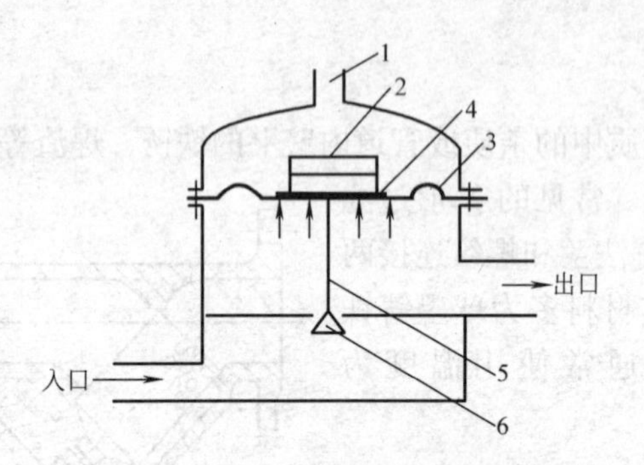

图 7-24 膜片式调压阀工作原理

1—呼吸孔；2—重块；3—悬吊阀杆的薄膜；4—薄膜上的金属压盘；5—阀杆；6—阀芯

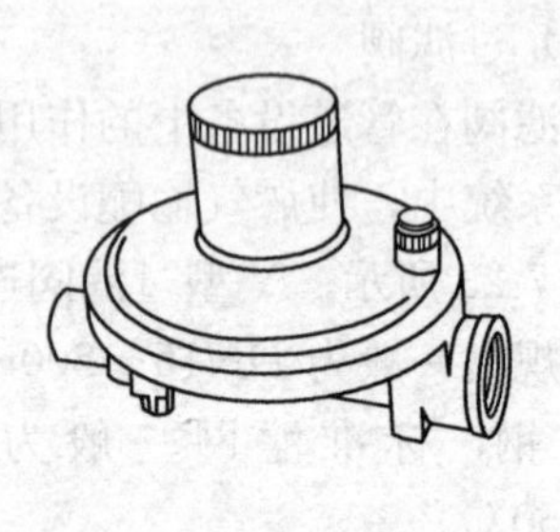

图 7-25 小流量调压器

(2) 楼栋集中调压器

这种调压器适用于居民住宅集中供气和商业用户。它可以将用户室内管道与中压或高压管道直接连接起来，便于进行“楼栋集中调压”。其结构原理如图 7-26 所示。

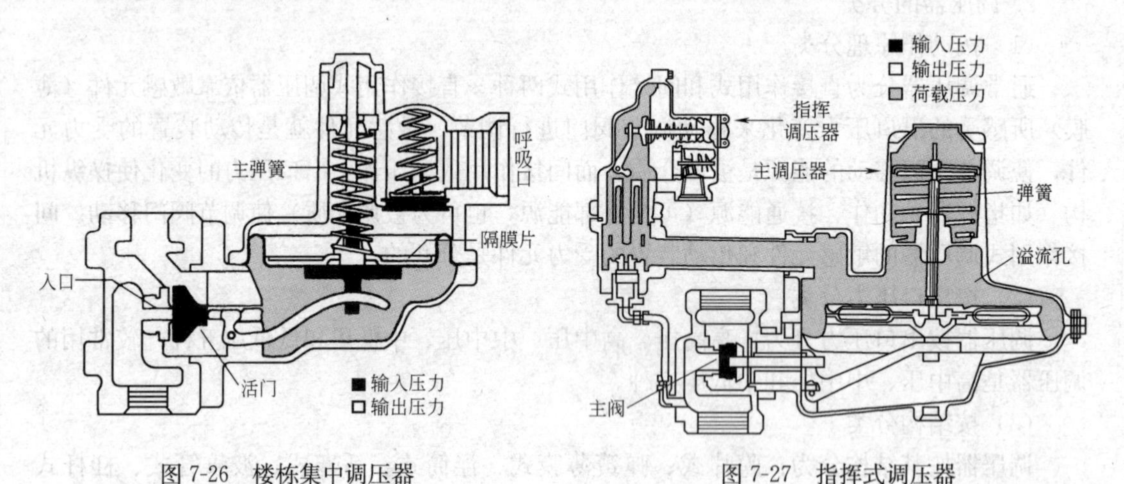

图 7-26 楼栋集中调压器

图 7-27 指挥式调压器

这种调压器具有结构简单、体积小、重量轻、性能可靠、安装方便等优点。由于通过调节阀门的气流不直接冲击到薄膜，因此改善了由此引起的出口压力低于设计理论值的缺点。另外，为提高调节质量，在结构上采取了增加薄片托盘重量的措施，从而减少了弹簧变化给予出口的影响。

5. 间接作用式调压器

间接作用式调压器的种类主要有指挥式调压器、雷诺式调压器、T形调压器和曲流式调压器等。

(1) 指挥式调压器

指挥式调压器广泛地应用于燃气输配系统的分输站、门站及调压计量站中。其结构原理如图7-27所示。

调压器开始工作时，先调整指挥器（或称指挥调压器）弹簧压力，当被调介质压力低于给定值时，指挥器的弹簧力推动阀杆左行，通过杠杆作用，将指挥器上的活门开启，这时负荷压力增大，使得主调压器上腔压力变大，薄膜下行，带动主调压器杠杆开启主阀活门。这时调压器进入工作状况，调压器依靠出口压力变化，与薄膜上下腔压力平衡，从而调压器薄膜克服膜片上的弹簧力，使阀杆上行，这时主阀活门开度逐渐变小，甚至自动关闭，切断燃气通道。

(2) 雷诺式调压器

雷诺式调压器与其他调压器比较，结构复杂，占地面积大。但其压力调节性能好，无论进口压力和管网负荷在允许范围内如何变化，均能保持稳定的出口压力。雷诺式调压器是应用较广泛的一种间接作用式中低压调压器，主要用作区域调压或大工业用户专用调压。

雷诺式调压器由主调压器、中压辅助调压器、低压辅助调压器、压力平衡器及针形阀所组成，其结构原理如图7-28所示。这种调压器对燃气的净化程度要求高，在运行中要经常检查针形阀是否被堵塞。

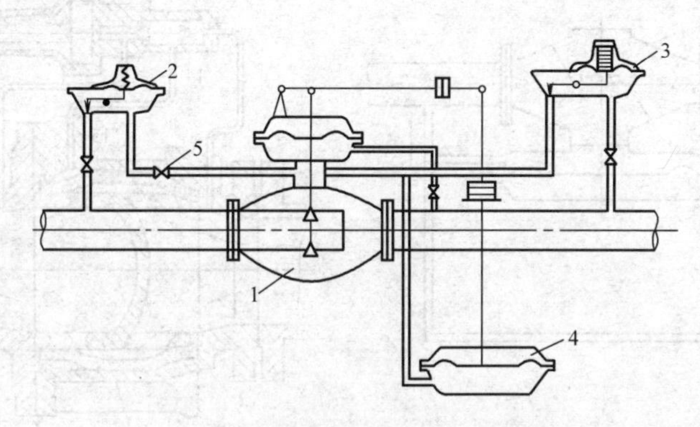

图7-28 雷诺式调压器作用原理

1—主调压器；2—中压辅助调压器；3—低压辅助调压器；4—压力平衡器；5—针形阀

中压辅助调压器的作用是将一部分中压燃气引入，并使其出口压力保持一定。自中压辅助调压器到压力平衡器及低压辅助调压器之间的压力称为中间压力（指挥压力或调节过渡压力，通常为5kPa左右），利用中间压力的变化可以自动地调节主调压器的开度。低压辅助调压器的作用是将其出口压力调节到规定的压力。当无负荷时，主调压器与两个辅助调压器的阀门呈关闭状态。开始有负荷时，出口压力下降，低压辅助调压器失去平衡，调节阀门打开，燃气流向低压管，中间压力降低，同时中压辅助调压器也打开，燃气从中压辅助调压器流向低压辅助调压器，致使针形阀以后的压力下降，这时压力平衡器内的薄膜开始下降，通过杠杆将主调压器打开。负荷越大，流经辅助调压器的流量也越大，针形阀的阻力损失也就越大，中间压力也就越小，主调压器阀门的开度也就越大；如负荷减小，调压器的动作与上述正好相反。负荷减到为零时，阀门完全关闭，切断燃气通道。应当指出的是，当负荷很小时，中间压力变化很小，不足以使主调压器启动，通过辅助调压器即可满足需要。

(3) T形调压器

T形调压器可以作为高中压、中中压、中低压调压用。它与指挥式调压器原理基本相同，由指挥器、主调压器及排气阀三部分组成，其结构原理如图 7-29 所示。这种调压器性能较好，适用范围广。

调压器工作时，首先按需要的出口压力（给定值）调节指挥器的弹簧，同时调节排气阀的排气压力使其稍高于需要的出口压力。当出口压力 p_2 低于给定值时，指挥器的薄膜就开始下降，使指挥器阀门打开，压力为 p_3 的气体补充到调压器的膜下空间，$p_3>p_2$ 阀打开，流量增加，p_2 恢复到给定值。当 p_2 超过给定值时，指挥器薄膜上升使其阀门关闭，同时由于作用在排气阀薄膜下部的力将排气阀打开，压力为 p_3 的气体排出一部分，使调压器膜下的力减小，而又由于 p_2 的增加，调压膜上的力增大，阀口关小，p_2 又恢复到给定值。

(4) 曲流式调压器

曲流式调压器具有运行无声、关闭严密、调节范围广、结构紧凑等优点。其结构原理如图 7-30 所示。

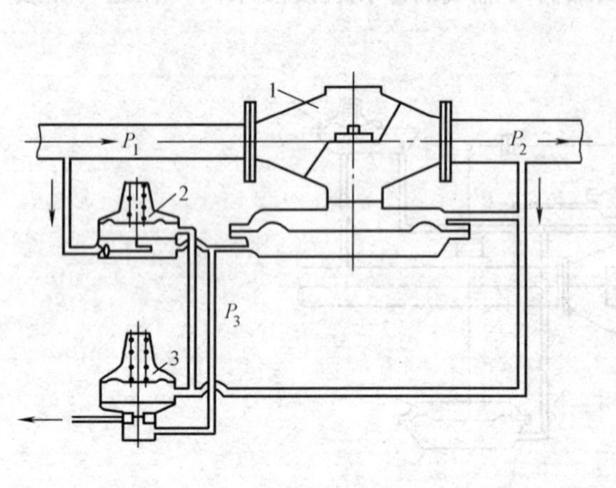

图 7-29　T形调压器

1—主调压器；2—指挥器；3—排气阀

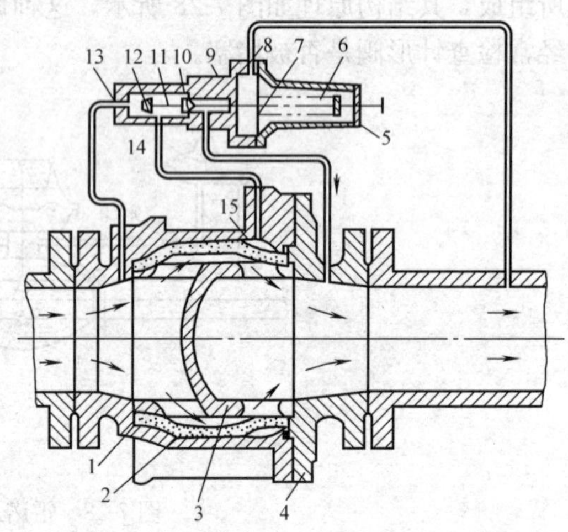

图 7-30　曲流式调压器结构及工作原理

1—外壳；2—橡胶套；3—内芯；4—阀盖；5—指挥器上壳体；6—弹簧；7—橡胶膜片；8—指挥器下壳体；9—壳体；10—阀芯；11—阀杆；12—孔口；13—阀口；14—导压管入口；15—环状腔室

曲流式调压器是带有指挥器的间接作用式调压器，即由主调压器与指挥器两部分组成。开始工作时，调节指挥器弹簧，阀杆即向左侧移动，阀口 13 关小，同时阀口 10 打开，调压器环状腔室内的指挥压力 p_3 降低，依靠压力差 p_1-p_3 使橡胶套开启，调压启动，继续调节指挥器弹簧，将出口压力 p_2 调至所需数值。当进口压力 p_1 降低或负荷增加时，出口压力 p_2 降低，导致作用在指挥器橡胶膜片上的压力降低，橡胶膜片带动阀杆向左侧移动，阀口 13 开度减小，阀口 10 开度增大，使得指挥器压力 p_3 减小，橡胶套和内芯之间距离增大，出口压力 p_2 升高，恢复到给定值。反之，调压器动作正好相反。这种调压器的导压管和出气管是分开的，故称三通指挥器，排除了导压管的压力损失，提高了调节的灵敏度。

（三）补偿器

补偿器（或称调长器）是在管线受到拉伸和压缩时，用于补偿热伸缩量的一种管道附属设备。燃气管道上常用的补偿器主要有波形补偿器、波纹管补偿器和方形补偿器等。

1. 波形补偿器

波形补偿器是一种以金属薄板压制拼焊而成，利用凸形金属薄壳挠性变形构件的弹性变形，来补偿管道热伸缩量的一种补偿器。波形补偿器一般用于工作压力 $PN \leqslant 0.6$MPa 的中、低压大直径的燃气管道上。根据其形状可分为：波形、盘形、鼓形和内凹形等四种。燃气管道上常用套筒式波形补偿器，其结构如图 7-31 所示。

2. 波纹管补偿器

对比多波节波形补偿器，波纹管补偿器具有以下优点：防止对称变形的破坏，减小固定支架承受能力，使用寿命长。这种补偿器的波纹管是用抗疲劳极限很高的 1Cr18Ni9Ti 不锈钢通过辊压而成的波纹形状。适用于工作压力 1.0MPa 以下，公称通径 DN50～500mm 的地下燃气管道上。波纹管补偿器结构及安装如图 7-32 所示。

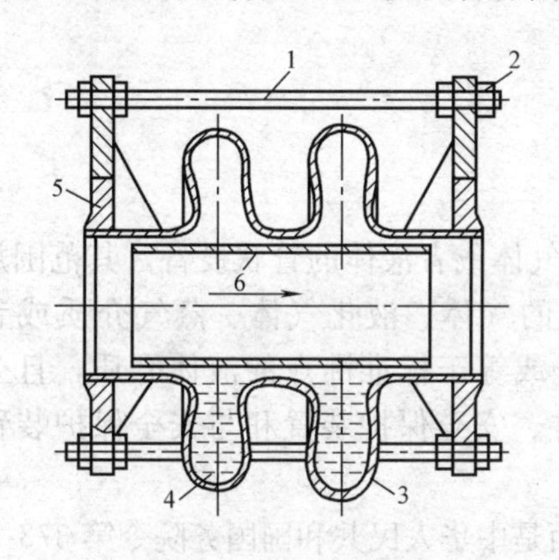

图 7-31　波形补偿器

1—螺杆；2—螺母；3—波节；4—石油沥青；5—法兰；6—套管

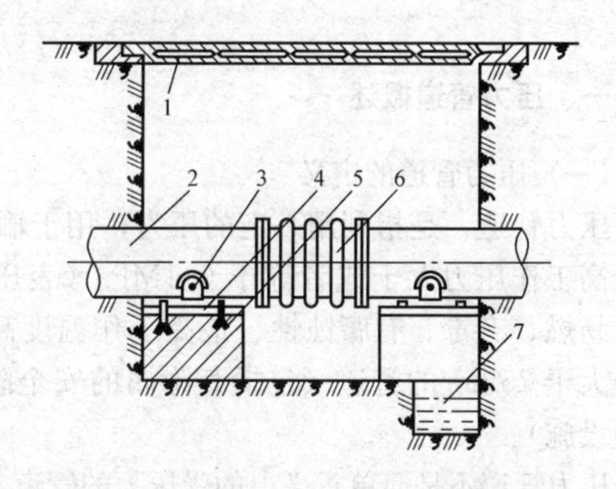

图 7-32　地下管道波纹管安装示意图

1—闸井盖；2—地下管道；3—滑轮组（120°）；4—预埋钢板；5—钢筋混凝土基础；6—波纹管；7—集水坑

3. 方形补偿器

方形补偿器一般由四个弯头和一定长度的相连直管构成。根据国家采暖通风标准图集 N106 规定，方形补偿器共分四种，即Ⅰ型 $c=2h$，Ⅱ型 $c=h$，Ⅲ型 $c=0.5h$ 和Ⅳ $c=0$，如图 7-33 所示。

方形补偿器的特点是坚固耐用、工作可靠、补偿能力强、制作简便，架空和地上燃气管道常用方形补偿器调节管线的伸缩变形。

4. 橡胶-卡普隆补偿器

目前国内外普遍使用一种橡胶-卡普隆补偿器，如图 7-34 所示。它是一种带法兰的螺旋皱纹软管，软管用卡普隆作夹层，外层则用粗卡普隆（或钢丝）加强。其补偿能力在拉

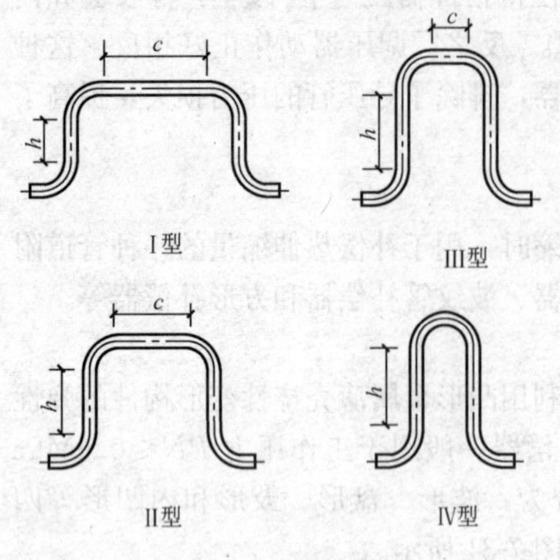

图 7-33　方形补偿器种类

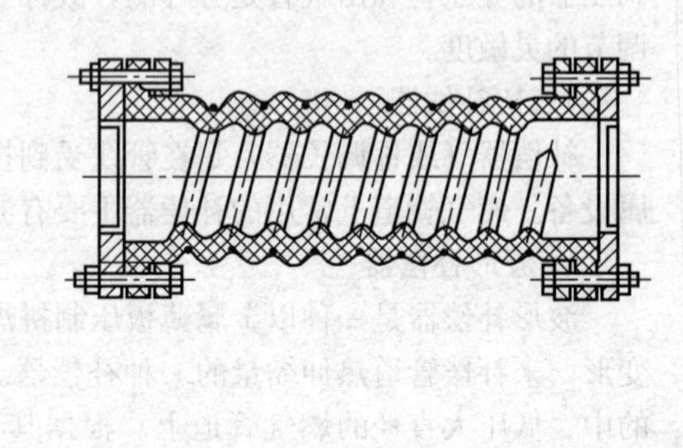

图 7-34　橡胶-卡普隆补偿器

伸时为 150mm，压缩时为 100mm。这种补偿器的特点是纵横方向均可变形，多用于通过山区、坑道或与振动设备连接的管道上。

第三节　管道建设

一、压力管道概述

（一）压力管道的定义

压力管道，是指利用一定的压力，用于输送气体或者液体的管状设备，其范围规定为最高工作压力大于或者等于 0.1MPa（表压）的气体、液化气体、蒸气介质或者可燃、易燃、有毒、有腐蚀性、最高工作温度高于或等于标准沸点的液体介质，且公称直径大于 25mm 的管道（包括其附属的安全附件、安全保护装置和与安全保护装置相关的设施）。

压力管道不是简单意义上的受压力的管道，而是中华人民共和国国务院令第 373 号发布《特种设备安全监察条例》限定范围内的管道。

（二）压力管道的分类与分级

1. 按用途分类与分级

《压力管道安全管理与监察规定》将压力管道按用途划分为：

(1) 长输管道

长输管道为 GA 类，是指产地、储存库、使用单位间的用于输送商品介质的管道。

长输管道的级别划分为：

1）符合下列条件之一的长输管道为 GA1 级：

a. 输送有毒、可燃、易爆气体介质，设计压力 $P>1.6$MPa 的管道；

b. 输送有毒、可燃、易爆液体介质，输送距离（指产地、储存库、用户间的用于输送商品介质管道的直接距离）≥200km 且管道公称直径 $DN\geqslant300$mm 的管道；

输送浆体介质，输送距离≥50km 且管道公称直径 $DN\geqslant150$mm 的管道。

2）符合以下条件之一的长输管道为GA2级：

输送有毒、可燃、易爆气体介质，设计压力≤1.6MPa的管道；

GA1(a) 范围以外的长输管道；

GA1(b) 范围以外的长输管道。

(2) 公用管道（GB类）

公用管道为GB类，是指城市或乡镇范围内的用于公用事业或民用的燃气管道和热力管道。

公用管道级别划分为：

GB1：燃气管道；

GB2：热力管道。

(3) 工业管道（GC类）

工业管道为GC类，是指企业、事业单位所属的用于输送工艺介质的管道、公用工程管道及其他辅助管道。

工业管道级别划分为：

1）符合下列条件之一的工业管道为GC1级：

a. 输送GB 5044《职业性接触毒物危害程度分级》中，毒性程度为极度危害介质的管道；

b. 输送GB 50160《石油化工企业设计防火规范》及GB 50016《建筑设计防火规范》中规定的火灾危险性为甲、乙类可燃气体或甲类可燃液体介质且设计压力 P≥4.0MPa的管道；

c. 输送可燃流体介质、有毒流体介质，设计压力≥4.0MPa且设计温度≥400℃的管道；

d. 输送流体介质且设计压力≥10.0MPa的管道。

2）符合以下条件之一的工业管道为GC2级：

a. 输送GB 50160《石油化工企业设计防火规范》及GB 50016《建筑设计防火规范》中规定的火灾危险性为甲、乙类可燃气体或甲类可燃液体介质且设计压力 P<4.0MPa的管道；

b. 输送可燃流体介质、有毒流体介质，设计压力 P<4.0MPa且设计温度≥400℃的管道；

c. 输送非可燃流体介质、无毒流体介质，设计压力 P<10MPa且设计温度≥400℃的管道；

d. 输送流体介质，设计压力 P<10MPa且设计温度<400℃的管道。

2. 按行业工艺要求和运行状态分类分级

在各行各业，针对各自不同的工艺要求和管道运行状态，压力管道有不同的分类方法，并在国家标准中进行了规定，现将常见的几种分述如下：

(1) GB 50235《工业金属管道工程施工及验收规范》适用于设计压力不大于42MPa，设计温度不超过材料允许的使用温度的工业金属管道。其管道是按照输送介质的性质、操作条件将输送流体分为剧毒流体、有毒流体、可燃流体、非可燃流体、无毒流体五种。

(2) SH 3501《石油化工有毒、可燃介质管道工程施工验收规范》适用于设计压力400MPa（绝压）～42MPa（表），设计温度－196～850℃的有毒性程度为极度危害、高度危害、中度危害和轻度危害可燃介质管道工程的施工及验收。管道是按照输送介质和压力分级分为SHA、SHB、SHC、SHD级，各自适用范围详见石化行业标准SH 3501和SH 3059的规定。

(3) SH 3059《石油化工管道设计器材选用通则》适用于设计压力不大于35.0MPa，设计温度不超过材料允许的使用温度范围的石油化工管道组成件的材料选用。按照介质性质、压力和温度将石油化工管道分为SHA、SHB、SHC、SHD级。

(4) HG 20225《化工金属管道工程施工及验收规范》适用于化工行业金属管道。按照介质性质、压力和温度将化工管道分为A类管道输送剧毒介质管道、B类管道输送可燃介质、有毒介质的管道、C类管道输送非可燃、无毒介质管道、D类管道输送设计压力小于等于1MPa、设计温度为－29～186℃的非可燃、无毒介质管道。

(5) GB 50028《城镇燃气设计规范》适用于输送压力不大于4.0MPa的各种压力的城镇燃气管道。各类城镇燃气均为甲、乙类火灾危险介质，按照输送压力（不包括液态液化石油气）分为高压A、高压B、次高压A、次高压B、中压A、中压B及低压燃气管道7个压力等级。液态液化石油气管道按设计压力分为Ⅰ、Ⅱ、Ⅲ三个级别。

(6) SY 0401《输油输气管道线路工程施工及验收规范》适用于石油及其产品、天然气的长输管道。在输气管线设计时，按沿线居民户数与建筑物密集程度，划分为四个地区等级。并根据管道所处不同的地区，确定强度设计系数，对管道进行强度计算。

（三）燃气压力管道的基本特点

燃气管道除用户户内低压燃气管道外，一般都属于压力管道监管的范围。作为输送燃气介质的压力管道，它们具有以下特点：

1. 长距离输送和城镇输配的燃气管道绝大部分为埋地敷设。

2. 燃气输配管道工艺流程一般比较简单。但成分要求严格，输送压力要求稳定。

3. 长输燃气管道输送距离一般较长，常穿越多个行政区，甚至可能穿越国界。所以要求有较高的输送压力，中途大多还要设加压站。同时管线可能经过各种地质条件地区，如穿越沙漠、永久冻土层、地震带及容易产生泥石流等条件险恶地段，并有可能穿越大山、湖泊与河流。这就要求作好管道路由选择工作。

4. 城镇燃气管道常敷设于城镇地下，由于城镇人口与建、构物稠密，各种地下管线和设施较多，管线间应保证必要的安全间距；公用管道一般输送压力较低，以避免燃气泄漏而发生安全事故。

5. 城镇燃气管道均为常温输送。

二、燃气管道安全监察

为了确保输送燃气的压力管道设计、安装、使用的安全，国家质检总局和地方质监部门依据原劳动部劳发［1996］140号《压力管道安全管理与监察规定》以及有关地方性法规、规章的规定，对燃气压力管道设计、生产、安装、使用、检验检测、监理环节实施全过程监察检验。

（一）监察依据

《中华人民共和国安全生产法》中华人民共和国主席令第 70 号

《国务院关于特大安全事故行政责任追究的规定》中华人民共和国国务院令第 302 号

《特种设备安全监察条例》中华人民共和国国务院令第 373 号

《国务院对确需保留的行政审批项目设定行政许可的决定》中华人民共和国国务院令第 412 号

《压力管道安全管理与监察规定》劳动部劳发［1996］140 号

《城市燃气安全管理规定》建设部、劳动部、公安部第 10 号令

《锅炉压力容器压力管道特种设备事故处理规定》质检总局令第 2 号

《压力容器压力管道设计单位资格许可与管理规则》国质检锅［2002］235 号

《压力管道元件制造单位安全注册与管理办法》质技监局锅发［2000］07 号

《压力管道元件型式试验机构资格认可与管理办法》质技监局锅发［2000］07 号

《压力管道安装单位资格认可实施细则》质技监局锅发［2000］99 号

《压力管道元件制造单位安全注册与压力管道安装许可证评审机构资格认可与管理办法》质技监局锅发［2000］07 号

《压力管道安装质量监督检验规则》国质检锅［2002］83 号

《压力管道使用登记管理规则（试行）》国质检锅［2003］213 号

（二）安全监察体系

为保证燃气压力管道的设计、制造、安装、使用、检验、监理全过程各个环节的安全，避免安全事故的发生，需要立一个科学的、强有力的安全监察体系。压力管道安全监察体系如图 7-35。

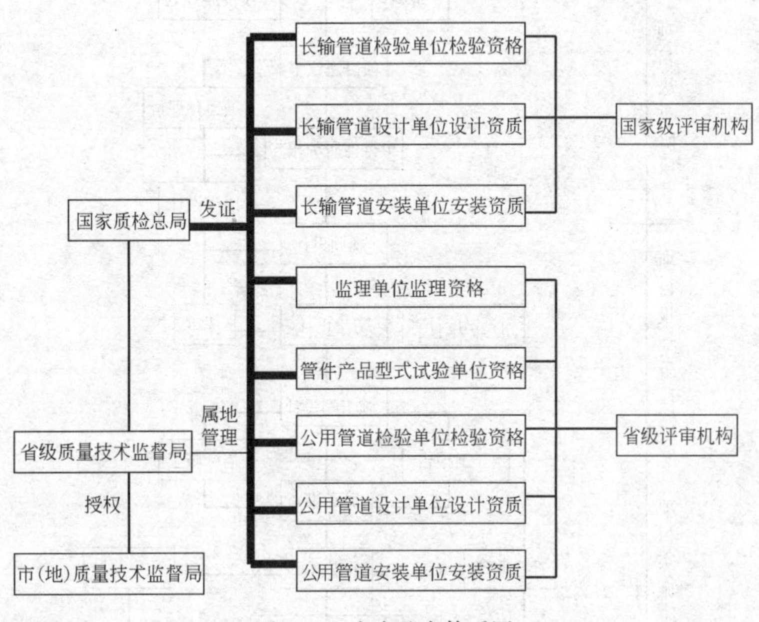

图 7-35　安全监察体系图

（三）安全监察的基本内容

如上所述，燃气管道按用途可分为长输燃气管道——GA 类、公用燃气管道——GB1 类和工业燃气管道——GC 类（储备站场和工业生产用燃气工艺管道）。这三类燃气管道

均属于压力管道安全监察范围内的压力管道。其安全监察的基本内容是：

1. 工业燃气管道　根据设计压力不同，进行分级安全监察；使用单位自行设计、安装的燃气管道须经主管部门批准，并报省级（或市地级）质量技术监督部门备案。

2. 公用燃气管道　其建设必须符合城市发展规划、消防和安全的要求；设计审查和竣工验收应有当地质量技术监督部门派出的安全监察员参加；燃气管道施工时，施工单位须征得有关管理和使用单位同意，并以双方商定，采取相应安全保护措施后方可施工，所在地质量技术监督部门对此进行监督检查。

3. 长输燃气管道　安全监察人员由国家质检总局培训、考核、发证；检验单位应具备相应条件，其检验资格证由国家质检总局颁发；新建、扩建、改建的长输燃气管道施工前，建设单位应向国家质检总局备案，工程竣工验收应由国家质检总局派出的安全监察员参加。

三、管道工程建设

（一）基本建设程序

城镇燃气管道工程是城市的基础设施，它与供水、供电、公共交通一样是城市公用事业的重要组成部分。管道输配工程（特别是长输管道工程）建设应依据国家能源发展计划、城市发展总体规划并按基本建设的有关规定和程序实施。

工程项目建设的基本程序如图 7-36。

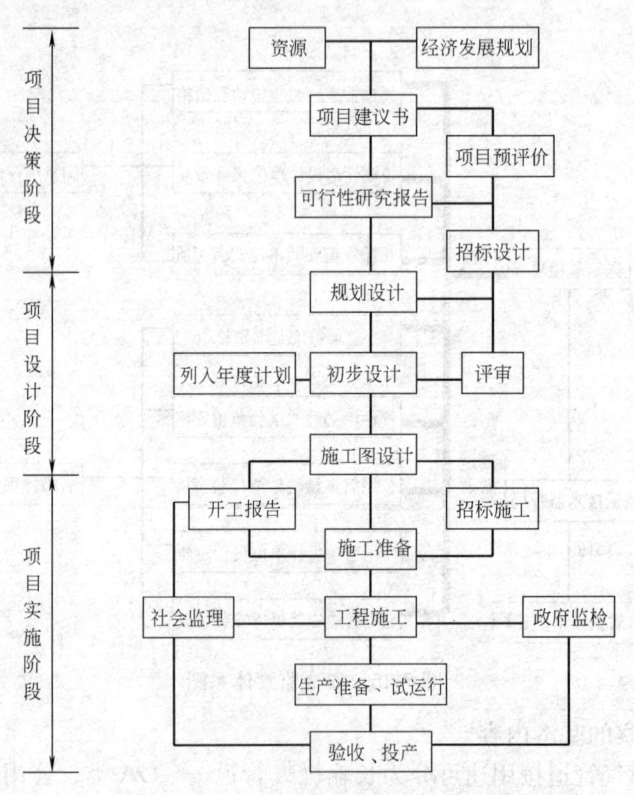

图 7-36　项目建设基本程序

（二）建设各阶段的基本内容与要求

1. 项目建议书

项目建议书可由未来业主单位编制，也可以委托专业咨询机构编制。它是在投资机会研究的基础上编制而成的。由于燃气工程属于城镇基础设施项目，所以项目研究要着眼于城镇发展规划和社会效益，项目建议书的主要内容包括：项目背景、投资政策和相关法律法规、资源条件、市场需求、技术设备可靠来源、合理经济规模、各生产要素来源及成本等。

2. 可行性研究

可行性研究应委托具有相应资质的设计单位或咨询机构编制。对于较大规模的管道输配工程建设，项目可行性研究分两步进行：

（1）预可行性研究（或称初步可行性研究） 对项目方案进行初步的技术和经济分析，并作出初步选择，目的是判断项目是否有希望，以便决定投入资金进行下一步研究。

（2）可行性研究

可行性研究是一种分析、评价项目建设方案和生产经营方案的科学方法，是项目前期的关键工作。其任务是对项目的经济、技术、自然资源、社会和环境保护等方面进行认真的调查研究，对建设和生产过程进行估算和预测，并提出若干建设方案。

可行性研究编制内容主要包括：项目概况、政策法规、资源条件、市场调查、供气规模、环境条件、管输系统、消防安全和劳动卫生措施、建设进度、组织机构、投资估算与资金筹措、财务分析、风险因素、结论与建议等。

3. 项目预评价

项目预评价分环境预评价和安全预评价。项目预评价应委托具有相应资质的专业咨询机构来完成。

（1）环境预评价

环境预评价是根据《中华人民共和国环境影响评价法》和国务院253号令《建设项目环境保护管理条例》，对建设项目周围环境敏感点及污染源调查的基础上，通过分析、预测项目建设期间和建成后排放的各种污染物对周围环境的影响。分析工程营运风险因素及事故发生的概率，预测事故条件下，工程对附近环境敏感点产生的影响，提出完善的污染防治措施和安全对策，为项目决策和安全管理提供科学依据。其目的是分析和预测项目存在危险、有害因素，项目运行期间可能发生的突发事件，如引起有毒、有害和易燃易爆等物质泄漏、爆炸和火灾等事故，所造成的人身安全、环境影响的损害程度，提出合理可行的防范、应急与减缓措施，使项目事故率达到可接受水平，损失和环境影响达到最小。

环境预评价报告的主要内容包括：项目概况、建设区域环境概况、工程和污染源分析、项目施工期与营运期环境影响分析、环保措施分析和技术经济可行性认证、环境风险评价、清洁生产和总量控制、选址合理性分析、公众参与、环境管理与监测计划、环境影响经济损益分析、结论与建议等。

（2）安全预评价

安全预评价是根据建设项目的可行性研究报告的内容，分析和预测其可能存在的危险、有害因素的程度，依据“三同时”（即劳动安全卫生措施必须符合国家规定的标准，必须与主体工程同时设计、同时施工、同时投入生产使用）原则，本着“安全第一、预防为主”的安全生产方针，运用安全科学理论和方法进行辨识、预先分析和评价，预测系统发生事故的可能性及其后果的严重程度。其根本目的是提高安全生产管理效率和经济效益；确保项目建成后实现安全生产，使事故及危害引起的损失达到可接受的水平；优化初步设计的相关措施和方案，提高建设项目的安全水平，从而获得最优的安全投资效益。

安全预评价报告的基本内容包括：项目概述、建设方案、危险及有害因素分析、评价单元划分与方法、定性与定量分析评价、安全对策措施、结论与建议等。

4. 规划设计

规划设计是在城镇总体发展规划指导下编制的，应根据城镇性质、自然条件、历史情况、现状特点等因素制定近期、中期和远期规划。它具有总体、全面、长远、指导的特征。规划设计应委托具有相应设计资质的规划设计单位或咨询机构研究完成。规划设计成果应经有关主管部门和专家组评审通过，并报政府主管部门批准。

5. 评审

评审是设计质量、安全控制的作业技术和活动，是为了确保设计的适应性、充分性、有效性和效率，以达到规定的目标所进行的活动。评审是评其“能力”，找出问题，通过评审使设计得到进一步完善，以保证项目在其生命周期内能完全具备规定和需要的各项质量技术特性，从而达到满意的投资效果。评审应由业主代表、政府主管部门代表和业内资深专家组成专家组进行。

6. 初步设计

初步设计应委托具有相应资质的设计单位负责完成。初步设计要编制技术任务书，它是技术设计和施工图设计的依据。初步设计完成后要进行设计评审，其主要任务是评审初步设计满足业主或市场对项目的适用性需要的程度。这是一次很重要的设计评审，对于复杂的燃气工程项目，有时要进行多次设计评审。

初步设计的主要内容包括：初步设计编制依据、基础资料、设计深度、设计说明书、设计概算、设备材料表、设计图纸等。

7. 施工图设计

施工图设计应委托具有相应资质的设计单位负责完成。施工图设计要完成建设项目的全套图纸和技术文件。

8. 管道工程施工

城镇燃气管道安装是保证燃气管道安全的一个重要环节，安装质量直接影响燃气管道的安全运行和使用。

(1) 安装资格

根据《压力管道安全管理与监察规定》，国家对压力管道实施安装许可制度。城镇燃气管道是公用压力管道，燃气站场内的工艺管道是工业压力管道，还有长输燃气管道，都属于压力管道安全监察范畴。因此燃气管道安装单位必须持有质量技术监督行政部门颁发的压力管道安装许可证。其安装单位资格认可的评审工作由质量技术监督行政部门认可的评审机构进行。燃气管道安装单位必须具备以下基本条件：

1) 法人或法人授权的组织；
2) 健全的质量管理体系和管理制度；
3) 保证燃气管道安装和管理所需的技术力量；

4）满足现场施工要求的完好的生产设备、检测手段和管道预制场地；

5）具有安装合格产品的能力等。

（2）质量体系文件

质量体系文件可分为三个层次，如图 7-37 所示。层次 A 为质量手册，其内容为按规定的质量方针和目标，以及选用的 GB/T 1900—ISO 9000 系列标准描述质量体系；层次 B 为质量体系程序，其内容为描述实施质量体系要素所涉及的各职能部门文件；层次 C 为质量文件，如各种质量表格、报告和作业指导书等详细的作业文件。

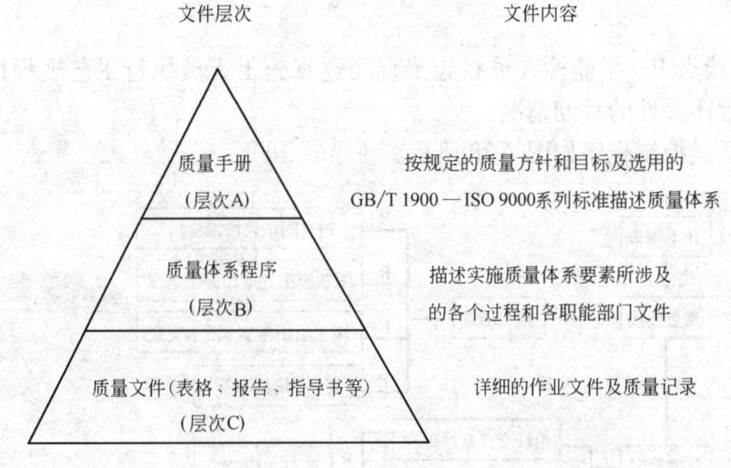

图 7-37　典型的质量文件层次图

1）质量手册　是阐明组织的质量方针和目标，并描述其质量体系的文件；是组织进行质量管理的纲领性和系统性文件；也是组织进行质量管理的指导性文件；同时也是组织提供给顾客或第三方（监理单位、认证机构）对质量体系进行评价和证实其质量保证能力的证明和依据。质量手册的主要内容包括：质量方针、质量体系的组织结构、质量职能、质量体系的其他要素及各要素之间的关系的描述、各项质量活动的程序、工作标准、管理标准和技术标准等。

2）质量体系程序（也称工作程序）　是质量手册的支持性和基础性文件，其内容是完成某项质量活动所规定的工作方法。通常包括 5W1H，即包括 Why（实施的目的）、Who（由谁来实施）、What（实施的内容）、Where（实施的地点）、When（实施的时间）和 How（如何实施）。

3）质量文件　包括质量计划和质量记录两部分内容。其中质量计划包括：质量目标、实施步骤、职责和职权分配、质量保证措施、作业指导书和程序文件等；质量记录包括：工程预检和隐蔽工程资料、分项分部工程验收资料、各种试验数据和报告、工序质量审查资料、质量审核和体系审核报告、质量信息记录、质量成本报告、验收报告和各种质量管理活动记录等。

（3）施工阶段质量控制

工程施工阶段是工程项目实体形成的过程，也是工程项目质量具体实现的过程，因此必须对施工的全过程进行监控，对每道工序、分项工程、分部工程和单位工程进行监督、检查和验收，使工程质量的形成处于受控状态。

根据质量控制点的重要程度和特点，可以将质量控制点分为：

1）文件见证点 R（Review point） 需要进行文件见证的质量控制点。

2）现场见证点 W（Witness point） 对于复杂关键的工序、测试要求进行旁站监督的质量控制点。

3）停止见证点 H（Hold point） 对于重要工序节点、隐蔽工程、关键的试验验收点，必须由监检人员和质保工程师共同进行确认，且在未得到确认签字前不得自行检验，也不得自行转入下道工序的质量控制点。

4）检验见证点 E（Examination point） 必须由持证检验上岗证的人员亲自进行检验的质量控制点。

5）日常巡检点 P 指监检人员在施工现场巡查施工人员执行工艺规程情况、工序质量状况和各种程序文件的贯彻情况。

管道安装质量控制程序如图 7-38 所示。

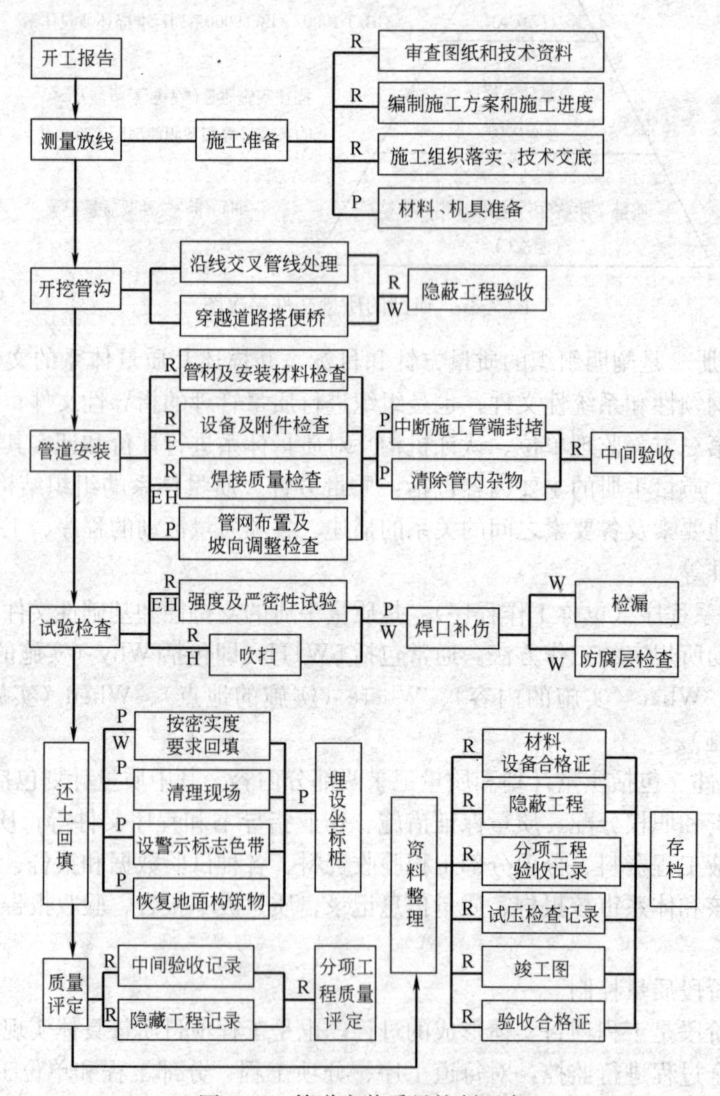

图 7-38 管道安装质量控制程序

9. 管道安装安全、质量监督检验

10. 管道工程的验收

在燃气管道施工阶段，对各分部工程质量都应根据相关技术标准和验收规范逐项进行检查验收。尤其是隐蔽工程，如管道地基、焊接和防腐等项目，应在隐蔽前及时进行中间检查验收，以确保工程质量。

工程竣工验收一般由设计、施工、监理、建设或运行管理单位及有关主管部门的代表共同组成验收机构进行验收。验收应按以下程序和要求进行：

（1）工程竣工验收应以批准的设计文件、国家现行的相关规范标准、施工合同、工程施工许可文件等为依据。

（2）工程竣工验收的基本条件应符合下列要求：

1）完成工程设计和合同约定的各项内容；

2）施工单位在工程完工后对工程质量已自检合格，并提出《工程竣工报告》；

3）工程资料齐全；

4）有施工单位签署的工程质量保修书；

5）监检单位对工程质量检查结果予以确认，并出具《工程质量检验报告》；

6）分部分项工程质量检查、试验合格及工程施工记录齐全完整。

（3）竣工资料的收集、整理工作应与工程施工同步，工程完成后应及时做好整理和移交。竣工资料包括：

1）工程依据文件　包括项目建议书、可行性研究报告、项目评价报告、批准的设计任务书、初步设计、技术设计、施工图、工程规划许可证、施工许可证、质量监督注册文件、报建审核书、招标文件、建设合同、设计变更通知单、工程量清单、竣工测量验收合格证、工程质量评估报告等。

2）交工技术文件　包括施工单位资质证书、图纸会审记录、技术交底记录、工程变更单、施工组织设计、开工与竣工报告、工程保修书、重大质量事故分析处理报告、材料与设备出厂合格证及检验报告、监理总结报告、各种施工记录、竣工图等。

3）检验合格记录　包括测量记录、隐蔽工程记录、沟槽开挖及回填记录、防腐绝缘层检验合格记录、焊缝无损检测及外观检验记录、试压合格记录、吹扫与置换记录、设备安装调试记录、电气与仪表安装测试记录等。

（4）工程竣工验收办法

1）工程完工后，施工单位按施工规范规定完成验收准备工作，向监理部门提出验收申请。

2）监理部门对施工单位提交的《工程竣工报告》、竣工资料以及其他材料进行初审，合格后提出《工程竣工评估报告》，向建设单位提出验收申请。

3）建设单位组织勘探、设计、监理、施工单位以及政府主管部门对工程进行验收。

4）验收合格后，参加验收单位代表签署验收纪要。建设单位及时将竣工资料、文件归档，然后办理工程移交手续。

5）验收不合格应提出书面意见和整改内容，签发整改通知，限期完成。整改完成后须重新验收。整改书面意见、整改内容、整改通知应编入竣工资料中。

第四节　管道运行管理

一、运行管理基本要求

城镇燃气管道是一项服务于社会的公共基础设施，与人民群众的生活息息相关，其安全管理关系到广大用户安全用气和生命财产的安全，对社会的稳定和发展具有重要的意义，必须引起高度重视。同时，在用燃气管道运行安全管理又是一项专业技术性很强的管理工作，管道燃气经营单位必须建立并规范组织保证体系，运用科学的管理手段和方法，按照标准的工作程序，实时监测监控，规范操作和检修，切实预防管道设施的失效或超负荷运行，以确保安全生产。

（一）组织保证体系

管道燃气经营单位除应建立强有力的行政管理体系外，还应根据国家安全生产法律法规的规定，结合管道燃气运营的特点，建立一个完整的、分工明确的、各司其职而又密切配合和协作的运行安全管理体系，以确保管道设施系统的安全、可靠地运行。

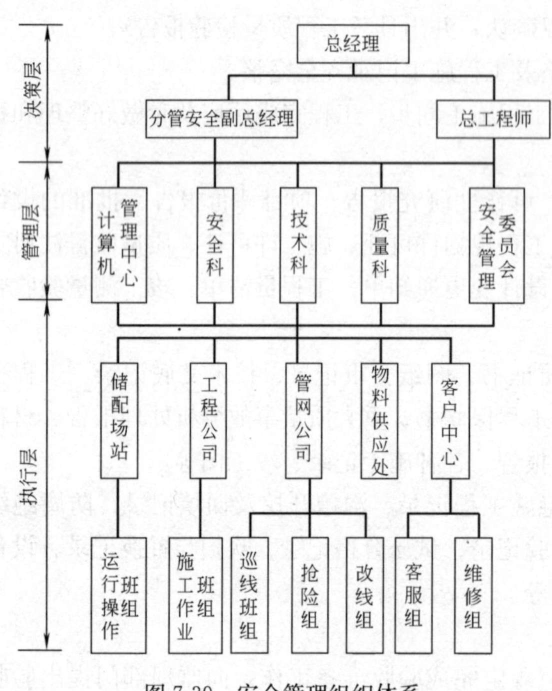

图 7-39　安全管理组织体系

1. 管理机构

燃气管道运行重在安全管理。安全管理机构的设置要充分考虑安全生产的实际需要，并且要建立有权威、有执行力的安全管理领导组织。通常管道燃气经营单位的安全管理组织机构分为三个层次，即企业安全管理决策层（最高领导层）、职能科室管理层和基层单位安全生产执行层。安全管理组织体系参见图 7-39。

2. 管理职能

（1）决策层的主要职能

1）贯彻执行国家安全生产相关法律法规的规定，确保安全生产；

2）负责安全生产方针、目标、指标的确定，颁布企业内部规章制度和安全技术标准；

3）建立并规范安全生产保证体系，确保各级安全管理组织的有效运行；

4）保证安全生产投入的有效实施，提供必要的资源；

5）组织制定并实施安全事故应急救援预案；

6）对安全事故进行处理并对重大安全技术问题作出决策；

7）任命各级安全生产管理者代表，落实安全责任。

（2）管理层的主要职能

1）贯彻并实施健康、安全、环保、质量法规和技术标准；

2）负责编制和制定企业内部各项规章制度、质量和技术标准，并监督其实施；

3）对生产过程各个环节进行协调和监督，对重大技术安全问题进行研讨和评估，提出对策意见；

4）组织从业人员进行安全生产教育和培训，保证从业人员持证上岗，推行职业资格证制度；

5）编制专项工作年度计划，并负责组织实施，定期向上级主管部门报告工作；

6）查找安全隐患和缺陷，并督促及时整改，对事故进行调查、分析并提出处理意见；

7）参与生产过程中的质量、技术、安全监督检查。

（3）执行层的主要职能

1）执行有关燃气管道安全管理法规和技术标准；

2）执行工艺操作规程；

3）执行持证上岗操作和职业资格证制度；

4）执行现场巡回检查制度；

5）编制并上报本部门年度检验、修理和更新改造计划；

6）负责本单位管道设施的规范操作、使用、管理和维护工作；

7）参与新建、改建管道工程的竣工验收；

8）参与事故调查分析；

9）定期开展事故应急救援预案演练。

（二）管理制度

管道燃气经营单位应根据城镇燃气输配的实际情况，建立一套科学、完整的管理制度，并在贯彻实施中不断地进行补充和完善。其主要内容包括：

1. 各职能部门的工作职责范围；

2. 企业内部工作标准、工作程序；

3. 各类人员岗位职责；

4. 设备管理制度及设备修理、更新改造管理制度；

5. 各类设备安全操作规程；

6. 安全检查、巡查巡线制度；

7. 安全教育（包括三级安全教育、持证上岗教育等）制度；

8. 值班及交接班记录制度；

9. 工程施工管理制度；

10. 劳动卫生、安全防护管理制度；

11. 特种设备使用登记、状态监测、定期检验、维修改造管理制度；

12. 安全附件和仪表定期校验、修理制度；

13. 管线动火、动土作业施工管理制度；

14. 事故管理制度；

15. 用户管理及客户服务制度；

16. 信息与档案管理制度等。

（三）操作管理

燃气管道运营单位应根据生产工艺要求和管道技术性能，制定安全操作规程，并严格实施。其安全操作管理内容包括：

1. 操作工艺控制指标，包括最高或最低工作压力、最高或最低操作温度、压力及温度波动范围、介质成分等控制值；

2. 岗位操作法，开停车的操作程序及注意事项；

3. 运行中应重点检查的部位和项目；

4. 运行中的状态监测及可能出现的异常现象的判断、处理方法；

5. 隐患、事故报告程序及防范措施；

6. 安全巡查范围、要求及运行参数信息的处理；

7. 停用时的封存和保养方法；

8. 遇以下异常情况，必须立即采取应急技术措施：

(1) 介质压力、温度超过材料允许的使用范围，且采取措施后仍不见效；

(2) 管道及管件发生裂纹、鼓瘪、变形、泄漏或异常振动、声响等；

(3) 安全保护装置失效；

(4) 发生火灾等事故且直接威胁正常安全运行；

(5) 阀门、设备及监控装置失灵，危及安全运行。

二、管道投运

燃气管道投运工作主要是作好投运前的准备与管道置换工作。当燃气管道置换合格，管道系统中已充满燃气后，方可投入运行。

(一) 投运前的准备

燃气管道在投入运行前，应将需要动火的作业和关系到管道系统安全运行的修理、调整等工作全部完成，在确认系统合格，无不安全因素存在时，才能考虑投产运行。这是燃气管道投运的前提。

1. 制定投运方案

在确认燃气管道已具备投运的前提条件下，营运单位必须制定管道投运技术方案。其主要内容包括：

(1) 设立管道投运组织机构，指派有关技术、安全和营运管理负责人，安排压力管道持证操作人员进行操作。

(2) 投运管道系统范围确认，并作出系统图。

(3) 投运管道的管径、压力、长度应分段标在系统图上，并要明确表示阀门、阀井、放散口位置。

(4) 制定燃气管道置换方案，确定置换气体。

(5) 确定置换顺序，安排放散口位置，分段进行置换。

(6) 确定投运时间，预先将相关信息公布于众。

2. 确认管道试压合格

燃气管道的试压是保证管道安全运行的重要环节。因此，在燃气管道投运前，应严格审查强度试验与气密性试验记录，确认投入使用的管道压力试验合格。

3. 确认管道吹扫合格

为清除管道内在施工过程中存留的泥土杂物，在工程竣工前，施工单位应对建成的管道按规范规定的要求进行吹扫，以保证管道内的清洁。投运前应检查吹扫记录，并进行确认。

4. 燃气管道吹扫、试压合格后，管道应进行封闭，以避免管道受到污染。封闭前要进行认真地检查，并填写管道封闭记录。在管道投运前还应审查管道封闭记录与检查现场封闭情况。

（二）管道置换

燃气管道的置换是投运前准备工作最重要的环节。当置换合格，并确认无泄漏后，才可以投入运行。

1. 置换方法

燃气管道置换有间接置换和直接置换两种方法。

（1）间接置换法

通常使用安全气体（如氮气）进行置换。即向管道内充氮气至工作压力，然后排放至工作压力的25％左右，如此反复至少三次。此方法在置换过程中安全可靠，缺点是工序繁多，费用较高。

（2）直接置换法

直接置换法是用连接的老燃气管道输入新的燃气管道系统中，直接用燃气置换空气。该工艺操作简单、迅速，在新老管道连通后，即可利用燃气压力将燃气送入新管道置换管内的空气。取样试验合格后，即可投入运行。

由于在燃气直接置换空气过程中，燃气的浓度有一段时间在爆炸极限范围内，此时在常温、常压下遇火就会爆炸。所以从安全角度上讲，这种方法有一定的危险性。但是如果采取相应的安全措施，用燃气直接置换工艺是一种既经济又快捷的置换方法。

直接置换工艺采用的燃气压力不宜过高或过低。过低会增加置换时间；过高则因直接排放流速增加，管壁有产生静电放电的可能，若管内存在有碎石等硬块，因高速气流而滚动，会产生火花，从而导致危险。故用燃气直接置换空气其最高压力不得大于4.9×10^4Pa，一般中压（工作压力$PN=5\sim15$kPa）燃气管道采用$9.8\times10^3\sim19.6\times10^3$Pa的压力置换；低压（工作压力$PN\leqslant5$kPa）燃气管道可用原有低压管道的燃气置换。

无论采用直接法还是间接法置换，放散管的数量、直径和放散管的位置都应根据管道的长度和现场条件确定。但管道末端均应设放散管，忌防“盲肠”管段内空气无法排放。放散管口应远离居民住宅及明火位置，离地面高度应大于2.5m。放散管下部设取样阀门。放散管口径设计：一般工作管径在DN500mm以上时，放散管径宜采用$\phi75\sim\phi100$mm；管径在DN300mm以下时，放散管口径宜小于工作管径的三分之一。

2. 置换准备

（1）管道工程已竣工验收。

（2）有竣工图，且吹扫及试压记录资料齐全。

（3）制定通气置换方案，经主管部门批准并下达任务。

（4）置换前应对管道设施（包括放散阀、排水阀等）进行认真地检查，确认完好；对暂不通气的支管起端的阀门后加设盲板，排净凝水缸中的积水；通气前各阀门均应关闭严密。

3. 投运前置换

确认置换准备工作就绪后，宜按以下方法进行置换操作：

(1) 拆除输入端的盲板，或进行接线作业。

(2) 对管线较长或较复杂的管道系统，应先置换主管道，合格后再分别置换各分支管线。

(3) 控制放散管处的压力和阀门的开度，达到控制管内气体的流速，管内各部位流速应始终小于 5m/s。

(4) 置换过程中，放散管处设专人看守和操作记录，并站在上风向处。放散管口设立警戒线，周围 20m 范围内严禁火种，并禁止闲散人员靠近。

(5) 置换合格标准：须在被置换管段末端取样，使用气体分析仪化验分析，含氧量 $O_2<2\%$，通气置换为合格；或者用球胆取样，到防火警戒区以外作点火试验，如果火焰没有内锥，不是蓝焰，而是红黄色火焰，认为试验合格。在不停止放散的情况下，连续三次取样试验合格，可认定通气置换工作完成。

4. 投运后“反置换”

在用燃气管道设施，如需动火检修、接线或长期停用时，需停气置换，这种置换称为“反置换”或“停车置换”。一般可采用空气吹扫置换燃气，也可以采用氮气或蒸汽。反置换也要制定置换方案，所采用的设备、仪器、材料和施工方法与投运前置换大致相同。但要注意以下事项：

(1) 停车后置换前，严禁拧动管道上各部位阀门，或拆卸管道、设备；严禁在管道和设备周围动用明火或吸烟。

(2) 置换前应将凝水缸、过滤器中的残液放净，并在阀门法兰处设置盲板，将停气管线与非停气管线隔断。

(3) 当用空气吹扫置换时，取样点火试验，点不着后，即可进行含氧量分析，当连续三次取样化验分析，含氧量均不低于 20%，则置换合格。

(4) 使用空气置换合格的管道系统，亦不得随意直接在管道上动焊、动火作业。一般应采用蒸汽或氮气吹扫，置换合格后，方可进行明火作业。

三、管道运行日常管理

燃气管道在投入运行后，即转入运行日常管理。在用燃气管道由于介质和环境的侵害、操作不当、维护不力或管理不善，往往会发生安全事故。因此必须加强日常管理，强化控制工艺操作指标，严格执行安全操作规程，坚持岗位责任制，认真开展巡回检查和维护保养，才能保证燃气管道的安全运行。

(一) 运行操作要求

压力管道属于特种设备监察管理范畴。因此对燃气管道运行操作提出以下要求：

1. 操作人员必须经过质量技术监督机构专门培训，取得《特种设备作业人员证》方可独立上岗作业。

2. 要求操作人员必须熟悉燃气管道的技术特性、系统原理、工艺流程、工艺指标、可能发生的事故及应采取的措施；掌握“四懂三会”，即懂原理、懂结构、懂性能、懂用途；会使用、会维护保养、会排除故障。

3. 在管道运行过程中，操作人员应严格控制工艺指标、严禁超压超温，尽量避免压力和温度的大幅度波动。

4. 加载和卸载时的速度不要过快；高温或低温条件下工作时，加热或冷却应缓慢进行。

5. 尽量减少管道的开停次数。

（二）工艺指标的控制

（1）流量、压力和温度的控制

流量、压力和温度是燃气管道使用中几个主要的工艺控制指标，也是管道设计、选材、制造和安装的依据。操作时应严格控制燃气管道安全操作规程中规定的工艺指标，以保证安全运行。

（2）交变荷载的控制

燃气输配管道系统中常会反复出现压力波动，引起管道产生交变应力，造成管材疲劳、破坏。因此，运行中应尽量避免不必要的频繁加压、卸压和过大的温度波动，力求均衡运行。

（3）腐蚀介质的控制

在用燃气管道对腐蚀介质含量及工况有严格的工艺指标控制要求。腐蚀介质含量超标，必然对管道产生危害。因此应加强日常监控，防止产生腐蚀介质超标。

（三）巡回检查

燃气管道使用单位应制定严格的管道巡回检查制度。制度应结合燃气管道工艺流程和管网分布的实际情况，做到检查维修人员落实到位、职责明确，检查项目、检查内容和检查时间明确。检查人员应严格按职责范围和要求，按规定巡回检查路线逐项、逐点检查，并做好巡回检查记录，发现异常情况及时报告和处理。巡回检查的主要项目是：

1. 各项工艺操作参数、系统运行情况；

2. 管道接头、阀门及管件密封情况，特别对穿越河流、桥梁、铁路、公路的燃气管道要定期重点检查有无泄漏或受损；

3. 检查管道防腐层、保温层是否完好；

4. 管道振动情况；

5. 管道支、吊架的紧固、腐蚀和支承情况，管架、基础完好状况；

6. 阀门等操作机构润滑状况；

7. 安全阀、压力表等安全保护装置运行状况；

8. 静电跨接、静电接地、抗腐蚀阴极保护装置的运行及完好状况；

9. 埋地管道地面标志、阀井完好情况；

10. 埋地管道覆土层完好情况；

11. 检查管道调长器、补偿器的完好情况；

12. 禁止管道及支架作电焊的零线搭接点、起重锚点或撬抬重物的支点；

13. 其他缺陷等。

（四）维护保养

维护保养是延长管道设施使用寿命的基础。日常维护保养的主要内容有：

1. 对管道受损的防腐层及时进行维修，以保持管道表面防腐层完好，对阴极保护电位达不到规定值的，要及时更换修复；

2. 阀门操作机构要经常除锈上油并定期进行操作活动，以保证开关灵活，此外还要经常检查阀杆处是否有泄漏，发现问题要及时处理；

3. 管线上的安全附件要定期检验和校验，并要经常擦拭，确保灵活、准确；

4. 管道附属设备、设施上的紧固件要保持完好，做到齐全、无锈蚀和连接可靠；

5. 管件上的密封件、密封填料要经常检查，确保完好无泄漏；

6. 管道因外界因素产生较大振动时，应采取措施加强支承，隔断振源，消除摩擦；

7. 静电跨接、静电接地要保持完好，及时消除缺陷，防止故障发生；

8. 停用的燃气管道应排除管内的燃气，并进行置换，必要时充入惰性气体保护；

9. 及时消除跑、冒、滴、漏；

10. 对高温管道，在开工升温过程中需对管道法兰连接螺栓进行热紧；对低温管道，在降温过程中需要进行冷紧。

四、管道运行信息化管理

为了适应燃气管网现代化管理要求，管道燃气经营企业应建立综合信息管理系统。该系统由燃气输配管理（DMS）子系统、燃气经营管理子系统和客户信息管理子系统组成。由于该系统结构复杂，以下仅介绍燃气输配管理子系统。

燃气输配管理（DMS）系统是由监控及数据采集（SCADA）系统、地理信息（GIS）系统和管网仿真系统组成，示意如图 7-40 所示。

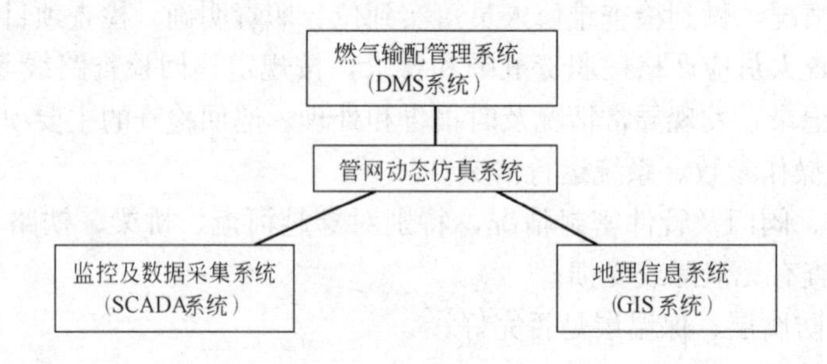

图 7-40　燃气输配管理系统构成

（一）DMS 系统

1. DMS 系统实现的目标

DMS 系统结合计算机、信息与控制技术优势，面向燃气输配管理，整合了 SCADA 系统和 GIS 系统，充分利用管网的数据信息，建立燃气管网运行模型，从而形成统一的管理平台和人机界面。其目标是：

（1）由于 DMS 系统信息反馈实时性高，调度人员可根据系统提供的信息全面、实时掌握系统运行参数和管网运行工况，更好地解决供需矛盾，以满足工商业和居民用气的需要。

（2）提高调度人员发现事故和分析事故的预见性。一旦出现异常情况，可以及时采取有效措施，防止事故的发生和蔓延，保证系统的安全。

（3）根据管网运行工况及各环节的运行数据等有关信息，进行综合分析、优化调度，编制合理和经济的供气方案，使整个供气管网在经济合理、安全的状态下运行，节省资源，减少对环境的污染。

（4）在生产、储存、输配、供应、销售过程中的组织管理工作合理，效率提高，经济效益显著。

2. DMS 系统设计原则

应遵循技术先进、设备性能稳定可靠、功能齐全、易于扩展、操作维修方便、投资合理的原则。

3. DMS 系统网络拓扑结构

建立 DMS 系统，要求建立主控中心，该中心由数据存储中心和主调中心组成，其主要负责 SAN 数据存储。此外还包括 SCADA 系统和 GIS 系统，管网仿真系统。

主控中心应设置一套基于 SAN 构架的集群实现数据库管理，形成数据存储中心。同时设置 SCADA 系统、GIS 系统和管网仿真系统，实现对管网的合理调度，形成主调中心。DMS 系统网络拓扑结构参见图 7-41。

4. DMS 系统配置

（1）硬件设备

DMS 系统硬件设备主要有：服务器（包括 SCADA 服务器、数据库服务器、GIS 服务器、WEB 服务器和管网仿真服务器）、SAN 系统、磁带机、打印机、投影仪、UPS 电源、交换机、避雷器、GSM 模块、路由器、通信处理器、防火墙、操作员站和工程师站等。

（2）软件设备

DMS 系统软件配置主要有：操作系统软件、监控软件、数据库软件、双机和容灾软件、标准应用软件、网络管理和网络安全软件等。

（二）SCADA 系统

1. SCADA 系统的网络结构

SCADA 系统是一个局域网加广域网的综合网络系统。在调度中心与门站、储备站、线路阀室等组成骨干网络，它们之间采用 DDN 或 SDH 通信，门站、储配站及线路阀室实现视频传输。

2. SCADA 系统功能

SCADA 系统应具有的功能包括：实时数据采集和处理、图形显示、报警管理、数据归档和管理、系统热备切换、遥控、远程诊断、组态和远程编程、数据库管理、安全维护、在线帮助、系统扩展等。

3. SCADA 系统硬件配置

SCADA 系统硬件设备主要有：SCADA 系统服务器、投影仪、打印设备、操作员与工程师站等。

4. SCADA 系统软件功能

SCADA 系统监控软件基于“客户机—服务器”结构，主要功能包括：支持冗余服务器和网络、全开放式设计、模块化组态开发、分布式客户机—服务器体系结构、支持离线组态和在线组态、提供一个直观而对用户友好的操作界面、强大的图形编辑功能和图形库、实时过程监视、SQL/ODBC 关系数据库连接、报警与报警管理、扩展能力、报告生

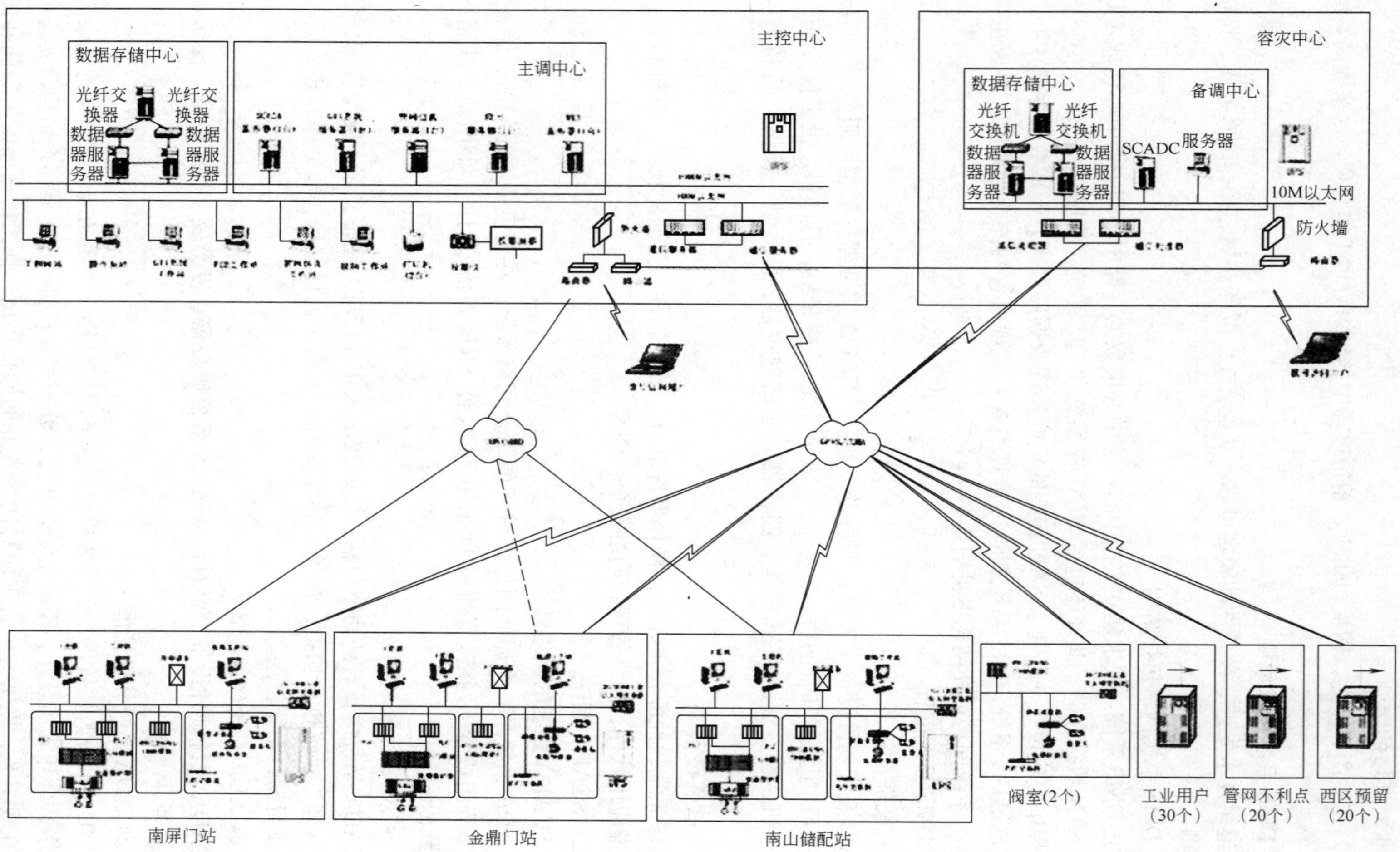

容灾中心

数据存储中心

光纤交换机

光纤交换机

数据器服务器

数据器服务器

备调中心

SCADC服务器

10M以太网

防火墙

主控中心

数据存储中心

光纤交换器

光纤交换器

数据器服务器

数据器服务器

主调中心

南屏门站

金鼎门站

南山储配站

阀室(2个)

工业用户（30个）

管网不利点（20个）

西区预留（20个）

图 7-41　DMS 系统网络拓扑结构

成与管理、支持调度管理平台、安全访问等。

（三）GIS系统

1. 建立GIS系统的目的

建立GIS系统的目的是加强生产调度和突发事件的处置能力，为生产调度提供高效率的技术支持手段，保障安全供气。GIS系统建立后，系统可以显示静态的管网信息，并可通过ODBC接口访问SCADA系统的实时数据库，实现资源共享。

2. GIS系统功能

（1）图形显示　系统能将管道图、管道上的各种设备（调压器、阀门等）以及基础地形图进行分层、按比例综合显示。具有图形无级缩放、平滑漫游、图形鹰眼、图形协同校正等功能。

（2）图形数据管理　完成图形拼接、图形编辑、图形测量、图形输出（导出及打印）等功能。

（3）空间查询　可进行空间图形与属性的双向查询。

（4）空间统计　可对输配网络中的管道设备作多种形式的统计，将统计结果对应台账以及表格、图表。

（5）抢修决策、分析与设施管理　对抢修决策进行分析、停气降压分析及测量工程管理等。

3. GIS系统硬件配置

GIS系统硬件配置主要有：数据库服务器、地图维护工作站、客户机、绘图仪、扫描仪等。

4. GIS系统软件配置

GIS系统软件配置有：操作系统软件、GIS组态软件、数据库软件等。

（四）数据分析系统

业务数据分析平台是在SCADA系统提供的燃气管网运行工况实时数据、GIS系统提供的燃气管网相关设备属性资料的基础上，建立相应的数据模型，对管线的压力分布进行分析和模拟，以优化储气调峰；对用户的用气负荷进行预测，以合理安排供气计划；对管线的泄漏情况进行分析，以及时发现泄漏点，控制泄漏，减少事故和损失；对管网的安全运行进行风险评估，以合理优化设备维修更新计划。

第五节　管道的检验

根据《压力管道安全管理与监察规定》，压力管道使用单位负责本单位的压力管道安全管理工作，负责制定压力管道定期检验计划，安排附属仪器仪表、安全保护装置、测量调控装置的定期校验和检修工作。

在燃气输配系统中，站场内的工艺管道属工业管道的安全监察范围，定期检验应按国质检锅［2003］108号《在用工业管道定期检验规程》（试行）执行，即定期检验分为在线检验和全面检验。至于城镇运行的其他燃气管道定期检验，虽然国家还没有出台相应的规程，但也应进行一般性检查（外部检查）与全面检验，其中全面检验可参照《在用工业管道定期检验规程》（试行）执行。

一、城镇燃气管道外部检查

为保证燃气管道的安全运行，燃气管道管理与使用部门应在加强日常维护保养和巡回检查的基础上，每年定期对燃气管道系统进行一次外部检查，并对检查中发现的安全问题及时处理，暂时不能处理的也应有计划、有步骤地逐步解决。

燃气管道系统的外部检查可由燃气管理与使用部门负责主持，并由质量技术监督部门监督进行，也可由有资质的检验单位进行，检验人员应由质量技术监督部门培训、考核合格的专业人员担任。外部检查的主要内容为：

1. 外观检查　检查管道有无裂纹、腐蚀、变形。外观检查的重点部位包括：

(1) 工艺流程中重要部位及与重要设备连接的管道。

(2) 施工安装条件差的管段。

(3) 负荷变化频繁的管段。

(4) 在施工、运行中，已掌握的比较薄弱并存在安全隐患的管段。

2. 泄漏检查　主要检查管件、焊缝、阀门、伸缩器连接处有无泄漏。

3. 安全附件检查　包括安全阀、压力表、调压装置等附件的检查，检查其灵敏性和工作性能是否完好。

4. 防腐、绝热层检查　检查跨越、入土端与出土端、露管段、阀室前后的管道的绝热层与外防腐层是否完好；对设有外加电源阴极保护的管段或采用牺牲阳极保护的管道检测是否完好，并判断保护装置是否正常工作。

5. 电绝缘性能测试　绝缘法兰及跨越支架经绝缘性能测试，电阻值应小于 0.03Ω；各种接地电阻是否符合规范要求；管道系统对地电阻值不得大于 100Ω。

6. 管道支架和基础有无变形、倾斜、下沉等。

7. 燃气成分测定　对城镇燃气管道内介质腐蚀进行分析。

8. 检查评定　外部检查进行完毕后，应根据有关检验规程要求填写在用燃气管道一般性检验原始资料审查报告，并对检查结果进行分析，对出现异常的燃气管道应采取措施，使其恢复正常，并应做好在用燃气管道外部检查结论报告。检查结论评定分为允许运行、监督运行、停止运行。

(1) 允许运行：检查结果未发现问题，不存在安全运行的不利因素。

(2) 监督运行：检查发现缺陷，但经采取措施后能保证的检验周期内安全运行。

(3) 停止运行：检查发现缺陷，采取措施后仍影响安全运行，应停止运行，进一步检查、整改。

二、在线检验

(一) 一般规定

1. 在线检验是在运行条件下对在用工业管道（站场内的燃气工艺管道）进行的检验，在线检验每年至少一次。

2. 在线检验工作可由使用单位进行，使用单位也可将在线检验工作委托给具有压力管道检验资格的单位。使用单位应制定在线检验管理制度，从事在线检验工作的检验人员须经专业培训，并报省级或其授权的地（市）级质量技术监督部门备案。

使用单位根据具体情况制定检验计划和方案，安排检验工作。

3. 在线检验一般以宏观检查和安全保护装置检验为主，必要时进行测厚检查和电阻值测量。管道的下述部位一般为重点检查部位：

（1）压缩机、泵的出口部位；

（2）补偿器、三通、弯头（弯管）、大小头、支管连接及介质流动的死角等部位；

（3）支吊架损坏部位附近的管道组成件以及焊接接头；

（4）曾经出现过影响管道安全运行的问题的部位；

（5）处于生产流程要害部位的管段以及与重要装置或设备相连接的管段；

（6）工作条件苛刻及承受交变载荷的管段。

4. 本节介绍的在线检验项目是在线检验的一般要求，检验人员可根据实际情况确定实际检验项目和内容，并进行检验工作。

（二）检验项目及要求

1. 在线检验的一般程序见图 7-42。

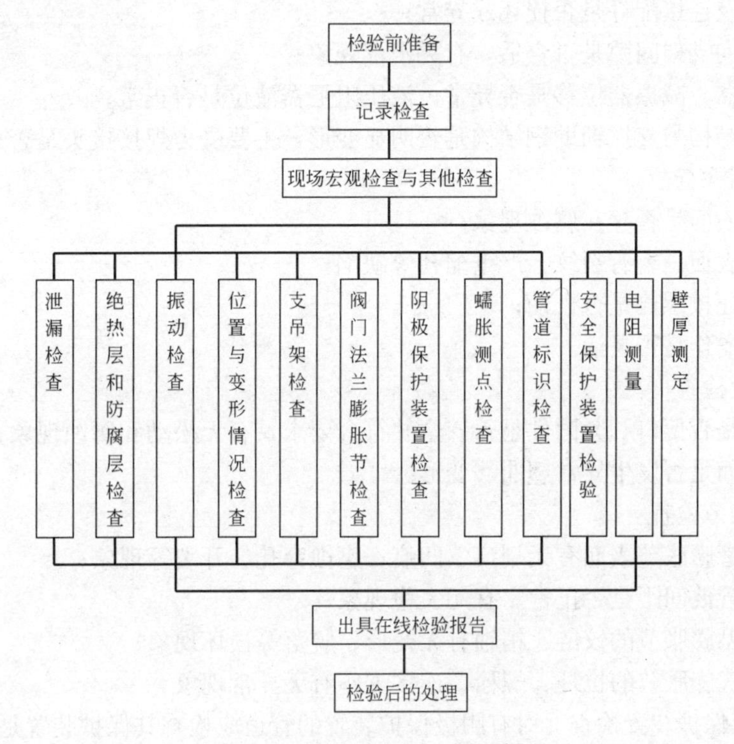

图 7-42 在线检验的一般程序

2. 在线检验开始前，使用单位应准备好与检验有关的管道平面布置图、管道工艺流程图、单线图、历次在线检验及全面检验报告、运行参数等技术资料，检验人员应在了解这些资料的基础上对管道运行记录、开停车记录、管道隐患监护措施实施情况记录、管道改造施工记录、检修报告、管道故障处理记录等进行检查，并根据实际情况制定检验方案。

3. 宏观检查的主要检查项目和内容如下：

（1）泄漏检查　主要检查管子及其他组成件泄漏情况。

(2) 绝热层、防腐层检查　主要检查管道绝热层有无破损、脱落、跑冷等情况；防腐层是否完好。

(3) 振动检查　主要检查管道有无异常振动情况。

(4) 位置与变形检查

1) 管道位置是否符合安全技术规范和现行国家标准的要求；

2) 管道与管道、管道与相邻设备之间有无相互碰撞及摩擦情况；

3) 管道是否存在挠曲、下沉以及异常变形等。

(5) 支吊架检查

1) 支吊架是否脱落、变形、腐蚀损坏或焊接接头开裂；

2) 支架与管道接触处有无积水现象；

3) 恒力弹簧支吊架转体位移指示是否越限；

4) 变力弹簧支吊架是否异常变形、偏斜或失载；

5) 刚性支吊架状态是否异常；

6) 吊杆及连接配件是否损坏或异常；

7) 转导向支架间隙是否合适，有无卡涩现象；

8) 阻尼器、减振器位移是否异常，液压阻尼器液位是否正常；

9) 承载结构与支撑辅助钢结构是否明显变形，主要受力焊接接头是否有宏观裂纹。

(6) 阀门检查

1) 阀门表面是否存在腐蚀现象；

2) 阀体表面是否有裂纹、严重缩孔等缺陷；

3) 阀门连接螺栓是否松动；

4) 阀门操作是否灵活。

(7) 法兰检查

1) 法兰是否偏口，紧固件是否齐全并符合要求，有无松动和腐蚀现象；

2) 法兰面是否发生异常翘曲、变形。

(8) 膨胀节检查

1) 波纹管膨胀节表面有无划痕、凹痕、腐蚀穿孔、开裂等现象；

2) 波纹管波间距是否正常、有无失稳现象；

3) 铰链型膨胀节的铰链、销轴有无变形、脱落等损坏现象；

4) 拉杆式膨胀节的拉杆、螺栓、连接支座有无异常现象。

(9) 阴极保护装置检查　对有阴极保护装置的管道应检查其保护装置是否完好。

(10) 蠕胀测点检查　对有蠕胀测点的管道应检查其蠕胀测点是否完好。

(11) 管道标识检查　检查管道标识是否符合现行国家标准的规定。

(12) 检验员认为有必要的其他检查。

4. 对需重点管理的管道或有明显腐蚀和冲刷减薄的弯头、三通、管径突变部位及相邻直管部位应采取定点测厚或抽查的方式进行壁厚测定。

5. 采取抽查的方式，进行防静电接地电阻和法兰间的接触电阻值的测定。管道对地电阻不得大于 100Ω，法兰间的接触电阻值应小于 0.03Ω。

6. 安全保护装置检验按相关要求进行。

（三）检验报告及问题处理

1. 在线检验的现场检验工作结束后，检验人员应根据检验情况，按照《在用工业管道定期检验规程（试行）》附件二《在用工业管道在线检验报告书》的规定，认真、准确填写在线检验报告。检验结论分为：可以使用、监控使用、停止使用。在线检验报告由使用单位存档，以便备查。

2. 在线检验发现管道存在异常情况和问题时，使用单位应认真分析原因，及时采取整改措施。重大安全隐患应报省级质量技术监督部门安全监察机构或经授权的地（市）级质量技术监督部门安全监察机构备案。

三、全面检验

（一）检验周期

全面检验是按一定的检验周期在在用工业管道停车期间进行的较为全面的检验。安全状况等级为1级和2级的在用工业管道，其检验周期一般不超过6年；安全状况等级为3级的在用工业管道，其检验周期一般不超过3年。管道检验周期可根据下述情况适当延长或缩短。

1. 经使用经验和检验证明可以超出上述规定期限安全运行的管道，使用单位向省级或其委托的地（市）级质量技术监督部门安全监察机构提出申请，经受理申请的安全监察机构委托的检验单位确认，检验周期可适当延长，但最长不得超过9年。

2. 属于下列情况之一的管道，应适当缩短检验周期：

（1）新投用的管道（首次检验周期）；

（2）发现应力腐蚀或严重局部腐蚀的管道；

（3）承受交变载荷，可能导致疲劳失效的管道；

（4）材料产生劣化的管道；

（5）在线检验中发现存在严重问题的管道；

（6）检验人员和使用单位认为应该缩短检验周期的管道。

（二）检验资格

在用工业管道全面检验工作由已经获得质量技术监督部门资格认可的检验单位进行（取得在用压力管道自检资格的使用单位可以检验本单位自有的在用压力管道，下同）。从事全面检验工作的检验人员应按《锅炉压力容器压力管道及特种设备检验人员资格考核规则》的要求经考核合格，取得相应的检验人员资格证书（具备全面检验人员资格即具备在线检验人员资格）。

检验单位和检验人员应做好检验的安全防护工作，严格遵守使用单位的安全生产制度。

（三）检验计划

使用单位负责制定在用工业管道全面检验计划，安排全面检验工作，按时向负责对其发放压力管道使用登记证的安全监察机构或其委托的检验单位申报全面检验计划和向检验单位申报全面检验。

（四）检验准备

1. 检验资料

检验单位和检验人员在检验前应做好资料审查和制定检验方案等检验准备工作，并达到以下要求：

(1) 对以下资料和资格证明进行审查：

1) 燃气管道设计单位资格、设计图纸、安装施工图及有关计算书等；

2) 燃气管道安装单位资格、竣工验收资料（含安装竣工资料、材料检验）等；

3) 管道组成件、管道支承件的质量证明文件；

4) 在线检验（或一般性检查）要求检查的各种记录及该检验周期内的历次在线检验报告；

5) 管网系统运行资料，如燃气管道登记表、基本参数、技术状况、隐患缺陷、日常维护管理、巡查等有关记录；

6) 检验人员认为检验所需要的其他资料。

(2) 检验单位和检验人员应根据资料审查情况制定检验方案，并在检验前与使用单位落实检验方案。

2. 现场准备

使用单位应进行全面检验的现场准备工作，确保所提供检验的管道处于适宜的待检验状态；提供安全的检验环境，负责检验所必需的辅助工作（如拆除保温、搭脚手架、打磨除锈、配起重设置、提供检验用电、水、气等），并协助检验单位进行全面检验工作。

(五) 检验程序

全面检验的一般程序见图 7-43。

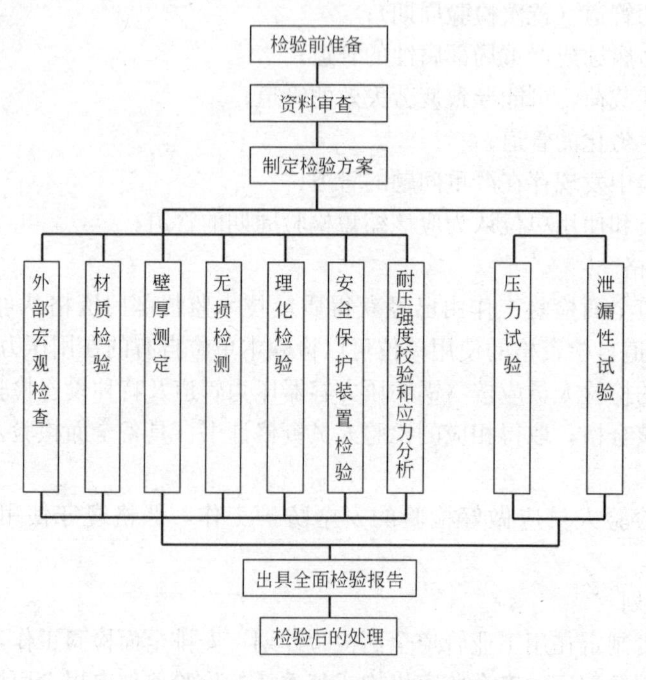

图 7-43 全面检验的一般程序

(六) 全面检验项目

以下全面检验项目是全面检验的一般要求，检验人员可根据实际情况确定实际检验项目和内容，进行检验工作。

1. 管网系统外部宏观检查项目有：

（1）在线检验的宏观检查所包括的相关项目及要求；

（2）管道结构检查　检查支吊架（墩）的间距是否合理；并对有柔性设计要求的管道，管道固定点或固定支吊架之间是否采用自然补偿或其他类型的补偿器结构；

（3）检查管道组成件有无损坏，有无变形，表面有无裂纹、皱褶、重皮、碰伤等缺陷；

（4）检查焊接接头（包括热影响区）是否存在宏观的表面裂纹或其他缺陷；

（5）检查管道是否存在明显的腐蚀，管道与管架（墩）接触处等部位有无局部腐蚀。

2. 检查门站、储配站、调压站中的设备、管道、阀门运行状况，运行参数是否正常，有无漏气等不安全因素；有无出口压力超高现象；安全放散系统是否正常工作。

3. 利用燃气检漏仪对城镇燃气各级压力管道沿线及阀井、套管、检查管、凝水缸等进行漏气检查。必要时应检查燃气管线临近的下水窨井等是否有燃气泄漏。

4. 重点检查穿越铁路、高速公路、主干道及河流的管道，检查穿越两端的阀门井、补偿器与检查管是否正常工作。管道的基础、护坡是否沉降、塌陷。

5. 根据城镇燃气各级压力管网的设计、制作、施工安装与运行管理资料的分析，结合现场调查，确定埋地钢管腐蚀防护系统非开挖检测的重点管段位置。以非开挖检测技术检测管段的腐蚀防护系统是否有效，一般包括管道防腐层参数、防腐绝缘层破损点、牺牲阳极及外加电源阴极保护效果（埋地钢管的牺牲阳极及外加电源阴极保护效果的测定，应根据在用压力管道的有关检验规定进行）。

6. 根据资料分析与燃气管线检漏和腐蚀防护系统的非开挖检测结果，确定全面检验需开挖的管段位置、数量与目的。开挖后的燃气管道主要进行以下检验内容：

（1）外观检查　包括防腐绝缘层情况、管道材质、连接情况、漏气点位置、漏气原因分析等。

（2）防腐绝缘层检查　包括防腐绝缘层结构、厚度、粘接力及耐电压试验等内容的检测。

（3）管道壁厚与土壤腐蚀性能检查　包括管道剩余壁厚的测定、计算管道的腐蚀速率，并通过土壤腐蚀性能及电阻率的测定，校核计算管道可继续使用年限。

（4）管体腐蚀状况与缺陷的无损检测。

（5）管道连接部位的检查　包括铸铁管接口、塑料管连接部位与焊缝连接的检查。当发现钢管腐蚀开裂及存在缺陷的焊缝或可疑部位均应进行无损探伤。

7. 当城镇燃气管网系统已接近使用年限，在进行全面检验时应根据情况综合分析，可对管道进行理化分析。理化分析包括化学成分、机械性能、硬度检测、冲击性能、金相试验等。

8. 当城镇燃气管道普遍腐蚀减薄超过名义厚度10%、燃气介质改变和运行操作参数调整变化时，可进行强度校核与应力分析，也可进行强度试验。

9. 安全附件的检验是全面检验的重要内容。安全附件检验主要包括压力表、温度计、安全阀及紧急切断装置等，检验周期与要求应根据在用压力管道检验规程进行。

10. 必要时应对管道的内壁腐蚀进行检测。

11. 经全面检验的燃气管道一般应进行压力试验。压力试验应按《城镇燃气设计规范》GB 50028 相关要求进行。

（七）检验安全注意事项

检验中的安全事项应达到以下要求：

1. 影响管道全面检验的附设部件或其他物体，应按检验要求进行清理或拆除；

2. 为检验而搭设的脚手架、轻便梯等设施，必须安全牢固，便于进行检验和检测工作；

3. 高温或低温条件下运行的燃气管道，应按照操作规程的要求缓慢地升温或降温，防止造成损伤；

4. 检验前，必须切断与管道或相邻设备有关的电源，拆除保险丝，并设置明显的安全标志；

5. 如需现场射线检验时，应隔离出透照区，设置安全标志；

6. 全面检验时，应符合下列条件：

（1）将管道内部介质排除干净，用盲板隔断所有燃气的来源，设置明显的隔离标志；

（2）对管道进行置换、清洗，置换要采用安全气体；

（3）进入管道内部检验所用的灯具和工具的电源电压应符合现行国家标准《安全电压》GB 3805 的规定；检验用的设备和器具，应在有效的检定期内，经检查和校验合格后方可使用。

（八）全面检验记录与检验报告

城镇燃气管道全面检验后应如实记录检验的全过程情况，按压力管道全面检验规定，认真填好记录表，并出具全面检验报告。

1. 检验记录

（1）在用燃气管道原始资料审查报告；

（2）在用燃气管道外防腐检测记录表；

（3）在用燃气管道内部检查记录表；

（4）在用燃气管道壁厚检测记录表；

（5）在用燃气管道焊缝、承插口检测报告；

（6）在用燃气管道均匀腐蚀检测数据记录表；

（7）在用燃气管道压力试验记录；

（8）在用燃气管道敷设土壤环境调查表；

（9）在用燃气管道理化检验报告；

（10）在用燃气管道安全附件检验报告；

（11）在用燃气管道综合评价报告；

（12）在用燃气管道全面检验结论报告。

2. 全面检验报告

全面检验工作结束后，检验人员应根据检验情况和所进行的检验项目，按照《在用工业管道全面检验报告书》的规定，认真、准确填写。安全状况等级按照检验规程的要求评定。检验报告由检验员签署，加盖检验单位印章。检验报告一般在燃气管道投入使用之前送交使用单位。

（九）缺陷处理

对在全面检验中发现的超标缺陷，应进行及时处理，以免发生安全事故。其缺陷处理方法是：

1. 现场修复

对于发现的管道缺陷只需针对具体情况，采取一定措施即可修复的管道，可现场采用打磨、焊接、更换零部件等方式消除缺陷。

2. 局部改造与更换

对于检查中发现的缺陷是在一个较大的管段范围内的问题，则可以采取对某些局部管段进行改造直至局部更换，以达到燃气管道安全运行的目的。

3. 全部更换与改造

对于检查中发现带有全面性的问题，如气质改变（人工燃气转换成天然气）、参数改变（压力提高）、原管材连接方式不适应要求等，则应对原有燃气管网进行改造或全部更换原有管道或管件。

（十）安全评估

对在检查中发现管道系统缺陷多、牵涉面广的，需要进行认真分析，应由质量技术监察部门确认的评审单位进行安全评估。以确认缺陷是否影响燃气管道安全运行到下一检验周期，对影响安全运行的缺陷，须制定缺陷处理方案。

缺陷修复前，使用单位应制定修复方案，相关文件记录应存档。缺陷的修复应按有关规范的要求进行。缺陷修复后，由原检验单位确认合格后，管道方可投入使用。

四、安全状况分级与评定

根据国质检锅［2003］213 号《压力管道使用登记管理规则（试行）》规定，压力管道的安全状况以等级表示，分为 1 级、2 级、3 级和 4 级四个等级。安全状况等级的划分方法如下：

1 级：安装资料齐全，设计、制造、安装质量符合有关法规和标准要求；在设计条件下能安全使用的压力管道。

2 级：安装资料不全，但设计、制造、安装质量基本符合有关法规和标准要求的下述压力管道：

（1）新建、扩建的压力管道：存在某些不危及安全但难以纠正的缺陷，且取得设计、使用单位同意，经检验机构监督检验，出具证书，在设计条件下能安全使用。

（2）在用压力管道：材质、强度、结构基本符合有关法规和标准要求，存在某些不符合有关规范和标准的问题和缺陷，经检验机构检验，检验结论为 3～6 年的检验周期内和规定的使用条件下能安全使用。

3 级：在用压力管道材质与介质不相容，设计、安装、使用不符合有关法规和标准要求；存在严重缺陷；但使用单位采取有效措施，经检验机构检验，可以在 1～3 年检验周期内和限定的条件下使用的在用压力管道。

4 级：缺陷严重，难以或无法修复；无修复价值或修复后仍难以保证安全使用；检验结论为判废的压力管道。

城镇燃气管道统一按上述标准来评定其安全状况等级。在用燃气压力管道的安全状况等级定级工作，由承担该压力管道全面检验工作的机构负责，检验机构应当在《在用压力管道全面检验报告书》中明确安全状况等级。

第六节 管道燃气的安全使用

一、管道燃气用户类型

管道燃气用户一般分为居民生活用户、公共建筑用户、建筑物采暖用户和工业企业用户四类。

（一）居民生活用户

居民生活用户是城市管道燃气供应的基本用户，应予以优先供应。因为传统小煤炉的热效率太低，只有15%～20%，且污染环境。而城市管道燃气的热效率可高达55%～60%，可大量地节约燃料。使用燃气可有效地防止环境污染，改善居民的生活条件，节约劳动力，以及减轻城市交通运输量。

（二）公共建筑用户（包括商业用户）

公共建筑用户包括职工食堂、餐饮业、幼儿园、学校、医院、旅店、商场、娱乐场所、洗衣店、国家机关和科研单位等部门。公共建筑用户的燃气供应主要用于各类食品和饮料的热加工制作、生活用热水及饮用水等。

公共建筑用户有的属于公共福利性质，有的属于商业性质，在城市中量大且分散，也是城市燃气供应的基本用户。

（三）工业企业用户

是指在生产工艺过程中必须使用燃气的工业企业。工业企业用户具有用气量大而均匀的特点，所以工业企业用气量在城市总用气量中占有一定的比例，有利于平衡城市燃气使用的不均匀性，可减少燃气储存设施的投资。

（四）建筑物采暖用户

是指以燃气作为冬季采暖热源的用户。建筑物采暖用燃气集中于冬季，具有突出的季节性不均匀用气的特点。所以在城市燃气气源紧张的条件下，一般不供应建筑物采暖。

二、燃气供应设施

（一）居民用户燃气供应设施

居民用户燃气供应设施按用户引入管的输气压力大小可分为低压引入系统和中压引入系统。

1. 低压引入管网系统

低压（$PN \leqslant 5$kPa）引入多层民用住宅燃气管网系统如图7-44所示。它一般由引入管（AB段）、用户立管（BC段）、用户水平管（CF段）、灶具或热水器支管（DE或FG段）组成。

2. 中压引入管网系统

中压（$PN \leqslant 0.3$MPa）引入高层民用住宅燃气管网系统如图7-45所示。一般由总引入管（AB段）、总立管（BC段）、天面管（C、D、E、F、G段）、分立管（EE'、FF'…段）、用户支管（IJ段）、灶具支管（JK段）和热水器支管（LM段）等组成。

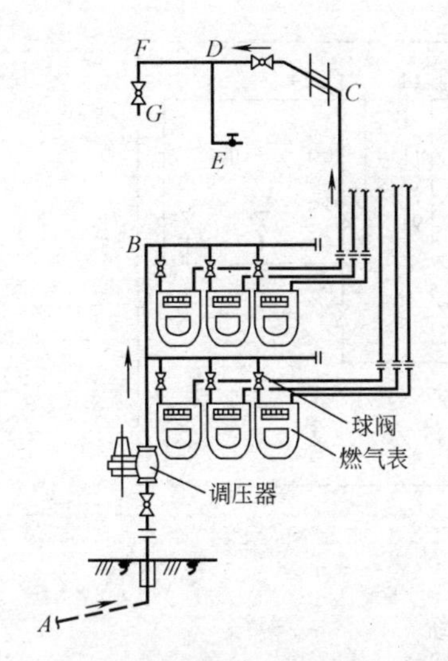

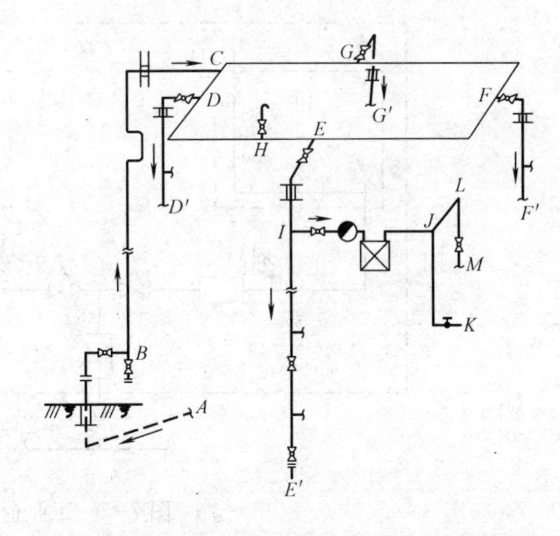

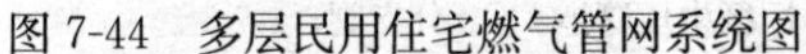

图 7-44　多层民用住宅燃气管网系统图　　图 7-45　高层民用住宅燃气管网系统图

（二）公共建筑用户燃气供应设施

公共建筑用户燃气管网系统如图 7-46 所示。一般由引入管（*AB* 段）、总立管（*BC* 段）、燃气表管（*CD* 段和 *EF* 段）、水平干管（*FM* 段）、用气设备支管和连接管（*GH* 段、*MJ* 段和 *HK* 段）和燃烧器连接管（*NP* 段）等组成。

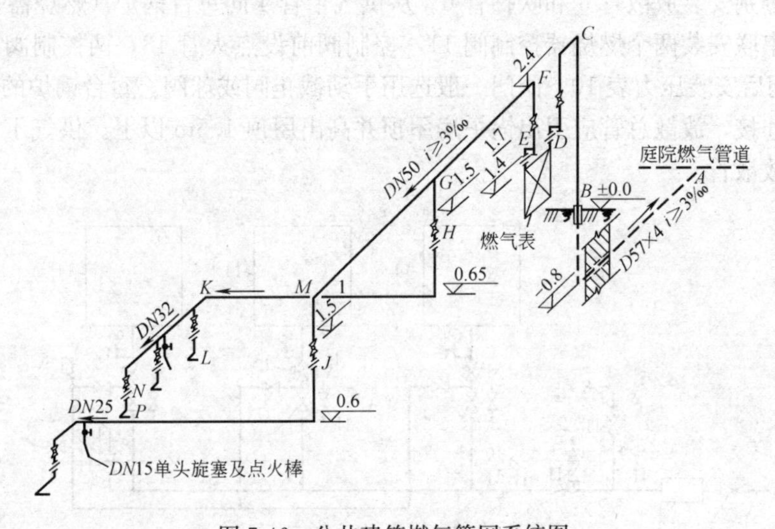

图 7-46　公共建筑燃气管网系统图

（三）工业用户燃气供应设施

工业用户燃气供应管网系统如图 7-47 所示。一般工厂引入管与城市高压燃气管网 1 连接，引入管上设总控制阀 2，引入管末端与工厂总调压计量室内连接，燃气经调压计量室降至中压输入厂区燃气管道 4，车间Ⅰ和Ⅱ需用低压燃气，因此车间引入管末端设车间调压计量装置 6，将厂区管道的中压燃气降至低压输送给车间燃气管道 8，再经炉前控制阀输送至炉前燃气管道供燃烧设备使用。车间Ⅲ使用中压燃气，车间内不设调压装置。

（四）建筑物采暖用户燃气供应设施

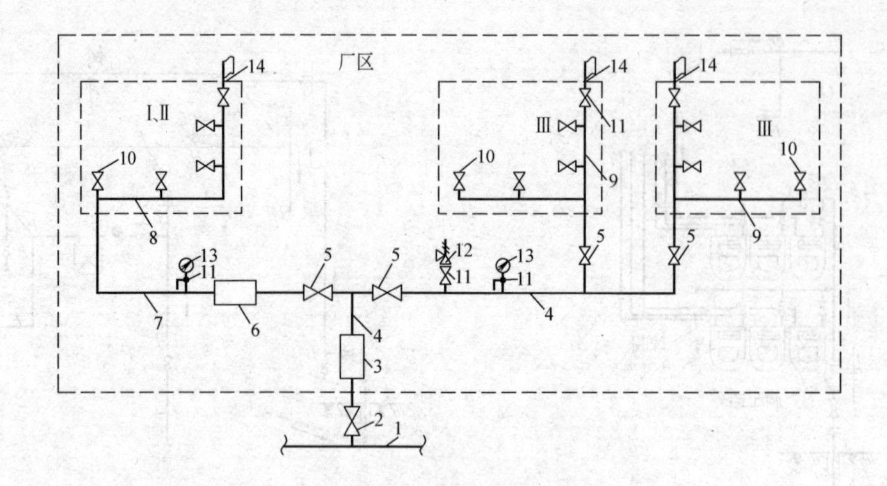

图 7-47　工业企业燃气管道系统

1—城市管道；2—总引入控制阀；3—调压计量室；4—厂区中压管道；5—分支阀；
6—中低调压器；7—厂区低压管道；8—车间低压管道；9—车间中压管道；
10—炉前控制阀；11—切断阀；12—安全阀；13—压力表；14—放散管

建筑物采暖用户燃气供应一般是指燃气供应给采暖锅炉房，常见手动控制锅炉房燃气管道系统如图 7-48 所示。低压燃气经引入管 1 进入锅炉房后，在入口处设总控制阀 2，总控制阀前后分别安装放散管 5 和吹扫管 6。从供气干管 4 向每台锅炉（燃烧器）13 引出支管，支管上串联安装两个燃烧器控制阀 11，控制阀前设点火管 13，两控制阀之间设放散管 5，控制阀后安装压力表 10。阀门一般选用手动截止阀或球阀。每台锅炉的放散管可与放散总管 5 连接，放散总管应引出锅炉房屋顶并高出屋顶 1.5m 以上。供气干管 4 的末端需设吹扫用放散管。

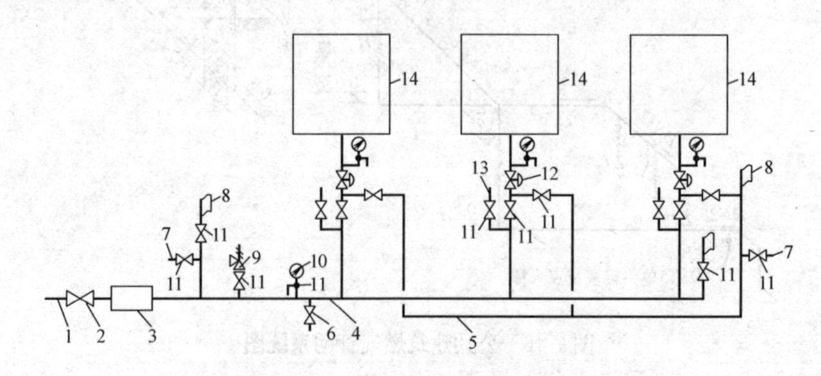

图 7-48　手动控制锅炉燃气管道系统

1—城市管道；2—总引入控制阀；3—调压计量室；4—供气干管；
5—放散管；6—吹扫管；7—取样管；8—放散阀；9—安全阀；
10—压力表；11—切断阀；12—调节阀；13—点火管；14—燃气锅炉

三、客户服务

管道燃气供应与瓶装燃气供应是两种完全不同的燃气输配方式，二者客户服务的内容和要求也有很大的不同。气瓶供气客户服务主要围绕着气瓶配送快捷化、气源质量和重量、气瓶安全使用等内容，燃气供应商为客户提供的服务一般是应客户订气需要或投诉而往往处于被动状态；管道燃气供应单位则着重于定期上门服务，为客户提供主动式、全方位的服务。

（一）管道供气客户服务基本内容

管道燃气经营企业作为公共事业服务单位，应为全社区的用户提供热情、周到的服务和安全、方便、压力稳定的管道燃气，并应作出以下社会服务承诺：

1. 供气设施的设计；

2. 工程施工（包括户内管道设施改装）；

3. 点火通气；

4. 燃气质量及民用灶前压力的控制；

5. 抄表及收费；

6. 定期上门检查燃气设施；

7. 计量表等燃气设施的校验及更换；

8. 事故抢修抢险；

9. 客户投诉与咨询等。

（二）管道供气客户服务基本标准

1. 供气设施的设计符合国家规范规定，并在此前提条件下听取用户的合理意见，满足用户的正当要求。

2. 安装工程（包括改管）质量达到国家规范规定的合格标准，并争创优良工程。

3. 燃气热值［天然气热值：约 9000kcal/Nm^3；液化石油气热值：约 11000kcal/kg 气相)］和民用灶前压力不低于额定值。

4. 服务程度和时限，如报装至安装通气时限、停气至恢复供气时限、故障抢修抢险时限、隐患整改时限、上门服务程度与时限、咨询与投诉服务等。

5. 事故抢修抢险一次处结率应达 100％。

6. 燃气计量表的计量精确度符合国家计量标准要求，更换计量表一次合格率达 100％。

7. 抄表准确率和计费准确率。

8. 委托银行托收气费及银行每周每天营业时间。

9. 对用户户内管道设施每年不少于二次安全检查。

10. 改管等其他有偿服务收费标准。

11. 员工行为规范。

12. 24 小时值班服务等。

（三）客户服务

管道燃气供应单位应建立以计算机信息化管理的客户服务中心（或称呼叫中心），向社会公布统一的、24 小时全天候服务电话，建立呼叫中心内部电脑局域网和座席耳麦式电话，创建用户资料数据库和操作系统，为用户提供标准化、规范化和优质的服务，及时兑现服务承诺。管道燃气客户中心的建立及客户服务人员行为规范、语言规范可参考第六章第四节瓶装气客服人员行为规范的相关内容。

（四）管道燃气的安全使用

管道燃气的安全使用除应遵守第六章第四节有关安全用气的规定外，还应注意以下安全事项：

1. 管道燃气经管道输送到用户的灶前，要经过多个控制阀门，这些阀门可以在检修或泄漏时及时切断气源。通常户内管道仅有几米长，压力小，气量少（约为瓶装液化气石油气的 1/350），即使发生意外漏气现象，只要及时将入户阀门关闭，是不会发生危险的。

2. 在燃气阀门井、凝水缸、小区调压器柜、入户总阀门附近，严禁堆放杂物、堵塞通道，严禁吸烟和燃放鞭炮。

3. 严禁在管道设施上牵挂电线、绳索或者晾晒衣物。

4. 已通管道气的用户，不得同时使用瓶装气或轮换使用，以免发生意外。

5. 连接户内钢管与橡胶管间的阀门，每次用气完后应将其关闭。

6. 外出和晚间入睡前，牢记关闭灶前管道球阀。

7. 户内管道燃气设施应由具有燃气管道及燃器具安装资质的单位施工，切勿自行安装。

8. 用户不得擅自改动燃气管道设施。

9. 用户不得将燃气流量计、调压器及阀门密闭安装在橱柜中。

10. 不准将燃气管道直接埋墙暗敷，铜管、铝塑复合管可在符合规范情况下暗装，但埋墙部分不得有接头。

11. 不准将管道穿越卧室，表具等管道设施不得安装在浴室内。

12. 燃气热水器一般应安装在浴室外通风处。

13. 如遇燃气供应突然中断，应及时关闭入户阀门，并打电话与供气公司客户中心联系，排除故障后并在接到正常供气通知后，方可继续用气。

14. 如遇漏气或者燃器具出现故障，应立即关闭管道上的阀门，并通知供气公司派人检修。

15. 管道燃气用户应主动配合供气公司客户服务人员对户内管道设施进行定期安全检查，以保证安全用气。

第八章 安全检修

第一节 检修的安全管理

一、燃气生产装置检修的特点

燃气生产装置在运行过程中，由于长期在高压及其他一些荷载、高温（或深冷）的工艺条件下工作，有的在运行中还易于受到腐蚀介质的腐蚀或磨损。因此，燃气设备、管道、阀件、仪表等难以避免地会产生各式各样的缺陷，有些是在运行中产生的，有的是在原材料或制造中的微型缺陷发展而成的。如果不能及早发现并采取一定的技术措施加以消除，任其发展扩大，必将在继续使用的过程中发生变形、断裂、穿孔等破坏，从而导致严重的火灾爆炸事故。为了保证正常生产，防范安全事故的发生，必须加强对燃气生产装置的检测、保养和维修。

燃气生产装置的检修分日常维修、计划检修和计划外检修三类。

日常维修是生产装置在运行过程中，通过备用设备的更替，来实现对故障设备的维修。

计划检修是根据设备的管理、使用的经验和生产规律，按计划进行的检修。根据计划检修的内容、周期和要求的不同，计划检修可分为小修、中修和大修。

计划外检修是指在生产过程中，设备突然发生故障或事故，必须进行不停车或停车的检修。这种检修事先难以预测，无法安排检修计划，而且要求检修时间短，检修质量高，检修环境及工况条件复杂，其难度相当大。计划外检修虽然随日常维修、检测管理技术和预测技术的不断完善和发展，必然会日趋减少。但是在目前燃气生产装置运行中，仍然不可避免。

燃气生产装置检修具有频繁、复杂、危险性大等特点。所谓频繁是指计划检修和计划外检修的次数多；而燃气生产装置检修的复杂性，则是由于燃气生产、储存、运输和使用过程中使用的燃气设备、管道、阀件、仪表等，种类多，数量大，结构和性能各异，这就要求从事检修的人员具有丰富的知识、技术和经验，熟悉和掌握不同设备的结构、性能和特点。检修中由于受环境、气候、场地的限制，多数要在露天作业，有的还要在设备内作业，有的要在地坑或井下作业，有时要上、中、下立体交叉作业，所有这些都给燃气生产装置检修增加了复杂性。燃气生产装置的复杂性，决定了燃气设备及管道系统可能发生故障和事故几率大，从而也决定了检修的危险性。此外，燃气具有闪点低、易燃易爆等危险性，也决定了生产装置检修的危险性。燃气设备和管道中充满着燃气介质，而在检修中又离不开动火、入罐作业，稍有疏忽就可能发行火灾爆炸等事故。

综上所述，不难看出燃气生产装置检修本身的重要性和检修安全管理的重要性。实现燃气生产装置检修不仅要确保检修时装置的安全，防止各种事故的发生，保护员工的安全和健康，而且还要确保检修工作保质保量按时完成，为安全生产创造良好的条件。

二、安全检修的管理

日常检修是在生产装置不停车的情况下，由设备操作人员或维修工来完成，它属于日常安全生产管理的内容。因此在以下讨论安全检修时，主要是针对计划检修和计划外检修两类检修内容。

无论是大修还是小修，计划检修和计划外检修，都必须严格遵守检修安全技术规程及各项安全管理制度，办理各种安全检修许可证（如动火证、动土证等）的申请、审核和批准手续。这是燃气生产装置检修的重要管理工作。其安全管理工作主要包括以下内容：

（一）组织管理

燃气生产装置检修时应成立检修组织指挥机构，负责检修计划、调度和管理，合理安排人力、物力、运输及安全工作，在各级检修组织机构中要设立安全监督机构（或安全监督员）。检修各级安全负责人及安全监督员应与单位安全生产组织构成安全联络网。检修安全监督机构负责对安全规章制度的宣传教育、监督检查，办理动火、动土及检修许可证等。

燃气生产装置检修的安全管理工作要贯穿检修的全过程，包括检修前的准备、装置的停车、置换、检修、检查验收，直至开车的全过程。

（二）检修计划的制定

在燃气生产过程中，各个生产装置之间，乃至于厂与厂之间，是一个有机的整体，它们相互关联、紧密联系。一个装置的开停车必然要影响到其他装置的生产，因此装置大检修必须要有一个全盘的计划。在检修计划中，根据生产工艺过程及公用工程之间的相互关联，规定各装置先后停车的顺序；停气、停电、停水的具体时间；何时排空（或点火炬）。还要明确规定各个装置的检修时间和检修项目的进度，以及开车顺序。一般要制定检修方案并绘出检修计划图，在计划图中标明检修期间的作业内容，便于对检修工作的管理。

（三）安全教育

检修前的安全教育不但是操作人员参加，还要有全体检修人员参加，包括对本单位参加检修人员的教育，以及对其他单位参加检修人员的教育。安全教育的内容包括检修安全制度和检修现场必须遵守的有关规定等。

1. 检修安全管理有关规定

（1）停车检修规定；

（2）进入限制空间作业规定；

（3）动火作业规定；

（4）动土作业规定；

（5）文明施工的有关规定；

（6）检修后开车的有关规定等。

2. 检修现场的十大禁令

（1）不戴安全帽、不穿工作服和劳保鞋、不佩戴工作牌，禁止进入现场；

（2）穿拖鞋和凉鞋、高跟鞋者禁止进入现场；

（3）饮酒者禁止进入现场；

（4）在作业中禁止打闹或其他有碍作业的行为；

（5）检修现场禁止吸烟；

（6）禁止用汽油或其他化工溶剂清洗设备、机具和衣物；

（7）现场器材禁止为私活所用；

（8）禁止随意泼洒油品、化学危险品等；

（9）禁止堵塞消防通道、挪用或损坏消防器材与设备；

（10）未办理作业许可证，禁止进入现场施工。

对各类参加检修人员，都必须进行安全教育，并经考试合格，方可参加检修作业。

（四）检修过程的安全检查

1. 检修项目安全技术措施的检查

检修项目，特别是重要的检修项目，在制定检修方案时，必须针对检修项目内容制定安全技术措施。没有安全技术措施的项目，不准检修。因此，安全监督管理人员在检修开工前，应按经批准的检修方案，逐项检查项目安全技术措施的落实情况。

2. 检修机具、设备及材料的检查

检修所用的机具、设备及材料，如起重机具、电焊设备、检测设备、手持电动工具和检修所用的关键材料等，都要进行安全技术检查。检查合格后，由质量主管部门审查并发给合格证，合格标签应贴在机具设备及物料的醒目处，以便安全检查人员现场查验。未经检查的机具、设备及材料不准进入检修现场和使用。

3. 现场巡回检查

在检修过程中，要组织安全检查人员到现场巡回检查，检查各施工现场是否认真执行安全检修各项规章制度、规定和安全操作规程；检查现场检修人员是否持证上岗；检查检修现场科学文明施工情况等。发现问题及时纠正、解决。如发现有严重违章行为，安全检查人员有权令其停止作业。

第二节 检修作业

凡涉及燃气工艺装置的检修作业（包括工程施工）都必须实行作业许可制度。作业许可是指在危险区域进行检修时，必须按规定办理的作业许可证，检修队伍与生产单位（或建设方和承包方）双方负责人要在作业许可证上履行签字手续，检修时必须执行作业许可程序。该程序的范围包括工艺管道与设备的检修、进塔入罐、电气作业、动火与动土作业、高空作业等。作业前必须办理作业许可证，并采取相应的安全预防措施。检修作业许可包括：工作许可、动火作业、动土作业、高处作业、进入限制空间作业等。

一、工作许可

在燃气生产装置区，凡涉及工艺管道及附属设施、设备、仪表等检修作业（通常指不涉及动火、动土、高处作业和进入时限空间作业的检修工作）应办理工作许可证。工作许可证包含的基本内容有：检修作业项目、地点和部位、起止时间、检修方法、作业危险性质、安全技术措施、检修单位与现场负责人、安全监护人、检修人等。工作许可证见表 8-1。

工作许可证 **表 8-1**

<table>
<tr><td>检修单位</td><td></td><td>现场负责人</td><td></td></tr>
<tr><td>作业地点和部位</td><td></td><td>安全监护人</td><td></td></tr>
<tr><td>作业人员</td><td colspan="3"></td></tr>
<tr><td>作业起止时间</td><td colspan="3">从　年　月　日　时起至　年　月　日　时止</td></tr>
<tr><td>作业危险性质</td><td></td><td>危险级别</td><td></td></tr>
<tr><td>项目内容</td><td colspan="3"></td></tr>
<tr><td>检修方法</td><td colspan="3"></td></tr>
<tr><td>安全措施</td><td colspan="3"></td></tr>
<tr><td>备注</td><td colspan="3"></td></tr>
<tr><td colspan="2">检修单位：
申请人：　年　月　日
安全责任人：　年　月　日
单位负责人：　年　月　日</td><td colspan="2">生产单位：
经办人：　年　月　日
安全责任人：　年　月　日
单位负责人：　年　月　日</td></tr>
</table>

二、动火作业

在燃气生产装置区，凡动用明火或存在可能产生火种作业的区域都属于动火范围。如存在焊接、切割、打磨、喷灯加热、凿水泥基础、打墙眼、电气设备耐压试验、金属器具的碰撞等热工作业的区域。

凡在燃气生产禁火区从事上述高温或易产生火花的热工作业，都应办理动火证手续，落实安全动火措施。

（一）禁火区与动火区

1. 禁火区

在生产正常或不正常情况下都有可能形成爆炸性混合物的场所和存在易燃、可燃物质的场所为禁火区，如燃气储罐区、装卸作业区、燃气机泵房与调压站等。

在禁火区内，根据发生火灾、爆炸危险性的大小、所在场所的重要性以及一旦发生火灾爆炸事故可能造成的危害大小，可将禁火区划分为一般危险区和危险区两类。在不同的区域内动火，其安全管理要求有所不同。

2. 动火区

在燃气输配的门站、储配站等站场内，为了满足正常的设备检修需要，在禁火区外，可在符合安全条件的区域设立固定动火区进行动火作业。设立固定动火区的条件是：

（1）动火区距燃气禁火区的安全间距必须符合 GB 50028《城镇燃气设计规范》规定。

（2）在任何气象条件下，固定动火区域的可燃气体含量应在允许范围以内。生产装置正常运行时，燃气不应扩散到动火区。一旦出现异常情况且可能危及动火区时，应立即通知动火区停止一切动火作业。

（3）动火区若设在室内，应与防爆区隔开，不准有门窗串通。允许开的窗、门都应向外开，各种通道必须畅通无阻。

（4）动火区周围不得存放易燃易爆及其他可燃物质，检修所需的氧气、乙炔等在采取可靠安全措施后，可以存放。

（5）动火区应配备适用的、足够数量的灭火器材。

（6）动火区要有明显的标志。

（二）动火制度

1. 在禁火区动火作业，检修单位在动火前应办理动火证申请，明确动火地点、时间、作业内容、安全技术措施、现场负责人、动火人、监火人等。

2. 动火作业许可证（表 8-2）必须由相应级别的审批人审批后才有效。动火审批事关重大，直接关系到设备和人身安危，动火时的环境和条件千差万别，这就要求审批人必须熟悉生产现场情况，并具有丰富的安全技术知识和实践经验，有强烈的责任感。审批人必须对每一处动火现场的情况深入了解，审时度势，考虑周全。审批动火证时，要认真考虑以下因素：

（1）对动火设备本身必须吹扫、置换、清洗干净，进行可靠的隔离。管道设备内的可燃气体分析及进罐作业的氧含量分析合格。

（2）检查周围环境有无泄漏点，地沟、下水井应进行有效地封挡。清除动火点附近的可燃物，环境空间要进行测爆分析。有风天气要采取措施，防止火星被风吹散。高空作业时要防止火花四处飞溅。室内动火应将门窗打开，注意通风。

（3）动火现场要有明显标志，并备足适用的消防器材。

（4）检查动火作业人员的安全教育及持证上岗情况。

3. 动火分析　动火分析是指对动火现场周围环境及动火设备的易燃气体分析。动火分析不宜过早，一般应在动火前半小时内进行，若动火间断半小时以上，应重新分析。

4. 动火作业基本规定　动火人及监火人应持证动火和监火，并在动火前做到“三不”；动火中做到“四要”；动火后做到“一清”。

（1）动火前“三不”即：没有动火证不动火；防火措施不落实不动火；监火人不在现场不动火。

（2）动火中“四要”即：动火作业过程始终要有监火人在现场；动火时一旦发现不安全苗头时要立即停止动火；动火作业人员要严格执行安全操作规程；动火作业要严格控制动火期限，过期的动火证不能继续使用，须重新办理。

（3）动火后“一清”即：动火作业完毕应彻底清理现场，灭绝火种。

5. 动火作业时，动火人员要与监火人协调配合，在动火中遇有异常情况，如生产装置紧急排放或设备、管道突然破裂、燃气外泄时，监火人应即令停止动火。待恢复正常后，重新分析合格并经原批准动火单位同意后，方可动火。

6. 高空作业动火时，应注意防止火花四处飞溅，对重点设备及危险部位应采取有效措施。遇五级以上大风时，应停止高处动火作业。

动火作业许可证 **表 8-2**

年第（　）号

动火作业单位		现场负责人	
作业地点部位		监火人	
动火作业人员			
动火作业起止时间	从　年　月　日　时起至　年　月　日　时止		
动火作业危险性质		危险级别	
动火作业项目			
安全措施和防火器材			
备注			

动火作业单位：	生产单位：
申请人：　　年　月　日	经办人：　　年　月　日
安全责任人：　　年　月　日	安全责任人：　　年　月　日
单位负责人：　　年　月　日	单位负责人：　　年　月　日

注：实际动火作业从　　　　起至　　　　止。
动火人签字：　　　　监火人签字：

三、动土作业

（一）动土作业的危险性

在燃气生产门站、储配站等站场内，地下往往都埋有动力、通信和仪表等不同规格的电缆，各种管道纵横交错，还有很多地下设施（如阀井），它们都是燃气企业生产的地下动脉。在检修时若要动土作业（如挖土、打桩），可能会影响到地下设施的安全。如果没有一套完整的管理办法，在不明了地下设施的情况下随意作业，势必会挖断地下管道、刨穿电缆，或造成地下设施塌方毁坏等事故，不仅会造成停产，还可能造成人身伤亡或火灾爆炸事故。

（二）动土证制度

1. 动土证的申请与审批　凡是在门站、储配站等站场内进行动土作业（包括重型物资的堆放和运输），检修单位（或施工单位）在作业前应持检修项目批准书和检修图纸等资料，到相关主管部门（如机动部门或技术安全部门）申办动土证。动土证上应写明检修（或施工）项目、时间、地点、联系人等。动土作业许可证见表 8-3。

动土作业许可证 **表 8-3**

年第（ ）号

<table>
<tr><td>动土作业单位</td><td colspan="2"></td><td>现场负责人</td><td></td></tr>
<tr><td>动土地点</td><td colspan="2"></td><td>监护人</td><td></td></tr>
<tr><td>动土作业人员</td><td colspan="4"></td></tr>
<tr><td>动土作业起止时间</td><td colspan="4">从 年 月 日 时起至 年 月 日 时止</td></tr>
<tr><td>动土作业项目</td><td colspan="4"></td></tr>
<tr><td>安全措施</td><td colspan="4"></td></tr>
<tr><td>备注</td><td colspan="4"></td></tr>
<tr><td colspan="2">动土作业单位：
申请人： 年 月 日
施工负责人： 年 月 日
单位负责人： 年 月 日</td><td colspan="3">生产单位：
经办人： 年 月 日
主管部门负责人： 年 月 日
相关部门负责人： 年 月 日</td></tr>
</table>

检修中如需开挖站区道路，除动土主管部门签署意见外，还要请安全部门、保卫部门等单位会签。安全部门签署意见后，应知会消防部门，以免在执行消防任务时因道路施工而延误时间。

检修单位应按经批准的动土证，在规定的时间、地点按检修方案进行作业。作业时必须明确安全注意事项。检修完毕后应将完工资料交与管理部门，以保持燃气企业隐蔽工程资料的完整和准确。

2. 动土作业安全注意事项

（1）动土作业，如在接近地下电缆、管道及埋设物的附近施工时，不准使用大型机器挖土，手工作业时也要小心，以免损坏地下设施。当地下设施情况复杂时，应与有关单位联系，协调配合作业。在挖掘时发现事先未预料到的地下设施或出现异常情况时，应立即停止施工，并报告有关部门处理。

（2）检修单位不得任意改变动土证上批准的各项内容及检修施工方案。如需变更，须按变更后的方案或图纸重新申办动土证。

（3）在禁火区或生产危险性较大的区域内动土时，生产部门应派人监护。生产出现异常情况时，检修施工人员应听从监护人员的指挥。

(4) 开挖没有边坡的沟、坑、池时，必须根据挖掘深度的需要设置支撑，并注意排水。如发现土壤有可能坍塌或滑动裂缝时，应及时撤离人员，在采取妥善措施后，方可继续施工。

(5) 挖掘的沟、坑、池及开挖的道路时，应设置围栏和标志，夜间设红灯（危险区要采用防爆灯），防止行人或车辆坠落。

四、高处作业

1. 高处作业的范围与内容

在离地面垂直距离 2m 以上位置的作业或虽在 2m 以下，但在作业地段坡度大于 45°的斜坡，或附近有坑、井和有风雪、机构震动的地方以及转动机构，或有堆放易伤人的物资地段作业，均属高处作业，都应按照高处作业规定执行。

2. 高处作业的安全规定

(1) 高处作业人员须经体格检查，身体患有高（或低）血压、心脏病、贫血病、癫痫病、精神病、习惯性抽筋等疾病和身体不适、精神不振的人员都不应从事登高作业。

(2) 严禁酒后登高作业。

(3) 大雾、大雨雪及五级以上大风气候条件下，不准进行登高作业。

(4) 高处作业应在固定的平台上进行，固定平台应有固定扶手或人行道。否则，必须使用安全带等防坠落保护装置。

(5) 高处作业用的脚手架、吊篮、手动葫芦必须按有关规定架设。严禁用吊装机载人。高处作业的下方不准站人。

(6) 高处作业用的工具、材料等物品禁止抛掷，并应摆放稳妥，防止坠落。

(7) 高处作业时，一般不应垂直交叉作业。若因工序原因必须上下同时作业时，则应相互错开位置，上方人员注意下方人员安全。

(8) 高处作业必须严格遵守高处作业操作规程，并落实警戒和监护措施。夜间作业时须有安全和足够的照明。

五、进入限制空间作业

1. 进入限制空间作业的范围与内容

凡是进入塔、釜、槽、罐、炉、器、烟囱、料仓、地坑、窨井或其他闭塞场所内（以下或称设备、设施）进行作业均属于限制空间作业。

燃气生产装置检修中，进入限制空间的作业很多，如进入储罐、阀井检修和检验等。其危险性也很大。因为这类设备或设施内可能存在残余的有毒有害、易燃易爆或令人窒息的物质，在检修或检验时，可能发生着火、爆炸、中毒和窒息事故。此外，有些设备或设施内还有各种传动装置和电气照明系统，如果检修前没有彻底分离和切断电源，或者由于电气系统的误操作，可能会发生触电、碰伤事故。因此在进入上述设备或设施内作业，应实行特殊的安全管理措施，以防止意外事故的发生。

2. 进入限制空间作业证制度

进入限制空间作业前，必须办理进入限制空间作业证。作业证由生产单位主要负责人签署。进入限制空间作业证见表 8-4。

进入限制空间作业证 **表 8-4**

年第（ ）号

检修作业单位		现场负责人	
限制空间作业地点		监护人	
设备名称		设备编号	
检修作业人员			
作业起止时间	从 年 月 日 时起至 年 月 日 时止		
检修作业项目			
安全措施			
备注			
检修作业单位： 申请人： 年 月 日 安全部门负责人： 年 月 日 单位负责人： 年 月 日		生产单位： 经办人： 年 月 日 安全部门负责人： 年 月 日 单位负责人： 年 月 日	

生产单位在对设备（设施）进行置换、清洗并进行可靠的隔离后，还应对设备内进行可燃气体分析和氧含量分析。有电动和照明的设备必须切断电源，并挂上“有人检修、禁止合闸”的牌子。检修人员凭经签发的进入限制空间作业证，才能进入设备内作业。检修人员必须按作业证上规定的工作项目及检修方案进行作业。检修作业期间，生产单位和检修单位应有专人进行监护和救护，并在该检修设备外部明显部位挂上“设备（设施）内有人作业”的牌子。

3. 进入限制空间作业安全注意事项

（1）设备必须实行可靠的隔离　受检设备必须与运行装置进行可靠的隔离，绝不允许运行装置中的介质进入受检设备中。不但要对可燃气体等物料系统进行可靠的隔离，而且还要对水、蒸汽、压缩空气等系统施行可靠的隔离，以防止烫伤、中毒、水淹或窒息。

（2）对设备内进行可燃气体分析和氧含量分析　燃气设备内气体分析应包括三个部分：一是可燃气体的爆炸极限分析；二是含氧量的分析；三是有毒气体分析（视实际情况需要而定）。气体分析必须达到安全标准，并在作业过程中不断地取样分析，发现异常情况，应立即停止作业。

（3）设备外实行监护　设备内有人作业时，必须指派（两人以上）监护人。监护人应了解设备的生产情况及介质的理化性质，发现异常应立即令其停止作业，并应立即召集救护人员，设法将设备内的人员救出，进行抢救。

（4）用电安全　设备内使用的照明及电动工具必须符合安全电压标准：在干燥设备内

作业使用的电压≤36V；在潮湿设备内作业使用的电压≤12V；若有可燃物存在，使用的机具、照明设施应符合防爆要求。在设备内进行电焊作业时，施焊人员要在绝缘板上作业。

（5）检修人员进入设备前，应开展安全教育，明确安全注意事项，并进行技术交底。

（6）检修人员进入设备前应清理随身携带的物品，禁止将与作业无关的物品带入设备内。所携带的工具、材料等物品要进行登记，作业结束后应将工具、材料、垫片、手套等杂物清理干净，防止遗漏在设备内。经检修单位和生产单位安检人员共同检查，确认设备内无人员和杂物后，方可上法兰封闭设备。

（7）进入设备内作业人员，一次作业的时间不宜过长，规定作业时间，组织轮换，防止检修人员体力消耗过大而发生危险。

（8）对罐、槽类密封性好，通风条件差的容器设备，应采取强制通风措施，防止容器内缺氧而发生窒息事故。

第三节　装置的安全停、开车

一、装置的安全停车

燃气生产装置在检修或储罐定期检验前，要进行安全停车与处理。在停车过程中，要进行降压、倒空或排空、吹扫、置换等工作。由于装置中各系统关联密切，各工序和各岗位环环相扣，如果考虑不周、组织不好，指挥不当、操作失误，很容易发生安全事故。因此，装置停车工作进行得好坏，直接关系到装置的安全检修。

（一）停车前的准备工作

1. 编写停车方案

装置停车应结合检修的特点和要求，制定“停车方案”。其主要内容应包括：停车时间、步骤、设备管线倒空、吹扫、置换流程、抽堵盲板系统图。此外还要根据具体情况制定防堵、防冻措施，对每一步骤都要有时间要求和应达到的指标，并有专人负责。停车方案应经生产单位技术负责人或总工程师签署生效。

2. 做好检修期间的劳动组织及分工

根据检修工作内容和检修方案的要求，合理调配人员，做到分工明确，责任落实到人。在检修期间，生产单位除派专人配合检修单位作业外，中控室及各生产岗位都要有人坚守岗位。

3. 进行检修作业技术交底

在停车检修前要进行检修动员和技术交底，使每一个职工都明确检修任务、进度和要求，熟悉停、开车方案，保证检修工作顺利进行。

（二）停车操作

按照停车方案确定的时间、步骤、工艺参数变化的幅度进行有秩序地停车。在停车操作中应注意以下事项：

1. 在停车过程中，降温、降压速度不宜过快。尤其是在高压、高温或深冷条件下，压力、温度的骤变会引起设备和管道的变形、破裂或泄漏。燃气的泄漏会引起火灾爆炸事故。

2. 开关阀门的操作一般要缓慢进行，尤其是在开阀门时，开启阀杆的头两扣后要暂停片刻，使物料少量通过，观察物料畅通情况，然后再逐渐开大，直至达到要求为止。

3. 装置停车时，设备及管道中的气、液相介质应尽量倒空或吹扫干净，对残存的燃气的排放，应采取相应的安全技术措施，不得随意排空或排入下水道中。

（三）抽堵盲板

燃气生产装置，特别是大型的燃气门站、储配站，生产装置之间、设备之间都有管道相连通。停车受检的设备必须与运行系统或有物料系统进行隔离，这种隔离只靠关闭阀门是不安全的。因为阀门经过长期的介质冲刷、腐蚀、结垢等影响，难以严密。一旦发生内漏，燃气或其他有害介质会窜入受检设备中，易发生意外事故。安全可靠的办法是将受检设备与运行设备相连通的管道用盲板进行隔离。装置开车前再将盲板抽掉。抽堵盲板工作既存在危险性，技术上又较为复杂。必须由熟悉生产工艺的人员严加管理。抽堵盲板应注意以下几点：

1. 根据装置的检修计划，制定抽堵盲板流程图，对需要抽堵的盲板统一编号，注明抽堵盲板的部位和盲板的规格，并指定专人负责作业和现场监护。对抽堵盲板的操作人和监护人要进行安全教育，交待安全防范措施。作业前要检查设备及管道内压力是否已降下，残液是否已排净。

2. 根据管道的口径、系统压力及介质的特性，选择有足够强度的盲板。盲板应留有手柄，便于抽堵和检查。

3. 加盲板的位置，应在有物料来源的阀门后部法兰处，盲板两侧均应有垫片，用螺栓紧固，保持其严密性。

4. 抽堵盲板时，要采取必要的安全措施，高处作业要搭设脚手架，操作人员要系安全带；作业点周围不得动火；使用照明灯，必须选用防爆型且电压小于36V；使用的工具必须是防爆型，防止作业时产生火花；拆卸法兰螺栓时，要小心操作，防止系统介质喷出伤人。

5. 做好抽堵盲板的检查记录　应指定专人对抽堵盲板分别逐一登记，并对照抽堵盲板的流程图进行检查核实，防止漏堵或漏抽。

（四）置换、吹扫和清洗

为了保证检修动火和罐内作业的安全，检修前应对设备内的可燃气体进行倒空，对管道内的液相介质进行抽空或扫线。然后用惰性气体或水进行置换。对积附在器壁上的残渣、污垢要进行刮铲和清洗。

1. 置换

受检设备及管道中的燃气置换，大多采用氮气等惰性气体作为置换介质，也可以采用注水排气法，将可燃气体排出。对用惰性气体置换过的设备，若需进罐作业，还必须用空气将惰性气体置换掉，以防止窒息。根据置换和被置换介质相对密度的不同，选择确定置换和被置换介质的进出口和取样部位。若置换介质的相对密度大于被置换介质的相对密度，应由设备或管道的最低点输入置换介质，由最高点排出被置换介质，取样点宜设置在顶部及易产生死角的部位。反之，则应改变其方向，以免置换不彻底。

用注水排气法置换气体时，一定要保证设备内充满水，以确保将被置换气体全部排出。

置换出的可燃气体，应排至火炬或安全场所。置换后应对设备内的气体进行分析，测验可燃气体和氧含量，至合格为止。氧含量≥18%，可燃气体浓度≤0.3%。

2. 吹扫

由于受检设备和管道内的可燃气体不可能完全抽空倒净，一般可采用蒸汽或惰性气体进行吹扫来清除，这种方法称为扫线，也是置换的一种方法，特别适用于管道的吹扫。扫线作业应根据停车方案中规定的扫线流程图，按管段号和设备位号逐一进行，并填写登记表。登记表上应注明管段号、设备位号、吹扫压力、进气点、排气点、操作人、监护人等。

扫线结束时，应先关闭物料阀再停气，以防止管路系统介质倒流。设备管道吹扫完毕并分析合格后，应及时加盲板与运行系统隔离。

3. 清洗

对置换和吹扫都无法清除的油垢和积沉物，应用水或蒸汽来清洗。有些还需人工铲除。这些油垢和积沉物如果铲除不彻底，即使在动火前分析设备内可燃气体浓度合格，动火时由于油垢、残渣受热分解出易燃气体，也可能导致着火爆炸。

常用的清洗方法是将设备内灌满水，浸渍一段时间，然后再人工清洗。如有搅拌或循环泵更好，使水在设备内流动，这样既节省时间，又能清洗彻底。

（五）其他配套措施

按停车方案在完成装置停车、倒空物料、置换、吹扫、清洗和可靠的隔离等工作后，装置停车即告完成。在转入装置检修之前还应对地面、明沟内的油污进行清理，封闭装置内全部的下水井盖和地漏。因为下水道与站场各装置是相通的，其他系统中仍存在易燃易爆物质。所以必须认真封盖，防止下水道系统有可燃气体外逸，也防止检修中火花落入下水道中。

对于有传动装置的设备或其他有电源的设备，检修前必须切断一切电源，并在开关处挂上标志牌。

对要实施检修的区域或重要部位，应设置安全界标或围栏，并有专人监护，非检修人员不得入内。操作人员与检修人员要做好交接和配合。设备停车并经操作人员进行物料倒空、吹扫等处理，经分析合格后可交检修人员进行检修作业。在检修过程中动火、动土及进入限制空间作业等均应按制度规定进行，操作人员要积极配合。

二、试车验收

在检修项目全部完成和设备及管线复位后，要组织生产人员和检修人员共同参加试车和验收工作。根据规定分别进行耐压强度试验、气密性试验、置换、试运转、调试、负荷试车和验收工作。在试车和验收前应做好以下工作：

1. 盲板要按检修方案要求进行抽堵，并做好核实工作。

2. 各种阀门要正确就位，开关动作要灵活，并核实是否在正确的开关状态。

3. 检查各管件、仪表、孔板是否齐全，是否正确复位。

4. 检查电机及传动装置是否按原样接线，冷却及润滑系统是否恢复正常。安全装置是否齐全，报警系统是否完好。

各项检查无误后，方可试车。试车合格后，按规定办理验收手续，并有齐全的验收资料。其中包括：安装及检修记录、缺陷记录、试验记录（强度、气密性、空载、负荷试验等）、主要部件的探伤报告及更换件清单等。

试车合格、验收完毕，在正式投产前，应拆除临时电源及检修用的各种临时性设施。撤除排水沟、井的封盖物。

三、装置开车

装置开车必须严格执行开车操作规程。在接受物料之前，设备和管道必须进行气体置换。置换合格后，即可接受进料。接受进料应缓慢进行，防止设备和管道受到冲击、震动。开车正常后检修人员才能撤离。最后生产单位要组织生产和检修人员进行全面验收，整理资料，归档备查。

第四节　管道技术改造与带气接线

一、燃气管道技术改造

（一）燃气管道技术改造的特点

燃气管道技术改造一般具有以下几方面的特点：

1. 较大数量地更换原有的管线；

2. 改变原有管线的公称直径，公称直径的改变将导致燃气介质的流速、流量、管道的应力与应变等一系列技术参数的变化；

3. 埋地燃气管道的防腐系统改变；

4. 提高工作压力，有时工作压力的提高使管道的管理级别发生变化；

5. 改变输送燃气的化学成分，输送燃气化学成分的变化使得原有管道系统的环境因素发生了变化；

6. 管道控制系统变化等。

（二）燃气管道技术改造的基本要求

1. 改造前的准备工作

（1）系统置换　管道系统停车后，首先应将管道降压至大气压力，然后按置换方案进行置换。

（2）用盲板将待施工管道与正常工作管道及设备完全隔离开。

（3）管道清洗与吹扫　管道清洗与吹扫一般采用蒸汽或惰性气体。

（4）气体取样分析　吹扫后，应在管道系统的末端以及各个死角部位取样分析，切实做到放空排尽。

（5）燃气管道改造前要制定改造施工方案，并经技术负责人批准，重要的技术改造方案必须经燃气主管部门总工程师审核批准。

2. 改造技术措施

燃气管道改造前要制定详尽的技术改造施工方案，方案应包括施工平面布置图、施工组织、施工方法、施工进度、安全技术措施等内容；燃气管道改造工程施工应符合《城镇燃气输配工程施工及验收规范》CJJ 33 的规定。

3. 改造工程验收

燃气管道改造工程施工质量必须经过自检、互检、工序交换检查和专业检验。凡不符合质量技术标准要求的，必须按要求进行整改，直至检验合格。改造完工的应按管道安装竣工资料的内容要求，交接验收资料。

改造工程质量验收一般由使用单位组织，管道验收后应办理签字交接手续。

4. 燃气管道改造工程投运

燃气管道改造工程投运应按第七章第四节中管道投运相关要求进行。

二、带气接线（管）

燃气管道投入运行后，由于管道的修理或用户的增加，总避免不了要换管或开三通接驳新建燃气管道。因为燃气管道投入运行后，管内充满一定压力的燃气，使得燃气接管工作属于危险作业，施工人员必须掌握带气接管方法，制定周密的带气接管方案，确保接管工作安全顺利地进行。

（一）带气接管方法

目前带气接管方法主要有以下几种：

1. 停气置换接管法

这种方法就是将需要接管的局部管网全部停止运行，然后用安全气体置换燃气，将燃气置换完后，从管内取样测爆，在确认安全的情况下，即可进行接管操作。一般在管线较短时，可以用三倍以上管道容积的安全气体置换。但要特别注意各种“盲肠”部位的置换情况，以便安全施工。

2. 局部降压接管法

局部降压接管法是指将管道内的燃气压力降至 400～800Pa 时进行施工作业的接管方法。这种方法只能用于低压燃气管网系统。若燃气压力过高，切割和焊接过程中，焊缝处生成的火焰较长，影响作业人员操作，焊炬火焰压力或电弧压力难以压住燃气压力，造成熔池不易成形，并增加管道内燃气外泄量；若燃气压力过低（≤200Pa）时，外部空气就可能以对流形式渗入管内而达到爆炸极限范围。

3. 不降压接管法

不降压接管法是指在原有燃气管线正常供气工况的条件下与新建管线接驳，又称为带压接管法。不降压接管主要利用带压接管装置进行接管。

（二）带压接管机械装置

1. 阻气袋

阻气袋是局部降压停气接管的主要密封阻气部件。阻气袋有球形和椭圆形之分，如图 8-1 所示。

（1）球形阻气袋

球形阻气袋是由厚度为 1mm 的四片胶片粘合而成，其形状、结构及制造方法和老式球胆相似。但因阻气袋在粘合处有筋突起，故普遍采用双阻气袋。即在同一管道的同一孔中塞入两只阻气袋，同时充气阻塞，以提高阻气效果，防止意外事故发生。一般充气压力为 10～15kPa。

（2）椭圆形阻气袋

椭圆形阻气袋又称耐压阻气袋。是球形阻气袋的改进型结构，如图 8-1 所示。阻气袋的圆柱部分取球的直径，从而增加了柱面和管子的接触长度，改善了密封性能。袋内材料以尼龙布作基布，外涂天然橡胶，内衬聚丙烯塑料薄膜，由于材料坚韧且厚度薄，接缝处光滑无凸缝突出。

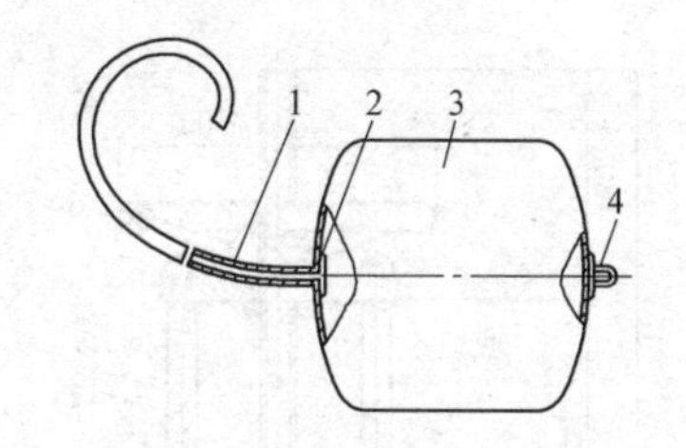

图 8-1　阻气袋

1—皮管；2—衬垫；3—阻气袋；4—挂钩

球形和椭圆形阻气袋公称口径规格为 75～700mm，管道阻气压力一般为 1470Pa。

2. 带钻孔接管机

（1）电动钻孔套丝机

电动钻孔套丝机如图 8-2 所示。它主要由机座及紧固机构、驱动机构、进刀机构、钻套和组合丝锥组成。该机适宜于在铸铁管上进行公称直径 *DN*20～50mm 的钻孔及攻丝。打眼规格为 ϕ15～50mm，马鞍座规格可与 ϕ75～200mm 铸铁管相匹配。

（2）手动金属管道钻孔机

手动金属管道钻孔机如图 8-3 所示。这种钻孔操作时虽然比较笨重，但它有携带方便，机动性强等优点。所以目前在施工工地上仍在使用。它的操作程序与电动式基本相同，只是采用手动代替电动而已。

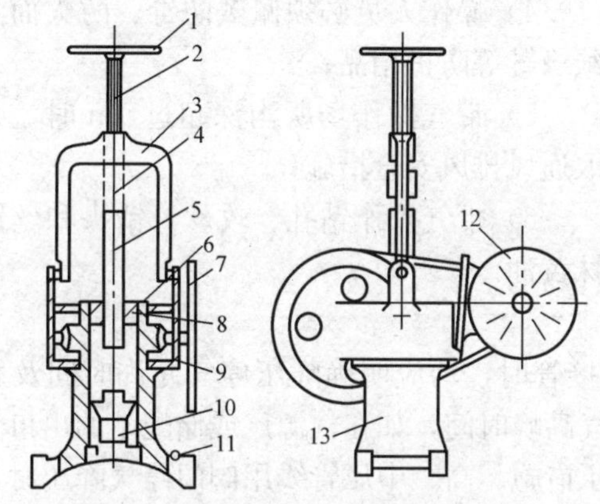

图 8-2　电动钻孔套丝机结构示意图

1—手轮；2—丝杆；3—龙门架；4—攻丝套筒；5—钻套；6—转轴；7—皮带轮；8—驱动盘；9—蜗轮箱；10—组合丝锥；11—吊钩；12—马达；13—马鞍座

图 8-3　手动式金属管道钻孔机

（3）钢管带压接管机

钢管带压接管机的构造如图 8-4 所示。它的操作程序是：

1）先将焊好的法兰短接焊在介质主管上；

2）将闸阀与法兰短接用螺栓紧好，闸阀要全开启；

3）带压接管机与阀门紧好后，将钻头端深入阀体内部；

4）用手电钻带动蜗杆、蜗轮，使主轴转动缓慢旋动手轮向里进刀进行钻孔；

5）孔钻好后，反旋手轮，将钻端部提起，迅速关好阀门；

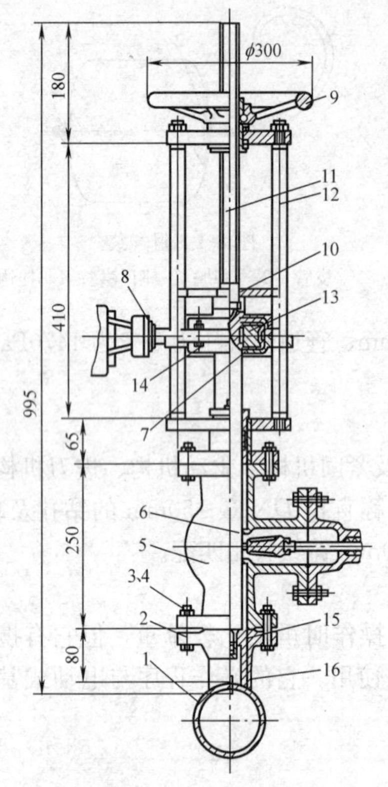

图 8-4 带压接管机

1—主管；2—法兰；3、4—螺栓螺母；5—闸阀；6—主轴；7—蜗轮箱；8—手电钻；9—手轮；10—支承板；11—丝杠；12—立柱；13—蜗轮；14—蜗轮箱；15—铣刀；16—钻头

6）将带压接管机和阀门连接法兰拆开即可装配新管线。

带气接管施工工艺方案和案例可参考《燃气输配工程施工技术》有关章节的内容介绍。

（三）带气接管施工安全技术

1. 一般规定

（1）带气接管前必须了解管道流动介质的种类、压力等，管内为负压时严禁施工。

（2）带气接管前必须制定详尽的施工方案，且经单位技术负责人批准，方可施工。

（3）施工前必须充分做好以下准备工作：

1）认真检查施工现场土质、管道及障碍物情况，采取相应技术措施，以保证施工顺利进行；

2）清除开孔管道表面的污物、泥土和保护涂层；

3）检查电路、电压是否正常，注意电机旋转方向，并进行试运转操作；

4）操作人员必须佩戴防毒、防火面具，穿绝缘鞋等防护用品；

5）带气操作场所沟深超过 1m 时，必须采取通风排风安全措施；

6）带气操作钻孔、攻丝，钻头和丝锥需涂抹黄油。

2. 降压停气施工作业要求

（1）降压停气　凡需要采取降压停气接管时，均应明确降压停气允许时间及影响范围，并事先通知用户。停气降压应避开用气高峰时间，如在气源厂或储配站的出口管道上降压停气，应由调度中心与厂、站商定降压措施。高、中压管线用阀门停气降压时，应在阀门后安装放散管和压力计，以防阀门关闭不严。

降压接管时，管内燃气压力要控制在 400～800Pa。高于 1000Pa 时应停止切割或焊接作业，并检查阻气袋封堵情况；低于 200Pa 时必须重新充气，直到气样检查合格，才可继续施工作业。

阻气袋在使用前应浸水充气检查。使用两个阻气球时，必须在天窗两侧各放一个。

（2）接管　接管各环节的准备工作必须专人负责检查，统一指挥。施工操作人员的防毒面具应配备足够长的软管，吸气口放在远处能够吸到新鲜空气的地方，并有专人监护。施工现场 10m 内不得有易燃物品和火源，并划定以施工作业中 20m 为半径的施工安全区。夜间作业应采用防爆照明设备，带气作业要使用铜制工具，检查接口渗漏应使用肥皂水，严禁使用明火检漏。

（3）置换　用氮气置换时，应缓慢升压至工作压力，再排放至工作压力的 25%左右，如此反复3次。经气体取样化验合格后，即向新建管道输入燃气，输气压力应缓慢升高。放散管的数量、位置和管径可根据管线具体情况而定。放散管应远离建筑物和明火，距地面2.5m以上，并旋转至安全方向放散。

判断置换气合格可采用气样点火法或气样测量法。气样点火法就是当放散人员嗅到燃气臭味后，即可用橡皮袋取气样，到安全区域用点火棒点燃观察，若燃烧正常并呈橘黄色，即置换合格。气样测量法是采集置换气样用快速测氧仪测定其含氧量小于2%时为合格。居民区置换气投运必须张贴告示，消除安全隐患。燃烧器具试点火应先用导管将管道内的混合气体排出窗外，待嗅到气味后方可进行点火，点火时火孔上方不得放置炊具，先点火再开旋塞，切忌将火源抛至火孔。

3. 带压接管施工作业安全注意事项

（1）焊接法兰短接时，严禁焊透主管；

（2）阀门必须使用闸阀；

（3）使用带压接管机前，应仔细检查各部件，其连接是否牢固、灵活好用；

（4）使用带压接管机前，应根据管内流动介质的温度、压力等确定适当的填料，填料必须装好，压盖压紧；

（5）旋转钻孔时，注意进刀深度，避免将主管底部碰伤或穿透。

第五节　装置检修案例

一、概述

某燃气储配站生产装置大修，并同时进行压力容器及压力管道定期检验。由于生产不能停顿，因此检修、检验必须与生产同时进行。站场基本情况如下：

储配站总库容：10700m^3

储存介质：液化石油气

设计压力：1.77MPa

主要生产设备：全压式储罐24个（其中：2000m^3球罐4个，150m^3卧式储罐18个）、烃泵、燃气压缩机、灌装机等

工艺管道：$D57\times3.5\sim D273\times12$无缝钢管约4.5km

阀门：$DN15\sim DN250$若干

二、检修项目

1. 压力容器与压力管道定期检验

2. 阀门检修与试验

3. 安全附件定期校验

4. 机泵及灌装设备大修

5. 设备动力试验

6. 其他

三、检修作业组织与岗位职责

为统筹安排装置检修和定期检验工作，确保检修检验工程施工高效有序，防止意外事故的发生，公司成立装置检修指挥部、职能管理小组及检修作业组，明确分工，落实职责。

1. 装置检修指挥部

总指挥：由公司总工程师担任。

基本职责是：协调装置生产运行和检修的关系，统筹安排装置检修和定期检验计划的实施；签署检修和检验方案；协调和处理生产和检修过程中的重大问题；主持装置停车、开车和验收等。

副总指挥（3人）：由生产单位、检修和检验单位负责人担任。

基本职责：负责审查装置检修方案；落实装置停车和检修、检验工作计划和进度；根据检修、检验方案要求，合理安排生产值班人员和检修作业人员；落实检验、检修所需的机具、材料及所需的其他物资；协调和配合装置检验、检修作业；落实安全技术措施；签署各种作业许可证和检验、检修报告；参加装置试车验收等。

2. 安全监督组

组长：由公司安全部经理担任。

基本职责：审查检验、检修方案中的安全技术措施；检查安全措施和安全管理制度的落实情况；审查各种作业许可证；负责检验、检修作业人员安全培训教育；检查检验、检修作业人员持证上岗情况；组织安全监督员进行日常安全巡查和安全监护；处理检验、检修作业过程中的安全管理事务、参加装置试车验收等。

组员：由生产单位、检验和检修单位安全管理人、安全员组成。

基本职责：根据检验、检修方案检查现场安全措施和安全管理制度的落实情况；对特种作业如动火作业、动土作业、高处作业、进入限制空间作业实行安全监护；检查施工所用的机具、材料合格证及消防器材配备情况；参加日常安全巡查；参加装置试车验收等。

3. 质量检验组

组长：由公司质量部经理担任。

基本职责：审查检验、检修方案中的质量管理措施；检查质量措施和质量管理制度的落实情况；组织质检员深入现场，严把质量关；签署质量检验报告；参加装置试车验收等。

组员：检验机构质量代表、生产单位和检验单位质检员。

基本职责：检查现场质量措施和质量管理制度的落实情况；深入检修、检验作业现场，严把质量关，对重要检验、试验项实行旁站监督；签署质量检验报告；参加装置试车验收等。

4. 生产与检修作业协调组

组长：由生产调度人员担任。

基本职责：根据检验、检修方案，指挥操作工实施装置停车和开车，以及对受检设备和管道实施倒空、扫线、置换和抽堵盲板；安排值班人员密切配合检修作业，协调生产与检修之间的工作；参加装置试车验收等。

组员：由检修单位检修作业组长和生产单位操作人员组成。

基本职责：协调生产与检修之间的具体工作；负责受检设备和管道的停车、开车以及倒空、扫线、置换和抽堵盲板操作等。

5. 检修作业组

组长基本职责：根据检修方案要求和检修作业内容组织施工；协调生产与检修之间的工作；落实并检查检修过程中安全、质量措施；检查安全管理制度的落实情况；参加装置试车验收等。

检修工基本职责：根据检修方案要求和检修作业内容进行作业；严格执行安全操作规程；遵守工艺纪律和安全检修规定。

6. 检验辅助工程施工组

组长基本职责：根据定期检验方案要求和检验项目内容，配合检验机构组织施工。

组员由检修单位安装人员及架子工等人员组成。其基本职责是：配合检验机构工作人员开展检验辅助工作，如搭拆脚手架、开罐与封罐、装置附属设施拆卸与安装、储罐清洗与除锈、刷漆防腐；协助检验人员对压力容器和压力管道进行耐压强度试验、气密性试验以及阀门检修和试验等。

四、检修作业主要内容与方法

由于检验、检修与生产同时进行，受检装置必须与运行装置进行安全隔离。装置检修、检验计划分两组进行：第一组　卧罐 1 号～9 号和球罐 1 号、2 号；第二组　卧罐 10 号～18 号和球罐 3 号、4 号。第一组装置先行检修，完工并开车验收后再进行第二组装置检修。装置工艺流程图见图 2-4。

1. 高压储罐（以下称设备）大修及定期检验（每六年 1 次）

全压式燃气储罐属于Ⅲ类压力容器，其检修、检验必须按《压力容器定期检验规则》的有关规定进行。其大修及定期检验作业主要内容有：

(1) 装置停车，设备内物料倒空；

(2) 受检设备及管道与运行设备连接部位加堵盲板；

(3) 受检设备置换，并化验合格；

(4) 开罐并拆除相关阀门和附件；

(5) 设备内外搭设脚手架或操作平台；

(6) 设备内部除污垢、清洗；

(7) 设备内外部受检焊缝区清理、打磨；

(8) 焊缝内外部缺陷检查；

(9) 拆除设备内部脚手架，并清除内部所有杂物；

(10) 更换紧固件和所有的垫圈（阀门与罐连接法兰必须使用高强度紧固件和金属缠绕垫片）；

(11) 阀门（安全阀必须定期校验合格并在检验有效期内）耐压强度、气密性试验及液位计清洗检查；

(12) 联合检查并对设备进行封闭；

(13) 对设备进行耐压强度试验和气密性试验；

(14) 设备外观检查；

(15) 设备基础沉降量测量；

(16) 设备防雷、防静电接地装置测量和检查；

(17) 设备外表面除锈、刷漆防腐；

(18) 设备及系统置换，并化验合格；

(19) 安全附件安装及其他附属设施恢复；

(20) 抽堵盲板；

(21) 装置开车、试运行及验收；

(22) 检修、检验资料收集、整理、归档等。

2. 工艺管道检修及定期检验（每六年1次）

站区燃气生产装置中，工艺管道错综复杂，且在高压工况下运行，长期受到物料的高速冲刷，加之外部环境的影响，管道很容受损或破坏。此外，站区工艺管道属工业压力管道安全监察范畴。因此工艺管道及附属设施是检修项目的重点。其中管道检验必须按《在用工业压力管道定期检验规程》（试行）有关规定进行。其检修及检验作业主要内容有：

(1) 管道内物料抽空、扫线；

(2) 受检管道与运行管道连接部位加堵盲板；

(3) 受检管道置换，并化验合格；

(4) 焊缝内外部缺陷检查及管件检查；

(5) 检查管道支吊架是否脱落、变形、腐蚀损坏或焊接接头开裂；

(6) 管道耐压强度、气密性试验及泄漏检查；

(7) 安全附件检查　包括安全阀、压力表、调压装置等所属附件的检查，检查其灵敏性和工作性能是否完好；

(8) 防腐绝缘及绝热层检查　检查跨越、入土端与出土端、露管段、阀室前后的管道的绝热层与外防腐层是否完好，包括防腐绝缘层结构、厚度、粘接力及耐电压试验等内容的检测；对设有外加电源阴极保护的管段或采用牺牲阳极保护的管道进行检测，并判断保护装置是否正常工作；

(9) 工艺管道系统中的阀门，应进行全面检修并进行强度和气密性试验；

(10) 法兰检查是否偏口，紧固件是否齐全并符合要求，有无松动、腐蚀、发生异常翘曲和变形现象；

(11) 对需重点管理的管道或有明显腐蚀和冲刷减薄的弯头、三通、管径突变部位及相邻直管部位应采取定点测厚或抽查的方式进行壁厚测定；

(12) 采取抽查的方式，进行防静电接地电阻和法兰间的接触电阻值的测定。管道对地电阻不得大于100Ω，法兰间的接触电阻值应小于0.03Ω；

(13) 管体腐蚀状况与缺陷的无损检测；

(14) 管道连接部位的检查，当发现钢管腐蚀开裂及存在缺陷的焊缝或可疑部位均应进行无损探伤；

(15) 管道系统置换。

3. 烃泵检修

烃泵（叶片式）检修一般一年1次。检修包括以下内容：

（1）表面除锈、去污和清洗；

（2）泵拆卸解体后，用煤油或轻柴油清洗泵体定子和转子、轴承、密封组件及其他零部件，检查加工面的磨损情况；清洗检查合格后的轴承重新上黄油；

（3）检查易损零部件是否磨损、损坏。若零件虽有磨损，但还在允许公差范围内，则继续使用。否则，应更换新件；

（4）对电动机进行检查试验 检查其绝缘性能和防爆性能、轴承间隙等；

（5）对泵各组件全面检修并确认合格后，重新组装，并进行试验；

（6）对泵安全运行相关联的设施进行检查：

1）检查泵入口端的过滤阀，用煤油或轻柴油清洗过滤阀中的过滤网；

2）检查泵出口端的溢流阀开、闭压力是否符合工艺参数规定；

3）检查泵出口端的止回阀开、闭是否灵活，闭合后的密封性能；

（7）检修合格的泵投用前，先通入燃气置换泵内的空气，然后进行试运行直至交付使用；

（8）收集检修资料和试验记录，归档备查。

4. 压缩机检修

燃气压缩机（往复式）检修一般一年1次。定期检修包括以下内容：

（1）机体表面除锈、去污和清洗；

（2）机体拆卸解体后，将曲轴箱中润滑油及气液分离器中冷凝物排净，用煤油或轻柴油清洗曲轴箱、曲轴、轴瓦、轴承、连杆、活塞及活塞环组件、气门阀片组件等零部件，检查加工面的磨损情况；清洗检查合格后的轴承重新上黄油；

（3）检查易损零部件是否磨损、损坏。若零件虽有磨损，但还在允许公差范围内，则继续使用。否则，应更换新件；

（4）对电动机进行检查试验 检查其绝缘性能和防爆性能、轴承间隙等；

（5）对压缩机各组件全面检修并确认合格后，重新组装，加足润滑油，并进行试验；

（6）对压缩机安全运行相关联的设施进行检查：

1）检查压缩机入口端的过滤阀，用煤油或轻柴油清洗过滤阀中的过滤网；

2）检查压缩机出口端的安全阀开启压力是否符合工艺参数规定。

（7）检修合格的压缩机投用前，先通入燃气置换机内的空气，然后进行试运行直至交付使用；

（8）收集检修资料和试验记录，归档备查。

5. 灌瓶机检修（一般一年1次）

（1）切断供气来源和电源后，对灌瓶机及相关联的设备、设施进行拆卸解体，用煤油或轻柴油对所有的机加件进行清洗，轴承检查清洗后要重新上黄油；

（2）检查灌装机转盘及输送机等结构件，发现有脱焊、变形等缺陷要及时补焊和校正；

（3）检查所有的机加件的磨损情况，若零件虽有磨损，但还在允许公差范围内，则继续使用。否则，应更换新件；

(4) 检查灌装转盘上的托轮、驱动轮，发现磨损或老化，应及时更换新件；

(5) 排放减速机内原有的润滑油，使用煤油或轻柴油对机内的变速机构进行清洗检查，更换机内已磨损超差的零部件，重新换润滑油，并进行单机试验，确认合格；

(6) 对灌瓶机及相关联设备的电机，进行检查试验。检查其绝缘性能和防爆性能、轴承间隙等；

(7) 灌装秤应由法定计量检验机构进行校验合格，且均在检验有效期内；

(8) 检查灌瓶机上的充装软管，发现老化、龟裂现象，应更换新件；

(9) 检查充装枪气动机构和枪嘴密封组件是否完好；

(10) 清理传输机滚道沿线的杂物，检查地沟的排水是否畅通；

(11) 检查倒残装置、挡瓶装置、验斤装置和封口设备等，检修并使其保持完好状态；

(12) 所有零部件、结构件恢复完好、单机试验合格，即进行组装，并试验合格；

(13) 收集检修资料和试验记录，归档备查。

6. 装置区其他设施检修

(1) 检查消防管道系统、喷淋系统，发现锈蚀、穿孔或堵塞现象要及时修复和疏通；

(2) 对站场内的动力和控制电缆、传感系统信号电缆进行试验，检查相线间和对地绝缘性能等；

(3) 检查站场内场坪完好情况，对破损、坍塌场坪进行修复；

(4) 检查站场内的防雷、防静电和可燃气体报警设施，并保证检验合格、有效；

(5) 检查站场内阀井及排水系统，使其保持畅通并符合安全要求；

(6) 对站场内的建、构筑物进行检修，使其保持完好；

(7) 检查罐区安全防护堤，对穿堤套管及孔洞进行封堵，缺损处进行修复。

五、装置停车、置换与开车

(一) 受检装置停车

根据检修方案绘制检修工艺流程图，受检装置进入停车阶段，作业程序是：

1. 倒空受检装置液相介质

开启运行储罐气相阀使之与压缩机入口相连通→开启受检储罐气相阀使之与压缩机出口相连通→开启运行、受检储罐液相阀→启动压缩机→倒空受检罐中的液相介质→关闭运行罐和受检罐气相及液相阀，即完成受检储罐液相介质倒空作业。

2. 扫线

开启运行储罐气相及液相阀→开启受检管道气、液相连通阀→高压气吹扫液相管道内液相介质，即完成受检液相管道扫线作业。

3. 抽空受检装置气相介质

开启受检储罐气相阀及气液管连通阀使之与压缩机入口相连通→开启运行储罐气相阀使之与压缩机出口相连通→启动压缩机→抽空受储罐及管道（包括液相管道）中的气相介质（压力小于0.01MPa）→关闭运行罐和受检储罐气相及液相阀，即完成受检装置抽空作业。

4. 受检装置排空

开启受检装置最高点排空阀接通火炬，点燃火炬将受检装置内燃气介质压力降至接近“0”表压，即完成装置排空作业。

5. 加堵盲板

按检修工艺系统图要求加堵盲板，使运行装置与受检装置完全隔离。

（二）置换

检修置换是第七章第四节中要介绍的“反置换”法，即采用注水排气法置换受检装置内的残气。将清洁水注入受检装置，开启受检装置最高点排空阀，水溢出受检装置最高点排空阀为止。受检装置清水浸泡不应少于24h，先开启储罐排污阀将受检储罐中的水排净，再开启受检管道最低点排放阀将水排净。

装置气体取样化验：从受检装置最低点和拐点处取气样化验，可燃气体混合浓度$<0.3\%$。若不合格，则应重复上述注水排气浸泡方法，直至取样化验合格为止。

受检装置置换合格后，即进入检修和检验作业程序。

（三）受检装置开车

经检修和检验合格的储罐及管道系统，应按新建装置投运方法进行置换，置换合格即转入装置开车，装置置换工艺方法在此不赘述。

六、管道附件的检修与试验

管道附件（或称阀件）包括阀门、液位计、补偿器、凝水器、放散阀等，在装置检修时应进行检修和试验，以确保生产装置的安全运行。其检修和试验包括以下内容：

1. 对阀件内外进行清洗，清除阀件体上积存污垢和残留物；

2. 检查阀件上的密封填料、紧固件、传动机构是否完好，如有缺损或锈蚀严重，应更换新件；

3. 操作阀件，检查是否灵活好用；

4. 耐压试验

装置上使用的阀件应逐个进行强度和气密性试验，试验合格的方可继续使用。

（1）强度试验　试验介质：清水；试验压力为公称压力的1.5倍，保压时间$\geqslant$10min；

（2）气密性试验　试验介质：压缩空气；试验压力为公称压力，保压时间$\geqslant$5min；

5. 检修并试验合格的阀件重新刷漆防腐，传动机构上黄油，并贴合格标签。

七、装置压力试验

装置压力试验均应符合《压力容器定期检验规则》和《在用工业管道定期检验规程》（试行）中的有关规定。

（一）强度试验

1. 耐压试验前，安全监督人员对储罐内部进行安全检查：确认罐内无人，异物完全清除干净；储罐外表面应保持干燥；各连接部位的紧固螺栓装配齐全，紧固妥当；开启顶部排空阀，确认罐内已灌满水；安全阀、液位计、压力表及储罐下第一道法兰连接的阀门安装齐全且确认储罐封闭合格。

2. 耐压试验压力为 2.21MPa，介质为温度≥5℃洁净水。

3. 耐压试验时，在储罐顶部便于观察的位置设置两块量程相同压力表。压力表盘刻度极限值为 4MPa，精度不低于 1.5 级，表盘直径不小于 100mm。

4. 试验步骤：

(1) 缓慢升压至 1.0MPa，保压 15min。检查容器法兰、阀门、人孔盖和焊接接头，确认无异常、无渗漏后继续升压。

(2) 缓慢升压至 1.77MPa，保压 15min，检查内容同上。

(3) 确认无泄漏后继续升压至试验压力 2.21MPa，保压 30min，检查泄漏及变形情况。

(4) 降压至规定试验压力的 80%即 1.77MPa，保压 30min 再进行检查。

(5) 试验完毕后，将罐内液体缓慢降压排尽。

5. 耐压试验合格标准：

(1) 无渗漏；

(2) 无可见的变形；

(3) 试验过程中无异常响声。

6. 耐压试验合格后，排净罐中的水，将罐壁吹干，去掉盲板，装上各接口第一个阀门，准备进行气密性试验。

(二) 气密性试验

1. 气密性试验的介质为干燥洁净的压缩空气，压力为 1.77MPa。

2. 压力表要求同耐压强度试验。

3. 试验步骤：

(1) 缓慢升压至 0.2MPa，用肥皂水检查所有焊缝和连接部位，确认无泄漏后继续升压；

(2) 缓慢升压至 0.88MPa，保持 10min，检验方法、部位同上；

(3) 缓慢升压至 1.77MPa，保压 30min，对储罐的所有焊缝和连接部位进行泄漏检查，确认无泄漏为合格；

(4) 缓慢卸压。

储罐压力试验合格后，储罐与管道系统及时连接。即进行管道系统压力试验，其强度试验和气密性试验步骤和要求与储罐基本相同。

八、安全技术措施

由于装置检修与检验是在不停产状态下进行的，保证施工安全至关重要。因此必须全方位地加强安全防范措施，确保生产和检修安全。

1. 检修作业前，生产单位和检修单位负责人应对各自参加检修的人员进行动员，并对检修方案进行技术交底；安全监督组成员对所有参加检修的人员进行安全教育，明确安全注意事项和安全技术措施，严明工艺纪律和安全操作规程。

2. 检查安全措施落实到位，凭开工令进行检修作业，涉及动火作业、动土作业和进入限制空间等作业，均应按规定申办许可证且应派专人监护。

3. 涉及申办许可证的作业，安全监督人员都应进行安全检查和巡查。

4. 检修和检验人员进入装置区需佩带工作牌，穿工作服，不得私自带火种、移动电话等物品进入检修作业场所。

5. 检修作业现场应放置适用且足够数量的灭火器材。

6. 每天施工前，作业区域内须经可燃气体浓度测试，热工作业及进入限制空间（进罐）作业前还应按安全检查表（表 8-5）内容认真进行检查，合格后方可作业。

热工与进罐作业安全检查表 **表 8-5**

序号	内 容	确认人签字	时间
1	可燃气体分析及测氧仪良好		
2	所有作业人员都接受安全培训，特种作业人员持证上岗		
3	检修前与生产值班人员取得联系并得到他们的工作许可		
4	对照检修工艺流程图确认盲板安装正确且状态良好		
5	工作平台、脚手架检查确认稳固且状态良好		
6	热工作业前，环境中可燃气体浓度分析合格		
7	进罐作业前，确认罐内通风良好，氧含量≥18%		
8	进罐作业始终有专人在人孔处监护		
9	罐内作业期间有连续的气体检测		
10	2m 以上的作业必须系安全带		
11	作业所用的机具、器材符合规定要求且已登记		
12	作业许可证已签发，安全措施已落实		

注：热工与进罐作业前，每天必须对以上内容进行确认

7. 受检装置（储罐）与运行装置可用玻纤帆布进行有效地隔离，防止火种进入生产区域。

8. 作业所用工具要轻拿轻放，在罐顶作业时所用工具及拆除的金属零件要放在安全地方以免落下时产生火星。

9. 施工时所用电器一律采用防爆电器，通风用排风扇的安装要求稳固，电缆不得与罐体接触，有接触部位需用绝缘物隔离，以防漏电。

10. 检修作业所需的机具、材料都必须经过检查，性能和质量不合格或防爆达不到要求的，不准进入作业现场。

11. 作业人员入罐前，要测定罐内可燃气体浓度和含氧浓度，且符合规定值要求；入罐人员作业时，需系安全带并用绳索连接，在罐外由安全监护人员掌握，以防发生意外时及时抢救，罐外安全监护人员须时时掌握罐内的情况。

12. 作业所需易燃物，不得存放在作业区，应随用随取，不用时及时撤出。

13. 作业所需的工具、材料，入罐前进行登记，作业结束后进行清点，防止物品遗留在器内。

14. 设备检修实行挂牌作业，防止误操作引发安全事故。

15. 储罐封闭前，生产单位和检修单位双方安全监督员进行联检，确认罐内无人、无杂物后，方可隐蔽密封。

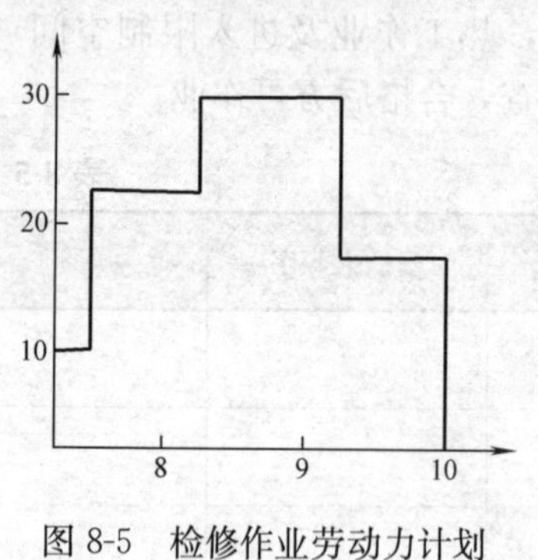

图 8-5　检修作业劳动力计划

九、施工进度与劳动力计划

（一）检修作业形象进度

检修作业形象进度见表 8-6。

（二）劳动力计划

检修作业劳动力计划见图 8-5。

检修作业形象进度　　**表 8-6**

序号	工序内容	8月			9月			10月		
		上	中	下	上	中	下	上	中	下
1	检修准备									
2	装置停车									
3	倒空加盲板、封盖									
4	系统置换									
5	搭防火墙脚手架									
6	机械设备检修									
7	管道、阀件检修试验									
8	储罐打磨与清洗									
9	焊缝检查与检验									
10	阀件安装、清理封罐									
11	储罐强度、气密试验									
12	管道强度、气密试验									
13	装置联检									
14	防腐、拆脚手架									
15	系统置换									
16	抽盲板、撤盖									
17	装置开车									
18	动力试验									
19	辅助设施检修									
20	验收、资料归档									

十、检修机具与材料

检修主要机具与材料见表 8-7。

检修主要机具与材料 **表 8-7**

设备		工具		材料	
名称	数量	名称	数量	名称	数量
X射线探伤机	2	安全灯	12	脱漆剂	若干
超声波检测仪	2	拖线盘	6	钢丝轮	若干
磁粉探伤机	2	人字梯	4	砂轮片	若干
高压试验泵	2	防爆工具	若干	各种规格盲板	若干
高、低压空压机	4	电、钳、管工工具	若干	风管及接头	若干
可燃气体检测仪	2	万用表	2	丝扣球阀	若干
测氧仪	2	摇表	2	防护镜、口罩	若干
防爆送风机	6	卡钳表	2	玻纤织布	若干
切割机	2	压力表	6	脚手架材料	若干
电焊机	2	转速表	1	电缆及电气材料	若干
风动角向磨光机	12	试验台架	2	高强螺栓与螺母	若干
移动配电箱	4	手动滑轮	4	金属缠绕垫	若干
地探仪	1	千斤顶	4	防腐材料	若干
测厚仪	1	拉马器	1	灭火器	若干

第九章　燃气泄漏与防治

第一节　泄漏的概念

在燃气的生产、储存、运输和使用过程中，常常伴随着泄漏危险，给燃气企业生产和人们的日常生活带来隐患和危害。特别是生产装置在超低温（深冷）、高温、高压、高速工况条件下，出现泄漏的几率更大，引发安全事故的可能性也越大。泄漏的恶果，迫使人们进行认真思考，总结经验教训，更好地运用科学手段和先进技术，趋利避害，推动泄漏预防预测和堵漏技术的发展。

一、泄漏的定义

在生产工艺系统中，密闭的设备、管道等内外两侧存在压力差，内部的介质在不允许流动的部位通过孔、毛细管、裂纹等缺陷渗出、漏出或允许流动部位超过允许量的一种现象，称为泄漏。

二、泄漏的分类

泄漏的形式多种多样，发生的部位相当广泛，原因比较复杂。就燃气泄漏现象来说，按其性质有不同的分类。

1. 按储存形态分

在燃气的生产、储存、运输和使用过程中，经常有液态和气态的相互变化，因此泄漏也就有液态泄漏和气态泄漏之分。

2. 按泄漏量分

根据泄漏量的大小，可分为渗漏和喷漏两种。

3. 按泄漏部位分

可分为本体泄漏和密封泄漏。本体泄漏如管道、阀体、罐壳体等设备本身产生的泄漏；密封泄漏则是指密封件的泄漏，如法兰、螺纹静密封泄漏以及泵、压缩机等设备动密封处的泄漏。

4. 按泄漏介质流向分

有向外泄漏和内部泄漏两种情形。如管道锈蚀穿孔导致的泄漏，称之向外泄漏；阀门关闭后阀座处仍有的泄漏，称之内部泄漏。

5. 按泄漏发生频率分

泄漏有突发性、经常性和渐进性之分。其中突发性泄漏危险性最大。

三、无泄漏标准

无泄漏标准是一个相对的、辨证的概念。要想达到“绝对无泄漏”是相当困难的，也是不经济的，甚至是不可能的。像在燃气装卸过程中，极少量的、经常性的泄漏是客观存在的，只要现场通风条件良好，安全防护设施齐全，通常不会构成安全威胁。一般来说，静密封有可能达到“无泄漏”或“零泄漏”。但是对泵和压缩机等设备的动密封装置，要想达到“无泄漏”几乎是不可能的。所谓“无泄漏”，是指将允许的泄漏量限制在规定的范围之内。因此，无泄漏装置（区）的标准可以理解为：

1. 密封点统计准确无误，且资料齐全；

2. 管理完善、措施到位、见漏就堵、常查常改；

3. 在通风良好和安全防护措施齐全的条件下，泄漏率经常保持在0.05%以下，并无明显泄漏；

4. 燃气泄漏与空气混合浓度低于爆炸极限下限值20%以下的，并无明显泄漏。

第二节 泄漏的危害及其原因

一、泄漏的危害

毋容置疑，泄漏会构成危害。特别是燃气的泄漏，可能导致的危害性更是巨大。在燃气行业中，每年因燃气泄漏引发的安全事故不胜枚举，造成人员伤亡和财产损失的教训极为深刻。就其泄漏的危害性，我们可以归纳为以下三方面：

1. 物料和能量损失

泄漏首先是流失了有用的物料和能量，增加了能源的浪费和消耗，这是不言而喻的。其次，还会降低生产装置和机器设备的产出率和运转效率，严重的泄漏还会导致生产装置和管网设施无法正常运行，被迫停产、停气、抢修，造成严重的经济损失，而且发生安全事故的可能性也随之增大。

2. 环境污染

燃气泄漏也是导致生产、生活环境恶化，造成环境污染的重要因素。因为燃气一旦泄漏到环境中，是无法回收的，污染的空气、水或土对人体健康构成危害。

3. 引发事故和灾害

泄漏是导致燃气生产、储存、运输和使用过程发生火灾、爆炸事故的根本原因。一是因为燃气是易燃易爆危险物质；二是因为空气（助燃物）无处不在；三是因为燃气生产、储存、运输和使用各个环节，经常离不开火源。因此，一旦燃气泄漏与空气混合浓度达到爆炸极限值，遇火种即发生爆燃事故。

二、泄漏产生的主要原因

泄漏产生的原因很多，情况复杂，归纳起来主要有以下几方面：

(一) 人为因素

1. 管理不善

泄漏事故跟管理不善直接相关，互为因果。由于市场经济激烈竞争，为了达到降低成本，追求高额利润，人们往往急功近利，存在侥幸心理，从而忽视安全生产。如制度不全；管理人员未履行管理职责；员工未经专门技术培训、盲目上岗作业，超量充装；设备更新不及时，安全保护设施不齐全；设备未及时维修保养；不按规定进行巡检、定检，发现问题不及时处理等。

2. 人为疏忽

如员工安全教育不及时，工作不认真、想当然，思想上麻痹大意，劳动纪律松懈等。

3. 违章操作

不遵守安全操作规程、违章作业、技术不熟练和操作失误是造成泄漏最主要的原因。

4. 人为破坏

人为破坏属于违法犯罪行为。燃气设施若遭人为破坏，往往导致灾难性的后果。所以，燃气企业必须切实加强安全保卫工作，防止人为破坏。

（二）设备、材料失效

构成设备、材料的失效是产生泄漏的直接原因。在燃气工程中，这种泄漏例子屡见不鲜。究其原因主要有以下几方面：

1. 材料本身质量问题

如压力容器、钢管焊缝中的气孔、夹渣、未焊透、裂纹等焊接缺陷。

2. 制造工艺问题

如设备制造过程中的焊接、铸造、机械加工或装配工艺不合理等造成的质量问题。

3. 设备、材料的破坏

如设备、材料在使用过程中的腐蚀穿孔、疲劳老化、应力集中等破坏现象。

4. 压力、温度造成装置的破坏

如装置中的内压、温度过高导致的破坏或温度过低发生冻裂现象。

5. 外力破坏

野蛮施工的大型机动设备的碾压、撞击等人为破坏；发生地震、洪水等自然灾害造成的管道断裂等。

（三）密封失效

密封是预防泄漏的元件，也是最容易出现泄漏的薄弱环节。密封失效的主要原因有：设计不合理，材料质量差，安装不正确，密封结构和形式不能满足工况条件要求，密封件老化、腐蚀、变质、磨损等。

第三节 预防泄漏的措施

分析泄漏产生的原因，制定切实可行的预防措施，是保证燃气安全管理的有效途径。在治理燃气泄漏这一课题上，我们要坚持“预防为主，综合治理”的方针，要引进风险管理技术等现代化安全管理手段进行预测预防。包括定量检测结构中的缺陷，依靠安全评价理论和方法，分析并作出评定，然后确定缺陷是否危害结构安全，对缺陷的形成、扩展和结构的失效过程以及失效后果等作出定量判断，并采取切实可行的防治措施。目前，世界各国预防燃气泄漏的措施主要有以下方面：

一、加强管理、提高防范意识

事实上，燃气泄漏往往能从管理上找到漏洞。因此，在燃气的生产、储存、运输和使用过程中，要从管理上下功夫，制定并运用科学的安全技术措施，对预防泄漏十分必要。

1. 运用先进的安全管理技术

21 世纪是知识经济的时代，各行各业新的管理理论和技术，日新月异。泄漏预防领域也不例外，有较大的突破。如在工业发达国家特别重视泄漏的预测和预防工作，提出并采用适用性评价技术和风险管理技术，不仅提高了结构材料失效预测预报水平，而且带来了可观的经济效益。

2. 完善管理制度、全面落实岗位职责

制定合理的生产工艺流程、安全操作规程、设备维修保养制度、巡回检查制度等管理制度；强化劳动纪律和岗位责任的落实；加强员工安全技术培训教育，提高技术素质和安全防范意识，掌握泄漏产生的原因、条件及治理方法，可以有效地减少或防止泄漏事故的发生。

二、设计可靠、工艺先进

由于燃气在我国已得到广泛地利用，燃气输配技术有了很大的发展，新技术、新工艺、新材料不断地涌现，为防止或减少燃气泄漏提供可靠的技术基础。在燃气工程设计时要充分考虑以下几方面的问题：

1. 工艺过程合理

可靠性理论证明：工艺过程环节越多，可靠性越差。反之，工艺过程环节越少，可靠性则越好。在燃气工程中，采用先进技术紧缩工艺过程，尽量减少工艺设备，或选用危害性小的原材料和工艺步骤，简化工艺装置，是提高生产装置可靠性、安全性的一项关键措施。

2. 正确选择生产设备和材料

正确选择生产设备和材料是决定设计成败的关键。燃气工程所采用的设备、材料要与其使用的温度、压力、腐蚀性及介质的理化特性相适应。同时，要采取合理的防腐蚀、防磨损、防泄漏等保护措施。当选择使用新材料时，要先经过充分地试验和论证后，方可采用。

在燃气工程施工中，如敷设埋地钢质燃气管道时，其管道外壁的防腐除可采用先进的粉末涂料防腐层外，还可以选择在管网中埋设牺牲阳极保护装置，以加强防腐性能。

3. 正确选择密封装置

在燃气输配过程中，常常碰到静密封和动密封问题。因此密封材料、结构和形式设计要合理。如动密封可采用先进的机械密封、柔性石墨密封技术；在高温、高压和强腐蚀环境中，静密封宜采用聚四氟乙烯材料或金属缠绕垫圈等。

4. 设计留有余地或降额使用

为提高设计可靠性，应考虑提高设防标准。如在强腐蚀环境中，钢管壁厚在设计时要有一定的腐蚀裕量。

生产设施最大额定值的降额使用，也是提高可靠性的重要措施。设计的各项技术指标是指最大额定值，在任何情况下都不能超过。在燃气工程中，如工作压力参数，即使是瞬间的超过也是不允许的。

考虑阀门内漏可能造成反应失控，可考虑设两个阀门串连，以提高可靠性。

5. 装置结构形式要合理

装置结构形式是设计的核心内容，为了达到安全可靠的目的，装置结构形式应尽量做到简单化、最少化和最小化。如储存燃气球罐的底部接管，应尽量少而小，底部进出口阀门还要加设遥控切断阀，并设置在防护堤外。一旦发生泄漏，不必到罐底切断第一道阀门。

正确选择连接方法，并应尽量减少连接部位。由于焊接在强度和密封性能上效果好，所以连接应尽量选择焊接。

6. 方便使用和维修

设计时应考虑装配、检查、维修操作的方便，同时也要有利于处理应急事故及堵漏。装置上的阀门尽可能设置在一起，高处阀门应设置平台，以便操作。法兰连接螺栓应便于安装和拆卸。

三、安全防护设施齐全

燃气工程中，安全防护装置有：安全附件、防爆泄压装置、检测报警监控装置以及安全隔离装置等。

1. 安全附件

安全附件包括安全阀、压力表、温度计、液位计等。当出现超压、超温、超液位等异常情况时，安全附件是防范泄漏事故的重要装置。因此，安全附件要做到灵敏可靠、定检合格和齐全有效。

2. 防爆泄压装置

当出现超高压等异常情况时，防爆泄压是防止泄漏或爆炸事故的最后一道屏障，如果这一道屏障失去作用，事故将不可避免地发生。在燃气工程中，防爆泄压装置有：爆破片、紧急切断阀、拉断保护阀、放空排放装置和其他辅助保护装置等。

爆破片用于防止有突然超压和爆炸危险的设备爆炸。

紧急切断阀用于发生紧急事件时，紧急切断事发点上游的气源，以减少泄漏量，并最终达到中止燃气泄漏的目的。

拉断保护阀用于装卸物料时，当充装软管突然受到强外力作用有被拉断的危险时，拉断保护阀先断开并自动切断气源，以保护充装软管免受拉断，防止燃气外泄。

放空排放装置用于紧急情况下排放物料。

其他辅助保护装置，如为防止杂质进入密封面产生泄漏，可在阀门和密封处设置过滤器、排污阀、防尘罩、隔膜等。

3. 泄漏防火、防爆装置

自动喷淋的洒水装置既可以形成水幕、水雾将系统隔离，也可以控制燃气扩散方向，可稀释并降低燃气与空气的混合浓度，从而降低火灾或爆炸的风险。

4. 安全隔离装置

如液化石油气储罐区，一般都设置防泄漏扩散防护堤，一旦发生泄漏，可以将外泄的液化石油气控制在罐区之内，以便及时采取喷淋驱散或稀释措施，消除事故隐患。

四、规范操作

规范操作是防止泄漏十分重要的措施。防止出现操作失误和违章作业，控制正常的生产条件，如压力、温度、流量、液位等，减少或杜绝人为操作所致的泄漏事故。

五、加强检查和维护

运行中的燃气设施，要经常进行检查和维修保养，发现泄漏要及时进行处理，以保证系统处于良好的工作状态。制度规定必须定期检查、检验和维修的要如期实施，发现的隐患要及时进行整改；要通过预防性的检查、维修，改进零部件、密封填料，紧固松弛的法兰螺栓等方法消除泄漏；对于已老化的、技术落后的、泄漏事件频发的设备，则应进行更新换代，从根本上解决泄漏问题。

六、装备先进的泄漏检测设备和仪器、加强预测预防

泄漏治理重在预测和预防，这就离不开先进的技术和装备作为支持。在燃气行业，生产装置或系统中应优先考虑装备先进的自动化监测和检测仪器和设备，如在燃气储罐上设置流量、压力、温度、液位传感器，在充装设备上设置超限报警器和自动切断阀，以及在防爆区域设置燃气泄漏浓度报警器、静电接地保护报警器等，便于将现场采集的数据传送到中控室，通过计算机管理，以达到现场监督和远程控制的目的。

第四节 泄漏检测技术

及时发现泄漏，是预防、治理泄漏的前提。特别是燃气生产作业区域和使用场所，泄漏检测更显得重要和必要。传统上，人们凭借着天长日久积累的经验，依靠自身的感觉器官，用“眼看、耳听、鼻闻、手摸”等原始方法查找泄漏。由于燃气的理化特性的限制，传统方法查找泄漏往往不准确或失效。随着现代电子技术和计算机的迅速发展和普及，泄漏检测技术正在向仪器检测、监测方向发展，高灵敏度的自动化检测仪器已逐步取代人的感官和经验。

一、泄漏检测方法

目前，世界上通用的泄漏检测方法有：视觉检漏法、声音检漏法、嗅觉检漏法和示踪检漏法。

（一）视觉检漏法

通过视觉来检测泄漏，常用的光学仪器有内窥镜、摄像机和红外线检测仪等。

1. 内窥镜

工业内窥镜与医用胃镜的结构原理相同，它一般由光导纤维制成，是一种精密的光学仪器。内窥镜在物镜一端有光源，另一端是目镜，使用时把物镜端伸入要观察的地方，启动光源，调节目镜焦距，就能清晰地看到内部图像。从而发现有无泄漏，并且可以准确地判断产生泄漏的原因。内窥镜主要用于管道、容器内壁的检测。常用的内窥镜有三种：

（1）硬管镜

清晰度较高，但不能弯曲且探测的长度有限。

（2）光纤镜

可以弯曲、拐弯，但清晰度不高。

（3）电子镜

是集上述两种之长的一种先进的内窥镜，既能弯曲，又能保证高清晰度。电子镜不能用肉眼直接看，只能借助于外接成像系统才能发现内部缺陷和泄漏情况。

2. 摄像机

利用伸入管道、容器内部的摄像头和计算机，便可直观地探测到内部缺陷和泄漏情况。

3. 红外线检漏技术

自然界的一切物体都有辐射红外线的特性，温度高低不同的材料辐射红外线强弱亦不相同。红外线探测设备就是利用这一自然现象，探测和判别被检测目标的温度高低与热场分布，对运行中的管道、设备进行测温和检测泄漏。特别是热成像技术，即使在夜间无光的情况下，也能得到物体的热分布图像，根据被测物体各部位的温度差异，结合设备结构和管道的分布，可以诊断管道、设备运行状况，有无故障或故障发生部位、损伤程度及引起事故的原因。

红外线检测技术常用的设备有：红外测温仪、红外热像仪和红外热电视。其中红外热像仪多用于燃气泄漏检测。

由于管道、容器内的燃气大都跟周围环境有显著的温差，故可以通过红外热像仪检测管道、设备周围温度的变化来判断泄漏。如海底敷设的燃气管道若出现泄漏点，就可以使用热像仪来检测。在美国等工业发达国家多使用直升机巡线，机载红外热成像仪器低空飞行检测管线安全运行状况，每天能检测几百公里的管道。可用于燃气泄漏检测的GasFindiR红外热像仪如图 9-1 所示。

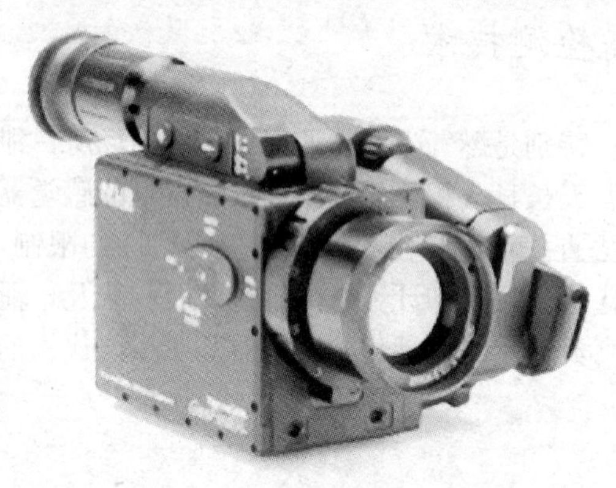

图 9-1　GasFindiR 红外热像仪

（二）声音检漏法

发生泄漏时，流体喷出管道、设备与器壁摩擦，流体穿过漏点时形成湍流以及与空气、土壤等撞击都会发生泄漏声波。特别是在窄缝泄漏过程中，由于流体在横截面上流速的差异产生压力脉动，而形成声源。采用高灵敏的声波换能器能够捕捉到泄漏声，并将接收到的信号转变成电信号，经放大、滤波处理后，换成人耳能够听得到的声音，同时在仪表上显示，就可以发现泄漏点。燃气工程中常用的声音检漏有以下三种方法：

1. 超声波检漏

超声波检漏仪是根据超声波原理设计而成，接收频率一般在 20～100kHz，能在 15m 以外发现压力为 35kPa 的管道和容器上 0.25mm 的漏孔。探头部分外接类似卫星接收天线的抛物面聚声盘，可以提高接收的灵敏性和方向性；外接塑料软管可用于检测弯曲的管道。

在停产检修的工艺系统中，内外没有压差的情况下，可在系统内部放置一个超声源，使之充满强烈的超声，因超声波可以从缝隙处泄漏出来，用超声检漏仪探头对受检设备进行扫描，就可以找到裂纹或穿孔点。常用于压力容器检测的 UP2000 型便携式超声波检漏仪如图 9-2 所示。

图 9-2 UP2000 型便携式超声波检漏仪

2. 声脉冲快速检漏

燃气管道内传播的声波，一旦遇到管壁畸变（如漏孔、裂缝等缺陷）会产生反射回波。缺陷越大，回波信号亦越大，回波的存在是声脉冲检测的依据。因此，在管道的一端安装一个声脉冲发送、接收装置，根据发送和接收回波的时间差，就可以计算出管道缺陷的位置。如 EEC-16/XB 智能声脉冲检漏仪既可以检测黑色金属、有色金属管道的泄漏，也可以检测非金属管道的泄漏。

3. 声发射

由材料力学可知，固体材料在外力的作用下发生变形或断裂时，其内部晶格的错位、晶界滑移或内部裂纹产生和发展，都会释放出声波，这种现象称为声发射。

声发射（Acoustic Emisson 简称 AE）检测技术就是利用容器在高压作用下缺陷扩展时所发生的声音信号进行内部缺陷检测，它是一种技术先进并且很有发展潜力的检漏技术。特别是在燃气输配过程中，对在运行工况条件下的压力管道、容器可进行无损检测，不必停产，节省大量的人力物力，缩短检测周期，经济效益十分显著。用于压力容器检测的声发射检测仪如美国 PAC 公司生产的 MONPAC 检测声发射系统。

（三）嗅觉检漏法

嗅觉检漏法在燃气工程中应用非常广泛。近年来，以电子技术为基础的气体传感器得到迅速地发展和普及，各式各样的可燃气体检测仪和报警器层出不穷。这些可燃气体检测仪和报警器的基本原理是利用探测器检测周围的气体，通过气体传感器或电子气敏元件得出电信号，经处理器模拟运算给出气体混合参数，当燃气逸出与空气混合达到一定的浓度时，检测仪、报警器就会发出声光报警信号。可燃气体检测仪和报警器种类很多，按安装形式可分为固定式和移动式两种（其中移动式又有便携式和手推式之分）；按传感器的检测原理可分为：火焰电离式、催化燃烧式、半导体气敏式、红外线吸收式、热线型和电化学式等类型。在我国燃气行业中，常用的传感器是催化燃烧式和半导体气敏式。以下介绍几种常用的燃气检测仪：

1. XP-311A 便携式燃气检测仪（图 9-3）

（1）产品特点

1）采用接触燃烧式传感器，使用寿命长；

2）内藏微型电磁泵，自动采样被测气体；

3）本质安全防爆型，可在各种危险场所使用；

4）显示读数准确、可靠；

5）体积小、重量轻、结构紧凑；

6）操作简便，开机就能检测。

（2）技术参数

1）检测对象：可燃气体；

2）检测原理：小功率型接触燃烧式传感器；

3）采样方式：微型气泵自动吸引式；

4）检测范围：0～100%LEL（标准量程），可显示量程 0～199.9%LEL，最小显示 0.1%LEL；

5）指示精度：满量程的±5%，±0.1%LEL；

6）报警设定浓度：20%LEL；

7）响应时间：3s 以内；

8）报警精确度：设定值±10%；

9）报警方式：报警灯闪烁，蜂鸣器间歇声，当电池电量不足时蜂鸣器连续声；

10）使用温度：－20～＋50℃；

11）电池使用时间：碱性干电池（5 号干电池 4 节）约 10h；

12）外形尺寸及重量：W84×H190×D40（mm），约 700g；

13）防爆结构：本质安全防爆结构 id_2G_3。

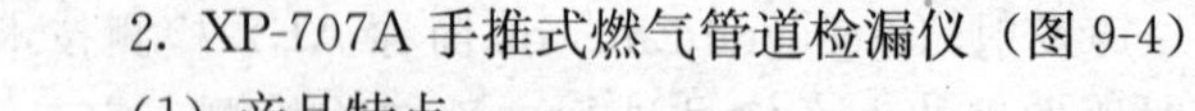
2. XP-707A 手推式燃气管道检漏仪（图 9-4）

（1）产品特点

1）采用对天然气具有选择性的热线型半导体式传感器，可以保证不受汽车尾气、有机溶剂等杂气影响；

2）可直接在路面上手推检测，不用开挖路面，降低检测成本，提高检漏效率；

3）根据被测气体浓度的变化，发出间断声和连续声等不同的报警声音；

4）有气体浓度显示指针，指针随气体浓度而连续变化，从而判断泄漏的大小和位置。

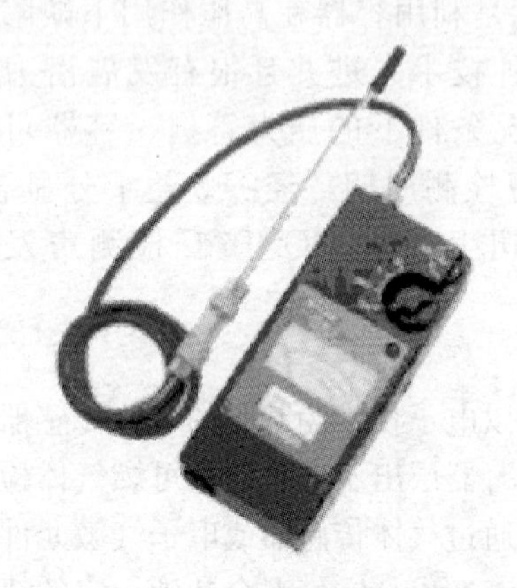
图 9-3　XP-311A 便携式燃气检测仪

（2）技术参数

1）检测对象：天然气；

2）检测原理：热线型半导体式传感器；

3）检测范围：0～100ppm/0～10000ppm（两个量程）；

4）报警设定值：可在 5～100ppm 范围内任意设定；

5）响应时间：约 7s（90%响应）；

6）延迟时间：取样后约 3s；

7）报警重复性：±10%以内（800 ppm 标准气时）；

8）采样流量：约 1L/min；

9）报警方式：气体报警：随浓度增加，报警由断续声逐渐变为连续声；

控关断线：蜂鸣器持续鸣叫，电源灯（LED）变为红色；

电池电压：低于标准值时，蜂鸣器持续鸣叫，电源灯灭；

10）使用温度：0～+40℃；

11）保存温度：-10～+50℃（长期保存要取出电池）；

12）电池使用时间：约7h（锰干电池）；

13）外形尺寸及重量：W240×H330×D1100（mm），约3.8kg。

3. JB-QT-TON90A固定式可燃气体检测报警器（探测器如图9-5所示）

图9-4 XP-707A手推式燃气管道检漏仪

（1）产品特点

1）采用催化燃烧式传感器，灵敏度高，使用寿命长；

2）由探测器和控制器组成，分离安装，电线连接，独立通道，避免干扰；

3）开关量4～20mA输出；

4）故障、欠压自动报警，低段报警点任意调整。

（2）技术参数

1）检测对象：可燃气体；

2）检测原理：催化燃烧式传感器；

3）采样方式：扩散式；

4）检测范围：0～100%LEL；

5）检测精度及分辨率：±5%FS，1%LEL；

6）防爆方式：本质安全型；

7）报警设置：低限25%LEL（15%～25%可调），高限50%LEL；

8）报警方式：声光报警；

9）响应时间：10s以内；

10）使用温度：控制器-10～+40℃，探测器-35～+70℃；

11）相对湿度：≤95%RH；

12）电源：AC 220V±10% 50Hz；

13）传输距离：Max1200m。

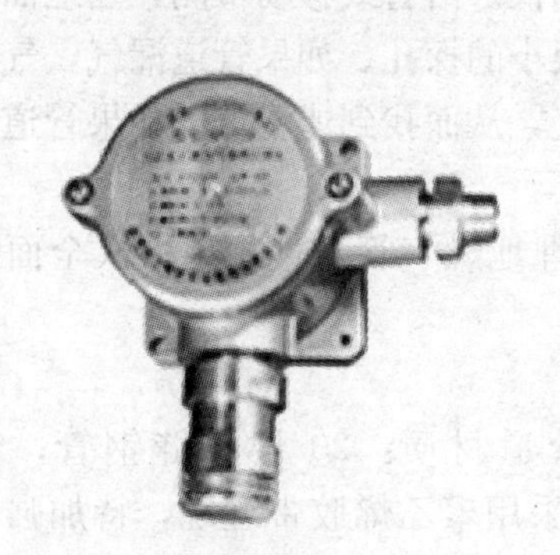

图9-5 固定式可燃气体检测报警器

4. SP-800型家用燃气检测仪（图9-6）

（1）产品特点

1）探头采用先进的热线型半导体式传感器，灵敏度高，稳定性好，使用寿命长；

2）对油烟、酒精、香烟等无误报警，采用延迟报警功能（延迟约20s），避免误报警；

3）可接入火灾报警或安全系统，以便集中监控；

4）可联动燃气切断阀和换气扇；

5）功耗低，外形尺寸小巧、美观。

（2）技术参数

1）检测对象：天然气；

2）检测原理：热线型半导体式；

3）采样方式：扩散式；

4）报警浓度：1000～10000ppm；

5）声响强度：75dB（1m 以内）；

6）电源：AC 220V±10% 50Hz，电源指示：绿灯亮；

7）使用温度：－10～＋50℃；声光报警；

8）外形尺寸及重量：$W70 \times H120 \times D25$（mm），约 180g；

9）安装方式：壁挂。

特别提醒：在使用检测仪器时，要正确地理解仪器上的读数。目前世界上所有的可燃气体检测、报警仪所给出的 EX 气体浓度，都是以爆炸下限浓度的百分数而直接显示的数值。但人们往往将仪器上的读数（如 9%）误认为是可燃气体在空气中的浓度，如此必然严重影响应急抢险指挥。

图 9-6　SP-800 型家用燃气检测仪

（四）示踪剂检漏法

由于液化石油气、天然气等燃气一般都无色无味，泄漏时很难察觉。为快捷地发现泄漏和安全起见，通常在燃气中添加一种易于检测的化学物质，称为示踪剂。我国国家标准《城镇燃气设计规范》GB 50028 明确规定，燃气在进入社区之前必须加入臭味剂。加入的臭味剂多采用硫化物，如硫醇、二钾醚或四氢噻吩（THT）等，其中四氢噻吩是全世界公认为最好的加臭剂。加臭后的燃气如发生泄漏是较容易察觉出来的。

二、燃气管道检漏案例

埋地钢质燃气管道泄漏点检测，一般先采用防腐层破损检测仪来检测管道防腐层的破损点，以此来判断泄漏的大体路线，缩小检测范围。然后对已检测到的防腐破损点再进行重点检查，这样可以提高检测的准确性和工作效率。

检测埋地燃气管道泄漏，常用手推式燃气管道检漏仪。沿管线移动检测，当地面覆盖着坚硬的结构物时，可用钻孔机在怀疑漏点处打一个很小的探孔。如果管道漏气，气体必然会扩散到地面，通过气体检测仪便可以确定是否漏气，从而找到泄漏点。如果管道压力较高，也可以采用听漏仪来检查泄漏点。

2003 年 10 月洛阳船舶材料研究所对珠海市城区埋地燃气管道进行了一次全面性检测，检测方法与成果如下：

1. 受检项目基本情况

城市埋地燃气管道输送介质：液化石油气；管道材质：20 号无缝钢管；管径 $DN108 \sim DN325$；管网里程长度约 100km；管道外壁采用聚乙烯胶带缠绕，特加强级绝缘防腐；使用年限 10 年。

2. 检测项目

（1）复查埋地管道路由和埋设高程；

（2）检测防腐绝缘层破损点（漏铁点）的分布以及牺牲阳极保护电位；

（3）检测燃气管道泄漏点。

3. 检测依据：

（1）中国石油天然气行业标准《钢质管道及储罐腐蚀与防腐调查方法标准》SY/T 0087—95。

（2）中国石油行业标准《埋地钢质管道强制电流阴极保护设计规范》SY 36—89

4. 检测方法

（1）防腐层绝缘特性参数及漏铁点检测

使用 RD-PCM 地探仪运用多频管中电流法，在不开挖的情况下，通过地面检测确定管道的路由和埋设深度、防腐层绝缘特性（Rg）、漏铁点的定位。其基本原理是：地探仪的发射机给出一个固定频率的检测交流电信号，施加在管道的某一供入点，根据管道传输理论，电流沿管道流动并随距离增加而有规律地衰减，当检测人员手持地探仪的接收机在管道上方行进时，可以通过感应线圈检测出这一特殊信号感应电流的强度。通过感应电流的强度衰减梯度，可以判断防腐绝缘层性能，从而找出漏铁点位置。图 9-7 为防腐层检测原理图，图中曲线 1 为管线防腐层无破损情形检测的信号衰减曲线；曲线 2 为管线防腐层有 A 点破损情形检测的信号衰减曲线。

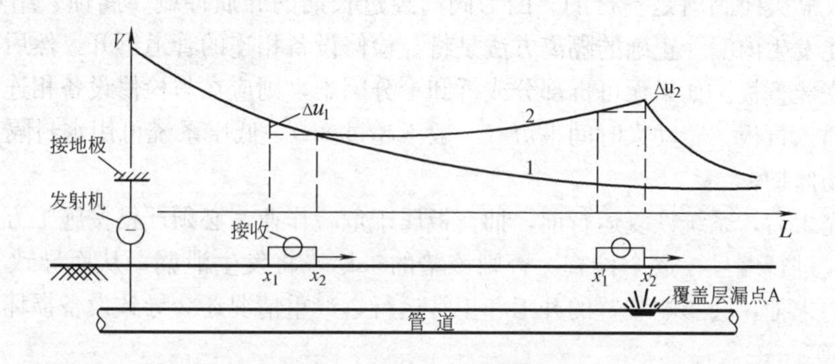

图 9-7 防腐绝缘层检测原理图

（2）牺牲阳极保护电位检测

保护电位是指阴极保护时，使金属停止腐蚀或腐蚀可以忽略时所需要的电位值。在通电情况下，测得管地保护电位应为－0.85V（CSE）或者更负；在管道表面与参比电极之间，测得阴极极化电位不应小于 100mV。

（3）泄漏点检测

通过分析管线漏铁点的位置与分布，利用 XP-707A 手推式燃气管道检漏仪进行探测，最终找出泄漏点。

5. 检测成果

检测结果发现：有 38 处大小不一的漏铁点，并检测出 2 处漏气点，在 3 个区段管线保护电位低于规定标准值。通过更新、预防性修复和堵漏，及时排除了隐患，确保管道安全运行。

第五节 堵漏技术

当今泄漏治理技术有了较大进步和发展，各种堵漏的设备、工具和方法也很多。但是从整体上来说，技术水平还不高，效果也不够理想。尤其是燃气泄漏的治理，由于泄漏部位以及运行中的压力、温度等条件的限制，在运行工况条件下堵漏，依然是棘手的难题。事实上，每当发生燃气泄漏时，人们还往往离不开“夹具、卡子”，甚至是“木楔子”等传统工具和方法。以下介绍几种常用的堵漏方法：

一、不带压堵漏

顾名思义，不带压堵漏就是将系统中介质的压力降至常压，或进行置换、隔离后进行的堵漏技术。不带压堵漏最常见的方法是动火焊接或粘接。

（一）动火焊接

在燃气工程中，动火焊接修补漏点，必须预先制定施工方案，办理动火作业许可证，并落实以下基本安全技术措施：

1. 隔离

停工检修的燃气管道与设备，在动火焊接之前，必须与运行系统进行可靠的隔离。所谓隔离，仅靠关闭阀门是不行的。因为阀门经过长期的介质冲刷、腐蚀、结垢或杂质积存，很可能发生内漏。正确的隔离方法是将与检修设备相连的管道拆开，然后在管道一侧的法兰上安装盲板。如果无可拆部分或拆卸十分困难，则应在与检修设备相连的管道法兰接头之间插入盲板。若动火时间很短（一般不超过 8h），低压系统可用水封隔离，但必须派专人现场监护。

检修完工后，系统恢复运行前，抽盲板属于危险作业，必须严格按施工方案的要求进行。盲板应进行编号，逐个检查。否则该堵的未堵，将发生泄漏，从而导致安全事故发生；该抽的未抽，会影响装置的开工和正常运行，严重情况还会导致设备损坏事故。

2. 置换

装置检修前，应对系统内部介质进行置换。燃气装置中介质的置换，通常采用惰性气体（如氮气）和水。系统置换后，若需要进入装置内部作业的，还必须严格遵守“限制空间作业规程”的有关安全技术规定，以防发生意外。

3. 检测可燃气体浓度

为确保检修施工安全，焊补作业前半小时，应从管道、容器中及动火作业环境周围的不同地点进行取样分析，检测可燃气体混合浓度合格后方可动火作业。有条件的，在动火作业过程中，还要用仪器进行现场监测。如果动火中断半小时以上，应重新作气体分析。

从理论上，只要空气中可燃气体浓度低于爆炸浓度下限，就不会发生爆炸事故，但考虑到取样分析的代表性，仪表的准确度和分析误差，应留有足够的安全裕度。我国燃气行业要求的安全燃气浓度一般低于爆炸下限值的 25%。如果需进入容器内部操作，除保证可燃气体浓度合格外，还应保证容器内部含氧量不小于 18%。

（二）粘接

使用粘接剂来进行连接的工艺称为粘接。粘接技术在泄漏治理中正发挥越来越重要的作用，而且发展前景远大。有的粘接工艺方法能达到较高的强度，且已部分地取代传统的连接工艺方法如焊接、铆接、压接、过盈连接等。特别是对非金属材料管道（如PE塑料管道）的堵漏修补，优势十分明显。事实上，对于钢质材料的粘接修补始终还存在强度偏低的问题，因此不宜用于高、中压燃气装置的泄漏治理。

1. 粘接材料

粘接材料主要是指胶粘剂，俗称“胶”。胶粘剂种类繁多，组分各异，按化学成分可以分为有机和无机两大类。目前使用的胶粘剂以有机胶粘剂为主。如合成树脂型、合成橡胶型、丙烯酸酯类和热熔胶等。

胶粘剂可根据设备压力、温度、结构状况和母材类型等情况来选用。堵漏常用的胶粘剂有：环氧树脂类、酚醛树脂类和丙烯酸酯类等。这些胶粘剂大都呈胶泥状，使用时不流淌，不滴溅，便于施工。

2. 粘接的特点

粘接作为一种堵漏工艺具有以下优点：

（1）适应范围广，能粘接各种金属、非金属材料，而且能粘接两种不同的材料。

（2）粘接过程不需要高温，不用动火，粘接的部位没有热影响区或变形问题。

（3）粘接剂具有耐化学腐蚀、绝缘等性能。

（4）工艺简单，方便现场操作，成本低，安全可靠。

粘接的缺点是：

（1）不能耐高温，一般结构胶只能在150℃以下长期工作。

（2）抗冲击性能差，抗弯、抗剥离强度低，耐压强度较低。

（3）耐老化性能差，影响长期使用。

由于以上缺点，粘接工艺用于高、中压燃气设施堵漏受到一定限制。但是粘接工艺在堵漏领域仍占有重要的地位，而且发展潜力很大，一些过去不能适应的环境现在已能从容应对。所以粘接工艺将是燃气工程堵漏技术的发展趋势。

3. 施工工艺

粘接施工前，应先将处理部位表面锈物、垢物除净锉光，然后用丙酮清洗；再按胶粘剂说明书要求的比例将各组分混合均匀；将配好的胶泥涂覆在管道或设备泄漏部位；最后覆盖上加强物（如玻璃纤维布、塑料等）；待固化后，再进行试压，试验合格后，方可投入使用。

粘接法一般不能直接带压堵漏。因为胶粘剂都有一个从流体到固体的固化过程，在没有固化时，胶本身还没有强度，此时涂胶，马上就会被漏出的气体冲走或冲出缝隙，即使固化了，总还有裂缝，达不到止漏的目的。

正确地使用胶粘剂带压堵漏，必须配合适当的操作工艺。一般有两种方法：一是先制止泄漏，即“先堵后粘”二步法，使胶在没有干扰的情况下完成固化过程。如填塞止漏、顶压止漏、磁力压固止漏等；二是“先粘后堵”二步法，如引流法等。

二、带压堵漏

带压堵漏是指在不停产、不降温、不降压的条件下完成堵漏。采用这种技术可以迅速地消除管道或设备上出现的泄漏，特别是应对突发事件时，对防止安全事故的发生具有非常重要的意义。

带压堵漏方法虽然很多，但从整体上来说，技术还不够成熟，实际操作往往还离不开传统的“夹具”。目前常用的带压堵漏方法有：夹具、夹具注胶、填塞、顶压、引流、缠绕、气囊、内压、冷冻、顶压焊接等。

（一）夹具堵漏法

夹具是最原始的消除低压泄漏的专用工具，俗称“卡子或管箍”。一般由钢管夹、密封垫（如铅板、石棉橡胶板等）、和紧固螺栓组成。

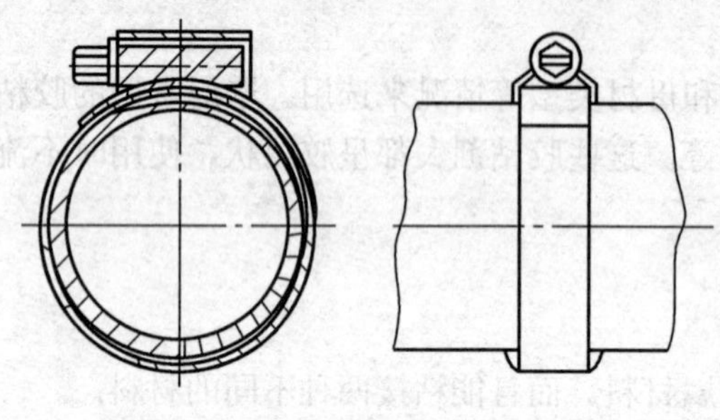

图 9-8 夹具（管箍）结构示意图

常用的夹具是对开的两半圆状物，使用时，先将夹具扣在穿孔处附近，插上密封垫后再上螺栓，以用力能使卡子左右移动为宜，然后将卡子慢慢移至穿孔部位，上紧螺栓固定。在紧固螺栓操作时，可用铜锤敲击夹具外表面，以便使密封垫嵌入泄漏点内。选择密封垫的厚度要适中，同时还要认真考虑漏点的位置及介质的压力、温度等因素。夹具（管箍）结构示意如图 9-8 所示。

（二）夹具注胶法

夹具注胶堵漏实际上是机械夹具与密封技术复合发展的一种技术。其所使用的材料和工具如下：

1. 密封胶

国内常用的密封胶有几十种，但各自性能不同。由于密封胶直接与泄漏介质接触，所以应根据不同的温度、压力和介质选择不同种类的密封剂。

密封胶按受热特性可分为热固化型和非热固化型两大类。由于燃气泄漏往往使温度急剧下降，漏点处会结霜上冻，所以用于燃气泄漏的密封胶应选用非热固化型，且要求使用温度通常在－20℃左右或更低。

2. 高压注射枪与手动油泵

高压注射枪用来将密封胶注射入密封夹具内部空腔。它由胶料腔、活塞杆、液压缸、连接螺母四部分组成，工作过程分为注射和自动复位两个阶段。

手动油泵的作用是产生高压油，推动高压注射枪的活塞，使密封胶射入密封空腔，以达到堵漏的目的。

3. 夹具

夹具的作用是包容住由高压注射枪射进的密封胶，使之保持足够的压力，防止燃气外漏，夹具的设计制作取决于泄漏处的尺寸和形状，具体要求如下：

（1）要求夹具具有足够的强度和刚度，在螺栓拧紧时不允许有明显的变形，避免因强度过低而造成在注胶压力下夹具变形，从而导致堵漏失败；

（2）夹具制作精确度要高，尽量减少配合间隙，以防密封胶溢出，同时要保持夹具内腔通畅。注胶孔应多而匀，一般为 4～10 个，这样就可以在连接注射枪时躲开障碍物，并可观察胶的填充情况；

（3）应考虑选材和加工方便，尽量减少加工工序；

(4) 夹具要向标准化靠拢，如标准法兰、弯头、三通等。

常见的夹具注胶堵漏安装如图 9-9 所示。

4. 堵漏操作方法

(1) 堵漏前的准备

堵漏人员必须经过专业技术培训，持证上岗。堵漏前，堵漏人员应先到现场了解泄漏介质的性质、系统的温度和压力参数，选择合适的密封胶和夹具。

(2) 安装夹具

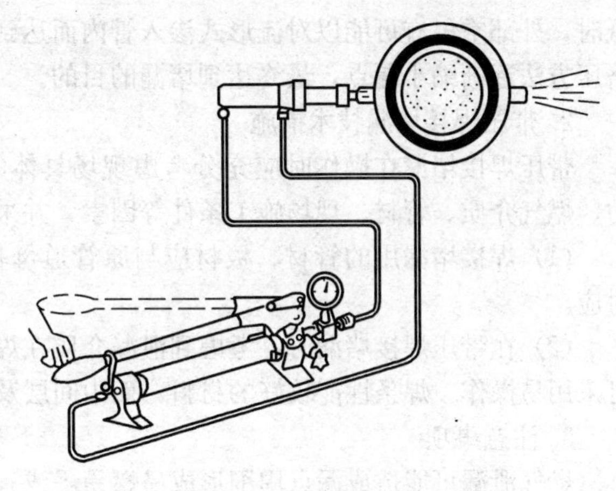

图 9-9 夹具注胶堵漏的安装示意图

安装夹具要注意注胶孔的位置，应便于操作。安装时还要注意夹具与泄漏体的间隙，间隙越小越好，一般来说间隙不宜大于 0.5mm。否则应通过加垫措施予以消除间隙。夹具上每个注胶孔应预先安装好注射接头，接头上的旋塞阀应全开，泄漏点附近要有注射接头，以利于泄漏物引流、卸压。

(3) 注射密封胶

在注射接头上安装高压注射枪，枪内装上密封胶，将注射枪和油泵连接起来，即可进行注胶操作。注射时，先从远离泄漏点背面开始（此时所有注胶孔应打开卸压），将胶往漏处赶。如果有两个漏点，则从其中间开始。一个注射点注射完毕，应立即关闭注射点上的阀门，再将注射枪移至下一个注射点，直至泄漏点消除为止。

(三) 带压焊接堵漏

事实上，发生泄漏的部位往往作业空间狭小，而且可能是在高压、低温场合，夹具安装很困难。甚至有些泄漏部位结构复杂，几何形状不规整，如罐体接出管道根部位置，夹具无法安装，情况又非常危急。这时可以考虑采用带压焊接堵漏方法。

1. 常用带压焊接堵漏方法

带压焊接堵漏与管道运行时带压接线（管）方法基本相同，带压焊接堵漏的基本方法有以下两种：

(1) 短管引压焊接堵漏

泄漏缺陷中较多一类情况是管道上的三通管（如表管）根部断裂或焊缝出现砂眼、穿孔等。这种泄漏状态往往表现为介质向外直喷，垂直方向喷射压力较大，而水平方向压力相应较小。根据这一特点，可在原断裂管外加焊一段直径稍大的短管，然后在焊好的短管上装上阀门，以达到消除泄漏的目的。短管上应事先焊好以缺陷管的根部连接主管道外径为贴面的马鞍形加强圈，以便焊接引管更为容易、安全可靠。安装的阀门应采用闸阀，便于更好地引压。这种方法时间短，操作简便，适用于中、高压管道的泄漏故障。

(2) 直接焊接堵漏

对于压力较低或可以实施局部停气降压、泄漏量又不太大的管道，可采用直接焊接堵漏方法。堵漏焊接前应按《带气接线作业安全技术规程》的要求制定详尽的施工方案，并将管道内燃气压力降至 400～800Pa（管内压力始终保持不低于 200Pa），以防止当压力过低时，外部空气有可能以对流形式渗入管内而达到爆炸极限范围。焊接时要通过堆焊、边挤压方法逐渐缩小漏点，最终达到堵漏的目的。

2. 带压焊接堵漏技术措施

带压焊接堵漏在操作时应充分考虑现场具体的技术与环境条件，如系统中温度、压力、燃气介质、管材、现场施工条件等因素，并采取相应的有针对性的安全技术措施。

（1）焊接堵漏用的管材、板材应与原管道母材相匹配，焊接材料与原有管道材料相对应。

（2）在带压焊接堵漏时，考虑到泄漏介质在焊接过程中对焊条的敏感作用，打底焊条可采用易操作、焊条性能较好的材料，而中间层及盖面焊条则必须按规范要求选用。

3. 注意事项

燃气泄漏可能造成漏点周围形成易燃易爆或有毒的空间环境，稍有不慎，便会导致人身伤亡和财产事故的发生。因此，必须在施工前制定周密的实施方案，包括安全技术措施，并在施工中严格执行。除此之外，还要注意以下事项：

（1）在处理管道泄漏焊接前，要事先进行测厚，掌握泄漏点附近管壁厚度，以确保作业过程中的安全。

（2）在高、中压管道泄漏焊接时，应采用小电流，而且电焊的方向应偏向新增短管的加强板，避免在泄漏的管壁产生过大的熔深。

（3）高温运行的管道补焊，其熔深必然会增加，需要进一步控制焊接电流，一般可比正常小10%左右。

（4）焊接堵漏施焊时，严禁焊透主管。

带压焊接堵漏方法只是一种临时性的应急措施，许多泄漏故障还须通过其他手段或必要的停车检修来处理。而且即使采取了带压焊接堵漏，在系统或装置大修或停气检修时，应将堵漏部分用新管加以更新，以确保下一个检修周期的安全运行。

（四）带气焊接堵漏案例

1. 概述

2000年8月，某燃气储配站站外埋地高压输气管道发生燃气泄漏事件。当天，巡线工在例行安全巡线时，察觉到该区段有燃气泄漏。于是使用便携式燃气检漏仪和手推移动式燃气检漏进行检测，检漏仪显示燃气浓度均高于仪表设定的下限值，并伴有声光报警。经查询该埋地燃气管道的设计工艺参数如下：

输送介质：液态液化石油气；

工作压力：1.77MPa；

管道规格与材质：$D219\times8$，20号无缝钢管；

区段管道长度：3500km

埋设深度：－1.15m；

使用年限：12年。

2. 应急处理措施

初步确定泄漏点位置后，燃气公司立即启动《应急预案》。首先对漏点周围进行警示隔离，派人进行警戒，并书面报告城管部门，办理开挖申请。同时对输气管道进行扫线，以清除管内的液相介质。扫线后，关闭漏点区段管道上、下游阀门，关闭后的阀门上锁，挂牌警示严禁操作。组织抢修队对怀疑漏点位置进行人工开挖，施工现场按应急预案配齐安全防护和消防灭火器材，做足安全防范措施。当挖至－70cm左右时，发现有冻土，并听到“咝咝”泄漏声，挖开蜂窝状冻土块，发现管道底部有一处黄豆粒大小的穿孔。

3. 泄漏原因分析

管道输送介质是高压液态液化石油气，因管线上设置了多个控制阀门，燃气介质在管道内高速流动，流经阀门处会产生“湍流”现象，从而导致管道产生频率高、振幅弱的振动波。当管道外壁接触到尖硬物（如坚石），长期的振动使管道防腐绝缘层受损，加之当地重盐分土壤的侵蚀，因此发生管道穿孔泄漏。

4. 堵漏方法的选择

根据泄漏的燃气介质、压力、管道泄漏部位以及生产情况和现场的环境条件，制定切实可行的堵漏施工方法，是堵漏成功的关键。

该输气管道受生产运行条件的限制，停产抢修时间不宜超过36h。否则，会造成较大的经济损失。如果采用保守的氮气置换或灌水浸泡置换，再进行焊接堵漏，施工周期长，很难满足生产的需要，故选择带压（带气）焊接堵漏。

考虑到穿孔泄漏位置位于管道底部，带气焊接堵漏时，点燃的火焰呈垂直向下喷射，特别是管内燃气压力大时，喷出的火焰很长，作业人员根本无法靠近操作，而且施工危险性较大。

综合以上因素，决定采取降压带气焊接堵漏方法进行抢修。

5. 带气焊接堵漏施工方案

（1）施工前的准备工作

先对管道系统进行降压处理；划定安全作业区域，设置抢修警示标志和隔离线，在漏气点100m周边加派人员警戒；制定施工方案，经公司主管安全技术的领导审批；规定施焊作业时间，并将安全注意事项通知周边单位或住户；在漏点处开挖工作坑，工作坑尽可能地挖大一些并以人能蹲下，便于操作为宜；用测厚仪检测缺陷管漏点周围壁厚；预制一块与缺陷管道母材材质、壁厚相一致且与管道贴合相宜的加强补丁板，并在加强补丁板凸面一侧焊一条小钢筋作把手，便于操作。

（2）安全技术措施

1）在气、液相管道跨接处（跨接管阀门的液相一侧）安装一块微压计，并使缺陷管道内保持约400Pa燃气压力，使用点火器（棒）点燃漏点处的燃气。

2）在漏点附近（约3m开外）安置一台防爆型排风扇，并向漏点处送风。

3）使用燃气检测仪在漏点周围检测燃气泄漏浓度，并确认检测合格。

4）施焊人员应穿着防火服、防火手套和防火鞋，并穿戴自给式呼吸器。

5）现场备齐焊接设备和工器具、燃气检测仪、消防扑火器材、救护器材、通信设备、抢险车辆等设备。

6）指派3名安全监护人员进行现场监护。

7）施焊前，堵漏施工负责人应对全体堵漏施焊作业人员进行安全技术交底，说明安全注意事项，妥善安排应急救援措施。

8）施工现场除泄漏点允许动火外，禁止其他一切火种介入。

（3）施焊方法

施焊人员从上风向逼近漏点，使用角向磨光机清除漏点周围的污垢物，清除面要大于加强补丁板周边10mm。左手持加强补丁板贴合在漏点处，右手握焊钳迅速将加强补丁板点焊固定；施焊时，焊条偏向加强补丁板，以防止将管壁焊透穿孔；当焊完四周打底角焊缝时，火焰自然熄灭，这时应按焊接规范要求完成角焊缝中间层和罩面层。

焊接堵漏完成后，先微开跨接管上的阀门，使管内燃气气相压力上升至0.1MPa，进行试漏检查；若未发现泄漏，可随管内燃气气相压力继续上升，同时进行检查试漏；直至达到系统压力时，保压半小时无泄漏为合格。

(4) 堵漏抢修组织

焊接堵漏抢修组织设：总指挥、安全技术总监和施工负责人各1人，持压力容器焊接上岗证且经带气焊接作业技术培训合格的焊工2人、管工2名，并安排安全监护、救护、警戒及其他辅助人员若干人。

(5) 消防安全器材

现场配备推车式灭火器2台，4～8kg的手提式灭火器不少于4个，防火防毒面具、工作服多套，防爆照明灯不少于2盏，防爆对讲机不少于3台，消防水枪2只等。

(6) 其他

施工前的准备工作、施焊堵漏过程的操作以及堵漏后检测试验结果，都应做好现场记录，包括文字和影像记录；管道堵漏试验合格后，及时做好管道防腐工作并及时回填土；回填隐蔽后，在堵漏点管道上方设特殊标记，以便在下一个周期停产检修时更新该管道。

第十章　燃气火灾与消防

第一节　消防基础知识

一、燃烧基础知识

（一）燃烧的本质和条件

1. 燃烧的本质

燃烧，俗称“着火”，是可燃物质与氧或氧化剂作用发生的一种放热发光的剧烈化学反应。国家标准 GB 5907 定义：燃烧是指可燃物与氧或氧化剂作用发生的放热反应，通常伴有火焰、发光和（或）发烟现象。

研究表明，绝大多数物质燃烧本身是一种自由基的链反应。只要有适当的条件引发自由基的产生（引火条件），链反应就会开始，然后连续自动地循环发展下去，直至反应物全部转化为止，生成与原来的物质完全不同的新物质。从本质上讲，燃烧是剧烈的氧化还原反应。

在时间或空间失去控制的燃烧所造成的灾害，叫做火灾。

任何物质发生燃烧，都有一个由未燃状态转向燃烧状态的过程。这个过程的发生必须具备三个条件，即：可燃物、助燃物和着火源，并且三者要相互作用。

2. 燃烧的必要条件

燃烧的发生和发展，必须具备三个条件，即：可燃物、助燃物（氧化剂）和着火源（温度）。人们总是用“燃烧三角形”来表示燃烧的三个必要条件（图 10-1）。只有在三个条件同时具备的情况下可燃物质才能发生燃烧。三个条件无论缺少哪一个，燃烧都不能发生。

（1）可燃物

凡是能与空气中的氧或其他氧化剂起化学反应的物质称可燃物。自然界中的可燃物种类繁多，按其物理状态，分为气体可燃物（如天然气、氢气等）、液体可燃物（如汽油、酒精等）和固体可燃物（如木材、布匹等）三类。

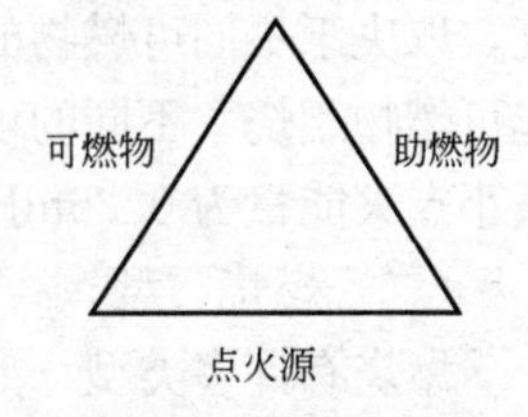

图 10-1　燃烧三角形

（2）助燃物（氧化剂）

凡是能帮助和支持可燃物燃烧的物质，即能与可燃物发生氧化反应的物质称为助燃物（如空气、氧气、氯气、高锰酸钾和过氧化物等）。燃烧过程中的氧化剂主要是氧，空气中氧含量大约为 21%，而空气是到处都有的，因而它是最常见的助燃物。发生火灾时，除非是在密闭室内的初起小火，可用隔绝空气的“闷火”手段扑灭，否则这个条件较难控制。

（3）点火源（温度）

点火源是指供给可燃物与氧或助燃物发生燃烧反应的能量来源。常见的是热能，其他还有化学能、电能、机械能等转变的热能。燃烧反应可以通过用明火点燃处于空气（或氧气）中的可燃物，也可以通过加热处于空气（或氧气）中的可燃物来实现。因此物质的燃烧除了其可燃性和氧之外，还需要温度和热量。由于各种可燃物的化学组成和化学性质各不相同，使其燃烧的温度也不同。

点火源的种类很多，根据火源的能量不同，可分为：明火焰、炽热体、火星、电火花、化学反应热和生物热、光辐射等。引火源温度越高，越容易引起可燃物燃烧。

3. 燃烧的充分条件

上述三个条件，是发生燃烧的基本条件。然而，事实证明在某些情况下，虽然具备了燃烧的基本条件，如果可燃物的数量不够，氧气不足或点火源的热量不大、温度不够，燃烧也不会发生。只有达到一定的量变，才能发生质变。所以，要发生燃烧，除了上述三个基本条件外，还必须具备以下充分条件。

（1）一定浓度的可燃物

要燃烧，必须使可燃物质与助燃物有一定的浓度比例，如果可燃物与助燃物比例不当，燃烧就不一定发生。例如：液化石油气在空气中的含量在1.5%～9.5%之间时，就能着火甚至爆炸；若液化石油气在空气中的含量低于1.5%或高于9.5%时，既不能发生着火，也不能发生爆炸。由此说明，虽然有可燃物质，但其挥发的气体或蒸气浓度不够，即使有空气（氧化剂）和点火源的接触，也不能发生燃烧。

（2）一定比例的助燃物

要使可燃物质燃烧，助燃物的数量必须足够，否则燃烧就会减弱，甚至熄灭。如汽油在含氧量低于14.4%的空气中不能燃烧。实验表明大多数可燃物质在含氧量低于16%的条件下，就不能发生燃烧，这是因为助燃物浓度太低的缘故。因此，可燃物质燃烧都需要有一个最低氧化剂浓度（即含氧量），低于此量燃烧就不会发生。不同的可燃物质，燃烧时所需要的含氧量是不相同的。

（3）一定能量的点火源

无论何种能量的点火源，都必须达到一定的强度才能引起可燃物质着火。也就是说，点火必须有一定的温度和足够的热量，否则燃烧便不会发生。物质燃烧所需点火源的强度，取决于不同可燃物的着火温度，即引起燃烧的最小点火能量，低于这个能量便不能引起可燃物燃烧。不同的可燃物质，燃烧时所需要的热量各不相同。如丙烷（5%～5.5%）最小点火能量为0.26mJ。

（二）燃烧类型

燃烧有许多类型，如闪燃、着火、自燃和爆炸等。

1. 闪燃

（1）闪燃　闪燃是可燃液体的特征之一。在一定温度下，液体（固体）表面上能产生足够的可燃蒸气，遇火能产生一闪即灭的燃烧现象称为闪燃。液态可燃物表面会产生可燃蒸气，固态可燃物也会因蒸发、升华或分解产生可燃气体或蒸气，这些可燃气体或蒸气与空气混合达到一定的浓度，当遇明火时会发生一闪即灭的火苗或闪光现象。

（2）闪点　在规定的试验条件下，液体（固体）表面能产生闪燃的最低温度称为闪点。在低于某液体的闪点温度下，就不可能点燃它上面的空气与蒸气混合物。闪点是衡量物质火灾危险性的重要参数。不同的可燃液体，其闪点温度也各不相同。

2. 着火

可燃物在空气中受着火源的作用而发生持续燃烧的现象，称为着火（着火也称作强制点燃）。物质着火需要一定的温度，可燃物开始持续燃烧所需要的最低温度，叫燃点（或称着火点）。对固体和高闪点液体，燃点是用于评价其火灾危险性的主要依据。在防火和灭火工作中，只要能把温度控制在燃点温度以下，燃烧就不能进行。

3. 自燃

可燃物在空气中没有外来着火源的作用，靠自热或外热而发生的燃烧现象称为自燃。根据热的来源不同，物质的自燃可分为两种：一是本身自燃，就是由于物质内部自行发热而发生的燃烧现象；二是受热自燃，就是物质被加热到一定的温度时发生的燃烧现象。

在规定的条件下，可燃物质产生自燃的最低温度是该物质的自燃点。不同的可燃物，其自燃点各不相同。影响自燃点的主要因素是：

（1）液体、气体可燃物

压力：压力越高，自燃点越低。

助燃气体中含氧量：混合气中氧浓度越高，自燃点越低。

催化：活性催化剂能降低自燃点，钝性催化剂能提高自燃点。

容器的材质和内径：器壁的材质有不同的催化作用；容器直径越小，自燃点越高。

（2）固体可燃物

受热熔融：熔融后视为可燃液体、气体。

挥发物的数量：挥发出的可燃物越多，其自燃点越低。

固体的颗粒度：固体粉碎越细，自燃点越低。

受热时间：可燃固体长时间受热，其自燃点降低。

4. 爆炸

由于物质急剧氧化或分解反应产生温度、压力增加或两者同时增加的现象，称为爆炸。在发生爆炸时，势能（化学能或机械能）突然转变为动能，有高压气体生成或者释放出高压气体，这些高压气体随之作机械功，如移动、改变或抛射周围的物体。爆炸可分为物理爆炸和化学爆炸。

（1）物理爆炸　由于液体变成蒸气或者气体迅速膨胀，压力急剧增加，并大大超过容器的极限压力而发生的爆炸。如蒸汽锅炉、液化气气瓶爆炸等。

（2）化学爆炸　因物质本身化学反应产生大量气体和热而发生的爆炸。如炸药爆炸，可燃气体、液体蒸气和粉尘与空气混合物的爆炸等。

（3）爆燃　以亚音速传播的爆炸。爆燃反应中，穿过未燃烧介质的反应前端速度小于或等于声速（300m/s）。而大于此速度的则为爆轰。

（4）爆炸极限

可燃气体、液体蒸气和粉尘与空气混合遇火会产生爆炸的最高或最低浓度，称为爆炸极限。

可燃气体或蒸气与空气组成的混合物，只有在一定的比例范围内（通常以体积百分数表示）才能发生火焰的传播，此时的浓度范围即为燃烧浓度范围。其最低浓度称为该气体或蒸气的爆炸下限；其最高浓度称为该气体或蒸气的爆炸上限。如液化石油气的爆炸下限值约 1.5%；爆炸上限值约 9.5%；

（三）可燃气体、液体的燃烧特点

1. 气体的燃烧特点

（1）特点　可燃气体的燃烧不像固体、液体那样需经熔化、蒸发过程，所需热量仅用于氧化或分解，或将气体加热到燃点，因此很容易燃烧。

（2）燃烧方式　根据燃烧前可燃气体与氧混合状况不同，燃烧分为以下两类：

1）扩散燃烧　可燃气体从喷口喷出，在喷口处与空气中的氧边扩散混合、边燃烧的现象。其燃烧速度取决于可燃气体的喷出速度，一般为稳定燃烧。如天然气井喷燃烧属于此类。

2）预混燃烧　可燃气体与氧在燃烧前混合，并形成一定浓度的可燃混合气体，被火源点燃所引起的燃烧，这类燃烧往往造成爆炸。如燃气泄漏与空气混合达到爆炸浓度时，遇火源即发生爆炸。

2. 可燃液体的燃烧特点

（1）特点　可燃液体的燃烧是液体蒸气进行燃烧。因此燃烧与否、燃烧速率等与液体的蒸气压、闪点、沸点及蒸发速率等性质有关。某些液体在一定的储存温度下，液面上的蒸气压在易燃范围内时遇火源，其火焰传播速率快。易燃液体和可燃液体的闪点高于贮存温度时，其火焰传播速率较低。因为火焰的热量必须足以加热液体表面，并在火焰扩散通过蒸气之前形成易燃蒸气-空气混合物。影响这一过程的有风速、温度、燃烧热、蒸发潜热、大气压等。

（2）可燃液体的火灾危险性分类

液体火灾危险性是根据其闪点来划分等级的，如表 10-1。

可燃液体的火灾危险性分类　　表 10-1

火灾危险性分类	分　级	液体的闪点(℃)
甲	一级易燃液体	＜28
乙	二级易燃液体	28～60
丙	可燃液体	＞60

（四）燃烧蔓延的原因

大多数火灾的发生，都是从可燃物的某一部分开始，然后蔓延扩大的。这是因为物质在燃烧时造就了一个危险的热传播过程，即：燃烧——热效应——燃烧。燃烧产生的热效应使燃烧点周围的可燃物受热发生分解、着火和自燃。如此往复，火势便迅速地向周围蔓延开去。热传播除了火焰直接接触外，另外还有以下三个途径：

1. 热传导

热传导是指热量从物体的一部分传到另一部分的现象。所有的固体、气体和液体都有导热性能，但通常以固体为最强，而固体之间的差别又很大。一般来说金属的导热性能高于非金属，非金属无机物的导热性能又高于有机物质。导热性能好的物质不利于控制火情，因为热量可通过导热物体向其他部分传导，导致与其接触的可燃物质起火燃烧。因此，为了制止由于热传导而引起的火势蔓延，火场上应不断地冷却被加热的金属构件，迅速疏散、清除或用隔热材料隔离与被加热的金属构件相联（或附近）的可燃物。

2. 热辐射

热辐射是指热量以辐射线（或电磁波）的形式向外传播的现象。当可燃物燃烧形成火焰时，便大量地向周围传播热能，火势越猛，辐射热能越强。为了减弱受到的热辐射，可增加受辐射物体与辐射源的距离和夹角，或设置隔热屏障。

3. 热对流

热对流是指通过流动介质将热量从空间的一处传到另一处的现象。它是影响早期火灾发展的最主要因素。根据流动介质的不同可分为气体对流和液体对流。

气体对流能够加热可燃物达到燃烧程度，使火势扩大。而被加热的气体在上升和扩散的同时，一方面引导周围空气流入燃烧区，使燃烧更为猛烈；另一方面还会引导燃烧蔓延方向发生变化，增大扑救难度。

液体对流可造成容器内整个液体温度升高，蒸发加快，压力增大，以至使容器爆裂，或蒸气逸出遇着火源而燃烧，使火势蔓延。

（五）火势的发展

1. 初起阶段

起火后，燃烧根据物质形态不同而各具特点。固体物质由着火点开始逐步扩大范围；液态物质火焰占据自由表面后而形成稳定燃烧；气态物质泄漏后遇火源起火，火焰迅即顺着气云或气流烧到泄漏点，呈“火炬”状燃烧。无论哪种物质，在刚起火后的最初几分钟，燃烧面积都不大，烟气流动速度较缓慢，火焰辐射出的能量还不多，但也能使周围的物品开始受热，温度上升，这是火势发展的初级阶段。如果在这个阶段能及时发现，并正确地扑救，就能用较少的人力和简单的灭火器将火控制住或扑灭。

2. 发展阶段

由于燃烧强度增大，载热500℃以上的烟气流加上火焰的辐射热作用，温度进一步上升，周围的可燃物品，特别是易燃物质受到加热，开始分解出大量的可燃气体。气体对流加强，燃烧面积扩大，燃烧速度加快，呈现发生轰燃的一触即发的局势，这是火势发展阶段。在这个阶段，由于辐射热急剧增加，辐射面积不断增大，所以需要投入较强的力量和使用较多的灭火器材才能将火扑灭。

3. 猛烈阶段

由于燃烧面积扩大，大量的热释放出来，空气温度急剧上升，发生轰燃，使周围的可燃物几乎全面卷入燃烧。此时燃烧强度最大，热辐射最强，温度和烟气对流达到最大限度，可燃材料将被烧尽，非燃材料和结构的机械强度受到破坏，以致发生变形或倒塌，火势扩大蔓延，这是火势的猛烈阶段。在这个阶段，扑救最为困难，需要有足够的力量和器材用于控制火势，阻止它向周围蔓延。

4. 熄灭阶段

火势被控制以后，由于可燃材料已被烧尽，加上灭火剂的作用，火势逐渐减弱直至熄灭，这是火势的熄灭阶段。

（六）火灾的种类和危险等级

1. 火灾种类

根据现行国家标准《火灾分类》，我国对火灾种类分为五类：

(1) A类火灾：指固体物质火灾。如木材、棉、毛、麻、纸张及其制品等燃烧的火灾。

(2) B类火灾：指液体火灾或可熔化固体物质火灾。如汽油、煤油、柴油、原油、甲醇、乙醇、沥青、石蜡等燃烧的火灾。

(3) C类火灾：指气体火灾。如煤气、天然气、甲烷、乙烷、丙烷、氢气等燃烧的火灾。

(4) D类火灾：指金属火灾。如钾、钠、镁、钛、锆、锂、铝镁合金等燃烧的火灾。

(5) E类火灾：指带电体的火灾。如发电机房、变压器房、配电房、仪器仪表间和电子计算机房等，在燃烧时不能及时或不宜断电的电气设备带电燃烧的火灾。

2. 火灾的危险等级

国家标准 GB 50140《建筑灭火器配置设计规范》将建筑场所划分为三个危险等级：严重危险级、中危险级和轻危险级。灭火器配置场所与危险等级对应关系见表 10-2。

配置场所与危险等级对应关系 **表 10-2**

危险等级 / 配置场所	严重危险级	中危险级	轻危险级
厂房	甲、乙类物品生产场所	丙类物品生产场所	丁、戊类物品生产场所
库房	甲、乙类物品储存场所	丙类物品储存场所	丁、戊类物品储存场所

二、灭火的基本方法

根据物质燃烧原理和同火灾作斗争的实践经验，灭火的基本方法主要有四种：冷却、窒息、隔离和化学抑制。前三种方法是通过物理过程进行灭火，后一种方法是通过化学过程灭火。燃气站场内设置的各种固定灭火装置及移动式灭火器材，其灭火原理都是上述四种灭火方法中的一种，或几种综合作用的结果。

(一) 冷却灭火法

可燃物燃烧条件之一，是在火焰和热的作用下，达到燃点、裂解、蒸馏或蒸发出可燃气体，使燃烧得以持续。若将可燃固体冷却到自燃点以下，火焰就将熄灭；可燃液体冷却到闪点以下，并隔绝外来的热源，就不能挥发出足以维持燃烧的气体，火灾就会扑灭。

水是冷却性能较好的灭火剂，它具有较大的热容量和很大的汽化潜热，特别是采用雾状水流灭火，效果更为显著。

(二) 窒息灭火法

窒息灭火法就是阻止空气流入燃烧区，或用不燃物质冲淡空气，使燃烧物质缺氧窒息而熄灭。

可燃物燃烧都必须维持燃烧所需的最低氧浓度，低于这个浓度，燃烧就不能进行，火灾则被扑灭。一般碳氢化合物的气体或蒸气通常在氧浓度低于 9%～18%时，即不能维持燃烧。

采用窒息灭火法时，必须注意以下几点：

1. 燃烧的部位空间较小，容易堵塞封闭，并在燃烧区域内没有氧化剂存在的条件下，才能采取这种方法。

2. 在采取用水淹没的方法扑救火灾时，必须考虑到水对可燃物质作用后，不致产生不良后果。

3. 在采取窒息灭火法后，必须在确认火已熄灭，温度下降到足够安全的情况下，方可打开孔洞进行检查，严防因过早打开封闭装置，而使新鲜空气流入燃烧区，引起复燃爆炸。

4. 在有条件的情况下，为阻止火势迅速蔓延，争取灭火战斗的准备时间，可先采取临时性的封闭窒息措施，降低燃烧强度，而后组织力量扑灭火灾。

5. 采用惰性气体灭火时，一定要保证足够数量的惰性气体充入燃烧区内，以迅速降低空气中氧的含量，窒息灭火。

（三）隔离灭火法

隔离灭火法就是将燃烧物体与附近的可燃物质隔离或疏散开，使燃烧停止。这种方法适用于扑救各种固体、液体和气体火灾。

采用隔离灭火法的具体措施有：将火源附近的可燃、易燃易爆和助燃物质，从燃烧区转移到安全地点；关闭阀门，阻止气体、液体流入燃烧区；排除生产装置内的可燃气体或液体；设法阻拦流散的易燃、可燃液体或扩散的可燃气体；拆除与火源相毗邻的易燃建筑结构，形成防止火势蔓延的空间地带。

（四）化学抑制灭火法

化学抑制灭火法就是使灭火剂参加到燃烧反应过程中去，使燃烧过程中产生的游离基消失，而形成稳定分子或低活性的游离基，使燃烧反应中止。

化学抑制灭火法对于有焰燃烧火灾效果好，灭火速度快，使用得当，可有效地扑灭初起火灾。但对深部火灾，由于渗透性较差，灭火效果不太理想。但在条件许可情况下，与水、泡沫等灭火剂联用，会取得满意的效果。

三、消防管理与消防法规

（一）消防管理

当前社会的各类灾害中，火灾仍是最为严重的一种灾害。因此做好消防工作，已成为社会性的共同话题，同时也是企业生存发展的客观需要。任何单位都必须从消防管理入手，建立健全消防管理组织，明确消防管理人员职责，建立各项消防管理规章制度，掌握消防管理的基本方法，切实做好消防安全工作。

1. 消防工作方针、原则和任务

（1）消防工作方针

《中华人民共和国消防法》（以下简称消防法）第二条规定：我国的消防工作方针是“预防为主、防消结合”。

“预防为主”是指在同火灾作斗争中，必须把预防火灾的工作放在首位，从思想上、组织上、制度上及物资保障上采取各种积极措施。如采取各种形式广泛深入地进行消防安全宣传教育，层层建立防火安全责任制，制定应急预案和各项防火安全管理规章制度，经常开展防火安全检查，发现和整改火灾隐患等，努力做到“防患于未然”，防止火灾的发生，从根本上避免和减轻火灾的危害。

“防消结合”是指同火灾作斗争的两个基本手段——预防和扑救两者必须有机地结合起来。也就是在积极做好预防火灾工作的同时，在人力、物力、技术上积极做好灭火的充分准备，加强企业专职或义务消防队伍的建设，配备足够的消防器材、装备，加强预案演练和灭火训练，做好备战执勤，常备不懈。一旦发生火灾，能迅速扑灭火灾，把火灾危害减少到最低限度。

（2）消防工作原则

1）“安全第一”的原则　就是当生产和安全发生矛盾时，应当把安全放在首位。

2）“属地管理为主”的原则　是指无论什么企业单位，其消防安全工作均由其所在地的政府为主领导，并接受所在地公安消防机关的监督。《中华人民共和国消防法》和国务院批转的《消防改革与发展纲要》规定，除军事设施、核设施、国有森林、地下矿井、远洋船舶和铁路运营建设系统、民航系统的消防工作分别由军事机关和其主管部门负责外，其他方面的消防工作统一由当地政府为主负责。

3）“谁主管，谁负责”的原则　就是谁抓哪项工作，谁就应对哪项工作负责。对消防工作而言，就是说谁是哪个单位的法定代表人，谁就应对哪个单位的消防安全负责；法定代表人授权某项工作的领导人，要对自己主管内的消防安全负责；各车间、班组负责人以至每个职工，都要对自己管辖工作范围内的消防安全负责。

（3）消防工作任务

消防工作总任务就是《消防法》第一条明确提出的“预防火灾和减少火灾危害，保护公民人身、公共财产和公民财产安全，维护公共安全，保障社会主义现代化建设的顺利进行。”

2. 消防管理职责

（1）消防安全主管部门的职责

燃气企业的消防、技术安全或保卫部门是企业消防安全工作主管部门。其基本职责是：

1）负责对消防法规、规范、规章制度、办法的督促实施。

2）收集和整理消防安全管理信息，为领导作出消防安全决策提供可靠的依据，当好领导的参谋。

3）根据本单位的火灾特点，做好消防器材的配备、维修保养和管理工作，保证时刻处于完好状态。

4）进行消防安全宣传教育，开展检查，纠正违章操作，督促整改火灾隐患。

5）负责编制消防工作计划，修改消防规章制度和岗位责任制，检查考评逐级防火责任制的落实情况。

6）负责制订重点工种人员档案和重点要害部位灭火预案，组织和指导本单位专职或义务消防队开展消防业务训练。

7）参加火灾事故的调查处理工作。

8）经常与当地公安消防机构联系，交流工作情况。

（2）消防队职责

根据《企事业单位专职消防队组织条例》，燃气企业必须组建专职或义务消防队。其基本职责是：

1）认真学习和贯彻执行国家和当地政府的消防法规以及本单位的规章制度，实施本单位防火工作计划。

2）定期进行消防业务训练和灭火演练，负责本单位消防器材的维护保养和管理工作，保证消防器材完整好用。

3）开展防火宣传，制止和劝阻违反消防安全规章制度的行为。

4）在节假日和火灾多发季节值班巡逻进行防火检查，积极整改火灾隐患，防止火灾发生。

5）保护火灾现场，协助调查火灾原因。

6）熟悉本单位生产过程中的危险性、消防设施、消防预案及火灾扑救方法，定期分析本单位消防工作形势，查找问题，改善消防设施条件。

7）及时报警，积极参加火灾扑救。

（二）消防法规

1. 消防法规的作用

消防法规作为调整人们消防行为的社会规范，具有指引、评价、教育、预测和强制作用。

2. 消防法规的分类

消防法规按其所调整的对象、适用范围和作用可分消防基本法、消防行政法规和消防技术法规。

（1）消防基本法　由国家最高立法机关批准，由国家最高行政机关颁发实施。1998年4月29日九届人大常委会第二次会议通过的《中华人民共和国消防法》就是我国现行的消防基本法。

（2）消防行政法规　通常是由各级地方人民政府或主管部门根据消防基本法规制定颁发的。如公安部颁发的《仓库防火安全管理规则》等。

（3）消防技术法规　它具有很强的专业性和技术性，是针对不同行业、不同专业特点而制定的，是人们在技术领域内保证消防安全的标准和依据。如《建筑设计防火规范》等。

3. 实施消防法规的基本原则

（1）坚持依法办事。

（2）按消防法规的要求进行严格监督。

（3）坚持谨慎从事。

（4）坚持以事实为依据、以法律为准绳。

（5）消防执法与违法责任相当。

4. 违法行为和法律制裁

消防违法是指一切不符合现行消防法规要求的、对社会有危害、有过错的消防违法活动。通常将违法分为一般违法和严重违法两种情况。严重违法是指触犯刑律，要受法律惩罚的行为。

5. 实施消防法规的手段

消防监督部门执法的主要手段有以下几种：

（1）填写消防安全检查记录卡。

（2）通知整改火险隐患。

（3）通知停止施工和使用。

(4) 责令停产停业。

(5) 查封。

(6) 吊扣证件。

第二节　燃气火灾爆炸的危险性

一、燃气的危险特性

(一) 液化石油气的危险特性

液化石油气无色透明，具有烃类特殊气味。在常温常压下液态的石油气极易挥发，气化后体积迅速扩大250～350倍，且比空气重1.5倍。液化石油气具有以下危险特性：

1. 极易引起火灾

液化石油气在常温常压下，由液态极易挥发为气体，并能迅速扩散蔓延，因为比空气重，而往往停滞集聚在地面的空隙、坑、沟、下水道等低洼处。即使在平地上，也能沿地面迅速扩散至远处。所以远处遇有明火，也能将渗漏和集聚的液化石油气引燃，造成火灾。

2. 爆炸危险性大

液化石油气的爆炸极限约为1.5%～9.5%。如液化石油气与空气混合浓度达到2%时，就能形成体积约12.5m^3的爆炸性混合物，使爆炸的可能范围大大地扩大，危险性随之增大。此外，液化石油气的主要组分的闪点都很低，如丙烷、丁烷、丙烯、丁烯的闪点分别为－104℃、－60℃、－108℃、－80℃；燃点低于500℃，遇明火极易发生燃烧爆炸。按闪点判定，液化石油气火灾危险性属于甲类。

3. 膨胀系数大

液化石油气的体积膨胀系数大约是同温度下水的体积膨胀系数的10～15倍。实验测定，装满液态丙烷的密闭储罐，当温度每升高1℃时，其压力就升高3.4MPa。由此可见，气瓶等容器超量灌装液化石油气是非常危险的，当温度稍有升高，液化石油气的体积增大，压力急剧上升，一旦超过容器压力极限时，就会造成容器破裂甚至物理爆炸，这就大大增加了液化石油气火灾爆炸的危险性。所以，在常温灌装液化石油气时，严格规定灌装量，以留有温度变化引起液化石油气膨胀的裕量，以确保安全使用。

4. 轻于水

液态液化石油气比水轻，其密度仅为水的0.5倍左右。所以万一发生液化石油气火灾，着火的液化石油气液体在地面上流淌时，不能用水扑救。因为水洒在燃烧的液化石油气上面，不仅不能灭火，反而会促使液化石油气随水向四周扩散而加重火势。

5. 破坏性大

液化石油气的爆炸速度为2000～3000m/s，火焰温度高达2000℃，最小引燃能量都在0.2～0.3mJ。在标准状态下，1m^3石油气完全燃烧的发热量高达104.67MJ。由于燃烧热值大，爆炸速度快，瞬间就会完成化学性爆炸。所以爆炸的威力大，破坏性也就很大。

6. 具有冻伤危险

液化石油气是加压液化的石油气体，储存于罐或气瓶内，在使用时经减压且又由液态气化变为气态。一旦容器或管道崩裂，大量的液化气喷出，由液态急剧减压变为气态，大量吸热，结霜冻冰。如果喷到人的身上，就会造成冻伤。

7. 能引起窒息

高浓度的液化石油气混合气体被人大量吸入体内，就会晕迷、呕吐或有不适的感觉，严重时可使人窒息或中毒死亡。液化石油气泄漏到大气中或在密闭空间中燃烧时，会使空气中氧含量减少，缺氧也能使人窒息死亡。

8. 易产生静电

液化石油气的电阻率高达 10^{11}～$10^{14}\Omega \cdot cm$。当其从容器、管道中喷出时，会产生强烈摩擦，产生的静电可高达 9000V，甚至数万伏。液化石油气中含的液体或固体杂质越多，流速越快，产生的静电荷越多。据测定，静电电压在 350～450V 时，所产生的放电火花就能引起可燃气体燃烧或爆炸。

（二）天然气的危险特性

天然气的成分主要是甲烷和乙烷，其相对密度一般在 0.58～0.62 之间，比空气要轻。所以，天然气不像液化石油气那样容易集聚在地面低洼地带。除此特性外，其危险性与上述液化石油气基本相同。但是天然气组分中含有少量的有害物质，如 H_2S、CO、CO_2 等，不仅腐蚀设备，降低设备耐压强度，严重者可导致设备裂隙、漏气，遇火源引起燃烧爆炸事故，而且对人体极为有害。

二、燃气火灾发生的原因与特征

（一）燃气火灾发生的原因

1. 漏气

生产所用的机泵设备、储罐、管道、阀门等腐蚀及封闭不严会造成漏气；燃气灶具受损、胶管老化、接头松动等也会引起漏气。燃气泄漏遇火源都有可能发生火灾或爆炸，为了防止火灾和爆炸的发生，首要问题是防止燃气的泄漏。

2. 火源

火源是火灾发生的三要素中的一个要素，没有火源就不会发生火灾。能引起火灾的火源一般有电火源和普通火源。

(1) 电火源　发生电火源的原因主要是：电气线路和设备的选用不当、安装不合理、操作失误、违章作业、长期过负荷运行等，引起漏电、短路、过负荷、接触电阻过大、电火花和电弧（包括静电火花和雷电电弧）等。

(2) 普通火源　通常所见的火。燃气接触带有火焰或无火焰的火源时，必然会着火。

（二）燃气火灾的特征

燃气的物化性质，决定了它在构成火灾的特点。

1. 隐患不易发现

燃气泄漏很快会向四周气化扩散，且因其无色无臭，不易被察觉。一旦遇到火源等诱导因素，就会酿成灾害。

2. 火情猛、火势大

燃气剧烈燃烧时，火焰传播速度可达 2000m/s 以上。当一有火情，即使是在远方的燃气，也会瞬间起燃，形成长距离、大范围的火区，灾害异常猛烈。同时，燃气燃烧热值大，决定了它的灾情的严重性，也就是说燃烧起来以后，四周的可燃物极易被其引燃，它的辐射热有时会将百米之内的建筑物门窗面层烧焦，甚至起火。

3. 继生灾害严重

当有大范围的隐患时，气源又未切断的情况下发生灾害，爆燃或爆炸经常发生。除了与空气混合的燃气产生燃烧爆炸外，且可能导致附近的燃气储罐被辐射热烘烤，突然升温而引起物理爆炸。更有甚者，爆炸（即使是破裂）后容器内会涌喷出大量的燃气，可能喷射到很远的地方，继而气化，把火势引到很远的地域。爆炸物的爆鸣、冲击气浪、飞射物体以及建筑物倒塌等，都会造成更加严重的灾情。

三、防火防爆基本措施

根据燃烧原理，防火防爆的主要措施就是设法消除燃烧三要素中的任何一个要素，其基本措施如下：

（一）控制泄漏

防止燃气泄漏，使其不能达到爆炸极限，这是防止爆炸的首要措施。

1. 将有泄漏危险的装置和设备尽量安装在露天或半露天的厂房中，以利于泄漏的燃气扩散稀释。当必须安装于室内厂房时，则厂房建筑应具有良好的自然通风，或加装必要的防爆通风设备。

2. 生产装置在投入生产前和定期检修时，应检查其密闭性和耐压强度。所有的设备、管道、阀件等易泄漏部位，要经常检查，避免“跑、冒、滴、漏”现象。装置在运行时，可用肥皂液或分析仪器检查其气密情况。

3. 设备和管道检修时，特别是动火作业时，必须用惰性气体或水进行充分地置换，并经彻底清洗、分析合格。受检装置与运行装置必须用盲板隔离。

4. 当长输管道无法用惰性气体进行置换，又必须动火时，应采取措施严防空气进入形成爆炸混合气体，防止管内爆炸。

5. 设备上的一切排气放空管都应伸出室外，且应考虑周围建筑物的高度与四邻环境，不得污染环境或对他人构成威胁。

6. 检查带压运行装置的密闭性，防止燃气泄漏。对负压生产设备，应防止空气侵入而使设备内的燃气达到爆炸极限。

7. 锅炉、加热炉等的燃烧室，由于突然熄火，在燃烧室内会形成可燃性混合气体，此时如处理不当，就有可能引起爆炸。可采用火焰检测器对燃烧状态进行监测，一旦发生熄火，检测器能迅速检测出来，并自动接通控制装置，立即切断气源。

（二）消除点火源

存在有燃烧爆炸混合气体的危险场所，应严格消除可以点燃爆炸混合气体的各种火源。

1. 明火

爆炸危险场所严禁吸烟和携带火种，并应在明显处设立警戒标志；在具有火灾和爆炸危险的厂房、仓库内，必须使用防爆电气设施和照明；在工艺操作过程中，气化加热燃气时，必须采用热水、水蒸气及其他较安全的加热方法；对设备和管道进行检修动火时，必须严格执行动火制度。

2. 摩擦和撞击

摩擦和撞击往往是造成燃气着火爆炸事故的根源之一。因此在具有爆炸危险的生产场所应采取严格的措施，防止设备不产生火花。如机器的传动、运动、摩擦件的材料选择要合理、润滑良好，以消除火花；搬运金属物品时禁止在地上拖拉、抛掷发生碰撞，以免发生火花；禁止穿铁钉鞋和未穿防静电服进入易燃易爆场所等。

3. 电火花

电火花是引发燃气着火爆炸的一个主要火源，因此燃气装置上所有的电气设备和照明装置，必须符合防火防爆安全要求。

（1）电线电缆要绝缘，且应具有耐腐蚀性能，普通电线电缆要用钢管保护，以免受侵害和腐蚀。

（2）生产装置区一律采用防爆式电气设备，如防爆电机、防爆开关、防爆接线盒、防爆控制器、防爆仪表等。

（3）电气设备的保险丝必须与额定的容量相适应。

（4）对一切电气设备都应订有规章制度，并经常检查。

（5）严禁在生产装置区拉临时电源线及安装不符合工艺要求的用电设备。

（6）工作结束后，应及时切断电气设备的电源。

4. 静电放电

实验证明，静电产生的电火花的能量往往大于点燃可燃气体所需的最小点火能量。因此要从生产工艺控制上和用静电接地的方法来消散静电荷。具体措施有：限制物料的输送速度；合理选用机器的传动方式（一般不允许采用平皮带传动）；设备和管道设施要正确接地；接地装置应采用铜材或镀锌钢材的接地体；加强静电接地装置的维护保养和检测；作业人员进入易燃易爆危险场所应先触摸金属接地器件；作业人员穿着防静电服等。

5. 雷电

雷电的火灾危险性，主要表现在雷电放电时所出现的各种物理效应和作用，如雷电放电时的电效应、热效应和机械效应。此外雷电的静电感应、电磁感应和雷电波的侵入也会引起可燃气体的燃烧和爆炸。防雷电的基本措施有：安装防雷装置、根据不同的保护对象采取正确的防雷具体措施以及对防雷装置进行日常巡查和定期检查（其中定期检测每年不应少于2次）。

四、燃气火灾的扑救

（一）灭火对策

遇燃气火灾时，一般应采取以下基本对策：

1. 断源灭火

断源灭火是从燃烧系统中除去燃气或切断燃气的来源，使火熄灭。这个办法在燃气火灾中，是唯一可行有效的措施。具体办法是关闭喷出气流阀门，以切断燃气向燃烧系统的供给，使火迅速熄灭。关阀断气时，应注意以下几点：

（1）防止因错关阀门而导致意外事故的发生。

（2）在关阀断气的同时，要不间断地冷却着火部位及受火势威胁邻近设施。火熄灭后，仍需继续冷却一段时间，防止复燃复爆。

（3）当火焰威胁阀门而难以接近时，可在实施堵漏措施的前提下，先灭火，后关阀。

（4）在稳定燃烧的情况下，未关阀断气源前，切忌盲目扑火。以防火灭后，燃气继续外逸造成二次燃烧爆炸事故。

（5）关阀断气灭火时，应考虑关阀后是否会造成前一工序中的高温高压设备出现超压而发生爆破事故。因此，在关阀断气的同时，应根据具体情况，采取相应的断电、停泵、泄压、放空等措施。

2. 灭火剂灭火

扑救燃气火灾时，可选择水、干粉、卤代烷、蒸汽、氮气及二氧化碳等灭火剂灭火。

利用水枪灭火时，宜以60°～75°的倾角喷射火焰，可取得良好的灭火效果。

3. 堵漏灭火

对气压不高的漏气火灾，采用堵漏灭火时，可用湿棉被、湿麻袋、石棉毡或黏土等封堵火口，隔绝空气，使火熄灭。

在关阀、补漏或堵漏时，操作要迅速，且必须严格执行操作规程和动火规定，防止二次着火爆炸。

（二）安全注意事项

1. 一旦发生火情，有关人员应立即行动起来，按事故应急预案的规定进行灭火。作业人员应立即切断气源，处置可燃物，尽快地、正确无误地启用消防灭火设施和器材，控制火势。

2. 无关车辆要立即驶出现场，并有秩序地转移可燃物资，切断气源和电源，清理交通障碍，使消防车道通畅。转移物资时不准乱甩，以免因撞击而扩大火情。

3. 火灾现场要做好警戒，断绝交通，派人把守，阻止无关人员进入。

4. 灭火时一定要对周围受火势威胁的储罐进行冷却，以防爆炸，使之不危及周边人员、物资安全。

5. 在扑救燃气火灾时，一线的灭火人员要穿隔热服，并组织第二线水枪进行掩护。

6. 灭火人员应选择好操作位置，使其处于最接近火场有利作业地位，一般应在火势的上风向或侧风向。非作业人员应在火场的上风向或侧风向。

7. 灭火时不要太盲目，要防止火灭后继续漏气而发生爆炸，灭火一定要彻底，防止复燃。

8. 灭火时要时刻注意罐体和燃烧情况，如发现燃烧的火焰由红变白，光芒耀眼；或燃烧处发出刺耳的哨声和罐体抖动时，人员应及时撤离到安全地点。

第三节　消防设施与管理

一、消防水源

灭火所需的消防水，应由消防水源供给。合理规划和选择消防水源，是保证燃气站场安全的重要措施。

（一）消防水源的选择

燃气站场消防水源选择总要求是安全可靠并满足燃气消防需要。按照国家标准《建筑设计防火规范》的规定，消防用水源可由给水管网、天然水源或消防水池供给。利用天然水源（地下水或地表水）作消防水源时，应确保枯水期最低水位时消防用水的可靠性，且应设置可靠的取水设施。同时，要求地表水或地下水均不能被可燃、易燃液体污染。用于自动喷水、喷雾灭火水系统，应经净化处理，防止地表水泥沙等堵塞喷头。

（二）消防水源的供应量

燃气站场工程的供水量的确定，应符合以下规定：

1. 消防、生产和生活用水采用同一水源时，水源工程的供水量应按最大消防用水量的1.2倍计算确定；如采用消防水池时，应按消防水池的补水量、生产用水量及生活用水总和的1.2倍计算确定。

2. 当消防与生产用水采用同一水源时，而生活用水采用另一水源时，消防与生产用水水源工程的供水量应按最大消防用水量的1.2倍计算确定；当采用消防水池时，应按消防水池的补充水量与生产用水总和的1.2倍计算确定。

3. 当消防用水采用单独水源，生产和生活用水合用另一水源时，消防用水水源工程的供水量应按最大消防用水量的1.2倍确定；当采用消防水池时，应按消防水池补充水量的1.2倍确定。

4. 生产装置区的消防用水量、水压应根据站场设计规模计算确定。

（三）消防水池的设置

1. 消防水池的容量应按火灾连续时间6h所需最大消防用水量计算确定。当储罐总容积小于或等于220m^3 时，且单罐容积小于或等于50m^3 的储罐或储罐区，其消防水池的容量可按火灾连续时间3h所需最大消防用水量计算确定。当火灾情况下能保证向消防水池连续补水时，其容量可减去火灾延续时间内的补充水量。

2. 水池的容量小于或等于1000m^3 时，可不分隔，大于1000m^3 时，应分隔成两个，并设带阀门的连通管。

3. 水池的补充水时间，不宜超过96h。

4. 当消防用水与生活、生产用水合建水池时，应有消防用水不作他用的技术措施。

5. 供消防车取水的消防水池距消防对象的保护半径不应大于150m。

6. 寒冷地区应设防冻措施。

二、消防管网

（一）消防给水管网的要求

1. 燃气站场采用城镇自来水作为水源时，进入处的压力不应低于0.12MPa。

2. 室外消防给水管网应布置成环状管网，以保证消防用水的安全。

3. 为确保环状给水管网的水源，要求向环状管网输水管不应少于两条，当其中一条发生故障时，其余的输水管仍能通过消防用水总量。

4. 为了保证火场消防用水，避免因个别管段损坏导致管网供水中断，环状管网上应设置消防分隔阀门将其分成若干独立段，阀门应设在管道的三通、四通分水处，阀门的数量应按$n-1$原则设置（三通n为3，四通n为4)。为使消防队第一出动力量及时到达火场，能就近利用消火栓一次串联供水，及时扑灭初起火灾，两阀门之间的管段上消火栓的数量不宜超过5个。

5. 设置室外消火栓的消防给水干管的最小直径不宜小于200mm。

6. 地下独立的消防给水管道，应埋设在冰冻线以下，距冰冻线不应小于150mm。

7. 设有给水管道的站场内的建筑物，应符合现行国家标准《建筑设计防火规范》的规定。

（二）消火栓的设置要求

1. 消火栓分室内消火栓和室外消火栓。室外消火栓又有地下式和地上式两种。地下式消火栓有口径100mm和65mm的栓口各一个，地上式消火栓有一个100mm和两个65mm的栓口。在寒冷地区宜采用地下式消火栓

2. 消火栓的数量应按所需的消防水量确定，每个消火栓的出水量应按10～15L/s计算；消火栓的位置应按保护半径确定，保护半径不宜大于120m。

3. 消火栓的布置　为便于火场使用和安全，消火栓应沿道路两旁设置，且应尽量靠十字路口，高压消火栓距道路边不宜大于2m，距离外墙不应小于5m，地上式消火栓距外墙5m有困难时，可适当减少，但最少不应小于1.5m，以保证火场操作的需要。燃气储罐区的消火栓，应设在防火堤与消防道之间，低压消火栓距路边宜为2～5m。

4. 根据火场消防用水量，可确定其四周150m内应设置的消火栓数量。但距罐壁15m以内的消火栓不应计算在着火罐使用的数量内，因为受火势威胁，15m以内的消火栓一般不能用。当储罐采用固定式消防管网时，为便于扑救流散的火灾，在储罐区四周应设置备用消火栓，一般不少于4个。

5. 消火栓设置应有明显的标志，寒冷地区的消火栓井、阀门池应有可靠的防冻措施。

三、消防泵房

（一）消防泵房的设置要求

消防水泵房的设计应符合现行国家标准GB 50016《建筑设计防火规范》的有关规定。

1. 燃气站场在同一时间内的火灾次数应按一次考虑，其消防用水量应按储罐区一次最大小时消防用水量确定。

2. 储罐区消防用水量应按其储罐固定喷水冷却装置和水枪用水量之和计算，其冷却供水强度不应小于0.15L/(s・m^2)。

3. 消防泵房可与给水泵房合建，如在技术上可能，消防水泵可兼作给水泵。

4. 消防泵房的位置、给水管道的布置要综合考虑，以保证启泵后5min内，将消防水送到任何一个着火点。

5. 消防泵房的位置宜设在罐区全年最小频率风向的上风侧，其地坪宜高于罐区地坪标高，并应避开储罐发生火灾所波及到的部位。

6. 消防泵房应采用耐火等级不低于二级的建筑，并应设直通室外的出口。

7. 消防泵房应设双电源或双回路供电，如有困难，可采用内燃机作备用动力。

8. 消防泵房应设置对外联系的通信设施。

（二）消防泵的设置要求

1. 一组水泵的吸水管和出水管不宜少于两条，当其中一条发生故障时，其余的应能通过全部水量。

2. 消防泵的出水扬程、流量和压力应满足装置灭火的需要，数量上还应考虑设备检

修时的备用。

3. 消防泵宜采用自灌式引水，当采用负压上水时，每台消防泵应有单独的吸水管。

4. 消防泵应设置回流管。

5. 泵房内经常启闭的阀门，当管径大于 300mm 时，宜采用电动或气动阀，并能手动操作。

四、消防给水设施的管理

（一）消防平面图

为了有效地发挥消防给水设施的作用，便于管理消防设施，应绘制消防平面图。消防平面图是燃气站场消防水源分布、消防设备与管道设施布置、消防疏散通道的平面示意图。它是消防人员熟悉和掌握水源和现场消防设施的重要资料。消防平面图应标出：

1. 消防水源位置。包括给水管网的管径、水压情况、消防水池位置、取水设施、容量及取水方式等。

2. 室内外消火栓的位置和类型。

3. 消防给水管网的阀门布置。

4. 可通消防车的交通路线（标出双行道、单行道以及路面情况）。

5. 单位内及邻近单位消防队的位置和消防车的类型和数量。

6. 消防重点保卫部位的位置、性质和名称。

7. 常年主导风向和方位。

（二）消防给水设施的维护保养和检查

1. 消防水泵及给水系统（包括喷淋系统）要定期启动运行，以保持设备设施完好，随时可投入使用。

2. 消防给水管道系统平时要处于带压工作状态，以备突发事件时，及时供水，防止事故的发生。

3. 每月或重大节日前，必须对消防设施进行一次检查，发现设施损坏要及时更换新件。

4. 消防设施要定期进行维护保养。其主要内容有：

（1）水泵要定期换油、加油；水封密封盘根要定期更换；电机要定期进行试验。

（2）定期检查泵体运行时是否有噪声或振动，发现异常，立即停车检修。

（3）给水管道要定期试压，发现管道、阀门破损或泄漏，要及时修复。

（4）消火栓要定期打开，检查供水情况，放掉锈水后再关紧，观察有无漏水现象；清除阀塞启闭杆周围的杂物，将专用扳手套在杆头，检查是否合适，转动是否自如，并加注润滑油。

（5）检查水喷雾头和水枪，发现堵塞要及时清理。

第四节 灭火器的配备、使用与管理

一、灭火剂

常用的灭火剂主要有：水、泡沫灭火剂、干粉灭火剂、卤代烷灭火剂、二氧化碳灭火剂、烟雾灭火剂等。不同的灭火剂有各自不同的特点和性能。为了有效发挥其灭火效力，应掌握熟悉各类灭火剂的物理、化学性质，灭火原理以及适用范围，以便针对不同的火灾对象，选择适宜的灭火剂。

（一）水

水是应用最广泛的天然灭火剂。它可以单独使用，也可以与不同的化学剂组成混合液使用。许多消防器材都是用水或水的混合液灭火。因此，水是重要的灭火剂。

1. 水的灭火作用

（1）冷却作用　冷却是水的主要灭火作用。水的热容量和汽化潜热很大，当与炽热的燃烧物接触时，即被加热和汽化，同时大量吸收燃烧物的热量，使燃烧物冷却而熄灭。

（2）窒息作用　水灭火时，遇到炽热燃烧物而汽化，产生大量的水蒸气，体积急剧增大，大量的水蒸气占据了燃烧区的空间，阻止周围空气进入燃烧区，从而显著地降低燃烧区域内的氧含量，迫使氧气逐渐减少。一般情况下，空气中含有35%体积的水蒸气，燃烧就会停止。

（3）稀释作用　当水容性可燃、易燃液体发生火灾时，在可能用水扑救的条件下，水与可燃、易燃液体混合后，可降低它的浓度和燃烧区内可燃蒸气的浓度，使燃烧物浓度降低。当浓度降到可燃浓度以下时，燃烧便自行停止。但在大量水溶剂存在的情况下，必须注意稀释后，由于体积增大是否会溢出容器造成流淌火灾。

（4）乳化作用　用水喷雾灭火设备扑救油类火灾时，由于雾状水射流的高速冲击作用，微粒水珠进入液层并引起扰动，使可燃液体表面形成一层同水粒和非水溶性液体混合组成的乳状物表层，这样就减少了可燃液体的蒸发量而难于继续燃烧。

（5）水力冲击作用　水在机械的作用下，密集的水流具有强大动能和冲击力，强烈地冲击着燃烧物和火焰，使燃烧物冲散和减弱燃烧强度进而达到灭火目的。

由此可见，水的灭火作用不是某一种作用，而是几种综合作用的结果。水特别适用于燃气火灾的扑救。

2. 水的形态及应用范围

水作为灭火剂，常以四种形态出现，形态不同，灭火效果也不同。

（1）直流水和开花水　通过水泵加压并由直流水枪喷出的密集水流称为直流水；通过水泵加压由开花水枪喷出的滴状水流称为开花水。直流水和开花水可用于扑救一般固体物质的火灾，还可以扑救闪点在120℃以上、常温下呈半凝状态的重油火灾。一般不适宜用直流水扑救可燃粉尘火灾和高压电气设备火灾。

（2）雾状水　通过水泵加压并由喷雾水枪喷出的雾状水流称为雾状水。雾状水降温快，灭火效率高，水渍损失小，可用于扑救粉尘、纤维状物质等火灾。但与直流水和开花水相比较，雾状水射程较近，不能远距离使用。

（3）水蒸气　水蒸气能冲淡燃烧区的可燃气体，降低空气中氧的含量，具有良好的窒息作用。水蒸气主要适用于容积在500m^3以下的密闭厂房、容器，以及空气不流通的地方或燃烧面积不大的火灾，特别适用于扑救高温设备和燃气管道火灾。

（4）水霾　水霾是指平均滴径为0.05～0.3mm的超细水雾，其灭火机理是由于水霾的滴径很小，喷射火场后可长时间悬浮在空气中，靠火焰上升气流的卷吸作用进入火焰锋面，通过冷却和稀释达到控火和灭火的目的。水霾灭火尤其适用于B类火灾的灭火和控火。

（二）泡沫灭火剂

凡能与水相混溶，并可通过化学反应或机械方法产生灭火泡沫的灭火药剂，称为泡沫灭火药剂。泡沫灭火剂一般由发泡剂、泡沫稳定剂、降黏剂、抗冻剂、助溶剂、防腐剂及水组成。

泡沫灭火剂按照泡沫的生成机理，可分为化学泡沫灭火剂和空气泡沫灭火剂。常见的泡沫灭火剂有：蛋白泡沫液灭火剂、氟蛋白泡沫灭火剂、水成膜泡沫灭火剂、抗溶性泡沫灭火剂、高倍数泡沫灭火剂等。

1. 蛋白泡沫灭火剂　是我国石油化工消防中应用最广的灭火剂之一。主要用于扑救B类火灾中的非水溶性易燃或可燃液体火灾，包括石油和石油产品火灾，如汽油、煤油、柴油、重油、沥青等火灾；动物性和植物性油脂的火灾。

2. 氟蛋白泡沫灭火剂　主要用于扑救一般非水溶性可燃、易燃液体和一些可燃固体火灾，如石油及石油产品火灾。

3. 水成膜泡沫灭火剂　主要用于扑救一般非溶性可燃、易燃液体火灾，一般用于机场等重要场所。

4. 抗溶性泡沫灭火剂　可用于扑救水溶性可燃液体，如醇、酯、有机酸等火灾。

5. 高倍数泡沫灭火剂　适用于扑救散装仓库、货架储存仓库、油库、矿井、地铁、隧道、厂房等火灾。

（三）干粉灭火剂

干粉灭火剂是一种干燥的、易于流动的固体粉末，一般借助于灭火器或灭火设备中的气体压力，将干粉从容器喷出，以粉雾形态扑救火灾。干粉灭火剂按使用范围可分为普通干粉和多用干粉两大类。

1. 普通干粉（碳酸氢钠干粉）灭火剂　一般装于手提式灭火器、推车式灭火器及干粉消防车中使用。主要用于扑救各种非水溶性及水溶性可燃、易燃液（气）体，如天然气、液化石油气火灾；此外还适用于扑救带电设备火灾。

2. 多用干粉（磷酸铵盐）灭火剂　除与普通干粉一样，能有效地扑救可燃、易燃液（气）体和电气设备火灾外，还适用于扑救木材、纸张、纤维等A类固体可燃物质的火灾。一般装于手提式灭火器和推车式灭火器中使用。

（四）卤代烷灭火剂

卤代烷灭火剂是以卤原子取代烷烃分子中的部分氢原子或全部氢原子后得到的一类有机化合物的总称。一些低级烷烃的卤代物具有不同程度的灭火作用，这些具有灭火作用的低级卤代烷统称为卤代烷灭火剂。

卤代烷灭火剂具有灭火效率高、灭火迅速、用量省、气化性强，热稳定性和化学稳定性好、对设备不会造成污染等特点，且长期储存不变质。适用于扑救可燃气体、可燃液体和带电设备火灾。特别适宜扑救电子计算机、通信设备等精密仪器火灾。常见的卤代烷灭火剂有：1211灭火剂和1301灭火剂。但卤代烷对大气臭氧层破坏严重，为保护大气臭氧层，卤代烷灭火剂在全世界正逐步停止生产和禁止使用。

（五）二氧化碳灭火剂

二氧化碳灭火剂是一种不燃烧、不助燃的惰性气体，而且价格低廉，易于液化，便于灌装和储存，是一种常用的灭火剂。

二氧化碳灭火剂主要灭火作用是窒息作用，此外对火焰还有一定的冷却作用。当二氧化碳喷出时，气化吸收本身的热量，使部分二氧化碳变为固态的干冰，干冰气化时要吸收燃烧物的热量，对燃烧物有一定的冷却作用。但这种冷却作用远不能扑灭火焰，不是二氧化碳灭火的主要作用。

二氧化碳灭火剂扑救时，对火场环境不会造成污染，灭火后能很快逸散，不留痕迹。适用于扑救各类易燃液体（B类）火灾，以及诸如资料档案、仪器仪表等怕污染、损坏的A类固体火灾。另外二氧化碳不导电，可用于扑救带电设备的火灾。

液相二氧化碳在气化时，吸收本身热量使温度很快降到－79℃，使用时应防止冻伤。

（六）烟雾灭火剂

烟雾灭火剂是由硝酸钾、木炭、硫磺、三聚氰胺和碳酸氢钾组成，呈深色粉状混合物。它是在发烟火药的基础上加以改进而研制的一种灭火剂。其灭火原理主要是窒息作用。

烟雾灭火剂适用于扑救油罐初起火灾，灭火速度快；设备简单，投资少；不用水，不用电，节省人力物力；灭火后杂质少，对油品污染小。特别适用于缺水，交通不便，油罐少而分散的偏远地区。

二、常用灭火器及配置

（一）常用灭火器的分类

我国通常采用按照充装灭火剂的种类、灭火器重量、加压方式3种分类方法进行分类。

1. 按充装的灭火剂种类分

（1）清水灭火器　灭火剂为水和少量添加剂；

（2）酸碱灭火器　碳酸氢钠和硫酸铝；

（3）化学泡沫灭火器　碳酸氢钠和硫酸铝；

（4）轻水泡沫灭火器　碳氢表面活性剂、氟碳表面活性剂和添加剂；

（5）二氧化碳灭火器　CO_2；

（6）干粉灭火器　碳酸氢钠、磷酸铵等干粉灭火剂。

2. 按灭火器的重量分

（1）手提式灭火器　总重在28kg以下，充装量一般在10kg以下。如常用的手提式干粉灭火器充装量有1、2、3、4、5、6、8、10kg八种规格。

（2）背负式灭火器　总重在40kg以下，充装量在25kg以内。

（3）推车式灭火器　总重在40kg以上，充装量在20～125kg之间。如常用的推车式干粉灭火器充装量有20、50、100、125kg四种规格。

3. 按加压方式分

（1）化学反应式　两种药剂混合，进行化学反应产生气体加压，包括酸碱灭火器和化学泡沫灭火器。

（2）储气瓶式　气体储存在钢瓶内，当使用时，打开钢瓶使气体与灭火剂混合，包括清水灭火器、轻水泡沫灭火器和干粉灭火器。

（3）储压式　灭火器筒身内已充入气体灭火剂与气体混装，经常处于加压状态，如二氧化碳灭火器。

（二）灭火器型号的编制方法

常用灭火器的型号编制方法见表 10-3。

常用灭火器的型号编制方法　　　　**表 10-3**

类	组	代号	特征	代号含义	主要参数	
					名称	单位
灭火器 M	水 S(水)	MS	酸碱	手提酸碱灭火器	灭火器充装量	L
		MSQ	清水，Q(清)	手提清水灭火器		
	泡沫 P(泡)	MP	手提式	手提式泡沫灭火器		L
		MPZ	舟车式，Z(舟)	舟车式泡沫灭火器		
		MPT	推车式，T(推)	推车式泡沫灭火器		
	干粉 F(粉)	MF	手提式	手提式干粉灭火器		kg
		MFB	背负式，B(背)	背负式干粉灭火器		
		MFT	推车式，T(推)	推车式干粉灭火器		
	二氧化碳 T(碳)	MT	手提式	手提式二氧化碳灭火器		kg
		MTZ	鸭嘴式，Z(嘴)	鸭嘴式二氧化碳灭火器		
		MTT	推车式，T(推)	推车式二氧化碳灭火器		

（三）灭火器的配置

燃气站场内有火灾和爆炸危险的建（构）筑物，液化天然气储罐和工艺装置区应设置小型干粉灭火器，其配置灭火器的数量除应符合《城镇燃气设计规范》GB 50028 的规定外，还应符合国家标准《建筑灭火器配置设计规范》GB 50140 规定。其配置原则是按火灾类别与危险等级来确定。

值得说明的是，到目前为止世界各国，也包括我国在内，通过灭火试验的方法，仅就灭火器对 A、B 类火灾的灭火效能确定了灭火级别，并规定了灭火器的配置基准。而对 C 类火灾（以及 D、E 类）尚未制定灭火级别确认值。由于 C 类火灾的特性与 B 类火灾比较接近，按惯例规定 C 类火灾场所的最低配置基准可按 B 类火灾场所的最低配置基准执行。因此燃气站场生产作业区一律按 B 类火灾场所配置基准配置灭火器。

1. 灭火器的选择

灭火器的选择应考虑以下因素：

（1）灭火器配置场所的火灾种类和危险等级；

（2）灭火器的灭火效能和通用性；

（3）灭火剂对保护物品的污损程度；

（4）灭火器设置点的环境温度。

2. 燃气生产装置区灭火器的类型选择

按火灾种类和危险等级的分类与分级，燃气生产装置区属于 B、C 类火灾和严重危险等级场所，应选择磷酸铵盐干粉灭火器、碳酸氢钠干粉灭火器、二氧化碳灭火器或卤代烷灭火器。

3. 灭火器的设置

灭火器的设置应符合以下规定：

（1）灭火器应设置在位置明显和便于取用的地点，且不得影响安全疏散。

（2）对有视线障碍的灭火器设置点，应有指示其位置的发光标志。

（3）灭火器的摆放应稳固，其铭牌应朝外。手提式灭火器宜设置在灭火器箱内或挂钩、托架上，其顶部离地面高度不应大于 1.50m；底部离地面高度不宜小于 0.8m。灭火器箱不得上锁。

（4）灭火器不宜设置在潮湿或强腐蚀性的地点，当必须时，应有相应的保护措施。灭火器设置在室外时，应有相应的保护措施。

（5）灭火器不得设置在超出其温度范围的地点。

（6）灭火器的最大保护距离应符合规定要求：燃气生产装置区手提式灭火器最大保护距离不应超过 9m；推车式灭火器最大保护距离不应超过 18m。

4. 灭火器的配置

（1）灭火器配置的设计与计算应按计算单元进行。灭火器最小需配灭火级别和最少需配数量应进位取整。

（2）每个灭火器设置点实配灭火器的灭火级别和数量不得小于最小需配灭火级别和数量的计算值。

（3）灭火器设置点的位置和数量应根据灭火器的最大保护距离确定，并应保证最不利点至少在 1 具灭火器的保护范围内。

（4）一个计算单元内配置的灭火器数量不得少于 2 具。

（5）每个设置点的灭火器数量不宜多于 5 具。

三、灭火器的使用与管理

（一）灭火器的使用与管理基本规定

1. 灭火器的使用报废年限

在正常管理使用条件下，一般灭火器的报废年限如下：

（1）手提式化学泡沫灭火器 5 年；

（2）手提式酸碱灭火器 5 年；

（3）手提式清水灭火器 6 年；

（4）手提式干粉灭火器（储气瓶式）8 年；

（5）手提储压式干粉灭火器 10 年；

（6）手提式二氧化碳灭火器 12 年；

（7）推车式化学泡沫灭火器 8 年；

（8）推车式干粉灭火器（储气瓶式）10 年；

（9）推车储压式干粉灭火器 12 年；

（10）推车式二氧化碳灭火器 12 年。

2. 灭火器使用的基本方法

使用者要经过专门技术培训和灭火训练，熟悉灭火器的性能、特点，熟练掌握灭火器的使用方法。手提式灭火器使用的基本方法是：

(1) 右手握住压把，左手托着灭火器底部，轻轻取下灭火器；

(2) 右手提灭火器到火场；

(3) 除掉铅封，拉开保险销；

(4) 左手握住喷管，右手提着压把；

(5) 右手用力压下压把，对着火焰根部喷射，直至火焰扑灭。

3. 灭火器管理基本规定

(1) 灭火器要定期进行维护保养，维护灭火器必须经专业训练人员负责。

(2) 灭火器应进行定期检查和检验。

(3) 使用单位要建立灭火器的使用、检查与检验周期档案。

(4) 灭火器的配置与分布要用图例标识并绘制分布图。

(二) 泡沫灭火器的使用与管理

以 MPT 型推车式化学泡沫灭火器为例。

1. 使用方法

在使用时，一般由两人操作，先将灭火器迅速推到火场，在距燃烧物 10m 左右停下，由一人施放喷射软管，双手紧握喷枪并对准燃烧处，另一人则先逆时针方向转动手轮，将螺杆升至最高位置，使瓶盖开足，然后将筒体向后倾倒，使拉杆触地，并将阀门手柄旋转 90°，即可喷射泡沫灭火。如阀门装在喷枪处，则由负责操作喷枪者打开阀门。

2. 安全管理

灭火器一般的存放温度在 4～45℃之间，并应每月检查一次，察看喷枪、软管、滤网及安全阀有无堵塞。使用两年后应对筒体连同筒盖一起进行水压试验，每隔半年对所充装的药物进行检查，如有变质应及时更换。

(三) 二氧化碳灭火器的使用与管理

1. 使用方法

(1) 灭火时将灭火器提到火场，在距燃烧物 5m 左右放下灭火器。

(2) 然后拉开保险销，一手握住喇叭筒根部的手柄，另一只手握紧启闭阀的压把。

(3) 对没有喷射软管的二氧化灭火器，应把喇叭筒往上扳 70°～90°。

(4) 使用时不能直接用手抓住喇叭筒体外壁和金属连接管，防止手被冻伤。

(5) 灭火时，当可燃液体呈流淌状燃烧时，使用者应将二氧化碳灭火剂的喷流由近而远向火喷射。

(6) 如果可燃液体在容器内燃烧时，使用者应将喇叭筒提起，从容器的一侧上部向燃烧的容器中喷射。但不能使二氧化碳射流直接冲击到可燃液面上。

(7) 推车式二氧化碳灭火器一般由两人操作，使用时由两人一起将灭火器拉到燃烧处，在离燃烧物约 10m 处停下，一人快速取下喇叭筒并展开喷射软管，握住喇叭筒根部手柄，另一人快速按顺时针方向旋转手轮，并开到最大位置。灭火方法与手提式的方法一样。

(8) 在室外使用二氧化碳灭火器时，应选择在上风向喷射；在室内窄小的空间使用时，操作者使用后应迅速离开，以防窒息、中毒。

2. 安全管理

(1) 灭火器应存放在阴凉、干燥、通风处，环境温度在－5～＋45℃之间为好。

(2) 灭火器每半年应检查一次重量，用称重法检查。

(3) 每次使用后或每隔 5 年，应送维修单位进行水压试验。

(四) 干粉灭火器的使用与管理

1. 使用方法

(1) 灭火时，快速将灭火器提到火场，在距燃烧物 5m 处放下灭火器，然后拉出铅封和保险销进行灭火，灭火时应对准火焰猛烈扫射。

(2) 扑救可燃、易燃液体时，应对准火焰根部进行扫射。如所扑救的液体火灾是流淌燃烧时，也应对准火焰根部由近而远并左右扫射。

(3) 如用磷酸铵盐干粉灭火器扑救固体可燃物的初起火灾时，应对准燃烧最猛烈处进行扫射。

2. 安全管理

(1) 灭火器应放置在阴凉、干燥、通风处，环境温度在－5～＋45℃之间为好。

(2) 灭火器应避免在高温、潮湿等场合使用。

(3) 每隔半年应检查干粉是否结块，储气瓶内的二氧化碳气是否泄漏等。

(4) 灭火器一经开启后，必须进行再充装，每次再充装前或是灭火器出厂三年后，则应进行水压试验。

(5) 推车式干粉灭火器维护时，应检查车架、车轮是否灵活，检查是否粘连、破损等。

第十一章　燃气安全经营

第一节　概　　述

城镇燃气是由燃气经营企业生产加工出来并进入社会流通环节，其本身具有的易燃、易爆、有毒等危害性也随之进入社会。因此加强燃气经营管理，保障燃气输配流通和使用环节的安全，显得十分重要。城镇燃气是城镇公用事业的组成部分，行业上虽不属于危险化学品管理范畴，但燃气储配场所构成重大危险源的，其安全管理，应参照执行《危险化学品安全管理条例》的有关规定。

一、燃气经营企业的基本条件

根据《城市燃气安全管理规定》，城镇燃气生产、储存、输配、经营和使用，必须贯彻“安全第一，预防为主”的方针，严格遵守有关安全规定及操作规程，建立健全相应的安全管理制度，并严格执行。燃气经营企业除应办理工商营业执照、税务登记、法人代码登记外，还应具备以下基本条件：

1. 燃气经营场所和输配设施必须符合城镇总体规划、消防安全要求；

2. 燃气工程建设必须符合基本建设程序，必须按规定进行安全评价和环境保护评价，并严格按照国家或主管部门有关安全标准、规范、规定进行；

3. 燃气工程的建设必须保证质量，确保安全可靠。竣工验收时，应组织燃气行政主管、城建、公安消防、质量技术监督等部门以及燃气安全方面的专家参加。凡验收不合格的，不准交付使用；

4. 建立安全管理保障体系，并有健全的安全管理组织和制度；

5. 有完备的安全防护设施和消防设施；

6. 管理人员和作业人员经过专业培训，并取得上岗资格；

7. 从事装卸和灌装的生产单位必须按规定申办《气体充装许可证》；

8. 燃气生产装置中的特种设备和自有产权气瓶均按规定办理使用登记。

二、从业人员条件

根据《中华人民共和国安全生产法》、《中华人民共和国劳动法》等相关法律的规定，企业从业人员（包括企业法定代表人或经理人员、各级管理人员和生产人员）应经专门培训，考核合格方可上岗。

（一）生产经营单位主要负责人（法定代表人或经理人员）和安全管理人员的基本条件

根据《中华人民共和国安全生产法》第二十条规定：“生产经营单位的主要负责

人和安全管理人员必须具备与本单位所从事的生产经营活动相应的安全生产知识和管理能力。危险物品的生产、经营、储存单位以及矿山、建筑施工单位的主要负责人和安全管理人员，应当由有关主管部门对其安全生产知识和管理能力考核合格方可任职。”

（二）技术负责人的任职条件

燃气生产经营单位技术负责人应具备相关工程技术专业及相应技术职称（建议助理工程师以上）的人员担任，且应具备从事燃气或危险化学品生产经营活动相应的安全生产知识和技术管理能力。从事压力容器、压力管道等特种设备的安全管理人，还应接受质量技术监督机构组织的专业技术培训，经考试合格，持证上岗。

（三）生产作业人员的基本条件

根据《中华人民共和国劳动法》规定：“从事技术工种的劳动者，上岗前必须经过培训。国家确定职业分类，对规定的职业技能标准，实行职业资格证书制度，由经过政府批准的考核鉴定机构负责对劳动者实施职业技能考核鉴定”。

生产经营单位的特种作业人员必须按照国家有关规定经专门的安全作业培训，取得特种作业操作证书，方可上岗作业。

燃气生产经营单位的特种作业人员包括：压力容器操作工、压力管道操作工、气体充装工、气瓶充装检验工、焊工、电工、锅炉工、危险品运输司机、押运员等。

三、安全生产管理机构

安全生产管理机构是企业内设的专门负责安全生产监督管理的机构，其工作人员都应是专职安全生产管理人员。安全管理机构的作用是落实国家有关安全生产的法律法规、行业主管部门有关安全管理规定；组织企业内部各种安全检查，及时整改各种事故隐患；组织安全培训教育和安全知识宣传活动；监督安全生产责任制和各项安全管理制度的落实等。它是燃气经营企业安全生产的重要组织保证。

燃气经营企业应根据企业生产特点，建立健全“三级安全管理网络”，即安全生产决策层、管理层和执行层。企业三级安全管理网络如图 11-1 所示。

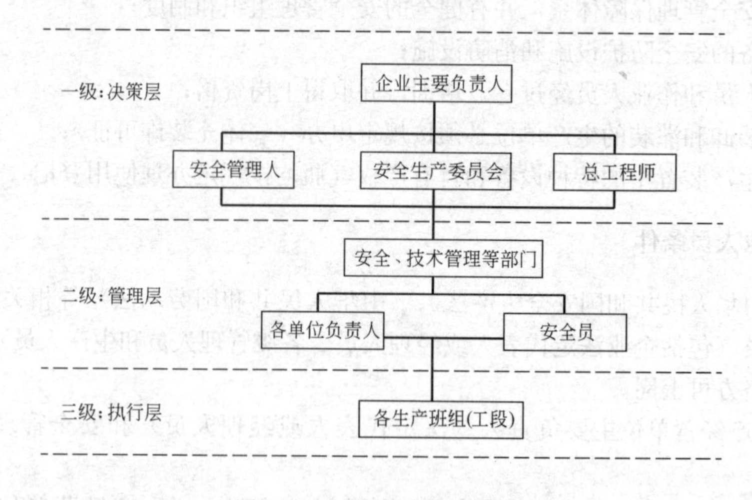

图 11-1　三级安全管理网络

四、安全生产管理目标和基本内容

安全生产管理是企业管理的重要组成部分，是安全科学的一个分支。所谓安全生产管理，就是针对生产过程的安全问题，运用有效的资源，发挥人们的智慧，通过全体职工的努力，进行有关决策、计划、组织和控制等活动，实现生产过程中人与机器设备、物料、环境的和谐，达到安全生产的管理目标。企业安全生产管理包括安全生产法规管理、行政管理、监督检查、工艺技术管理、设备设施管理、作业环境和条件管理等。

（一）安全生产的目标　减少和控制危害，减少和控制事故，尽量避免生产过程中由于事故所造成的人身伤害、财产损失、环境污染以及其他损失。

（二）安全生产管理的基本内容　安全生产管理机构和安全生产管理人员、安全生产责任制、安全生产管理规章制度、安全生产策划、安全培训教育、安全生产档案等。

（三）安全生产管理的对象　涉及到企业中的所有人员、设备设施、物料、环境、财务、信息等各个方面。管理基本对象是企业的职工。

（四）燃气企业重点监控的设施　包括监测、计量、通风、防晒调温、防火灭火、防爆、泄压、防毒、防雷、防静电、防腐、防泄漏、防潮、防冻、防护围堤或者隔离操作等安全设施、设备，以及通信、报警装置等。应按国家和行业有关标准、规定进行维护保养，使之处于良好状态。

第二节　安全生产管理制度

安全生产管理制度是国家安全生产法律法规的延伸，也是生产单位贯彻执行法律法规的具体体现，是保障职工人身安全健康以及财产安全的最基本的规定。安全生产管理制度以国家颁发的相关法律法规以及行业规范、标准、规定为依据，同时又要结合本单位的生产经营特点和工艺流程，制定符合自身安全管理实际需要的各种规章制度。燃气生产单位安全生产管理制度主要有以下内容：

一、燃气站场安全管理制度

（一）入站安全规定

1. 气站工作人员、车辆必须持有效证件进出站场工作区。

2. 来访客人进入气站，必须主动出示有效证件，讲明来站目的，征得气站负责人同意并在门卫处填写《来访登记表》，持来访证方可进入气站。

3. 来访客人一般只能在气站非生产作业区（如办公楼内）联系工作。生产作业区谢绝参观，确因工作需要参观或检查工作时，须经气站负责人同意，并经相应的安全培训后，在专人陪同下，方可进入生产作业区。

4. 进入气站生产作业区前，任何人都必须接受安全检查，禁止一切火种带入。且应严格遵守气站安全管理规定。

5. 进站作业的危险品运输车辆必须接受门卫人员检查，司机、押运员必须主动出示交通和质量技术监督部门核发的各种有效证件，车载灭火器材及防静电接地等设施应齐全完好，排烟管应佩戴好防火罩，并进行登记，方可进入生产作业区。无有效证件或证件不全的，不准进站。

6. 进站车辆要依次行驶和停放，遇有车辆拥挤时，要互相礼让，服从管理人员调度，不得抢行、超车和逆行。

7. 驾驶人员不得远离车辆，非驾驶人员不得动用车辆。

8. 如遇站内发生意外事故，车辆必须服从现场管理人员统一指挥调度。

9. 来访客人离开气站时，应将由接待人签字的《来访登记表》交给门卫，由门卫人员登记离站时间。

10. 出站人员、车辆携带货物时，须持有气站负责人签署的《出门条》或《出货单》，经门卫人员检查核对后方可出站。

（二）储罐区安全管理制度

1. 储罐区是燃气站场内的生产作业场所，是易燃易爆的要害部位和重点安全监控对象。非操作人员未经批准严禁进入。

2. 储罐区严禁烟火。进入罐区的人员不得携带火种（如火柴、打火机、手机等），不得穿带钉鞋及化纤衣服。

3. 储罐区不得堆放任何易燃易爆物品。

4. 操作人员严格遵守安全操作规程，严禁违章作业；非操作人员不得随意动用设备和附件。

5. 罐区操作人员应经专门技术培训，熟悉设备的构造、性能、使用要求、操作方法，会维护保养，经考试合格，持证上岗。

6. 储罐区内，严禁随意排空或放散燃气，确因工艺需要排空或放散时，应经气站领导同意，并制定安全技术措施，确保安全，防止污染环境。

7. 储罐区的设备、管道及阀门、安全阀、压力表、温度计等附件要经常检查和保养，保证完好，防止泄漏。

8. 储罐区内的消防设施和器材，不得随意挪动，应有专人负责维护保养，保证齐全、完好、有效。

9. 储罐区必须要定期巡查，并认真做好巡查记录。发现安全隐患，必须及时排除，一时无法排除的，应及时报告气站领导或上级主管部门。

10. 储罐区生产装置检修时，操作人员应在场配合，装置检修后应由操作人员、安全技术管理人员验收合格，并履行签字手续，方可离开作业现场。

11. 储罐区检修作业前，必须按规定办理工作许可证，涉及动火、动土或进入限制空间作业，必须按规定的程序办理动火证、动土证或进入限制空间作业证，检修过程中始终要有安全管理人员监护。

12. 储罐区的监视系统、工艺参数传输系统、紧急切断系统、可燃气体报警装置以及防雷防静电设施必须保持完好，防止雷电侵害或其他不利因素的干扰和破坏。

13. 按规定要求控制燃气储存，严禁超量、超压和超温储存。一旦发现储罐超量、超压或超温，应立即采取倒罐、降压或降温措施，及时处理，防止意外事故。

14. 液态介质输入储罐时，应控制一组罐进液，不宜两组或两组以上储罐同时进液。特殊情况多组储罐同时进液时，每组罐必须有专人进行监控。进液操作不应少于两名操作工，一人操作，一人复查，防止发生误操作。

15. 储罐出现假液位时，要认真查找原因，对于液位计失灵的储罐只准出液，不准进液。

（三）燃气装卸区安全管理制度

装卸作业区包括罐车装卸作业和气瓶灌装作业的生产场所，是防火防爆的重点部位和重点安全监控对象，其安全管理除应遵守《储罐区安全管理制度》1～12 项规定外，还应遵守以下规定：

1. 装卸作业前，必须对罐车或气瓶进行认真检查，不符合装卸规定的，拒绝装卸。

2. 严格按灌装标准规定的重量（或压力）灌装，严禁超装。灌装后，必须对灌装量进行复验，发现超装应及时进行卸气处理；发现气瓶欠装时，也应及时补足。

3. 车辆停靠和驶离装卸台（柱）时，必须进行安全检查和确认，按规定做足安全防护措施，并听从气站人员的指挥，严禁盲目从事。

4. 灌瓶间存放气瓶（液化石油气气瓶），总数不应多于 3000 个，且实瓶与空瓶应分区存放，并留有灭火通道及操作空间。

（四）燃气机泵房安全管理制度

机泵房是气站燃气压送设备生产作业场所，是防火防爆的重点部位和重点安全监控对象，其安全管理除应遵守《储罐区安全管理制度》1～12 项规定外，还应遵守以下规定：

1. 机泵房应保持通风良好。并保持室内清洁卫生。

2. 设备运行期间，操作人员要定期巡查设备运行情况，巡查时间间隔不宜多于 1h，发现异常应立即停车检查，及时排除故障，防止设备带病运行，并认真做好设备运行记录。

3. 机泵房内的管道系统及辅助设施要保持完好和清洁，定期进行维护保养，防止泄漏。电气设备设施必须符合防爆要求。

4. 工作结束后，应及时关闭电源和管道阀门，确认无异常情况，方可离开。

（五）站内交通安全管理制度

站内交通安全管理除应遵守《入站安全规定》第 6～10 项规定外，还应遵守以下安全规定：

1. 车辆进入气站，行驶时速不得超过 5km/h。

2. 车辆进入气站，应听从气站管理人员的指挥，按指定路线行驶，并按指定的位置停泊。

3. 装满燃气介质的危险运输车辆在站内行驶时，严禁倒车。

4. 车辆停稳后，应拉手刹，并采取防滑动固定措施。

（六）安全用电管理制度

1. 燃气生产作业场所的配电设施必须按爆炸危险场所等级、工艺特点和使用条件，合理选择电气设备和器材，并符合防爆要求。

2. 设备及电路检修时必须先断电，并挂牌警示。

3. 电源电压必须与电气设备铭牌参数相符，所用的保险丝必须符合规定，严禁用其他材料代替。

4. 电气开关如果跳闸，应查明原因，排除故障后再合闸。

5. 用电设备应按规定进行接地、接零，不得借用避雷地线和水管作地线。同时应按规定安装漏电保护开关，防止漏电发生意外。

6. 应定期检查电气设备的绝缘电阻是否符合规定，绝缘电阻不得低于100Ω/V（如对地电压为220V，绝缘电阻不小于0.22MΩ），发现断线要及时处理。

7. 凡高压操作时，必须穿戴绝缘防护用品，并保证一人操作，一人监护。

8. 电气设备如因漏电失火，要先切断电源，然后用二氧化碳（或干粉）灭火器进行扑救，严禁用水浇，以免发生触电危险。

9. 在发生人身触电事故时，要先切断电源，后进行抢救。在未切断电源前，严禁触及触电者，以免发生连续触电事故。

10. 若市电停电，在使用自备发电机发电时，必须先断开市电网连通开关，确认符合安全规定后，才能启动柴油发电机，并调节到规定的电压，方可送电作业。

11. 检修临时用电必须办理审批手续，且应符合以下规定：

（1）临时用电必须按规定填写临时用电申请表，经用电主管部门批准后，方准临时接线用电。

（2）临时用电申请、审批、使用程序如图11-2所示。

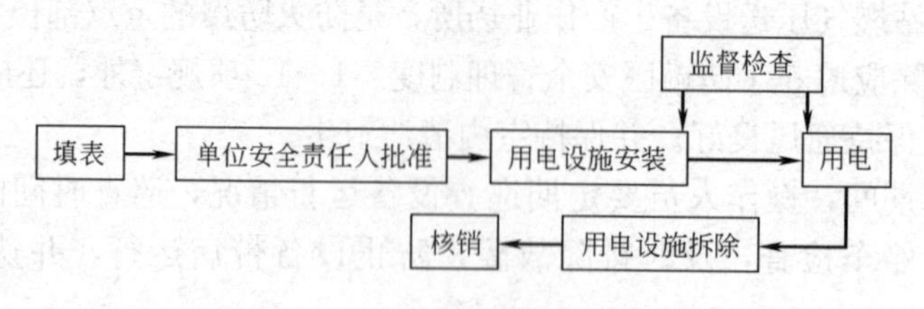

图11-2 临时用电审批、使用程序

（3）临时用电电气作业应由持证电工进行操作，电气作业必须遵守电气安全操作规程。

（4）临时架设电线电缆、安装用电设备必须符合电气安全作业规程要求。且应在醒目处悬挂“临时用电”警示牌。

（5）临时移动照明必须使用安全电压。

（6）移动带电设备时，必须先切断电源，并保护好临时拉接的电线，以免磨损拉断。

（7）临时用电接线（或拆除）、维修作业时，必须先切断电源，再进行作业。且应在醒目处挂“禁止合闸，有人操作”警示牌。

（8）临时用电作业结束后，必须及时拆除已安装的用电设施。并且向受理单位办理核销手续。

（七）安全防火管理制度

1. 根据燃气火灾和爆炸危险性等级分类要求，其厂房建筑结构、工艺布置、电气设备的选用、安装及有关安全设施，必须符合国家标准GB 50016《建筑设计防火规范》、GB 50057《建筑物防雷设计规范》、GB 50028《城镇燃气设计规范》和GB 50257《电气装置安装工程爆炸和火灾危险环境电气装置及施工验收规范》等规范、规程的有关要求。

2. 输送物料的管道应根据管径和介质的电阻率，控制适当的流速，尽可能地避免产生静电，设备、管道等防静电措施应保持完好，且由法定检测机构每半年检测一次，保证完好、合格，并在有效检验期内。

3. 有突然超压可能的生产装置或储存设备，应装有爆破片装置，导爆筒出口应朝向安全方向，并根据需要采取防止二次爆炸、火灾的措施。

4. 生产作业区（如储罐区、装卸区）等下水口处设置水封井，水封井应处于有效水封状态。

5. 在燃气可能泄漏扩散的区域，应设置可燃气体检测报警器，可燃气体报警器应保持完好，发生泄漏报警，应及时处理。遇有大量泄漏，应立即停止生产，进行抢修。

6. 生产装置上的安全阀放空管，必须将其导出管置于室外，并高出建筑物 2m 以上，但应低于界区避雷装置的保护线。

7. 严禁随意排放燃气。装置检修时，必须排空设备内的燃气，应采取有效安全措施。

8. 严格执行动火审批程序和制度，动火作业前必须办理动火作业证，动火作业过程始终应派监火人进行现场监督。固定动火区和禁火区均应设立明显标志，落实专人管理。

9. 遇五级以上大风时，检修现场的高空和露天焊割作业应停止。

10. 生产作业场所为禁火区域，严禁携带火种和穿带钉鞋、穿化纤服进入；检修所用的设备应采用防爆型，工具应采用不发火花工具。

11. 室内作业场所通风设备应保证完好，作业前应打开通风机进行强制通风。

12. 站区的消防设施和器材应齐全完好，并要定期检查和维护保养，保证随时可投入使用。

13. 站区内和站区围墙外的防火隔离带范围内的枯枝干草等可燃物品必须及时清除。

二、安全教育制度

（一）三级安全教育制度

新入职人员（包括新工人、培训与实习人员、外单位调入人员等）按规定必须进行厂（公司）、车间（气站）、班组（工段）三级安全教育。三级安全教育方式与内容是：

1. 厂级安全教育（一级），由人事部门组织，安全技术部门负责教育。其内容主要包括：学习国家安全生产法律、法规及企业安全管理制度；安全生产重要意义与一般安全知识；本单位生产特点，重大事故案例；厂纪厂规及入职后的安全职责，安全注意事项；劳动卫生与职业病预防等。经考试合格，方准分配到车间。

2. 车间级安全教育（二级），由车间安全管理人或安全员进行教育。其内容主要包括：学习行业标准与规范；车间生产特点与工艺流程，主要设备的性能；安全技术规程和安全管理制度；主要危险和危害因素，事故教训，预防事故及职业危害的主要措施；事故应急处理措施等。

3. 班组级安全教育（三级），由班组（工段）长负责。其内容主要包括：岗位生产任务特点，主要设备结构原理，操作注意事项；岗位责任制和安全技术操作规程；各种机具设备及其安全防护设施的性能和作用；事故案例及预防措施；个人防护用品使用；消防器材的使用方法等。

（二）日常安全教育

日常安全教育的内容包括安全思想、政策教育；法制观念、劳动纪律和规章制度教育；安全技术教育；事故案例教育、企业安全文化教育等。

1. 各级安全生产责任人和管理人要对职工进行经常性企业安全文化、安全技术和遵章守纪教育，增强职工的安全意识和法制观念。

2. 应定期举办安全学习培训和宣传活动，充分利用各种形式开展对职工的职业安全卫生教育。

3. 组织好安全生产日活动，白班每周一次，倒班每轮班一次。活动内容包括：学习有关安全生产文件、通报及报刊；安全技术、生产技术、操作规程、工业卫生等知识；观看安全、劳动保护等方面录像；学习防火、防爆、急救知识，现场演练安全、劳动防护用品以及消防器材的使用；开展岗位练兵、安全技术操作比赛；开展事故预想和事故应急演习；分析事故案例、总结经验教训；开展有益于安全生产活动，进行典型教育、表扬安全生产事迹、交流安全工作经验等。

4. 班组应坚持班前、班后会，提出安全生产要求，指出不安全因素，总结本班安全生产情况。

5. 有计划地对职工进行自我保护意识教育，开展职工自救能力及事故应急抢救的训练。

6. 装置大修及重大危险性作业时，指导检修单位进行检修前的安全教育等。

（三）特种作业上岗教育

1. 特种作业人员必须按国家经贸委《特种作业安全技术培训考核办法》、国家质检总局颁发的《特种设备作业人员培训考核管理规则》等规定进行安全技术培训考核，取得特种作业证后，方可从事特种作业。

2. 特种作业人员必须按《特种作业安全技术培训考核办法》的规定期限进行复审，复审合格后，方可继续从事特种作业。

3. 对特种作业人员，主管部门至少每两年组织一次培训。其内容包括本专业工种的安全技术知识、安全规定、故障排除及灾害事故案例分析等。

4. 在新工艺、新技术、新设备、新材料、新产品投产使用前，要按新的安全技术规程，对岗位作业人员和有关人员进行专门教育，考试合格后，方可进行独立作业。

（四）用气安全宣传教育制度

1. 为了引导用户安全使用燃气，提高广大用户的安全用气知识，燃气经营单位有义务对用户进行安全用气的宣传教育。

2. 宣传教育的主要内容有：燃气基本常识、安全使用常识、燃器具操作方法、安全防火知识等。

3. 宣传教育的形式：

（1）制订用户安全用气手册，并免费向用户派送。

（2）利用报纸、广播、电视等形式进行安全用气宣传。

（3）组织人员不定期到公共场所或居民小区等人口密集的地方开展宣传活动，并派发印有安全用气内容的宣传资料。

（4）建立客户服务热线，随时解答用户咨询问题。

三、安全检修管理制度

燃气生产装置（或设备）的检修分为日常检修、计划检修和计划外检修三类，其检修的特点、内容和要求各有不同。但无论哪种检修，都必须严格遵守检修安全管理制度的规定。

（一）检修的特点

1. 日常检修，一般是在不停产的情况下，按设备管理制度中的小修内容进行。由维修工为主，操作工为辅。

2. 计划检修，一般是在装置停车的情况下，按装置的大、中修计划进行。计划检修应制定切实可行、安全可靠的检修方案，由检修单位为主，生产单位为辅。

3. 计划外检修，一般是指突发事故时的检修，可按《事故应急预案》规定的程序和方法进行处理。

（二）检修的基本规定

1. 检修作业人员应经专门技术培训，考核合格，持证上岗。大型生产装置或重要的检修项目，还要求检修单位必须具有相应的施工资质和同类检修项目施工业绩。

2. 装置检修时，生产单位和检修单位必须密切配合，共同协调好检修作业项目内容、施工进度、工程质量、安全防范措施等事项。特别要注意受检装置的安全隔离、置换、清洗、试验等环节的工作，确保检修作业的安全。

3. 检修开工前，要制定检修方案并根据检修方案进行检修安全技术交底；组织全体检修人员进行安全教育，明确安全注意事项，落实安全责任。

4. 检修作业涉及动火作业、动土作业、高处作业和进入限制空间作业等，必须进行风险评估，制定对策。且按规定的程序办理申请、审核、批准手续。未办理作业许可证的，一律不准动工。

5. 检修作业全过程必须要有专人进行监护，并且要开展巡回检查，发现问题，及时处理。

6. 检修完工后，必须彻底清理现场，防止检修工器具或杂物掉入检修设备内，避免意外事故的发生。

7. 装置检修的现场记录及其他检修技术文件，必须真实、完整、有效，并按规定要求进行整理归档。

四、安全会议制度

安全会议包括生产班前与班后会、周会、月会、季会、半年和年终大会以及各专题安全会议等。安全会议必须记录齐全，且应记录会议主题和内容、时间、地点、主持人、出席人，其中出席人员要履行会议签到手续。

1. 班前与班后安全会议每天召开，由班组长主持。主要内容是在布置生产任务的同时提出安全生产要求，指出不安全因素，工作结束后对当天安全生产情况进行小结。

2. 周安全工作会议，白班每周一次，倒班每轮班一次，由班组长或工段长主持。主要内容是总结安全生产活动日成效和本周安全生产情况；根据生产特点和安全工作具体情况，有针对性地开展安全知识教育和技能培训等。

3. 月安全工作会议，每月召开一次，由车间主任（或生产单位主要负责人）主持。主要内容是总结当月安全生产工作情况，分析研究安全生产形势，查找生产过程中存在的问题，提出解决问题具体措施；根据当前安全生产形势的特点和典型事故案例，有针对性地开展安全生产法规、标准规范、规章制度学习，传达上级主管部门有关安全工作的指示精神等。

4. 季度安全工作会议，每季度召开一次，由厂长或公司经理主持。主要内容是总结上季度安全生产工作实施情况，通报本单位安全生产形势，布置本季度安全生产具体工作；组织各车间或各生产部门主要负责人学习安全生产法律法规，传达国家、各级政府和行业主管部门有关安全生产的文件精神等。

5. 半年和年终安全工作会议，由车间主任（或生产单位主要负责人）、厂长经理人员分别主持。主要内容是进行半年和全年安全生产工作总结，检查安全生产指标落实情况、安全事故控制情况；下级安全生产工作总结应向上级主管部门报告，企业安全生产总结应向政府安全生产主管部门报告。

6. 专题安全工作会议不定期召开，由各级安全生产负责人主持。专题安全工作会议主要是为适应安全生产形势、安全技术特点、特殊气候条件、重大事件、重大节日庆典等安全要求而召开；会议主要内容是说明专题安全工作目标和意义、提出具体工作要求、制定安全防范措施、层层落实安全责任、防止安全事故的发生。

五、定期检验制度

定期检验是指根据国家相关法规的规定，对在用压力容器、压力管道、安全附件、流量计、计量衡器、防雷与防静电设施等，实行强制性检验项目。强制性检验对象在投入使用前必须经法定检验机构检验或校验合格；在投入使用后，必须按规定的周期进行检验、校验。未经检验、校验的或检验、校验不合格的，一律不得投入使用。

（一）压力容器的定期检验

压力容器的定期检验是指在压力容器的设计使用期限内，每隔一定的时间，依据《压力容器定期检验规则》规定的内容和方法，对其承压部件和安全装置进行检查或做必要的试验，并对它的技术状况作出科学的判断，以确定压力容器能否继续安全使用。到期未检或检验不合格的压力容器禁止使用。

1. 检验周期

(1) 年度检验　在用压力容器每年应至少进行一次外部检验。

(2) 全面检验（内外部检验）全面检验是指压力容器停车时的内外部检验。全面检验应当由法定检验机构进行。其检验周期为：

安全状况等级为1、2级的，一般每6年一次；

安全状况等级为3级的，一般3～6年一次；

安全状况等级为4级及以下的储存燃气的压力容器，应予以报废更新。

(3) 新投入使用满一年的压力容器应进行一次全面检验。

2. 压力容器的年度检验由使用单位进行，使用单位也可委托具有压力容器检验资格的单位进行。

3. 压力容器的全面检验应由具有压力容器检验资格的单位进行。

4. 使用单位在压力容器全面定期检验基准日的前1～3个月，向属地压力容器安全监察部门及检验机构提出申请，以便妥善安排生产和检验工作。

5. 压力容器出厂文件、使用登记证及定期检验报告必须建档保存，专人管理。

（二）压力管道的定期检验

这里所讲的压力管道，是指燃气站场内的压力（工艺）管道，其定期检验必须按《在用工业管道定期检验规程（试行）》规定的内容和方法进行（公用燃气管道定期检验可参照工业压力管道定期检验规程进行）。到期未检或检验不合格的压力管道禁止使用。

1. 检验周期

（1）在线检验　在用压力管道每年应至少进行一次在线检验。

（2）全面检验（内外部检验）全面检验是按一定的检验周期在在用工业管道停车期间进行的较为全面的检验。全面检验应当由法定检验机构进行。其检验周期为：

安全状况等级为1、2级的，一般每6年一次；

安全状况等级为3级的，一般不超过3年；

管道检验周期可根据下述情况适当延长或缩短：

经使用经验和检验证明可超出上述规定期限安全运行的管道，使用单位向省或地（市）质监部门提出申请，并经检验单位确认，检验周期可适当延长，但最长不得超过9年。

新投用（首次检验周期）、有应力或局部严重腐蚀、疲劳失效、材料劣化及存在严重问题的压力管道，应适当缩短检验周期。

2. 压力管道的在线检验由使用单位进行，使用单位也可委托具有压力管道检验资格的单位进行。

3. 压力管道的全面检验应由具有压力管道检验资格的单位进行。

4. 使用单位在压力管道全面定期检验基准日的前1～3个月，向属地压力容器安全监察部门及检验机构提出申请，以便妥善安排生产和检验工作。

5. 压力管道竣工验收文件及定期检验报告必须建档保存，专人管理。

（三）安全附件定期检验

生产装置上的安全附件（如安全阀、紧急切断阀、压力表、温度计、液位计等）必须按有关规定进行定期检验，过期未检或检验不合格的安全附件禁止使用。

1. 检验周期

（1）安全阀每年至少检验一次。

（2）紧急切断阀定期检验原则上随同压力容器或压力管道全面检验同步进行。

（3）压力表每半年至少检验一次。

（4）温度计每年至少检验一次。

（5）液位（液面）计定期检验原则上随同压力容器全面检验同步进行。

2. 安全附件定期检验应由法定检验机构进行。

3. 安全附件定期检验报告必须建档保存，专人管理。

（四）流量计的定期检验

1. 燃气流量计（如皮膜式燃气表、转子流量计等）投入使用前必须校验合格；投入使用后必须按照规定的周期，实行定期校验，禁止逾期不检、漏报、漏检。定期校验应由法定计量检验机构进行。

2. 发现异常情况的可提前送检。凡检定不合格的流量计，严禁投入使用。

3. 流量计定期校验资料应进行登记存档，专人管理。

4. 流量计校验周期：一般流量计每两年检验一次；膜式燃气表（B级6m^3以下）首

次检定，使用6年更换。

（五）计量衡器的定期检验

1. 计量衡具（如灌装磅秤、电子汽车衡等）定期检验，目的是保证器具准确、灵敏、可靠。

2. 计量衡具一经投入使用，必须按照规定的周期，实行强制检验，禁止逾期不检、漏报、漏检。定期检验应由法定计量检验机构进行。

3. 日常校验发现异常情况、计量误差超过规定值的衡具，要及时查明原因，或提前送检。凡检定不合格的衡器具，严禁投入使用。

4. 计量衡具定期检验资料应进行登记存档，专人管理。

5. 计量衡具检定周期：每年一次。

（六）防雷、防静电设施的定期检查测量

1. 站区内的防雷、防静电设施必须保持完好和有效，并接受属地防雷、防静电检测机构的定期检查和测量。

2. 防雷、防静电设施定期检查测量周期为每半年进行一次。如发现接地电阻有很大的变化，应对接地系统进行全面检查，必要时设法降低接地电阻。

3. 若遇有特殊情况，还要对防雷、防静电设施做临时性的检查测量。特别是在雷暴来临前，有必要进行特殊检查和测量，发现问题，及时整改，以防止其失效。

4. 除法定的定期检验外，使用单位还应加强对防雷、防静电设施的检查测量，其内容包括：

(1) 检查是否由于建、构筑物变形或下沉，使防雷、防静电设施的保护情况发生变化；

(2) 检查各处明装导体有无因锈蚀或机构损伤而折断的情况，如发现锈蚀在30%以上，则必须及时更换；

(3) 检查接闪器有无因遭受雷击后而产生熔化或折断；

(4) 检查接地线在距地面2m至地下0.3m的保护处有无被破坏的情况，以及接地装置周围的土壤有无深陷现象。

5. 防雷、防静电设施日常检查和定期检查测量数据和报告必须建档保存，专人管理。

六、设备安全管理制度

（一）日常维护保养制度

1. 日常维护保养应贯彻“维护为主，检修为辅”的方针，执行“日常保养落实到人”的原则，做到台台设备有专人负责管理。操作人员应严格执行安全操作规程，做到正确操作，精心护理，保证设备经常处于良好状态。

2. 操作人员要认真学习业务技术，努力做到“四懂”、“三会”。

四懂：懂结构，懂原理，懂性能，懂用途。

三会：会使用，会维护保养，会排除故障。

3. 严格按《安全操作规程》的要求、程序对设备进行启动、运行、停车。保证设备运行不超温，不超压，不超负荷。凡需润滑、水冷的设备，必须保持正常的油位和水位。

4. 严格执行巡回检查制度，一般通过“眼看、耳听、鼻闻、手摸”的方法，对设备进行细致的检查，预防设备发生故障，掌握判断设备故障和紧急处理的方法及措施。发现异常情况，要采取果断的措施或按紧急停车的方法停车。未弄清原因和排除故障前不准开车，并挂牌警示。凡需停车检修的设备，首先应向主管领导报告。

5. 设备的专管人员是设备日常保养工作的具体执行人，应做好专管设备的擦洗清洁、润滑、冷却、紧固、密封、防腐及一般性故障的排除。保持专管主机及附属管道、配电、仪表等设施始终处于完好状态。

6. 对备用或待用设备应定期进行试车（一般每月不少于 2 次，每次运行不宜少于 15min），同时应进行定期检查，使之处于良好的工作状态，做到随时可启动运行。

7. 积极配合各级安全生产检查，参加设备维护保养竞赛活动。

8. 认真填写设备维护保养记录，记录不留空项，并做到及时、准确、有效。

（二）设备（装置）停车检修安全管理制度

燃气生产设备无论是大修小修、计划内检修还是计划外检修，都必须严格遵守检修作业各项安全管理制度，办理各种安全检修作业许可证（如动火、动土作业许可证）的申请、审核和批准手续。燃气生产装置检修的安全管理要贯穿检修的全过程，包括检修前的准备、装置的停车、检修，直至开车的全过程。这是燃气设备检修的重要管理工作。其他方面管理工作还包括以下几点：

1. 设备停车检修，尤其是大型燃气设备或生产装置的停车检修，应成立检修指挥机构，负责检修计划、调度及安全管理工作。

2. 检修计划的制定和实施必须统筹考虑，根据生产工艺过程及公用工程之间的相互关联，规定各装置先后停车顺序；停气、停水、停电的具体时间；何时倒空、反置换等。此外还要明确规定各个装置的检修时间和检修项目，以及试验、置换、开车顺序。一般要画出检修计划图，在计划图中标明检修期间的各项作业内容、进度控制点，便于检修的管理。

3. 检修安全教育要普及到参加检修的所有人员。安全教育的内容包括停车检修规定、动火、动土、高空作业与进入限制空间等作业规定，文明施工等。

4. 安全检查　包括对检修项目的检查、检修机具的检查、检修人员持证上岗的检查和检修现场的巡回检查等。

（三）设备停用及报废管理制度

1. 燃气生产设备停用前必须按规定置换掉器内的介质，并采取安全保护措施（如充入惰性气体保护）。

2. 停用的设备必须进行安全隔离，隔离措施包括关阀堵盲板等。同时应挂牌警示。

3. 停用设备必须进行必要的维护保养，以便今后启用。

4. 燃气生产设备的报废必须按规定的报废程序办理，并进行安全处置。处置方法包括置换、清洗、拆除和注销等，重点监控设备（如压力容器）还应向属地质量技术监督部门报告，并办理注销手续。

七、消防设施和器材管理制度

消防设施和器材是燃气生产装置安全运行必备的一个条件，必须始终保持完整好用。

1. 燃气生产场所应当按国家相关消防技术规范，设置、配备消防设施和器材。

2. 消防器材应当设置在明显和便于取用的地点，周围不准堆放物品和杂物。

3. 消防设施、器材应当由专人管理，负责检查、维修保养、更换和添置，保证完好有效。严禁圈占、埋压和挪用。

4. 对消防水池、消火栓、灭火器等消防设施、器材，应当经常进行检查，保持完整好用。地处寒冷地区的寒冷季节要采取防冻措施。

5. 燃气储存基地应按国家相关技术规范的规定设置可燃气体报警装置及事故报警装置，并且与属地公安消防队设置报警联系电话。

6. 站场的安全出口、消防通道、疏散楼梯必须保持畅通，严禁堆放物品。

7. 消防器材要定期送检，如干粉灭火器每隔半年应检查干粉是否结块，储气瓶内的二氧化碳气是否泄漏，压力是否正常等。

8. 灭火器一经开启后，必须进行再充装，每次再充装前或是灭火器（储罐式）出厂3年后，则应进行压力试验。

9. 消防给水及消防喷淋系统每周要启动运行一次，每次运行不宜少于15min。同时应检查设备运行状况、给水强度以及检查是否存在堵塞现象，发现问题及时处理。

10. 日常巡查时，要检查消防设施、器材状态和完好情况。其检查主要内容包括：

（1）消防设备、管道及喷淋系统的完好；

（2）消火栓、消防水带及水枪等是否完整好用；

（3）消防水源或消防水池的水量是否达标；

（4）消防报警系统是否完好、灵敏；

（5）灭火器品种是否齐全、数量是否充足、放置位置是否正确、灭火剂压力是否正常等。

八、危险品道路交通运输安全管理制度

道路交通运输安全管理基本要求有：

1. 凡从事道路危险品运输的单位，必须拥有能保证安全运输危险品的相应设施设备。

2. 从事营业性道路危险品货物运输的单位，必须具有10辆以上专用车辆的经营规模，五年以上从事运输经营的管理经验，配有相应的专业技术管理人员，并建立健全安全操作规程、岗位责任制、车辆维修保养、安全检查和安全教育等规章制度。

3. 直接从事道路危险货物运输、装卸、维修作业和业务管理人员，必须掌握危险货物运输的有关知识，经属地市（地）级以上道路运政管理机关考核合格，发给《道路危险货物运输操作证》，方可上岗作业。

4. 运输危险货物的车辆、容器、装卸机构及工器具，必须符合JT 3130《汽车危险货物运输规则》规定的条件，经道路运政管理机关审验合格。

5. 盛装危险介质的储罐（压力容器）必须按规定进行定期检验，到期未检或检验不合格的储罐严禁使用。

6. 汽车罐车的罐体左右两侧应有明显的“严禁烟火”警告标志，车尾要有介质特性告示及反光纸贴。

危险货物道路运输管理规定在第三章第三节中已有介绍，在此不重复。

九、气瓶安全管理制度

（一）气瓶使用登记

1. 气瓶充装单位、车用气瓶产权单位或个人应当按照国家质检总局 TSG R5001-2005《气瓶使用登记管理规则》的规定办理气瓶使用登记，领取《气瓶使用登记证》。

使用登记证在气瓶定期检验合格期间内有效。

2. 办理使用登记的气瓶必须是取得充装许可证的充装单位的自有产权气瓶或经省级质量技术监督部门批准的其他在用气瓶。

气瓶按数量逐只办理使用登记。

3. 使用单位办理使用登记时，应向登记机关提交以下文件：

(1)《气瓶使用登记表》一式 2 份，并附电子文本；

(2) 气瓶产品质量证明书或者合格证（复印件)；

(3) 气瓶产品安全质量监督检验证书（复印件)；

(4) 气瓶产权证明和检验合格证；

(5) 气瓶使用单位代码。

4. 气瓶使用单位应当在每只气瓶的明显部位标注气瓶使用登记代码永久性标记。

5. 气瓶使用单位必须建立气瓶使用登记计算机管理系统和数据库，所登记的气瓶数据档案必须与在用气瓶实际数据相一致。

6. 气瓶需要过户的，必须到气瓶登记机关办理过户和注销登记手续。

7. 对定期检验不合格的气瓶，气瓶检验机构应当书面告之气瓶使用单位和登记机关，及时办理注销登记手续。

8. 气瓶使用单位应派熟悉气瓶安全技术、使用登记和计算机操作的人员专门管理气瓶使用登记工作。

（二）气瓶定期检验、检查和维护保养

1. 气瓶的定期检验

(1) 气瓶定期检验必须严格遵守国家相关标准的规定。

(2) 气瓶定期检验必须由省级以上（含省级）质量技术监督部门核准，并取得气瓶检验资格证的检验单位进行。

(3) 到期气瓶必须及时送检，严禁超期使用。

(4) 对未到检验期限，但遭受严重损伤、腐蚀或对其安全可靠性有怀疑的气瓶，应提前送检。

(5) 送检气瓶必须按《气瓶使用登记管理规则》的规定进行登记，规范管理。

(6) 送检气瓶内的残余气体处理必须严格遵守操作规程，严禁擅自处理。

(7) 定期检验合格的气瓶，在灌装使用前必须确认已进行抽真空处理，否则不准投入使用。

(8) 定期检验判废的气瓶，必须进行破坏性处理，严禁流入市场或改作它用。

2. 气瓶的日常检查

在用气瓶除在灌装前后作例行安全检查外，在入库和投入使用期间还应做好以下日常安全检查工作：

（1）检查气瓶，特别是瓶阀是否有泄漏现象；

（2）检查气瓶安全附件是否完好，瓶体是否有严重的损伤、腐蚀现象；

（3）检查气瓶是否处在定期检验有效期限之内；

（4）检查停用气瓶阀门是否处于关闭状态；

（5）检查气瓶存放是否符合安全管理要求；

（6）检查气瓶关联设备（如调压阀）是否连接可靠、安全；

（7）检查气瓶阀的封口、安全提示标识是否完好；

（8）检查气瓶的原始标识、标色是否清晰、完好，以及瓶体的卫生状况等。

检查发现存在问题或安全隐患的，必须及时进行处理，以确保气瓶的安全使用。

3. 气瓶的维护保养

（1）经常保持气瓶上的油漆和标识完好，漆色脱落或标识模糊不清时，应按规定重新漆色和标识。

（2）经常保持气瓶的清洁卫生，防止有害物质侵蚀气瓶。

（3）气瓶在使用中如发现附件出现故障，或瓶阀漏气，应立即将此气瓶送到气体灌装单位或气瓶定检单位处理，严禁擅自修理或更换附件。

（三）气瓶储存、配送管理

1. 瓶库的建筑必须按国家标准 GB 50028《城镇燃气设计规范》要求进行，其耐火等级、安全间距和建筑面积必须符合国家标准 GB 50016《建筑设计防火规范》的有关规定。

2. 入库前要检查并确认气瓶有无漏气、瓶体有无损伤，气瓶外表面的颜色、警示标签与标识、封口等是否合格。如不符合要求或有安全隐患，应拒绝入库。

3. 按入库单的气瓶规格和数量，仔细核对实际入库数量。

4. 瓶库内实（重）瓶与空瓶要分隔码放，并且要标识清楚。

5. 气瓶应直立摆放整齐，不得卧放，更不准倒置。

6. 瓶库内不准进行维修气瓶作业，不准排放燃气，严禁瓶对瓶过气。

7. 气瓶码放时不得超过二层（其中 YSP118 型气瓶只准单层摆放），并留有适当宽度的通道。

8. 气瓶出入库登记手续要齐全，经手人要履行签字手续。登记内容应包括：收发日期、气瓶规格与数量、气瓶使用登记编号、收瓶来源及发瓶去处详细资料等。

9. 瓶库账目要清楚，气瓶规格和数量要准确，并按时进行盘点，做到账、物相符。

10. 配送发出的气瓶要进行跟踪管理，防止流失或发生意外事故。

（四）不合格气瓶的处理

1. 发现不合格气瓶，应及时隔离，并进行标识、登记；

2. 不合格气瓶禁止灌装和投入使用；

3. 不合格气瓶应及时送气瓶检验单位进行处理，禁止擅自拆卸或修理；

4. 对不合格气瓶后续处理要进行跟踪管理，防止不合格气瓶再流入市场而发生意外；

5. 处置合格的气瓶，合格证应保存建档，处置判定不合格的气瓶应作报废处理。

十、重大危险源管理制度

依据国家标准《重大危险源辨识》（GB 18218—2000），燃气储存超过临界量的储备站、气化站和承压汽车罐车均属于重大危险源。重大危险源管理应遵守以下基本规定：

1. 重大危险源的设备、设施（重点监控设备）应按规定进行使用登记，并上报质量技术监督部门备案，实行属地管理。

2. 重大危险源的设备、设施应由持相应上岗证人员负责操作。

3. 重大危险源的设备设施在运行过程中应按规定实行日常巡查、定期检查和事故隐患排查，事故隐患排查结果应按规定定期上报质量技术监督部门。

4. 重大危险源的设备、设施及其安全附件必须按规定进行定期检验合格，并在检验有效期限内使用。

5. 重大危险源的设备、设施的单位应建立专门安全管理组织，配齐有关管理人员，实施安全监控和管理。

6. 重大危险源的设备、设施的单位应制定事故应急救援预案，并定期进行演练。

7. 重大危险源的场所必须设置安全警示标志。

8. 非工作人员进入重大危险源作业场所必须经单位领导批准，并由专人陪同方可进入，进入前应进行安全检查和办理登记手续。

9. 有关重大危险源设备、设施的新建、改扩建、修理等工程必须按规定办理报建、告知手续，并办理作业许可证。涉及动火作业的还应按规定办理动火作业许可证。否则，不准动工。

十一、应急救援预案定期演练制度

1. 燃气生产单位要根据自身生产实际情况，制定事故应急预案及其定期演练制度，定期组织员工学习和演习。学习内容包括预案内容、燃气相关知识、灭火常识等。达到人人了解预案的各个环节，懂灭火、堵漏常识。

2. 定期组织员工训练，学会使用消防设施和器材、堵漏工具等，并且形成应急救援实战能力。生产单位每年组织事故应急预案演习不应少于两次。

3. 演习前要制定详细的演习方案，内容包括演习的目的、时间、指挥者、参加人员、演习科目和步骤、注意事项等。

4. 演习时，要模拟事故现场和真实灾害情况，进行实战演习，参加人员要严肃认真，行动迅速，准确到位，熟练使用各种设施、器材。

5. 演习结束后要组织全体参练人员进行总结点评，指出演习环节存在的问题，并提出改正措施。

6. 演习活动要做好现场记录，参练人员要履行签字手续。

7. 应急救援预案每年应进行一次审查、修订，并根据人员、组织机构、生产工艺等的变动进行调整、补充和完善。

8. 应急救援预案中相关人员的电话号码至少每季度审查和更新一次。

十二、值班管理制度

（一）领导干部值班制度

为加强日常、节假日（尤其是重大节日）和特殊时期的安全管理工作，保障人民生命及财产的安全，防止安全事故的发生，燃气生产经营单位必须建立由领导干部为首的生产值班制度。

1. 日常生产值班

指生产班次作业间歇时间，至少应指派一名领导干部进行值班，当值人员必须忠于职守、高度负责，确保生产设备设施的安全。

2. 节假日和特殊时期值班

遇到下列情况之一时，生产经营单位主要负责人、安全生产管理人等主要领导要轮流担任总值班，各生产部门也必须指定领导干部现场值班：

（1）法定节假日期间；

（2）台风预警信号三号以上期间；

（3）暴雨预警黑色信号或暴风雪预警期间；

（4）政府部门通知加强值班或发生重大事件期间等。

3. 值班领导必须坚守岗位，不得擅离职守，并保持当值期间通信联络畅通，尽职尽责地完成值班任务。值班人员应认真填写值班记录，并做好交接班工作。

4. 值班期间，若遇到燃气泄漏、火灾或生产装置受损等突发事件，值班领导应立即赶赴事发现场，积极组织有关人员采取应急措施，指挥抢险工作，并按事故应急预案程序向上级报告。

（二）门卫值班制度

1. 燃气生产装置作业区必须建立24h连续的门卫值班制度，门卫安全保卫工作必须贯彻“预防为主”的方针，做到人员、时间、责任三落实。

2. 值班人员要坚守岗位、坚持原则、精力集中、认真负责，做到昼夜不离人，不脱岗，门卫值班每班应有两人以上，其中一人为领班。

3. 认真执行燃气站场的有关安全管理规定，对进入的车辆和人员应进行认真检查和登记，全面履行安全保卫责任。

4. 认真做好值班记录和交接班记录，履行签字手续，接班人员未到位时，当班人员不得离开岗位。

5. 值班人员夜间应经常对站区进行巡查，谨防盗窃和破坏；对外来人员在气站内留宿应予劝阻。

6. 严禁酒后值班或上班时喝酒。

7. 遇事应按制度规定处理，遇超越职责范围的问题，应及时向上级报告。

（三）交接班制度

1. 交班人要根据当值期间责任区所发生的情况，如实做好记录，并向接班人做好移交，并履行签字手续。

2. 交班人在交班前应检查责任区内的设备设施，特别要认真检查重点监控设备，是否处于正常工作状态，并填写好工作状态记录。

3. 接班人必须对交班记录进行核实，有疑问的应在交班之时询问清楚，确认无误后，接班人员应在交班记录上签名。

4. 交接班人员应交接确认本班（组）岗位有关资料、报表、材料、工具。并注意环境清洁卫生。

5. 接班人员应准时接班，交班人员应在履行完交班手续后，方可离开工作岗位。

十三、劳动防护用品管理制度

劳动防护用品是指劳动者在劳动过程中，为免遭和减轻事故伤害或职业危害所配备的防护装备。劳动防护用品包括工作服（含防静电服、防毒服、防酸服等）、工作鞋、安全帽、安全带、呼吸器、防毒面具、防护镜、手套、口罩等，其安全管理应符合以下规定：

1. 劳动防护用品应根据安全生产和防止职业危害的需要，按照工种和劳动条件确定其种类和使用期限。

2. 劳动防护用品的发放应严格执行劳动保护相关规定，不得擅自扩大或缩小范围，随意增减内容和数量，不得以货币或其他物品替代应当配备的劳动防护用品。

3. 职工上班应按要求穿戴好劳动防护用品，以免受到伤害，未按规定穿戴劳动防护用品的，不准进入生产工作岗位。

4. 特种劳动防护用品应具备“三证”，即《生产许可证》、《产品合格证》和《安全鉴定证》。特种劳动防护用品必须到国家定点经营单位或生产企业购买。

5. 采购部门必须严格把好各类劳动防护用品质量关，严禁使用不合格的劳动防护用品。

6. 安全技术部门负责劳动防护用品发放范围及各工种标准的制定，并对企业劳动防护用品实施综合管理，行使监督检查职责。

7. 安全技术部门和供应部门应根据企业核定的劳动防护用品标准做好日常管理工作，并按照防护用品的使用要求，在使用前对其防护功能进行必要的检查。

8. 特种防护用品（如防毒面具、呼吸器等）的使用人员应经培训、考核，熟悉并掌握其结构、性能、使用和维护保管方法。

9. 公用特种防护用品应置于标准化专用箱内，定点放在安全、便利的地方，且由专人管理，每班检查、交接。未经管理人员许可，不得擅自移动。箱内除防护用品外，不得存放其他物品。

10. 公用特种防护用品应保持齐全、好用，且应登记建档。

十四、工程施工安全管理制度

1. 工程项目发包前，要对承包单位进行资格预审，施工资质符合工程项目要求的承包商方可参加工程投标。

2. 工程项目开工前，要重点审查项目施工组织设计（或施工方案）中的安全技术措施。无安全技术措施的，不准开工建设。

3. 凡属特种作业工序，必须由持合格项上岗证的特种作业人员上岗操作。

4. 项目开工前，施工单位除必须按规定进行安全技术交底外，作业人员还必须接受气站安全知识培训。无培训、交底记录的，不准开工作业。

5. 施工现场的安全设备、器材以及防护用品必须齐全、有效，布置合理，符合安全技术要求。

6. 危险区域内施工作业前，必须按规定办理《作业许可证》，涉及动火作业的还应办理《动火作业许可证》。

7. 进入限制空间作业的，要进行风险评估，并制定相应的安全技术措施。

8. 在有害区域作业，必须按规定穿戴劳动防护用品，并制定应急避险措施。

9. 每天施工作业，承包方都应填写安全确认书，并经生产单位安全管理人签字确认，方可进行施工作业。下班时要认真清理施工现场，消除不安全因素，防止事故发生。

10. 施工期间，承、发包双方均应指派专人进行安全巡视、检查和监护，发现问题及时解决。

11. 施工现场的废气废物的排放必须符合环保和安全规定要求。

12. 工程验收必须要有安全技术负责人和安全管理人员参加，签字确认方可有效。

十五、安全技术档案管理制度

1. 凡记述或反映企业内部安全技术管理、基本建设、更新改造、装置检修、定期检验、使用登记等有价值的文件资料、图纸、图表、图片、声像、电子文档等，均应收集齐全，整理归档。

2. 档案分级管理，按其重要性分为：秘密、机密和一般三级。

秘密：企业发展规划纲要、重大项目设计方案、新品开发项目等重要的技术文件和资料。

机密：生产与安全技术、基建、扩建、工艺流程等技术资料。

一般：一般性技术文件资料。

3. 各类档案必须依据《档案法》及相关规定实行规范管理。

4. 归档的文件材料应按档案管理的要求进行整理、分类、编号、登记、装订。并做到归档齐全，分类准确，查找方便。

5. 企业内部工作人员因工作需要查阅技术档案或复印技术文件，须经主管部门负责人同意，办理相关登记手续，方可查阅或复印。秘密级档案还须报企业主管领导批准，方可借阅或复印。

6. 外单位人员查阅技术档案时，必须经企业主管领导批准，并办理借阅手续。

7. 档案原件不准外借，只限室内查阅。确因工作需要时，必须经企业主管领导批准，借期一般不超过一周。

8. 未经批准不得私自抄录和复印档案资料。

9. 严格执行档案保密制度，维护档案的完整与安全。

10. 非工作人员不得随意进入档案室。

11. 档案管理必须做到“四防”，即防火、防盗、防潮、防虫害。

12. 过期或无效档案的报废、销毁，应由主管部门登记造册，上报企业主管领导批准后，方可销毁。

第三节　安全技术操作规程

安全技术操作规程是企业安全生产管理的重要组成部分。它是对生产单位各岗位如何遵守有关规定，达到完成本岗位工作任务的具体做法的规定。以下针对液化石油气储配站生产特点介绍常见的岗位安全操作规程。

一、压力容器安全操作规程

（一）运行前的准备工作

1. 压力容器安装竣工验收后，在投入使用前或者投入使用后 30 日内，使用单位应当向属地特种设备监督管理部门办理使用登记手续，取得《压力容器使用证》。

2. 压力容器运行前，必须根据工艺操作要求和确保安全操作的需要，配备足够的压力容器操作人员和管理人员。压力容器操作人员和管理人员必须参加质量技术监督部门培训，经过考试合格，取得《特种设备作业人员证》，持证上岗。

3. 压力容器操作人员必须熟悉所操作容器的结构、类别、主要技术参数和技术性能，必要时应进行现场模拟操作，以达到安全操作的目的。

4. 压力容器初次运行时，应制定投料运行方案，并由压力容器管理人和生产工艺技术人员共同组织策划和指挥。

5. 压力容器运行前，必须对容器、安全附件、阀门及关联的管道设备等进一步安全检查和确认。

（二）投料开车

在上述准备工作完成后，按步骤先后进（投）料。投料时的注意事项：

1. 密切注意工艺参数（温度、压力、液位、流量）的变化，对超出工艺指标的应及时调控。

2. 操作人员应沿工艺流程线路跟随物料进程进行检查，防止物料泄漏或走错流向。

3. 检查阀门的开启度是否合适，密切注意运行中的细微变化，特别是工艺参数的变化。发现异常情况，立即停止进料，进行处理。

4. 阀门操作应安排两人进行，一人操作，一人监护，防止误操作。

（三）运行控制

压力容器运行期间，操作人员应至少每 2h 巡查一次，白班（特别是高温等恶劣天气期间）还应增加巡查次数。巡查应做好现场记录，巡回检查主要内容有：

1. 压力和温度

压力和温度是压力容器运行中的两个主要工艺参数。压力控制要点是控制容器的操作压力不得超过最大工作压力；温度控制要点是控制容器的极端工作温度，即控制容器内介质的最高温度或最低温度，保证器壁温度不高于设计温度或不低于设计温度。

2. 流量

流量与流速应控制在工艺设计限定值以内，其目的是防止物料对容器造成严重冲刷、冲击、振动和引起静电等。

3. 液位

液位控制主要是针对液化气体（如液化石油气）的容器而言。盛装液化气体的容器，应严格按照充装系数充装，严禁超装。

（四）停车

1. 压力容器停车必须按停运方案进行，如停运方案中的停运周期、停运过程工艺参数变化幅度的控制、器内剩余物料的处理与置换清洗要求、停车操作步骤等。

2. 严格控制降温、降压速度，防止容器产生裂纹、变形、零部件松动、连接部位泄漏等现象。

3. 准确执行停运操作　操作时应安排两人进行，一人操作，一人监护，防止误操作。

4. 现场杜绝火源　停运期间，容器周围应杜绝一切火源，并清除设备表面、扶梯、平台、地面等处的油污和易燃物等。

二、压力管道操作规程

（一）基本规定

1. 管道投运前必须通过竣工验收，且压力试验、清理吹扫、置换合格；

2. 管道投运前必须制定投运方案，必要时应绘制投运工艺流程图；

3. 管路上的安全阀、压力表、温度计、流量计等附件安装齐全，校验合格且在检验有效期内使用；

4. 压力管道操作人员、管理人员配备齐全，且经特种设备管理机构培训，考试合格，并取得上岗证书。

（二）管道操作

燃气管道操作人员应熟悉装置工艺流程，严格遵守安全操作规定，在运行中发现操作条件异常时，应及时进行调整。遇以下情况时，应立即采取紧急措施并及时报告上级主管部门：

1. 介质压力、温度超过材料允许的使用范围且采取措施仍不见效的；

2. 管道及管件发生裂纹、鼓瘪、变形、泄漏或异常振动、声响等；

3. 安全保护装置失灵、失效；

4. 发生火灾事故且直接威胁正常安全运行；

5. 管道的阀门及监控装置失灵、危及安全运行等。

（三）管路阀门操作管理

1. 操作阀门时要检查阀门是否有泄漏；检查启、闭是否灵活；管路是否畅通。

2. 启、闭 *DN*200 及 *DN*200 以下的阀门允许单人操作，*DN*200 以上的阀门可由两人操作。

3. 开启 *DN*200 以上的阀门允许使用专用扳手操作，对开不动的阀门允许用下列方法处理：

（1）松开阀门压兰 1～2 扣，松开手轮压紧螺母，卸下手轮。

（2）用自制 F 形扳手夹住阀杆头部慢慢加力，打开阀门后，再旋紧压兰，装上手轮。

（3）在整个处理过程中，禁用铁器敲打、别撬，以防扭断阀杆和损坏手轮。

关闭不动的阀门参照以上方法处理。

4. 开启阀门时，应先打开阀杆 2～3 扣，让介质先小流量通过，再慢慢开启到最大位置，然后回关 2～3 扣。

5. 开启阀门应注意流速，特别是向管道、罐车以及储罐进、出液时，要控制压力差不大于 0.9MPa，以防产生静电。

6. 操作阀门时，应由两人负责，一人操作，一人复核。操作后，应巡查管路，确认操作无误和无泄漏，方可离开现场。

7. 关闭阀门前，应使关闭管段的液相排尽，避免关闭阀门时形成液相的死管段，防止温度上升时，气化膨胀，造成冲破密封垫或管线破裂事故。

8. 阀门的操作情况应作好记录，作为交班依据。

(四) 压力管道操作运行记录必须齐全、完整、有效，并及时归档保存。

三、燃气压缩机安全操作规程

(一) 压缩机启动前的准备工作

1. 检查储罐及压缩机管路、电气线路及各阀门是否处于完好状态，特别注意进、出气管道是否畅通。

2. 检查曲轴体内的润滑油量是否足够，不足时应予补充；油料变质的，应予更换。

3. 检查气液分离器是否有冷凝液，有冷凝液应排除干净，严防气相管混进液体。

4. 启动压缩机前，应手动盘车 2～3 圈，检查是否有卡、涩、松动等异常情况，如有异常应及时处理。手盘车和电启动必须由同一人操作，禁止两人同时作业，以防被传动部件绞伤。

5. 打开回流阀门。

(二) 启动运转：

1. 合上电闸，注意观察转动方向与规定方向是否一致。

2. 当运转正常后，打开进、出气阀门，同时关闭回流阀门。

3. 压缩机的各项技术指标应控制在如下范围内：

(1) 油压表 0.15～0.2MPa；

(2) 润滑油温度小于 60℃；

(3) 排气温度小于 100℃；

(4) 进气表压小于 1.0MPa；

(5) 出气表压小于 1.5MPa。

(三) 巡查

压缩机运行时，至少每小时巡查一次，检查有无杂声、漏气和过热现象；检查机体内油压、气液分离器等是否正常。发现异常现象，应立即停车，及时处理。

(四) 停车：

1. 按下列顺序：开回流阀门→关进气阀门→按停车按钮→关出气阀门。

2. 切断电源。

(五) 填写设备运行记录。

四、烃泵安全操作规程

(一) 启动前的准备工作：

1. 检查出液储罐的液位、压力、温度是否正常，特别要检查出液罐液位，应能保证烃泵运行期间的吸入安全，防止液位过低致使液相管混入气相。

2. 检查管道系统连接情况及相关阀门的启闭状况，保证管道畅通。

3. 检查烃泵轴承润滑情况。

4. 打开出液储罐的出液阀门。

5. 手动盘车 2～3 圈，检查运转是否灵活，是否有卡、涩、松动、漏气等现象，如有异常情况，应及时查明原因。手盘车和电启动必须由同一人操作，禁止两人同时作业，以防被传动部件绞伤。

6. 打开泵的进口阀门。

（二）启动运转：

1. 合上电闸。

2. 待运转正常后，打开泵的出口阀门。

3. 观察烃泵有无漏气、过热和杂声等，发现异常现象应停车检查处理。

4. 烃泵的进出口压力差，一般宜保持在 0.4MPa 左右，最高不超过 0.5MPa；烃泵的出口压力不应超过额定最高工作压力，当超过以上压差和最高压力时，应立即调节回流阀。

5. 进口端阀门应全开，不能用它来调节流量，以免产生气蚀现象。

6. 烃泵不能空转运行，也不宜在低于 30%流量下连续运转。

7. 确认烃泵运转正常后，操作人员方可离开现场。

（三）巡查

烃泵运行时，至少每小时巡回检查一次运转情况，检查内容为：

1. 检查运行时有无杂声、设备振动和轴承润滑情况等；

2. 电机电流是否超过规定值；

3. 出口压力与入口压力的压差；

4. 检查安全阀、压力表是否处在正常工作状态；

5. 检查系统是否有泄漏、过热等现象，发现异常应及时停车检查处理。

（四）停车：

1. 打开回流阀门，降低出口压力。

2. 按停车按钮。

3. 关闭进口、出口阀门。

4. 检查和擦拭设备，为下次开车作保养。

（五）填写运行记录。

五、汽车罐车装卸安全操作规程

（一）装卸前的准备工作

1. 检查罐车有无交通运政管理和质量技术监督部门核发的有效证件［包括汽车罐车的行驶证、营运证、特种设备使用登记证；作业人员的驾驶证、危险品货物运输（列车）证、押运员证等］；检查罐车的检验有效期及罐车的标色标志等是否齐全、有效。

2. 检查罐车的安全附件（包括安全阀、紧急切断阀、液位计、压力表、温度计等）是否齐全、有效、灵敏、可靠；检查排气管是否戴好防火罩。

3. 检查储罐、泵、阀门、管道等是否完好，有无跑、冒、滴、漏现象。

4. 查明罐车储运介质是否与待装卸物料相一致，并检查其液位计和压力是否正常，空车留有余压是否符合规定要求。

5. 新投运的罐车或检修后首次充装，储液罐应经抽真空（真空度不低于 650mm 汞柱）或充氮处理。

6. 罐车应按指定的位置驶近装卸台，停稳后必须熄火，交管发动机钥匙、车轮加固定三角木，并履行装卸前的安全检查手续。

7. 将罐车的静电接地线与装卸台的地线网接牢。

8. 将罐车的气相、液相管分别与装卸台上的气相、液相软管接通。接管时应检查密封圈或垫片有无老化、失效。法兰连接时，应将所有螺栓紧固。

9. 上述准备工作完成后，装卸操作人员和司机要进行检查确认，并履行签字手续。

（二）装卸作业

1. 汽车罐车装卸可根据生产条件，选择烃泵装卸、压缩机装卸或烃泵一压缩机联合装卸三种方法。但无论选择哪一种，都必须严格遵守相关安全技术操作规程。

2. 装卸时的注意事项

（1）装车作业时应随时观察罐车储罐的液位高度，严禁超量充装。

（2）卸车作业时应随时观察气站储罐的液位高度，严禁超过最大允许液位高度；同时要防止罐车超卸抽空（罐车卸液后应保持 0.05MPa 以上的余压）。

（3）在作业过程中，操作人员和司机不得离开现场。经常检查设备和附件的工作情况。如有异常现象，必须立即停止装卸作业，进行检查处理，待异常情况排除后，方可继续装卸作业。

（4）在作业过程中，禁止启动车辆、维修车辆、开收录机或使用非防爆工具、用品等行为。

（三）装卸作业后的工作

1. 设备断电停车。

2. 关闭装卸臂或软管、罐车的阀门，泄放罐车紧急切断阀油压。

3. 打开装卸口气相、液相放散角阀卸压，拆除软管和接地线。

4. 装卸操作人员和司机、押运员共同对罐车进行泄漏检查，并记录液位、压力、温度等参数，履行确认签字手续。

5. 领取罐车发动机钥匙，撤除固定三角木方，在装卸作业人员的引导下将罐车驶离装卸台。

（四）遇到下列情况之一时，禁止罐车装卸作业：

1. 雷暴天气；

2. 附近有明火；

3. 储罐压力异常、设备运行不正常；

4. 设备、管道、阀门发生漏液、漏气现象等。

六、倒罐安全操作规程

（一）烃泵倒罐作业

1. 倒罐作业前应确定倒空罐和进液罐位号，检查储罐的液位、压力、温度，并做好现场记录。

2. 倒罐操作方法：

（1）将倒空储罐的液相出口管与烃泵进口联通。

（2）将进液储罐的液相入口与烃泵的出口联通。

(3) 将倒空罐气相与进液罐气相联通。

(4) 确认无误后，按《烃泵安全操作规程》要求，启动烃泵进行倒罐作业。

(二) 压缩机倒罐作业

1. 倒罐作业前应确定倒空罐和进液罐位号，检查储罐的液位、压力、温度，并做好现场记录。

2. 倒罐操作方法：

(1) 将进液罐气相管与压缩机进口联通，将倒空罐的气相管与压缩机的出口联通。

(2) 将倒空罐和进液罐的液相管联通（留一道阀暂不打开）。

(3) 按《压缩机安全操作规程》的规定，启动压缩机，抽取进液罐的气体注入倒空罐，使进液罐压力降低，倒空罐压力升高。

(4) 当压力差≥0.2～0.3MPa 后，打开倒空罐和进液罐的液相阀门，使倒空罐的液体流入进液罐。

(三) 倒罐作业注意事项

1. 倒罐作业时，应加强巡回检查，由专人负责检查进液罐的液位、压力、温度，严禁超装。并观察倒罐液相流动是否畅通，运行压力是否正常，出现漏气、漏液和设备不正常时，应立即停机检查排除，并报告气站领导；

2. 发现系统中有泄漏、设备有故障时，应停止倒罐作业；

3. 遇雷暴天气，应停止倒罐作业。

(四) 倒罐作业后的处理

先停机，后将各相关阀门关闭，恢复倒罐前的工作状态，并做好现场记录。

七、灌装机安全操作规程

使用转盘灌装机灌装气瓶应遵守以下基本规定：

(一) 灌装操作程序

1. 充装前的准备工作

(1) 检查转盘充装机的传动部分和各接头的紧固状况，有无漏气、螺栓有无松动，发现问题应及时处理。

(2) 校验自动秤，并确认灌装误差在允许范围之内。

(3) 检查各部位有无卡瓶现象，点动开机，检查转盘传动装置有无卡、涩现象。

(4) 检查各传动部分润滑油情况。

(5) 检查灌装枪密封胶圈是否完好。

(6) 检查压缩空气管路、进液管路系统，确认处于正常状态后，开启相关阀门。

(7) 对气瓶进行充装前的检查，不符合要求的气瓶不准进入灌装生产线。

2. 灌装操作

(1) 启动空气压缩机，将压缩机空气压力升至 0.4～0.65MPa。

(2) 启动灌装转盘机，空载运转 2～3 圈，检查运行情况。

(3) 确认设备运转正常后，将气瓶置于灌装机秤台上，装好灌装枪，打开气瓶阀，检查有无漏气现象。上、下瓶时应避免气瓶倾倒，防止意外事故发生。

(4) 气瓶灌装完毕，先关闭气瓶阀，后卸灌装枪头。

(5) 实瓶应逐个检查重量，如发现有超装或欠装，必须及时处理，处理后的实瓶应重新检验，直至合格为止。

3. 停车

(1) 灌装工作结束时，应关闭所有设备的电气开关。

(2) 关闭总进液阀门和压缩空气阀门。

(3) 做好灌装记录。

(二) 安全注意事项

(1) 灌装过程中应注意观察和检查，如发现有异常现象如漏气、漏液时，应停车检查处理。

(2) 转盘灌装机运转时，严禁检修，确需检修时，必须先停机。

(3) 转盘灌装机运转作业时，灌装人员不得离开作业现场。

(4) 灌装后应对气瓶逐只进行安全检查，发现漏气、气瓶变形等情况，应立即进行处置，以消除安全隐患。

(5) 下班前应认真检查作业现场，确认无安全隐患，方可离开。

八、排污（排空）安全操作规程

(一) 排污前准备工作

1. 储罐排污应统筹安排，进液储罐一般在进液 24h 后，方允许安排排放，严禁边进液边排污。

2. 检修后进行水置换，投入运行的储罐，应反复排污；对储罐液位计应分段排污，防止假液位现象。

3. 排污作业应有专人负责，操作时至少应由两人进行，一人操作，一人监护。排污前还应认真做好储罐液位、压力、温度记录。

4. 排污前，应检查现场风力、风向及周围环境有无不安全因素，确认安全可靠，方可进行作业。

(二) 排污操作程序

排污应在罐底、液位计总管处分别进行。其罐底排污应按如下顺序进行：

1. 打开罐底第一道阀门，将污液排到过渡管段。

2. 关闭第一道阀门，打开第二道阀，将过渡段污液排净，关闭阀门。

3. 反复进行排污，直至排除干净。

4. 排污结束后，应对液位、压力、温度再进行一次记录，并检查确认阀门关闭情况。

(三) 安全注意事项

1. 排污前必须认真检查排污现场，辨别风向。

2. 排污操作人员应站在排污阀上风侧，排污时，操作人员不得离开现场。

3. 排污应间断进行，一次排污时间一般不得超过 2min。

4. 排污物应予安全处置，防止污垢物流入暗沟，构成不安全因素。

5. 遇有下列情况时，不得进行排污作业：

(1) 雷暴等恶劣天气；

(2) 附近发生火灾或下风侧 100m 范围内有明火；

（3）下风侧100m范围内有启动的车辆或其他不安全状况。

九、气瓶灌装安全操作规程

气瓶灌装、检验必须由经过专门技术培训、考试合格并持有上岗证的人员进行。灌装作业必须遵守以下规定：

（一）灌装前的准备工作

1. 准备好检验工器具如焊缝检验尺、凹坑与划痕深度尺等。

2. 准备好检漏用的喷壶。

3. 清理好灌装间分区现场，实行空瓶区、实瓶区、检验区和不合格瓶处理区功能划分。

（二）灌装

1. 根据气瓶规格、空瓶重量、规定灌装量，在灌装秤上设定计量值；

2. 将气瓶置于灌装机秤台中央，装好灌装枪，打开气瓶阀，并检查有无漏气现象；

3. 气瓶灌装完毕，先关闭气瓶阀，后卸灌装枪头；

4. 灌装合格的气瓶应存放在实瓶区，防止与空瓶混淆。

（三）检验

1. 灌装前，应对所有待装的气瓶进行逐个检查，逐项填写检查记录，不合格的气瓶存放在处理区。

2. 检查项目应包括：

（1）检查气瓶的制造厂家、生产许可证代码、产品铭牌、使用登记编码、最近一次和下次检验时间等，确认气瓶合格且在检验有效期内；

（2）外观检查，按GB 8334“外观初检与评定”要求项目进行；

（3）充装后的实瓶应进行验斤和泄漏检查，发现超装、欠装或漏气的，均应按规定进行处理，未经处理或处理不合格的，禁止出站。

3. 对检查不合格的气瓶，应在气瓶明显处作标识，并按规定要求填写“送检”通知单，强制送气瓶检验单位进行检验。

（四）安全注意事项

1. 不符合国家标准的或质量技术监督部门明文规定已禁止使用的气瓶，一律不予灌装。

2. 过期、漏气或经检验人员判定不合格的气瓶不予灌装。

3. 未按规定办理气瓶使用登记的气瓶不予灌装。

4. 气瓶内的残液必须按规定送倒残架进行倒残，严禁随意排空。

5. 灌装合格的气瓶应进行封口处理，并有安全提示标识。

第四节　安全生产责任制

安全生产责任制是生产经营单位各项安全生产规章制度的核心，是生产经营单位行政岗位责任制和经济责任制的重要组成部分，也是最基本的职业安全健康管理制度。安全生产责任制是按照职业安全健康工作方针“安全第一，预防为主”和“管生产的同时必须管安全”的原则，将各级负责人员、各职能部门及其工作人员、各岗位生产工人在职业安全健康方面应做的事情和应负的责任加以明确规定的一种制度。以下介绍燃气生产经营单位主要安全生产责任人、主要安全生产管理部门以及主要生产作业人员的安全职责。

一、企业主管领导安全职责

（一）经理（厂长）安全职责

1. 经理（厂长）是生产经营单位安全生产的第一责任人，对本单位的安全生产工作全面负责，负责加强安全生产管理，建立、健全安全生产责任制，并接受安全培训考核；

2. 严格执行国家安全生产法律法规以及政府、行业主管部门有关安全生产管理规定、标准、规范和制度，审定本单位安全生产规划和计划，确定安全生产目标，负责向政府主管部门报告安全生产工作；

3. 签发本单位安全生产规章制度和操作规程，加强对职工进行安全教育培训；

4. 批准重大安全技术措施，保证安全生产投入的有效实施；

5. 检查并考核同级副职和生产职能部门（单位）正职安全生产责任制落实情况，督促、检查本单位安全生产工作，及时消除生产安全事故隐患；

6. 组织制定并实施本单位生产安全事故应急救援预案；

7. 主持召开本单位安全会议，研究解决安全生产中的重大问题；

8. 组织对重大安全事故的调查处理，及时、如实报告生产安全事故。

（二）主管副经理（副厂长）安全职责

按照管生产必须管安全，谁主管谁负责的原则，生产副经理（副厂长）是生产经营单位的安全生产管理人，主管本单位安全生产工作。

1. 组织制定、修订和审批生产安全规章制度、安全技术规程及安全技术措施计划，并组织实施；

2. 监督检查生产职能部门安全职责的履行和各项安全生产规章制度的执行情况，及时纠正生产中的失职和违章行为；

3. 组织生产职能部门对生产安全事故的调查处理，并及时向经理（厂长）报告；

4. 组织安全生产大检查，落实重大安全事故隐患整改，负责审批特级动火报告；

5. 负责安全培训、教育和考核工作；

6. 定期召开安全生产工作会议，分析安全生产动态，及时解决安全生产存在的问题；

7. 组织开展安全生产竞赛活动，总结推广安全生产工作先进经验，奖励先进单位和个人；

8. 负责制定年度安全工作计划，并负责组织实施。

（三）总工程师安全职责

总工程师是生产经营单位技术总负责人，在技术上对本单位安全生产工作全面负责。

1. 加强安全技术管理，积极采用安全先进技术和安全防护装备，组织研究落实重大事故隐患整改方案。

2. 在组织新厂、新装置以及技术改造项目设计、施工和投产时，做到职业安全卫生设施与主体工程同时设计、同时施工、同时投产使用。

3. 审查本单位安全技术规程、操作规程和安全技术措施项目，保证技术上切实可行。

4. 负责组织制定生产岗位有害物质的治理方案，使之达到国家卫生标准。

5. 参加有关事故调查，组织技术力量对事故进行技术原因分析、鉴定，提出技术改进措施。

6. 制定年度安全技术更新、改造计划，并负责组织实施。

7. 负责开展对内、对外安全技术交流。

二、职能主管部门安全职责

（一）安全技术监督部门安全职责

1. 贯彻执行国家安全生产法律法规、政策和制度，在经理（厂长）和安全生产委员会的领导下负责本单位的安全管理和监督工作。

2. 负责对职工进行安全教育和培训、新入厂职工的厂级安全教育；归口管理职业上岗证和特种作业人员的安全技术培训；制定安全活动计划，组织开展各项安全活动。

3. 组织制定、修订本单位职业安全卫生管理制度和安全技术规程，编制安全技术措施计划，并监督检查执行情况。

4. 组织安全生产大检查，执行事故隐患整改制度，协助和督促有关部门对查出的隐患制定防范措施，检查监督隐患整改工作的完成情况。

5. 深入生产现场监督检查，督促并协助解决有关安全问题，纠正违章作业。遇有危及安全生产的紧急情况，有权令其停止作业，并立即报告主管领导。

6. 会同设备管理部门研究、制定生产装置检修方案，负责审查安全技术措施，并组织实施；负责审查各种作业许可（如动火、动土）申请报告。

7. 对各种直接作业环节，特别是危险区域的作业，进行安全监督，检查各项安全管理制度和措施的落实情况。

8. 负责各类事故的汇总、统计上报工作，主管人身伤亡、火灾、爆炸事故的调查处理。参加各类事故的调查、处理和工伤鉴定。

9. 按照国家有关标准，负责制定职工劳动保护及防护用品、保健和防暑降温饮料的发放标准，并督促检查有关部门按规定及时发放和合理使用。

10. 会同有关部门搞好职业安全卫生、劳动保护和环境保护工作，不断地改善劳动条件。

11. 负责本单位安全工作的考核评比，对在安全生产中有贡献者或事故责任者，提出奖惩意见。会同工会等部门认真开展安全生产竞赛活动，总结交流安全生产先进经验，开展安全技术研究，推广安全生产科研成果、先进技术和现代管理方法。

12. 检查督促有关部门搞好安全技术装备和设备的维护保养、管理工作。

13. 建立健全安全管理网络，指导基层安全工作，加强安全基础建设，定期召开安全专业人员会议。

14. 负责安全保证基金的管理，提出安保基金的使用计划，对计划的实施进行检查监督。

（二）生产调度部门安全职责

1. 及时传达、贯彻、执行上级有关安全生产的指示，坚持生产与安全的“五同时”（同时计划、布置、检查、总结、评比）。

2. 在保证安全的前提下组织指挥生产，发现违章违规行为，应立即制止并向领导报告，及时通知安全技术监督部门共同处理，严禁违章指挥、违章作业。

3. 在生产过程中出现不安全因素、险情及事故时，要果断、正确地处理，立即报告主管领导并通知有关职能主管部门，防止事态进一步扩大。

4. 参加安全生产大检查，随时掌握安全生产动态，对各单位的安全生产情况及时在调度会上给予表扬和批评。

5. 负责贯彻工艺纪律管理，杜绝或减少非计划检修和跑、冒、滴、漏事故，实现安全生产。

6. 负责生产事故的调查处理、统计上报工作，及时向安全主管部门报告，参加事故调查处理。

（三）技术部门安全职责

1. 编制或修订安全技术操作规程、工艺技术指标，对操作规程和工艺纪律执行情况进行检查、监督和考核。

2. 在制定长远发展规划、编制全厂技术措施计划和进行技术改造的同时，编制安全技术和改造劳动条件及环境保护的措施。

3. 负责因工艺技术原因引起的事故的调查处理和统计上报，参加其他重大事故的调查处理。

4. 执行安全生产“三同时”的原则，组织安全技术措施项目的设计、施工和投入使用的“三同时”审查。

5. 组织并检查各生产单位对生产操作工人的安全技术培训、考核。

6. 组织开展安全技术研究工作，积极采用先进技术和安全装备。

7. 负责组织工艺技术方面的检查，及时改进和处理安全技术上存在的问题。

8. 在技术改造和新建、改扩建装置建设时，负责组织爆炸危险区域划分和审查工作。

（四）设备管理部门安全职责

1. 贯彻执行国家和行业主管部门关于设备设计制造、检修、维护保养方面的安全规定和标准，制定、修订各类设备的操作规程和管理制度。

2. 负责各种机械、电气、动力、仪表、管道、采暖、通风、及监控设备设施及工业建筑物的安全管理，使其符合安全技术规范、标准和制度的要求。禁止防爆等级不合格的电气设备和器材进入生产装置。

3. 负责特种设备、安全附件、防毒、防雷、防静电装置及机电连锁装置、安全防护装备的定期检查和校验工作。及时整改检查中发现的问题。

4. 制定或审查有关设备的改造、检修计划和方案时，应有相应的职业安全卫生措施内容，对安全措施执行情况进行检查监督。

5. 组织设备安全大检查，对检查出的有关问题，制定整改计划，并督促检查落实整改情况。

6. 负责特种设备的使用登记工作。

7. 负责签订施工合同必须有的安全责任条款，并对外来检修和有关人员进行安全教育及施工中的安全管理工作。

8. 负责设备事故调查处理，及时向本单位安全主管部门通报，参加其他事故的调查处理。

（五）环境保护部门安全职责

1. 贯彻执行国家有关环境保护工作法令、政策和标准，制定、修订并完善本单位各项环境保护制度和措施，对执行情况进行检查监督。

2. 负责对环境保护方针政策、规定和技术知识的宣传教育，检查监督执行情况，做好环境保护工作，实现文明生产。

3. 制定“三废”治理和噪声防护等措施规则，并检查落实执行情况。

4. 参加新建、扩建、改建工程的环保“三同时”监督工作，使环境保护措施与主体工程同时设计、同时施工、同时投产。

5. 负责对环境污染的监测工作，督促有关单位使环保各项指标达到国家卫生标准。

（六）保卫部门安全职责

1. 建立健全安全保卫制度，负责进厂人员的证件检查、临时入厂人员的入厂检查和登记，以及对上述人员禁火种安全检查，负责重点监控设备、设施安全生产保卫工作。

2. 负责对生产作业车辆进出气站检查、登记工作。

3. 负责本单位有毒物品的管理和审批。

4. 负责交通事故的调查、处理、上报并及时报告本单位安全主管部门，会同车辆管理部门进行交通安全管理监督，参加有关事故调查处理。

5. 负责各类生产事故的现场保卫工作。

6. 参加安全检查，组织好主管业务范围内的安全保卫检查工作。

（七）企业消防队安全职责

1. 贯彻执行《消防安全法》和“预防为主，防消结合”的方针，做好防火、灭火等消防工作。

2. 掌握本单位生产过程的火灾特点，经常深入基层监督检查火源、火险及灭火设施的管理，督促落实火险隐患整改，确保消防设施完备、消防道路畅通。

3. 组织开展防火、灭火知识教育，定期开展灭火训练和应急预案演练。

4. 负责防火防爆区域内动火的管理，参加火灾、爆炸事故的调查和处理。

5. 参加新建、扩建、改建及技措工程有关防火措施、消防设计的“三同时”审查和验收。

6. 负责编制本单位专用消防器材的配置和采购计划，负责消防器材的维修保养和修理。

7. 消防车辆随时处于完好状态，接火警后5min内到达火场。

8. 对消防隐患提出治理方案和计划。

三、生产部门主要管理人员及操作人员安全职责

（一）车间主任（气站站长）安全职责

1. 贯彻执行国家安全生产法律法规和企业安全生产各项规章制度，把职业安全卫生工作列入议事日程，做到安全工作“五同时”，对本车间安全生产全面负责。

2. 组织制定实施车间安全管理规定、安全技术操作规程和安全技术措施计划。

3. 组织对新工人进行车间安全教育和班级安全教育，对职工进行经常性的安全思想、

安全知识和安全技术教育，开展岗位技术练兵，定期组织安全检查和考核，组织并参加班组安全活动。

4. 每周组织一次全车间安全检查，落实隐患整改，保证生产设备、安全装备、消防设施、防护器材和应急设施等处于完好状态。

5. 组织开展各项安全生产活动，总结交流安全生产经验，表彰并奖励先进班组和个人。

6. 对本车间发生的安全事故及时报告，坚持事故处理“四不放过”原则，对事故责任者提出处理意见，报主管部门批准后执行。

7. 负责一级动火和固定动火点的申请，审批二级动火，组织并落实好动火时的安全措施。

8. 建立健全本车间安全管理网络，配备齐安全管理人员，充分发挥车间和班组安全管理人员的作用。

9. 建立健全车间干部值班制度，做到24h有人管生产、管安全。

（二）技术负责人安全职责

1. 负责安全生产中有关工艺技术工作，确保各项技术工作的安全可靠。

2. 负责编制安全技术规程及管理制度，在编制开停工、技术改造方案时，要有可靠的安全卫生技术措施，并对执行情况进行检查监督。

3. 对本车间职工进行安全生产操作技术与安全生产知识培训，组织安全生产技术练兵和考核。

4. 经常深入生产现场检查安全生产情况，发现事故隐患及时组织整改。制止违章作业，对紧急情况下不听劝阻者，有权停止作业，并报请领导处理。

5. 参加车间新建、扩建、改建及技措工程审查和验收；参加工艺改造、工艺条件变动方案的审查，使之符合安全技术要求。

6. 参加生产事故的调查分析。

（三）安全员安全职责

1. 贯彻上级安全生产的指示和规定，督促检查各项规章制度和安全技术操作规程的实施。

2. 在业务上接受企业安全技术监督部门和车间（气站）技术负责人的指导，并对各工段（班组）进行安全工作指导，有权直接向安全技术监督部门汇报工作。

3. 负责编制本车间（气站）安全技术措施和隐患整改方案，及时上报和检查落实。

4. 协助车间（气站）领导做好职工的安全思想、安全技术教育工作，负责新入厂职工车间级安全教育，指导并督促检查班组的安全教育和岗位技术练兵活动。

5. 严格执行安全生产各项规章制度，每天深入生产现场检查，发现隐患及时整改，对违章作业有权制止，并及时报告。

6. 检查并监督岗位操作人员正确使用和管理好劳动防护用品、各种防护器具及灭火器材。

7. 参与车间新建、改建、扩建工程的设计、竣工验收和设备改造、工艺条件变动方案的“三同时”审查，落实装置检修、停车与开车的安全措施。

8. 参加车间各类事故的调查处理，负责统计分析，按时上报。

9. 健全完善安全管理基础资料，做到齐全、实时、有效。

（四）工段长、班组长安全职责

1. 贯彻执行企业和车间领导对安全生产的指令和要求，全面负责本工段（班组）的安全生产。

2. 组织职工学习并贯彻执行企业和车间各项规章制度和安全技术操作规程，教育职工遵章守纪，制止违章行为。

3. 组织并参加班组安全活动日及其他安全活动，坚持班前讲安全、班中检查安全、班后总结安全，表彰先进，总结经验。

4. 负责对新工人进行岗位安全教育，对在岗职工进行经常性安全教育。

5. 负责班组安全检查，发现安全隐患及时组织整改，并报告上级；发生安全事故，及时组织抢救并立即报告，保护好现场，做好详细记录，参加事故调查、分析，落实防范措施。

6. 负责生产设备、安全装备、消防设施、防护器材和急救器具的检查维护工作，使其经常保持完好和正常运行。督促教育职工合理使用劳动防护用品、用具，正确使用灭火器材。

7. 负责本工段（班组）建设，提高安全管理水平。保持生产作业现场整洁，实现文明生产。

（五）生产操作人员安全职责

1. 认真学习和严格遵守各项规章制度，遵守劳动纪律，不违章作业，对本岗位的安全生产负直接责任。

2. 精心操作，严格遵守工艺纪律和操作纪律，做好各项生产记录，交接班必须交接安全情况，交班要为接班创造良好的安全生产条件。

3. 正确分析、判断和处理各种事故苗头，把事故消灭在萌芽状态。在发生安全事故时，按事故预案正确处理，及时、如实地向上级报告，并保护现场，做好详细记录。

4. 上岗作业必须按规定着装，妥善保管、正确使用各种防护器具和灭火器材。

5. 精心维护设备，保持作业环境整洁，搞好文明生产。

6. 积极参加各种安全活动、岗位练兵和事故应急预案演练。

7. 按时认真进行巡回检查，发现异常情况及时处理和报告。

8. 有权拒绝违章作业的指令，对他人违章作业加以劝阻和制止。

第五节 安全检查

安全生产检查是指对生产过程及安全生产管理中可能存在的隐患、有害与危险因素、缺陷等进行查证，以确定隐患、有害与危险因素、缺陷的存在状态，以及它们转化为事故的条件，以便制定整改措施，消除隐患、有害与危险因素。

安全生产检查是安全管理工作的重要内容，是消除隐患、防止事故发生、改善劳动条件的重要手段。通过安全生产检查可以发现生产过程中的危险因素，以便有计划地制定纠正措施，确保生产安全。

一、安全生产检查的目的与作用

安全生产的核心是防止事故，事故的原因可归结为人的不安全行为、物（包括生产设备、工具、物料、场所等）的不安全状态和管理上的缺陷三方面因素。预防事故就是从防止人的不安全行为、防止物的不安全状态和完善安全生产管理三方面因素着手。生产是一个动态的过程，正常运行的设备可能会出现故障，人的操作受其自身条件（安全意识、安全知识与技能、经验、健康与心理状况等）的影响，可能会出差错，管理也可能有失误，如果不能及时发现这些问题并加以解决，就可能导致事故，所以必须及时了解生产中人和物以及管理的实际状况，以便及时纠正人的不安全行为、物的不安全状态和管理上的失误。安全生产检查的目的就是为了及时地发现这些事故隐患，及时采取相应的措施消除这些事故隐患，从而保障生产安全进行。

二、安全生产检查的基本内容

安全生产检查主要是针对事故原因三方面因素进行，具体查思想、查管理、查隐患、查整改、查事故处理。

（一）查人的行为是否安全

检查有否违章指挥、违章操作、违反安全生产规章制度的行为。重点检查危险性大的生产岗位是否严格按操作规程作业，危险作业有否执行审批程序等。

（二）查物的状况是否安全

主要检查生产设备、工具、安全设施、个人防护用品、生产作业场所以及危险品运输工具等是否符合安全要求。如检查生产装置运行时工艺参数是否控制在限额范围内；检查建、构筑物和设备是否完好，是否符合防火防爆要求；检查监测、传感、紧急切断、通风、防晒、调温、防火、灭火、防爆、防毒、防潮、防雷、防静电、防腐、防泄漏、防护围堤和隔离操作等安全设施是否符合安全运行要求；检查通信和报警装置是否处于正常适用状态；检查生产装置与储存设备的周边防护距离是否符合规范规定；检查应急救援设施与器材是否齐全、完好等。

（三）查安全管理是否完善

检查安全生产规章制度是否建立健全，安全生产责任制是否落实，安全生产管理机构是否健全，相关管理人员是否配备齐全；检查安全生产目标和计划是否落实到各部门、各岗位，安全教育和培训是否经常开展，安全检查是否制度化、规范化；检查发现的事故隐患是否及时整改，实施安全技术与措施计划的经费是否落实，事故处理是否坚持“四不放过”原则等方面的管理工作。重点检查的内容有：是否按规定取得燃气充装资格证（或生产经营许可证），特种设备和气瓶是否按规定进行注册登记，压力容器、压力管道及各种安全附件定期检验是否合格，且在检验有效期限以内；特种作业人员是否经过专门培训并考试合格取得上岗证；防雷与防静电设施是否齐全完好并检验合格、有效；防火、灭火器材及消防设施是否齐全完好且检验合格；是否制定了事故应急救援预案，并定期组织救援人员进行演练。

三、安全生产检查的基本形式

（一）经常性安全检查

经常性检查是采取个别的、日常的巡视方式来实现的。在生产过程中进行经常性地预防检查，能发现安全隐患，及时消除，保证生产正常进行。

（二）定期安全检查

定期安全检查一般是通过有计划、有组织、有目的的形式来实现。如次/周、次/月、次/季、次/年等。检查周期根据各单位的实际情况确定。定期检查的面广，有深度，能及时发现并解决问题。

（三）季节性及节假日前安全检查

根据季节变化，按事故发生的规律，对易发的潜在危险，突出重点进行检查。如冬、春季防冻保温；夏季防暑降温、防台风、防雷电等；秋季防旱、防火等检查。

由于节假日（特别是重大节日，如元旦、春节、五一节、国庆节）前后容易发生事故，因此应进行有针对性的安全检查。

（四）专业（项）安全检查

专项安全检查是针对某个专项问题或在生产中存在的普遍性安全问题进行的单项定期检查。如针对燃气生产的在用设备设施、作业场所环境条件的管理或监督性定期检测检验，属专业性安全检查。而专项检查具有较强的针对性和专业性要求，用于检查难度较大的项目。通过检查，发现潜在问题，研究整改对策，及时消除隐患。

（五）综合性安全检查

一般由主管部门对下属各生产单位进行的全面综合性检查，必要时可组织进行系统安全性评价。

（六）不定期的职工代表巡视安全检查

由企业工会负责人组织有关专业技术特长的职工代表进行不定期巡视安全检查。重点查国家安全生产方针、法规的贯彻执行情况；查单位领导及各岗位生产责任制的执行情况；查职工安全生产权利的执行情况；查事故原因、隐患整改情况，并对事故责任者提出处理意见等。

四、安全生产检查方法

（一）常规检查法

常规检查是常见的一种检查方法，一般是由安全管理人员作为检查工作的主体，到作业场所的现场，通过“眼看、耳听、鼻闻、手摸”的方法，或借助一些简单工具、仪表等，对作业人员的行为、作业场所的环境条件、生产设备设施等进行的定性检查。安全检查人员通过这一手段，及时发现现场存在的不安全因素或隐患，采取措施予以消除，纠正施工人员的不安全行为。

（二）安全检查表法

安全检查表（简称 SCL）是为了系统地找出生产过程中的不安全因素，事先把系统加以剖析，列出各层次的不安全因素，确定检查项目。并把检查项目按系统的组成顺序编制成表，以便进行检查或评审，这种表就叫安全检查表。

安全检查表应列举需查明的所有会导致事故的不安全因素，且应注明检查时间、检查者、直接责任人等，以便分清责任。安全检查表的设计应做到系统、全面，检查项目应明确。表 11-1 为燃气生产经营单位安全检查表。

（三）仪器检查法

设备内部的缺陷及作业环境条件的真实信息或定量数据，只能通过仪器检查法进行定量化的检验与测量，才能发现安全隐患，从而为后续整改提供信息。因此必要时需实施仪器检查。由于被检查对象不同，检查所用的仪器和手段也各不相同。

五、安全生产检查的程序

（一）安全检查准备

安全生产检查准备工作包括以下主要内容：

1. 确定检查对象、目的和任务；
2. 查阅、掌握有关法规、标准、规程的要求；
3. 了解检查对象的工艺流程、生产情况、可能出现危险危害的情况；
4. 制定检查计划，安排检查内容、方法和步骤；
5. 编写安全检查表或检查提纲；
6. 准备必要的检测工具、仪器、书写表格或记录本；
7. 精心挑选和训练检查人员，并进行必要的分工等。

（二）实施安全检查

实施安全检查一般通过访谈、查阅文件和记录、现场检查、仪器测量等方式获取信息。

1. 访谈　与有关人员谈话来了解相关部门、岗位执行规章制度的情况。

2. 查阅文件和记录　检查设计文件、作业规程安全措施、责任制度、操作规程等是否齐全、有效；查阅相应记录，判断上述文件是否被执行。

3. 现场观察　到作业现场查找不安全因素、事故隐患、事故征兆等。

4. 仪器测量　利用一定的检测检验仪器设备，对在用的设备设施、器材状况及作业环境条件等进行测量，以发现安全隐患。

（三）通过分析作出判断

掌握情况之后，要进行分析、判断和检验。可凭经验、技能进行分析、判断，必要时可以通过仪器、检验得出正确结论。

（四）及时作出规定并进行处理

作出判断后，应针对存在的问题作出采取措施的决定，即通过下达隐患整改意见和要求，包括要求进行信息的反馈。

（五）实现安全检查工作闭环

通过复查整改落实情况，获得整改效果的信息，以实现安全检查工作的闭环。

六、安全检查表

（一）安全检查表的分类

1. 按检查的内容分类

（1）安全管理状况的检查表　其内容包括各项安全制度建设、检查安全制度建设、安全管理组织机构、资质证照管理、安全教育、事故管理等。主要检查安全生产法规、标准、规定的贯彻执行情况，管理的现状，管理的措施和成效，及时发现安全管理方面的缺陷。

（2）安全技术防护状况检查表　其内容包括各专业的安全检查。如建筑、机械设备

（包括特种设备）、管道、电气、消防、运输、环境保护、安全防护及职业危害等。主要检查生产设备、作业场所、物料储存是否符合安全要求；管输与道路运输是否符合安全要求；电气设施是否符合防爆、防雷、防静电技术要求；消防设施是否符合安全要求；环境保护措施是否达到安全排放要求；安全防护设施是否运转正常；职业安全卫生标准执行情况等。

安全检查表可将安全管理、安全技术防护以及事故管理等内容综合编制。

2. 按检查范围分类

按检查范围可分为：全厂（公司或生产经营单位）安全检查表；车间、班组、岗位安全检查表。

3. 按检查周期分类

按检查周期可分为：日常安全检查表和定期安全检查表。

（二）安全检查表的编制依据

编制安全检查表的主要依据有：

1. 安全生产法律法规、技术标准与规程以及管理规定；

2. 职业安全卫生标准、劳动保护措施及危险状况识别与判断方法；

3. 生产工艺系统分析、风险评价与危险因素、防范措施；

4. 国内外事故案例及本单位在安全管理方面的有关经验教训；

5. 新技术、新材料、新方法、新法规和新标准等。

（三）安全检查表范本

以下根据燃气行业生产特点编制的安全检查表（表11-1），仅供参考。

安全检查表 **表11-1**

受检单位： 检查日期： 年 月 日

序号	检查项目	要求	检查结果	备注
一、保证性项目				
(一)资质证照管理				
1	企业经营资质	营业执照、税务登记、法人代码登记等证照齐全有效		
2	专业经营资质	气体充装、危险品经营、道路运输许可等资质证照齐全有效		
3	特种设备登记	压力容器、压力管道使用登记证齐全有效		
4	气瓶登记	气瓶使用登记取证，建立数据库，资料齐全		
5	防雷设施	防爆、防雷、防静电设施齐全、完好、有效		
6	上岗证	职业资格证、特种作业证持证率达标		
(二)管理组织与制度				
7	组织机构	建立安全生产委员会及各级安全管理组织网络		
8	人员配备	按规定和相应的任职条件配齐全各级管理人员		
9	管理制度	建立健全各项安全管理制度、岗位责任制和操作规程		
10	应急救援	制定应急救援预案，人员、装备配备齐全		
11	义务消防	建立义务消防队，人员、装备配备齐全		

续表

序号	检查项目	要　　求	检查结果	备注
(三)用工管理				
12	用工管理	全员签订劳动合同		
13	劳动保险	劳动保险、意外伤害保险参保率达标		
二、动态管理检查项目				
(四)工作计划与安全责任				
14	工作计划	制定年、季、月和阶段性安全工作计划与目标		
15	总结交流	定期进行工作总结,召开安全工作会议		
16	责任落实	层层签署安全责任书且保证动态管理有效		
(五)安全教育与宣传				
17	入职教育	查对新入职职工"三级安全教育"记录		
18	在岗教育	班前教育、班后讲评、定期学习与培训、岗位练兵活动记录		
19	安全日活动	查每周一次活动记录		
20	宣传	定期出墙报、简报及开展义务咨询宣传活动		
(六)安全操作				
21	现场操作	查各岗位现场操作是否符合安全技术操作规程		
22	现场管理	查生产作业现场设备、物料等管理情况		
23	工艺控制	查实际运行工艺参数、物料流向与标识等		
(七)生产装置管理				
24	机器设备	查各种机泵设备完好率及现场管理情况		
25	特种设备	查压力容器、管道定期检验及现场管理情况		
26	安全附件	查各种安全附件定期检验及现场管理情况		
27	充装设施	查充装设备及辅助设施的完好情况		
28	计量器具	查定期检验及现场管理情况		
29	运输工具	查危险品运输车辆的各种证照和车况		
30	电气设施管理	查防爆、防雷、防静电设备设施的完好情况		
(八)消防设备设施管理				
31	消防水源	查消防水池水位及水源补充是否符合要求		
32	消防设施	查消防泵、管道、喷淋、水枪等设施完好,运行及试运行情况		
33	灭火器材	查灭火器数量、放置位置及定期检验情况		
34	消防通道	查消防通道是否畅通无阻		
(九)辅助设施管理				
35	备用电源	查备用发电机完好及试运行情况		
36	配电设施	查配电设备及线路是否完好		
37	安全照明	查照明设施是否符合防爆及安全要求		
38	建构筑物	查建构筑物完好情况		

续表

序号	检查项目	要　　求	检查结果	备注
(十)安全记录				
39	会议记录	查各种安全会议记录		
40	学习记录	查各种学习、培训记录		
41	巡查记录	查日常巡线、巡查记录		
42	运行记录	查各种设备(包括危运车辆)运行记录		
43	值班记录	查交接班记录		
44	工作日志	查值班领导工作日志		
45	出入登记记录	查门卫出入登记记录		
46	装卸记录	查罐车装卸、气瓶灌装记录		
47	灌装检验记录	查灌装前、后检验记录		
48	检修维修记录	查检修资料及各种设备维护保养记录		
49	奖惩记录	查表彰奖励先进、惩罚违章行为记录		
50	安全活动记录	查各种安全活动、预案演练活动记录		
51	安全检查记录	查班组、气站定期自查记录		
52	安全档案	查各种记录及资料归档情况		
(十一)安全防护措施				
53	安全储存	查储存液位、压力、温度等工艺参数是否处在控制限值范围内		
54	监测与报警	查可视监测与可燃气体报警系统是否完好		
55	防护装备	查安全防护及熄火设施是否齐全完好		
56	应急装备	查应急堵漏及防爆工器具是否齐全完好		
57	安全警示	查禁火、禁止操作等各种警示标牌、标识		
(十二)劳动防护措施				
58	劳保用品	查劳保用品的管理、发放及现场穿戴情况		
59	公共用品	查防毒、绝缘防护等公用防护品的管理情况		
60	常备药品	查现场急救药品、防暑降温药品等常备情况		
(十三)场坪安全与环境管理				
61	安全堤管理	查安全堤、水封井、下水道是否符合安全要求		
62	场坪管理	查场坪功能划分与现场管理情况		
63	环境卫生	查站场内物品堆放、环境卫生		
64	周边环境	查站场内外是否有易燃物及其他不安全因素		
三、事故管理				
65	安全事故	当期安全事故发生情况		
66	事故处理	查事故处理“四不放过”原则执行情况		
综合评定：				
整改意见：				

受检单位负责人	安全监督管理部门负责人	考评人

注：(1) 保证项目其中一项不合格或不达标，则安全检查综合评定为不合格。

(2) 当期发生严重以上安全事故的，安全检查综合评定为不合格。

(3) 检查结果可定性评定为：优良、合格、不合格，也可采用百分制加权计算评定。

第六节　事故管理

事故管理是安全生产管理的一项重要内容，是企业预防安全事故的重要手段。安全事故管理主要包括对安全事故进行报告、登记、调查、处理和分析。

一、事故管理的原则

事故管理要坚持“四不放过”原则，即事故原因未查清不放过；防范措施不落实不放过；事故责任人未受到处理不放过；群众未受到教育不放过。这是要求发生事故后必须查明原因，分清责任，落实防范措施，教育群众和处理责任人，防止同类事故的发生。

二、事故报告和应急救援

燃气生产经营单位应当制定本单位事故应急救援预案，建立应急救援组织，配备应急救援人员和必要的应急救援设备设施和器材，并定期组织演练，保证应急救援队伍在任何情况下都能迅速实施救援，以及救援装备在任何情况下都处于正常使用状态。

发生安全生产事故，事故现场有关人员应当立即报告本单位负责人，单位主要负责人应按本单位应急救援预案，迅速采取有效措施，组织营救受害人员，控制危害源，监测危害状况，防止事故蔓延、扩大，减少人员伤亡和财产损失，并采取封闭、隔离等措施，消除危害造成的后果。

按照有关规定，发生严重的燃气安全事故，可能危及周边区域或公众安全的（如汽车罐车运输、站场燃气严重泄漏等），必须立即向属地燃气行政主管、公安、安全生产监督、质量技术监督部门报告，按本单位应急救援预案，迅速采取有效措施，并采取一切可能的警示措施。发生事故后不得隐瞒不报，谎报或拖延不报，不得故意破坏事故现场、毁灭有关证据。否则要追究法律责任。事故报告应包括以下内容：

1. 发生事故的时间、地点和伤亡情况；
2. 事故性质、严重程度及发生事故的部位；
3. 事故简要过程和直接经济损失的初步估计；
4. 事故发生原因的初步判断；
5. 事故发生后采取的措施和事故控制情况；
6. 报告人姓名、所属单位及联系电话等。

三、事故调查

事故发生后，要对事故进行调查和处理。调查的目的是为了了解事故情况，掌握事故事实，查明事故原因、分清事故责任，拟定防范措施，防止同类事故发生。

（一）事故调查组成员

事故的调查处理根据事故等级或危害程度，由相应级别的主管部门成员组成调查组。

1. 轻伤、重伤事故　由企业负责人或其指定人员组织生产、技术、安全等有关人员以及工会代表参加事故调查组进行调查。

2. 死亡事故　由企业会同属地市（地）级政府安全生产主管部门、燃气行政主管部门、劳动保障部门、公安部门、工会等成员组成事故调查组进行调查。

3. 重大死亡事故　按企业的隶属关系由省、自治区、直辖市企业主管部门或者国务院有关主管部门会同同级安全生产主管部门、劳动保障部门、公安部门、工会等成员组成事故调查组进行调查。

（二）调查组的职责

1. 查明事故发生原因、过程和人员伤亡、经济损失情况；

2. 查明事故责任人；

3. 提出事故处理意见和防范措施建议；

4. 写出事故调查报告。

四、事故分析

在分析事故原因时，先要认真整理和研究调查材料，并从直接原因入手，即从机械、物质或环境的不安全状态和人的不安全行为入手。确定导致事故的直接原因（指直接导致事故发生的原因）后，逐步深入到间接原因（指直接原因得以产生和存在的原因，一般可以理解为管理上的原因）进行分析，找出事故主要原因，从而掌握事故的全部原因。分清主次，进行事故责任分析。

事故间接原因主要按以下方面进行分析：

1. 技术上和设计上是否有缺陷，如建（构）筑物、设备、构件、仪器仪表、工艺过程、操作方法、检修检验等的设计、施工和材料使用存在的问题；

2. 未经教育培训或培训教育不够，不懂或缺乏操作知识；

3. 劳动组织不合理；

4. 对现场工作缺乏检查监督或指挥失误；

5. 没有操作规程或不健全；

6. 没有或不认真实施防范措施，对事故隐患整改不力；

7. 其他。

对事故责任分析，必须以严肃认真态度对待，要根据事故调查所确认的事实，通过对直接原因和间接原因的分析，确定事故的直接责任者和领导责任者，然后在此基础上，根据事故发生过程中的作用，确定事故的主要责任者。最后，根据事故后果和责任者应负的责任提出处理意见。

五、事故处理

事故调查处理应当按照实事求是、尊重科学的原则，及时、准确地查清事故原因，查明事故性质和责任，总结经验教训，提出整改措施，并对事故责任者提出处理意见。

对事故责任者的处理，一般以教育为主，或者给予适当行政处分（包括经济制裁）。其中对情节恶劣、后果严重、触犯刑法的，应提请司法部门依法追究刑事责任。

对在伤亡事故发生后隐瞒不报、谎报、故意迟迟不报、故意破坏事故现场，或者无正当理由，拒绝接受调查以及拒绝提供有关情况和资料的，由有关部门按照国家相关规定，对单位负责人和直接责任人给予行政处分，构成犯罪的，由司法机关依法追究刑事责任。

事故单位要认真吸取事故教训，教育广大群众，落实整改措施，防止同类事故再次发生。同时还要做好事故材料归档工作，将事故调查处理过程中形成的材料归入安全生产档案。

六、事故结案归档

事故结案后，应归档的资料包括：

1. 职工伤亡事故登记表；
2. 事故调查报告书及批复；
3. 现场调查记录、图纸、照片；
4. 技术鉴定和试验报告；
5. 人证、物证材料及直接、间接经济损失材料；
6. 事故责任者的自述材料；
7. 医疗部门对伤亡人员的诊断书；
8. 发生事故的工艺条件、操作情况和设计资料；
9. 处分决定和受处分人员的检查材料；
10. 有关事故通报、简报及文件；
11. 安全教育记录及防范措施；
12. 注明参加调查组的人员姓名、职务、单位等。

第十二章　事故应急预案与案例

第一节　概　　述

随着我国燃气事业的快速发展和供气规模的日益扩大，燃气在生产、储存、运输及使用过程中的安全事故时有发生。由于燃气储存具有巨大能量，潜伏着危险因素，尤其是燃气泄漏可能导致火灾、爆炸，对人民生命财产构成严重的威胁。从安全管理的角度来说，燃气生产、输配工艺装置的安全运行，是通过安全设计、规范操作、定期检验、定期检查和加强日常维护等措施来实现的。但是，这并不能保证达到绝对地安全。因此，需要制定万一发生事故应该采取的紧急措施和应急方法。事故应急救援系统就是通过制定事前计划和应急措施，充分利用一切可能的力量和资源，在事故发生后能迅速地控制事故发展，并尽可能排除事故的危害，以保护现场人员和场外人员的安全，将事故对人员、财产和环境破坏的损失减小到最低程度。

一、建立应急救援预案的必要性

建立应急救援预案的必要性，归纳起来有以下几个方面：

1. 燃气固有危险特性和可能造成事故的危害性

燃气具有闪点低、热值高、易扩散等易燃易爆的特性，在其生产、储存、运输和使用过程中极易发生具有严重破坏性的泄漏、火灾、爆炸等重大事故，给人民生命财产构成严重的威胁。为了有效防止重大安全事故发生，降低事故人员伤亡和财产损失，必须建立重大危险源控制系统和事故应急救援系统。

2. 国家安全生产法规强制性规定

事故应急救援预案（或称应急计划）是重大危险源控制系统的重要组成部分，对于减少事故造成的人员伤亡和财产损失具有重要意义。《中华人民共和国安全生产法》明确规定："生产经营单位主要负责人有组织制定并实施本单位生产安全事故应急救援预案的职责"。"生产经营单位对重大危险源应当登记建档，进行定期检测、评估、监控，并制定应急预案，告知从业人员和相关人员在紧急情况下应当采取的应急措施"。"县级以上地方各级人民政府应当组织有关部门制定本行政区域内特大生产安全事故应急救援预案，建立应急救援体系"。《中华人民共和国突发事件应对法》第十一条规定："公民、法人和其他组织有义务参与突发事件应对工作"。

3. 各级政府安全管理部门落实监督管理责任具体措施

事故应急救援预案是一项系统性和综合性的工作，既涉及科学、技术、管理，又涉及政策、法规和标准。为着眼于建立安全生产长效机制，国家安全生产监督管理局正全力建设安全生产"六大支撑体系"，其中事故应急救援体系是其重要组成部分。政府安全管理部门依据各级应急救援预案落实安全生产监督管理责任和应急救援措施。

4. 企业落实安全生产主体责任的需要

建立生产安全事故应急救援体系的必要性还在于：一是通过生产安全应急救援预案的制定，可以总结本企业生产工作的经验和教训，明确安全生产工作的重大问题和工作重点，提高预防事故的思路和办法，是贯彻“安全第一、预防为主”安全生产方针的需要；二是在生产安全事故发生后，事故应急救援体系能保证事故应急救援组织及时出动，并有针对性地采取救援措施，对防止事故的进一步扩大，减少人员伤亡意义重大；三是专业化的应急救援组织是保证事故及时进行专业救援的前提条件，会有效地避免事故施救过程的盲目性，减少事故救援过程中的伤亡和损失，降低生产安全事故的救援成本。

二、事故应急管理的基本要素

在职业健康安全管理体系中，应急计划是关键因素之一。事故应急管理的基本要素包括：预防、预备、响应和恢复四个方面，它们之间构成一个循环运行的应急管理体系，其四个方面的内涵关系如图 12-1 所示。这四方面的内容往往是重叠的，但它们中的每一部分都有自己的单独目标，并且一个阶段的工作可能成为下阶段工作内容的一部分。

（一）预防

预防是为了防止、控制和消除事故对生命财产和环境的危害所采取的行动。预防工作是从应急管理的角度，防止紧急事件或事故的发生，避免应急行动。

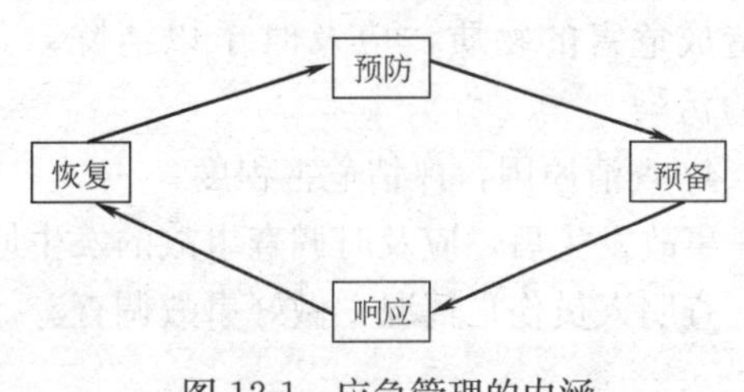

图 12-1　应急管理的内涵

其应对措施包括：制定安全法律、法规、规范、标准、安全规划；建立安全信息和安全监测监控系统，强化安全管理措施；开展风险分析和预评价；对员工、管理者及社区进行应急宣传教育等。

（二）预备

预备又称准备，是在事故发生之前采取的行动。目的是建立应急管理能力，应对事故发生而提高应急行动能力及推进有效的响应工作。

其应对措施包括：应急预案、应急通告与报警系统、应急救援、应急资源、公共咨询材料、互助与外援、特殊保护计划等。

（三）响应

响应又称反应，是在事故发生前及发生期间和发生后立即采取的行动。响应的目的是通过发挥预警、抢险、疏散、搜索和营救以及医疗服务等紧急事务功能，使人员伤亡及财产损失减小到最小程度，并有利于恢复。

其应对措施包括：启动应急通告与报警系统、抢险行动、救援中心、疏散和避难、搜寻与营救、对公众进行应急事务说明、报告政府有关部门等。

（四）恢复

恢复的目的是使生产、生活恢复到正常状态或得到进一步地改善。

恢复工作包括：事故损失评估、清理废墟、消毒去污、保险赔付、食品供应、预案的复查与修订、灾后重建、社区的再发展以及实施安全减灾计划等。

三、事故应急救援的基本任务

1. 立即组织营救受害人员

抢救受害人员是应急救援的首要任务。在应急救援行动中，快速、有序、有效地实施现场急救与安全转送伤员是降低伤亡率、减少事故损失的关键。同时应组织群众撤离和指导群众防护，或采取其他措施保护危害区域内的其他人员。在撤离过程中，还应积极组织群众开展自救和互救工作。

2. 迅速控制危险源

发生事故时，应对事故造成的危害进行监测、评估，评估事故的危害区域、危害性质及危害程度。及时控制造成事故的危险源是应急救援工作的重要任务，只有及时控制危险源，防止事故的继续扩展，才能及时、有效地进行救援。特别是对发生在城市或人口稠密地区的燃气事故，应尽快组织专业工程抢修队与事故单位技术人员一起及时堵源，控制事故的扩大。

3. 做好现场清洁并消除危害后果

针对事故对人体、动植物、土壤、水源、空气造成的实际危害和可能的危害，迅速采取封闭、隔离、清洗等措施。对事故外溢的有毒有害物质和可能对人或环境继续造成危害的物质，应及时予以清除，消除危害后果，防止对人的继续危害和对环境的污染。

4. 查清原因，评估危害程度

事故发生后，应及时调查事故的发生原因和事故性质，评估事故的危害范围和危害程度，查明人员伤亡情况，做好事故调查。

第二节 应急救援体系及运行

一、应急救援的组织和结构

事故应急救援和应急救援体系是一项复杂的安全系统工程，涉及面广，专业性强。靠某一个部门是很难完成的，需要把各方面的力量组织起来，统一指挥，分级负责，形成密切配合，协同作战，迅速、有效地组织和实施应急行动。因此，应急救援的准备应抓好组织机构、人员、装备三落实，并制定切实可行的工作制度，使应急救援的各项工作做到规范、有序、高效。应急救援系统的组织结构包括五个方面的运作机构，其功能和职责见表12-1。

二、应急救援系统的运行

应急救援组织按照规定的程序和要求，积极参与预防一预备一响应一恢复各阶段救援工作，并对其进行有效的动态管理，即形成一套较为完整的应急救援体系。要保证应急救援系统的正常运行，就必须事先制定一个应急救援计划，用计划指导应急准备、训练和演习，乃至迅速高效的应急行动。

应急救援系统组织结构、功能和职责 **表 12-1**

组织	运作机构	功能	职责
应急救援组织机构	应急指挥中心	协调应急组织各个机构运作和关系	是整个系统的重心，负责协调事故应急期间各个机构的运转，统筹安排整个应急行动，保证行动快速、有效地进行，避免因混乱造成不必要的损失
	事故现场指挥机构	负责事故现场应急指挥工作、人员调度、资源的有效利用	负责事故现场应急指挥工作，进行应急任务分配和人员调度，有效地利用各种应急资源，保证在最短时间内完成对事故现场的应急行动
	支持保障机构	提供应急物质资源和人员支持的后方保障	是应急救援后方力量，提供应急物质资源和人员、技术支持，全方位保证应急行动顺利完成
	媒体机构	安排媒体报道、采访、新闻发布会	负责与新闻媒体接触的机构，处理一切媒体报道、采访、新闻发布会等相关事务，以保证事故报道的可信性，对事故单位、政府部门及公众负责
	信息管理机构	信息管理、信息服务	负责系统所需一切信息的管理，提供各种信息服务，在计算机和网络技术的支持下，实现信息利用的快捷性和资源共享，为应急工作服务

事故应急救援预案是指由泄漏、火灾、爆炸等各种原因造成或可能造成人员伤亡及其他较大社会危害，为及时控制危险源，抢救受害人员，指导群众防护和组织撤离，消除危害后果而制定的一套救援程序和措施。

（一）应急救援系统内各个运作机构的关系

应急救援系统内各个运作机构的协调努力是有效处理各种安全事故的基本条件。当发生事故时，由信息管理机构首先接收报警信息，并立即报告应急指挥机构、事故现场指挥机构，在最短时间内赶赴事故现场，投入应急救援行动，同时对现场实施必要的交通管制。如有必要，应急指挥机构应通知媒体和支持保障单位进入工作状态，并协调各机构的运作，保证整个应急行动有序、高效地进行。同时，应急指挥机构在现场开展应急指挥工作，并保持与各个运作机构的联系，从支持保障机构调用应急所需的人员和物资投入事故的现场应急，全面掌控应急救援工作进展。信息管理机构为其他各单位提供信息服务。这种应急救援运作能使各机构明确自己的职责，管理统一，从而满足事故应急救援快速、有效的要求。应急救援系统内各个运作机构的关系见图 12-2。

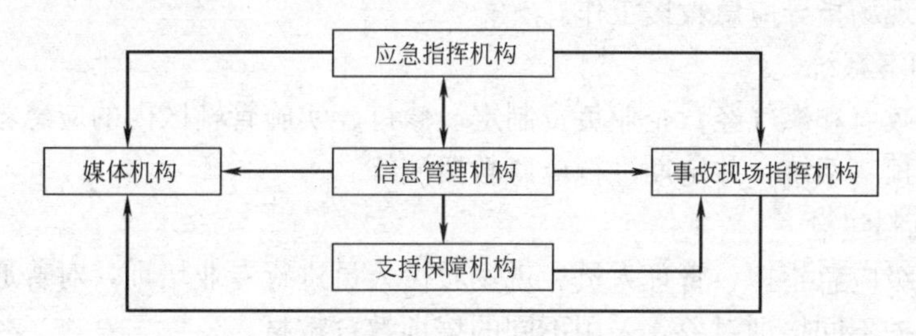

图 12-2　应急救援系统内各个运作机构的关系

通过对系统五个方面机构的设计和建立，以实现机构的快速反应、整体行动、信息共享，尽可能提高应急救援的速度，缩短救援作业时间，降低事故灾害的后果。该系统能够在应急救援行动中动态调整应急救援行动，最大可能地完成最优化的应急救援。在该系统的建设中，应尽可能注意各机构的优势和能力的协调，强调一体化管理、步调一致，配备训练有素的救援人员和必要的设备等。当事故发生时，保证系统进入有效的整体运作状态和系统的有效运转。

（二）应急救援体系的构成

一个完整的应急救援体系应包括以下六个分支体系：

1. 组织体系

按照国务院关于各类突发事件原则上由当地政府负责处理的精神，应急救援体系纵向组织设置国家、省（自治区、直辖市）、市、县、企业5级，根据事故影响范围和事故后果的严重程度，分别由不同的层次的应急救援指挥部门负责救援工作的实施。其中县级以上人民政府应设立本辖区危险化学品事故应急救援委员会，委员会由辖区政府主要领导和安全生产监督管理、公安、消防、建设、环保、劳动保障、卫生、交通、技监等有关部门人员组成。企业应急救援组织设置一般有企业领导、生产单位（部门）和生产班组三个层次，通过内部工作体系使之成为整体运作的救援系统。

2. 工作体系

组织体系建立的同时必须配套完善应急救援工作体系，在坚持“安全第一，预防为主”的方针下，立足防范，认真落实应急措施，做到责任明确、分级负责、统一指挥、反应灵敏、形成快速、有效的应急反应能力。

3. 技术支持体系

技术支持体系包括信息技术支持、现场救援技术支持和专家库系统三个方面。

(1) 信息技术支持体系　结合国家实行危险化学品和重大危险源登记制度，建立危化品生产、储存、经营、运输企业动态信息数据库，为应急救援准备和救援行动提供信息支持，提供24h应急咨询热线服务，为危化品安全管理、事故预防和应急救援提供技术、信息支持。

(2) 现场救援技术支持体系　加强应急救援队伍与应急装备建设，促进各种救援力量的有效整合。完善公安消防队伍和单位义务消防队伍的建设，购进先进的灭火车辆、灭火器材、堵漏设备、检测设备、防护器材与通信设备等。

(3) 专家库系统　根据地域分布，聘请包括安全、消防、卫生、环保及燃气专业在内的各类专家，定期进行考核和资格认证，保证事故应急咨询时的权威性和时效性，必要时就近专家可赴现场指导应急救援工作。

4. 应急预案系统

各级人民政府和燃气经营企业负责制定、修订、实施管辖区内的应急救援预案，建立事故应急救援预案系统，并定期进行应急救援演练。

5. 培训机制建设

定期对各级应急指挥、管理人员、现场救援人员进行专业培训，对普通民众进行应急知识宣传，根据不同培训对象，采用不同的培训教育教材。

6. 法律法规体系

法律法规体系的完善是应急救援体系正常运转的基本保证。因此有必要制定应急救援管理实施办法或管理条例，建立一套明确的机构和经费管理机制，规定各方责任，可有效快速地处理事故，确保体系的正常运转。

第三节　应急救援预案的编制

一、编制程序与步骤

燃气经营企业应根据国家安全生产法规规定，对重大危险源制定一套完整的现场应急救援预案。现场应急救援应由燃气经营企业准备，并应对重大事故潜在后果进行评估。世界卫生组织（WHO）欧洲办事处建议企业事故应急预案按图 12-3 所示程序制定。

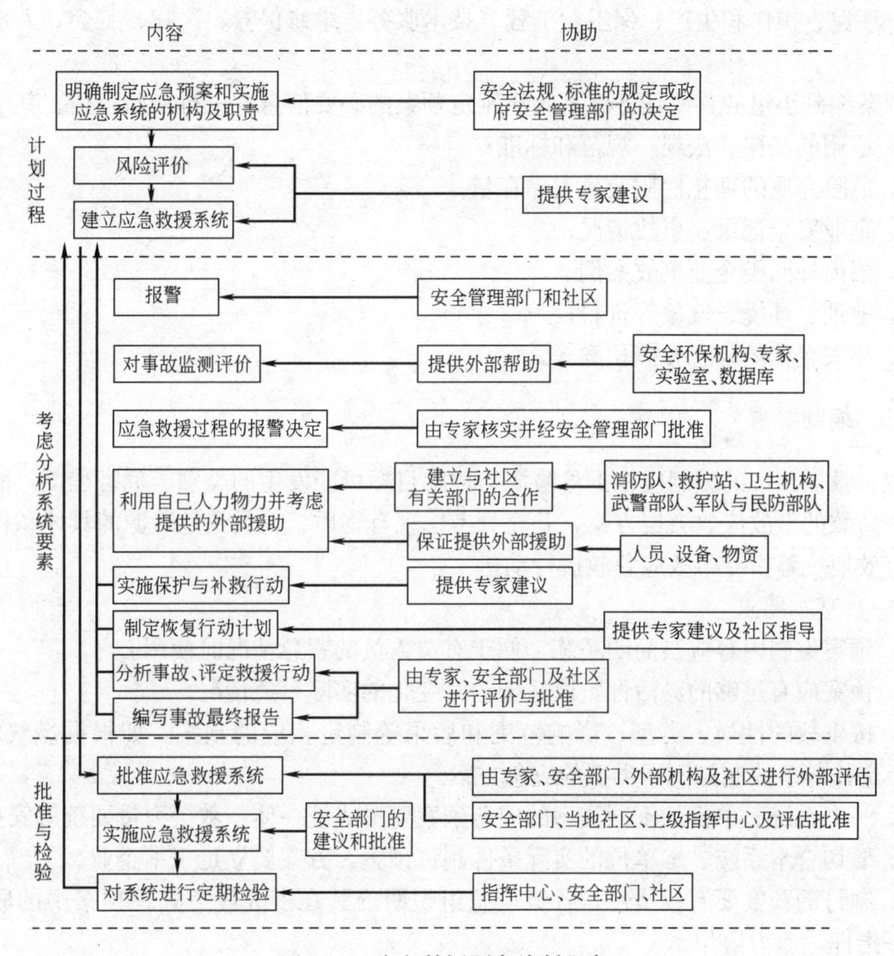

图 12-3　应急救援预案编制程序

企业编制事故应急救援预案通常按以下步骤进行：

1. 成立预案编制小组；
2. 收集资料并进行初始评估；
3. 辨识危险源并评价风险；

4. 评价能力与资源；

5. 建立应急反应组织；

6. 选择合适类型的应急计划方案；

7. 编制各级应急计划；

8. 预案评审；

9. 报批预案；

10. 修订、测试和维护预案。

二、成立编制小组

企业领导层首先应指定应急救援预案编制小组的人员，组员是预案制定和实施中有重要作用或可能在紧急事故中受影响的人。通常企业应急救援预案编制小组代表来自安全、技术、环保、操作和生产、保卫、工程、技术服务、维修保养、医疗、工会、人事等职能部门。

预案编制小组的首要任务就是收集制定预案的必要信息并进行初始评估。其中包括：

1. 适用的法律、法规、规范和标准；

2. 危险介质的理化性质及最大储存量；

3. 企业安全记录、事故情况；

4. 国内外同类企业事故案例；

5. 地理、环境、气象等资料；

6. 相关企业的应急救援预案等。

三、编制要求

应急救援预案的编制应根据危险源、危险目标可能发生的类别、危害程度，制定一套有序、高效的事故应急救援方案，并充分考虑现有物质、人员及危险源的具体条件，能及时、有效地统筹指导事故应急救援行动。

(一) 基本要求

1. 预案编制内容应当简明精练，便于有关人员的紧急情况时使用。

2. 预案应有足够的灵活性，以适应随时变化的实际紧急情况。

3. 按事故的性质、类型、影响范围和后果等制定相应的预案。如根据燃气的泄漏、火灾、爆炸等事故制订不同类型的应急方案。

4. 一个系统、单位的不同类型的应急预案要形成统一体，救援力量要统筹安排。

5. 要切合本系统、本单位的实际条件制订预案，方案要立足于本企业。

6. 制订的预案要有权威性，各级应急组织明确其在事故应急处理预案中的职责，做到统一指挥，通力协作。

7. 预案要经过上级批准才能实施，且要有相应的强制执行措施。

8. 预案要定期演习和维护，要根据实际情况定期检查和修正。

9. 应急队伍要进行专业培训，并要有培训记录和档案，应急人员要通过考核，证实能胜任所担负的应急任务后，才能上岗。

10. 各应急救援组平时要组建落实并配有相应器材和装备，应急器材和装备要定期检查，保证设备性能完好，在应急救援时不至于因设备问题带来损失。

（二）预案内容的应急反应要素

预案应包括以下主要应急反应要素：

1. 应急资源的有效性；

2. 事故评估程序；

3. 指挥、协调和反应组织的结构；

4. 通报和通信联络程序；

5. 应急反应行动（包括事故控制、防护行动和救援行动）；

6. 培训、演习和预案的保持。

（三）预案的编制依据

1. 企业进行危险源辨识、风险评价和风险控制的结果及其控制措施。

2. 国家相关法律、法规、规范、标准及其他规定或要求。

3. 国内外、行业内外典型事故以及本企业以往事故、事件和紧急情况的经验和教训。

4. 调查并准备有关图表、资料。如重大危险源分布图、防护目标分布图、交通指引图、疏散撤离路线图、建（构）筑物情况图、工艺装置布置图、危险源周边情况图、消防平面布置图、救援能力分布总图、监测技术力量分布图、连续三年气象资料、救援能力调查表等。

5. 调查应急事故状态下所需的应急器材、设备、物资的储备和供给保障的可能性。

6. 岗位操作人员的合理化建议。

7. 对事故应急演练和应急响应进行评审的结果，以及对评审结果所采取的后续改进措施。

（四）编制方法

1. 调查研究，收集资料，要求收集的内容与“依据”的内容相同。

2. 进行全面分析和评估。其中包括危险源的分析、危险程度的分析和救援力量的分析。

3. 在统一领导下，分工负责，指定专门的部门牵头组织，吸收有关单位参加，共同拟定。

4. 现场勘察，反复修改。为使预案切实可行，尤其是重点目标区的具体行动预案，拟定前需要组织有关部门、单位的专家和领导到现场进行实地勘察，如重点目标区的周围地形、环境、指挥位置、分组行动路线、展开位置、人员疏散道路及疏散地域等的实地勘察、实地确定。

5. 组织有关部门、单位领导和专家进行评审，使制定的预案更清楚、更科学、更合理。

四、编制内容

根据《中华人民共和国突发事件应对法》和《危险化学品事故应急救援预案编制导则（单位版）》，燃气事故应急预案编制的主要包括以下内容：

（一）基本情况

主要包括单位的地址、经济性质、从业人数、隶属关系、主要产品、产量（或储量）

等内容，周边区域的单位、社区、重要基础设施、道路情况。燃气运输单位运输车辆情况及主要的运输产品、运量、运地、行车路线等内容。

（二）危险目标、危险特性及对周围的影响

1. 危险目标的确定。

可选择对以下材料辨识的事故类别、综合分析的危害程度，确定危险目标：

（1）生产、储存、使用燃气装置、设施现状的安全评价报告；

（2）健康、安全、环境管理体系文件；

（3）职业安全健康管理体系文件；

（4）重大危险源辨识结果；

（5）其他。

2. 根据确定的危险目标明确其危险特性及周边的影响。

（三）危险目标周围可利用的安全、消防、个体防护的设备、器材及其分布。

（四）应急救援组织机构、组成人员和职责划分。

1. 根据燃气事故危害程度的级别，设置分级应急救援组织机构。

2. 组成人员应包括企业主要负责人及管理人、现场指挥人。

3. 主要职责：

（1）组织制订事故应急救援预案；

（2）负责人员、资源配置、应急队伍的调动；

（3）确定现场指挥人员；

（4）协调事故现场有关文件；

（5）批准本预案的启动与终止；

（6）事故状态下各级人员的职责；

（7）事故信息的上报工作；

（8）接受政府的指令和调动；

（9）组织应急预案演练；

（10）负责保护事故现场及相关数据。

（五）报警、通信联络方式

依据现有资源的评估结果，确定以下内容：

1. 24h有效报警装置；

2. 24h有效的内部、外部通信联络手段；

3. 运输燃气的驾驶员、押运员报警及与本单位、生产厂家、托运方联系的方式、方法。

（六）事故发生后应采取的处理措施

1. 根据工艺操作规程的技术要求，确定采取的紧急处理措施；

2. 根据安全运输卡提供的应急措施及本单位、生产厂家、托运方联系后获得的信息而采取的应急措施。

（七）人员紧急疏散、撤离

依据对可能发生燃气事故场所、设施及周围情况的分析结果，确定以下内容：

1. 事故现场人员清点，撤离的方式、方法；

2. 非事故现场人员紧急疏散的方式、方法；

3. 抢救人员在撤离前、撤离后的报告；

4. 周边区域的单位、社区人员疏散的方式、方法。

（八）危险区的隔离

依据可能发生的燃气事故类别、危害程度级别，确定以下内容：

1. 危险区的设定；

2. 事故现场隔离区的划定方式、方法；

3. 事故现场隔离方法；

4. 事故现场周边区域的道路隔离或交通疏导办法。

（九）检测、抢险、救援及控制措施

依据有关国家标准和现有资源的评估结果，确定以下内容：

1. 检测的方式、方法及检测人员的防护、监护措施；

2. 抢险、救援方式、方法及人员防护、监护措施；

3. 现场实时监测及异常情况下抢险人员的撤离条件、方法；

4. 应急救援队伍的调度；

5. 控制事故扩大的措施；

6. 事故可能扩大后的应急措施。

（十）受伤人员现场救护、救治与医院救治

依据事故分类、分级，附近疾病控制与医疗救治机构的设置和处理能力，制订具有可操作性的处置方案，其基本内容有：

1. 接触人群检伤分类方案及执行人员；

2. 依据检伤结果对伤者进行分类现场紧急抢救方案；

3. 接触者医学观察方案；

4. 伤者转运及转运中的救治方案；

5. 伤者治疗方案；

6. 入院前和医院救治机构确定及处置方案；

7. 信息、药物、器材储备信息。

（十一）现场保护与现场洗消

包括事故现场的保护措施和明确事故现场洗消工作的负责人、专业队伍等。

（十二）应急救援保障

1. 内部保障　根据现有资源的评估结果，确定以下内容：

（1）确定应急队伍　包括堵漏、抢修、消防灭火、现场救护、医疗、治安、消防、交通管理、通信、供应、运输、后勤等人员；

（2）消防设施配置图、工艺流程图、现场平面布置图和周围地区图、气象资料、产品安全说明书、互救信息等存放地点、保管人；

（3）应急通信系统；

（4）应急电源、照明；

（5）应急救援装备、物资、药品等；

（6）燃气运输车辆的安全消防设备、器材及人员防护装备；

(7) 保障制度等。

2. 外部救援 依据对外部应急救援能力的分析结果，确定以下内容：

(1) 单位互助的方式；

(2) 请求政府协调应急救援力量；

(3) 应急救援信息咨询和专家信息等。

(十三) 预案分级响应条件

依据燃气事故的类别、危害程度的级别和从业人员的评估结果，可能发生的事故现场情况分析结果，设定预案启动条件。

(十四) 事故应急救援终止程序

包括确定事故应急救援工作结束和通知本单位相关部门、周边社区及人员，事故危险已解除。

(十五) 应急培训计划

依据对从业人员能力的评估和社区或周边人员素质的分析结果，确定以下内容：

1. 应急救援人员的培训；

2. 员工应急响应的培训；

3. 社区或周边人员应急响应知识的宣传。

(十六) 演练计划

依据现有资源的评估结果，开展演练准备工作，规划演练范围与频次，并设计演练组织。

(十七) 附件

包括组织机构名单、值班联系电话、应急救援人员联系电话、外部救援单位联系电话、政府有关部门联系电话、本单位平面布置图、消防设施配置图、周边区域道路交通示意图与交通管制图、疏散线路图、周边区域的单位与社区等重要基础设施分布图、供水供电单位联系方式等。

第四节 事故应急救援预案案例

A燃气公司事故应急救援预案（以液化石油气事故救援为例）

1. 总则

1.1 目的

为了有效预防重大安全生产事故，最大限度减轻事故灾害和损失，确保安全事故应急救援工作高效有序。根据国家安全生产相关法律法规，结合本公司实际情况，制定本预案。

1.2 适用范围

本预案适用于A燃气公司及下属各生产单位。其范围包括下属生产单位的燃气储备、罐车和运瓶车的装卸与运输、气瓶配送及其有关的生产经营活动。在生产经营活动中，若发生燃气泄漏、火灾、爆炸、设备设施损毁、人员伤亡、环境污染或人为破坏等安全事故或事件，均应遵循本预案，并按相应的措施和规定进行处理。

1.3 编制依据

《中华人民共和国安全生产法》中华人民共和国主席令第 70 号
《中华人民共和国劳动法》中华人民共和国主席令第 28 号
《中华人民共和国消防法》中华人民共和国主席令第 4 号
《中华人民共和国道路交通安全法》中华人民共和国主席令第 8 号
《中华人民共和国突发事故应对法》中华人民共和国主席令第 69 号
《国务院关于特大安全事故行政责任追究的规定》国务院令第 302 号
《危险化学品安全管理条例》国务院令第 344 号
《特种设备安全监察条例》国务院令第 373 号
《生产安全事故报告和调查处理条例》国务院令第 493 号
《城市燃气安全管理规定》中华人民共和国建设部、劳动部、公安部第 10 号令
《重大危险源辨识》国家标准 GB 18218—2000
《建筑设计防火规范》GB 50016—2006
《城镇燃气设计规范》GB 50028—2006
《爆炸危险场所安全规定》原劳动部劳发［1995］56 号
《危险化学品事故应急救援编制导则（单位版）》国家安监总局安监管危化字［2004］43 号

1.4　事故类型

1.4.1　人员伤亡事故　指在生产经营活动中所发生的人身伤亡或急性中毒事故。

1.4.2　交通事故　指机动车辆在行驶过程中，发生交通意外所造成的人身伤亡或车辆损坏事故。

1.4.3　泄漏事故　指在生产过程中发生一定规模的燃气泄漏，虽没有发展为火灾、爆炸或中毒窒息事故，但造成了严重的财产损失或环境污染。

1.4.4　设备损坏事故　指在生产经营活动中，发生设备、装置或管道损毁等事故。

1.4.5　火灾事故　指由于各种原因发生火灾，并造成人身伤亡、财产损失（烧毁、损坏）事故。

1.4.6　爆炸事故　指发生化学反应的爆炸或物理性的爆炸事故。

1.5　事故等级

安全事故等级（注：按企业内部标准制定的事故等级高于《锅炉压力容器、压力管道特种设备事故处理规定》第四条的一个等级）划分为：

1.5.1　特别重大事故　指一次死亡 10 人（含 10 人）以上，或 50 人以上重伤、中毒，或造成一次直接经济损失人民币 500 万元（含 500 万元）以上的设备事故。

1.5.2　特大事故　指一次死亡 3～9 人，或 20～49 人重伤、中毒，或造成一次直接经济损失人民币 100 万元（含 100 万元）以上，500 万元以下的设备事故。

1.5.3　重大事故　指一次死亡 1～2 人，或 19 人以下重伤、中毒，或造成一次直接经济损失人民币 50 万元（含 50 万元）以上，100 万元以下的事故。

1.5.4　严重事故　指无人员死亡或重伤，造成一次直接经济损失人民币 5 万元（含 5 万元）以上，50 万元以下的事故。

1.5.5　一般事故　指只受轻伤而无人员死亡、重伤，或造成机动设备、财产一次直接经济损失人民币 5 万元以下的事故。

2. 基本情况

2.1　A公司组织架构（略）

2.2　A公司应急组织机构（图12-4）

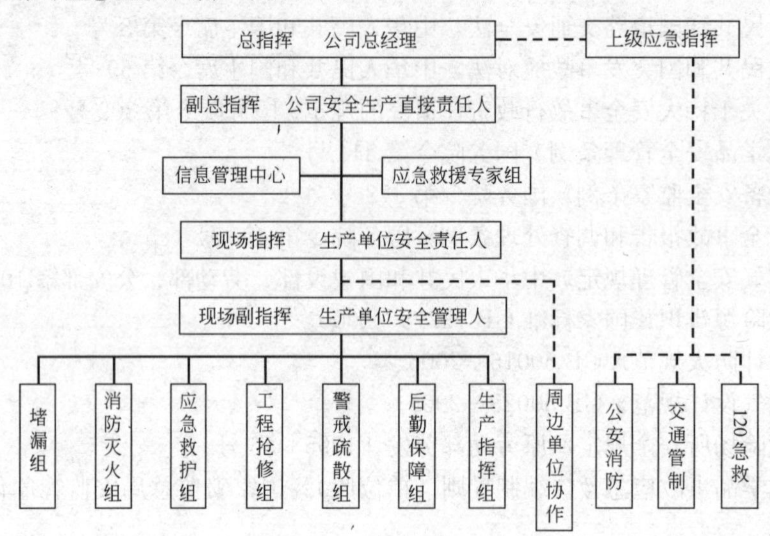

图12-4　应急组织机构

2.3　A公司及各生产单位简介（略）

2.4　危险目标、危险特性及对周围的影响

2.4.1　液化石油气的危险特性

液化石油气的闪点低，燃烧热值高，易扩散，危险性大。液化石油气的爆炸极限为1.5%～9.5%，属于甲类化学危险品，由于其密度是空气的1.5～2倍，一旦发生泄漏，容易沉降在地面，并滞留在地面的坑、沟、下水道和墙角等低洼处，遇火源可发生威力巨大的爆炸，可能造成严重的生命财产损失。

2.4.2　危险目标

燃气储配站：球罐区为1号目标、卧罐区为2号目标。储配站内储罐总容量为8800m³（其中1500m³球罐4台，200m³卧罐14台），最大储存量约4000t。其数量超过单元临界量，属重大危险源。

危险品运输车辆：燃气汽车罐车和运瓶车。

2.4.3　危险目标对周围的影响

根据上述危险目标可能发生的液化石油气事故级别，危害可能涉及的范围见表12-2。

危险目标及影响范围　　　表12-2

目标	事故中心位置	影响范围
1、2号目标	储配站储罐区	事故可能波及站外化工专区的成品油库

3. 应急组织和职责

3.1　应急指挥人员职责

3.1.1　总指挥

由公司总经理担任，其职责为：

（1）根据事故类别（火灾、爆炸、泄漏等）、性质、事故的潜在风险、现有应急资源和应急反应能力分析、判断紧急状态，并确定相应报警级别；

（2）指挥、总体协调应急反应行动；

（3）与上级和外援应急反应主管部门、组织和人员进行沟通联络；

（4）采取有效措施保证现场人员和附近人员的生命及财产安全；

（5）指挥后勤保障组织及时做好应急救援物资供应。

3.1.2　副总指挥

由公司安全生产直接责任人担任，其职责为：

（1）协助应急总指挥组织和指挥应急救援行动；

（2）对事故性质和存在的风险进行分析、判断，向应急总指挥提出应急救援的对策和建议；

（3）保持与现场指挥直接联络，掌握应急处理操作具体情况；

（4）协调、组织和获取应急所需的其他资源以及指导现场的应急操作。

3.1.3　现场指挥

由生产单位现场最高级别的负责人担任（当预案指定的现场指挥人员到达事故现场后，自动接任现场指挥），其职责为：

（1）指挥、协调事故现场应急救援操作；

（2）对事故进行现场分析、评估，并就事故发展情况及时向总指挥、副总指挥报告；

（3）指挥各应急小组迅速执行应急反应具体行动；

（4）控制紧急情况，并对事故的发展迅速作出反应；

（5）保持现场应急行动与应急总指挥的指令一致，并协调各分项应急救援操作。

3.1.4　现场副指挥

由生产单位安全管理人员担任，其职责为：

（1）协助现场指挥对事故现场开展应急救援行动；

（2）对事故进行分析、评估，并向现场指挥报告；

（3）参与控制紧急情况。

3.1.5　应急救援组组长

指应急预案中所列各应急救援小组的负责人，其职责为：

（1）应急救援组长必须听从上级应急指挥的指令，迅速有效地组织本小组成员履行预案赋予的职责。

（2）应急救援组长必须对职责范围内的应急救援行动负责，并负责指挥本小组成员现场操作。

（3）应急救援组长对职责范围内的应急事件进行现场评估和判断，在发现重大险情时要如实、及时向现场指挥报告。

（4）应急救援组长负责对职责范围内的应急救援操作进行监督检查，以保证应急措施执行及时、有效、安全可靠。

3.2　应急救援组织主要职责

3.2.1　应急救援指挥中心

应急救援指挥中心由总指挥、副总指挥、安全监督管理部门经理和生产总调度等人员组成，其主要职责为：

(1) 组织和指挥事故应急救援工作。

(2) 负责与外部应急救援组织通信联系。

(3) 根据事故现场具体情况、应急预案行动指引及应急专家组的建议，对事故救援迅速采取措施和对策。

(4) 做好应急救援专家队伍和救援专业队伍的组织、训练与演练。

(5) 开展对群众进行自救和互救知识的宣传和教育。

(6) 做好应急救援装备、器材、物品、经费的计划、管理和使用。

(7) 对事故进行调查、核对、发布事故通报。

3.2.2 应急救援专家组

应急救援专家组由注册安全工程师（或注册安全主任）、燃气专业工程师、医学救护专家等人员组成，其主要职责为：

(1) 对指挥机构进行的应急准备活动提出重要建议，特别是关于燃气事故潜在威胁的估计，对新装备、器材配置的必要性进行论证；

(2) 对事故（包括安全隐患）危害的现状和潜在的风险进行预测，并对事故的控制系统、方案和方法进行评估，向指挥中心提出对策和建议；

(3) 对事故预案的制定提供技术支持，对事故应急救援决策提供依据，并提出应对安全技术措施；

(4) 对应急救援预案在编人员进行技术培训和指导，负责安全技术咨询和专业知识讲座；

(5) 对下属生产单位应急救援分预案进行评估，并提出修改意见。

3.2.3 信息管理中心

应急救援信息管理中心常设在公司信息管理部，其主要职责是：

(1) 负责 24h 接收报警信息和通信联络，确保通信联络畅通。

(2) 负责向应急指挥机构报告事故。

(3) 负责与上级安全主管部门、新闻媒体进行沟通联系。

(4) 通知媒体和支援单位进入工作状态。

(5) 为应急救援提供各种信息服务。

(6) 在总指挥的授权下，向公众和媒体公布事故情况。

(7) 负责对事故过程有关数据进行处理。

3.2.4 堵漏组

由持堵漏操作上岗证的专业人员组成，其主要职责为：

(1) 迅速关闭泄漏点上、下游阀门，切断燃气来源，制止泄漏。

(2) 对关闭阀门后仍不能控制的泄漏，要在做好自身防护的基础上，迅速实施堵漏作业。

(3) 堵漏前，准确判断泄漏设备的几何形状、泄漏点的大小和位置，选择合理的堵漏方法和合适的堵漏工具及材料。

(4) 当用尽现有资源仍不能控制的泄漏，要及时向现场指挥报告。

3.2.5　工程抢修组

由专门抢修人员和单位设备维修人员组成，其主要职责为：

(1) 配备好抢修人员、车辆和装备，随时准备抢修被破坏的设备和设施。

(2) 根据应急指挥中心的命令，对危险部位及关键设施进行抢（排）险。

(3) 保证应急救援公用设施随时投入使用，如敷设临时用电线路和供水管道等，保证事故应急救援用电、用水。

(4) 负责对发生灾害的装置和设施进行抢险救灾，努力减少事故及灾害损失。

(5) 协助组织做好灾后恢复生产工作，对发生灾害的设备、设施进行检查，迅速抢修，尽快恢复生产。

3.2.6　消防灭火组

由单位义务消防队员组成，其主要职责为：

(1) 根据现场指挥的指令，启动备用电源、消防设备和设施，调动灭火力量，积极参与灭火战斗。

(2) 加强火情侦察，了解火势情况，查清是否有人受大火围困，及时抢救伤员。

(3) 根据事故现场的需要，实施喷淋降温，冲散积存的液化气或扑灭已发生的火灾。

(4) 负责消防通信联络，保证命令准确地上传下达，重大火灾或需要增援时，及时向指挥中心报告。

(5) 撤走现场的车辆和存放在现场可能导致火灾或爆炸的物品。

(6) 灭火战斗结束后及时补充灭火器材，恢复战备状态，总结火场经验教训，做好战评。

3.2.7　后勤保障组

由单位后勤人员组成，其主要职责为：

(1) 根据应急指挥中心的命令，及时将抢险救灾器材、物资运送到抢险现场。

(2) 及时做好应急指挥人员及相关部门负责人的接送工作。

(3) 及时组织灾后恢复生产所需物资的供应和调运，使灾后生产尽快恢复。

3.2.8　警戒疏散组

由保安人员组成，其主要职责为：

(1) 维护现场秩序，对事故现场进行警戒，阻止无关人员进入现场。

(2) 根据指挥中心发布的警报等级及防护措施，指导周边区域人员疏散，保证现场人员安全撤离。

(3) 对危害区外围的交通路口实施定向、定时封锁，阻止事故危害区外的公众进入。

(4) 指挥撤出危害区的人员和车辆顺利地通行；及时疏通交通堵塞，保障救灾物质安全顺利地到达事故现场，并负责做好抢险物资的保卫工作。

(5) 对撤出区的重要目标实施保卫和巡逻。

3.2.9　应急救护组

由经过 CPR 培训人员组成，其主要职责为：

(1) 在事故发生后，应尽快赶赴事故地点，选择有利地点设立现场医疗急救站，对伤员进行现场急救处理，并及时转送医院。

(2) 进入事故发生区抢救伤员，集中、清点、输送、急救伤员。

(3) 做好自身及伤员的个体防护，防止发生继发性伤害。

(4) 对现场人员做好自救与互救的宣传。

(5) 彻底清除毒物污染，防止继续吸入。

3.2.10　生产指挥组

由主管生产的负责人及经过洗消去污培训人员组成，其主要职责为：

(1) 负责指挥协调受灾装置的上、下游物料的平衡及应急倒罐或注水作业。

(2) 做好水、电、风等动力平衡和供应工作，保证消防用水和应急救援的动力正常供应。

(3) 调查了解装置发生事故及灾害的原因，提出抢险救灾的有效方案。

(4) 对受污染且必须处理的人员、装备、物资、器材进行清洗消毒，组织对受害区域地面、建筑物实施清洗消毒。

(5) 负责组织灾后恢复生产。

3.3　应急救援人员职责

应急救援人员（指 3.2.4～3.2.10 应急救援组成员），其基本职责为：

(1) 服从应急救援组长的指挥，积极、迅速参加应急救援行动。

(2) 接受专业技术培训，并对职责规定范围内的操作行为和工作负责。

(3) 进行现场操作时，必须密切配合，团结一致，协调作业。

(4) 保护自身安全，防止伤害，发现危急情况要及时向应急救援组长或现场指挥报告。

4. 应急救援资源

4.1　通信联络

4.1.1　24h 内部应急通信

(1) A 公司固定应急通信电话：“*********”；

(2) A 公司各级应急指挥人员及通信联络电话（略）。

4.1.2　24h 外部应急通信

(1) 市安全生产监督管理局应急电话：“*********”

(2) 市建设局应急电话：“*********”

(3) 市质量技术监督局应急电话：“*********”

(4) 反恐应急电话：“110”

(5) 火警电话：“119”

(6) 交通应急电话：“122”

(7) 医护急救电话：“120”

(8) 市供水应急服务电话：“*********”

(9) 市供电应急服务电话“*********”

(10) 电信值班电话：“10000”

4.2　应急地图

重大危险源分布及应急地图（略）

4.3　应急指挥装备

(1) 应急指挥车 * 台

（2）应急救援车＊台

4.4　抢险及防护装备（表 12-3）

4.5　其他

工艺技术图纸档案保存在档案室，安全管理档案已建立信息管理数据库，随时可以调出查阅。

5. 事故应急反应

5.1　事故应急反应程序（图 12-5）

抢险及防护装备一览表　　**表 12-3**

序号	类别	名　　称	规格	数量	存放地点	备　　注
1	抢险车	抢险指挥车	双排座	*	抢险中心	
2		工程抢修车	双排座	*		
3	照明设施	备用发电机	16kWA	*	随抢险车	
4		防爆灯		*		
5		防爆电筒		*		
6	检测仪器	测氧仪	CYS-1	*	随抢险车	
7		便携式测爆仪	XP311A	*		
8		地探仪		*		
9	施工设备	电焊设备		*	随抢险车	
10		防爆工具		*		
11		堵漏设备		*		
12	防护装备	空气呼吸器	RHZK-6.8	*	随抢险车	
13		空气填充泵	MCH6/ET	*		
14		防火服		*		
15		防毒面具		*		
16		防火、绝缘鞋		*		
17	其他	急救药箱		*	随抢险车	
18		担架		*		
19		防爆数码相机		*		

5.2　应急响应

5.2.1　一级响应（预警）　是指发生影响局部安全运行的事故时的应急响应，也称应急待命，是最低应急响应级别，对应的事故类型是可以控制的异常事件或容易控制的事件。

5.2.2　二级响应（企业应急）　是指发生影响整体安全运行的事故时的应急响应，必须采取行动以保护现场人员和设备装置的安全，要求启动企业事故应急救援预案。此类事故不会造成周边建筑物及人员受到直接影响和损害。

5.2.3　三级响应（社会应急）　是指发生破坏企业安全运行的事故或可能造成企业外部影响事故的应急响应，要求启动企业（场站）外事故应急救援预案，主要由政府等外部应急救援力量主导控制的事故。

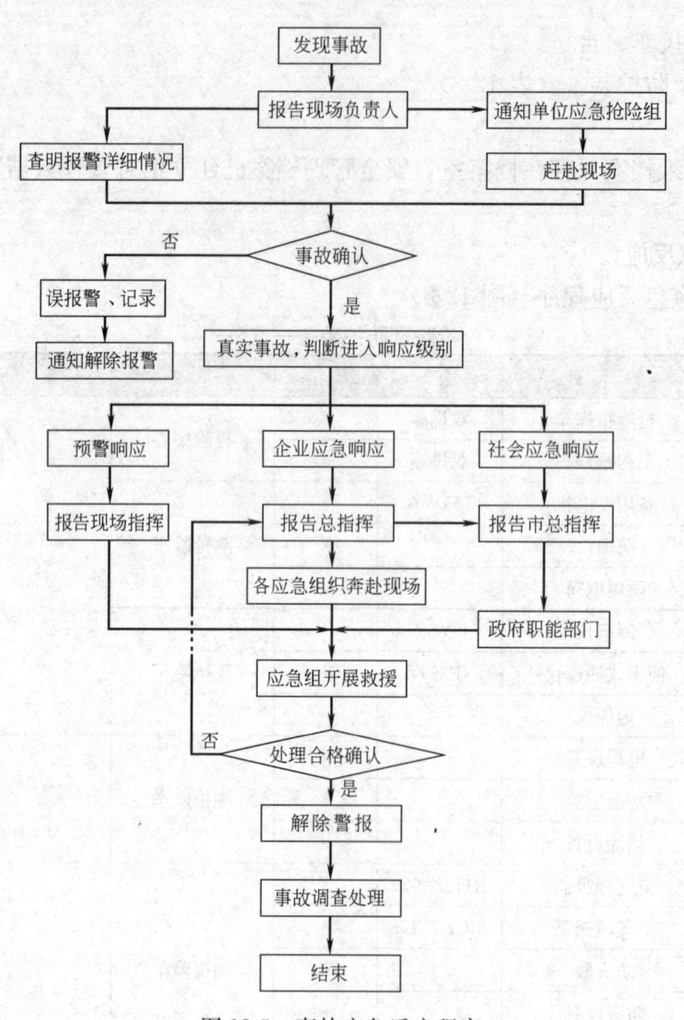

图 12-5　事故应急反应程序

5.3　事故报警

5.3.1　报警程序　最早发现险情的值班人员，应立即向本单位现场指挥或指挥中心报告。由单位现场指挥报告总指挥认定响应级别，决定是否拨打市一级应急报警值班电话(火灾事故必须立即拨打电话“119”或电话“110”)。

5.3.2　报警内容　包括事故单位、详细地点、事故原因、性质、现场伤亡情况、危害程度、事故现状和其他相关情况。

5.3.3　接警程序　接警人员应按以下程序操作：

(1) 问清报告人姓名、单位和联系电话；

(2) 问清 5.3.2 所述报警内容；

(3) 迅速向公司应急指挥人员报告；

(4) 做好纪录。

5.4　应急响应指令

(1) 一级响应救援　由现场指挥人员根据事故性质、范围和危害程度，按生产单位分预案应急救援行动指引，下达应急救援指令。

（2）二级响应救援　由公司应急总指挥或副总指挥按本预案应急救援行动指引，下达应急救援指令。

（3）三级响应救援　由市应急总指挥下达应急救援指令，调度社会救援力量参加救援。

5.5　现场监视监测

事故发生后，在救援队伍到达之前，现场负责人应指定相关人员进行现场监视监测。并且动员一切可以投入的救援力量，采取有效控制措施，对初起事故进行有效地控制。

5.6　事故评估

5.6.1　事故初步评估　事故一旦发生，事发单位现场指挥应立即对事故进行初步评估。初步评估内容包括：

（1）事故的性质（泄漏、火灾、爆炸等）；

（2）介质状态与泄漏程度；

（3）持续泄漏、火灾爆炸的可能性；

（4）事故对周围人员是否构成威胁；

（5）事故对周围设备设施的影响；

（6）泄漏物对周边环境是否构成威胁。

5.6.2　事故风险评估　确定事故性质与危害程度后，根据现场条件和气象状况（风速、风向、温湿度、气压），立即进行事故风险评估，以便应急指挥中心及时掌握事故的发展态势。

5.7　应急反应具体行动

（1）动员救援力量或请求增援；

（2）实施应急通信联络；

（3）实施现场物资（特别是易燃易爆危险品）紧急疏散、隔离，控制电气运行；

（4）实施喷淋、堵漏、倒罐、注水等措施；

（5）实施后勤保障应急行动；

（6）现场保卫人员实施警戒疏散应急行动；

（7）实施现场医疗救助应急行动；

（8）现场保护、调查、取证和记录；

（9）抢修、洗消和恢复生产；

（10）新闻发布；

（11）应急反应结束。

5.8　应急反应行动指引

5.8.1　泄漏事故应急行动指引

当巡检人员发现泄漏时应按以下行动指引进行处理：

（1）最早发现者应认真观察泄漏的位置、泄漏程度及泄漏点周围状况，并将险情报告现场指挥。现场指挥应对泄漏事故进行评估、分析和确认，判定危险级别，借此执行应急处置措施及报警程序。

对一般泄漏，即启动预警响应，立即关闭泄漏点上、下游的阀门，控制泄漏，并及时向单位领导报告，按单位应急分预案制定的措施处理。

对严重泄漏，应采取以下应急救援措施：最早发现者应立即向单位现场负责人员报告，通知保卫人员拉响警报。事故单位现场负责人履行现场指挥职责并启动本事故应急预案。公司应急指挥人员到达现场时，即时移交指挥职责。

(2) 现场指挥应先采取措施控制一切火源，停止生产作业，疏散无关人员及车辆，隔离易燃物质，指示警戒组人员设立安全警戒线。

(3) 组织消防救援人员和堵漏人员对泄漏点执行以下应急行动：启动消防泵，用开花水枪冲散泄漏现场的液化石油气，对储罐进行喷淋隔离，并设法关闭泄漏点上、下游的阀门。若是储罐第一法兰泄漏或其他无法控制的泄漏，应下令实施带压堵漏，或向储罐注水堵漏（图 12-6），或倒罐作业（图 12-7）。

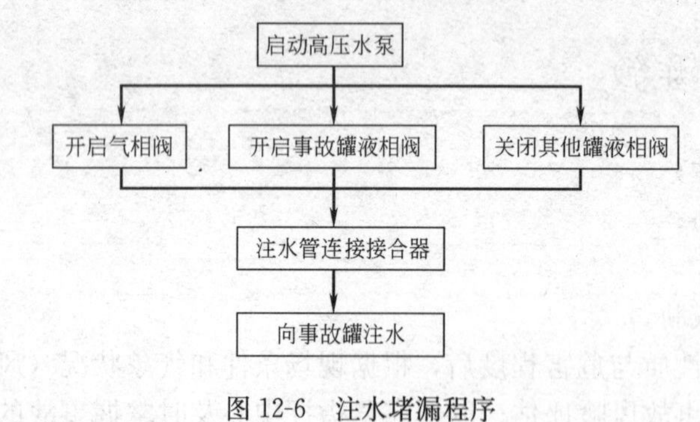

图 12-6　注水堵漏程序

(4) 总指挥、副总指挥到达现场后，根据事故发展状态及危害程度作出相应的应急处理决定。事故救援专家组成员到达现场后，应立即收集事故现场的有关资料，并作出事故发展预测和判断，向总指挥提供决策意见。

(5) 市消防队伍或其他单位消防救援人员到达现场后，应急指挥人员应详细介绍泄漏险情，并指示消防灭火组与外援消防救援人员协同参加抢救行动。

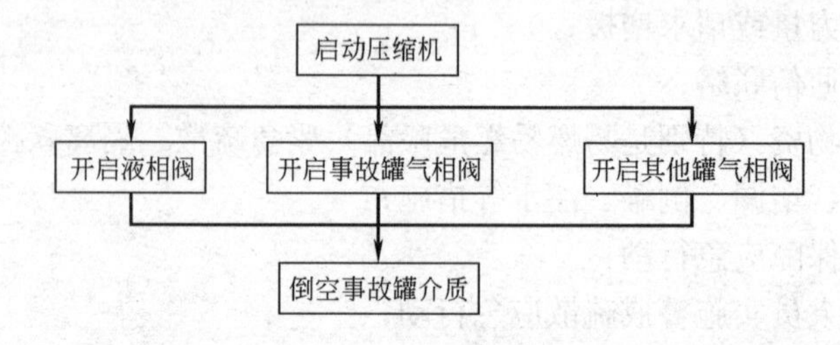

说明：利用压缩机倒罐应遵守燃气压缩机安全操作规程（第十一章第三节已作介绍）

图 12-7　倒罐程序

(6) 工程抢修组人员到达现场后，应根据现场指挥下达的抢修指令，迅速进行设备抢修工作，控制事故，以防事态进一步扩大。

(7) 应急救护组人员应立即对受伤、中毒人员进行应急处理或转移，当市医疗机构的医疗人员到达现场后，应急救护成员应积极配合，对伤员进行清洗包扎或输氧急救，重伤员及时送往医院。对伤员现场急救应按 CPR 培训的内容和方法进行。

(8) 当事故得到控制，工程抢修组应立即对泄漏点进行抢修；洗消组应对事故区域进行善后处理，确认消除隐患后，再安排恢复生产。

5.8.2　火灾事故应急行动指引

液化石油气火灾事故一般分为可控的火灾事故和不可控的火灾事故。

可控的火灾事故是指通过关闭泄漏点上、下游阀门，切断液化石油气外泄通路即可控制的事故；或者是形成稳定燃烧的火灾事故。

不可控的火灾事故是指因液化石油气大量泄漏发生爆炸性燃烧，火灾无法控制的事故。对于不可控的火灾事故，只能扩大警戒范围，及时疏散人员；尽可能隔离或撤离周围易燃物质，以减少人员伤亡和财产损失。

5.8.2.1　火灾事故应急救援操作步骤

(1) 最早发现火灾者应立即执行火灾报警，同时应尽快关闭火源上、下游阀门，控制燃气泄漏，火势明显减弱时，使用灭火器或采取其他措施立即扑灭初期火灾。

(2) 通知保卫人员拉响警报，事故单位现场负责人首先确定着火部位、风向、风力及对其他设备的影响等。判断火情，履行现场指挥职责并启动事故单位应急救援分预案，采取有效措施扑救火灾。

(3) 现场指挥应下达停止作业令，切断火灾点气源，撤离周边易燃物质，同时疏散无关人员、车辆。组织消防灭火组人员对火灾进行扑救，启动消防泵对储罐喷淋冷却。

(4) 指示警戒组人员立即进行警戒，禁止无关人员进入警戒区，在下风方向扩大警戒范围，并组织现场和周围人员疏散。

(5) 总指挥、副总指挥到达现场后，根据事故发展状态、危害程度和本预案应急措施下达抢险令。

(6) 事故救援专家组成员到达现场后，应立即收集事故现场的有关资料，并对事故发展进行预测和评估，向总指挥提出对策意见。

(7) 市公安消防队伍或其他单位消防救援人员到达现场后，现场消防灭火人员应积极配合专业队伍参加抢救行动。

(8) 工程抢修组人员到达现场后，应根据总指挥下达的抢修指令，迅速进行设备抢修，控制事故，以防事态进一步扩大。

(9) 医疗救护组成员应立即对受伤、中毒人员进行应急处理或转移，当市内医疗机构的医疗人员到达现场后，医疗救护小组应积极配合，对伤员进行清洗包扎或输氧急救，重伤员及时送往医院。

(10) 视情况决定是否启动倒罐程序，转移事故储罐内液化石油气或其他易燃品。

(11) 当事故得到控制，应立即成立专门工作小组，对事故进行善后处理，根除事故隐患，确认修复合格后，再安排恢复生产。

5.8.2.2　火灾扑救的基本对策

(1) 扑救火灾时切忌盲目扑灭火势，在没有采取堵漏措施的情况下，必须保持稳定的燃烧。否则，大量的可燃气体泄漏出来与空气混合，遇火源就会发生爆炸，后果不堪设想。

(2) 首先应扑灭外围被火源引燃的可燃物火势，切断火势蔓延途径，控制燃烧范围，并积极抢救受伤和被困人员。

(3) 如火势中有燃气储罐或有受到火焰辐射热威胁的燃气储罐，能实施倒罐的应立即启动倒罐程序，转移事故储罐内的燃气；不能实施倒罐作业的，应部署足够的水枪进行冷却保护。

(4) 如果是管道泄漏着火，应立即关闭事故点上、下游阀门，切断气源，火势将自动熄灭。

（5）储罐或管道泄漏关阀无效时，应根据火势判断泄漏口的大小、位置及形状，准备好相应的堵漏材料和工具，实施带压堵漏。

（6）现场指挥应密切注意各种危险征兆，遇有火势熄灭后较长时间未能恢复稳定燃烧或受热辐射的容器安全阀火焰变亮耀眼、尖叫、晃动等爆裂征兆时，现场指挥必须适时作出准确判断，及时下达撤退命令。现场人员看到或听到事先规定的撤退信号后，应迅速撤退至安全地带。

5.8.2.3　爆炸火灾扑救的基本对策

（1）迅速判断和查明再次发生爆炸的可能性，紧紧抓住爆炸后和再次发生爆炸之前的有利时机，采取一切可能的措施，全力制止再次爆炸的发生。

（2）如果有疏散转移的可能，人身安全上确有可靠保障，应迅速组织力量及时疏散或转移着火区域周围的爆炸物品，使着火区周围形成一个隔离带。

（3）灭火人员应尽量利用现场现成的掩蔽体或尽量采用卧姿等低姿态射水，尽可能地采用自我保护措施。消防车辆不应停靠离爆炸物品太近的水源。

（4）灭火人员发现有发生再次爆炸的危险时，应立即向现场指挥报告，现场指挥应迅速作出准确判断，确有发生再次爆炸征兆或危险时，应立即下达撤退命令。灭火人员看到或听到撤退信号后，应迅速撤至安全地带，来不及撤退时，应就地卧倒。

5.8.3　汽车罐车交通事故应急指引

汽车罐车发生交通事故（如撞车、翻车等）时，容易引起液化石油气泄漏，泄漏的液化石油气与空气混合会形成爆炸性气体，极有可能造成火灾甚至爆炸事故。为此，应采取以下的应急措施：

5.8.3.1　发生交通事故但未发生泄漏时的应急处置措施

（1）应立即拨打电话“122”报警，同时向本单位领导报告，说明发生时间、地点、事故性质及危害程度。在处理交通事故时，司机、押运员要积极配合交警调查。

（2）如有人员伤亡，应拨打“120”急救电话，做好伤员的救护工作。

（3）应急停车后，应在罐车的前、后方100m处放置警示牌。司机和押运员负责疏散附近人员，并控制附近的明火，关掉电源，不准临阵弃车脱逃。

（4）车辆损坏较轻，如不影响行驶，应及时将车开到安全地带等待处理或开到附近气站，卸掉罐内液化石油气后，再进行维修。

（5）车辆损坏严重时，应制定现场起吊方案，载重10t及以下的整体式罐车可整车起吊，用平板拖车拖走。半挂式罐车的牵引车和罐车要设法分离，分别用牵引车拖走。

（6）受损的罐车应及时卸掉罐内的液化石油气，同时进行必要的安全处置，送交具有相应资质的厂家进行维修。

5.8.3.2　发生泄漏时的应急处置措施

除实施5.8.3.1条中应急处置相关措施外，还应实施以下措施：

（1）扩大警戒区，警戒区内禁止一切无关人员、车辆进入，杜绝一切火源。

（2）公安消防车到达后，应对罐体喷水降温，用水枪驱散聚集的液化石油气。

（3）根据泄漏部位制定堵漏方案，由抢险组组织对泄漏部位进行带压堵漏。

（4）视现场情况，可一次或分多次将罐内液化石油气倒入空置的槽罐内，减少事故罐车危险介质的存量，以降低风险。

（5）堵漏成功后，将罐车拖到附近的气站，卸掉罐内液化石油气，再进行事故处理和车辆维修。

5.8.4 运瓶车发生气瓶泄漏或交通事故时的应急指引

瓶装气运输车辆在运输（装卸）过程中，当发生液化石油气泄漏或发生交通事故时，驾驶员和押运员应沉着冷静地判断泄漏情况，根据不同的情况采取正确的处置措施进行处理，防止起火和爆炸，不得临阵弃车脱逃。

5.8.4.1 发生交通安全事故，但未发生液化石油气泄漏时，立即拔打“122”电话报警，同时向本单位领导报告事故情况，及时设立警戒，配合交警调查处理。

5.8.4.2 发生液化石油气钢瓶泄漏应采取以下应急措施：

（1）如有可能应迅速将车辆开到远离建筑物、人群密集场所，停靠在通风空旷、附近无明火的地方，并关闭电源。

（2）根据泄漏情况，利用当时的有利条件控制泄漏，如：拧紧角阀、加丝堵等。

（3）对无法控制的钢瓶泄漏，应立即放在空旷的地方将液化石油气排空；如有可能并在确保安全的情况下，可将钢瓶运回气站进行处理。

（4）处理泄漏时，现场应备好灭火器材，严禁明火靠近和任何导致火花产生的操作。

5.8.5 自然灾害应急行动指引

自然灾害是指地震、海啸、火山爆发、台风、龙卷风、洪水、山体滑坡与泥石流、雷击等引起地球大气环境变化等对企业造成严重的影响和破坏，由此导致停电、停水，使燃气装置失控而发生泄漏、火灾、爆炸等事故。为在发生自然灾害时，减少财产损失，防止人员伤亡，尽快恢复生产，应执行以下应急措施：

5.8.5.1 在台风、暴雨（雪）季节，密切关注天气变化，注意收集天气和水文信息预报。

5.8.5.2 接到自然灾害预警报告后，由总指挥或副总指挥发布预防动员指令。

5.8.5.3 生产单位和各部门在台风、暴雨（雪）等自然灾害来临前的预防措施：

（1）检查生产设施和建构筑物的稳固程度，对需要加固的设施进行加固。

（2）做好防风、防暴雨、防冻等物资准备，如沙袋、水泵、发电机、防水布、工具等，检查建筑物天面和地沟的排水设施是否完好畅通。

（3）检查管道设施的安全状态，对不稳定的管道要进行加固。

（4）检查建筑物的门窗是否关好，视情况需要，进行加固。

（5）按照需要用沙袋修建紧急堤坝。

（6）对变压器、配电房、防雷设施采取安全保护措施。

（7）检查生产区和库房内布线及安全送电状况。

（8）遇台风时对高大的树木进行支撑固定。

（9）将重要物品转移到安全地方。

5.8.5.4 台风、暴雨（雪）季节，应急指挥中心和安全生产主管部门应协调好外部组织的援助、修理、抢救和商业恢复计划，并督促各生产单位做好以下工作：

（1）根据自然灾害预报级别，决定是否停止生产作业，并及时向总指挥或副总指挥报告；

（2）安排专人监视灾害发展情况；

(3) 及时转移或者保护高价值设备，并设专人看护；

(4) 保护室外工艺设备、电气和消防等设备；

(5) 检查备用的公用设备和消防设施；

(6) 暴雨后如水不能及时排出而发生险情时，要及时调用水泵进行排水；

(7) 若公用设施（水、电、交通等）失效，则应紧急组织抢修，争取尽快恢复生产。

5.8.5.5 台风、暴雨（雪）过后，工程抢救组应尽快开展以下工作：

(1) 应尽快检修喷淋灭火系统管路，而后打开控制阀，确保消防水的供应；

(2) 排除积水（雪）、清理水沟；

(3) 清理并修复重要设备；

(4) 抢救被浸泡、被雨淋的存货；

(5) 修复动力系统并尽快投入运行；

(6) 加强保安力量，谨防财产被窃或哄抢。

5.8.6 人为破坏、恐怖威胁应急指引

为了防止人为破坏和恐怖威胁所造成的损失，公司以及下属各生产单位应切实加强安全保卫工作。一旦发现人为破坏和恐怖威胁，应立即采取以下措施：

5.8.6.1 发现人为破坏、恐怖威胁后，立即向指挥中心报告，同时拨打“110”电话报警。

5.8.6.2 总指挥接到报警后迅速发布命令，启动紧急救援程序。

6. 应急人员培训与演练

为提高应急救援人员的技术水平与救援队伍的整体能力，以便在事故的救援行动中达到快速、有序、高效的效果，应对应急救援预案进行定期培训和演练。应急救援培训和演练坚持加强基础、突出重点、边练边战、逐渐熟悉为原则。目的是锻炼和提高队伍在突发事故情况下快速进入事故源控制事故、及时营救伤员、正确指导和帮助群众防护或撤离、有效消除危害后果，减少事故损失。

6.1 人员培训

公司下属生产单位每年对应急救援人员开展不少于一次的安全基础知识和操作技能培训，培训内容包括：安全生产法律法规、消防灭火知识、本预案内容、燃气常识、应急处理技能和急救知识培训等。培训内容详见表 12-4。

6.2 定期演练

公司每年开展不少于一次以燃气泄漏或火灾事故为案例的应急演练。公司下属生产单位每年进行不少于二次以燃气泄漏、火灾或其他事故为案例的应急演练。在演练前，应制订好演练的方案。演练后应有评价、总结，参与演练人员要履行签字手续，培训、演练记录要齐全。

演练主要内容有：

(1) 燃气泄漏与处理；

(2) 消防器材操作与灭火训练；

(3) 人员受伤或呼吸停止的急救；

(4) 人员疏散；

(5) 危险物质撤离与隔离等。

培 训 内 容　　　　表 12-4

职 位	培 训 内 容									
	预案	法律法规	燃气常识	消防知识	堵漏技术	灭火训练	倒罐操作	设备操作	带气作业	医疗急救
总指挥	●	●	●	●						
副总指挥	●	●	●	●						
现场指挥	●	●	●	●	●	●	●	●		
现场副指挥	●	●	●	●	●	●				
应急救援专家	●	●	●	●	●	●	●	●	●	●
信息管理成员	●	●	●	●						
堵漏组成员	●	●	●	●	●	●				
消防灭火组成员	●	●	●	●		●				
生产指挥组成员	●	●	●	●		●	●			
工程抢修组成员	●	●	●	●		●		●	●	
后勤保障组成员	●	●	●	●		●				
应急救护组成员	●	●	●	●						●

7. 事故处理

7.1　事故上报程序

事故得到控制和妥善处理，并在查清事故原因后，按以下规定逐级上报：

（1）一般事故　由事故责任单位自行调查处理，报公司安全主管部门备案。

（2）严重事故　由工会、安全主管部门和人事主管部门联合组织调查处理，上报公司处理。

（3）重大及重大以上事故　由安全部与信息管理中心负责向事故所在地市安全生产主管部门报告处理。

7.2　事故调查

（1）重大及以上事故由属地政府主管部门或更上一级政府安全生产监管部门组织调查。

（2）严重事故由公司主管安全生产的领导负责组织调查，安全管理部门、生产管理部门、技术管理部门、人力资源部门和工会代表等参加。

（3）一般事故可由事故单位负责组织调查，也可由公司安全管理部门负责组织调查。

（4）交通事故应由事故单位配合属地公安交警部门进行调查。

（5）火灾、爆炸事故应由事故单位及公司安全生产主管部门配合属地公安消防、安监和技监部门进行调查。

7.3　事故处理

事故处理坚持“四不放过”原则：

（1）事故原因分析不清不放过；

（2）防范措施没有落实不放过；

（3）群众没有受到教育不放过；

（4）事故责任者没有严肃处理不放过。

7.4 安全责任

安全事故责任追究按《A公司安全事故管理规定》执行。

8. 预案管理

8.1 预案的更新及修正

8.1.1 本预案是根据国家相关安全法规和规定的要求，并结合A公司生产实际情况，对危险源进行风险评估和现有资源评价的基础上编制而成。

8.1.2 发生应急事故后，应立即评估本预案的有效性，并作相应的修改。

8.1.3 当应急指挥人员发生重大变化时，应对本预案进行修订并重新颁发。

8.1.4 本预案主要内容的修改，需经A公司安全生产委员会会议审议通过。

8.2 预案颁布

8.2.1 本预案经A公司总经理签署，并从颁发日起生效。

8.2.2 本预案发至A公司下属各单位、各级应急指挥人员及市安全生产各主管部门。

9. 附图（略）

第五节 典型燃气事故案例

一、气站储罐泄漏、爆炸事故

（一）西安市煤气公司球罐泄漏爆炸事故

1998年3月5日，西安市煤气公司液化气管理所罐区一台400m³球罐根部排污阀上法兰处发生泄漏，并造成大量液化石油气外泄，引起大火和爆炸，致使12人死亡，30人受伤，其中重伤8人。损毁400m³球罐2台、100m³卧罐4台、烧损罐车7辆、炸毁气站配电室和水泵房等建筑物，直接损失477万元。

事故原因：11号400m³球罐排污阀上部法兰密封局部失效，液化石油气大量外泄，气体混合浓度达到爆炸极限。现场勘察分析，在球罐以北58.7m处配电室产生电火花，引爆现场泄漏的液化石油气，并造成二次爆炸，致使11号、12号的400m³球罐爆炸。

（二）甘肃庆化（集团）有限责任公司球罐泄漏事故

1998年8月19日清晨3时45分，甘肃庆化（集团）有限责任公司液化石油气罐区2号400m³球罐顶部突然发生泄漏，罐内液化石油气向外喷泄。经采取各种措施抢险，至当天下午14时事故才得到控制。

事故原因：球罐建造组焊过程工艺有缺陷，焊接工艺规程中电流控制范围过宽，焊后热处理制度执行不严；庆化（集团）有限责任公司原料来源渠道多，工艺过程未对硫化氢含量作严格控制，产生应力腐蚀，在球罐顶部上极板与上温带环焊缝融合线出现长1080mm、宽5mm的裂缝。

（三）石家庄车辆厂液化气站泄漏爆炸事故

1998年12月18日11时18分，石家庄车辆厂液化气站发生液化气管道泄漏火灾爆炸事故。2号100 m³储罐被炸成4块，罐体主体飞出约50m外，最远的一块（重约1t）飞出约260m。该储罐管道及阀门大部分被炸碎。事故造成1人重伤，1人轻伤。

事故原因：该储罐底部出液管法兰密封垫（橡胶石棉垫）老化失效，液化石油气由该法兰处泄漏。泄漏时站区正好停电，而报警器在断电后不在待机工作状态，未能及时报警。值班人员也未能及时发现漏气。泄漏的液化石油气由南向北扩散到锅炉房，遇明火发生燃烧爆炸。

二、机泵设备爆炸事故

海丰县后门镇液化石油气泵房爆炸事故

1996年3月3日凌晨，海丰县后门镇液化石油气泵房发生爆炸，液化石油气压缩机顶部被炸开，气液分离器排液管拉断，灌瓶间和正在卸气的罐车驾驶室起火燃烧，爆炸产生的冲击波将泵房四周围墙推倒，直接经济损失十几万元。

事故原因：该气站未经省主管部门审批定点，设备安装报批没有取得批准。安装队擅自进场安装，并于1996年2月15日移交业主违法经营。3月1日23时40分，两名无证操作人员将罐车里的10.17t液化石油气卸进1号50m^{3}储罐，卸气时没有检查储罐液位并多次离开现场，1号储罐严重超装，卸气时液位波动致使部分液体进入气相管，再进入气液分离器，气液分离器液位到一定高度后，部分液体经进气管进入压缩机气缸。由于液体的不可压缩性，在活塞压缩作用下，对气缸产生巨大冲击，造成气缸盖破裂，气缸碎片崩到房顶，砸到硬物产生火花，气缸溢出的液化石油气遇火燃烧，并发生二次爆炸。

三、罐车泄漏爆炸事故

（一）西班牙液化气罐车爆炸事故

1978年7月11日，西班牙当地时间14时30分，一辆满载丙烯的超大型槽罐车（容积为43m^3）在临地中海沿岸340号公路上行驶，当行驶到巴伦西亚市至巴塞罗那市地段的埃布罗河三角洲附近时，罐车突然发生猛烈爆炸。这次灾害波及范围很大，以罐车为中心，大约沿公路前后220m和公路两侧30～80m的区域。由于事故地点距海滩避暑野营地很近，造成150多人死亡，120多人受伤，毁坏汽车百余辆，并使14座建筑物发生火灾或倒塌。

据事故目击者反映，当时可清楚地听到两次爆炸声，间隔只有数秒钟。据推测，第一次是罐车本身的爆炸，第二次是由大量泄漏的丙烯蒸汽与空气混合形成爆炸性气体后遇明火造成的。在事故现场，汽车的驾驶室向出事地点正前方飞离约140m，车轮飞至后方40～60m处，槽罐本身沿焊接缝被炸成两节，前部残骸飞至右前方100m处，后部罐体成纵向裂开，碎片落到左后方100m处。曾经参加过1945年8月广岛原子弹爆炸后受灾调查的日本北川教授说："从事故现场的破坏情况和死者的姿态来看，酷似广岛原子弹灾难的情况。"

事故原因，比较一致的看法是：槽罐中充装了过量的液化气，由于内压过大，使罐体产生裂缝；气体从裂缝喷出，罐内压力又迅速降低，形成过热液体，并引起大量液化气的蒸发和巨大的膨胀力，使槽罐的外壁遭到更大的破坏。与此同时，喷出的液体急剧沸腾并气化，形成以罐车为中心的蒸气和雾的云层。当天的风是从陆地刮向海洋，风速为5m/s，数秒时间内这种爆炸混合物就能扩散到海滩的野营地，野营地不乏野炊和吸烟等明火，结果促成了第二次破坏性极大的爆炸。

这次惨重的灾害告诫人们，必须高度重视液化气运输的安全措施。主要预防手段是：要特别注意防止罐车的相撞、翻车或坠落等交通事故；禁止液化气的过量充装；保持槽罐有较大的结构强度等。

（二）惠州大诚石油气公司液化石油气泄漏事故

2000年6月25日上午，惠州大诚石油气公司液化石油气装卸台一辆正在装气的罐车，因装卸软管突然脱落，大量液化石油气从罐车和装卸管线喷出，整个事故过程约35min，喷出的液化石油气超过10t，装卸台被液化石油气笼罩，装卸台离3个1000m^{3}球罐仅79m，离一条装有4万t的液化石油气槽船约150m，一旦有火花发生燃烧爆炸，后果不堪设想。

事故原因：瓯海通用高中压阀门厂生产的装卸软管有重大质量问题，新投用仅两天的软管就发生接头脱落，加之装卸台监管不严，未能及时采取措施关闭紧急切断阀，是事故的直接原因。

（三）湖北勋西县上津镇槽罐车翻车事故

2006年5月17日凌晨2时，一声巨响打破了雨夜山村的寂静，陕西省西安市一车牌号为陕A11105的液化石油气槽车在湖北关下的勋西县上津镇境内郧漫路121.6km处翻覆，槽车翻滚了30多米后从近7m高的悬壁上坠下，剧烈的撞击使储罐与车身分离，重重摔倒在公路上，2名驾驶员1人重伤，1人当场死亡。

这起事故不仅仅是交通意外事故，更严重的是槽车储罐严重受损，罐内盛装的6t多液化石油气外泄，遇火源随时都会引起更严重的爆炸事故。当时液化石油气在高压下喷射而出，发出“哧哧”的声在1km之外都能清楚地听到。从罐中喷出的液化气迅速弥漫开来，储罐四周白雾茫茫。而严重受损的储罐内尚存的数吨液化气，一旦发生燃烧爆炸，在2km范围内将造成毁灭性破坏。事故发生地丁家坪数百名村民生命财产受到严重的威胁。

事故原因：司机麻痹大意，行车失控，致使翻车事故。

四、燃气管道爆炸事故

（一）四川泸州市天然气管道泄漏爆炸事故

2004年29日下午7时45分，泸州市纳溪区炳灵路15号居民楼人行道下发生天然气管道爆炸，一声震天巨响，5条生命殒落，35人受伤躺进医院，11间门面被毁，10余户居民家园被毁。临街11个商业门面洒满因爆炸喷射出的五花八门的家什，在街边组成了一片长达数十米的“垃圾”带。位于爆炸点中央的副食店被强烈的冲击波震得一片狼藉，冰柜被抛到街面成了“变形金刚”，三箱啤酒被震出店10m开外，玻璃渣遍地开花，店老板邓某被震出店铺丧命街头，与邓某相邻的皮鞋店老板祝某，同样被抛出店铺命丧黄泉。11个店铺门前，用预制板等物搭成的数十米人行过道全被震飞，没有一丝残留，11个门面与街面之间，形成一条宽约50cm、深约数米的“陷阱”。从楼梯进入附一层，楼梯上堆满了洒落下的水泥块和砖块。踏着瓦砾进入附一层10余居民家，靠街边隔断阴沟的砖墙和门全被震飞，几根被震断后的天然气管道锈迹斑斑躺在地上；靠近永宁河边的砖混墙体，除附一、二号两家外，其余全部被震飞，10余户居民的家具无一样完好，个别砖块上残留着血迹。永宁河边，电视机、洗衣机、冰箱、桌椅板凳等家具遍地都是，河边条石堡坎，被震得东倒西歪摇摇欲坠。事故还造成永宁路社区数千居民停水停电、河西片区上万居民停气。

事故原因：炳灵路15号居民楼附一层与道路堡坎形成的窄缝中，聚集大量甲烷气体，因气候变化因素发生膨胀而释放至窄缝外，与空气混合形成爆炸性气体，遇人行道上不明火源而引发爆炸。初步推断，天然气管道泄漏的可能性较大。

（二）比利时阿特的燃气管道爆炸事故

2005年7月30日上午9点左右，位于比利时南部城市阿特的工业经济区，距首都布鲁塞尔西南32km处，发生高压燃气管道爆炸事故，爆炸产生巨大火球，强大的冲击波把遇难者尸体抛出数百米远处，据统计事故造成23人死亡，200多人受伤，附近两家工厂被摧毁，直接经济损失达5000多万美元。爆炸还造成一些正在执行公务的警察和消防人员伤亡。

爆炸现场是一个即将完工的工厂工地，工厂遭到严重破坏，并被炸出一个大坑，大坑周围400m范围内所有物品或是熔化或是被烧焦。

爆炸事故原因：事后查其原因是第三者工程施工，重型机械占压燃气管道，致管道受压断裂所致。

五、天然气开采作业事故

（一）阿尔法平台大爆炸

阿尔法钻井平台距离苏格兰海岸120英里。出人意料的恶性爆炸导致它陷入一片火海。

1988年7月6日晚上10点多钟，阿尔法平台突然爆炸起火，平台上的工人生命危在旦夕。人们随即发出了求救信号。附近的“达拉斯”号供应船马上赶到现场，打开水龙开始救火。赶来救援的直升机和船只发现，它们根本无法靠近这片熊熊大火。生死关头，有人从大火中纵身跳入茫茫大海。救生艇一个一个地寻找他们。破晓时分，一批批幸存者被救了起来，送往阿伯丁医院。火灾发生时，在阿尔法平台上作业共有226人，其中61人活了下来，其余165人都在这次事故中丧生了。直到火灾的第二天，平台的废墟仍冒着滚滚浓烟。平台连同工人们居住的营地大部分都已落入了大海。残留下来的仅是一小部分烧得变了形的钢材。当务之急是尽快查出事故原因。如果是平台工作流程的问题，那么北海上的另外数十个平台也会面临同样的威胁。调查小组长达500多页的事故调查报告，详细记述了事故发生的起因。而幸存者梦魇般的经历也为事故调查提供了最直接的证据。

钻井平台是用于分离石油和天然气的。石油、天然气和海水组成的混合物从海底抽上来之后，首先要分离出燃料，然后对天然气施加高压，通过压缩泵和管道将天然气送上岸。工艺流程中的压缩泵共有两个，即A泵和B泵，如果一个坏了，还有另外一个可以继续工作。但出事的那天晚上，其中一台压缩泵，即A泵，正在做日常维护。这时B压缩泵出现故障，输送液化气的工作就被迫停止了。不仅液化气无法输送，就连平台上的燃料供给也停止了。这样一来，沿线所有机器都被迫停了下来。这种情况哪怕持续半个小时，其后果都将不堪设想。值班人员迅速采取行动，有一组人员回到了控制室，他们先是试图启动B泵，失败后，他们又去试着启动A泵。时间在一分一秒地过去，值夜班的工人仍在尽力让A泵运转起来。一名电工被叫来启动A泵。他爬到68ft高处，调试阀门以使A泵能够重新启动起来。突然，控制室内的警报响了。紧接着，第二次，第三次……

它预示着更严重的问题即将出现。距离压缩泵仅 50ft 远的地方，易燃气体发生了泄漏。随着最后一声尖锐的警报声，爆炸发生了。

事故原因：灾难发生后的第 101 天，打捞队开始打捞埋在泥浆里的居住生活营区。它被埋在海底大约 500ft 深的地方。潜水员用水下摄像机给起重机的机械手指引方向，一点点把这个 4 层高的建筑吊出水面。看着这坟墓一般的东西浮出水面。里面的 80 具尸体被发现，他们大多是困在建筑物中被烟呛死的。废墟里发现的文件中，有一张许可证的复印件，上面要求移走 A 泵上的一个阀门。调查小组认为，可能值夜班的人员根本就没有看到这张许可证。原因是检修承包商用一块白铁皮代替了 A 泵上原来阀门的位置。如此一来，当值班人员启动 A 泵时，气体就涌向了施压阀的位置，而那铁皮上的螺丝是工人用手拧紧的。几毫米的空隙足以让液化气泄漏出来。

（二）重庆市开县“12.23”特别重大天然气井喷失控事故

2003 年 12 月 23 日 21 时 57 分，位于重庆市开县高桥镇，由中国石油天然气集团公司四川石油管理局川东钻探公司钻井二公司川钻 12 队承钻的中国石油天然气股份有限公司西南油气田分公司川东北气矿罗家 16H 井发生一起井喷特大事故，造成 243 人死亡（职工 2 人，当地群众 241 人），直接经济损失 9262.71 万元。

事故的原因有：

1. 直接原因

（1）起钻前泥浆循环时间严重不足。没有按照规定在起钻前要进行 90min 泥浆循环，仅进行循环 35min 就起钻，没有将井下气体和岩石钻屑全部排出，影响泥浆液柱的密度和密封效果。

（2）长时间停机检修后，没有下钻充分循环泥浆即行起钻。没有排出气侵泥浆，影响泥浆液柱的密度和密封效果。

（3）起钻过程中没有按规定灌注泥浆。没有遵守每提升 3 柱钻杆灌满泥浆 1 次的规定，其中有 9 次是超过 3 柱才进行灌浆操作的，最长达提升 9 柱才进行灌浆，造成井下没有足够的泥浆及时填补钻具提升后的空间，减小了泥浆柱的密封作用，不足以克服提升钻具产生的“拉活塞”作用。

（4）未及时发现溢流征兆。当班人员工作疏忽，没有认真观察录井仪，及时发现泥浆流量变化等溢流征兆。

（5）违章卸下钻具中防止内喷的回压阀。有关负责人员违反相关作业规定，违章指挥卸掉回压阀，致使发生井喷时钻杆无法控制，导致井喷失控。

（6）未及时采取放喷管点火，将高浓度硫化氢天然气焚烧的措施。造成大量硫化氢喷出扩散，导致人员中毒伤亡。

2. 管理原因

（1）安全生产责任制不落实。该井场现场管理不严，存在严重的违章指挥，违章作业问题。

（2）工程设计有缺陷，审查把关不严。未按照有关安全标准标明井场周围规定区域内居民点等重点项目，没有进行安全评价、审查，对危险因素缺乏分析论证。

（3）事故应急预案不完善。井队没有制订针对社会的“事故应急预案”，没有和所在地政府建立“事故应急联动体系”和紧急状态联系方法，没有及时向所在地政府报告事故、告知组织群众疏散的方向、距离和避险措施，致使地方政府事故应急处置工作陷于被动。

（4）高危作业企业没有对社会进行安全告知。井队没有向当地政府通报生产作业具有的潜在危险、可能发生的事故及危害、事故应急措施和方案，没有向人民群众做有关宣传教育工作，致使当地政府和人民群众不了解事故可能造成的危害、应急防护常识和避险措施。由于当地政府工作人员和人民群众没有硫化氢中毒和避险防护知识，致使事故损害扩大（如有部分撤离群众就是看到井喷没有发生爆炸和火灾，而自行返回村庄，造成中毒死亡）。

六、气瓶燃烧爆炸事故

（一）广州市人和液化气站气瓶燃烧爆炸事故

2003年6月21日中午12：10时，位于广州市白云区芳华路的人和液化气储装站有限公司液化气充装台发生火灾和爆炸。事发时正值中午吃饭时间，充装台上3名员工正为某发泡剂厂充装一批50kg瓶装液化石油气。此时充装台突然起火并伴随两三声气瓶爆炸声，在现场的职工立即跑出充装台呼救，同时冒险关闭了充装台阀门及紧急切断阀。公安消防队赶到后，于12：35时将火扑灭。事件中，充装台上的3名员工均不同程度受伤。其中一名负责收票员工，因靠近瓶库与充装台的隔墙，气瓶爆炸时所产生的气浪将其所在位置的一堵隔墙冲倒，倒下的砖墙将他砸伤并压住，其伤势最重，送医院后经抢救不治死亡。充装台上的另外两名员工烧伤面积达百分之四十几。此次事故除造成一死两伤外，还导致充装台受损，1号储罐液位计断裂。

事故原因：经初步分析，事故是由于操作工人违规操作而引起。两个充装工在充装台上实施充装作业时，没有按规定采用倒残装置对需充装的气瓶进行抽残等处理，而在充装台上直接对空排放。在排放过程中，瓶内的剩余液化气与氮气一同喷出。由于放气速度过快产生静电而引发爆炸，酿成此次事故。

（二）成都市五里墩支路气瓶燃烧爆炸事故

2004年7月20日上午9：40时许，随着“砰”的一声巨响，位于外化成五里墩支路49号的液化气经营部顿时火光冲天，浓烟滚滚。爆炸导致经营液化气的业主夫妇俩当场身亡，死者的儿子、侄儿及路人共7人被烧伤的严重后果。据事故调查人员介绍，在该店铺内搬出的27只气瓶中，发现有好几只是已经过期废旧的气瓶，其中1只气瓶上还清晰可见爆炸留下的一条约10cm长的裂口。

事故原因：根据爆炸现场情况，并对搬出的废旧气瓶进行分析，初步判断是当事人为了节约成本，利用废旧气瓶倒罐液化气，将两个气瓶内的气分装到3个气瓶内，涉嫌违反燃气经营、使用相关规定，进行瓶对瓶过气操作而引发的事故。

附录　常用计量单位及其换算

附录 1　长度单位及其换算

	厘米 (cm)	米 (m)	千米 (km)	毫米 (mm)	微米 (μm)	英寸 (in)	英尺 (ft)	码 (yd)	英里 (mile)
1 厘米(cm)	1	1×10^{-2}	1×10^{-5}	10	1×10^{4}	0.393701	0.0328084	0.0109361	6.21371×10^{-6}
1 米(m)	1×10^{2}	1	1×10^{-3}	1×10^{3}	1×10^{6}	39.3701	3.28084	1.09361	6.21371×10^{-4}
1 千米(km)	1×10^{5}	1×10^{3}	1	1×10^{6}	1×10^{9}	3.93701×10^{4}	3280.84	1093.61	0.621371
1 毫米(mm)	0.1	1×10^{-3}	1×10^{-6}	1	1×10^{3}	0.0393701	3.28084×10^{-3}	1.09361×10^{-3}	6.21371×10^{-7}
1 微米(μm)	1×10^{-4}	1×10^{-6}	1×10^{-9}	1×10^{-3}	1	3.93701×10^{-5}	3.28084×10^{-6}	1.09361×10^{-6}	6.21371×10^{-10}
1 英寸(in)	2.54	0.0254	2.54×10^{-5}	25.4	2.54×10^{4}	1	0.0833333	0.0277778	1.57828×10^{-5}
1 英尺(ft)	30.48	0.3048	3.048×10^{-4}	304.8	3.048×10^{5}	12	1	0.333333	1.89394×10^{-4}
1 码(yd)	91.44	0.9144	9.144×10^{-4}	914.4	9.144×10^{5}	36	3	1	5.68182×10^{-4}
1 英里(mile)	160934.4	1609.344	1.609344	1609344	1.609344×10^{9}	63360	5280	1760	1

注：1. 长度的基本单位为米（m），米等于氪—86 原子的 $2p_{10}$ 和 $5d_5$ 能级之间跃迁所对应的辐射在真空中的 1650763.87 个波长的长度（第十一届国际计量大会，1960，决议 6）。

2. 在日本制中，1 日里＝36 日町（＝3.9273 千米）；1 日町＝36 日丈＝60 日间（＝109.090 米）；1 日丈＝2 日寻＝1000 日厘（＝3.0303 米）；1 日间＝6 日尺（＝1.8182 米）；1 日寻＝5 日尺（＝1.5452 米）；1 日尺＝10 日寸＝100 日分＝1000 日厘（＝0.30303 米）。1 日鲸尺＝1.25 日尺（＝0.3788 米）。

附录 2　面积单位及其换算

	厘米² (cm²)	米² (m²)	千米² (km²)	毫米² (mm²)	英寸² (in²)	英尺² (ft²)	码² (yd²)	市亩	英里² (mile²)	公亩 (a)	公顷 (ha)
1 厘米²(cm²)	1	1×10^{-4}	1×10^{-10}	1×10^{2}	0.155	1.07639×10^{-3}	1.19599×10^{-4}	0.15×10^{-6}	3.86102×10^{-11}	1×10^{-6}	1×10^{-8}
1 米²(m²)	1×10^{4}	1	1×10^{-6}	1×10^{6}	1550.00	10.7639	1.19599	0.15×10^{-2}	3.86102×10^{-7}	1×10^{-2}	1×10^{-4}
1 千米²(km²)	1×10^{10}	1×10^{6}	1	1×10^{12}	1.55×10^{9}	1.07639×10^{7}	1.19599×10^{6}	1500	0.386102	1×10^{4}	1×10^{2}
1 毫米²(mm²)	1×10^{-2}	1×10^{-6}	1×10^{-12}	1	1.55×10^{-3}	1.07639×10^{-5}	1.19599×10^{-6}	0.15×10^{-8}	3.86102×10^{-13}	1×10^{-8}	1×10^{-10}
1 英寸²(in²)	6.4516	6.4516×10^{-4}	6.4516×10^{-10}	645.16	1	6.94444×10^{-3}	7.71605×10^{-4}	9.67742×10^{-7}	2.49098×10^{-10}	3.4516×10^{-6}	6.4516×10^{-8}
1 英尺²(ft²)	929.03	0.092903	9.2903×10^{-8}	9.2903×10^{4}	144	1	0.111111	1.39355×10^{-4}	3.58701×10^{-8}	9.2903×10^{-4}	9.2903×10^{-6}
1 码²(yd²)	8.36127×10^{3}	0.836127	8.36127×10^{-7}	8.3617×10^{5}	1296	9	1	1.25419×10^{-3}	3.22831×10^{-7}	8.36127×10^{-3}	8.36127×10^{-5}
1 市亩	6.66667×10^{6}	6.66667×10^{2}	6.66667×10^{-4}	6.66667×10^{8}	1.03333×10^{6}	7.17593×10^{3}	7.97327×10^{2}	1	2.57401×10^{-4}	6.66667	6.66667×10^{-2}
1 英里²(mile²)	2.58999×10^{10}	2.58999×10^{6}	2.58999	2.58999×10^{12}	4.01449×10^{9}	2.78784×10^{7}	3.0976×10^{6}	3.88499×10^{3}	1	25899.9	258.999×10^{2}
1 公亩(a)	1×10^{6}	1×10^{2}	1×10^{-4}	1×10^{8}	1.55×10^{5}	1.07639×10^{3}	1.19599×10^{4}	0.15	3.86102×10^{-5}	1	1×10^{-2}
1 公顷(ha)	1×10^{8}	1×10^{4}	1×10^{-2}	1×10^{10}	1.55×10^{7}	1.07639×10^{5}	1.19599×10^{4}	15	3.86102×10^{-3}	1×10^{2}	1

注：① 对市制，1 平方千米＝4 平方市里；1 平方米＝9 平方市尺；1 市亩＝60 平方丈＝6000 平方市尺；1 市亩＝10 市分；1 市分＝10 市厘。

② 在日本制中，1 平方日里＝15.4237 平方千米；1 日町＝10 日段＝100 日亩（＝0.99174 公顷）；1 日亩＝30 日步或日坪（＝0.99174 公亩）；1 日步＝10 日合＝100 日勺（＝3.3058 平方米）。

附录 3 体积单位及其换算

	米^3 (m^3)	升[①] (L)	升(1901)[①] [litre(1901)]	英寸^3 (in^3)	英尺^3 (ft^3)	码头^3 (yd^3)	英蒲式耳[②] (UK bu)	美品脱(干) (US dry pint)	美蒲式耳[③] (US bu)
1 米^3(m^3)	1	1000	999.972	61023.7	35.3147	1.30795	27.49671	1816.17	28.3776
1 升 (L)	0.001	1	0.999972	61.0237	0.0353147	1.30795×10^{-3}	0.0274961	1.81617	0.0283776
1 升(1901)[litre(1901)]	1.00028×10^{-3}	1.000028	1	61.0255	0.0353157	1.30799×10^{-3}	0.0274969	1.81622	0.0283784
1 英寸^3(in^3)	1.6387064×10^{-5}	1.6387064×10^{-2}	0.0163866	1	5.78704×10^{-4}	2.1433510^{-5}	4.50581×10^{-4}	0.0297616	4.65025×10^{-4}
1 英尺^3(ft^3)	0.0283168	28.3168	28.3161	1728	1	0.037037	0.778604	51.4281	0.803564
1 码头^3(yd^3)	0.764555	746.555	764.533	46655	27	1	21.0223	1388.56	21.6962
1 英蒲式耳(UK bu)	0.0363687	36.3687	36.3677	2219.36	1.28435	0.0475685	1	66.0517	1.03206
1 美品脱(干)(US dry pint)	5.5061×10^{-4}	0.55061	0.550595	33.6003	0.0194446	7.20171×10^{-4}	0.0151397	1	0.015625
1 美蒲式耳(US bu)	0.0352391	35.2391	35.2381	2150.42	1.24446	0.046091	0.968939	64	1

注：① 1901CGPM 定义升为 1 千克水在标准大气压和最大重度时的体积，即 1 升 (1901) = 1.000028dm^3。目前通用的升等于 1 dm^3；1964 年 CIPM 声明 1 升=1dm^3。

② 在英国，1 英蒲式耳 (UK bu)=4 英配克 (UK pu)；1 英配克 (UK pk)=2 英加仑 (UK gal)。

③ 在美国只用于干量，1 美蒲式耳 (US bu)=4 美配克 (US pk)；1 美配克 (US pk)=8 夸脱 (干) (US dry qt)；

1 美夸脱 (干) (US dry qt)=2 品脱 (干) (US dry pt)。

1 美桶 (干) [US bbl (dry) qt]=7056 英寸^3=115.627 升；1 美桶 (石油) [US bbl (for petroleum)]=42 美加仑 (US gal)=158.987 升。

附录4　质量[1]单位及其换算

	吨 (t)	千克[2] (kg)	克 (g)	英吨[3] (UK ton)	美吨[4] (US ton)	英担[5] (long cwt)	美担[6] (short cwt)	英石 (shone)	英夸特 (UK qt)	百磅 (ctl)	磅 (lb)	盎司 (oz)
1吨(t)	1	1×10^{3}	1×10^{6}	0.984207	1.10231	19.6841	22.0462	157.473	78.7366	22.0462	2204.62	35274.0
1千克(kg)	1×10^{-3}	1	1×10^{3}	9.84207×10^{-4}	1.10231×10^{-3}	1.9684×10^{-2}	2.2046×10^{-2}	0.157473	7.8738×10^{-2}	2.2046×10^{-2}	2.20462	35.274
1克(g)	1×10^{-6}	1×10^{-3}	1	9.84207×10^{-7}	1.10231×10^{-6}	1.9684×10^{-5}	2.2046×10^{-5}	1.5747×10^{-4}	7.8738×10^{-5}	2.2046×10^{-5}	2.2046×10^{-3}	0.035274
1英吨(UK ton)	1.01605	1016.05	1.01065×10^{8}	1	1.12	20	22.4	160	80	22.4	2240	35840
1美(US ton)	0.907185	907.185	9.07185×10^{5}	0.892857	1	17.8571	20	142.857	71.428	20	2000	32000
1英担(long cwt)	0.0508023	50.8023	50802.3	0.05	0.056	1	1.12	8	4	1.12	112	1792
1美担(short cwt)	0.045359237	45.359237	4.53592×10^{4}	0.0446429	0.05	0.892857	1	7.14286	3.57143	1	100	1600
1英石(shone)	6.35029×10^{-3}	6.35029	6.35029×10^{3}	6.25×10^{-3}	7×10^{-3}	0.125	0.14	1	0.5	0.14	14	224
1英夸特(UK qt)	1.27006×10^{-2}	12.7006	1.27006×10^{4}	0.0125	14×10^{-3}	0.25	0.28	2	1	0.28	28	448
1百磅(ctl)	0.045359237	45.359237	45359.237	0.0446429	0.05	0.892857	1	7.14286	3.57143	1	100	1600
1磅(lb)	4.53592×10^{-4}	0.45359237	453.59237	4.46429×10^{-4}	5×10^{-4}	8.9286×10^{-3}	1×10^{-2}	7.1428×10^{-2}	3.5714×10^{-2}	1×10^{-2}	1	16
1盎司(oz)	2.83495×10^{-5}	0.0283495	28.3495	2.79018×10^{-5}	3.125×10^{-5}	5.5804×10^{-4}	6.25×10^{-4}	4.4643×10^{-3}	2.2321×10^{-3}	6.25×10^{-4}	6.25×10^{-2}	1

注：① 质量的基本单位是千克，等于国际千克原器的质量（第一届和第三届国际计量大会，1889，1901）。

② 1千克（kg）=1/9.80665千克力·秒^2·米$^{-1}$（kgf·s^{2}m^{-1}）。

③ 也可表示为“imp. ton”或“long ton”（也常翻译为长吨）。

④ 也可表示为“short ton”（也常翻译为短吨）。

⑤ 也可表示为“hundredweight”；“cwt”。

⑥ 也可表示为“short hundredweight”；“sh cwt”。

附录5 流量单位及其换算

（1）体积流量单位及其换算

	米³/秒 (m^3/s)	米³/分 (m^3/min)	米³/时 (m^3/h)	厘米³/秒 (cm^3/s)	升①/秒 (L/s)	升/分 (L/min)	升/时 (L/h)	英尺³/秒 (ft^3/s)	英尺³/分 (ft^3/min)	英尺³/时 (ft^3/h)
1米³/秒(m^3/s)	1	60	3600	1×10^6	1000	6×10^4	3.6×10^6	35.3147	0.211888×10^4	0.127133×10^6
1米³/分(m^3/min)	0.0166667	1	60	0.166667×10^5	16.6667	1000	6×10^4	0.588578	35.3147	2118.88
1米³/时(m^3/h)	2.77778×10^{-4}	0.0166667	1	277.778	0.277778	16.6667	1000	9.80963×10^{-3}	0.5885738	35.3147
1厘米³/秒(cm^3/s)	1×10^{-6}	6×10^{-5}	3.6×10^{-3}	1	1×10^{-3}	0.06	3.6	3.53147×10^{-5}	0.211883×10^{-2}	0.127133
1升/秒(L/s)	0.001	0.06	3.6	1000	1	60	3600	0.0353147	2.11888	127.133
1升/分(L/min)	1.66667×10^{-5}	1×10^{-3}	0.06	16.6667	0.0166667	1	60	5.88578×10^{-4}	0.0353147	2.11888
1升/时(L/h)	0.277778×10^{-6}	0.166667×10^{-4}	0.001	0.277778	0.277778×10^{-3}	0.0166667	1	9.80963×10^{-6}	0.588578×10^{-3}	0.0353147
1英尺³/秒(ft^3/s)	0.0283168	1.69902	101.941	0.283169×10^5	28.3168	1699.01	101940	1	60	3600
1英尺³/分(ft^3/min)	0.471947×10^{-3}	0.0283168	1.69902	0.471947×10^3	0.471947	28.3168	1699.02	0.0166667	1	60
1英尺³/时(ft^3/h)	7.86579×10^{-6}	0.471947×10^{-3}	0.0283168	7.86579	7.86579×10^{-3}	0.471947	28.3168	0.277778×10^{-3}	0.0166667	1

注：① 1901CGPM定义升为1千克水在标准大气压和最大重度时的体积，即1升（1901）=1.000028dm^3。目前通用的升等于1 dm^3。1964年CIPM声明1升=1dm^3。

对气体来说，上表所给出的换算系数是在温度、压力及湿度均保持不变的条件下得出的。

（2）质量流量单位及其换算

	吨/时 (t/h)	吨/分 (t/min)	千克/时 (kg/h)	千克/分 (kg/min)	千克/秒 (kg/s)	克/分 (g/min)	克/秒 (g/s)	英吨/时 (UK ton/h)	美吨/时 (US ton/h)
1吨/时(t/h)	1	0.0166667	1000	16.6667	0.277778	0.166667×10^{5}	277.778	0.984207	1.10231
1吨/分(t/min)	60	1	6×10^{4}	1000	16.6667	1×10^{4}	1.66667×10^{4}	59.0524	66.1386
1千克/时(kg/h)	1×10^{-3}	1.66667×10^{-5}	1	0.0166667	0.277778×10^{-3}	16.6667	0.277778	0.984207×10^{-3}	1.10231×10^{-3}
1千克/分(kg/min)	0.06	0.001	60	1	0.0166667	1000	16.6667	0.0590524	0.0661386
1千克/秒(kg/s)	3.6	0.06	3600	60	1	6×10^{4}	1000	3.54315	3.96832
1克/分(g/min)	6×10^{-5}	1×10^{-5}	0.06	1×10^{-3}	1.66667×10^{-6}	1	0.0166667	5.90524×10^{-5}	6.61386×10^{-5}
1克/秒(g/s)	0.0036	6×10^{-5}	3.6	0.06	0.001	60	1	0.354315×10^{-2}	0.396832×10^{-2}
1英吨/时(UK ton/h)	1.01605	1.69342×10^{-2}	101605	16.9342	0.282236	0.169342×10^{5}	282.236	1	1.12
1美吨/时(US ton/h)	0.907185	0.0151198	907.185	15.1198	0.251996	15119.8	251.996	0.892859	1

附录6　力的单位及其换算

	斯坦 (sn)	吨力 (tf)	英吨力 (tonf)	美吨力 (US tonf)	千克力① (kgf)	克力 (gf)	牛② (N)	达因 (dyn)	磅力 (lbf)	磅达 (pdl)	盎司力 (ozf)	开皮③ (kip)
1斯坦(sn)	1	0.101972	0.100361	0.112405	101.972	101972	1×10^{3}	1×10^{8}	224.809	7.23301×10^{3}	3.59694×10^{3}	0.224809
1吨力(tf)	9.80665	1	0.984207	1.10231	1×10^{3}	1×10^{6}	9.80665×10^{3}	9.80665×10^{8}	220462	7.09316×10^{4}	3.52739×10^{4}	2.20462
1英吨力(tonf)	9.96402	1.01605	1	1.12	1.01605×10^{3}	1.01605×10^{6}	9964.02	9964.02×10^{5}	2240	72069.9	35840	2.24
1美吨力(US tonf)	8.89644	0.907188	0.892857	1	0.90719×10^{3}	0.90719×10^{6}	8.89644×10^{3}	8.89644×10^{8}	2000	64348.1	32000	2
1千克力(kgf)	9.80665×10^{-3}	1×10^{-3}	9.84207×10^{-4}	1.10231×10^{-3}	1	1000	9.80665	9.80665×10^{5}	2.20462	70.9316	35.274	2.20462×10^{-3}
1克力(gf)	9.80665×10^{-6}	1×10^{-6}	9.84207×10^{-7}	1.10231×10^{-6}	0.001	1	9.80665×10^{-3}	980.665	2.20462×10^{-3}	0.0709316	0.035274	2.20462×10^{-5}
1牛(N)	1×10^{-3}	1.01972×10^{-4}	1.00361×10^{-4}	1.12405×10^{-4}	0.101972	101.972	1	100000	0.224809	7.23301	3.59694	2.24809×10^{-4}
1达因(dyn)	1×10^{-8}	1.01972×10^{-9}	1.00361×10^{-9}	1.12405×10^{-9}	1.01972×10^{-6}	1.01972×10^{-3}	1×10^{-5}	1	2.24809×10^{-6}	7.23301×10^{-5}	3.59694×10^{-5}	2.24809×10^{-9}
1磅力(lbf)	0.00444822	4.53592×10^{-4}	4.46429×10^{-4}	0.0005	0.453592	453.592	4.44822	4.44822×10^{5}	1	32.174	16	0.001
1磅达(pdl)	1.33255×10^{-4}	1.40981×10^{-5}	1.38754×10^{-5}	1.55405×10^{-5}	0.0140981	14.0981	0.138255	1.38255×10^{4}	0.031081	1	0.497295	3.10809×10^{-5}
1盎司力(ozf)	2.78014×10^{-4}	2.83495×10^{-5}	2.79018×10^{-5}	0.3125×10^{-4}	0.0283495	28.3495	0.278014	2.78014×10^{4}	0.0625	2.01088	1	0.625×10^{-4}
1开皮(kip)	4.44822	0.453592	0.446429	0.5	4.53592×10^{2}	4.53592×10^{5}	4.44822×10^{3}	4.44822×10^{8}	1	32174.1	16000	1

注：① 1千克力即1千克质量的重量（取标准重力加速度 g=9.80665 米/秒^2）。

② 1牛=1千克·米/秒^2（1N=1kg·m/s^2）

③ 此单位仅在美国使用。

附录7 压力单位及其换算

压力单位及其换算表（1）

	千克力/米^2 (kgf/m^2)	千克力/厘米^{2}① (kgf/cm^2)	标准大气压 (atm)	达因/厘米^2 ($dyne/cm^2$)	帕；牛/米^2 ($Pa;N/m^2$)	斯坦/米^2 (sn/m^2)	牛/毫米^2 (N/mm^2)	百巴 (hbar)	磅达/英尺^2 (pdl/ft^2)	磅力/英寸^2 (lbf/in^2)	磅力/英尺^2 (lbf/ft^2)
1千克力/米^2(kgf/m^2)	1	1×10^{-4}	9.6784×10^{-5}	98.0665	9.80665	9.8066×10^{-3}	9.8066×10^{-6}	9.80665×10^{-7}	6.58976	0.00142233	0.204816
1千克力/厘米^2(kgf/cm^2)	1×10^{4}	1	0.967841	9.80665×10^{5}	9.80665×10^{4}	98.0665	9.8066×10^{-2}	9.80665×10^{-3}	65897.6	14.2233	2048.16
1标准大气压(atm)	1.03323×10^{4}	1.03323	1	1.01325×10^{6}	101325	101.325	0.101325	1.01325×10^{-2}	68087.4	14.6959	2116.22
1达因/厘米^2($dyne/cm^2$)	0.101972	1.01972×10^{-6}	9.8692×10^{-7}	1	0.1	1×10^{-4}	1×10^{-7}	1×10^{-8}	0.0671969	1.45038×10^{-5}	2.08854×10^{-3}
1帕=1牛/米^2($Pa;N/m^2$)	0.101972	1.01972×10^{-5}	9.8692×10^{-6}	10	1	1×10^{-3}	1×10^{-6}	1×10^{-7}	0.671969	1.45038×10^{-4}	0.0208854
1斯坦/米^2(sn/m^2)	101.972	1.01972×10^{-2}	9.8692×10^{-3}	1×10^{4}	1×10^{3}	1	1×10^{-3}	1×10^{-4}	6.71969×10^{2}	0.145038	20.8854
1牛/毫米^2(N/mm^2)	1.01972×10^{5}	10.1972	9.86923	1×10^{7}	1×10^{6}	1×10^{3}	1	0.1	671969	145.038	20885.4
1百巴(hbar)	1.01972×10^{6}	101.972	98.6923	1×10^{8}	1×10^{7}	1×10^{4}	10	1	0.671969×10^{7}	1450.38	208854
1磅达/英尺^2(pdl/ft^2)	0.15175	1.5175×10^{-5}	1.4687×10^{-5}	14.8816	1.48816	1.4882×10^{-3}	1.4882×10^{-6}	1.48816×10^{-7}	1	2.1584×10^{-4}	0.031081
1磅力/英寸^2(lbf/in^2)	7.0307×10^{2}	0.070307	0.0680462	6.89476×10^{4}	6.89476×10^{3}	6.89476	6.8948×10^{-3}	6.89476×10^{-4}	4633.06	1	144
1磅力/英尺^2(lbf/ft^2)	4.88243	4.88243×10^{-4}	4.7254×10^{-4}	478.803	47.8803	0.0478803	4.788×10^{-5}	4.78803×10^{-6}	321740	6.94444×10^{-3}	1

注：① 在德国及欧洲一些大陆国家，常用符号 kp 代替 kgf，故 1 千克力/厘米^2=$1kgf/cm^2$=$1\ kp/cm^2$，千克力/厘米^2，也被定义为“工程大气压”，用符号“at”表示。

真空度用压力单位表示，一般有两种表示方法：用毫米水银柱表示，例 1mmHg 真空度表示“−1mmHg 的表压”；用百分数表示，例百分之一的真空度表示“所用基准大气压的负百分之一的表压”。

压力单位换算表（2）

	千克力/厘米^2 ①(kgf/cm^2)	达因/厘米^2 ($dyne/cm^2$)	帕；牛/米^2 (Pa；N/m^2)	巴 (bar)	毫巴② (mbar)	标准大气压③ (atm)	托④ (torr)	英吨力/英寸^2 ($tonf/in^2$)	英吨力/英尺^2 ($tonf/ft^2$)	美吨力/英寸^2 (US $tonf/in^2$)	美吨力/英尺^2 (US $tonf/ft^2$)
1千克力/厘米^2(kgf/cm^2)	1	9.80665×10^{5}	9.80665×10^{4}	0.980665	980.665	0.967841	735.559	6.34971×10^{-3}	0.914358	7.11167×10^{-3}	1.02408
1达因/厘米^2($dyne/cm^2$)	1.0197×10^{-6}	1	0.1	1×10^{-6}	0.001	9.86923×10^{-7}	7.50062×10^{-4}	6.4749×10^{-9}	9.32385×10^{-7}	7.25188×10^{-9}	1.04427×10^{-6}
1帕=1牛/米^2(Pa；N/m^2)	1.0197×10^{-5}	10	1	1×10^{-5}	0.01	9.86923×10^{-6}	7.50062×10^{-3}	6.4749×10^{-8}	9.32385×10^{-6}	7.25188×10^{-8}	1.04427×10^{-5}
1巴(bar)	1.01972	1×10^{6}	1×10^{5}	1	1000	0.986923	750.062	6.4749×10^{-3}	0.932385	7.25188×10^{-3}	1.04427
1毫巴(mbar)	1.0197×10^{-3}	1000	100	0.001	1	9.86923×10^{-4}	0.750062	6.4749×10^{-6}	9.32385×10^{-4}	7.25188×10^{-6}	1.04427×10^{-2}
1标准大气压(atm)	1.03323	1.01325×10^{5}	101325	1.01325	1013.25	1	760	6.56072×10^{-3}	0.944742	7.34799×10^{-3}	1.05811
1托(torr)	1.3595×10^{-3}	1333.22	133.322	0.00133322	1.33322	1.31579×10^{-3}	1	8.63249×10^{-6}	1.24308×10^{-3}	9.6684×10^{-6}	1.39225×10^{-3}
1英吨力/英寸^2($tonf/in^2$)	157.488	1.54443×10^{8}	1.5444×10^{7}	1.54443×10^{2}	1.54443×10^{5}	152.423	1.15842×10^{5}	1	144	1.12	161.28
1英吨力/英尺^2($tonf/ft^2$)	1.09366	1.07252×10^{6}	1.0725×10^{5}	1.07252	1.07252×10^{3}	1.05849	804.452	6.94444×10^{-3}	1	7.77778×10^{-3}	1.12
1美吨力/英寸^2(US $tonf/in^2$)	140.614	1.37895×10^{8}	1.3789×10^{7}	1.37895×10^{2}	1.37895×10^{5}	1.36092×10^{2}	1.0343×10^{5}	0.892857	1.28572×10^{2}	1	144
1美吨力/英尺^2(US $tonf/ft^2$)	0.976484	9.57604×10^{5}	9.576×10^{4}	0.957604	9.57604×10^{2}	0.945083	718.263	6.2004×10^{-3}	0.892857	6.94444×10^{-3}	1

注：① 在德国及欧洲一些大陆国家，常用符号 kp 代替 kgf，故 1 千克力/厘米^2=1kgf/cm^2=1kp/cm^2。

② 毫巴可缩写为 mb，常用在气象学上。

③ 1 工程大气压用 1at 表示，它等于 1 千克力/厘米^2，即 1at=1kgf/cm^2=1kp/cm^2=98066.5Pa。

④ 1 托=1 毫米水银柱高。

附录 8 黏度单位及其换算

(1) 动力黏度单位换算

	帕·秒① (Pa·s)	帕② (P)	厘帕 (cP)	毫帕 (mP)	微帕 (μP)	千克力·秒/米^2 (kgf·s/m^2)	磅达·秒/英尺^2 (pdl·s/ft^2)	磅力·秒/英尺^2 (lbf·s/ft^2)	磅力·秒/英寸^2 (lbf·s/in^2)	磅力·时/英尺^2 (lbf·h/ft^2)	磅/(英尺·时) [lb/(ft·h)]
1帕·秒(Pa·s)	1	10	1×10^{3}	1×10^{4}	1×10^{7}	0.101972	0.671969	0.0208854	1.45038×10^{-4}	5.80151×10^{-6}	2419.09
1帕(P)	0.1	1	100	1×10^{3}	1×10^{6}	0.0101972	0.0671969	2.08854×10^{-3}	1.45038×10^{-5}	5.80151×10^{-7}	241.909
1厘帕(cP)	1×10^{-3}	0.01	1	10	1×10^{4}	1.01972×10^{-4}	6.71969×10^{-4}	2.08854×10^{-5}	1.45038×10^{-7}	5.80151×10^{-9}	2.41909
1毫帕(mP)	1×10^{-4}	1×10^{-3}	0.1	1	1×10^{3}	1.01972×10^{-5}	6.71969×10^{-5}	2.08854×10^{-6}	1.45038×10^{-8}	5.8015×10^{-10}	0.241909
1微帕(μP)	1×10^{-7}	1×10^{-6}	1×10^{-4}	1×10^{-3}	1	101972×10^{-8}	6.71969×10^{-8}	2.08854×10^{-9}	1.4504×10^{-11}	5.8015×10^{-13}	2.41909×10^{-4}
1千克力·秒/米^2(kgf·s/m^2)	9.80665	98.0665	9806.65	9.80665×10^{4}	9.80665×10^{7}	1	6.58976	0.204816	1.42234×10^{-3}	5.68934×10^{-5}	2.37232×10^{4}
1磅达·秒/英尺^2(pdl·s/ft^2)	1.48816	14.8816	1.48816×10^{3}	1.48816×10^{4}	1.48816×10^{7}	0.15175	1	0.031081	2.1584×10^{-4}	8.6336×10^{-6}	3.59999×10^{3}
1磅力·秒/英尺^2(lbf·s/ft^2)	47.8803	478.803	4.78803×10^{4}	4.78803×10^{5}	4.78803×10^{8}	4.88243	32.174	1	6.94444×10^{-3}	2.77778×10^{-4}	1.15827×10^{5}
1磅力·秒/英寸^2(lbf·s/in^2)	6.89476×10^{3}	6.89476×10^{4}	6.89476×10^{6}	6.89476×10^{7}	6.8948×10^{10}	703.07	4633.06	144	1	0.04	1.6679×10^{7}
1磅力·时/英尺^2(lbf·h/ft^2)	1.72369×10^{5}	1.72369×10^{6}	1.72369×10^{8}	1.72369×10^{9}	1.7237×10^{12}	1.75767×10^{4}	1.15327×10^{5}	3600	25	1	4.16976×10^{8}
1磅/(英尺·时)[lb/(ft·h)]	4.13379×10^{-4}	4.13379×10^{-3}	0.413379	4.13379	4.13379×10^{3}	4.21531×10^{-5}	2.77778×10^{-4}	8.63359×10^{-6}	5.99557×10^{-8}	2.39822×10^{-9}	1

注：① $1Pa\cdot s=1N\cdot s/m^2=1kg/(m\cdot s)$。

② $1P=1dyne\cdot s/m^2=0.1\ N\cdot s/m^2=0.1\ Pa\cdot s$。

③ 有些文献中也称为“Regn”。

(2) 运动黏度单位换算

	米²/秒 (m^2/s)	米²/时 (m^2/h)	斯托克斯[1] (St)	厘斯托克斯 (cSt)	英寸²/秒 (in^2/s)	英寸²/时 (in^2/h)	英尺²/秒 (ft^2/s)	英尺²/时 (ft^2/h)	码²/秒 (yd^2/s)
1米²/秒(m^2/s)	1	3600	1×10^{4}	1×10^{6}	1.55×10^{3}	5.58001×10^{6}	10.7639	3.87501×10^{4}	1.19599
1米²/时(m^2/h)	2.77778×10^{-4}	1	2.77778	277.778	0.430556	1550	2.98998×10^{-3}	10.7639	3.32219×10^{-4}
1斯托克斯(St)	1×10^{-4}	0.36	1	100	0.155	5.58001×10^{2}	1.07639×10^{-3}	3.87501	1.19599×10^{-4}
1厘斯托克斯(cSt)	1×10^{-6}	0.0036	0.01	1	1.55×10^{-3}	5.58001	1.07639×10^{-5}	3.87501×10^{-2}	1.19599×10^{-6}
1英寸²/秒(in^2/s)	6.4516×10^{-4}	2.32258	6.4516	645.16	1	3600	6.94444×10^{-3}	25	7.71605×10^{-4}
1英寸²/时(in^2/h)	1.79211×10^{-7}	6.4516×10^{-4}	1.79211×10^{-3}	0.179211	2.77778×10^{-4}	1	1.92901×10^{-6}	6.94444×10^{-3}	2.14335×10^{-7}
1英尺²/秒(ft^2/s)	9.2903×10^{-2}	334.451	929.03	92903	144	518400	1	3600	0.11111
1英尺²/时(ft^2/h)	2.58064×10^{-5}	0.092903	0.258064	25.8064	0.04	144	2.77778×10^{-4}	1	3.08642×10^{-5}
1码²/秒(yd^2/s)	0.836127	3.01006×10^{3}	8.36127×10^{3}	8.36127×10^{5}	1296	4.6656×10^{6}	9	32400	1

注:① $1St=1cm^2/s=1\times10^{-4}m^2/s$。

附录 9　浓度单位及其换算

	千克/米^3 (kg/m^3;g/dm^3;g/L)	克/升(1901)[①] [g/L(1901)]	格令/英尺^3 (gr/ft^3)	格令/英寸^3 (gr/in^3)	格令/英加仑 (gr/UK gal)	格令/美加仑 (gr/US gal)	盎司/英加仑 (oz/UK gal)	盎司/美加仑 (oz/US gal)
1 千克/米^3(kg/m^3;g/dm^3;g/L)	1	1.000028	436.996	0.252892	70.1569	58.4178	0.160359	0.133526
1 克/升(1901)[g/L(1901)]	0.999972	1	436.983	0.252885	70.1549	58.4162	0.160354	0.133523
1 格令/英尺^3(gr/ft^3)	2.28835×10^{-3}	2.28842×10^{-3}	1	5.78704×10^{-4}	0.160544	0.133681	3.66957×10^{-4}	3.05556×10^{-4}
1 格令/英寸^3(gr/in^3)	3.95426	3.95437	1728	1	277.42	231.001	0.634102	0.528
1 格令/英加仑(gr/UK gal)	0.0142538	0.0142542	6.22883	3.60465×10^{-3}	1	0.832674	2.28571×10^{-3}	1.90325×10^{-3}
1 格令/美加仑(gr/US gal)	0.0171181	0.0171185	7.48052	4.329×10^{-3}	1.20095	1	2.74503×10^{-3}	2.28571×10^{-3}
1 盎司/英加仑(oz/UK gal)	6.23602	6.23620	2725.11	1.57703	437.5	364.295	1	0.832674
1 盎司/美加仑(oz/US gal)	7.48915	7.48936	3272.73	1.89394	525.416	437.5	1.20095	1

注：① 1901CGPM 定义为 1 千克水在标准大气压和最大重度时的容积，即 1 升（1901）＝1.000028dm^3。目前通用的升等于 1 dm^3，1964CIPM 声明 1 升＝1dm^3。

附录10 密度（比容）单位及其换算

	千克/米^3 (kg/m^3)	克/厘米^3 (g/cm^3)	克/毫升(1901)① [g/mL(1901)]	磅/英寸^3 (lb/in^3)	磅/英尺^3 (lb/ft^3)	英吨/码^3 (UK ton/yd^3)	磅/英加仑 (lb/UK gal)	磅/美加仑 (lb/US gal)
1千克/米^3(kg/m^3)	1	0.001	1.000028×10^{-3}	3.61273×10^{-5}	6.2428×10^{-2}	7.5248×10^{-4}	1.00224×10^{-2}	8.3454×10^{-3}
1克/厘米^3(g/cm^3)	1000	1	1.000028	0.0361273	62.428	0.75248	10.0224	8.3454
1克/毫升(1901)①[g/mL(1901)]	999.972	0.999972	1	0.0361263	62.4262	0.752459	10.0221	8.34517
1磅/英寸^3(lb/in^3)	27679.9	27.6799	27.6807	1	1728	20.8286	277.42	231
1磅/英尺^3(lb/ft^3)	16.0185	0.0160185	0.0160189	5.78704×10^{-4}	1	0.0120536	0.160544	0.133681
1英吨/立方码(UK ton/yd^3)	1328.94	1.32894	1.32898	0.048011	82.963	1	13.3192	11.0905
1磅/英加仑(lb/UK gal)	99.7763	0.0997763	0.0997791	3.60465×10^{-3}	6.22883	0.0750797	1	0.832674
1磅/美加仑(lb/US gal)	119.826	0.119826	0.119830	4.329×10^{-3}	7.48052	0.090167	1.20095	1

附录 11　质量体积单位换算

	米^3/千克 (m^3/kg)	升①/千克 (L/kg)	厘米^3/克 (cm^3/g)	码^3/磅 (yd^3/lb)	英尺^3/磅 (ft^3/lb)	英寸^3/磅 (in^3/lb)	码^3/英吨 (yd^3/UK ton)	英尺^3/英吨 (ft^3/UK ton)	码^3/美吨 (yd^3/US ton)	英尺^3/美吨 (ft^3/US ton)	英加仑/磅 (UK gal/lb)	美加仑/磅 (US gal/lb)
1 米^3/千克(m^3/kg)	1	1000	1000	0.593277	16.0185	2.76799×10^4	1.32894×10^3	3.58814×10^4	1.18655×10^3	3.2037×10^4	99.7763	119.826
1 升/千克(L/kg)	0.001	1	1	5.93277×10^{-4}	0.0160185	27.6799	1.32894	35.8814	1.18655	32.037	0.0997763	0.119826
1 厘米^3/克(cm^3/g)	0.001	1	1	5.93277×10^{-4}	0.0160185	27.6799	1.32894	35.8814	1.18655	32.037	0.0997763	0.119826
1 码^3/磅(yd^3/lb)	1.68555	1.68555×10^3	1.68555×10^3	1	27	4.666×10^4	2240	6.048×10^4	2000	54×10^3	168.178	201.973
1 英尺^3/磅(ft^3/lb)	0.062428	62.428	62.428	0.037037	1	1728	82.9629	2240	74.0739	2000	6.22883	7.4805
1 英寸^3/磅(in^3/lb)	3.61273×10^{-5}	0.0361273	0.0361273	2.14335×10^{-5}	5.787×10^{-4}	1	0.048011	1.2963	0.0428669	1.15741	3.60465×10^{-3}	4.329×10^{-3}
1 码^3/英吨(yd^3/UK ton)	7.52481×10^{-4}	0.752481	0.752481	4.46429×10^{-4}	12.054×10^{-3}	20.8286	1	27	0.892858	24.1072	0.0750798	0.090167
1 英尺^3/英吨(ft^3/UK ton)	2.787×10^{-5}	0.0278696	0.0278696	1.65344×10^{-5}	4.464×10^{-4}	0.771429	0.037037	1	0.330687	0.892858	2.78073×10^{-3}	3.33951×10^{-3}
1 码^3/美吨(yd^3/US ton)	8.42778×10^{-4}	0.842778	0.842778	0.0005	0.0135	23.328	1.12	30.24	1	27	0.0840892	0.100987
1 英尺^3/美吨(ft^3/US ton)	3.1214×10^{-5}	3.12139×10^{-2}	3.12139×10^{-2}	1.85185×10^{-5}	0.0005	0.864	0.0414814	1.12	0.037037	1	3.11441×10^{-3}	3.74025×10^{-3}
1 英加仑/磅(UK gal/lb)	0.0100224	10.0224	10.0224	5.94606×10^{-3}	0.160544	277.42	13.3192	359.618	11.8921	321.088	1	1.20095
1 美加仑/磅(US gal/lb)	0.00834541	8.34541	8.34541	0.00495114	0.133681	231	11.0905	299.445	9.90227	267.362	0.832674	1

注：① 1901CGPM 定义为升为 1 千克水在标准大气压和最大重度时的容积，即 1 升（1901）＝1.000028dm^3。目前通用的升等于 1dm^3，1964CIPM 声明 1 升＝1dm^3。

附录12 功、功率与能、热量单位及其换算

(1) 功、能及热量单位换算

	焦[1] (J)	尔格[2] (erg)	千瓦·时 (kW·h)	千克力·米 (kgf·m)	米³·大气压[3] (m^3·atm)	升·大气压 (L·atm)	厘米³·大气压 (cm^3·atm)	英尺³·大气压 (ft^3·atm)	英尺·磅达 (ft·pdl)	英尺(磅力 (ft·lbf)	马力·时 (hp·h)	英马力·时 (hp·h)	电子伏特 (eV)
1焦(J)	1	1×10^{7}	2.7778×10^{-7}	0.101972	9.86923×10^{-6}	9.86923×10^{-3}	9.86923	3.48529×10^{-4}	23.7304	0.737562	3.77672×10^{-7}	3.72506×10^{-7}	6.24146×10^{18}
1尔格(erg)	1×10^{-7}	1	2.7778×10^{-14}	1.01972×10^{-8}	9.86923×10^{-13}	9.86923×10^{-10}	9.86923×10^{-7}	3.48529×10^{-11}	2.37304×10^{-6}	7.37562×10^{-8}	3.77672×10^{-14}	3.72506×10^{-14}	6.24146×10^{11}
1千瓦·时(kW·h)	3.6×10^{-6}	3.6×10^{13}	1	3.67098×10^{5}	35.5292	3.55292×10^{4}	3.55292×10^{7}	1.2547×10^{3}	8.54293×10^{7}	2.65522×10^{-6}	1.35962	1.34102	2.24693×10^{25}
1千克力·米(kgf·m)	9.80665	9.80665×10^{7}	2.7241×10^{-6}	1	9.67841×10^{-5}	0.0967841	96.7841	3.4179×10^{-3}	232715	7.23301	3.7037×10^{-6}	3.65304×10^{-6}	6.12078×10^{19}
1米³·大气压(m^3·atm)	1.01325×10^{5}	1.0133×10^{12}	0.0281458	1.03323×10^{4}	1	1×10^{3}	1×10^{6}	35.3147	2.40448×10^{6}	7.47335×10^{4}	0.0382676	0.0377442	6.32416×10^{23}
1升·大气压(L·atm)	101.325	1.01325×10^{9}	2.8146×10^{-5}	10.3323	1×10^{-3}	1	1000	0.0353147	2.40448×10^{3}	74.7335	3.82676×10^{-5}	3.77442×10^{-5}	6.32416×10^{20}
1厘米³·大气压(cm^3·atm)	0.101325	1.01325×10^{6}	2.8145×10^{-8}	0.0103323	1×10^{-6}	0.001	1	3.53147×10^{-5}	2.40448	0.0747335	3.82676×10^{-8}	3.77442×10^{-8}	6.32416×10^{17}
1英尺³·大气压(ft^3·atm)	2.8692×10^{3}	2.8692×10^{10}	7.9700×10^{-4}	292.578	0.0283168	28.3168	28316.8	1	68087.3	2116.21	0.00108362	0.00106879	1.7908×10^{22}
1英尺·磅达(ft·pdl)	0.0421401	4.21401×10^{5}	1.1706×10^{-8}	0.0042971	4.15891×10^{-7}	4.15891×10^{-4}	0.415891	1.4687×10^{-5}	1	0.031081	1.59151×10^{-8}	1.56974×10^{-8}	2.63016×10^{17}
1英尺·磅力(ft·lbf)	1.35582	1.35582×10^{7}	3.7662×10^{-7}	0.138255	1.33809×10^{-5}	0.0133809	13.3809	4.72542×10^{-4}	32.174	1	5.12055×10^{-7}	5.05051×10^{-7}	8.4623×10^{18}
1马力·时(Hp·h)	2.6478×10^{6}	2.6478×10^{13}	0.7355	2.7×10^{5}	26.1317	26131.7	2.61317×10^{7}	922.835	6.28334×10^{7}	1.95292×10^{6}	1	0.986321	1.65261×10^{25}
1英马力·时(hp·h)	2.68452×10^{6}	2.6845×10^{13}	0.7457	2.73745×10^{5}	26.4941	2.64941×10^{4}	2.64941×10^{7}	935.633	6.37045×10^{7}	1.98×10^{6}	1.01387	1	1.67554×10^{25}
电子伏特(eV)	1.602×10^{-19}	1.602×10^{-12}	4.450×10^{-26}	1.63378×10^{-20}	1.58124×10^{-24}	1.58124×10^{-21}	1.58124×10^{-18}	5.5841×10^{-23}	3.80206×10^{-18}	1.18171×10^{-19}	6.05102×10^{-26}	5.96825×10^{-26}	1

注：① 1焦＝1牛·米。

② 1尔格＝1达因·厘米。

③ 利用标准大气压及工程大气压的功能关系如下：1米³·工程大气压＝0.96784米³·标准大气压。

(2) 功、能及热量单位换算

	焦 (J)	尔格[②] (erg)	千瓦·时 (kW·h)	千克力·米 (kgf·m)	升·大气压 (L·atm)	英尺·磅力 (ft·lbf)	马力·时 (Hp·h)	英马力·时 (hp·h)	卡[①] (cal)	卡(th)[①] (cal_{th})	卡(15)[①] (cal_{15})	英热单位 (Btu)	百度热单位 (CHU)
1 焦(J)	1	1×10^{7}	2.77778×10^{-7}	0.101972	0.00986923	0.737562	3.77672×10^{-7}	3.72506×10^{-7}	0.238846	0.239006	0.23892	9.4717×10^{-4}	5.26565×10^{-4}
1 尔格(erg)	1×10^{-7}	1	2.778×10^{-14}	1.01972×10^{-8}	9.86923×10^{-10}	7.37562×10^{-8}	3.77672×10^{-14}	3.72506×10^{-14}	2.38846×10^{-8}	2.39006×10^{-8}	2.3892×10^{-8}	9.4717×10^{-11}	5.26565×10^{-11}
1 千瓦·时(kW·h)	3.6×10^{6}	3.6×10^{13}	1	3.67098×10^{5}	3.55292×10^{4}	2.65522×10^{6}	1.35962	1.34102	859845	860421	860112	3412.14	1.89563×10^{3}
1 千克力·米(kgf·m)	9.80665	9.80665×10^{7}	2.7241×10^{-6}	1	0.0967841	7.23301	3.7037×10^{-6}	3.65304×10^{-6}	2.34228	2.34385	2.343	9.29491×10^{-3}	5.16384×10^{-3}
1 升·大气压(L·atm)	101.325	1.01325×10^{9}	2.8146×10^{-5}	10.3323	1	74.7335	3.82676×10^{-5}	3.77442×10^{-5}	24.2011	24.2173	24.2086	0.0960376	0.0533542
1 英尺·磅力(ft·lbf)	1.35582	1.35582×10^{7}	3.7662×10^{-7}	0.138255	1.33809×10^{-2}	1	5.12055×10^{-7}	5.05051×10^{-7}	0.323832	0.324048	0.323932	1.28507×10^{-3}	7.13927×10^{-4}
1 马力·时(Hp·h)	2.648×10^{6}	2.6478×10^{13}	0.7355	2.7×10^{5}	2.61317×10^{4}	1.95292×10^{6}	1	0.986321	6.32416×10^{5}	6.3284×10^{5}	6.32612×10^{5}	2.50963×10^{3}	1.39424×10^{3}
1 英马力·时(hp·h)	2.68452×10^{6}	2.6845×10^{13}	0.7457	2.73745×10^{5}	2.64941×10^{4}	1.98×10^{8}	1.01387	1	641186	641616	641386	2544.43	1413.58
1 卡(th)	4.1868	4.1868×10^{7}	1.163×10^{-6}	0.426936	0.0413205	3.08803	1.58124×10^{-6}	1.5596×10^{-6}	1	1.00067	1.00031	3.96832×10^{-3}	2.20462×10^{-3}
1 卡(th)(cal_{th})	4.184	4.18×10^{7}	1.1622×10^{-6}	0.426651	0.0412929	3.08596	1.58018×10^{-6}	1.5586×10^{-6}	0.999331	1	0.999642	3.96567×10^{-3}	2.20315×10^{-3}
1 卡(15)(cal_{15})	4.1855	4.1855×10^{7}	1.1626×10^{-6}	0.426804	0.0413077	3.08707	1.58075×10^{-6}	1.5591×10^{-6}	0.99969	1.00036	1	3.96709×10^{-3}	2.20394×10^{-3}
1 英热单位(Btu)	1055.06	1.0551×10^{10}	2.9307×10^{-4}	107.587	10.4126	778.169	3.98467×10^{-4}	3.93015×10^{-4}	251.996	252.164	252.074	1	0.555556
1 百度热单位(CHU)	1899.11	1.8991×10^{10}	5.2753×10^{-4}	193.656	18.7428	1400.71	7.17241×10^{-4}	7.0743×10^{-4}	453.595	453.9	453.735	1.8	1

注：① 热量单位卡，在文献中可能遇上四种，即 cal、cal_{IT}、cal_{th}、cal_{15}。

cal_{IT} 称为国际蒸气表卡，是 1956 年在伦敦召开的第五届国际水蒸气会议上决定的，即 1cal＝1cal_{IT}＝4.1868J。

cal_{th} 称为热化学卡，即 1 cal_{th}＝4.1840J。

cal_{15} 称为 15 度卡，它规定在一个标准大气压下把 1 克无空气的水从 14.5℃加热到 15.5℃时所需要的热量，即 1cal_{15}＝4.1855J。

动能与功有如下关系式：1 千克·米^2/秒^2＝0.101972 千克力·米。

（3）功率单位换算

	瓦[①] (W)	千瓦 (kW)	尔格/秒 (erg/s)	千克力·米/秒 (kgf·m/s)	公制马力 (Hp)	英尺·磅力/秒 (ft·lbf/s)	英制马力 (hp)	卡[②]/秒 (cal/s)	千卡/时 (kcal/h)	英热单位/时 (Btu/h)	百度热单位/时(CHU/h)
1瓦(W)	1	1×10^{-3}	1×10^{7}	0.101972	1.35962×10^{-3}	0.737562	1.34102×10^{-3}	0.238846	0.859845	3.411214	1.89563
1千瓦(kW)	1×10^{3}	1	1×10^{10}	101.972	1.35962	737.562	1.34102	238.846	859.845	3412.14	1895.63
1尔格/秒(erg/s)	1×10^{-7}	1×10^{-10}	1	1.01972×10^{-8}	1.35962×10^{-10}	7.37562×10^{-8}	1.34102×10^{-10}	2.38846×10^{-8}	8.59845×10^{-8}	3.41214×10^{-7}	1.89563×10^{-7}
1千克力·米/秒(kgf·m/s)	9.80665	9.80665×10^{-3}	9.80665×10^{7}	1	0.0133333	7.23301	0.0131509	2.32428	8.4322	33.4617	18.5897
1公制马力(Hp)	735.499	0.735499	7.35499×10^{9}	75	1	542.476	0.98632	175.671	632.415	2509.63	1.39423×10^{3}
1英尺·磅力/秒(ft·lbf/s)	1.35582	1.35582×10^{-3}	1.35582×10^{7}	0.138255	1.8434×10^{-3}	1	1.81818×10^{-3}	0.323832	1.16579	4.62624	2.57013
1英制马力(hp)	745.7	0.7457	7.457×10^{9}	76.0402	1.01387	550	1	178.107	641.186	2544.43	1413.57
1卡/秒(cal/s)	4.1868	4.1868×10^{-3}	4.1868×10^{7}	0.426935	5.69246×10^{-3}	3.08803	5.61459×10^{-3}	1	3.6	14.286	7.93662
1千卡/时(kcal/h)	1.163	1.163×10^{-3}	1.163×10^{7}	0.118593	1.58124×10^{-3}	0.857785	1.55961×10^{-3}	0.277778	1	3.96832	2.20461
1英热单位/时(Btu/h)	0.293071	2.93071×10^{-4}	2.93071×10^{6}	2.98849×10^{-2}	3.98466×10^{-4}	0.216158	3.93015×10^{-4}	0.0699988	0.251996	1	0.555556
1百度热单位/时(CHU/h)	0.52753	5.2753×10^{-4}	5.2753×10^{6}	0.0537933	7.1724×10^{-4}	0.389086	7.07428×10^{-4}	0.125998	0.453594	1.8	1

注：① 1瓦＝1焦耳/秒＝1安倍·伏特＝1米^2·千克·秒$^{-3}$。

②热量单位卡，在文献中可能遇上四种，即cal、cal_{IT}、cal_{th}、cal_{15}。

cal_{IT}称为国际蒸气表卡，是1956年在伦敦召开的第五届国际水蒸气会议上决定的，即1cal＝1cal_{IT}＝4.1868J。

cal_{th}称为热化学卡，即1cal_{th}＝4.1840J。

cal_{15}称为15度卡，它规定在一个标准大气压下把1克无空气的水从14.5℃加热到15.5℃时所需要的热量，即1cal_{15}＝4.1855J。

参 考 文 献

1 江孝禔. 城镇燃气与热能供应. 北京：中国石化出版社，2006
2 戴路. 燃气输配工程施工技术. 北京：中国建筑工业出版社，2006
3 梁平. 天然气操作技术与安全管理. 北京：化学工业出版社，2006
4 周忠元、田维金、邹德敏. 化工安全技术. 北京：化学工业出版社，2000
5 王明明、蔡仰华、徐桂容. 压力容器安全技术. 北京：化学工业出版社，2004
6 王凯全、邵辉. 危险化学品安全经营、储运与使用. 北京：中国石化出版社，2005
7 陈海群、王凯全. 危险化学品事故处理与应急预案. 北京：中国石化出版社，2005